DER ANGELSPORT
IM SÜSSWASSER

DER ANGELSPORT IM SÜSSWASSER

VON

DR. KARL HEINTZ

FÜNFTE, NEUBEARBEITETE AUFLAGE

MIT 380 TEXTABBILDUNGEN
4 TAFELN UND 1 BILDNIS

MÜNCHEN UND BERLIN 1922
DRUCK UND VERLAG VON R. OLDENBOURG

Seiner K. Hoheit

Wilhelm, Herzog von Württemberg *⟩

in alter Anhänglichkeit

ehrfurchtsvollst gewidmet

vom Verfasser.

*⟩ † 1921.

Vorwort zur 1. Auflage.

Wie ich dazu komme, die Hochflut deutscher Bücherei durch ein Buch über Angelsport noch mehr zu stauen? Sehr einfach! Weil ich seit Jahren vergebens warte und spähe, ob nicht endlich einmal ein wissenschaftlich und technisch auf der Höhe der Zeit stehendes und das ganze Gebiet der Fischerei umfassendes Werk auf dem Schwall dahertreibe. Aber leider keines aus deutscher Feder! Dagegen ein Sportbuch nach dem andern in englischer Sprache, den deutschen Angelsport mit Recht unberücksichtigt lassend, da derselbe bis jetzt eine nichts weniger als hervorragende Rolle spielt; — und nun von Kindheit an am Wasser, mit reichlich gesammelter Erfahrung, von jeher eine besondere Anreizung darin erblickend, neue Methoden zu finden, zu verbessern, das intimste Leben der Wasserbewohner zu beobachten, das ganze Thema beherrschend, überblickend, — wie sollt' ich da noch länger tatenlos zusehen!

Schreckte mich erst das geringe Ansehen, das der Angelsport im Verhältnis zur Jagd bei uns genießt, ab, so wurde mir, der ich auch eifriger Jäger bin, gerade diese verfehlte Anschauung zum besonderen Sporn.

Man könnte mir entgegnen, daß das Weidwerk schon in alter Zeit höher eingeschätzt wurde als die Fischerei, als vornehmer, ritterlicher. Etwas Wahres ist ja daran, wenn auch nur zum Teil. Aber die Gründe, die damals stichhaltig sein mochten, sind es jetzt nicht mehr. Die Jagd bot damals im hohen Grade Gelegenheit, Mannesmut und körperliche Kraft zu zeigen und zu üben, sie diente gewissermaßen als Vorübung zum Kriege, — daher das Prädikat der Ritterlichkeit. So angesehen, mußte die Fischerei unbedingt in den Hintergrund treten. Damit ist es aber mit wenigen Ausnahmen längst vorbei. Mit der Ritterlichkeit eines Hasentreibens oder einer Rehpirsch kann sich niemand mehr brüsten. Dagegen hat sich ein ganz anderer Wert herausgebildet, ein Wert, früheren Zeiten völlig fremd oder nur dunkel zum Bewußtsein kommend — das intensive Naturgefühl, eine der schönsten Blüten der Menschheit, die sich erst in unserem Jahrhundert voll und ganz entfaltet.

Was diesen Wert betrifft, kann sich die Fischerei getrost mit dem Weidwerk messen. Aber sie hat noch das eine un-

bedingt vor der Jagd voraus, »den Kampf um die Beute«. Der
Jäger pirscht sich kunstgerecht an sein Wild an, ein verhältnismäßig kurzer Moment im Umfang eines ganzen Tages, das ist
der Hauptreiz der am höchsten stehenden Jagd — der Pirsch-
jagd. Nach dem entscheidenden Schusse, der dem Anhieb des
Fischers zu vergleichen ist, entsteht die Frage: getroffen oder
gefehlt? Die Entscheidung ist gefallen, man ist noch einige Zeit
im unklaren, zu ändern ist nichts mehr. Die Nachsuche ist für
den Weidmann oft nur noch eine kürzere oder längere Spanne
Zeit mit bangen Zweifeln. Anders dagegen beim Fischer; hier
beginnt mit dem korrekten Anhieb nicht selten ein ernster
Kampf um die Beute und damit eine Summe von aufregenden
Momenten. Ein Kampf wie auf einer Mensur — Stoß und
Gegenstoß — ein Gefecht, in dem der Gegner auch seinen Willen
zeigt und alle Mittel aufwendet, die ihm in seinem Elemente zu
Gebote stehen — Ausnutzen der Strömung, List, Gewalt etc.
Wie viele Anfänger verlieren dabei den Kopf und werden ge-
schlagen, doch welch freudiges Gefühl der Befriedigung erfüllt
den glücklichen Sieger!

Auch gesundheitlich steht der Sport mit der Spinn- und
Flugangel, vorausgesetzt, daß die nötige Sorgfalt auf richtige
Bekleidung gelegt wird, im Vergleich zu anderen körperlichen
Übungen obenan. Bei keinem anderen Sport werden die Muskeln
des ganzen Körpers so gleichmäßig in Anspruch genommen.
Während bei sonstigen Leibesübungen eine vorwiegende Er-
müdung gewisser Muskelpartien eintritt, ist dies beim Angel-
sport nicht der Fall.

Daß man über diese Punkte im Publikum auch jetzt noch
anders denkt, das liegt nur an dem grenzenlosen Dilettantismus,
der sich hier noch breiter macht als in irgendeinem anderen
Sport, an der völligen Unwissenheit, u m was es sich eigentlich
handelt, in dem zum Symbol der Fischerei gewordenen stumpf-
sinnigen Angler, dem dankbaren Objekt aller Witzblätter, gegen
den der Sonntagsjäger immer noch eine lebensprühende Persönlichkeit ist, der wenigstens der Humor nicht fehlt.

Aber allein Kenntnis befreit von Irrtümern, und so drängt
es mich danach, die reiche Erfahrung meines Lebens an den
heimatlichen Gewässern in diesem Buche niederzulegen, auf daß
der Fischer seinem Bruder Weidmann als gleichberechtigt die
Hand reichen kann, wenn er seine Angel auf kunstgerechte Art
zu führen weiß und dabei seine Fische pflegt und hegt wie der
Weidmann sein Wild; auf daß der Fischer sich in der Zukunft
nicht mehr mit dem öden und in diesem Falle völlig unbezeich-
nenden Worte »Sport« behelfen muß, während man stets von
deutschem Weidwerk spricht.

In alter Zeit sprach man auch von »Wasserweid«, wohl aus
demselben Gefühl heraus; ein echt deutsches Wort. Vielleicht
gelingt es mir mit diesem Buche, die edle Kunst des feinen
Angelns zu Ehren zu bringen, und anstatt »Petri Heil« tönt's
im ganzen Lande »Gut Wasserweid«!

Noch ist es meine Pflicht, meinen Dank allen denen auszudrücken, die mich durch Schrift, Rat und Tat bei Herausgabe dieses Werkes unterstützt haben.

So gebührt dieser Dank in erster Linie Herrn Professor Dr. Hofer, Vorstand der Kgl. Bayer. Biologischen Versuchsstation für Fischerei in München.

Aus seiner in fachmännischen Kreisen hochangesehenen Feder stammt der VI. Abschnitt, welcher in wissenschaftlicher, zuverlässiger Darstellung die Anatomie und Physiologie der Fische behandelt. Auch hatte Herr Professor Dr. Hofer die Güte, die systematischen Unterscheidungsmerkmale der einzelnen Sportfische im speziellen Teil meines Buches an der Hand durchweg neuer und formvollendeter Abbildungen zu bearbeiten. Sind die letzteren hierdurch zoologisch richtig und einwandfrei festgestellt, so findet der Angelfreund in dem naturgeschichtlichen Teil ein fast vollkommenes Novum. In keinem bisher erschienenen Sportbuche, sei es in deutscher oder fremder Sprache, wurde je der Bau und die Lebensweise der Fische so allgemein verständlich bei so gedrängter Kürze besprochen.

Nicht minder dankerfüllt bin ich dem Verlag von R. Oldenbourg für die glänzende Ausstattung, welche derselbe in bezug auf Abbildung, Druck und Papier meinem Werke hat zuteil werden lassen. Ich muß es ganz besonders dankend hervorheben, daß derselbe alle meine Wünsche bezüglich der Herstellung der Textabbildungen und der farbigen Fliegen- und Fischtafeln erfüllt hat. Zu einigen Abbildungen haben die Firmen H. Hildebrand Nachf. in München, H. Stork in München und C. Farlow & Co. Ltd. in London bereitwillig Klischees zur Verfügung gestellt, wofür ich ihnen an dieser Stelle meinen besten Dank aussprechen möchte.

Zum Schlusse fühle ich mich verpflichtet, auch noch Herrn Gutsbesitzer Eduard v. Froelich meinen ganz besonderen Dank dafür auszusprechen, daß er mir durch seine jahrelang in der liberalsten Weise gegebene Erlaubnis, das zum Schloßgute Aufhausen gehörige, hervorragende Fischwasser zu befischen, Gelegenheit gegeben hat, so ausgiebige Erfahrungen zu sammeln. Ohne sein liebenswürdiges Entgegenkommen wäre mein Buch wohl ungeschrieben geblieben!

Und nun, mein Buch, glückliche Reise durch Deutschlands Gauen, deutscher Wasserweid zu Ehren, Nutz und Frommen! Und ihr Genossen alle von Fluß, Bach, Strom und See, nehmt es gütig auf!

Gut Wasserweid!

MÜNCHEN, im Mai 1903.

Dr. Karl Heintz.

Vorrede zur 5. Auflage.

Wie die Freude am Sport und die Begeisterung für alle Arten von körperlichen Betätigungen in freier Luft in den letzten Jahren sehr überhand genommen haben, so ist auch das Interesse für den Angelsport seit Anfang des 20. Jahrhunderts, als ich die erste Auflage meines Buches schrieb, bedeutend gewachsen. Mit diesem Interesse ging auch das Bestreben Hand in Hand, die einschlägige Literatur kennen zu lernen. So kam es, daß ich nach Ablauf von kaum zwei Jahren mich genötigt sah, eine weitere neuerdings vermehrte Auflage meines Sportbuches, die 5. in kaum 20 Jahren, zu überarbeiten und auf der Höhe der Zeit zu erhalten.

Bedauern kann ich nur, daß die jüngere Generation nicht mehr die herrlichen Zeiten miterleben kann, die mir die Anregung gaben, meine Erfahrungen für meine Nachfolger in der edlen Fischweid niederzuschreiben, denn leider hat die fortschreitende Kultur, besonders die Ausnützung der Wasserkräfte und die dadurch bedingte Regulierung der Flüsse mit ihren geraden Kanälenund Gefällstufen viele unserer einst herrlichen Salmonidengewässer teils entvölkert, teils in ihrem Fischbestand reduziert.

Leider wird es mir bei meinem hohen Alter und geschwächter Gesundheit in Zukunft versagt sein, neue eigene Erfahrungen am Fischwasser zu sammeln und zu bearbeiten, die Liebe und das Interesse am Angelsport und zu der zahlreich herangewachsenen Gemeinde meiner Anglerbrüder wird bei mir zeitlebens nie erlöschen.

Und so wünsche ich ihnen denn für alle Zukunft:
Ein herzliches

»Gut Wasserweid!«

München, im Juli 1922.

Dr. Karl Heintz.

Inhalts-Verzeichnis.

I. Abschnitt.

Angelgerätschaften.

II. Abschnitt.

Die Köder.

III. Abschnitt.

Allgemeine Gesichtspunkte und Verhaltungsmaßregeln für Sportfischer.

IV. Abschnitt.

Angelmethoden.

V. Abschnitt.

Die Süßwasserfische, welche für den Sportfischer in Betracht kommen.

VI. Abschnitt.

Über den Bau und die Lebensweise der Fische.

I. Abschnitt.

Angelgerätschaften.

---

1. Gerte.

Die Angelgerte, auch Angelrute oder Angelstock genannt, welche ich der Kürze wegen immer »Gerte« nennen will, wird aus dem verschiedenartigsten Materiale hergestellt.

Die Ansichten über den Wert oder Unwert desselben gehen so weit auseinander, die Sportfischer haben so verschiedene Liebhabereien, und man findet eine so unglaubliche Vielseitigkeit von Gerten auf dem Markt, welche jedem nur denkbaren Zweck gerecht werden sollen, daß es unmöglich Aufgabe dieses Buches sein kann, alle Zusammenstellungen von Holz, Rohr und Stahl, die dazu Verwendung finden, aufzuführen. Ich werde mich daher darauf beschränken, nur diejenigen Gerten zu beschreiben, die ich selbst, den Anforderungen der Neuzeit entsprechend, aus eigener Erfahrung als praktisch erkannt habe.

Die Gerte soll vor allem, und in diesem Punkte sind sich alle erfahrenen Sportfischer einig, leicht sein, um den Angler nicht zu ermüden; sie soll aber auch den nötigen Grad von Dauerhaftigkeit, Zähigkeit und Widerstandsfähigkeit besitzen, was der Engländer treffend mit »backbone«, Rückgrat, bezeichnet, um den Fisch richtig anzuhaken, ihn bei genügender Spannung von Gestrüpp und Wasserpflanzen abzuhalten und ihn sicher dem Landungsgeräte zuzuführen, mit anderen Worten ihn kunstgerecht zu drillen.

Je größer der zu erwartende Fisch, je kräftiger das übrige Angelgeräte, desto steifer und widerstandsfähiger muß die Gerte sein. Dabei kommt es natürlich auch auf die Größe und Körperkraft des Anglers an. Eine längere und daher auch schwerere Gerte bietet gewisse Vorteile; diese sind aber nicht so sehr von Bedeutung, um ihnen zuliebe eine rasche Ermüdung mit in den Kauf zu nehmen.

Ältere Angelbücher geben noch eine Anleitung über die Selbstverfertigung von Gerten; in der neueren Zeit hat sich jedoch die Industrie so sehr auf deren Fabrikation verlegt, daß es bei der großen Auswahl von vorzüglich hergestellten Gerten und den verhältnismäßig nicht zu hohen Preisen nicht mehr lohnt, sich sie selbst anzufertigen.

Die Natur und Größe der verschiedenen Süßwasserfische sowie die Verschiedenheit der Angelmethoden bedingen selbstverständlich auch verschiedenartige Gerten, welche im allgemeinen in einhändige und zweihändige eingeteilt werden. Zu den ersteren, die frei aus einer Hand geführt werden, rechnet man die kurze Flug- und leichte Grundgerte, zu den letzteren die lange Flug- oder Lachsgerte, die Fischchen-, Hecht- und Huchengerte sowie die lange Grundgerte, welch letztere vorwiegend für den Fang von Barben und anderen Friedfischen Verwendung findet.

Während am Griff der einhändigen Fluggerten zweckmäßig ein lanzenförmiger Spieß oder Erdspeer eingeschraubt wird, welcher ermöglicht, sie in die Erde zu stecken, statt sie bei jeder Landung eines Fisches oder frischen Anköderung auf den Boden zu legen, endigen die übrigen Gerten feinerer und besserer Qualität mit einem Knopfe am Handteil.

Dieser Knopf, welcher dazu dient, nach dem Wurfe in die Hüfte eingestemmt zu werden, wird am besten aus Kautschuk hergestellt. Er hat den Vorteil, daß man den Druck weniger spürt, und daß man bei einem raschen Anhieb nicht abrutschen kann, was bei den häufig noch üblichen Holzknöpfen, selbst wenn sie gerippt sind, nicht selten vorkommt.

Zur Auswahl einer passenden und richtig konstruierten Gerte sollte sich ein Anfänger immer einen erfahrenen Sportfreund mitnehmen, da es ohne die nötige Übung und den Kennerblick nicht immer möglich ist, das Richtige zu treffen.

Bei der Wahl hat man vor allem darauf zu achten, daß die Gerte bis in den Handteil hinein elastisch schwingt, daß sie sich ganz gleichmäßig verjüngt, und daß sie nicht kopfschwer ist, d. h. daß der Schwerpunkt möglichst weit unten im Handteil liegt. Nie sollte man eine Gerte prüfen, ohne vorher die Rolle befestigt zu haben. Zieht man die Schnur durch die an der Gerte angebrachten Ringe und belastet sie mit einem entsprechenden Gewicht, so muß die Kurve gleichmäßig verlaufen und sich sofort wieder vollkommen ausgleichen, sobald das Gewicht ausgeschaltet wird.

Aus je weniger Teilen eine Gerte besteht, desto leichter und handlicher ist sie im Verhältnis, doch pflegt man sie aus Bequemlichkeitsrücksichten für den Transport aus 3 bis 4 Teilen herzustellen.

Für solche Sportfischer, die am Wasser wohnen, empfehlen sich besonders leichte Bambusstangen mit einer daran angeschifteten 10 bis 20 cm langen Dschungelrohrspitze.

Zur Verbindung der einzelnen Teile einer Gerte dienen Hülsen und Zapfen, welch letztere auf das genaueste in die ersteren passen müssen.

Hülsen und Zapfen werden aus Messing hergestellt, resp. mit Messing überkleidet. Die Messingzapfen sollen noch auf mehrere Zentimeter in das von der Hülse umkleidete Material des Nachbarteiles eingreifen. Die Hülsen müssen so kräftig sein, daß sie sich beim Drillen eines Fisches nicht verbiegen.

Die Verbindung von Hülse und Zapfen kann gar nicht sorgfältig genug gearbeitet werden. Erste Bedingung ist, daß beide vollkommen zylindrisch sind und so genau ineinander passen, daß man die Teile zwar ohne besondere Anstrengung auseinandernehmen kann, dabei aber ein Ton entsteht, der sich dem Knalle einer Luftpistole vergleichen läßt. Die Gerte darf nie auseinandergenommen werden, ohne sofort die für die Hülsen bestimmten Bolzen einzuschieben, welche den Zweck haben, jeden Druck oder Stoß zu paralysieren. In England scheint es von jeher an der genauen Ausführung dieser Verbindung gefehlt zu haben, so daß man sich genötigt sah, Vorrichtungen anzubringen, um das Herausgleiten des Zapfens während des Angelns zu verhüten. Früher wurden die Teile mit Faden befestigt, den man um zwei kleine ösenförmige Vorsprünge aus Messingdraht, die eigens an denselben angebracht waren, zu winden pflegte. Heutzutage sind ziemlich allgemein zwar sinnreiche, aber die Gerten sehr verteuernde Verschlußstücke, z. B. mit vom Zapfen auf die Hülse übergreifenden Haken, sog. Lockfast Joints, im Gebrauch usw., die, wenn der Fabrikant versteht, worauf es ankommt, ganz überflüssig sind. Nach längerem Nichtgebrauch einer Gerte kann es vorkommen, daß eine Hülse locker wird. Man befestige sie mit Siegellack oder besser noch mit Kautschuk, indem man diese Stoffe über einer Spirituslampe erweicht und auf die betreffende Stelle überfließen läßt, worauf man die Hülse rasch aufsetzt und durch Aufstoßen auf den Boden befestigt. Hülsen, die am Zapfen festsitzen, entfernt man durch Erhitzung über der Spirituslampe. Die durch die Wärme ausgedehnten Hülsen lassen sich dann leicht abziehen. Beim Zusammenstecken und Auseinandernehmen der Gertenteile ist es wichtig, die Zapfen nicht in die Hülsen hineinzudrehen, sondern nur hineinzuschieben, und zwar, wenn es schwer geht, nach vorhergehender Ölung der Zapfen.

Die Ringe, durch welche die Schnur läuft, sollen feststehend sein, nur an den in Spazierstockform gefertigten Gerten benutzt man liegende Ringe zum Zweck der Unterbringung in den Hohlraum.

Am gebräuchlichsten und zweckentsprechendsten sind die Schlangenringe von Stahl (Fig. 1). Alle besseren Gerten sind mit ihnen ausgestattet mit Ausnahme der kostspieligsten Luxusgerten, die nur mit freistehenden Porzellan- oder Achatringen in den Handel kommen.

Fig. 1.

Der Kopfring an der Spitze dagegen ist am besten rund. Am zweckmäßigsten sind für die schweren Gerten Ringe, die innen mit Achat oder Porzellan oder mit einem zweiten beweglichen Stahlringe ausgekleidet und so gefaßt sind, wie aus Fig. 2 ersichtlich, um das Umschlingen der Schnur zu vermeiden. Es hat einen

Fig. 2.

gewissen Vorteil, wenn der Kopfring an den kräftigeren Spinngerten einen so großen Durchmesser hat, daß man das mit Blei beschwerte Vorfach noch durchziehen kann, wodurch es in vielen Fällen ge-

lingt, einen hängen gebliebenen Köder mit der Gertenspitze zu befreien. Wichtiger noch ist es im Winter, bei Temperaturen unter
o Grad, wenn sich die Ringe mit Eis bedecken, weite Ringe zu haben.
Trotz dieser augenscheinlichen Vorteile bin ich von den weiten Ringen
wieder abgekommen, da sie einerseits die Vorschwere der Gerten
vermehren und sie plump machen und anderseits bei den dünnen
und glatten Schnüren, die ich selbst im Winter auf Huchen führe,
überflüssig sind.

Als untersten der Rolle zunächst stehenden Ring benutze ich
bei meinen Spinngerten jetzt ausschließlich einen sog. Leitring,
den ich als einen großen Fortschritt in der Herstellung zweckent-
sprechender Angelgeräte begrüßen muß. Dieser Leitring (Fig. 3)
hat eine Lichtweite von 1 bis 2 cm, ist am oberen Ende des Hand-
teils mit zwei Seitenstützen etwas abstehend befestigt und mit

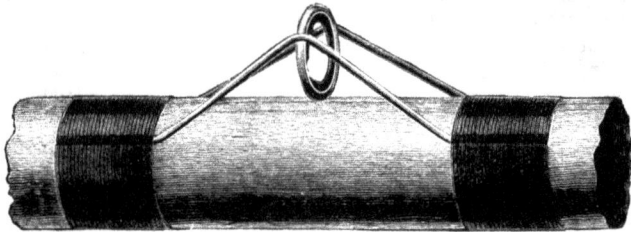

Fig. 3.

einem beweglichen inneren Stahlring versehen. Er bietet drei
schätzenswerte Vorteile:

1. Die größere Reibung und Abnutzung der Leine entsteht
am ersten und letzten Ring; durch den beweglichen inneren wird,
da derselbe federt, der Druck gemildert.

2. Durch das Abstehen des großen Ringes nimmt die Schnur
in ihrem Weg von der Rolle zu den übrigen Ringen eine fast gerade
Richtung ein; dadurch wird der schädliche Winkel fast aufgehoben,
der früher die Reibung beim Wurf vermehrte.

3. Durch die Konstruktion des Ringes wird bei kräftigem
Wurf das lästige Verschlingen der Schnur um den ersten Ring vermieden, früher die Veranlassung mancher Mißerfolge durch Hängenbleiben oder Verlust eines Fisches.

An dem Handteil der Gerte sind zwei Ringe angebracht, von
denen der eine beweglich, der andere fest ist. Sie dienen zur Befestigung der Rolle.

Da, wenn die Rollenzunge den dafür bestimmten Ausschnitt
an der Gerte nicht ganz ausfüllt, die Rolle wackelt und auch manchmal während des Angelns herausfällt, wurden neue, zwar praktische
aber auch kostspielige Verschlüsse ersonnen, die über diesen Übel-
stand hinweghelfen. Mehrere solche Verschlüsse sind in England
patentiert. (Weegers Patent usw.) Ich halte dieselben jedoch für
überflüssig, da man unschwer durch ein leichtes Abbiegen der Rollen-

zunge, die aus weichem Metall besteht, einen festeren Halt herstellen kann.

An den Fliegengerten wird die Rolle zu unterst, hinter dem Handgriff angebracht, an den übrigen Gerten zweckmäßiger oberhalb des Handgriffes. Beim Werfen von der Rolle ist es sogar unerläßlich, daß dieselbe vor der Hand sitzt, und zwar am besten in einer Entfernung von 28 cm vom unteren Ende, vom Endknopf gerechnet bis zur Achse der Rolle. An fabrikmäßig hergestellten Gerten ist der Rollenansatz häufig an der unrichtigen Stelle angebracht, so daß man gar nicht damit werfen und richtig aufrollen kann.

Zur Fabrikation der Gerten dienen hauptsächlich folgende Holzarten:

Greenheart, Hickory (nordamerikanische Walnuß), Lancewood zu Handteilen oder auch ganzen Gerten, Eschenholz zu Handteilen, ganz besonders aber der ostindische Bambus und das Tonkinrohr.

Die beiden letzteren liefern das Material zu den sog. gesplißten Gerten, die sich jetzt so sehr eingebürgert haben. Ihre Stärke beruht in der kieselharten Rinde und nur diese findet Verwendung. Aus diesen werden sechs Splissen in dreieckiger Form herausgeschnitten und an den Schnittflächen zusammengeleimt.

Aus Bambus werden hauptsächlich die feineren Fluggerten gefertigt, während das Tonkinrohr, das zäher ist und dickere Splissen liefert, zu den Spinngerten seine Verwendung findet.

Man macht wohl auch ganze Gerten aus ungesplißtem Tonkin- und Bambusrohr, die den Vorteil haben, daß sie besonders leicht sind, allein dünnere Rohre ermangeln doch der nötigen Stärke und Festigkeit, so daß man wenigstens die Spitze aus anderem Material, am vorteilhaftesten aus Dschungelrohr, ca. 20 cm lang, herzustellen pflegt. Immerhin haben sie den Vorzug der größeren Billigkeit, und wer eine sehr lange Gerte wünscht, tut am besten, sie von Bambus zu nehmen, da diese verhältnismäßig doch noch am leichtesten ist.

In England werden die Gerten fast durchgehends aus Bambusrohr, gesplißtem Bambus oder aus Greenheart hergestellt. Für die Grund- und Hechtangelei ganz aus einfachem Bambus oder der Handteil Bambus, Mittelstück· und Spitze Greenheart oder gesplißtem Bambusrohr.

Über die Vorzüge bzw. Nachteile dieser beiden Holzarten ist in englischen Fachjournalen viel gestritten worden, ohne daß es möglich gewesen wäre, zu einer Einigung zu kommen. Aus der Kontroverse geht jedoch das eine sicher hervor, daß sich beide die Wage halten müssen. Jedenfalls spricht zugunsten der Greenheartgerte, daß sie um mehr als die Hälfte billiger zu stehen kommt als die gesplißte, und daß man besser werfen und sicherer anhauen und fast noch mehr Gewalt auf den Fisch ausüben kann wie mit letzterer. Dagegen ist die gesplißte zweifellos dauerhafter und bricht weniger leicht bei einem plötzlichen Ruck. Wer sich für eine Greenheartgerte entschließt, wird daher gut tun, sie nur von einer erstklassigen Firma zu beziehen, die ihren ganzen Ehrgeiz darein setzt, nur prima Material zu verarbeiten. In Deutschland hat sich meines Wissens noch kein Fabrikant auf die Herstellung von solchen verlegt.

Die Gerte muß für den Anfänger vor allem leicht sein, damit er lernt, sie gut zu führen, sonst verfällt er in einen schlechten Stil und macht keine Fortschritte. Das gilt natürlich vor allen Dingen für die Flugangel. Ermüdet seine Armmuskulatur zu früh, dann lernt er nicht, beim Anhieb sein Handgelenk richtig zu gebrauchen. Aus diesem Grunde darf sich insbesondere der Anfänger nicht beschwätzen lassen, aus Ersparnisgründen eine Gerte zu kaufen, die zweierlei ganz verschiedenen Zwecken, z. B. der Flug- und Spinnfischerei dienen soll, indem man nur die Spitzen zu wechseln braucht. Solche Gerten sind stets für ersteren Zweck zu schwer, für letzteren zu weich.

Der Handgriff an den feineren Gerten, besonders an den Fluggerten, soll mit Kork oder Strohgeflecht überzogen und das Handteil selbst an den Spinngerten nicht zu dünn und elastisch sein, sonst geht der Schwung schon zu früh an, was für den Wurf von Nachteil ist.

Wir haben in Deutschland und Österreich eine Anzahl von Fabrikanten guter, ja vorzüglicher Gerten und sind besonders, was den Bezug von einfacheren Grund- und Hechtgerten usw. betrifft, gewiß nicht vom Ausland abhängig. Da man aber, um ein richtiges Urteil über eine Gerte zu bekommen, sie erst jahrelang am Wasser geführt haben muß — spielt ja doch die Dauerhaftigkeit die größte Rolle bei der Bewertung einer Angelrute —, kann ich aus eigener Erfahrung nur das empfehlen, was ich selbst im Laufe meiner langen Anglerpraxis gründlich ausprobiert habe.

Wenn ich also in erster Linie die von mir über 40 Jahre fast ausschließlich geführten Gerten der rühmlich bekannten Firma Hildebrands Nachfolger Wieland, Ottostraße, München, empfehle, die heute noch an Güte unerreicht sind, so möchte ich den übrigen Fabrikanten von Angelgerten damit nicht zu nahe treten und etwa ihre vielleicht auch vorzüglichen Fabrikate verkürzen[1]).

Jedenfalls aber möchte ich allen Anfängern, die sich neu zur Angelei ausstaffieren wollen, den wohlmeinenden Rat geben, sich lieber eine in Deutschland oder Österreich handgearbeitete Gerte anzuschaffen als eine amerikanische Fabrikware, mit der wir hierzulande überschwemmt werden. Die gespließten Gerten sind ja verhältnismäßig sehr billig und sehen verlockend aus, in der Solidität

---

[1]) Die warme Empfehlung Wielands auch in späteren Abschnitten meines Buches wurde mir von der Kritik mehrfach übelgenommen und gleichsam als Reklame für eine bestimmte Firma bemängelt. Es gereicht mir nun zur vollkommenen Genugtuung, daß Dr. Horst Brehm, der langjährige I. Präsident des Deutschen Anglerbundes, in der jüngsten Auflage des von ihm neu bearbeiteten Taschenbuches der Angelfischerei von Max v. d. Borne bei der Besprechung der Angelgerten (Seite 16) in seinem Urteil über diese hervorragende Firma sich ganz auf meine Seite stellt, und zwar, wie er sagt: auf die Gefahr hin, selbst ebenso verdächtigt und verunglimpft zu werden wie ich.

sollen sie aber sehr verschieden sein. Man hört da die widersprechend-
sten Urteile, je nachdem einer einmal einen glücklichen Griff macht
oder nicht. Mit diesem Urteil will ich jedoch nicht allerersten
Firmen, wie Leonard in New York, zu nahe treten, die, allerdings
um teures Geld, ganz vorzügliche Gerten besonders für die Flugangelei verfertigen.

Für die verschiedenen Arten des Sportes empfehlen sich:

A) für die Grundangel:

Die Grund und Wurmgerte aus Bambus oder Hickory, vier-
teilig, 3,50 m lang, Spitze von Lancewood oder auch von gleichem
Material, aber 4 m lang, mit kurzer Reservespitze zur gelegentlichen
Hechtfischerei. Empfehlenswert sind Bambusgerten mit hohlem
Handteil zur Aufnahme von 1 bis 2 kürzeren Spitzen. Hickoryholz
hat leider den Fehler, krumm zu werden. Für Gerten aus einem
Stück eignet sich am besten weißes, spanisches Rohr, aus dem man
Gerten von über 6 m Länge herstellen kann.

B) für die Spinnangel:

1. Die Fischchengerte (Fig. 4), Länge 3,20 m, von Wieland
nach meiner Angabe gefertigt, aus gesplißtem Bambusrohr, Handteil Hickory (oder auch gesplißt und mit Korkgriff), dreiteilig. Sie
macht die Wurmgerte entbehrlich bei allen Gelegenheiten, wo man
nicht auf eine längere Gerte angewiesen ist, und kann aushilfsweise
mit einer um 25 cm kürzeren Spitze in träg fließenden, stark bewachsenen Flüßchen auch auf Hechte benutzt werden, wo alles
davon abhängt weiche Würfe zu machen. Da man den Wurf nur
mit einer Hand zu machen braucht, arbeitet man viel leichter und
sicherer und wird weniger müde. Sie ist für mich das Ideal einer
leichten Weitwurfgerte.

2. Die Hecht- und Huchengerte (Fig. 5), Länge 3,20 m,
Material wie bei der vorigen, nur kräftiger. Wieland hat auf mein
Anraten im Laufe der Jahre die Gerte in drei verschiedenen Stärken
hergestellt, und zwar im Gewichte (ohne Gummiendknopf) von 610,
715 und 785 g. Die leichteste dient mir zum Fang von Hechten
und Huchen in kleineren Flüssen, die mittlere für schwere Huchen
in Flüssen und Strömen, während ich die schwerste Nummer höchstens noch für die Befischung von Flüssen wie Inn oder Donau
ohne Boot vom Ufer aus anempfehlen möchte. Anfänger, die noch
etwas hitzig sind und noch geneigt, zu viel Kraft beim Drill anzuwenden, mögen sie sich immerhin anschaffen, aber auch jene, deren
oberster Grundsatz ist, jeden Fisch, wenn er auch noch so schwer
ist, mit aller Gewalt in Sicherheit zu bringen und auf einen eleganten
nervenanregenden Drill zu »pfeifen«.

Ich halte es für wichtig, gleich hier einen Vergleich zu ziehen
zwischen den Wielandschen Weitwurfgerten und den englischen,
speziell denen von Hardy, welche den größten Weltruf genießen:
Die besseren, aber auch ziemlich kostspieligen Hardyschen Gerten
sind sämtlich auch in dem viel dünneren Handteil gesplißt und
mit einem Korkgriff umgeben. Es läßt sich nicht leugnen, daß sie
einen gleichmäßigen, sich auf die ganze Gerte verteilenden Schwung

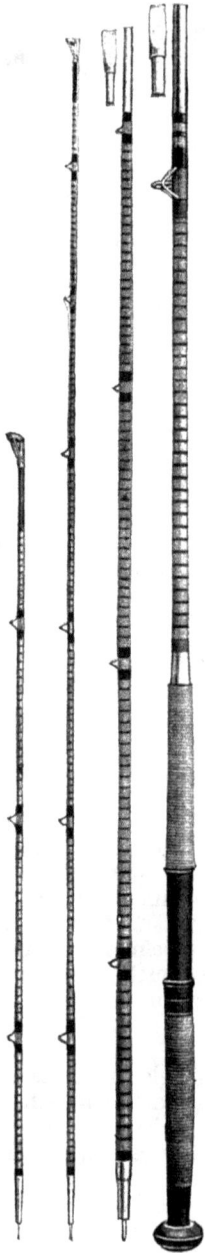

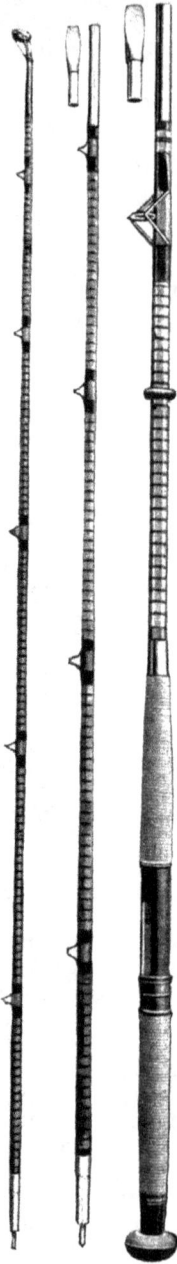

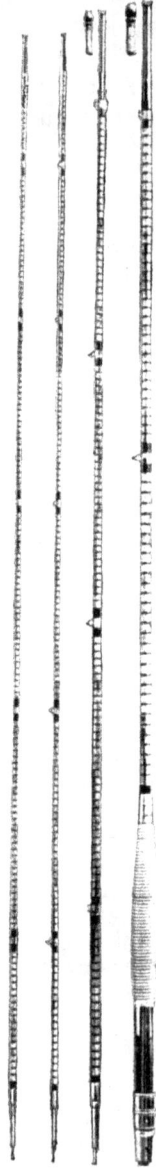

Fig. 4. Fig. 5. Fig. 6.

haben, der ohne Anstrengung einen weiten Wurf ermöglicht. Aber trotz dieses Vorteiles sind mir die Wielandschen Gerten dennoch lieber zum Gebrauch. Abgesehen davon, daß sie durchschnittlich nur die Hälfte kosten, haben sie zwei andere, größere Vorteile: erstens, daß sie steifer sind und den Anhieb, besonders auf Huchen sicherer gestalten, und zweitens, daß sie das Gewicht viel mehr auf das Handteil verlegen, wenn auch das Gesamtgewicht das gleiche ist. Man kann sich leicht davon überzeugen, wenn man mit je einer Hand beide Gerten am Handgriff horizontal hinausstreckt. Mit einer englischen Spinngerte von normaler Länge ist der Wurf mit einer Hand überhaupt unmöglich — die Engländer werfen eben durchgehends aus der Hüfte —, während man mit der leichteren von Wieland den ganzen Tag werfen kann, ohne die zweite Hand beim Ausfall zur Unterstützung zu gebrauchen.

Eine beliebte Gerte ist »Henshalls Fischchenrute«. Sie ist sehr leicht, nur 2,60 m lang und sehr bequem mit einer Hand zu führen. Sie eignet sich sehr zur Spinnangelei vom Boote oder von flachen, nicht bewachsenen Ufern aus, hat aber sonst alle Nachteile der zu kurzen Gerten.

In Österreich sind merkwürdigerweise speziell für die Huchenfischerei die primitiven Gerten unserer Vorfahren wieder in Mode gekommen, die nur mit einem Kopfring ausgestattet sind, nachdem sich Dr. Robida in seiner Monographie »Über den Huchen und seinen Fang« ausschließlich dafür ins Zeug gelegt hatte. Diese Einringgerten müssen naturgemäß in ihrem Schwerpunkt ganz anders konstruiert sein und ein für ihre Länge verhältnismäßig dickeres Spitzenteil haben. Durch die Verlegung des Schwerpunktes und den Mangel an Elastizität haben sie den großen Nachteil, daß man den Spinnköder nicht so natürlich führen kann. Bei der Benutzung des »Zopfes« als Köder, von dem später die Rede sein wird, kommt es darauf nicht an, woraus sich wohl erklärt, daß diese Gerte hauptsächlich für die Zopfangelei empfohlen wird. Für kleinere Köder und mehr weiche Würfe, für die ein leichter Anschwung unerläßlich ist, eignet sich die Einringgerte sicher nicht. Meiner Empfindung nach hat sie höchstens eine Berechtigung bei großer Kälte, bei welcher der Eisbeschlag an den Ringen einigermaßen störend wirkt, wer aber auch bei Temperaturen über dem Gefrierpunkt damit fischt, verzichtet meiner Ansicht nach auf den Genuß eines feiner durchgeführten und höher stehenden Sportes zugunsten eines roheren und primitiveren Gerätes, das in unserem Jahrhundert keine Berechtigung mehr hat.

C) für die Flugangel:

1. Die einhändige Fluggerte (Fig. 6), dreiteilig, 3 m lang, von gesplißtem Bambus mit Reservespitze und Netzstock, sämtliche Beschläge von Neusilber und vernickelt. Dieselbe ist trotz ihres geringen Gewichtes von 250 g außerordentlich zäh und dauerhaft. Ich habe eine solche von Wieland weit über 20 Jahre auf Äschen und Forellen in Gebrauch, und obwohl ich manchmal bei starken Fischen und schweren Doublés große Anforderungen an sie gestellt, hat sie noch nichts von ihrem Werte eingebüßt. Einmal fing und

landete ich damit sogar glücklich einen Huchen von 20 Pfund nach einem Kampf, der 55 Minuten dauerte.

Da jeder Anfänger, und wenn er sich noch so geschickt anstellt, sein Lehrgeld zahlen muß, empfiehlt es sich nicht für ihn, sich gleich eine so vollendete Gerte anzuschaffen, zumal recht gute und bedeutend billigere Fluggerten aus Greenheart, Hickory, Lancewood oder gesplißtem Bambus zu haben sind. Dieselben sind drei- oder vierteilig und 3 bis 3,20 m lang; die Lancewoodgerten sind etwas steifer. Sehr empfehlenswert sind auch die Fluggerten nach Stewart, die wieder etwas teurer sind.

Zur Flugfischerei mit der sog. Trockenfliege ist die sub 1 beschriebene Fluggerte nicht geeignet. Dazu muß sie wenigstens um 70 bis 100 g leichter sein. Es wird Aufgabe der deutschen Industrie sein, für diese Art von Angelei, die bei uns noch weniger bekannt und dementsprechend auch wenig geübt wird, noch besondere Gerten zu bauen. Leonard in New York und eine Anzahl englischer Firmen haben im Aufbau solcher Gerten den Höhepunkt erreicht, lassen sich aber auch Preise von 6—8 Pfd. St. dafür bezahlen.

2. Die doppelhändige Fluggerte, ebenfalls nach Stewart, steht zwischen der einhändigen und der Lachsrute mitten innen. Sie ist 4,50 m lang, Hand- und Mittelteil sind von Bambus, die Spitze wird aus Greenheart hergestellt. Zum Zwecke des Wurm- oder Fischchenangelns ist eine kürzere, 55 cm lange Spitze beigegeben, zur gelegentlichen Spinnfischerei eine solche von nur 20 cm. Die Gerte ist vorzüglich geeignet für die Flugfischerei: in Seen auf Forellen, Meer-, See-, Regenbogenforellen, Schwarzbarsche, Aitel usw., in kleineren Flüssen auf Huchen und für Geübtere auch zum Fang von Friedfischen wie Karpfen, Barben usw. Ich selbst ziehe sie allen anderen Gerten zur Grundfischerei vor. Die feine Spitze reagiert so prompt auf den leisesten Anbiß, daß das Floß bei vielen Gelegenheiten entbehrlich wird.

3. Die Lachsgerte aus Greenheart oder gesplißtem Bambus, vierteilig, 4,35 bis 5,40 m lang, mit Reservespitze und ev. kurzer Spitze für Spinnfischerei. (S. Kapitel »Lachs«.)

In England werden besonders starke, aber kostspielige Gerten mit Stahlseele gebaut, auch mit einer kürzeren Spitze zum Spinnen. Wegen ihrer Weichheit eignen sie sich nur unter Benutzung feiner Hakensysteme zum Spinnen und zur sog. Harlingfischerei auf Lachse und Meerforellen.

Außer den aufgeführten Gerten darf ich die amerikanischen Stahlruten nicht unerwähnt lassen, die in neuerer Zeit viel genannt wurden, aber sich bei uns nicht so recht einbürgern konnten.

Sie zeichnen sich durch ihre große Leichtigkeit und Widerstandsfähigkeit aus und nehmen im Futteral verpackt den denkbar kleinsten Raum ein.

Die Amerikaner fertigen aus Stahl sowohl die leichtesten Fluggerten wie auch Spinnruten für die stärksten Fische, nur müssen die letzteren, um doch noch einen gewissen Grad von Steifheit zu bewahren, sehr kurz sein und eignen sich dort nicht, wo es Bedingung eines guten Resultates ist, weit vom Ufer wegzubleiben. Sie haben

somit den gleichen Nachteil wie die oben erwähnte und auch von
mir lange geführte Henshallgerte. Dagegen sind sie zum Wurfe
vom Kahne aus gewiß sehr geeignet, solange man kleine Köder
nimmt und das Vorfach nicht zu schwer belastet oder solange man
vom Kahne aus damit schleppt.

In Amerika dienen sie hauptsächlich zum Fischen auf den
Schwarzbarsch mit kleinen lebenden Ködern in der Größe unserer
Pfrillen.

Benutzt man aber einen nur mittelgroßen Köder, so wird dieser
beim Weitwurf durch die übergroße Elastizität, noch ehe er am
Ziele angelangt ist, in seinem Fluge gehemmt und zurückgerissen
und fällt mit platschendem Schlag ins Wasser.

Die Fluggerten aus Stahl haben gleichfalls den Nachteil, daß
sie viel zu elastisch sind und besonders bei kräftigem Schwunge,
wie er z. B. bei Gegenwind unvermeidlich ist, die Fliegen vom Ziel-
punkt zurückziehen, noch ehe sie eingefallen sind. Auch sind sie bei
Gewittern geradezu gefährlich, so daß ich sie nicht empfehlen kann.

Zur Selbstanfertigung von mehrteiligen Grundgerten benutzt man am besten das Holz der Haselstaude, wenn es, saftlos
geschnitten, ein Jahr der Länge nach, um das Werfen des Holzes
zu verhüten aufgehängt war

Die beste Art, Angelgerten für den Transport an das Fischwasser zu verpacken, sind Futterale von kräftiger Leinwand, welche
so viel Abteilungen enthalten, als die Gerte Teile hat.

Die Pflege der Gerten nach dem Gebrauch ist von größter
Wichtigkeit, wenn man schlimme Erfahrungen vermeiden will.
Jedesmal nach dem Gebrauch sollte die Gerte aus dem Futteral
genommen und nach der Entfernung der Bolzen jeder Teil für sich
aufgehängt werden, damit sie und besonders die Hülsen gehörig
austrocknen. Die Zapfen müssen öfter abgerieben und blank ge-
putzt und von Zeit zu Zeit etwas mit Fett, Marsöl oder Seife eingerieben werden.

Ist die Saison für die betreffende Gerte vorüber, so ist es angezeigt, die Bünde nachzusehen, sie, wenn nötig, zu erneuern und
frisch mit Firnis zu überziehen, nachdem man Unebenheiten mit
Sandpapier behandelt hat. Die zum Wintersport bei Eis und Schnee
benutzten Gerten werden durch das anhaftende Eis und das oft
bedingte Abklopfen desselben mehr mitgenommen und bedürfen
manchmal einer Auffrischung unter der Zeit.

Gerten, die nicht im Gebrauch sind, wie z. B. die Fluggerten
während der Wintermonate, sollen nie einfach in eine Ecke gestellt,
sondern immer aufgehängt werden. Wichtig ist, daß der Auf-
bewahrungsort trocken und nicht zu warm ist.

2. Rolle.

Die Rolle ist ein wichtiger Bestandteil der Ausrüstung des
Sportfischers. Nur durch sie ist es möglich, die Schnur nach Bedürfnis zu verlängern und zu verkürzen, weite Würfe zu machen
und den gehakten Fisch zu drillen.

Die Rolle soll beweglich sein, d. h. jederzeit am Handteil der Gerte angefügt und abgenommen werden können.

Über die Befestigung der Rolle an der Gerte war schon im ersten Kapitel die Rede.

Die Mannigfaltigkeit der für die verschiedenen Angelmethoden konstruierten Rollen ist eine ungemein große und hat gerade in den letzten Jahren einen solchen Zuwachs bekommen, daß es für den Anfänger schwer ist, sich zurechtzufinden und das für seine Zwecke Brauchbare zu erkennen. Ich kann ihm aber den Trost geben, daß man für die gesamte Sportfischerei in Binnengewässern eigentlich nur zweier Systeme bedarf. Wer sich den Luxus gestatten will, eine größere Summe Geldes für die höchst sinnreichen, aber kostspieligen Errungenschaften der Feinmechanik, in welchen insbesondere die Firma Hardy Broth. Hervorragendes geleistet hat,

Fig. 7.   Fig. 8.

auszugeben der mag es immerhin tun, er wird seine Freude daran haben, aber notwendig sind sie nicht.

Man reicht also im Grunde genommen mit zwei Rollen für den ganzen Angelsport aus, von denen die eine für die leichte Fluggerte, die andere für alle übrigen Angelmethoden zweckentsprechend ist, höchstens wird man aus Bequemlichkeitsrücksichten sich veranlaßt sehen, von der letzteren sich solche von verschiedenem Durchmesser beizulegen.

Die Rolle, welche ich als durchaus praktisch für die leichte Fluggerte empfehle, ist die Metallrolle mit Federhemmung, Chekrolle mit Trieb an der Kurbel (Fig. 7), mit Trieb an der Platte (Fig. 8). Ich ziehe die Chekrolle mit Trieb an der Platte entschieden der Rolle mit Kurbel vor, da sich die Schnur um die letztere gerne verwickelt. Die Rolle soll 8 cm Durchmesser haben, man arbeitet unendlich viel leichter damit wie mit solchen von kleinerem Querschnitt. Da sie bei der Fluggerte hinter der Hand sitzen, kommt es auf die größere Schwere nicht an, im Gegenteil, sie erleichtern eher den Wurf, indem sie den Schwerpunkt der Gerte mehr nach unten verlegen.

Die Rolle mit Federhemmung hat nur außer dem auf die Dauer unangenehm knarzenden Geräusch, das die Feder verursacht, den Nachteil, daß letztere mit der Zeit lahmer wird und die Rolle daher leichter, als sie sollte, abläuft. Diesem Mißstand begegnen neu eingeführte Rollen, welche durch eine eingelegte Metallplatte lautlos gehemmt werden (Fig. 9). Läßt die Hemmung durch den Gebrauch nach, dann genügt ein leichtes Aufbiegen der eingelegten Platte, um den gewünschten Grad der Spannung wieder herzustellen.

Fig. 9.   Fig. 10.

Alle anderen Chekrollen mit Platten von Ebonit (Hartkautschuk) oder aus Aluminium, um sie leichter zu machen, haben keine besonderen Vorzüge vor den einfach, aber exakt gearbeiteten oxydierten Messingrollen. Das Wichtigste für die Flugangelei ist immer eine Rolle mit guter Feder oder unausschaltbarer, lautloser Hemmung.

Bei Auswahl einer Chekrolle achte man aber darauf, daß die Hemmung so leicht ist, daß man den Fisch eben noch von der Rolle anhauen kann. Ist sie zu stark, dann sprengt man die Fliege oder den Zug ab, ist sie dagegen zu schwach, dann dringt der Haken nicht ein, und der Fisch geht verloren. Nie aber lasse man sich eine Rolle mit Multiplikator oder eine solche mit Sperrvorrichtung aufschwätzen, da sie direkt nachteilig und noch dazu kostspielig sind und ganz allein nur für die Schleppfischerei im Meere auf Tuna, Tarpon und andere große Ungetüme angezeigt erscheinen.

Unbegreiflich geradezu ist es, wie man durchbrochene Rollen, wie z. B. die äußerst zerbrechliche Coxonrolle, zu dem Zweck herstellen kann, daß die Schnur darauf trocknen soll. Wer aus Bequemlichkeit versäumt, nach jedesmaligem Gebrauch seine Schnur zum Trocknen aufzuspannen, wird unausbleiblich seine bitteren Erfahrungen machen. Neuzeitlich auf dem Angelmarkt angepriesene Rollen, die automatisch die ausgegebene Schnur wieder aufrollen, sind offensichtlich nur für solche Stümper erfunden, die auf den Hauptreiz beim Angeln, das stilgerechte Drillen, verzichten zu müssen glauben.

Für alle anderen Angelmethoden, von der doppelhändigen Fluggerte bis zur schwersten Hecht- oder Huchengerte, ist die sog. Nottinghamrolle (Fig. 10) ausreichend. Sie ist aus Holz, dreht sich mit der größten Leichtigkeit und hat, was sehr wichtig ist, eine Hemmvorrichtung, die im Gegensatz zu den Flugrollen ein- und ausgeschaltet werden kann.

Diese Rolle kann, was man nach jedesmaligem Gebrauch nie versäumen darf, durch einen leichten Federdruck in ihre beiden Teile zerlegt, getrocknet und an ihren inneren Mechanismus geölt werden. Sie ist solid und handlich, mit zwei seitlich angebrachten konischen Handhaben versehen, um die sich die Leine nicht verschlingen kann, was bei den mit Kurbel versehenen Rollen ein großer Mißstand ist.

Die Nottinghamrolle kommt meist in zwei Größen in den Handel, und zwar mit einem Durchmesser von 8 cm für die Grundgerte, für die doppelhändige Flug- und die leichtere Spinngerte, mit Durchmesser von 10 cm für die Hecht-, Lachs- und Huchengerten. Nottinghamrollen von größerem Durchmesser taugen, außer zur Schleppfischerei von der Gerte in Seen, nach meiner Erfahrung nichts, da, je größer der Durchmesser ist, desto schwerer die Rolle in Bewegung gesetzt werden kann. Weite Würfe mit viel Blei am Vorfach oder mit großen Ködern gelingen zwar damit, aber ein feiner, weicher, wohlberechneter Wurf auf kurze Distanz, auf den oft so viel ankommt, ist damit nicht auszuführen. Schutzvorrichtungen an den Nottinghamrollen halte ich nicht nur für überflüssig, sondern, wenn man schon einmal in der Übung ist, geradezu für störend.

Die aus Ebonit oder Holz bestehenden, auf der Innenseite mit Metallplatten ausgeschlagenen Rollen (s. Fig. 11) haben den Vorteil, nie zu quellen wie die rein aus Holz dargestellten, was übrigens durch sorgfältiges Trocknen vermieden wird. Die Ebonitrollen fassen sehr viel Schnur, sind aber leichter zerbrechlich wie die Holzrollen. Für die Huchenfischerei im Winter haben sie den Nachteil, daß die Schnur auf ihnen etwas eher gefriert, weil sie die Kälte stärker leiten wie die aus Holz gefertigten. Sieht man von diesen kleineren Mängeln ab, so sind diese Rollen dennoch wegen ihres exakten Funktionierens recht empfehlenswert.

Die A.-G. für techn. Neuigkeiten in Emmenbrücke-Luzern hat in jüngster Zeit eine Rolle im Nottinghamstil unter dem Namen »Reußrolle« in den Verkehr gebracht, die zweifellos große Vorzüge hat (Fig. 11a). Sie besteht zur einen Hälfte aus Holz, zur andern aus Aluminium und ist daher verhältnismäßig leicht. Auf

der einen Seite ist auf einer drehbaren Scheibe eine Skala angebracht. Steht der Zeiger auf 0, dann hat man vollkommenen Frei-
lauf. Je weiter man die Scheibe dreht, desto mehr tritt lautlose
Hemmung ein. Beim Drill eines Fisches stellt man den Zeiger auf 5,
wobei jedes Überlaufen der Schnur ausgeschlossen ist. Um das
Überlaufen nach dem Wurf zu verhüten, braucht man nur vor
Beginn des Fischens seinen Köderfisch samt Vorfach ins Wasser zu
hängen und dann die Drehscheibe so zu stellen, daß die Rolle eben
stehen bleibt. Sie wird dann auch nach dem Wurfe stehen bleiben,
ohne daß ein weiteres Bremsen nötig wäre. Dadurch wird besonders
dem Anfänger viel Verdruß erspart. Was diese Rolle gegenüber
den noch zu erwähnenden englischen entschieden auszeichnet, ist
der billige Preis von 30 Fr.
und das viel geringere Gewicht und vor allem, daß man
auch mit der Rolle nach oben
gestellt werfen kann.

Fig. 11.   Fig. 11a.

Zu Beginn des Jahrhunderts hatten schon verschiedene englische Firmen eine ganze Anzahl von Metallrollen im Nottinghamstil auf den Markt gebracht, die sinnreich konstruiert sind und dem
Anfänger das Erlernen des Wurfes sehr erleichtern. Besonders ist
es die »Silex Reel«, welche in England viel gekauft wird. Wer aber
die gewöhnliche Nottinghamrolle aus Holz beherrscht, hat kein
Bedürfnis mehr, sich solche kostspielige Rollen anzuschaffen, um
so weniger, da sie das Werfen und Einholen der Schnur mit der
nach unten gestellten Rolle zur Bedingung machen, gegen das ich,
wie ich später auseinandersetzen werde, aus verschiedenen Gründen
eingenommen bin.

Für die Spinnfischerei auf Huchen kommt noch die sog.
»Magnaliumrolle« von 18 cm Querschnitt in Betracht, die aus
lauter dünnen Metallspeichen hergestellt wird und daher verhältnis-

mäßig sehr leicht ist. Wegen ihres abnorm großen Durchmessers ist der Trieb an der Seite angebracht und wird sie, statt senkrecht zum Handgriff, quer zu diesem gestellt. Die Magnaliumrolle soll in erster Linie zur Winterfischerei bei Schnee und Eis dienen, um ein größeres Quantum dick gefrorener Schnur aufnehmen zu können, hat aber dabei den Fehler, daß die kalte Luft von allen 4 Seiten ungehindert zuströmen kann, so daß auf ihr die Schnur unvergleichlich mehr wie auf der von 3 Seiten die Kälte schlecht leitenden Holz-Nottinghamrolle gefriert und daher gerade zur Eisfischerei am wenigsten taugt. Die Magnaliumrolle hat nur den einzigen Vorzug vor kleineren Rollen, daß man schneller aufwinden kann. Diese

Fig. 12.

Eigenschaft kommt aber hauptsächlich nur den Befischern großer Flüsse, wie z. B. der Donau, zugute, wenn es sich darum handelt, Schritt vor Schritt von hohen Böschungen aus gleichförmige Würfe zu machen und den Köder, wenn er beim Einrollen in Ufernähe kommt, rasch aus dem Wasser zu ziehen. Um aber die genügende Spannung beim Drillen eines Fisches bewahren zu können, genügt die gewandte Beherrschung einer 10 cm-Rolle vollkommen, zumal dann, wenn man es versteht, im Notfall außer den Armen auch die Beine zu benutzen.

Eine der jüngsten Errungenschaften für den Wurf leichter Köder mit kleinem Blei ist besonders beachtenswert, da sie wirklich alles bisher Dagewesene übertrifft: Die nach ihren Erfindern genannte »Marston-Crosslé-Rolle« (Fig. 12). Sie ist aus Aluminium und Ebonit hergestellt, sehr leicht, ganz im Nottinghamstil gebaut. Der Köder fliegt mit der größten Leichtigkeit von der Rolle, ohne daß diese im geringsten die Tendenz hat, zu überlaufen. Für den Wurf gegen den Wind kann sie noch lockerer gestellt werden. Für die Spinnfischerei auf Forellen mit Weitwurf ist sie mir nahezu unentbehrlich geworden.

Von den sonst gebräuchlichen Rollen ist eine der bekanntesten die »Mallochs Wenderolle«, welche für viele dadurch verlockend ist, daß man ohne besondere Übung weite Würfe machen kann. Sie hat aber den großen Nachteil, daß man die Schnur lange nicht in dem Maße beherrscht und daß man den Köder nicht so weich einwerfen kann wie mit der Nottinghamrolle.

Zur Aufbewahrung und Verpackung der Rollen sind in den Gerätehandlungen ziemlich kostspielige Lederetuis zu haben. Ich habe mir stets mit großen ledernen Zugbeuteln, Geldbörsen, wie sie unsere Bauern tragen, beholfen, die billig und leicht sind und ihren Zweck besser erfüllen wie die Etuis.

3. Angelschnur.

Die Angelschnur soll möglichste Haltbarkeit mit möglichster Feinheit und Glätte verbinden, muß aber, besonders bei Flug-fischerei, im richtigen Verhältnis zu der Gerte stehen.

Das Material, welches weitaus die meisten Vorzüge hat, ist die Seide. Hanf wird nur für gröbere Schnüre hauptsächlich für die Schleppangel verwendet, bei anderen Angelmethoden nur der Billigkeit halber.

Die Vorzüge der Seide sind: bei weitem größere Elastizität, größere Dauerhaftigkeit und Widerstandskraft. Die Bruchbelastung für Zug pro qmm Querschnitt beträgt bei Seide 20 kg, bei Hanf aber nur 8 kg. Man ist also imstande, mit einer viel dünneren Seidenschnur viel länger und öfter zu fischen wie mit einer Hanf-schnur, dabei hat die letztere noch die unangenehme Eigenschaft, daß sie viel mehr Wasser aufnimmt.

Man unterscheidet nun einfach gedrehte und geflochtene (ge-klöppelte) Schnüre, von denen die ersteren sich zur feineren Sport-fischerei wegen ihrer Neigung zum Verdrehen nicht eignen. Zur Flugfischerei müssen sie einer besonderen Behandlung unterzogen werden, die sie möglichst glatt und steif macht, während zur Spinn-fischerei von der Rolle nur unpräparierte Schnüre aus reiner weicher Naturseide geeignet sind, die vorteilhafterweise durch irgendwelche Farbstoffe im Wasser wenig auffallen. Sie werden aus langen, feinen Seidenfäden dichter gewoben, so daß sie glatt durch die Ringe laufen, wenig Wasser aufnehmen und bei geringem Querschnitt dasselbe aushalten wie eine gröber geklöppelte Schnur.

Zum Wurf in Klängen von der Hand oder von einem Ehmant-fächer dagegen müssen die Schnüre steif sein und einen größeren Querschnitt haben; es eignen sich hierzu auch die nach altem deut-schen Gebrauch hergestellten, rauher sich anzufühlenden Schnüre, wie sie noch vor 10 bis 20 Jahren ziemlich allgemein auch zum Wurf von der Rolle im Gebrauch waren. Da sie aber schwerer durch die Ringe liefen und sich rascher, besonders bei der Eisfischerei im Winter, abnutzten, indem sie rauh und filzig wurden, mußten sie den englischen plaited silk lines weichen. Diese hatten aber leider den Nachteil, daß man sie aus England beziehen mußte, weil man sie in Deutschland nicht herzustellen verstand.

Mein oft geäußerter Wunsch, daß es endlich gelingen möge, unsere deutsche Industrie für diese Frage zu interessieren, ging nun heuer auf folgende Weise glänzend in Erfüllung:

Die Firma C. U. Springer, Seidenzwirnerei und Färberei in Isny, Württemberg, hat sich nach Einsicht in mein Sportbuch mit der Bitte an mich gewendet, ich möge ihm Muster von solchen englischen Schnüren überlassen, die ich für die Sportfischerei für besonders geeignet erachte, was ich mir natürlich nicht zweimal sagen ließ. Ich erhielt dann nach einigen Monaten eine Anzahl Musterschnüre zugesandt, um damit Versuche am Wasser anzustellen. Dies besorgte die gleiche Anzahl Sportgenossen, auf deren Urteil ich mich verlassen konnte.

Das Resultat dieser Versuche war, daß sämtliche Schnüre, die allein schon bei der Besichtigung im geschlossenen Raume einen vorzüglichen Eindruck machten, sich auch in der Praxis ausgezeichnet bewährten. Wichtig war vor allen anderen Vorzügen, daß die Schnüre gar keine Neigung zum Verdrehen hatten und sich glatt auf die Rolle legten. Die von mir ausprobierte sehr dünne Forellenspinnschnur hat den ganzen Sommer über genau so funktioniert wie am ersten Tage, ohne eine bemerkbare Abnutzung zu zeigen, so daß auch über die Dauerhaftigkeit kein Zweifel bestehen kann.

Nachdem ich Herrn Springer das günstige Resultat unserer Versuche mitgeteilt hatte, machte er sich mit Eifer daran, die verschiedenen Probeschnüre auch in verschiedenen Stärken von den allerfeinsten Nummern bis zu den kräftigsten Huchenschnüren herzustellen. Er sandte dann Musterschnüre an das Staatliche Materialprüfungsamt in Berlin, um sie auf Festigkeit, Tragkraft und Dehnung untersuchen zu lassen. Das offizielle Prüfungszeugnis vom 23. Okt. 1919 liegt mir nun zur Einsicht vor und zeigt ein sehr erfreuliches Resultat. Bei einer Bruchdehnung von 25 bis 40% ergibt sich eine staunenswerte Zugfestigkeit. Während eine ausnehmend dünne Schnur von fast Nähfadenstärke eine Zugfestigkeit von 4½ Pfund besitzt, trägt eine stärkste von 42½ g auf 100 m Länge und einer Bruchdehnung von 28% noch ein Gewicht von 30 Pfund, ohne zu reißen. Meinem Gefühl nach ist eine so starke Schnur selbst für den Fang der schwersten Huchen überflüssig und genügt eine, die erst bei einer Belastung von 20 Pfund reißt, vollkommen für jede Art von Spinnfischerei. Sie ist ja auch viel billiger, und wenn man sie nach längerem Gebrauch umdreht, hat man, sorgfältige Trocknung und Behandlung vorausgesetzt, für Jahre eine zuverlässige Schnur. Der Tunaklub in Avalon, Kalifornien, verbietet seinen Mitgliedern, stärkere Schnüre zum Fang der viele Zentner schweren, an der Angel sich wie Furien geberdenden Seeungetüme zu benutzen, als solche, die auf 27 englische Pfund Zugfestigkeit geprüft sind (= 25½ deutsche Pfund).

Herr Springer hat nun auf mein Anraten die einzelnen Schnüre nach ihrer Tragkraft numeriert, für die einzelnen Sorten haben wir uns auf beliebige Namen, hauptsächlich Fluß- oder Ländernamen, geeinigt. Von den vielerlei Sorten, die mir vorlagen, habe ich 7 verschiedene als zur Massenproduktion geeignet anempfohlen, wobei es mir schwer fiel, die besten auszuwählen. Diese ausgewählten Schnüre unterscheiden sich hauptsächlich durch ihre Farbe, sind teils roh, teils abgekocht, teils mit Innenfaden als Seele versehen, worüber die Preisverzeichnisse näheren Aufschluß geben[1]).

---

[1]) Die Schnüre, die über eine innere Seele, einen weißen Seidenfaden, geflochten sind, haben vielleicht den Vorteil, bei längerem Gebrauch stets rund zu bleiben und keine Neigung zu haben, bandartig zu werden; eine Neigung, die übrigens nur jene Schnüre aufweisen, die zu locker geklöppelt sind. Durch die Abkochung werden Schnüre weicher und geschmeidiger und

Die vor zwei Jahren von Herrn Springer gelieferten, weichen Spinnschnüre haben inzwischen allgemein Anklang gefunden und werden viel gekauft; ich selbst habe die Pfeffer- und Salz-Schnur, die Donau- und Iller-Schnur praktisch erprobt und war mit dem Erfolg sehr zufrieden.

Zur Grundfischerei eignet sich schließlich jede geklöppelte feine Schnur, wer aber diese Art von Fischerei mit dem feinsten zulässigen Zeug betreibt, wird es, was den Enderfolg betrifft, nie zu bereuen haben und immer wieder zu den neu eingeführten feinen Schnüren greifen, nur wird es beim Wurf in Schlingen ratsam sein, die Schnur, um sie steifer zu machen, mit Wachs abzureiben.

Dr. Winter empfiehlt für die feine Grundangel als vollauf genügend die Nr. 6 und 10 der »Algäu«-Schnur.

Bei Auswahl einer Spinn- oder Grundschnur möge man immer bedenken, daß jede Schnur, je glatter und dünner sie ist, sich desto glatter beim Aufspulen auf die Rolle legt, desto leichter beim Auswurf durch die Ringe gleitet und sich verhältnismäßig weniger abnutzt wie eine stärkere oder gar rauhe Schnur und daß es unökonomisch ist, sich eine stärkere Schnur anzuschaffen, als man sie für die Fische, die man fangen will, benötigt. Je mehr Körper die Schnur hat, desto leichter geschieht es, daß beim Aufrollen obere Schichten seitlich auf die tieferen abrutschen und sich lockern und dadurch Veranlassung zu Wurfhemmungen geben, die nur mit größerem Zeitverlust wieder beseitigt werden können.

Eine tadellose Flugschnur muß vor allen Dingen so glatt sein, daß sie auch beim leisesten Anschwung durch die Ringe läuft und selbst am Ende des Schwunges sich noch glatt an die Gerte anlegt, wenn man die Absicht hat, die Schnur »schießen zu lassen« (s. Kapitel Flugangel) und eine noch mit der Hand festgehaltene, herabgezogene Schleife fahren läßt.

Glätte und ein gewisser Grad von Steifheit sind somit wichtige Eigenschaften einer idealen Flugschnur, Eigenschaften, die auch bei langem Gebrauche nicht verloren gehen dürfen. Man versäume daher auch nie, die Schnüre mit Paraffinbrei abzureiben und so geschmeidig zu erhalten.

Man kann aber auch sonst nicht vorsichtig genug in der Behandlung seiner Flug- und Spinnschnüre sein. Nie versäume man, nach einem Ausflug an ein Fischwasser seine Schnüre sorgfältig zu trocknen. Man lege sich daher nicht zur Ruhe, wenn man noch so müde heimgekehrt ist, ohne mindestens durch Abziehen der ganzen Schnur von der Rolle sie in Schlingen über Nacht auf dem Fußboden ausgebreitet zu haben. Wer es unterläßt und das Trocknen nur auf den nächsten Tag verschiebt, wird die unvermeidlichen Folgen tragen müssen. Zum mindesten darf er sich nicht wundern, wenn die Gebrauchsfähigkeit und Verläßlichkeit viel schneller verloren geht, wie wenn er meine diesbezüglichen Ratschläge genau befolgt hätte. Wird eine Schnur auffallend früh abgenutzt, dann wird man viel

verlieren an Gewicht, ohne an Tragkraft einzubüßen. Die Schnüre sind nur in den einschlägigen Geschäften zu beziehen.

2*

öfter hören, daß dem Material oder dem Fabrikanten die Schuld
beigemessen wird, als daß der Herr Angelbruder sich über sein Versäumnis Gedanken macht. So ist es z. B. schon ein großer Fehler,
wenn man seine Angelgerte mit der vorher aufmontierten trockenen
Schnur auf der Rolle zum sofortigen Gebrauch in einem zwar nach
oben gedeckten, aber auf den Seiten offenen Raum unterbringt und
so der feuchten Luft einiger Regentage aussetzt, denn nichts schadet
der Schnur mehr als länger andauernde Feuchtigkeit, die auch in
eine aufgerollte Schnur bis in die Tiefe dringt und sie der ganzen
Länge nach brüchig macht, sie sozusagen erstickt.

Zur Fischerei mit der **Flugangel** benutzte ich bisher entweder
die vorzügliche amerikanische Patent Waterproof braidet Silkline
oder, was sich noch besser bewährt hat, die aalglatten englischen
Acme-Schnüre. Beide Schnurgattungen sind aber durch die tief-
stehende deutsche Valuta gegenwärtig sehr teuer.

Herr Springer hat sich dann fortgesetzt große Mühe gegeben,
gleichwertige Flugangelschnüre herzustellen, was ihm anfangs sehr
erschwert war durch die schwierige Beschaffung der nur vom Ausland zu beziehenden feinen Firnisse und Lacke. Nachdem dieser
Mißstand behoben war, wurden mir nach einigen weiteren Versuchen
Schnüre vorgelegt, die wirklich allen Anforderungen an Dauerhaftigkeit, Weichheit und Glätte, wenigstens dem Ansehen nach, zu entsprechen scheinen. Leider war es mir nicht mehr möglich, sie am
Fischwasser praktisch zu erproben.

Die sogenannten **Acmeschnüre**, die den großen Vorzug haben,
daß sie an beiden Enden allmählich feiner und feiner zulaufen,
während sie nach innen zu mehr Körper gewinnen und so die Wucht
des Wurfes unterstützen, konnten bisher noch nicht in Deutschland
zur Befriedigung hergestellt werden, es steht aber zu hoffen, daß
dies Herrn Springer auch in Bälde gelingen wird.

Es ist wohl selbstverständlich und bedarf wohl kaum der Erwähnung, daß ich an der Einführung der Schnüre durch Herrn
Springer ebensowenig wie an den übrigen Sportartikeln, die ich im
Laufe der Jahre ersonnen oder empfohlen habe, irgendein anderes
Interesse habe, als das ideale, dem deutschen Angelsport dienlich
zu sein. Persönlich habe ich aus allen meinen Neuerungen nicht
um einen Pfennig Nutzen gezogen. Deshalb soll es mich nur freuen,
wenn andere Seidenzwirnereien, angeregt durch die Erfolge Springers,
sich mit gleichem Eifer daran machen, gleich brauchbare Schnüre
auf den Markt zu bringen.

Bevor man einen Angelausflug unternimmt, sollte man jedesmal seine Schnur auf ihre Haltbarkeit prüfen, denn es ist unausbleiblich, daß sich die unteren Partien mit der Zeit abnutzen. Man
macht die Probe, indem man die Endschnur zwischen beiden Händen
anspannt und so weit ausmerzt, als sich durch kräftigen Ruck
abreißen läßt, ja man wiederhole diese Prüfung auch am Wasser
nach stundenlangem Spinnfischen, besonders wenn die Schnur bei der
Winterfischerei gefroren war. Nimmt die Abnutzung auf größere

Längen zu, dann kehre man sie um und hat sozusagen wieder eine tadellose Schnur.

Vor dem Gebrauch von Hanfschnüren zum Wurf von der Rolle muß ich direkt warnen, ist es mir doch zu meinem Schaden passiert, daß ich vor etwa 20 Jahren auf das dringende Zureden eines Huchenfischers aus Kärnten eine amerikanische gedrehte Hanfschnur versuchte und schon am zweiten Gebrauchstag im Inn meinen schwersten Huchen von ca. 45 Pfund verlor. Unglücklicherweise hatte sich der Fisch beim Abgehen so gewälzt daß Vorfach und Schnur sechs- bis achtfach um seinen Leib gewickelt waren. Er konnte die Kiemen, da sie eingeschnürt waren, nicht mehr öffnen und lag ermattet am Rücken, und ich war im Begriff, ihn langsam dem Ufer zuzuführen, da streckte er sich mit einem Male wie ein Athlet, der um seine Brust gelegte Fesseln sprengen will, und die Schnur riß etwa 1 m vom Ende, noch dazu an einer Stelle, die nie durch die Ringe zu laufen hat und daher intakt sein mußte. Hätte ich meine elastische Seidenschnur gehabt, dann wäre das nicht passiert. Ich sah den gewaltigen Fisch noch lange, kaum 10 Schritte vom Ufer entfernt, dahintreiben und war drauf und dran, ihm bis zum Bauch im Wasser watend zu folgen, aber die kühle Überlegung hielt mich doch schließlich davon ab, ein eiskaltes Bad zu nehmen.

Nun zur Frage: wieviel Schnur soll man auf die Rolle nehmen! Da eine Rolle, je voller sie ist, desto schneller aufgewunden werden kann, ist es ratsam, so viel Reserveschnur unter die Gebrauchs- oder Wurfschnur zu nehmen, als nötig ist, um die Rolle fast vollständig zu füllen, so weit, daß diese in ihrer Drehung nicht behindert wird. Man wird daher im Winter, wo die Schnur, wenn es friert, dicker werden kann, darauf Rücksicht nehmen und zur Winterfischerei lieber etwas weniger Reserveschnur aufwinden. Als solche kann man eine ältere Seiden- oder eine Hanfschnur benutzen, da sie selten in Aktion zu treten hat, und wenn ja, infolge der großen Elastizität der Gebrauchsschnur, nicht reißt. Auch bringt die Reserveschnur den Vorteil, daß man manche hängengebliebene Angel wieder losmachen kann, wenn es mit Hilfe einer langen Leine gelingt, eine ober- oder unterhalb gelegene Furt zu durchqueren.

Die amerikanischen Flugangelschnüre sind 20 Yards lang, das genügt in den meisten Fällen selbst für schwere Forellen und Äschen; hat man ebensoviel Reserveschnur darunter, so kommt man in allen Fällen aus.

Für die Lachsfischerei mit der Fliege soll man außer 40 m Wurfschnur noch mindestens das Doppelte in Reserve haben. Für Huchen ist mindestens 40 m Gebrauchsschnur und etwa 20 bis 30 m Reserveschnur angezeigt. Für die Spinnangelei auf Hechte genügen 30 m Rollenschnur vollauf.

Man windet eine neue, ringförmig aufgerollte Schnur nicht direkt auf die Rolle, weil sie sich sonst verdreht, sondern man macht sich eine Rolle aus Papier, stülpt die Schnur darüber, schiebt einen Stock durch die Papierrolle und legt denselben quer über zwei Stuhllehnen, dann windet man erst auf. Sollte sie sich trotzdem noch verdrehen,

so zieht man sie ohne Angel durchs Wasser oder über eine Wiese.
Man versäume aber nie, die Schnur an der Rolle festzubinden. Schon
gar manchem wurde durch einen schweren Fisch die ganze Schnur
auf Nimmerwiedersehen von der Rolle gezogen.

Zum bequemen Trocknen der Schnüre nach dem Gebrauch
sind eigens konstruierte, zusammenklappbare Windmaschinen im
Handel, s. z. B. Fig. 13, welche den Vorteil haben, daß sich die
Schnüre beim Wiederaufwinden nicht so leicht verdrehen. Man kann
sie aber in Ermangelung solcher Maschinen auch durchs Zimmer von
Wand zu Wand spannen. Die Schnüre mit der Hand auf die Rolle
zu winden, ist wegen der unvermeidlichen Verdrehung sehr zu widerraten.

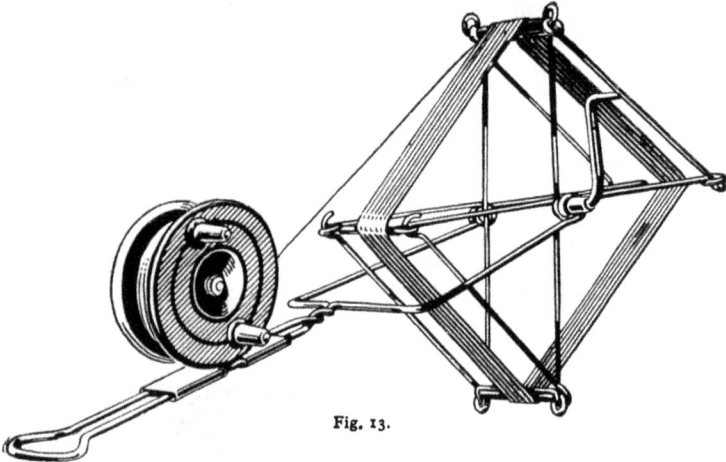

Fig. 13.

Das Tränken der Schnüre durch Tannenzapfenabsud oder
Katechu usw. zum Zweck der Färbung und hauptsächlich der Er-
höhung der Haltbarkeit ist zweifellos für Netze von großem Wert,
aber meines Erachtens für den Sportfischer überflüssig. Unendlich
viel wichtiger ist das sorgfältige Trocknen nach jedesmaligem Gebrauch und die Beschaffenheit der Ringe an den Spinngerten sowie
das Werfen eines beschwerten Köders mit der Rolle nach oben.
Wirft man, wie der Engländer, mit der Rolle nach unten, dann spannt
und wetzt sich die Schnur von Ring zu Ring, eine Reihe von stumpfen
Winkeln bildend, während sie umgekehrt, mehr der Gerte sich an-
schmiegend, eine gleichmäßig gekrümmte Linie ohne vorstehende
Reibungspunkte beschreibt und bei weitem nicht so schnell abgenutzt
wird[1]).

---

[1]) Wer sich noch der alten Zeiten, in denen noch Gertenringe aus
Messing- statt Stahldraht in Gebrauch waren und der tiefen Furchen erinnert, welche die Schnüre bei längerem Gebrauch, sogar der Fluggerten, in
das weichere Metall gegraben haben, wird sofort verstehen, welche noch viel
hochgradigere Abnutzung die empfindlicheren Schnüre erfahren haben müssen,

Zum Zwecke des Fischens mit der »trockenen Fliege« wird in englischen Sportbüchern empfohlen, die Schnüre vor dem Gebrauch zwischen zwei Bäumen auszuspannen und mit einem Stückchen Waschleder, das mit Vaselin oder Hirschtalg getränkt ist, abzureiben, wodurch die Schnüre sich gerade strecken, leichter durch die Ringe laufen, sich nicht so bald mit Wasser ansaugen und daher auch nicht untergehen. Ich habe die gleiche Prozedur, jedoch ohne die Schnüre zwischen Bäume auszuspannen, früher mit Marsöl vorgenommen. In neuerer Zeit tränke ich aber meine Schnüre mit Paraffinbrei, bestehend aus festem und flüssigem Paraffin zu gleichen Teilen, das ich in einer Glasschale von 25 bis 30 cm Durchmesser über gelindem Feuer verflüssige, was in einigen Minuten geschehen ist. Dann winde ich die ganze Schnur in losen Klängen hinein und nach kurzem Verweilen wieder in Schlingen heraus, nachdem ich sie am Rande des Gefäßes durch einen trockenen Leinwandlappen gezogen. Ich streife sie dann noch ein zweites Mal aus, ehe ich sie auf die Rolle winde. Dann ist die Schnur für die ganze Saison wasserdicht. War sie schon viel im Gebrauch, so kann man die Durchtränkung ja noch einmal wiederholen.

Ich kenne Huchenangler, die noch mit den alten geklöppelten deutschen Schnüren fischen und Schürzen mit an das Fischwasser nehmen, um zu vermeiden, daß ihre Kleider von dem abtropfenden Wasser naß werden. Ich behalte aber mit meinen paraffingetränkten, glatten Schnüren sogar trockene Hände, so daß ich bei großer Kälte gestrickte Jagdhandschuhe (ohne Fingerspitzen) tragen kann.

Die glatten und steifen Flugschnüre, die ohnehin schon imprägniert sind, lege ich nicht in die erwärmte Paraffinmischung, reibe aber die unteren ca. 10 m vor jedesmaligem Gebrauch mit kaltem Paraffinbrei, den ich auch am Fischwasser mit mir führe, ab und wiederhole die Abreibung besonders beim Fischen mit der Trockenfliege, öfters während des Angelns, um zu vermeiden, daß die Schnur mit den Fliegen sinkt.

Für die Hand-Schleppangel empfehlen sich dickere Hanfschnüre, erstens weil sie weniger kostspielig sind, und zweitens weil es angenehmer ist, mit dickeren und weniger elastischen Schnüren zu arbeiten. Man tränkt sie am besten mit Wachs, damit sie steif werden und weniger Wasser aufsaugen, nicht aber mit Paraffin, was sie zu schlüpfrig machen würde.

Zum Schluß des Kapitels über die Schnüre möchte ich noch darauf hinweisen, daß von deren Gebrauchstüchtigkeit in der ganzen

wenn sie straff durch die Ringe gespannt waren. Diese Spannung von Ring zu Ring macht sich besonders nachteilig geltend bei der Huchenfischerei mit schwerem Senker, großem Köderfisch und lebhafter Strömung bei Temperaturen unter Null, wenn die Innenfläche der Ringe mit rauhen Eiskristallen besetzt sind, an denen die Schnüre beständig wetzen. Obwohl bei mir und allen Huchenfischern, die mir ihre Meinung darüber abgaben, kein Zweifel bestand, daß meine Erfahrung auch die ihrige sei, habe ich doch Gelegenheit genommen, eine Autorität darüber zu interpellieren, den Professor der Physik an der hiesigen Technischen Hochschule, der mir unbedingt recht gab und erklärte, mein Standpunkt ließe sich leicht durch einen praktischen physikalischen Versuch beweisen.

Sportfischerei mit am meisten abhängt, und daß man sich daher vor jeder Benutzung von ihr überzeugen muß. Mit einer minderwertigen oder defekten Gerte oder Rolle hat man immer noch die Möglichkeit, einen guten Fisch zu landen, mit schlechter Schnur oder schlechten Angeln aber nicht.

4. Vorfach, Zug.

V. d. Borne schreibt in seinem Taschenbuch der Angelfischerei:

»Das Vorfach besteht gewöhnlich aus zwei Teilen, welche durch eine Öse verbunden werden, nämlich aus der Wurfschnur oder dem Fuß (casting line, Sid Strap) und dem Vorschlag (Snooding), welches einen oder mehrere Haken trägt. Das Vorfach soll schwächer sein wie die Rollschnur und der Vorschlag schwächer wie die Wurfschnur.«

In Bischoffs Anleitung zur Angelfischerei wird unterschieden zwischen dem kleinen oder Angelvorfach und dem großen Vorfach oder dem Zuge.

Es ist klar, daß, wenn man bald das Ganze, bald nur einen Teil des Ganzen mit demselben Ausdrucke bezeichnet, Mißverständnisse entstehen müssen, und ich werde daher, wie es allgemein verständlich ist, unterscheiden zwischen:

Wurfschnur (casting line): = Gebrauchsschnur im Gegensatz zur Reserveschnur, die zu unterst auf der Rolle ist, um diese genügend zu füllen.

Vorfach (trace): Mittelstück zwischen Wurfschnur und Angel, an welchem gewöhnlich der Senker angebracht ist.

Zwischenfach: Dasjenige Stück Poil, Gimp oder Draht, welches das eigentliche Hakensystem (flight) mit dem Vorfach verbindet, aber nur dann in Gebrauch kommt, wenn die Hakenflucht mit einem Wirbel abschließt.

Zug (gut, casting line): Poilzug, an dem die Fliege oder die Fliegen der Flugangel befestigt sind.

Angel: Der oder die Angelhaken oder das Hakensystem, welche mit einem Wirbel abschließen oder bereits an Poil, Gimp usw. angewunden, dazu dienen, in das Zwischen- oder Vorfach eingehängt zu werden. Den unmontierten Haken werde ich nie mit »Angel«, sondern nur als Angelhaken bezeichnen, während z. B. Forellen-, Hecht-Angel usw. das »System« bedeutet, mit dem auf die betreffenden Fische geangelt wird. Dabei ist auch die richtige englische Bezeichnung festgelegt und werden Bezeichnungen wie Vorschlag, Fuß usw., die mehr lokaler Art sind, weggelassen oder wie Wurfschnur richtig gedeutet.

Als Material zur Herstellung der Vorfächer wird fast ausschließlich benutzt:

a) das Poil, b) das Silk Cast Gut, c) das Gimp, d) der Galvanodraht, e) der einfache Stahldraht, f) der gedrehte oder geflochtene Stahldraht (Punjabdraht).

a) Das Poil.

Das Poil, der Gutfaden, das Gut, Crin de Florence, wird bekanntermaßen aus der Substanz gewonnen, aus welcher die Seidenraupe ihre Kokons spinnt. Kein Stoff vereinigt in so hohem Grade Feinheit mit Haltbarkeit wie das Poil.

Das längste, weichste, durchsichtigste und farbloseste und vor allem »rundeste« hat den höchsten Wert. Einzelne Längen von Salmongut, 30 cm lang, wurden in England vor dem Kriege mit 1 Schilling bezahlt, Längen zu je ½ Schilling sind nicht ungewöhnlich. Die stärksten Lachszüge halten ein totes Gewicht von 15 Pfd.

Während für den Lachsfang in England die stärksten und längsten Gutfäden gesucht werden, kann das Poil für den Forellenfang mit der Fliege nicht fein genug sein und ist feinstes rundes Gut prima Qualität besonders beliebt. Es wird aber auch dadurch noch feiner gemacht, daß man es durch eine mit feinen Löchern versehene Metallplatte mit scharfen Kanten zieht (dressed gut). Vor dem Gebrauche ist es schön rund und zart, franst aber durch öfteres Naßwerden aus und verliert seine Gebrauchsfähigkeit früher wie das unbearbeitete Gut.

Bei klarem Wasser und heiterem Himmel ist es unerläßlich, sich dieser feinsten präparierten oder unpräparierten Gutfäden zu bedienen, wenn man einigermaßen Erfolg haben will. Da häufig schlechtes Material benutzt wird und man es den Poilzügen vor dem Gebrauch nicht immer ansehen kann, ob sie dauerhaft sind, so scheue man die Kosten nicht und kaufe nur die besten Sorten.

Das Poil soll nicht poliert werden, sonst glänzt es im Wasser und verscheucht die Fische, eine leicht grünliche, bläuliche oder braune Färbung ist, je nach der Farbe des Wassers, beliebt. In ganz kristallklarem Wasser sollen die Poils farblos sein.

Es bleibt aber sehr fraglich, ob es nicht doch besser ist, farblose Poils für die Züge zu benutzen, da der Fisch von unten nach dem hellen Himmel sehend, kaum den Eindruck einer Färbung des Wassers haben kann, folglich ein durchsichtiges Poil, das nach unten keinen Schatten wirft, überhaupt weniger sehen wird wie ein gefärbtes. Dagegen halte ich es für angezeigt, bei der Grundfischerei, wo das Endpoil mit dem Zug auf den Boden zu liegen kommt, ein Färbemittel anzuwenden, welches dem Untergrunde in seiner Färbung entspricht.

Bezüglich der Tönung der Gutfäden verweise ich auf Abschnitt I, Kapitel 11.

Man bereitet Vorfächer und Züge aus einfachem und gedrehtem Poil, indem man mehrere Längen zusammenknüpft. Das Poilvorfach sowohl wie der Zug wird entweder seiner ganzen Länge nach aus gleichmäßig starken Gutfäden geknüpft, oder man verjüngt diese von oben nach unten, indem man die stärksten Längen für oben nimmt und allmählich dünnere nach unten zu, oder man benutzt oben gedrehtes Poil und unten eine oder mehrere Längen einfaches.

Ehe man Gutfäden zusammenknüpfen, drehen oder spinnen will, legt man sie längere Zeit, mindestens aber eine halbe Stunde,

in kaltes Wasser, damit sie sich ansaugen und geschmeidig werden.
Selbst im Notfall darf man nicht versäumen, ein Poil gut mit Spei-
chel anzufeuchten, wenn man es zu knüpfen beabsichtigt. Das
Verbinden mehrerer Gutfäden geschieht mittels eigener Knoten:

Fig. 14.

Der bekannteste ist der einfache Fischerknoten (Fig. 14).
Man legt beide Poils aneinander und bindet mit jedem einen einfachen Knoten um das andere Poil und zieht dann fest zu. Die
beiden vorstehenden Enden können sehr nahe der Verbindungsstelle
abgeschnitten werden.
Der doppelte Fischerknoten (Fig. 15 u. 16) ist zwar dicker,
bietet aber noch größere Sicherheit wie der einfache; der ganze
Unterschied besteht darin, daß die Knoten doppelt statt einfach

Fig. 15.

Fig. 16.

gemacht werden. Derselbe ist besonders wichtig bei feinen Poils.
Die Endschleifen werden festgezogen und hart am Knopf abgeschnitten.
Der Pufferknoten (Fig. 17) wird hauptsächlich bei Lachs-
zügen angewendet, wo alles darauf ankommt, die denkbar größte
Haltbarkeit zu erzielen. Die Erfahrung hat gelehrt, daß geknüpfte
Poils bei forcierter
Streckung vorzugs-
weise an den Kno-
ten brechen. Durch
den Pufferknoten
kann man aber er-
reichen, daß die
Knoten die dauer-
haftesten Stellen
der Vorfächer und
Züge werden. Die
Herstellung ist sehr
einfach; denn der

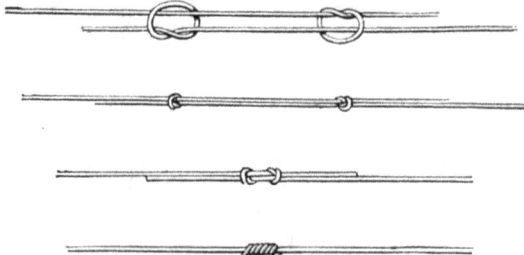

Fig. 17.

Pufferknoten ist nichts anderes als der einfache Fischerknoten;
nur mit dem Unterschied, daß man nach festem Zusammenziehen der
beiden Knoten nicht auch die Poillängen ganz zusammenzieht, son-

dern einen Raum von etwa 2 mm läßt, welchen man dann mit heller, gewichster Seide oder noch besser mit feinstem gewässerten Poil umwindet. Diese Umwindung wirkt wie ein Puffer auf die beiden Knoten links und rechts, und so wird es verständlich, daß die Widerstandsfähigkeit bedeutend erhöht wird.

Poils, die man längere Zeit, vielleicht sogar jahrelang unbenutzt im Etui aufbewahrt hatte, verlieren naturgemäß an Qualität, besonders an Weichheit und Geschmeidigkeit. Will man ‑ sie wieder benützen, dann ist es ratsam, sie längere Zeit, selbst mehrere Tage, in Wasser zu legen. Der lange Aufenthalt im Wasser scheint ihnen nicht übermäßig zu schaden, habe ich doch einmal eine Tiefseeangel mit 3 Stück je 5 m langen Poilvorfächern verloren, die mir 3 Monate später ein Berufsfischer zurückbrachte, nachdem sie ihm auf dem Seegrunde ins Netz geraten war. Ich nahm sie wieder in Gebrauch und habe noch jahrelang ohne Anstand damit weiter geangelt.

Die gedrehten Poils werden meistens mit einer eigens zu diesem Zwecke konstruierten Spinnmaschine hergestellt, die in den Angelgerätschaftenhandlungen zu haben ist. Da zu den ersteren auch minderwertige Gutfäden Verwendung finden, was man den fertigen Vorfächern nicht immer ohne weiteres ansehen kann, ist es eigentlich rationeller, sich seine Längen selbst zu drehen. Versäumt man jedoch nicht, ein mehrfaches Poilvorfach vor dem Gebrauche sorgfältig zu prüfen, dann wird man nicht leicht üble Erfahrungen machen.

Früher wurden die gedrehten Poillängen ausschließlich verknüpft und die vorstehenden Enden mit Seide niedergebunden. Da aber die auf diese Weise hergestellten Verbindungsstellen ziemlich sichtbar sind, ist man mehr und mehr davon abgekommen und splißt meist nur die Enden zusammen oder bedient sich des Pufferknotens.

Es ist irrationell, mehr als drei oder höchstens vier Gutfäden zu drehen, um daraus ein Vorfach herzustellen, da ein solches je dicker, desto sichtbarer ist und der Hauptvorteil illusorisch wird.

Die richtige Aufbewahrung der Poilzüge und einzelner Poils ist von großer Bedeutung für die längere Gebrauchsfähigkeit. Wichtig ist es daher, zu wissen, daß sie Feuchtigkeit, Luft und Licht schlecht vertragen. Am besten bringt man sie in einem Lederetui unter und bewahrt dieses in einem trockenen Fache auf.

Im Anhange an das Poil will ich kurz über die Verwendung des Roßhaares einiges anfügen:

Vorfächer aus Roßhaar werden im ganzen selten verwendet, dagegen hat es seine Vorzüge zur Herstellung ganz feiner, fast unsichtlicher Angeln. Am meisten wird es gebraucht für die Plötzen- und Coregonenfischerei. Das stärkste Roßhaar wird aus Gestüten von jungen Hengsten (Grauschimmeln) gewonnen. Die beste Bezugsquelle sind die Geigenfabrikanten.

b) Das Silk Cast Gut

eignet sich mit gewisser Einschränkung in vielen Fällen vorteilhaft als Ersatz für das Poil. Seine Vorzüge sind seine größere Billigkeit und seine unbegrenzte Länge, so daß man es nicht wie die Gut-

fäden zu knüpfen braucht. Es ist auch im trockenen Zustande
nicht brüchig, läßt sich leicht knüpfen und ist in allen möglichen
Stärken zu haben und selbst in den feinsten Nummern verhältnismäßig widerstandsfähig. Es hat aber wieder den Nachteil vor dem
Poil, daß es nicht durchsichtig und im nassen Zustande schlaffer
und schlapper ist wie dieses.

Daraus ergibt sich, daß es weder einen Ersatz bietet für Poilzüge zur Flugfischerei noch für das Endpoil an der Angel, daß es
aber für Vor- und Zwischenfächer sowie für gewisse Seitenangeln,
bei denen es nicht ausgesprochen auf Durchsichtigkeit ankommt,
oft recht zweckdienlich ist. Auch an Stelle von Draht ist es manchmal am Platze, obwohl es teurer ist wie dieser, weil es elastisch ist,
nicht knickt, geknüpft und gefärbt werden kann. Im geraden
Zug ist es allerdings weniger widerstandsfähig wie ein Draht von
gleicher Stärke.

c) Das Gimp.

Das Gimp wird hergestellt wie die auch für Musikinstrumente
verwendeten Saiten, welche über einem Kern von Seide mit Metall-
draht übersponnen sind, nur mit dem Unterschied, daß man für
die Angelfischerei nur die beste weiße Seide wählt und dem Draht
durch chemische Mittel eine indifferente, am besten graue Färbung
gibt. Bis vor kurzem wurde das Gimp noch mit Vorliebe zur Herstellung von Vorfächern für größere Raubfische verwendet; es hat
auch heute noch den Vorzug der längeren Dauerhaftigkeit vor den
anderen Materialien voraus, weil es weder geknickt noch zerschunden
wird. Da starkes Gimp aber ziemlich sichtbar, schwaches aber
nicht die Widerstandskraft gegen einen plötzlichen Ruck, wie bei
einem starken Anhieb, hat, ist man fast ganz davon abgekommen
und benutzt es eigentlich nur noch zur Herstellung einiger Angelfluchten bei der Hechtfischerei.

d) Der Galvanodraht.

Der Galvanodraht ist erst seit Anfang des Jahrhunderts
bekannt und hat wegen einiger guter Eigenschaften eine weitgehende Verwendung in der Angelfischerei gefunden, die allerdings
in den letzten Jahren einige Einschränkungen erfahren hat.

Derselbe wird aus feinsten Messingdrahtfäden gewunden und
durch chemische Mittel grau gefärbt. Man ist natürlich imstande,
aus diesem Material alle möglichen Stärken und Längen herzustellen;
es ist jedoch nicht ratsam, eine geringere Stärke zu nehmen als
Nr. 3/0 für Forellen und 2/0 für größere Raubfische.

Der Galvanodraht ist im Wasser wenig sichtbar und bei ge-
radem Zug ungemein zäh und dauerhaft. Wird er aber an einer
Stelle geknickt, so kann das die Veranlassung eines Bruches sein,
ein entschiedener Nachteil gegenüber dem Gimp, Silk Cast Gut
und gewässerten Poil. Ein weiterer Nachteil ist, daß es bei starkem
Zug, wie er z. B. beim Hängenbleiben oft unvermeidlich ist, die
Neigung hat, sich zu kräuseln, was davon herkommt, daß die einzelnen Messingdrahtfäden sich ungleich dehnen.

Ein Vorzug des Galvanodrahtes ist, daß man keinen Faden braucht, um ihn zu knüpfen, und daß man bei der Herstellung von Vorfächern und Angelbestandteilen die bisherigen Umläufe oft entbehren kann.

Bei den aus Gimp hergestellten Vorfächern und Angeln müssen die Endschleifen mit Seidenfaden gebunden und dann gefirnißt werden, was nicht nur im Wasser sichtbar ist, sondern häufig Veranlassung zu Reparaturen gibt.

Ich bin nun darauf gekommen, daß die Schleifen am Galvanodraht, die noch allgemein nach dem alten Gebrauche gebunden werden, viel schneller, dauerhafter und unsichtlicher gelötet werden können. Nach dem Löten werden die Lötstellen einen Moment in Metallbeize getaucht und bekommen so die gleiche Farbe wie der Draht.

Das Löten ist so ungemein einfach und dessen Kenntnis für den Sportfischer zumal nach der Einführung des Galvano- und des später zu erwähnenden Stahldrahtes so wichtig, daß ich in kurzem eine Beschreibung davon geben will:

Man braucht, seit das flüssige Lötzinn unter dem Namen »Tinol« auf den Markt gekommen ist, weiter nichts dazu als dieses, eine Spirituslampe und ein Stückchen dünnen Kupferdraht, so lange wie eine Stricknadel.

Den Kupferdraht sticht man der Länge nach zur Hälfte durch einen Flaschenkork, der als Handhabe dient, und biegt ihn an der einen Seite so ab, daß er etwa auf die Länge von 1 bis 2 cm verdoppelt ist. Dann taucht man dieses Ende, welches gleichsam als Miniaturlöffelchen dient, in den Lötbrei. Das in der Furche hängengebliebene Tröpfchen wird dann in der Spiritusflamme erhitzt, die zu lötende Stelle des Galvanodrahtes neben, nicht in die Flamme gehalten und das flüssig gewordene Zinn darauf verrieben. Zu lötende Schleifen werden zuvor mit feinstem Messingdraht (aus Stickereigeschäften) umwunden und dann mit dem flüssigen Zinn beträufelt. Dann dreht man den Kork um, erhitzt noch das dünnere, auf der anderen Seite hervorragende Stück Kupferdraht und reibt, indem man die Schlinge nach allen Seiten dreht, die Lötmasse gleichmäßig hinein.

Das ist alles ein Werk von nur zwei Minuten, zumal die Drahtumwicklung bei der Herstellung der Schlinge nicht dicht sein soll, damit die Lötmasse besser durchdringt.

Um eine schadhafte Stelle im Galvanodraht auszubessern, braucht man nur ein Tröpfchen Zinn darauf rinnen zu lassen und dort zu verteilen. Man sei nur darin vorsichtig, daß man den Draht selbst nicht in die Flamme bringt.

Zu meiner Genugtuung habe ich auch gefunden, daß man auf die einfachste Weise das Endstück eines Galvanodrahtes knopfförmig erweitern kann, und daß ein solcher Knopf unverrückbar festsitzt. Man fädelt eine Messingperle von der nötigen Größe ein und läßt ein kleines Tröpfchen Zinn darauffallen oder taucht sie in flüssiges Zinn in einem Schmelzlöffelchen. Um zu verhüten, daß die Perle beim Eintauchen wieder herausfällt, franst man etwa 1 mm des vorstehenden Drahtes nach allen Seiten aus. Es bleibt

dann auch mehr Zinn hängen und wird der Knopf noch dicker.
Was zu viel ist, läßt sich leicht wieder abzwicken. Wichtig ist,
daß immer etwas Lötmasse in den Draht selbst überfließt.
Eine Lostrennung der Perle oder ein Reißen des Drahtes an der
gelöteten Stelle bleibt dann dauernd ausgeschlossen.

Inwieweit ich diese Entdeckung praktisch verwertet habe,
werde ich bei den Wirbeln und bei meinen Angelsystemen auf Raubfische besprechen, bei denen das Löten eine große Rolle spielt.

Durch längeren Gebrauch, besonders aber wenn man übermäßig stark daran gezogen hat, wie das beim Verhängen einer
Angel unvermeidlich ist, wird der Galvanodraht manchmal wellig
und bekommt die Neigung, sich mehr oder minder aufzurollen und
zu kräuseln. Das beste Mittel, um diesen Nachteil wieder aufzuheben, ist nach meiner Erfahrung das tüchtige Einreiben mit Wachs
und mit darauffolgendem Erhitzen über einer Spirituslampe, wobei
man den stark gespannten Draht, um das Glühendwerden zu vermeiden, langsam hin und her zieht.

In den letzten Jahren hat Wieland die Galvanodrahtschnüre
speziell für die Tiefseeangel selbst hergestellt. Dieser Draht hat
den entschiedenen Vorteil vor dem früher ausschließlich aus England bezogenen, daß er, wenn er sich kräuselt, durch starken Zug
wieder ganz gerade strecken läßt und so wieder ganz vollkommen
gebrauchsfähig wird. Man hängt einfach den oberen Wirbel in einen
feinen Wandhaken und zieht kräftig an dem gekräuselten Draht,
indem man diesen gleichzeitig, von oben anfangend, mehrmals
durch die Hand gleiten läßt.

Im übrigen bin ich von der Benutzung des Galvanodrahtes
immer mehr und mehr abgekommen, nur bei einer Angelmethode,
und zwar bei der Schleppfischerei mit der Tiefseeangel, hat er noch
keinen Rivalen gefunden.

e) Der einfache Stahldraht und
f) Der gedrehte und geflochtene Stahl- oder Punjabdraht.

War der Galvanodraht schon als eine wesentliche Errungenschaft zur Herstellung von Vorfächern und Angelfluchten zu begrüßen, so brachte die Einführung des Stahldrahtes in die Angelfischerei eine, man kann fast sagen, epochemachende Umwälzung
in der feineren Ausrüstung des Spinnfischers.

Zuerst brachte Hardy in London Vorfächer aus feinstem gedrehten Stahldraht unter dem Namen »Punjabdraht« in den
Handel, die bei viel geringerem Querschnitt durch Unsichtlichkeit
und Widerstandskraft dem Galvanodraht weit überlegen waren.
Bald darauf wurden solche Vorfächer auch von anderen Firmen,
insbesondere auch von Hildebrand, hergestellt und erfreuen sich
jetzt allgemeiner Beliebtheit. Doch da nichts hienieden sich einer
ewigen Dauer erfreut und in jeder Beziehung tadellos und einwandfrei ist, so hat auch der Punjabdraht bei seinen großen Vorzügen
dennoch einige Fehler. Außer der Neigung zum Rosten wird er eben
auch nach längerem Gebrauch, wenn auch nicht so stark wie der

Galvanodraht, wellig und, wenn einmal geknickt, an der Knickungs-
stelle brüchig, so daß man ihm nicht mehr trauen darf und ihn als
vorsichtiger Mann vom Gebrauche ausschalten muß. Da die mit
mehreren Wirbeln versehenen Vorfächer nicht gerade billig sind, so
geht das doch schließlich, wie man sagt, »ins Geld«.

Nicht lange nach der Einführung des Punjabdrahtes wurden
mir Muster von einfachen Stahldrähten zum Ausprobieren zur Verfügung gestellt: Der eine stärkere für Hechte und Huchen, englischen Ursprungs, 0,4 mm dick, mattgrau oxydiert, und der andere
schwächere für Forellen, aus der Fabrik von Felten & Guilleaume
in Mülheim a. Rh., deutsches Produkt, 0,3 mm dick, verzinkt, auf
den mich Baron von der Ropp in Ober-Schöneweide zuerst aufmerksam machte.

Den ersteren hat mir mein Freund R. B. Marston in London
besorgt und zugleich mitgeteilt, wie ein Mr. Geen auf höchst einfache Weise seine Vorfächer herstellt. Es ist wirklich wie das Ei
des Columbus; jeder, selbst der Unbeholfenste, kann sich in Zukunft seine Vorfächer selbst anfertigen, und zwar gleich einen
Jahresvorrat in einer Viertelstunde. Meiner Überzeugung nach gibt
es nichts Einfacheres, Besseres und Billigeres, nur muß man mit
dem alten Begriff, daß ein Vorfach außer dem dazu benutzten
Material noch aus einem Blei und einigen Wirbeln bestehen soll,
vollkommen brechen. Meine Spinnvorfächer vom feinsten Forellenzeug bis zur schwersten Huchenausrüstung bestehen nunmehr aus
einem Vorrat von 80 bis 100 cm langen Stahldrähten, an die ich
oben und unten eine Schleife gewunden habe. Am Ende der Rollenschnur ist stets ein Schlangenwirbel mittels des Herkulesknotens
(s. S. 159 Fig. 189) eingeschlungen, bereit, die obere Schleife des
Stahldrahtes aufzunehmen, am untern Ende wird eines der vorzüglichen exzentrischen Farlowbleie (Fig. 52 u. 53), die ich in allen
Größen vorrätig habe, angebracht, die in vorteilhaftester Weise
mit zwei Wirbeln ausgestattet sind. Diese aus einfachen Stahldrähten ohne alle Zutaten bestehenden Vorfächer verwende ich
häufig nur ein einziges Mal.

Ist die leiseste Knickung in einem solchen Vorfach entstanden
oder ist es im geringsten wellig geworden, dann werfe ich es einfach weg und nehme ein frisches zur Hand. Es war doch höchstens
ein paar Pfennige wert.

Zur Verbindung des Vorfaches resp. des eingeschalteten exzentrischen Bleies mit der Angelflucht habe ich nun eine Anzahl Ver-
bindungsstücke oder »Zwischenfächer«, wie ich sie am liebsten
benennen möchte, in den verschiedensten Stärken aus Punjabdraht,
einfachen oder dreifach gedrehtem Poil zur Hand, die eine Länge
von 15 bis 30 cm haben und an dem einen Ende mit einer Schleife,
am anderen mit einem von mir so genannten »Einhänger« versehen
sind (Fig. 18). Man könnte ja diese Zwischenfächer ebenfalls aus
einfachem Draht herstellen, aber die Erfahrung hat mich belehrt,
daß der einfache Draht unmittelbar vor dem Köder doch durch
lebhafte Befreiungsversuche der geangelten Fische, besonders durch
das Wälzen derselben, viel leichter in Gefahr ist, abgeknickt zu

werden, wie ein Poil oder gedrehter Stahldraht. Obwohl es mir nie passiert ist, gehe ich doch lieber sicher. Ein wellig gewordener Punjabdraht läßt sich wieder leicht gerade strecken, wenn man ihn mit Tinol bestreicht und neben einer Spiritusflamme mit glühendem Kupferdraht rasch überfährt.

Aber auch zur Herstellung der Angelfluchten hat sich der gedrehte Stahldraht so vorzüglich bewährt, daß ich ihn mit ganz wenig Ausnahmen fast ausschließlich verwende. Wichtig ist nur, daß er nicht abgedreht werde, was durch Umläufe vermieden werden kann. Mein Prinzip ist gewiß das richtige: die dem Köder anliegenden Bestandteile der Angelsysteme möglichst stark zu machen, da sie, gleichsam mit dem Köder verwachsend, nicht auffallen, von der Schnauze ab. aber alles möglichst fein und unsichtlich zu gestalten.

Der Stahldraht zur Befestigung der Hakensysteme hat aber noch einen gewaltigen Vorteil vor dem Poil und Gimp voraus: die Möglichkeit, die Haken nicht mehr wie früher mit vergänglichem Faden, Schusterpech und Firnis, sondern mit feinstem Neusilberdraht umwunden, anlöten zu können. Ringhaken, besonders Drillinge, eignen sich da, wo sie überhaupt angebracht sind, sehr vorteilhaft zur Befestigung an mit Punjabdraht hergestellten Angelfluchten. Dadurch, daß man sie einfach einschlingen und die Schlinge verlöten kann, bieten sie eine viel größere Sicherheit wie die mit Faden angewundenen Haken. (S. Fig. 172 B, S. 145.)

Die gewundenen Stahldrähte eignen sich überdies ebenso vorzüglich wie der Galvanodraht zur Anlötung von Perlen, welchen Vorteil ich besonders bei der Konstruktion meiner Silberblinker, Idealwobbler usw. reichlich ausgenutzt habe.

Ein Stahldrahtkettenvorfach, das bei aller Unsichtlichkeit einen sehr soliden Eindruck macht, ist mit dem dazugehörigen Wirbel »Rafix« in Fig. 25 b abgebildet.

Fig. 18.

Zum Schlusse dieses Kapitels möchte ich aber noch besonders darauf aufmerksam machen, daß alle aus Stahldraht gefertigten Vorfächer und Angelfluchten »Eines« nicht vertragen: den Rost. Man bewahre sie daher stets vor Feuchtigkeit und reibe sie vorsorglich mit Marsöl oder Vaselin ab. Dr. Winter empfiehlt, seine sämtlichen Stahldraht-Vorfächer in einer Büchse zwischen mit »Ballistol« getränkten Flanellappen aufzubewahren und so sicher vor Rost zu schützen.

5. Wirbel.

Die Wirbel oder Umläufe haben den Zweck, das Spinnen des Köders zu ermöglichen, ohne daß die Schnur sich gleichzeitig verdreht.

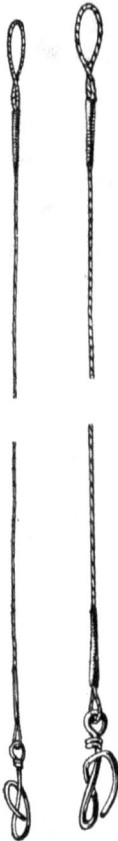

Man unterscheidet geschlossene Wirbel, Einhängwirbel, die nebenbei den Zweck haben, eine schnelle Verbindung mit dem übrigen Zeug herzustellen oder aufzuheben, und Doppelwirbel, welche

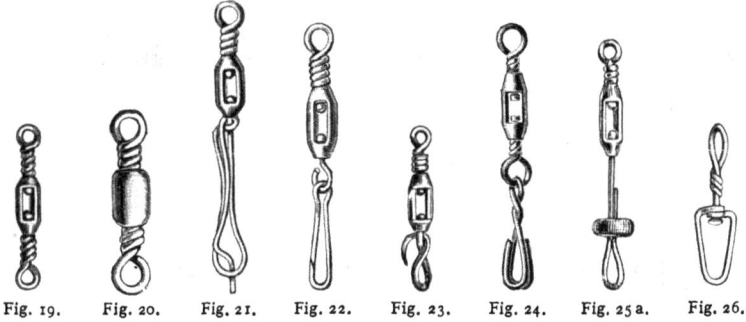

Fig. 19.   Fig. 20.   Fig. 21.   Fig. 22.   Fig. 23.   Fig. 24.   Fig. 25 a.   Fig. 26.

noch sicherer wirken wie die einfachen, aber natürlich auch um so sichtbarer sind. Die letzteren sind entweder an einem oder beiden Enden geschlossen oder an beiden Enden zum Einhängen bestimmt.

Die geschlossenen Wirbel werden entweder aus Stahl (Fig. 19) oder aus Messing (Fig. 20) hergestellt.

Von den Einhängwirbeln sind die gebräuchlichsten:

1. Der Buckelwirbel aus Stahl (Fig. 21). Derselbe ist absolut sicher und sehr bequem, eignet sich aber nicht zum Einhängen von steifen Drahtschlingen.

2. Der Karabiner-Hakenwirbel, ebenfalls aus Stahl (Fig. 22). Mehr für die Schleppangel geeignet sowie zum Einhängen von festen Drahtösen.

3. Der Schlangen- oder Hakenwirbel (Fig. 23), ein Wirbel neuerer Konstruktion, der wegen seiner gedrängten und wenig sichtbaren Form mit Recht in die Mode gekommen ist. Ich benutze denselben fast ausschließlich als untersten Wirbel bei der Spinnangel.

Fig. 54 u. 55, S. 41, zeigt denselben in Verbindung mit verschiedenen Senkern neuester Konstruktion nach Farlow.

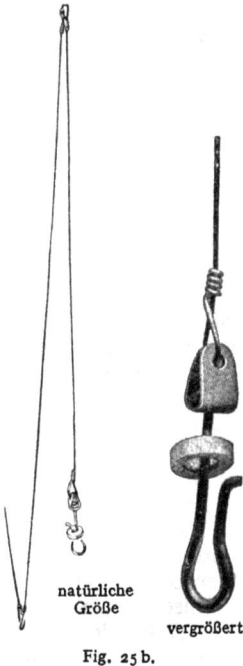

natürliche Größe

vergrößert

Fig. 25 b.

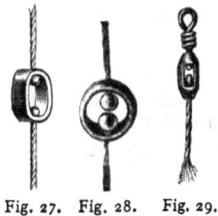

Fig. 27.   Fig. 28.   Fig. 29.

4. Der Doppelfederwirbel aus Messing (Fig. 24).

5. Der von Ehmant konstruierte Messingwirbel mit Schraube (Fig. 25a).

6. Der Wirbel »Rafix« der A.-G. für techn. Industrie in
Emmenbrücke-Luzern (Fig. 25 b), sehr wenig sichtbar, rasch funk-
tionierend und leicht beweglich, der meist mit einem längeren oder
kürzeren Stahldraht-Kettenvorfach geliefert wird.

Ein Wirbel, der bei größter Billigkeit alle Vorzüge in sich vereinigt, die man nur wünschen kann, tadelloses Funktionieren und
größtmöglichste Unsichtlichkeit, ist der Nadelwirbel der oberitalienischen Seen, der sich ganz besonders zur Anbringung an
Metallspinnern eignet (Fig. 26, 122 und 123). Der Nadelwirbel wird
auf die einfachste Weise aus zwei Messingstecknadeln hergestellt,
nur hat man darauf zu achten, daß der Kopf den Nadeln nicht auf-
gelötet ist, sondern daß sie aus einem Stück Draht bestehen.

Für Systeme, die zum Fang größerer Raubfische dienen sollen,
hat Wieland solche Wirbel aus stärkerem Material nach meiner
Angabe hergestellt.

Der Nadelwirbel läßt sich leicht zum Einhängwirbel adaptieren, sei es mit der Ehmantschen Schraube, sei es mit dem System
des Schachtelwirbels.

Schließlich muß ich noch einen von mir konstruierten geschlossenen Wirbel erwähnen, der wie der Nadelwirbel den Vorzug hat,
daß man sie selbst anfertigen kann. Man benötigt dazu nur Quer-
schnitte von Messingröhrchen, die man mit der Zange oval drückt
und an den beiden schmalen Seiten durchbohrt. Durch beide Öff-
nungen werden Galvanodrahtenden geführt und, wie im vorigen
Kapitel beschrieben, Perlen angelötet (Fig. 27 u. 28 verstärkt).
Ich benutze diese Wirbel hauptsächlich für die Schleppangel zur
Einfügung in die Drahtschnur. Die Methode hat den Vorteil, daß
sich auch jeder alte gebrauchte, offene Wirbel ein- oder doppelseitig
mit Hilfe von Perlen in eine Drahtschnur einfügen läßt (Fig. 29).

6. Angelhaken.

In der Fabrikation der Angelhaken waren die Engländer bisher
unerreicht. Wenn wir auch die meisten Angelgerätschaften selbst
herstellen können, die Angelhaken mußten wir von England beziehen. Leider wurde der Kontinent häufig mit minderwertiger
Ware bedacht, so daß es ein dringendes Gebot der Vorsicht war
und ist, jeden einzelnen Haken vor dem Gebrauche zu prüfen.

Der Deutsche Anglerbund hat es sich zur löblichen Aufgabe
gemacht, für die Herstellung von künstlichen Fliegen, von Angel-
schnüren und besonders von Angelhaken, betreffs deren wir am
meisten von England abhängig waren, geeignete Fabrikanten zu
interessieren, fehlt es uns doch nicht an den dazu benötigten Roh-
materialien und ist doch insbesondere die Güte unseres deutschen
Stahles unerreicht. Es wird sich zunächst darum handeln, jene
Formen von Angelhaken auszuwählen, die sich bisher am besten
bewährt haben, und sie nach einer einheitlichen Skala festzustellen
und dann erst den Fabrikanten Muster vorzulegen, an die sie sich
genau zu halten haben.

Der Angelhaken darf weder spröde noch weich sein. Man prüft ihn am besten, indem man die Spitze in einen Kork steckt und am Schenkel entsprechend zieht. Er darf dann weder brechen noch sich abbiegen, sondern muß federn. Am häufigsten brechen die Haken bei *b* und biegen sich am entgegengesetzten Punkte des Bogens am öftesten auf. Diese beiden Stellen sollten daher am widerstandsfähigsten sein und den größten Druck aushalten können.

Man nennt bei den Angelhaken (s. Fig. 30) *a b* die Spitze, *b c* den Bogen, *c d* den Schenkel, *d* den Kopf, *e* den Widerhaken. Der Haken wäre in bezug auf Fängigkeit ideal, wenn die Linie *a b* in ihrer Fortsetzung die Linie *c d* in *d* schneiden würde, denn dann würde beim Anhieb die Spitze vollkommen senkrecht in das Fischmaul eindringen.

Ein Haken von solcher Konstruktion wäre aber aus verschiedenen Gründen nicht zu gebrauchen; man muß sich aber gegenwärtig halten, daß, je mehr diese beiden Linien den Parallelen sich nähern oder gar divergieren, die Spitze desto schwieriger eindringt.

M. v. d. Borne hat in seinen Schriften über Angelfischerei eingehende Untersuchungen über diese Frage gemacht, auf die ich hiermit verweisen möchte. Ich will aber in einigen Beispielen zeigen, daß die von ihm gemachten Ausführungen

Fig. 30.

doch nicht immer stichhaltig sind: Je länger der Schenkel, desto besser dringt der Haken ein, um so eher also auch, wenn der Schenkel an einem steifen Draht oder Gimp gewunden ist, der ihn quasi verlängert. Derselbe Vorteil tritt auch z. B. bei Drillingen dann ein, wenn zwei Haken an dem Köder

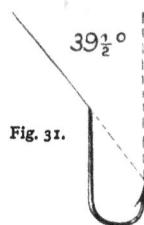

fest anliegen, also eine Stütze finden und nicht ausweichen können, sobald der Fisch von dem dritten gefaßt wird. Drillinge können daher noch bei auswärtsstehenden Spitzen recht gut fängig sein, während sie

Fig. 31.

es nicht sind, wenn sie lose hängen und der Fisch nur von einem Haken erfaßt wird. Ferner, je kleiner und weicher das Maul der Fische, auf die man angelt, desto mehr muß ein kleiner Haken, den der Fisch im ganzen faßt, eindringen, da der Schenkel nicht ausweichen kann. Wenn man dies berücksichtigt, wird man verstehen, daß der auf den ersten Blick unbrauchbar scheinende englische Plötzenhaken (Fig. 31) seinen Zweck doch vollkommen erfüllt.

Aus diesen wenigen Beispielen ist zu ersehen, daß ein scheinbar schlecht geformter Haken, in der richtigen Weise angewendet, dennoch zweckdienlich sein kann, und daß anderseits eine Behauptung, wie sie Bischoff aufstellt, daß die Schenkel an den künstlichen Drillingen meist zu lang sind und die Güte durch die Kürze nicht abgemindert würde, in ihrer Allgemeinheit nicht richtig ist.

Welche Haken sich für die verschiedenen Angelmethoden und Fischarten am besten eignen, wird in den späteren Kapiteln besprochen werden. Der sog. Leonrodhaken (Fig. 42) hat nur Aufnahme gefunden, um zu zeigen, wie ein Haken nicht konstruiert sein soll. Es ist unmöglich, damit einen Fisch zu haken, außer allenfalls einen Friedfisch, der ihn mit seinem weichen Maule ganz erfaßt hat. Meist brechen beim Anhieb die Spitzen ab.

Von den einigen 50 im Handel vorkommenden Hakenformen sind die bekanntesten und beliebtesten die folgenden:

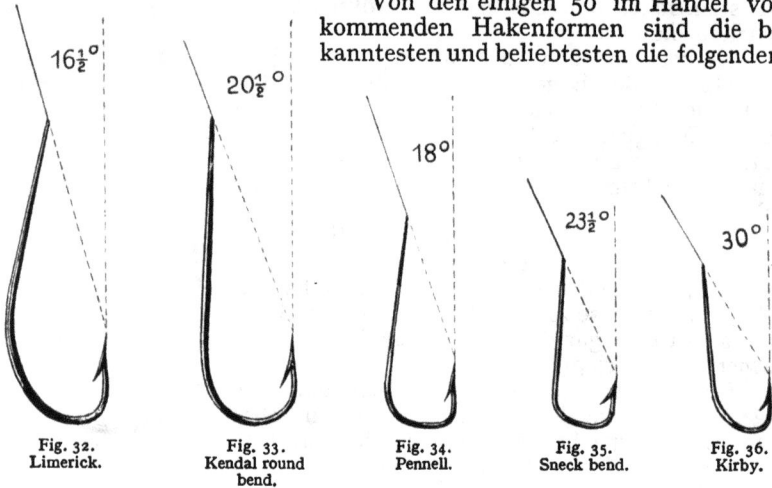

| Fig. 32. | Fig. 33. | Fig. 34. | Fig. 35. | Fig. 36. |
| Limerick. | Kendal round bend. | Pennell. | Sneck bend. | Kirby. |

Leider sind nicht alle Haken nach ein und derselben Skala numeriert; die gebräuchlichste Skala ist die untenstehende mit dem für die Grundfischer beliebten Roundbend-Haken (Fig. 43). Ich schlage vor, ihn einfach »Rundhaken« zu nennen.

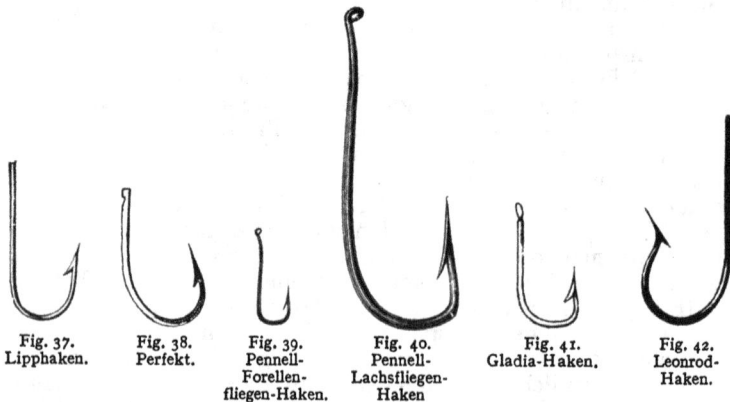

| Fig. 37. | Fig. 38. | Fig. 39. | Fig. 40. | Fig. 41. | Fig. 42. |
| Lipphaken. | Perfekt. | Pennell-Forellen-fliegen-Haken. | Pennell-Lachsfliegen-Haken | Gladia-Haken. | Leonrod-Haken. |

Doppelhaken sind im ganzen weniger im Gebrauch wie Drillinge, sie werden noch am meisten benutzt zur Herstellung von künstlichen Fliegen. Außerdem finden sie Verwendung bei der Schluckangel auf Hechte und zur Anköderung von größeren Fröschen; in den betreffenden Abschnitten werde ich darauf zurückkommen.

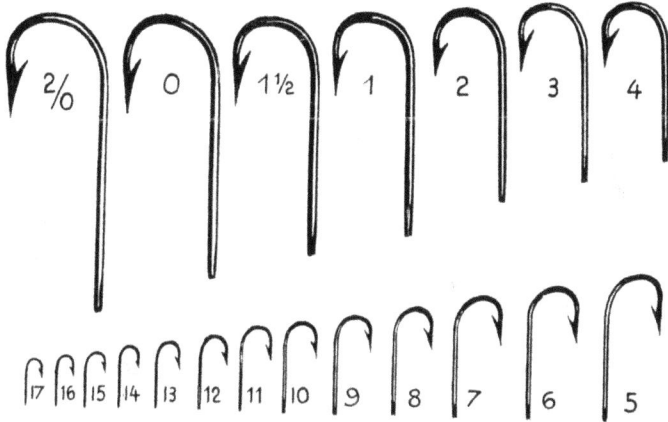

Fig. 43. Skala der Roundbendhaken.

Drillinge dienen vorzüglich zur Spinnfischerei. Die beliebtesten sind die Sneck- und Rundhakendrillinge, von den Limericks kann ich nur die kleinen Nummern für Forellen und andere kleinere Salmoniden empfehlen. Fig. 44 veranschaulicht die Skala der Sneck- sowie drei Kendaldrillinge, von denen einer mit Springfeder versehen ist.

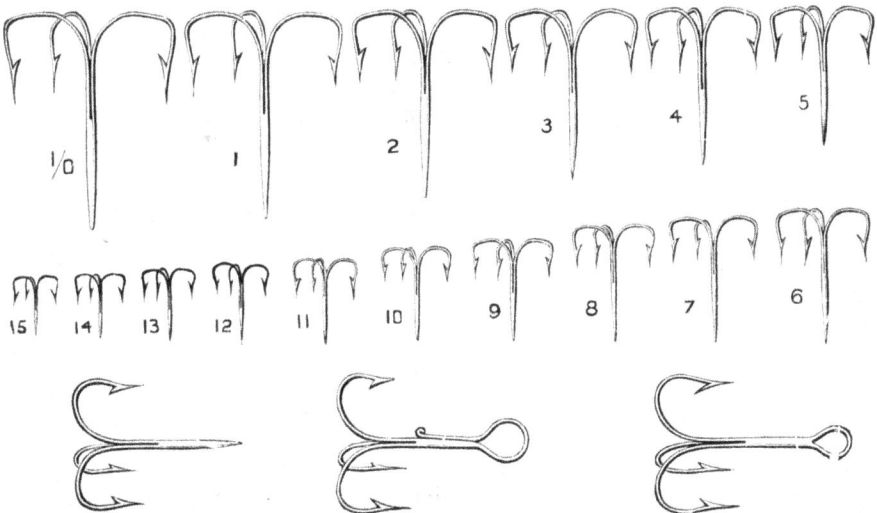

Fig. 44. Skala der Drillinge.

Ein Einhängdrilling neueren Datums ist in Fig. 45 abgebildet.

Meiner Erfahrung nach ist der extrastarke Drilling mit ganz wenig nach außen gebogenen Spitzen (Fig. 46), der fängigste für die Spinnfischerei auf große Raubfische. Die Nummern seiner Skala laufen von 1/0 bis 5/0.

Fig. 45.   Fig. 46.   Fig. 47.   Fig. 48.

Seit einigen Jahren sind zwei neue Hakenformen aufgetaucht: der von Bartlett & Sons in den Handel gebrachte, sog. Ashford-Patent-Haken (Fig. 47), welcher durch seine Konstruktion dem schwächsten Punkt des Bogens so viel Stärke verleiht, daß er dort nicht mehr brechen kann, und der sog. Mahseer-Drilling (Fig. 48), der speziell zum Fang des größten Raubfisches der Flüsse Indiens konstruiert wurde und zuerst von mir zur Huchenangelei Verwendung fand. Die Angelfluchten, welche im Donaugebiet auf Huchen in Gebrauch waren, krankten bisher immer daran, daß die Haken, die ja alle aus England bezogen werden, zu schwach waren. Kein Wunder, denn die Engländer kannten von größeren Raubfischen in ihrem engeren Vaterlande nur den Lachs und den Hecht, für die man mit schwächerem Material ausreichte. Der Mahseer, obwohl ins Karpfengeschlecht gehörig und am nächsten mit der Barbe verwandt, ist ein gewaltiger Raubfisch mit einer Kieferkraft wie unser Huchen, und erst als in England das Bedürfnis nach kräftigem Haken für diesen Fisch sich geltend machte, gelangten auch wir zu einem solchen, dem auch unser Donaulachs nichts mehr anhaben kann. Eine um wieviel Zentner größere Strecke an solchen hätte ich zu verzeichnen, wenn ich von jeher Mahseerdrillinge zur Verfügung gehabt hätte, ist doch der Sportfischer, wenn er noch so viel Übung hat, in erster Linie in seinem Erfolg auf die Güte der Haken angewiesen!

Fig. 49.   Fig. 50.

Empfehlenswert zur Herstellung von Angelfluchten sind auch solche Drillinge, bei denen der eine Haken pfeilförmig gerade gezogen ist (Fig. 49 u. 50).

Die sog. Lipphaken-Drillinge halte ich für ganz schlecht, wegen der zu langen Spitzen.

Drillinge werden auch mit Ring geliefert, siehe den Kendaldrilling mit Ring (Fig. 44). In der jüngsten Zeit kommen sie mehr und mehr in Gebrauch, und zwar nicht wie bisher nur als freihängende, sondern auch als starr vom System abstehende, indem die zu den Angelfluchten verwendeten Drähte doppelt durchgeführt, i. e. eingeschlungen werden. (S. Fig. 172 A u. B S. 145.)

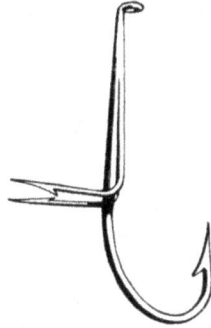

Eine weitere neuere Errungenschaft ist der Gabelhaken. (S. Fig. 51.) Er läßt sich an vielen Angelsystemen praktisch statt der seitlich angebrachten Drillinge und zur Anköderung großer Frösche verwenden.

Das Verzinnen und Vernickeln der Angelhaken, um das Rosten zu verhüten, hat höchstens Wert für die Legangel. Zur Spinnfischerei bedient man sich, außer zur Anköderung von Koppen, meist blanker Haken, die sich der Farbe des Köders am besten an-   Fig. 51.

passen. Man muß sie aber nach dem Gebrauche stets sorgfältig abreiben, damit sich kein Rost ansetzt, was bei den jetzt mehr in den Gebrauch kommenden bronzierten Haken nicht so notwendig ist.

Geschwärzte Haken eignen sich für die Grundfischerei, wo der Haken im Köder versteckt ist, wo er aber teilweise herausschaut, hat er am vorteilhaftesten die Farbe des Köders.

Außerdem benutzt man geschwärzte und bronzierte Haken zur Herstellung künstlicher Fliegen, weil bei diesen der Glanz vermieden werden muß und an kleinen Haken Rostflecken schwer zu sehen und zu beseitigen sind.

Von einzelnen Haken kommen die mit einwärts gebogenem Ring (Auge) (Fig. 39 u. 40) mehr und mehr, besonders für die Flugangel in Gebrauch; von ihren Vorzügen sowie von ihrer Befestigung am Poil wird in dem betreffenden Kapitel die Rede sein.

Die Haken mit Ösen wie an einer Nadel kommen dagegen mehr außer Kurs, da das Poil, da wo es angeknüpft ist, leicht bricht, was bei den Ringhaken nicht zu befürchten ist.

Es gibt auch einzelne Haken mit Plättchen, welche zur Verstärkung der Befestigung dienen sollen, sie werden fast ausschließlich nur noch zu Legangeln benutzt.

Die Befestigung der Haken an Gut oder Gimp   Fig. 52.

geschieht auf folgende Weise:

Zuerst wird das Gut am unteren Ende mit den Zähnen plattgedrückt, an den Hakenschenkel gelegt und mit einem Seidenfaden umwunden, der vorher mit Schusterpech gewichst wurde. Die Art der Befestigung ergibt sich dann aus Fig. 52, woraus gleichzeitig die Technik des sog. verborgenen Knotens ersichtlich ist. Erleichtert wird dieser Knoten, indem man die letzten Windungen zugleich um einen dünnen, runden Gegenstand, etwa einen Federhaltergriff, macht und nach Herausnahme desselben den Faden durch die abstehenden Schlingen schiebt. Das Zuziehen des Knotens und Abschneiden des Fadens versteht sich von selbst. Schließlich wird der Bund mit Schellacklösung bepinselt und getrocknet.

7. Senker.

Als Senker dienen je nach den Angelmethoden Gewichte aus Blei von dem einfachsten Schrot bis zu den zwei Pfund schweren Senkbirnen.

Für die Flugangel ist eine Beschwerung nicht gebräuchlich, außer in den seltenen Fällen, wo man z. B. einer tief stehenden Äsche, die absolut nicht Lust hat zu steigen, die Fliege vor die Nase führen will, was dann schließlich nichts anderes ist als eine Grundfischerei mit künstlichen Fliegen. Das gleiche tritt ein, wenn man aus Zweckmäßigkeitsgründen die Flugangel zur Tippfischerei benutzt.

Für die Grundangel dienen außer durchlöcherten und halb gespaltenen Schrotkörnern auch Bleifolien, die man um die Schnur wickelt, besonders aber Bleidraht, den man mit Hilfe einer Nadel fest an das Vorfach windet, und der bei entsprechender Schwere doch wenig sichtlich ist.

Das Verfahren ist sehr einfach, man legt die Nadel an das Poil usw. an und umwickelt beide Tour an Tour und zieht dann die Nadel heraus. Auf die gleiche Weise werden auch die Tiefseeschnüre beschwert, wie sie in italienischen Seen üblich sind. Die Schnüre verwittern aber leicht darunter.

Für die Spinnangel sind außer dem Bleidraht, Bleioliven im Gebrauch, die aber bedeutend an Wert übertroffen werden durch die jetzt sehr in die Mode gekommenen exzentrischen Bleie.

Fig. 53 stellt die ursprünglich von Pennell angegebenen dar, während die von mir bevorzugten, fast ausschließlich benutzten und jetzt auch von Wieland hergestellten Bleie nach Farlow (Fig. 54 und 55) gleichzeitig mit je zwei Schlangenwirbeln versehen sind.

Fig. 56 veranschaulicht die Archer-Jardineschen Einhängbleie, welche in zwölf verschiedenen Größen zu haben sind und an jeder beliebigen Stelle des Vorfaches angeschlungen werden können. Sie sind grün gestrichen, um sie unsichtlicher zu machen, und können durch einfachen Fingerdruck exzentrisch gemacht werden. Ich verwende sie stets, wenn ich ein zweites Blei anbringen will, und schlinge sie dann immer an das untere Ende der Wurfschnur.

Das Kopf- oder Kappenblei ist in Fig. 57 dargestellt.

Das Bodenblei ist nur für die Fischerei mit der Grundangel im Gebrauch und wird je nach Tiefe und Strömung des zu befischenden Wassers in verschiedenen Größen, bald eckig, bald rund hergestellt (Fig. 58 u. 59).

Das kugelförmige Grundblei hat den großen Vorteil, daß es am Boden hin- und herrollt und dem Köder mehr Leben verleiht.

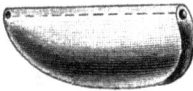

Fig. 54.

Fig. 53.

Fig. 55.

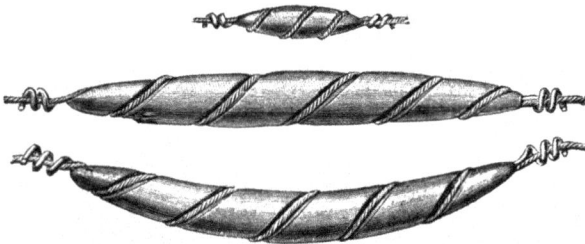

Fig. 56.

Fig. 57.

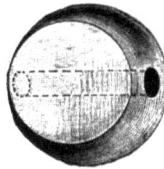

Fig. 58.

Fig. 59.

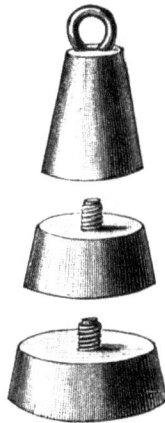

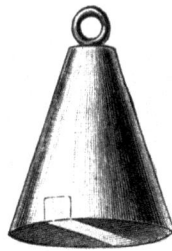

Fig. 60.

Fig. 61.

Fig. 62.

Das birnförmige Blei wird zu unterst an der Paternosterangel angebracht (Fig. 60). Im Gewichte von ½ bis 2 Pfund wird
es zur Befischung großer Tiefen mit der Schleppangel benutzt.

Fig. 61 zeigt ein solches Tiefseeblei in Kegelform zum Auseinanderschrauben, mit dem sich vier verschiedene Gewichtsgrößen
herstellen lassen, ein von mir angegebenes ist in Fig. 218 abgebildet.

Fig. 62 stellt schließlich noch ein Lotblei dar, wie es zur Feststellung der Tiefe bei der Grundangelei benutzt wird. Der Angelhaken wird durch den Ring geführt und in die an der Bodenfläche
eingelassene Korkplatte eingestochen.

8. Floße.

Bei der Besprechung der Floße kann ich mich fast wörtlich an
die Ausführungen M. v. d. Bornes halten; nur in bezug auf die bei
der Schnappfischerei mit lebendem Köderfisch verwendeten sind
einige Neuerungen zu verzeichnen:

Das Floß oder der Schwimmer hat den Zweck, den Köder in
einer bestimmten Tiefe schwimmend zu erhalten und durch seine
Bewegung zu zeigen, wenn ein Fisch gebissen hat. Das Floß ist
nur da zweckmäßig, aber meist auch unentbehrlich, wo der Köder
ganz nahe am Grunde über eine weite Strecke fortschwimmen soll
oder der Grund mit Wasserpflanzen bedeckt oder schlammig ist
und deshalb der Köder davon entfernt bleiben muß, oder wo mit
lebenden Köderfischen nach Hechten oder Barschen geangelt wird.

Da das Floß leicht die Fische beunruhigt, namentlich im flachen
Wasser und an der Oberfläche, so läßt man am besten das Floß
weg, wo es nicht absolut nötig ist. Am besten bewähren sich Floße
von schwarzer Farbe, die nur an ihrem obersten Ende auf 1 bis
1½ cm, soweit sie aus dem Wasser schauen sollen, weiß gestrichen
sind. Man wählt das Floß so leicht wie möglich. Je stärker die
Strömung und je tiefer das Wasser, um so größer muß es sein; ebenso
je windiger das Wetter, um so größer sei das Floß. Man unterscheidet:

Federkielfloße von Gänse- oder Schwanenkielen (Fig. 63).

Floß von Stachelschweinborsten mit oder ohne Kork-
umhüllung (Fig. 64 u. 65).

Floße mit größerem Mantel von Kork (Fig. 66).

Floße von Zelluloid (Fig. 67).

Floße mit Bleidrahtumwicklung (Fig. 68), die nur den
Nachteil haben, daß man nicht merkt, wenn ein Fisch, statt mit
dem Köder abzuziehen, diesen nach oben nimmt.

Ferner Korkfloße für die Schnappangel mit seitlichem
Schlitz und einem hölzernen Keil (Fig. 69) oder wie Fig. 70 aus
zwei getrennten Korkstücken, wobei die Schnur einmal um das
Mittelstück geschlungen wird.

Fig. 71 stellt das von Jardine angegebene Schnapp-
angelfloß dar, an welchem der Kopf abnehmbar ist und durch
einen andersfarbigen ersetzt werden kann, so daß man, je nach
der Beleuchtung, die Farbe zu wechseln vermag.

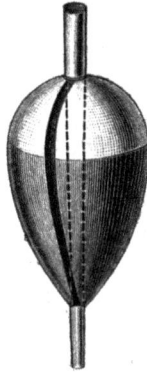

Fig. 69.
1/₃ nat. Größe.

Fig. 63.   Fig. 64.   Fig. 65.

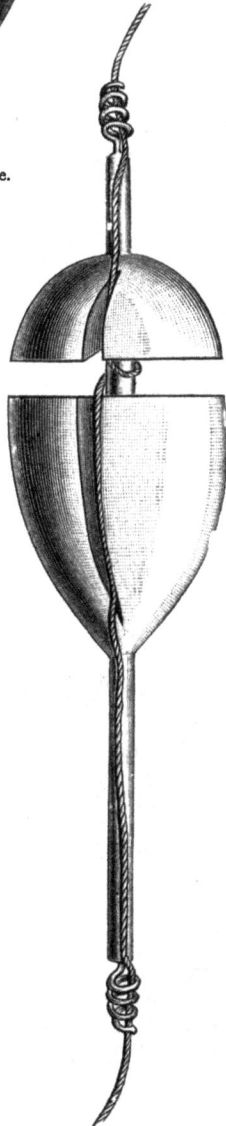

Fig. 67.   Fig. 66   Fig. 68.   Fig. 70.

Das gleitende oder Nottingham-Floß (Fig. 72).

Abweichend von den anderen Floßen ist seine Form keine senkrechte, sondern eine bogenförmige, und der untere Ring steht im rechten Winkel ab, parallel mit dem oberen, so daß die Schnur sich frei durch die beiden Ringe bewegen und das Floß unbehindert auf- und abgleiten kann.

Das Glasfloß (Fig. 73).

Eine zugeschmolzene zylindrische Glasröhre mit zwei knopfförmigen Enden, an die man die Schnur an-

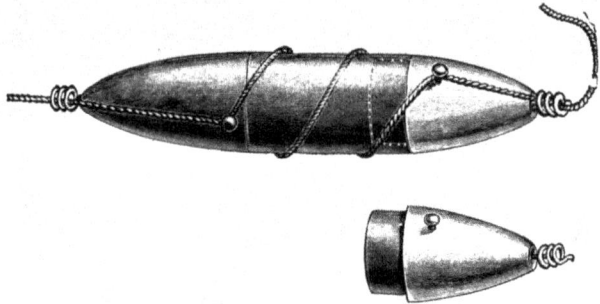

Fig. 71.

Fig. 73. ¹/₂ nat. Größe.

Fig. 72.

schleifen kann. Man ist imstande, mittels dieses Floßes einen Köderfisch in sehr klarem seichten Wasser eine Strecke weit vorausrinnen zu lassen, ohne die Fische zu verscheuchen. Hat sich auf Huchen bewährt. Den gleichen Zweck verfolgt auch eine Glaskugel, die noch eine größere Tragfähigkeit besitzt.

Das Galizische Floß mit durchbohrter Spitze, durch das die Schnur läuft, nach Dr. Winter, bisher noch nicht bekannt, bietet große Vorteile (s. das Werkchen von Dr. Winter).

Zur Ausrüstung eines erfahrenen Grundanglers gehört ein Vorrat von 4 bis 6 Floßen von verschiedener Größe, Schwere und Gestalt, je nach den Fischen, auf die, und den Strömungen und Tiefen, in denen er angeln will.

9. Landungsgeräte.

Je nach der Stärke des Angelzeuges kann man wohl gefangene Fische von entsprechender Größe unvermittelt auf das Ufer heben oder schleudern oder sie auf eine allmählich ansteigende Kies- oder Sandbank schleifen. Es ist dies jedoch nicht mehr angezeigt von

dem Moment an, wo man Gefahr läuft, sein Angelzeug auf das
Spiel zu setzen oder den Fisch eher zu verlieren als mit Hilfe der
Landungsgeräte. Mittelgroße Fische kann man auch nach vollständiger Ermüdung am Vorfach oder Zug zugreifend langsam und
vorsichtig auf das Ufer heben, die Ermattung muß aber eine so
vollständige sein, daß der Fisch sich so leblos wie ein Stück Holz
verhält. Dabei sei man so vorsichtig, ihn nicht am Uferrand an-
zustreifen, sonst macht er einen Schlag und ist gewöhnlich verloren.

Wer sich die Technik angeeignet hat, mit einem raschen, sicheren
Griff in die Kiemen oder die Augenhöhlen eines großen Fisches
diesen zu landen, kann wohl auf die Landungsgeräte verzichten.
Das geht aber nicht immer und unter allen Verhältnissen an, so
daß es ratsam erscheint, nicht ohne die nötigen Geräte auszurücken.

Man unterscheidet das Landungsnetz (Handnetz) und den
Landungshaken (Gaff). Das vielgebrauchte englische Wort
»Ketscher« für Handnetz habe ich als überflüssig absichtlich vermieden. (Man kann gut sagen, einen Fisch »gaffen«, aber nicht
»ketschern«.)

Das Landungsnetz ist unentbehrlich für die Flugfischerei
auf Äschen und Forellen, sehr dienlich auch zur Landung aller
Fische unter einer gewissen Größe, die mit den übrigen Angelmethoden gefangen werden. Große Fische, wenn sie einmal das
Gewicht von 6 bis 8 Pfd. überschreiten, werden viel sicherer mit
dem Landungshaken gelandet, vorausgesetzt, daß man versteht,
damit umzugehen.

Die Form des Landungsnetzes ist sehr verschieden, bald rund,
bald abgeplattet, bald zum Zusammenlegen zum Zweck des leichteren Transportes. Wichtig ist, daß es eine gewisse Steifheit besitzt,
was man durch Tränken mit Firnis erreicht, auch darf es nicht durch
Helligkeit auffallen. Viele schrauben es an den, den meisten leichteren Gerten beigegebenen Netzstock, der die Reservespitze birgt,
was aber insofern unbequem ist, als ein so langer Stock hinderlich
zum Tragen ist. Praktischer sind die Netzstöcke in Teleskopform,
die beim Tragen verkürzt werden. — Meiner Erfahrung nach ist
das praktische Handnetz so konstruiert, daß sich der Stiel zusammen-
klappen läßt (Fig. 74 A). Mittels der Feder a kann man dasselbe
bequem am Rucksack oder an der Joppe befestigen, besonders
wenn man sich des in Fig. 75 abgebildeten Netz- oder Gaffhalters oder
eines großen, am Rucksackriemen befestigten Springringes bedient.

Ich habe nun das ursprünglich von Farlow eingeführte Netz
zum Zwecke des bequemeren Transportes so abändern lassen, daß
man es bei b in zwei Teile auseinanderschrauben kann. Das Netz
selbst kann dann leicht im Rucksacke untergebracht werden, während der Griff mit der Gerte verpackt wird. Der Hauptvorteil
besteht aber für mich darin, daß ich jederzeit den Landungshaken (B)
mit Sicherheitskappe (c) statt des Netzes anschrauben kann.

Verwendet man Landungsnetze mit Reifen aus Eisen oder
Stahl, dann ist es wegen Gefahr des Rostansatzes ratsam, die Ma-
schen nicht unmittelbar an den Reifen zu befestigen, sondern an
Messingringen, die in den Reifen gefaßt sind.

Ein wegen des bequemen Transportes beliebter zusammen-
klappbarer Netzreif ist in Fig. 76 abgebildet. Man bringt ihn zweckmäßig mit dem daran zu befestigenden Netze in einem Leinwand-
futteral unter. Er ist wegen seines Umfanges besonders praktisch
zur Angelfischerei vom Boote aus.

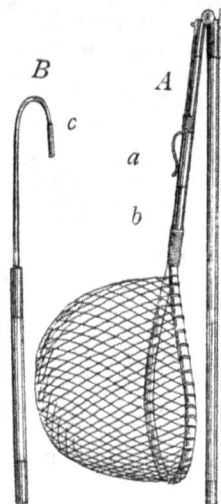

Fig. 74.   Fig. 75.

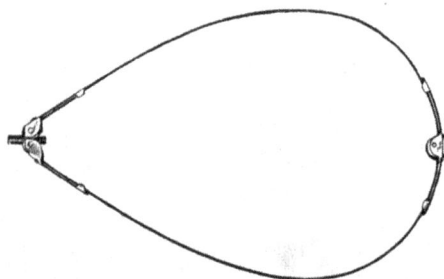

Fig. 76.

Der Landungshaken, englisch Gaff. Statt der umständ-
lichen Redewendung: »Einen Fisch mit dem Landungshaken an-
haken oder anhauen«, welch letzteres Zeitwort noch dazu eine
falsche Vorstellung der richtigen Technik gibt, ist es viel einfacher,
den englischen Ausdruck »gaffen« zu gebrauchen. Sagen wir doch
auch einen Köder »spinnen«, was ebensogut aus dem Englischen
kommt.

Man trifft leider in deutschen Werken über Angelfischerei eine vollständig verkehrte Form des Gaffs abgebildet, in keinem habe ich aber nur die geringste Andeutung der Technik gefunden, die durchaus nicht so einfach ist, und auf die ich, und zwar in dem Kapitel über Spinn- fischerei, eingehend zurückkommen werde.

Die einzige richtige Form des Gaff ist aus Fig. 74 B und 77 ersichtlich.

Widerhaken am Gaff anzubringen, ist aus verschiedenen Gründen geradezu nachteilig, außerdem, was die Sicherheit des Landens betrifft, absolut überflüssig.

Die Nachteile des Widerhakens be- stehen darin, daß der Gaff viel schwerer in den Fisch eindringt, und daß er, wenn wirklich eingedrungen, oft herausgeschnit- ten werden muß, was nicht ohne entstel- lende Verletzung des Fisches, Vortreten der Gedärme usw. zu bewerkstelligen ist.

Fig. 77.   Fig. 78.

Der Gaff muß, je nach der Angel- methode, kurz- oder langstielig sein. So soll bei der Schleppfischerei, wenn man sich die geangelten Fische selbst heranziehen und gaffen will, der Stiel kurz sein wie in Fig. 74 B. Im Gegensatz hierzu muß der Gaff beim Flugangeln auf Lachse, oder wenn man im Boote stehend auf Hechte oder Huchen angelt an eine längere Stange geschraubt werden. Hat man einen Träger oder sonst eine hilfreiche Hand zur Seite, dann mag der Stiel 1½ bis 2 m lang sein, ist man aber mehr auf sich allein angewiesen, dann empfiehlt sich der Griff Fig. 74 A mit Gaff B, welche zusammen 1,50 m lang sind. Fischt man von nicht zu hohen Ufern aus, dann ist der immer noch 93 cm lange Teleskopgaff (Fig. 77) zu empfehlen. In der Abbildung ist der Griff mit einer Klammer ausgestattet, welche ermöglicht, den Gaff an den Rucksack zu hängen. Ich ziehe vor, ihn in einer Ledertasche an der Seite zu tragen, oder, was mir noch bequemer erscheint, in den Gaffring (Fig. 75) mit dem Stiel nach abwärts einzuhängen.

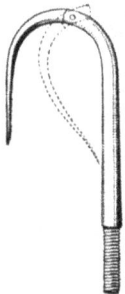

Bei Ausflügen mit der Fluggerte an ein Fisch- wasser, in dem auch größere Raubfische vorkommen, für welche das Landungsnetz nicht ausreichen würde, besonders dann, wenn man nur den Behälter der Re- servespitze als Netzstock mit sich führt, ist es prak- tisch, einen umklappbaren Gaffhaken, der sich leicht in der Rocktasche unterbringen läßt, mitzunehmen, um im Notfalle rasch wechseln zu können. Dieser von mir konstruierte Gaff ist bei Wieland vorrätig zu haben. (S. Fig. 79.)

Fig. 79.   Der in Fig. 78 abgebildete dreizinkige Gaff ist am Comer-See üblich und hat den Vorteil, daß die See- forellen, welche damit herausgehoben werden, durch die feinen Zinken weniger verletzt und auf alle Fälle marktfähig erhalten werden. Ich habe mir einen abnehmbaren Schutz für die Zinken anfertigen lassen.

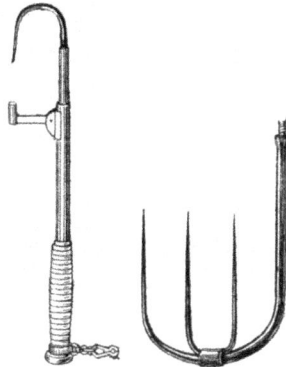

10. Sonstige Gerätschaften.

Der Sportfischer bedarf, um allen Situationen gerecht zu werden, außer der unmittelbar zum Angelfischen nötigen Geräte noch einer Anzahl von Gerätschaften, die mehr oder weniger unentbehrlich sind. Man wird sich bei einem Ausfluge stets nach den Umständen

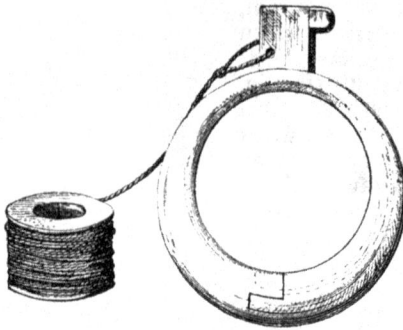

Fig. 80.   Fig. 81.

richten. Hat man ein Boot oder einen Träger zu erwarten, dann wird man vor einem größeren Ballaste weniger zurückscheuen, als wenn man auf lange Strecken sein Gepäck selbst zu tragen hat. Am besten macht man sich ein Verzeichnis aller für ein bestimmtes Fischwasser dienlichen Ausrüstungsgegenstände, das man vor dem Verlassen seiner Wohnung noch einmal überfliegt, denn nichts ist ärgerlicher, als wenn man sich draußen überzeugt, daß man ein wichtiges Stück vergessen hat.

Zu den wichtigsten Gerätschaften gehören folgende:

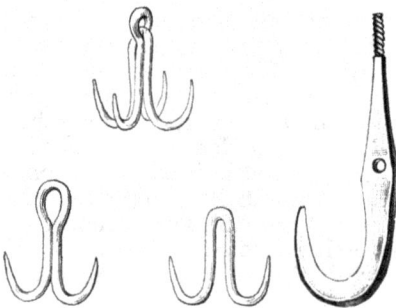

Fig. 82.   Fig. 83.

Der Lösering (Fig. 80) dient hauptsächlich in Seen dazu, Angelhaken von Stöcken oder Wurzeln zu lösen. Der an einer Leine befestigte Ring wird geöffnet, um die Angelschnur gelegt und hinabgelassen.

Die Lösehaken dienen, an langen Stangen befestigt, demselben Zwecke in Flüssen. Fig. 81 veranschaulicht einen praktischen Lösehaken nach Farlow, an dem gleichzeitig ein stellbares Messer angebracht ist.

Fig. 82 zeigt eine höchst einfache Form von einem Lösehaken, der zerlegbar und daher gut transportabel ist und, aus kräftigem

Material hergestellt, auch zur Verankerung eines Bootes dienen kann. — Es ist wichtig, daß man an allen seinen Geräten, die mit Schraubengewinden versehen sind, also an Angelstockgriffen, Netzen, Landungshaken, Lösehaken, auf das gleiche Gewinde sieht, damit alles zusammenpaßt.

Das Lösemesser (Fig. 83) dient dazu, Zweige abzuschneiden, an denen man beim Wurfe, besonders mit der Flugangel, hängengeblieben ist. Man zieht eine feste Schnur durch das Öhr und benutzt einen der oberen Angelstockringe als Träger des kleinen Instrumentes, um dieses über den Ast zu bringen, dann entfernt man die Gerte und zieht an der Schnur.

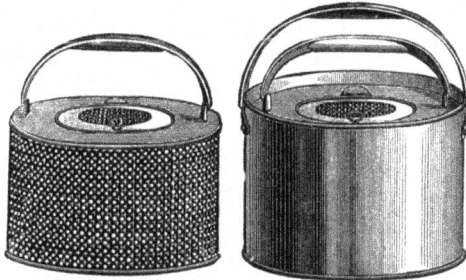

Fig. 84.

Die Köderkanne dient zur Aufbewahrung lebender Köderfische. Es gibt deren sehr verschiedene an Größe und Konstruktion, die beste meines Erachtens ist die in Fig. 84 nach Farlow abgebildete. Sie ist aus Zinkblech und hat einen durchlöcherten Einsatz, der Vorteile dreifacher Art bietet:

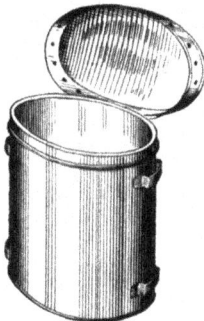

Fig. 85.

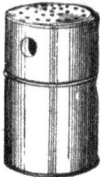

Fig. 86.

Fig. 88.

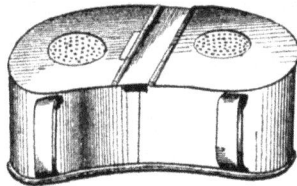

Fig. 87.

Fig. 89.

1. kann man ihn herausnehmen und ins Wasser stellen, so daß die Fische, sei es nun zu Hause unter dem Brunnen oder im Flusse, stets frische Wasserzufuhr haben, ohne entweichen zu können;

2. kann man sich einen passenden Köder viel bequemer herausfangen, wenn man den Einsatz hebt, und

3. erreicht man durch öfter wiederholtes Heben und Senken des Einsatzes auf viel einfachere Weise eine Erneuerung der Luft, ohne, wie es bei anderen Köderkannen unvermeidlich ist, immer

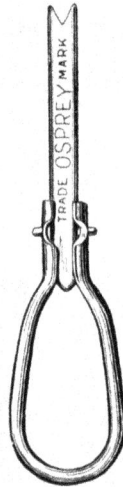
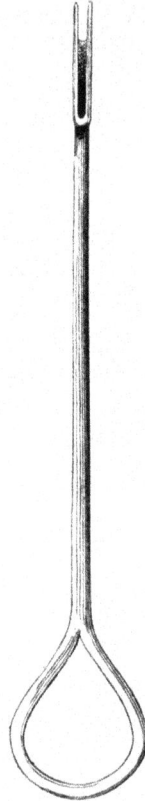

Fig. 90.   Fig. 91.   Fig. 92.   Fig. 93.

Wasser beim Schütteln zu vergeuden. Bei besonders weiten Ausflügen ist es allerdings ratsam, einige Stücke Eis beizugeben. Die gleichen Köderkannen werden übrigens auch mit Luftpumpen konstruiert.

Die Wurm- oder Madenbüchse (Fig. 85).

Die Heuschreckenbüchse (Fig. 86).

Statt der einfachen Büchsen sind auch die doppelten Köderbüchsen zum Anhängen beliebt (Fig. 87).

Die Fischwage (Fig. 88).

Der Fischkorb (Fig. 89) wird meist am Gurt getragen, in Süddeutschland und Österreich aber, wo der Rucksack so allgemein bevorzugt wird, trägt man den Fischkorb meist in diesem; es ist ja unendlich bequemer, wenn man die Brust frei hat. Für Fische unter 3 bis 4 Pfund gibt es kein besseres Transportmittel. Es werden auch Körbe mit Einsatz zur Unterbringung der Angel-

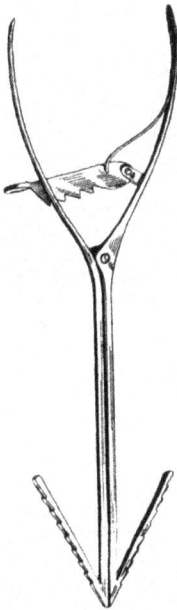

Fig. 94.

Fig. 95.   Fig. 96.

geräte gefertigt. Die Öffnung ist dann auf der Seite. Auch gibt es solche, die gleichzeitig als bequeme Sitze dienen, sie haben aber den Nachteil, daß sie zu schwer und zu teuer sind.

Ganz verkehrt aber ist es, die Körbe mit Wachsleinwand auszuschlagen, wodurch die Fische dämpfig werden und rasch verderben. Ich lege nur ein Stück hydrophile Gaze auf den Boden, das die Feuchtigkeit aufsaugt, und schlage sie später in ein solches ein.

Die Ködernadel (Fig. 90). In den verschiedensten Längen und Stärken zu haben, je nach der Größe der Köderfische.

Der Hakenlöser (Fig. 91, 92 u. 93). Für Fische, die mit der Flug-, Fischl- oder Grundangel gefangen werden, ist der in Fig. 92 abgebildete am praktischsten, besonders dann, wenn man ihn an

4*

einem Kettchen angehängt trägt. Das kleine Instrument hat den Vorteil, daß man es mit einer Hand öffnen kann, während man den zappelnden Fisch mit der anderen Hand festhält.

Fig. 97.

Fig. 99.

Fig. 98.

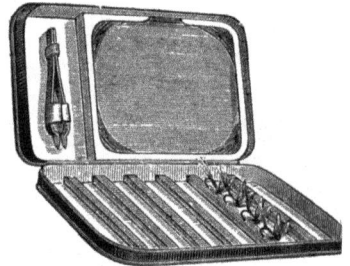

Fig. 100.

Ein Hakenlöser einfachster Konstruktion ist der in Fig. 91 abgebildete, während Fig. 93 einen solchen für größere Raubfische veranschaulicht.

Als Rachenöffner oder Maulsperre dienen verschiedenartig konstruierte Scheren und gezähnte Zangen. Wohl das einfachste Instrument mit verschiebbarem Querbalken ist in Fig. 94

dargestellt; Fig. 95 zeigt ein etwas komplizierteres, aber immer noch eines der billigeren.

Zum Anwässern der Poilzüge und Fliegenpoils sind die eigens dazu konstruierten Blechbüchsen nahezu unentbehrlich.

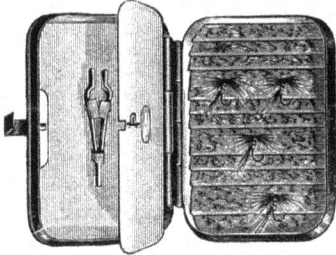

Fig. 101.

Fig. 102. ¹/₄ nat. Gr.

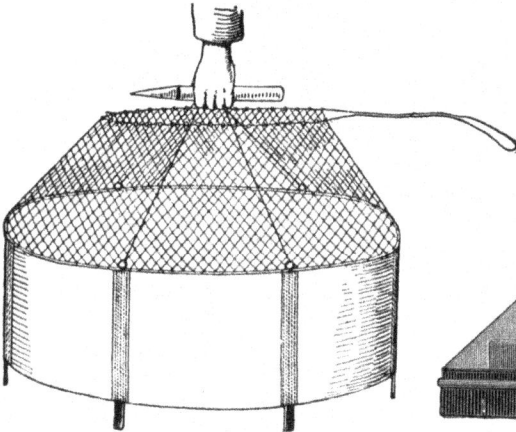

Fig. 105.

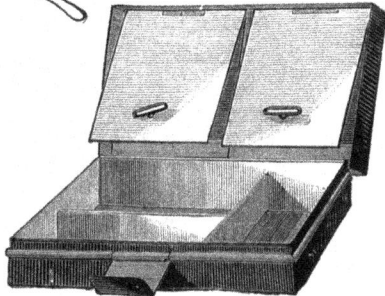

Fig. 103.

Fig. 104.

Sosehr ich für Reduktion alles überflüssigen Ballastes bin, diesen Ausrüstungsgegenstand halte ich für wichtiger wie das Fliegenbuch.

Die Gerätschaftenhandlungen haben diese Büchsen in allen Konstruktionen und Größen vorrätig, die Fig. 96 u. 97 stellen zwei solche nach Farlow dar, die eine mit einer, die andere mit zwei

Abteilungen, beide mit vorstehendem Innenrande. Zur Anfeuchtung
der Züge benutzt man am besten kreisrunde Einlagen von starkem
Filz. Besser als Filz eignet sich der rote Plattenschwamm (aus
Gummigeschäften). Er wird einen Moment in Wasser getaucht und
ausgeschüttelt. Er verfilzt nicht und wird weder hart noch unbrauchbar.

Das Fliegenbuch für an Poil gebundene Fliegen (Fig. 98).
Auch die Fliegenbücher sind in allen Größen und Ausstattungen
vorrätig. Auch gibt es solche, die gleichzeitig eine Anzahl Instru-
mente enthalten. Abgesehen vom hohen Preise, haben sie den
Nachteil, in der Tasche unbequem zu sein.

Das Ledertäschchen mit Zelluloidbehältern (Fig. 99) zur Aufnahme von Fliegen, Poilzügen und Vorfächern von Draht, eine
sehr praktische Neuerung.

Blechbüchsen mit Korkeinlagen für Fliegen mit Auge,
gleichzeitig einen Raum für Poilzüge und eine Scherenpinzette
zum Fassen der Fliegen und Abkippen der Poilenden enthaltend
(Fig. 100 u. 101, nach Farlow).

Blechbüchsen für den Transport von Köderfischen
für größere Raubfische (Fig. 102) von Wieland. Ich halte
dieses Muster für weitaus am zweckentsprechendsten. Der weit
übergreifende Rand ermöglicht, einen ganz gehörigen Vorrat mitzunehmen. Für Forellenköder genügt jede beliebige kleinere Büchse.

Blechbüchsen für Angelzeug. Es sind im Laufe der Jahre
eine solche Unzahl von Mustern auf dem Markt erschienen, daß
jeder Liebhaberei gedient ist. Ich will mich daher begnügen, nur
eine einzige darzustellen (Fig. 103, nach Farlow), die sehr praktisch eingeteilt und in allen Größen zu haben ist. Ich möchte aber
dabei nicht versäumen, darauf aufmerksam zu machen, daß sich
größere Angelfluchten, künstliche Spinner und Löffel usw. sehr
gut, in Rehleder eingeschlagen, transportieren lassen. Die Angelhaken dringen in das Leder nicht ein, man hat nicht mehr Ballast,
als man notwendig braucht und leidet nicht unter dem Geklapper
im Rucksack, das unvermeidlich durch eckige Metallbüchsen hervorgerufen wird. Es empfiehlt sich, an dem einen Lederrand eine
Litze anzunähen, die an ihrem Ende mit einer Etikette aus Bein
versehen ist. Der Zweck ergibt sich
von selbst.

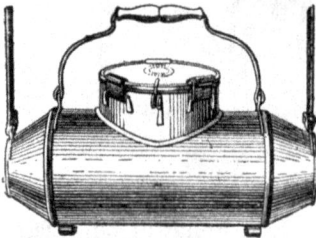

Zum Transporte der gefan-
genen Fische dienen Gefäße, die aus
allem möglichen Material dargestellt
sind. Ich erwähne nur das praktische
Fischlagel aus Zinkblech, außen
lackiert, von Wieland (Fig. 104),
das zusammenlegbare und leicht im
Rucksack unterzubringende Gefäß
aus wasserdichtem Stoff nach
Ehmant (Fig. 105) und schließlich

Fig. 106.

noch den von Bruno Vogt in Breslau eingeführten Fischtransportkessel »Neptun«, der nebst sinnreicher Luftzuführung den Vorteil

bietet, daß man ihn im Rucksack auf dem Rücken tragen kann, ohne daß das Wasser ausrinnt (Fig. 106).

Wichtig ist es auch, nachdem der Draht eine vielseitige Verwendung bei der Spinnfischerei gefunden hat, eine Zange bei sich zu führen, die gleichzeitig als Zwick- und Greifzange benutzt werden kann.

Zum Schlusse will ich noch auf den praktischen Miniatur-Diamantstahl, Patent Dick (Fig. 107), aufmerksam machen, der sehr dienlich ist zum Entfernen von Rostflecken und zum Schärfen von Haken, Messern usw.

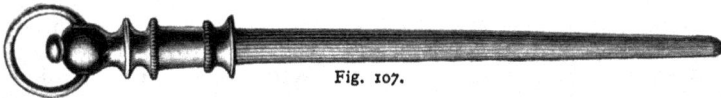

Fig. 107.

Für Forellen- und Äschenangler empfiehlt es sich, an einem der beliebten Hosenträgerkettchen, die mit einer Anzahl Karabinern ausgestattet sind, die unentbehrlichsten Kleinrequisiten mit sich zu führen, als da sind: 1. ein Hakenlöser nach Fig. 92, 2. eine kleine Feile, 3. eine kleine stumpfspitze Schere, 4. der Miniaturstahl Dick (Fig. 107) und vor allem 5. ein Stück weichen Gummis zum Strecken der Fliegenpoils und Züge.

Die übrigen Geräte, welche der Sportfischer gewöhnlich am Körper zu tragen pflegt, werden ihre Berücksichtigung in dem Artikel über Kleidung und Ausrüstung finden.

11. Lacke, Firnisse, Farben.

Für jeden Sportfischer ist es von Wichtigkeit, durch öfteres Auffrischen des Firnisüberzuges seiner Gerten für deren Dauerhaftigkeit zu sorgen. Es ist sonst unvermeidlich, daß Wasser in die Risse eindringt und daß schließlich das beste Holz, das härteste Rohr morsch und brüchig wird. Zuerst müssen die Bünde mehrmals hintereinander mit einer Lösung von weißem Schellack in reinem Alkohol überpinselt werden. Nach dem Eintrocknen dieser Schichten sind die Rohrgerten, selbstverständlich auch die gesplißten, der ganzen Länge nach mit Bernsteinlack, die Holzgerten aber mit braunem Spirituslack zu behandeln.

Um Poils blau oder grün zu färben, legt man sie zuerst längere Zeit, mindestens aber eine halbe Stunde, in kaltes Wasser, dann gießt man etwas Alizarintinte zu. Hat man sich nach einiger Zeit überzeugt, daß sie die gewünschte Tönung angenommen haben, dann wäscht man sie mit reinem Wasser aus, worauf sie getrocknet werden.

Um Poils braun zu färben, empfiehlt es sich, Zwiebelschalen mit heißem Wasser anzugießen und die Gutfäden in die etwas abgekühlte Brühe zu legen. Auch läßt sich starker Tee- und Kaffeeabsud, ferner eine Höllenstein- und Katechulösung dazu verwenden.

Das Färben von hellglänzendem Gimp geschieht am besten mit einer Lösung von Platina-Bichlorid in Wasser im Verhältnis von 1 : 10. Es ist jedoch ratsam, gleich mit grauem, oxydiertem Draht übersponnenes Gimp zu kaufen.

Metallbeize (unter diesem Namen vorrätig bei Wieland) dient dazu, glänzende Metallteile, besonders von Messing und Zinn, dunkelgrau zu färben. Der betreffende Gegenstand wird zunächst blank abgerieben, dann einen Moment in die Beize getaucht und schließlich mit reinem Wasser abgewaschen.

Zum Binden von Poil und Gimp benutzt man Fäden, die mit Schusterpech gewichst sind. Besser ist es, das Schusterpech in Alkohol zu lösen und die Fäden mittels einer Hühnerfeder, nachdem man die Lösung aufgeschüttelt hat, zu bestreichen.

Zum Binden von Stahldraht benutzt man feinsten Neusilberdraht, den man mit Tinol anlötet. Zum Binden natürlicher Köder feinen, weichen Kupferdraht von 0,3 bis 0,4 mm Querschnitt.

Zum Schmieren der Rollen und Wirbel eignet sich mit einigen Tropfen Petroleum versetztes Rizinusöl, für die Winterfischerei ein Schmieröl, das in der Kälte nicht gerinnt.

Als Schutz gegen Rost, zum Geschmeidighalten der Wirbel, zur Einreibung der Punjabdrähte und der Rollen gibt es kein besseres Mittel wie das für Gewehrläufe bestbewährte Mittel, das Ballistol. Vorzüglich hat es sich auch bei der Meerfischerei als Schutz gegen das salzige Meerwasser bewährt.

Um das Gefrieren der Schnur bei der Winterfischerei zu verhüten, begieße man sie vor dem Gebrauch mit absolutem Alkohol oder, um nachhaltige Wirkung zu erzielen, tränke man sie mit Paraffinbrei (s. S. 22).

Ein sicheres Mittel, die Motten von den künstlichen Fliegen abzuhalten, ist die Behandlung mit Naphthalin-Spray. Man löst etwa den 4. Teil Naphthalin auf ¾ Teile Methylenspiritus und bestäubt damit die ausgelegten Fliegen, ehe man sie, und zwar am besten in Blechbüchsen, aufbewahrt.

Zum Anstrich der Köder und Floße kann man selbstverständlich Ölfarben verwenden. Viel schneller aber trocknen Lösungen von Siegellack in Spiritus. Bekannt ist die Vorliebe der Hechte für Rot, das ihnen allerdings nach den neuesten Untersuchungen von Professor Heß als nahezu schwarz erscheinen muß. Zum Gold- und Silberbronzieren benutzt man die bekannten Bronzepulver.

Die Köder.

---

1. Natürliche Köder.

Wie die Nahrung der Fische im allgemeinen aus einer fast unbegrenzten Menge von tierischen und pflanzlichen Stoffen besteht, so ist auch die Anzahl der Köder eine außerordentlich mannigfaltige. Da aber jede Fischgattung nicht nur nach ihrer Art, sondern auch nach der Verschiedenheit der Gewässer, in denen sie lebt, an andere Nahrung gewöhnt ist, ist es von größter Wichtigkeit für den Angelfischer, bei der Auswahl seiner Köder sich den Ernährungsverhältnissen der Fische, auf die er angeln will, anzupassen.

Einen Hauptanhaltspunkt bietet der Mageninhalt eines gefangenen Fisches, weshalb es sich besonders bei der Fliegenfischerei empfiehlt, öfter eine solche Untersuchung vorzunehmen. Zu Hause läßt sich derselbe sehr genau bestimmen, indem man ihn in ein feines Sieb schüttet und mit Wasser nachspült.

Einer der häufigst zu benutzenden Köder, der von allen Barscharten, der ganzen Reihe der dem Karpfengeschlechte angehörigen Fische, dem Aal sowie auch von den Salmoniden usw. gierig genommen wird, ist der Regenwurm. Wenn nun auch die Wurmfischerei auf alle die erstgenannten Fischgattungen als absolut sportmäßig angesehen werden muß, da der Wurm der wichtigste Köder auf diese Fische ist, so ist es doch nicht sportmäßig, unter Verhältnissen mit dem Wurm auf Salmoniden zu angeln, wo eine der feineren Angelmethoden mit ebenso gutem Erfolge zum Ziele führt; ja ein minder geübter Jünger des edlen Sportes wird es sogar verschmähen, mühelos eine größere Strecke durch leichtere Mittel zu erbeuten, wenn er Gelegenheit hat, sich in der feineren Kunst auszubilden. Anders verhält es sich, wenn bei Fliegen- und Spinnfischerei der Fischkorb leer bleiben würde. Trifft man unvermutet einen durch braune Fluten aufgeschwollenen Bach, oder kommt man an ein Rinnsal, das so stark bewachsen oder so seicht und schmal ist, daß man weder spinnen noch mit der Fliege werfen kann, dann ist, wenn man nicht lieber auf das Angeln ganz verzichten will, der Regenwurm das einzig Richtige. Es gibt auch in Gewässern, die sonst herrliche Gelegenheit zu feinem Sport bieten, immer einzelne Stellen und oft gerade solche, an denen schwere Fische zu stehen pflegen, wo man nur mit einem Wurm beikommen kann.

Zur Wurmfischerei werden hauptsächlich drei verschiedene Arten von Würmern benutzt: Der Tauwurm, der Rotwurm und der Goldschwanz (oder Brendling).

Der Tauwurm ist der größte und häufigste. Er liebt feuchte Plätze im Garten und Feld, hält sich gerne unter Brettern auf, wo man am schnellsten seiner habhaft werden kann. Sonst fängt man ihn leicht des Nachts bei Laternenschein oder auch am Tage durch Umgraben mit der Schaufel oder auch indem man eine Bohnenstange tief in die Gartenerde stößt und rotierende Bewegungen damit macht, gleichsam ein kleines Erdbeben erzeugt, worauf die Würmer ängstlich an die Oberfläche kommen.

Der Rotwurm lebt in verrottetem Dünger unter Blättern oder faulem Holz. Er ist kleiner wie der vorige.

Der Goldschwanz ist ein kleiner, gelb und rot gestreifter Wurm, der einen gelben, häßlich riechenden Saft absondert. Er lebt mit Vorliebe in verrotteten Düngerhaufen und ist ein sehr guter Köder.

Der Tauwurm eignet sich hauptsächlich zum Angeln bei trübem Wasser, ferner im Herbst und Winter. Die mittelgroßen Exemplare ohne Ring sind die besten. Die großen verfüttert man als Grundköder. Rotwurm und Goldschwanz haben den Vorzug im Sommer und bei hellem Wasser, der letztere bewährt sich auch im Winter zum Fang von Äschen.

Es ist wichtig, die Würmer vor dem Gebrauch zu reinigen, indem man sie in einen Topf mit feuchtem Moos setzt. Sie lassen sich dann auch gut aufbewahren. Zuerst kommt das Moos in den Topf, dann die Würmer darauf. Die gesunden kriechen sofort hinein, die verletzten entfernt man. Alle paar Tage stülpt man den Topf um, füllt ihn zur Hälfte wieder mit etwas befeuchtetem Moos und legt das alte mit den Würmern darauf. Nach einiger Zeit kann man das alte Moos mit den kranken und toten Würmern fortwerfen. Alle paar Tage gießt man auch einen Eßlöffel Milch als Futter auf.

Um Würmer im Winter am Leben zu erhalten, wird vorgeschlagen, dieselben in eine Kiste mit nicht zu feuchtem Kaffeesatz zu geben und mit Gemüseabfällen zu füttern.

Fleischmaden gewinnt man am besten, indem man ein Stück Leber oder Fleisch in einem Blechgefäß mit durchlöchertem Boden der Luft und Sonne aussetzt, wo keine Katze hinzukommen kann. Die Fleischfliegen (Blue bottle Fly) setzen dann ihre Eier ab, und sehr bald wimmelt es von Maden, die durch die Löcher am Boden fallen. Man stelle ein entsprechendes Gefäß, mit Sand oder Erde gefüllt, darunter, worin sie sich reinigen. In einem kühlen Raume werden sie aufgehoben, wobei man darauf achten muß, daß die Gefäßwände trocken sind, sonst kriechen sie aus. Einige Tage vor dem Gebrauch schüttet man die Maden in eine Blechbüchse mit feuchtem Sand oder Weizenkleien, um sie vollständig zu reinigen. Wer seinen Bedarf an Maden nicht selbst züchten will oder kann,

setzt sich am besten mit einem Metzger oder Seifensieder ins Benehmen. Maden sind ein vorzüglicher Köder für alle Cypriniden,
werden auch von Äschen und Forellen gern genommen. Über die
Anköderung lebender Maden s. Dr. Winter, Fig. 20.

Mehlwürmer, bei jedem Vogelhändler zu haben, gedeihen in einer
Holzschachtel mit Mehl und Kleien. Sie sind gut verwendbar, auch für
Forellen, und sind wenigstens appetitlicher wie viele andere Köder.

Maikäfer, Brachkäfer sind vorzügliche Köder für die Flugangel, besonders für Aitel (Döbel).

Heuschrecken, sehr vielseitig verwendbar für alle Fische,
die einen Teil ihrer Nahrung an der Oberfläche suchen, aber nur
in Gewässern, die durch Wiesengrund laufen. Es gibt Wässer, in
denen die Fische die Heuschrecken gar nicht kennen.

Frösche. Die großen sind ein guter Köder für Hechte, die
kleinen für Aitel und Forellen.

Krebse sind leider durch die Krebspest fast überall ausgestorben und daher schwer zu beschaffen. Am besten sind die in der
Häutung begriffenen sog. Mieterkrebse, ein vorzüglicher Köder für
Hechte, Barsche und große Rotaugen. Auch Krebsschweife allein
sind ein guter Köder.

Garneelen (Krabben) gelten als ein vorzüglicher Köder für
Lachse. Halbgar gekocht, werden sie am besten in Glyzerin kon-
serviert. Da man sie heutzutage im Winter in fast allen größeren
Städten frisch oder frisch abgesotten haben kann, wäre es wohl
angezeigt, sie auch als Köder für andere Süßwasserfische, die im
Winter an die Angel gehen, versuchsweise zu verwenden.

Große Fliegen, wie die Mai-, Stein- und Erlenfliege, auch
Schmetterlinge, hauptsächlich für die Tippfischerei und in kleinen
Rinnsalen, wo man mit der Fliege nicht weit werfen kann. Weite
Würfe sind nicht möglich, da diese Insekten einen zu weichen Körper
haben. Man hilft sich oft dadurch, daß man sie an dem Haken
einer künstlichen Fliege befestigt oder gleich zwei Stück an einem
Haken anbringt; dann halten sie eventuell schon ein paar Würfe
aus. Man fängt so öfter einen guten Fisch, der auf eine künstliche
Fliege nicht steigen will.

Flohkrebse, sehr gut für kleinere Fischgattungen.

Fliegenlarven, hauptsächlich von der Steinfliege (creeper),
Maifliege, sowie der Strohwurm (caddis), die Larve der Phryganiden.
Man findet sie in seichten Bächen massenhaft auf kiesigem Unter-
grund.   Sie sind in England beliebte Köder.

Schnecken, Roßegel, Küchenschaben, Engerlinge,
Raupen sind gute Köder, aber zu unappetitlich, um allgemeine
Verwendung zu finden.

Lebende Mäuse sind ein sicherer Köder für Hechte.

Hühnerdärme. Sehr gut für Forellen usw.

Gansdärme sind nach Dr. Winter ein vorzüglicher Köder,
besonders für Aitel im Spätherbst.

Gehirn und Rückenmark vom Rind, Kalb, Schaf. Man
reinigt es von Blut, zieht die Häute ab und kocht es eine Minute
lang, um es für den Gebrauch fester und dauerhafter zu machen.

Käse. In Stückchen sehr gut für den Barbenfang.

Weißbrot ist einer der einfachsten und dabei wirksamsten Köder. Man entnimmt einem Brotlaib oder einer Semmel, die einen Tag alt sind, ein walnußgroßes Stück aus der Mitte, wickelt es in einen reinen, weißen Baumwollappen, taucht diesen in Wasser, preßt das letztere sorgfältig aus und knetet das Brot mit frisch gewaschenen Fingern gehörig durch, bis es eine ganz gleichmäßig weiße, weiche und doch zähe Masse bildet. Als Köder wird ein Stück von der Größe und Rundung einer Erbse abgetrennt und muß die Spitze des Angelhakens oben außerhalb der Rundung sichtbar sein.

Brotkrumen. Alte Brotkrusten werden abends eingeweicht und eine Tasse Reis weich gekocht. Am Morgen wird das Brot ausgepreßt und klein verrieben, dann mit dem Reis gemischt und mit Mehl und Kleien ein fester Teig geknetet.

Teige wie oben aus Brotkrumen oder aus Käse. Man zerreibt zähen alten Käse, tut Honig und Wasser dazu und setzt so viel Mehl bei, daß man einen weichen Teig bekommt. Dann knetet man noch ein Stückchen Butter darunter. Es empfiehlt sich, etwas Baumwolle mit hinein zu kneten, um dem Köder mehr Halt an der Angel zu geben. Soll nach v. d. Borne sehr gut sein für Karpfen und Brachsen.

Kartoffelteige nach Dr. Winter. Kartoffeln werden 5 Min. gekocht, dann zerstampft, mit Mehl geknetet, bis der Teig nicht mehr an den Fingern klebt. S. Dr. Winter, S. 20.

Halbgar gekochte Makkaroni sind die bequemsten Teigköder und für alle Cyprinier geeignet. Man stülpt einfach ein mehrere Zentimeter langes Stück über ein mit einem kleinen Drilling bewehrtes Poil, so daß es auf den Haken aufsitzt und die Spitzen nur ganz wenig vorstehen.

Schwarzbrotkugeln, in der Größe einer Haselnuß als Würfel mit abgerundeten Ecken aus einem Laib Brot geschnitten, sind ein guter Köder, besonders für Aitel (Döbel). Man läßt eine dünne Rindenschicht, um der Kugel mehr Halt zu geben, daran und führt mittels Ködernadel ein mit einem kleinen Drilling versehenes Poil hindurch und drückt die Haken noch in das Brot hinein.

Gekochte Weizenkörner, Graupen. Man läßt die Weizenkörner 3 bis 5 Stunden in einem Gefäß mit kaltem Wasser zugedeckt und unter Nachgießen von Wasser sehr langsam ins Kochen kommen. Die Körner müssen weich werden, dürfen aber nicht platzen. Die leeren Hülsen sind nichts mehr wert. Die Körner eignen sich wie auch die Teige sehr gut als Grundköder (siehe diese).

Erbsen werden in Norddeutschland viel zum Fange von Friedfischen benutzt, jedoch ist die Art der Zubereitung ziemlich kompliziert. (Ausführliches über die Zubereitung s. v. d. Borne.) Am bequemsten lassen sich die konservierten Büchsenerbsen an den Angelhaken anbringen.

Gekochter Hanfsamen wird in Frankreich und Belgien, neuerdings auch in England mit Vorliebe benutzt zum Fang von Rotaugen, Hasel und Kreßlingen. Einige Handvoll werden $\frac{1}{4}$—$\frac{1}{2}$ Stunde in Wasser gekocht, bis die äußere Haut eben beginnt zu platzen, dann herausgenommen, in kaltem Wasser abgeschreckt und dann getrocknet. Sie sind dann fertig zum Gebrauch.

Kirschen. Gut zum Fang von Döbeln.

Pflaumen (Zwetschen), der Länge nach gespalten, sehr gut für Döbel.

Talg-Grieven werden in einer Pfanne mit genügend Wasser zugesetzt und 20 Minuten gekocht. Wenn sie erkalten, muß die Masse steif werden und ist dann zum Gebrauch fertig.

Fische dienen zum Fang von Raubfischen. Am geeignetsten sind Lauben, Haseln, kleine Aiteln und Barben, Strömlinge, Kreßlinge, Grundeln, Mühlkoppen, Pfrillen und die Schwänze von Aalen. Für die Herstellung des sog. Zopfes, der hauptsächlich bei der Huchenfischerei Verwendung findet, werden Neunaugen oder in neuerer Zeit auch junge Aale in Büschelform verwendet.

Einzelne Neunaugen, nach der von Dr. Winter beschriebenen Methode lebend angeködert, sind verlockende Köder für große Barben, Aale, Aitel und besonders Aalrutten. Kleine Rotaugen sind auch brauchbar, aber sehr empfindlich an der Angel, größere spinnen weniger gut, da sie im Verhältnis zu ihrer Länge zu breit sind.

In England ist der Kreßling einer der beliebtesten Köder; er hält sehr gut an der Angel, verliert die Schuppen nicht so leicht und wird besonders von den Hechten mit Vorliebe genommen. Bei uns ist er leider in vielen Gegenden nicht häufig genug, um sich ihn leicht verschaffen zu können. Den schönsten Silberglanz haben die Lauben, sie sind aber im frischen Zustande etwas weich, wenn man davon absieht, sind sie die vollkommensten Köder.

Aber auch Haseln, kleine Aitel und Barben sind sehr brauchbar. Zum Fang von Forellen dienen hauptsächlich Grundeln, Mühlkoppen und Pfrillen. Die Mühlkoppe ist außerdem ein wertvoller Köder für größere Raubfische, besonders in hellem Wasser, ihr großer Vorzug besteht in ihrer Zähigkeit und Widerstandsfähigkeit.

Die frischen Köderfische werden am besten nach dem Abschlagen, was am vernünftigsten durch Schnellen mit dem Zeigefinger auf die Hirnschale geschieht, in ein Stück chemisch reinen Verbandstoff so eingewickelt, daß sie immer durch eine Gazeschichte getrennt sind, dann erhalten sie auch ihr Schuppenkleid am besten und werden nicht so schnell weich. Vorteilhaft ist es, Köder, die viel Schleim anhaften haben, besonders die Mühlkoppen, vorher mit Salz zu bestreuen und unter dem Brunnen auszuwaschen, in einem Tuch zu trocknen und dann erst zum Gebrauche zu verpacken.

In der jüngsten Zeit hat man mit gutem Erfolg Köderfische in gestoßenem Zucker verwahrt, einem längst erprobten Konservierungsmittel. Bekannter ist die Verpackung in trockenem Salz, welches ja auch die Fäulnis lange hintanhält und sogar die Fische zum Anbiß reizen soll, die Köder aber wie auch der Zucker durch Wasserentzug schrumpfen macht.

Jeder Spinnfischer, der als solcher die Zeiten vor dem Jahre 1894 miterlebt hat, wird sich erinnern, wie schlimm es damals um die Beschaffung brauchbarer Köderfische stand. Seit der Einführung des Formalins ist eine förmliche Umwälzung im ganzen Betrieb der Spinnfischerei eingetreten. Wie oft wurde einem damals ein geplanter Ausflug zu Wasser, weil es schlechterdings unmöglich war, mit geeigneten Ködern auszurücken! Der künstliche Köderfisch spielte da noch eine große Rolle, aber doch immer nur als Ersatz des natürlichen, wie oft war aber der Vorrat an letzteren bald erschöpft! Alle damals beschriebenen und empfohlenen Konservierungsmethoden waren nichts wert im Vergleich mit dem großartigen Erfolge, den sich das Formalin errang.

Ich glaube wohl annehmen zu dürfen, daß ich einer der ersten, wenn nicht der erste war, der sich die Vorteile des Formalins zu eigen machte. Nach meinen Aufschreibungen fing ich am 16. Febr. 1894 in der Isar bei Moosburg innerhalb einer Stunde vier Huchen im Gewichte von 70 Pfd. Dabei verlor ich noch einen von weit über 30 Pfd. schweren nach längerem Drillen durch Bruch eines Limerickhakens. Ich benutzte damals zum erstenmal seit 14 Tagen in Formalin konservierte Lauben.

Daß ich nach einem solchen Erfolge für das neue Konservierungsmittel begeistert war, läßt sich wohl denken, und ich verwendete von da an selten mehr andere Spinnköder auf Hechte und Huchen als Formalinfische. Ja, ich ziehe sie unbedingt den frischen Ködern heute noch vor, wo es sich darum handelt, große Strecken abzusuchen und viele weite Würfe zu machen.

Es läßt sich nicht leugnen, daß der frische Köderfisch unter gewissen Verhältnissen noch immer den Vorzug hat. Sind die Fische träg im Anbiß und zeigen keine besondere Freßgier, dann schnappen sie nur nach dem Köder, ohne ihn richtig zu fassen, was am häufigsten bei Forellen zutrifft. Ist nun dieser in Formalinlösung gelegen, dann vergeht dem Fisch wohl der Appetit ganz, denn nicht leicht habe ich es erlebt, daß er einen zweiten Angriff machte. Viel eher packt er einen künstlichen Köder mehrere Male als einen Formalinfisch ein zweites Mal.

Für Forellen ziehe ich den frischen, höchstens noch gesalzenen oder gezuckerten Köder unbedingt vor, da die Erfahrung lehrt, daß gerade diese Fische oft einen Köder verfolgen, wiederholt danach schnappen und, durch die Weiterbewegung desselben gereizt, schließlich doch noch fest zubeißen und gelandet werden können. In der wärmeren Jahreszeit wickle ich jedoch die sonst zu rasch weich werdenden Pfrillen in eine mit 2% Formalin getränkte Gaze. Wird dieses Konservierungsmittel nur äußerlich angewendet, dann dringt es nicht ein und wird von der Strömung wieder abgespült. Die später beschriebene Einspritzung eines Tropfens Formalin in die Bauchhöhle der Pfrillen hat sich jedoch auch gut bewährt, da diese ihre Geschmeidigkeit beibehalten, welche Eigenschaft den Raubfisch ganz besonders anlockt, selbst wenn er nicht gerade sehr gierig oder schon mehr oder minder vergrämt ist.

Den Vorzügen der frischen Köder stehen aber auch Nachteile gegenüber. Den Hauptnachteil der schwierigen Beschaffung habe ich bereits besprochen. Ein zweiter Nachteil ergibt sich nicht so-

wohl für die Forellen- wie für die Hecht- und Huchenköder aus
der großen Empfindlichkeit gegen die weiten Würfe und die starke
Strömung. Ich kann getrost sagen, daß man dreimal so viel frische
Köder im Laufe eines Tages verbraucht als Formalinköder.

Wenn man es sich gerade so einrichten kann, ist es am ratio-
nellsten, sich zum Zwecke des Spinnens in der Hauptsache mit
Formalinfischen auszurüsten, aber doch einige frische Köder mit
sich zu führen, um für besonders vergrämte oder wenig beißlustige
Fische gerüstet zu sein.

Zu dem schon besprochenen Vorzuge der Dauerhaftigkeit der
in Formalin konservierten Köder kommt noch der, daß es einen
solchen Tonus auf die Muskulatur der Flossen ausübt, daß diese
auf das äußerste gespreizt werden und dadurch dem Köder ein
lebendiges Aussehen geben.

Was das brillante Aussehen, den Glanz und die Dauerhaftigkeit der Schuppen betrifft, so läßt der Formalinfisch in den ersten
3 bis 4 Wochen seiner Konservierung nichts zu wünschen übrig;
schuppenlose und wenig glänzende Fische wie Mühlkoppen, Kreßlinge, Grundeln, Aale (Aalschwänze) bleiben überhaupt noch länger
auffallend frisch. Nach 4 Wochen fängt der Glanz des Schuppen-
kleides allmählich an zu verblassen, jedoch nicht in dem Maße,
daß der Köder dadurch unbrauchbar würde. Hat man aber die
Wahl, so tut man gut, seinen Vorrat immer wieder durch neue
Zufuhr zu ergänzen und ältere Köder durch neue zu ersetzen.

Die Technik der Konservierung ist sehr einfach. Man schichtet
die Köderfische, nachdem man sie durch Schnellen mit dem Zeigefinger auf den Kopf getötet, in ein längliches Konserveglas mit
gutem Verschluß, füllt mit einer 2 proz. Formalinlösung bis zum
Rande auf und stellt dasselbe an einen dunklen Ort. Es ist ratsam,
die Fische, ehe man sie in die Lösung legt, in einer starken Salzlösung vom Schleim zu reinigen und dann wieder abzuspülen. Nach
einigen Tagen wird die Formalinlösung trüb, es sondert sich hauptsächlich Blutfarbstoff ab, untermischt mit Schleim u. dgl. Je mehr
Fische im Glas untergebracht sind, desto rascher tritt die Trübung ein.
Man versäume daher nicht, öfter nachzusehen und rechtzeitig die
Fische herauszunehmen, in frischem Wasser auszuspülen, dabei
die Kiemen durch Druck auf die Kiemendeckel auszupressen und
sie dann wieder in eine frische 2 proz. Lösung einzulegen. Eine
stärkere Lösung halte ich nicht für vorteilhaft, sie darf eher schwächer
sein, besonders zur späteren Erneuerung der Flüssigkeit. Eine
solche Erneuerung ist noch ein- bis zweimal nötig, aber immer in
längeren Pausen. Man richtet sich eben da nach der Trübung.
Sobald eine solche erfolgt, sollte man nicht länger warten. Über
den Zeitpunkt, wann dieselbe eintritt, läßt sich keine allgemeine Regel
aufstellen, sie hängt von dem guten Verschluß des Glases und
der Anzahl Fische im Verhältnis zur Konservierungsflüssigkeit ab.

Meine Anköderungsmethode nach dem Röhrchensystem, die
ich bei der Spinnfischerei näher beschreiben werde, bietet mir den
eminenten Vorteil, daß ich meine Köder mit dem Röhrchen fertig
zum Gebrauch in die Lösung einlegen und die bei einem Ausflug

nichtbenutzten oder noch weiter verwendbaren wieder darin unterbringen kann.

Von mehreren Seiten wurde empfohlen, der Formalinlösung etwas Glyzerin zuzusetzen, was die Fische geschmeidiger erhalten soll. Ich selbst habe damit gute Erfahrungen gemacht und setze seitdem 1 bis 2 Eßlöffel auf das Konserveglas zu.

Beabsichtigt man, eine Anzahl Köderfische auf eine größere Reise mitzunehmen, dann empfehle ich, jedem einzelnen Fischchen einige Tropfen pures (40%) Formalin in die Bauchhöhle mittels einer Pravaz-(Morphium-)Spritze einzuspritzen. Man lege dann die Köder der Reihe nach auf einen Leinwandstreifen, bestreue sie tüchtig mit kristallinischer Borsäure und rolle sie dann auf, so daß jeder Fisch von seinem Nachbar durch eine Schicht Leinwand getrennt ist. Das Leinwandpaket wird schließlich in reines Wasser getaucht, das überschüssige Wasser ausgedrückt und dann mit Billrothtaffet oder Guttaperchapapier möglichst luftdicht umwunden und verschnürt. So präpariert kann man sich seine Köder auf weite Entfernungen auch als Muster ohne Wert nachsenden lassen.

Diese von mir seit 1905 geübte Einspritzung mit Formalin hat noch den großen Vorteil, daß der Leib des Köders hart wird, während die übrigen Teile weich und geschmeidig bleiben. Bei so behandelten Pfrillen tritt noch ein weiterer Vorteil zutage, daß sie nämlich an der Angel so viel widerstandsfähiger werden, daß man sichtlich an Ködern spart. Sollen die Köder gleich oder an den nächstfolgenden Tagen verwendet werden, dann ist die oben beschriebene Einpackung und Behandlung mit Borsäure überflüssig.

Lebende Köderfische werden zum Fange von Hechten, Huchen, Barschen usw. verwendet. Der richtige Sportfischer sollte jedoch nur dort vom lebenden Köder Gebrauch machen, wo es ihm nach Lage der Wasserverhältnisse usw. nicht möglich ist, mittels des kunstgerecht geführten toten Köders ebensogut zum gewünschten Erfolge zu gelangen. (Siehe die Kapitel über Schnapp- und Paternosterfischerei.)

2. Künstliche Köder.

a) Für die Spinn- und Schleppangel.

Durch die Einführung des Formalins hat der künstliche Köder einen Teil seiner Bedeutung verloren. Früher war man mehr oder minder darauf angewiesen, denselben in Notfällen zu gebrauchen, und oft genug traten solche Notfälle ein. Jeder ältere Sportfischer weiß sogar von besonderen Erfolgen zu erzählen, die er dem künstlichen Köder zu verdanken hatte, und heute spielt er noch immer in der Schleppfischerei in Seen eine große Rolle, ja es gibt Angelmethoden, wie z. B. die Tiefseefischerei auf Wildfangsaibling, Seeforellen, Carpioni im Gardasee usw., wo der künstliche Köder noch immer häufiger wie der natürliche gebraucht wird.

Das Schleppfischen mit getrockneten und dann versilberten oder vergoldeten Fischen, wie in der zweiten Auflage des Bischoff beschrieben, hat wohl heutzutage keinen Zweck mehr, da Formalinfische unter allen Umständen besser sind.

Man kann die künstlichen Köder einteilen in zwei Grundformen: 1. in eine solche, die den Fisch nachahmt in seiner vollen Gestalt und 2. in sog. Reizköder, die denselben nur in seiner allgemeinen Erscheinung, seiner Länge und Größe nach, hauptsächlich durch auffälligen, weithin leuchtenden Glanz als solchen vortäuscht. Es ist geradezu unglaublich, was in diesen beiden Grundformen an künstlichen Ködern überhaupt geboten wird, und immer wieder kommen neue Modelle in den Handel. Man hat bei Benutzung eines künstlichen, stark blitzenden Köders, wenn er auch einem natürlichen Fische kaum entfernt ähnlich sieht, den Vorteil, Raubfische aufmerksam und neugierig zu machen, die so weit abseits von der Führungslinie stehen, daß sie einen lebenden Fisch oder gewöhnlichen Spinnköder gar nicht mehr sehen würden.

Der Fisch ist ja im Ruhezustande, wenn er gerade kein Hungergefühl hat, ziemlich kurzsichtig. Erst wenn die Freßlust kommt und er Umschau hält nach einem Opfer seiner Raubtiernatur, zieht er mit dem ihm eigentümlichen Muskelapparat seine Linse im Auge an, was ihm die Möglichkeit gibt, auf größere Entfernungen zu sehen. Der blendende intermittierende Schein eines glänzenden Metallspinners trifft jedoch seine Netzhaut auf größere Entfernungen als das Schuppenkleid eines Fisches und macht ihn aufmerksam. Nun erwacht die Neugierde, er will sehen, was das für eine seltsame, ihm völlig unbekannte Erscheinung ist, und kommt näher. Überwiegt die bei dem vermeintlichen Anblick eines Fisches rasch geweckte Freßgier, dann greift er ohne langes Besinnen fest zu und schlürft den Köder förmlich ein, indem er das gleichzeitig mit einströmende Wasser durch die Kiemen ausstößt. Überwiegt aber die Neugierde, dann besieht er sich nur den Gegenstand, tastet prüfend mit der Schnauze danach, da er von der Natur mit keinem anderen Tastorgane ausgestattet ist, oder er läßt sich gar nicht so weit ein, weil er sich vorher schon überzeugt hat, daß er etwas Nichtgenießbares vor sich hat. Man kann sich in Flüssen oft genug davon überzeugen, welch große Rolle die Neugierde bei den Fischen spielt und wie sie sich dabei verhalten. Angelt man in tieferem Wasser, insbesondere in Seen, so entzieht sich das Verhalten der Raubfische der Beobachtung. Es kann aber kein Zweifel darüber bestehen, daß es dort gerade so ist. Man hat nun in den Gewässern der verschiedensten Art, besonders aber in Seen, die Erfahrung gemacht, daß gewisse künstliche Köder, die früher ausgezeichnete Erfolge hatten, wie z. B. der Löffel, heutzutage gar nicht mehr zu gebrauchen sind.. Wie ist das zu erklären? Ganz einfach dadurch, daß jedesmal nur ein geringer Prozentsatz der Raubfische, die den künstlichen Köder zu Gesicht bekommen, wirklich anbeißt. Die anderen betrachten ihn nur, und es gräbt sich in ihrer Erinnerung fest, daß der Gegenstand ihrer Beobachtung etwas Ungenießbares, ja etwas Verdächtiges war, das man am besten in Ruhe läßt. Erst spätere Generationen werden voraussichtlich die alten Muster wieder gerne nehmen, wodurch die Wahl der künstlichen Köder auch gewissermaßen zur Modesache wird.

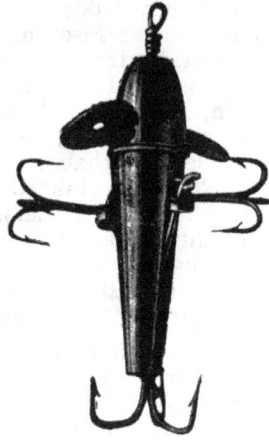

Fig 108.   Fig. 109 a.   Fig. 109 b.

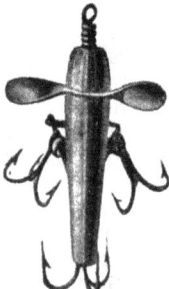

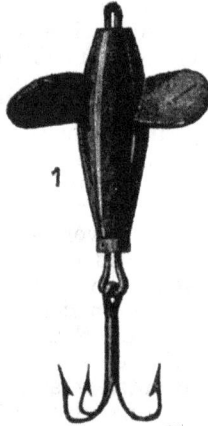

Fig. 110.   Fig. 113.

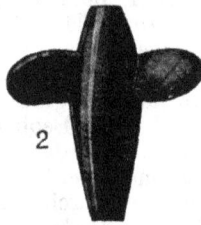

Fig. 112.

Fig. 111.   Fig. 112.   Fig. 114.

Die beliebtesten künstlichen Forellen- und Barschköder sind:

1. Der allbekannte Devonspinner (Fig. 108) und der

2. Geschlitzte Devonspinner »Sirene« mit verstellbaren Flügeln (Fig. 109a u. b), der erst in der allerjüngsten Zeit durch die A.-G. für techn. Spezialität in Emmenbrücke eingeführt wurde. Er zeigt verschiedene Verbesserungen auf, außer den verstellbaren Flügeln, mittels deren eine Verdrehung der Schnur sofort behoben werden kann, eine vorteilhafte Wirbelausstattung und die Möglichkeit, die Drillinge rasch auszuwechseln. Die Sirene dient auch zum Fang größerer Fische, während

3. der Bachspinner »Nixe«, von derselben Firma geliefert (Fig. 110), sich mehr für die leichte Spinnfischerei eignet. (In sehr klarem Wasser kann man ohne die Seitendrillinge fischen.)

4. Das Watchet Minnow (Fig. 111) von Farlow, vergoldet, mehr für klare Wasser geeignet wie die vorigen.

5. Der Delphin-Spinner mit Spezialachse (Fig. 112, 1, 2, 3, 4, 5), ebenfalls ein neues Patent der A.-G. für techn. Sp. in Emmenbrücke, der sich durch sein Gewicht sehr gut zum Weitwurf eignet. Er rotiert mit größter Leichtigkeit um seine Achse und bietet den Vorteil, daß man den Drilling und das Zwischenfach leicht auswechseln kann. Der Delphinspinner ist in 2 Größen mit einem Gewicht von 12 und von 20 g zu haben.

6. Das Patent Phantom Minnow (Fig. 113).

7. Die spinnende Alexandra (Fig. 114), nur aus einem Büschel Pfauenfedern und einer kleinen Turbine bestehend.

8. Der Silberblinker (Fig. 115). Über seine Vorzüge siehe später.

Von größeren künstlichen Ködern zum Fang von Lachsen, Huchen, Hechten, Zander usw. sind zu erwähnen:

1. Der von der Firma Allcock in den Handel gebrachte Köder (Fig. 116), aus Hartgummi und versilbert. Er hat den Nachteil, daß er für seinen immerhin respektablen Preis zu leicht zerbrechlich ist. Das die Schweifflosse vortäuschende Blech bricht nämlich leicht aus dem spröden Gummi aus, was durch eine bessere Konstruktion gewiß leicht zu vermeiden wäre. Vor der Formalinzeit war ich oft genötigt, zu diesem Köder meine Zuflucht zu nehmen und hatte gute Resultate damit aufzuweisen, ja ich erinnere mich, mit demselben einmal in der Iller spät abends, nachdem ich vorher den ganzen Tag vergeblich mit natürlichen Ködern gefischt, noch vier schöne Huchen gefangen zu haben. Durch die Turbine in Verbindung mit der starken Krümmung spinnt der Köder ausgezeichnet, dabei ist die Anordnung der Haken, die alle fliegend sind, so günstig, daß der gefangene Fisch

Fig. 115.

meist nur an diesen hängt, ohne den Köder selbst zu verletzen.

2. Der Löffel (Fig. 117) stellt einen in Norwegen auf Lachse bewährten Köder dar. (Muster von Farlow.)

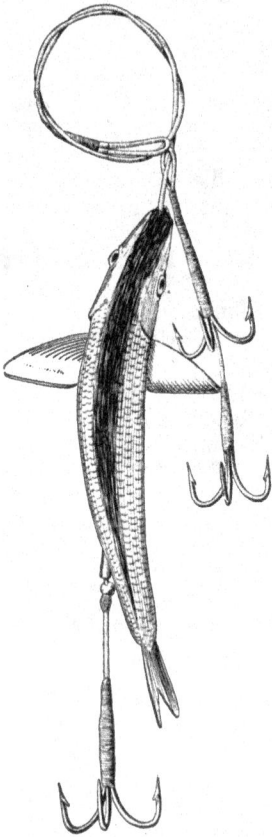

Fig. 116. Verkleinert.

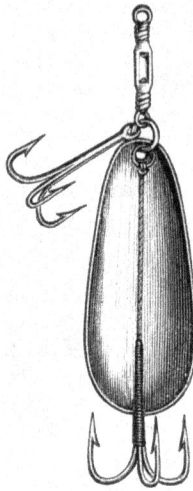

Fig. 117.
Verkleinert.

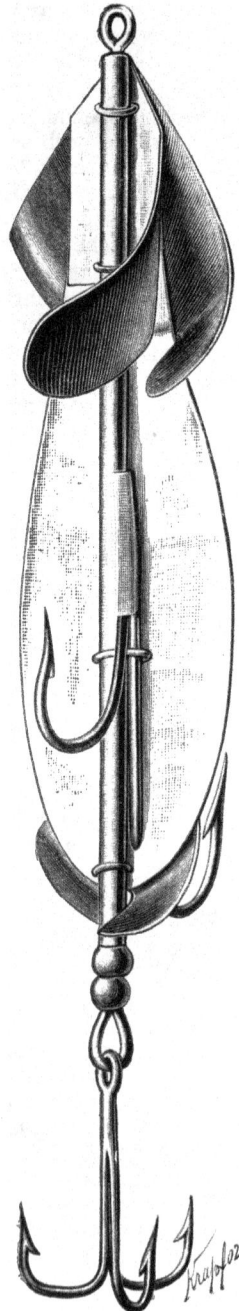

Fig. 119.
Verkleinert.

Fig. 120.
Verkleinert.

Fig. 118.

Fig. 121. Nat. Größe.

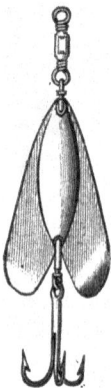

3. Der kombinierte Löffel-
spinner »Blitz« (Fig. 118) der
A.-G. für techn. Spezialität,
neu eingeführt. Er dreht sich
leicht auf eigener Achse. Da
er aus sehr dickem Metall hergestellt ist, eignet er sich sehr
gut zum Weitwurf. Gewicht
ohne Angel 20 g; wird in
Messing poliert oder versilbert
geliefert.

4. Der Otter (Fig. 119).

5. Der Sturmköder mit
weißer oder roter Wollquaste.
Als Beispiel habe ich den sog.
Kanadischen Löffel von
Farlow gewählt (Fig. 120). Ein
anderer sehr beliebter Sturm-
köder ist der Kolorado-
Löffel.

6. Der Heintzköder
(Fig. 121).

Dieser Köder, welchen ich
in den siebziger Jahren gemeinsam mit meinem Bruder
konstruierte, hat den Vorzug
des brillanten Spinnens zugleich mit einer äußerst
fängigen Hakenkonstruktion.
Ich habe mit demselben im
Laufe der Jahre an der Schleppangel weitaus meine meisten
und mit die schwersten Hechte
gefangen.

Die künstlichen Blech-
köder haben alle mehr oder
minder den Fehler, daß sie
mit unnötig großen und auffallenden Draht- und Wirbel-
ansätzen versehen werden. Bei
den technischen Eigenschaften
des Stahldrahtes läßt sich
alles, was der Täuschung des
Raubfisches Abbruch tut,
zumal unter Zuhilfenahme
von Nadelwirbeln, leicht vermeiden.

Eine rühmliche Ausnahme davon bilden:

7. Die sog. »Blinker« (Fig. 122 u. 123), wie sie von den
Berufsfischern an den oberitalienischen Seen zum Fange der See-

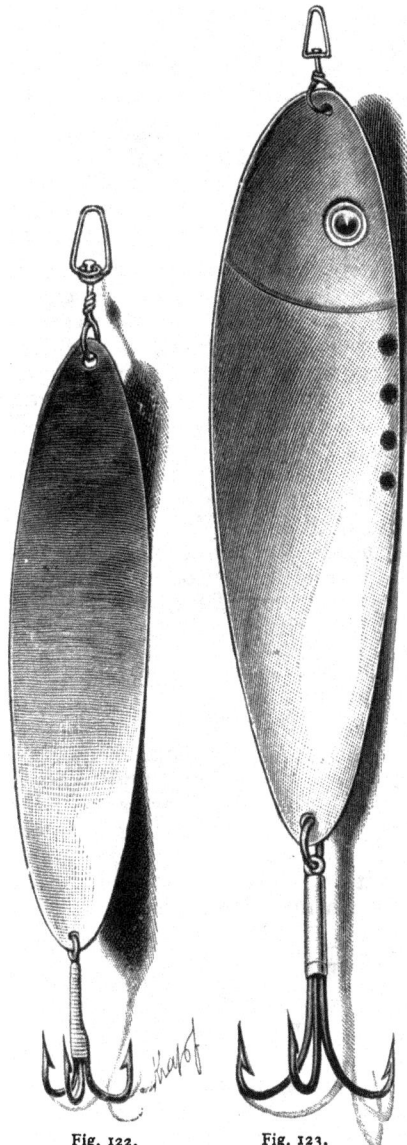

Fig. 122.
Gardasee-Blinker.

Fig. 123.
Comersee-Blinker.

forellen und Carpioni sowie auch zu dem der Hechte und Barsche benutzt werden. Es gibt keine verführerischeren künstlichen Köder wie diese, sowohl was ihr Aussehen im Wasser betrifft, als auch bezüglich der Unsichtlichkeit ihrer Montierung.

Die brillanten Erfahrungen, die ich bei der Schleppangelei mit den Garda- und dem später von mir konstruierten, abgeänderten Comerseeblinker gemacht habe, veranlaßten mich, auch solche auf eine Reise nach Norwegen mitzunehmen, die ich im Jahre 1906 hauptsächlich zum Zwecke des Lachsfanges unternahm.

Ich lernte dort zum ersten Male die sog. Harlingsfischerei, welche hauptsächlich in den großen Lachsflüssen betrieben wird, kennen, und war der für seine Größe verhältnismäßig leichte Blinker wie geschaffen dazu. Ich fing damit zu meiner besonderen Genugtuung nicht nur eine Anzahl größerer Lachse und Jungfernlachse (grilse), sondern auch verschiedene größere Forellen (trutta fario) und Meerforellen (trutta trutta). Was ich auch sonst noch an den einzelnen Flüssen an als fängig gepriesenen künstlichen Ködern in Gestalt von Fischchen und Löffeln versuchte, weitaus den größten Erfolg hatte ich zum Staunen der eingeborenen Bootführer mit meinem Blinker. Was lag nun mir als einem alten Huchenfischer näher, als den Köder auch auf Huchen zu versuchen. Um aber von der Spinngerte geworfen zu werden, mußte er von schwerem Gewicht und zum Fang des mit kräftigeren Kauwerkzeugen ausgestatteten Huchen stärker montiert sein. Ich ließ mir daher nach meiner Rückkehr in die Heimat einige Blinker von gleicher Größe aus über 1 mm starkem versilberten Kupferblech herstellen und außer mit einem Schweifdrilling mit einem mit Umlauf versehenen fliegenden Drilling montieren. Beim ersten Versuch erlebte ich am 1. Oktober des gleichen Jahres damit die Freude, bei ganz ungünstigen Witterungs- und Wasserverhältnissen (der Himmel war wolkenlos und das Wasser spiegelklar) noch vor Beginn der eigentlichen Saison in der Iller zwei schwere Kameraden von 25 und 30 Pfund Gewicht zu fangen, von denen mir der schwere tags zuvor bereits an einem natürlichen Köder abgekommen war[1]. Seitdem habe ich mich fast ausschließlich dieses Blinkers bedient, indem ich ihn noch mehr vervollkommnete, und habe dann noch weitere große Erfolge, insbesondere auf schwere Fische, erzielt. Für besonders interessant halte ich aber die Beobachtung, daß, je klarer und reiner das Wasser und heller der Himmel, desto sicherer der Erfolg im Verhältnis zum natürlichen Köder. Der außerordentliche, faszinierende, vor allem intermittierende Glanz, den er bei heller Beleuchtung, besonders im rinnenden oder wellig bewegten Wasser, um sich verbreitet, und der ganz anders wirkt wie der gleichmäßige Schein eines nur rasch rotierenden Spinners, scheint eben das Verführerische zu sein. Wieland hat für ihn nach seiner Vervollkommnung, an der er eifrig mitgearbeitet hat, unter dem Namen »Silber-

---

[1] Am gleichen Vormittage fing ich noch zwei weitere Stücke von 12 und 13 Pfd. zum ersten Male mit dem künstlichen Eisvogel.

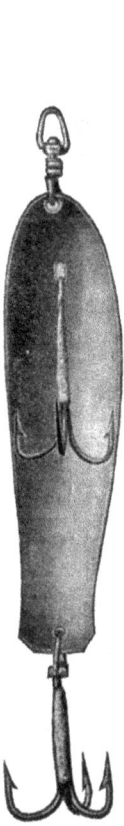

Fig. 124.

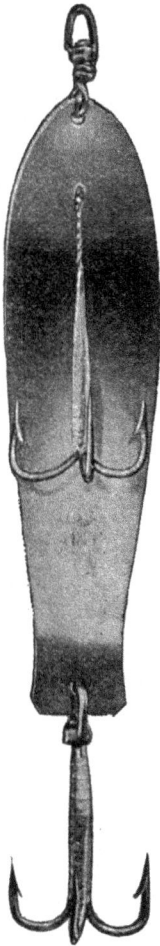

Fig. 125.

Fig. 126.

Fig. 127.

Fig. 128.

Fig. 131.

Fig. 132.

Natürliche Größe.

blinker« den Musterschutz erwirkt[1]), und zwar in allen Größen
für Lachse, Huchen, Hechte und Forellen, desgleichen von dünnem
Blech für den Fang von Lachsen, Saiblingen, Seeforellen und Hechten
mit der Schleppangel. An einem düsteren, nebligen Tage habe ich
in der Abenddämmerung mit einem mit weißer Emailfarbe angestrichenen Blinker rasch hintereinander zwei Huchen gefangen.
Die Leuchtkraft eines so behandelten Köders ist bei mangelndem
Tageslicht noch auffallend groß. Er wirkt ähnlich wie die weiße
Motte bei der Flugfischerei.

Zahlreiche Anerkennungsschreiben, die sowohl ich wie sein
Massenerzeuger, Wieland, erhielten, bestätigten die glänzenden Resultate des Silberblinkers von anderer Seite. Ich habe nur darüber
Klagen gehört, daß sich der fliegende Drilling besonders im stehenden Wasser schlecht anlege. Dem ist aber sehr leicht abzuhelfen,
wenn man ein feines Gummiringelchen oder feinsten Kupferdraht
quer über Drilling und Blinker zieht, die beim Zugreifen eines Raubfisches sofort nachgeben. Der Blinker wurde oft nachgemacht,
aber in Anbetracht des Musterschutzes mit kleinen Abweichungen
an Gestalt, Haken und Wirbeln, und zwar merkwürdigerweise mit
Abweichungen, die ich bei der Verbesserung meiner ersten Versuche
als minderwertig beseitigt hatte. Ganz verfehlt ist es aber, einen
Haken des fliegenden Drillings durch einen Schlitz auf die andere
Seite des Blinkers durchzustecken, was die Fängigkeit ungemein
beeinträchtigt, oder dem Blinker die exzentrische Gestalt eines
Reizköders zu geben, wodurch er die natürliche Fischform beim
Spinnen verliert und den Raubfisch zwar aufmerksam macht, in
der Regel aber eher abschreckt, als zum Zugreifen veranlaßt.

Wenn mit solchen abgeänderten und mit großer Reklame
angepriesenen Blinkern dennoch manchmal Erfolge erzielt werden,
so ist das noch lange kein Beweis für deren Güte, sind doch schon
hungrige Hechte mit weißen Kartonstreifen in Fischform gefangen
worden.

Will man den Silberblinker besonders tief senken, dann stülpe
man ein silberplattiertes Kopfblei mit weiter Bohrung oben über.

Fig. 124 stellt den Blinker für große Forellen, Hechte, Waller
und Schiede, Fig. 125 den für Huchen, beide in natürlicher Größe, dar.

In den letzten Jahren ist auch der sog. Kugelspinner von
Behm vielseitig in Gebrauch gekommen (s. Fig. 126, 127 u. 128).

An Stelle des Kopfes ist eine Bleikugel mit Turbinenflügeln
angebracht, welch letztere die Kugel zur lebhaften Rotation bringen,
sobald der Köder beim Senken in die Tiefe schießt oder wieder
herangezogen wird. Es ist anzunehmen, daß die Fische bei ihrem
äußerst empfindlichen Tastsinn, den sie in der Seitenlinie besitzen,
den im Wasser durch die Turbine verursachten Quirl sogar noch
eher fühlen als sehen und so, selbst wenn sie in Wasserpflanzen

---

[1]) Wieland bringt nur vernickelte Blinker in den Handel, weil sie nicht
anlaufen und immer wie neu aussehen, während ich von Anfang an nur
galvanisch versilberte Blinker wegen ihres erhöhten Glanzes benützte. Sie
oxydieren zwar bei Nichtgebrauch rasch, erhalten aber nach kurzem Abreiben mit Rehleder und Kreidepulver, einen prächtigen Silberglanz.

versteckt sind, auf den Köder aufmerksam werden. So erkläre
ich mir den von vielen Seiten bestätigten Erfolg; ich selbst habe
leider noch keine persönlichen Erfahrungen darüber sammeln können.

Die Kugelspinner sind in allen Größen und Farben für alle
Raubfische bei Wieland auf Lager.

Eine gewisse Ähnlichkeit mit den Behmschen Senkködern hat
das von der A.-G. für techn. Spezialit. in Emmenbrücke-Luzern
neu eingeführte »Wunderfischli« (Fig. 129 u. 130), indem beim
Tauchen der hintere schwerere Teil voran geht und der Wasserdruck
den Kopf- oder Flügelteil automatisch abhebt, so daß dieser, wie
bei dem Behmschen System, in rasche Rotation gerät, während der
hintere Teil ein rasches senkrechtes Senken sichert. Beim Heranziehen des Köders und beim Weiterspinnen werden beide Teile
durch den Wasserdruck wieder automatisch verkuppelt und drehen
sich dann miteinander. Nr. 129 zeigt das Wunderfischli als Taucher,
Nr. 130 als Spinner. Es wird in Messing poliert und versilbert geliefert, und zwar im Gewicht von 15 g und 25 g ohne Angel und
eignet sich somit zum Weitwurf ohne Blei am Vorfach. Angel und
Zwischenfach können leicht eingeschleift und ergänzt werden. Die
doppelte Funktion dieses neuesten Köders ist so einleuchtend
praktisch, daß es sich erübrigt, noch mehr darüber zu sagen.

Schließlich muß ich noch die kleinen künstlichen Metallköder für die Barscharten
erwähnen:

Die bekanntesten außer dem bereits erwähnten Watchet Minnow sind:

Der Magnetspinner (Fig. 131) und der
Hogbacket Löffel (Fig. 132) von Farlow;
beide haben auch den Vorteil, daß sie sich, wie
die in Fig. 114 u. 115 abgebildeten, wie eine
Fliege von der Fluggerte werfen lassen und für
den Fang von Forellen, Regenbogen- und Meerforellen ebenso geeignet sind. Es sind auch
schon Äschen damit gefangen worden.

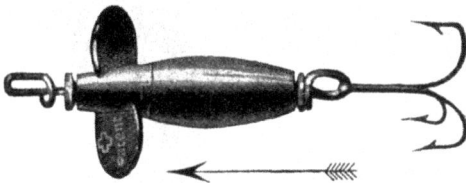

Fig. 130. 1. Als Spinner.   Fig. 129. 2. Als Taucher.

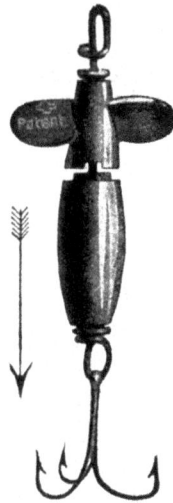

b) Für die Flugangel.

Da sich die meisten Insekten wegen ihrer Kleinheit und Weichheit nicht zum Anködern eignen, ist man in den verschiedenen Kultur-
ländern seit langem darauf verfallen, alle möglichen Fliegen, Käfer,
Raupen, Larven und Schmetterlinge unter dem Sammelbegriff
»künstliche Fliegen« nachzuahmen und zum Angeln zu verwenden.

In England hat sich aber mehr wie anderswo diese Art des Fischens längst zum hohen und höchsten Sport ausgebildet, und wenn wir auch heutzutage in vielen Punkten unsere eigenen Wege gehen, so müssen wir doch die Engländer, was die künstlichen Fliegen betrifft, als unsere Lehrmeister betrachten, mehr noch wie in allen übrigen Zweigen der Sportfischerei. So haben wir auch in Deutschland die englischen Bezeichnungen für die Nachbildungen lange Zeit beibehalten. Erst eigentlich in den letzten Jahren mehrten sich bei uns die Stimmen, die entschieden für eine deutsche Bezeichnung eintraten, so daß ich mich veranlaßt sah, schon in der vorigen Auflage dem allgemeinen Wunsche Folge zu leisten. Man teilt die künstlichen Fliegen am besten ein in:

1. Raupenfliegen, Palmer mit behaartem Körper ohne Flügel (Fig. 133).
2. Käfer (Fig. 134).
3. Geflügelte Fliegen (Fig. 135).
4. Summende Fliegen, Hechelfliegen (Fig. 136).
5. Lachsfliegen (Fig. 137).

Es ist immer noch eine vielumstrittene Frage, ob sich die Fische durch die Nachbildungen eines bestimmten Insektes so täuschen lassen, daß sie es als Original hinnehmen, oder ob sie sich nur durch die Ähnlichkeit mit einem Insekte überhaupt verführen lassen, dasselbe zu ergreifen.

So schwören die Sportfischer in den stark befischten Flüssen des südlichen Englands auf das erstere, während in den nördlichen und westlichen Provinzen, Schottland und Wales, die letztere Ansicht gilt.

Fig. 133.

Fig. 135.

Fig. 134.

Fig. 136.

Fig. 137.

Nach meiner Überzeugung ist diese zweite Auffassung auch in vielen Fällen die richtige. Ich erachte es für zweifellos, daß die Lachse die ihnen dargebotenen, meist in prächtigen Farben schillernden Fliegen überhaupt nicht für Insekten halten, sondern entweder für Fische oder andere glänzende Meertiere, die sie nach ihrem Aufenthalt im Meere wieder zu erkennen glauben, oder gar nur für etwas ihnen gänzlich Unbekanntes und Neues, das ihre

Neugierde erweckt und für sie durch Betastung verhängnisvoll wird. Die beständigen Bewohner des Süßwassers dagegen halten die künstlichen Nachbildungen wohl selten für etwas anderes als Insekten, ob aber für das, welches wir uns einbilden, das ist oft schwer zu sagen.

In rasch fließenden sowohl wie in nicht allzu hellen ruhigen Bächen und Flüssen ist es daher nicht immer nötig, das genaue Konterfei der eben schwärmenden Fliege an seinem Vorfach anzubringen, wenn nur die Farbe und auch die Größe im allgemeinen stimmt. Die Farbe bleibt immer die Hauptsache. So habe ich wiederholt im Monat Mai, wenn die Hagedornfliege schwärmt, nicht nur mit deren genauen Nachbildung, sondern auch mit der Baxmann, Erlenfliege und schwarzen Mücke, also mit Fliegen, deren Grundfarbe schwarz oder wenigstens dunkel ist, fast die gleichen Resultate erzielt. Anderseits habe ich gemeinsam mit einer Reihe von erfahrenen Flugfischern die Beobachtung gemacht, daß man mit der künstlichen Heuschrecke, einem der wenigen Köder, den auch sicher die Forellen nie für etwas anderes ansehen können, als was er vorstellen soll, nur dann ein befriedigendes Resultat hat, wenn die Farbe den in der betreffenden Gegend vorkommenden Heuschrecken angepaßt ist. Nachdem nun die erste Bedingung die richtige Farbe ist, ist es auch von Wichtigkeit, darauf zu achten, ob diese, wenn die Fliege naß wird, die gleiche bleibt. So kann eine scheinbar naturgetreue Nachbildung unbrauchbar sein, während eine in trockenem Zustand zu helle Fliege im Wasser nachdunkelt und dann erst die richtige Farbe erhält. Es gibt übrigens noch viele Beispiele dafür, daß die Fische es mit den ihnen angebotenen Fliegen nicht so genau nehmen; ich will nur einige davon aufführen: So stützt Francis unter anderen seinen Beweis, daß die Fische die Nachbildungen für das wirkliche Insekt halten, darauf, daß der Gouverneur, welcher nur Ende Juli am Wasser erscheint, um seine gelben Eier daselbst abzulegen, und so wenigen Fischern bekannt ist, daß er fast allgemein für eine Phantasiefliege gehalten wird, nur während der kurzen Zeit seines Schwärmens ein ausgezeichneter Köder sei. Er wird dargestellt mit einem breiten gelben Seidenstreifen am Schwanze, welcher die Eier vorstellen soll. Mit dieser vermeintlichen Phantasiefliege habe ich oft Ende Mai und im Monat Juni sehr gute Resultate auf Äschen und Forellen gehabt, obwohl ich nie das Original am Wasser gesehen habe. Er wurde also offenbar für eine andere Fliege gehalten.

Die Palmer sind besonders in Gebirgszuflüssen die ganze Saison hindurch zu gebrauchen, obwohl die Raupen, die sie darstellen sollen, in der Natur ja viel größer sind[1]), geradeso wie die Steinfliegen, die ihre als Köder so vorzüglich wirksame Nachbildung wohl um das Vierfache an Größe übertreffen.

Eine von Pfauenfedern hergestellte, grün schillernde Fliege, die sog. Alexandra, soll eine Pfrille vortäuschen. Diese Fliege ist in

---

[1]) Ronalds hat in seiner Fly Fishers Entomology die Palmer in natürlicher Größe mit zwei hintereinander gestellten Haken sehr naturgetreu dargestellt. Schade, daß sie ganz außer Übung gekommen zu sein scheinen.

England, in den Gewässern, die nur mit der Fliege befischt werden
dürfen, wegen ihrer tödlichen Wirkung, wie die Engländer sagen,
verboten, und es gilt zum mindesten als nicht anständig, in einem
Klubwasser damit zu fischen.

Diese Fliege hielt ich in früheren Jahren für eine Nachbildung
der grünen Libelle, die im Juni und Juli an unseren Flüssen so
häufig vorkommt; ich habe sie dann auch in diesen Monaten öfters
mit gutem Erfolge benutzt, indem ich sie, wie jede andere Fliege,
der Strömung überließ. Hätte ich geahnt, daß sie ein Fischchen
vortäuschen soll, dann hätte ich sie gegen die Strömung ziehen
müssen. Für was haben nun die Forellen meine Alexandra genommen, für ein Fischchen oder für eine Libelle? Ich weiß es heute
noch nicht.

Aus diesen wenigen Beispielen ist es ersichtlich, daß es im
ganzen nicht so sehr darauf ankommt, mit welcher Fliege man fischt.
Nur verhältnismäßig wenig Insekten können nach der Ansicht der
Verfechter des schottischen Systems in ihrer Erscheinung so cha-
rakteristisch nachgebildet werden, daß man wohl mit Bestimmtheit
überzeugt sein muß, der danach steigende Fisch halte sie für das
Original. Ich nenne nur die Maifliege und die oben schon erwähnte
Heuschrecke.

Es zeigt sich aber noch eine eigentümliche Erscheinung, daß
man mit der vollkommensten Nachbildung eines Insektes, ja selbst
mit dem natürlichen, das man neben dem Wasser aufgelesen hat,
unter Umständen keinen einzigen Fisch an die Angel bekommt,
ja man kann sich überzeugen, daß die Fische nicht einmal nach
den lebenden Exemplaren steigen, die man an ihnen vorüber-
schwimmen läßt. Wie ist das zu erklären? Nur dadurch, daß sie
das Insekt noch nicht kennen, es ist ihnen noch fremd. Nach einigen
Tagen schnappen sie gierig danach, ja sie nehmen gar kein anderes
mehr, und hat man die Nachbildung nicht bei sich, so kann man
eventuell mit leerem Korbe heimkehren.

In Deutschland und Österreich besteht wohl heute noch ein
Zwiespalt in den Ansichten der Verfechter des entomologischen
gegenüber denen des schottischen Systems. Zu den Anhängern des
ersteren ist vor allen Dr. Salomon und mit ihm wohl die Mehrzahl
der Wiener Schule zu rechnen, während für das letztere der leider
zu früh verstorbene Dr. Brehm manche Lanze gebrochen hat. Auch
Dr. Brehm besaß nicht geringe entomologische Kenntnisse und
sprach sich entschieden gegen die strikte Naturähnlichkeit ziemlich
aller Kunstfliegen aus. Meiner Ansicht nach wird die Frage stets
mehr oder minder unentschieden bleiben, ähnlich wie in Großbritannien; wer mehr Gelegenheit hat, in klaren und ruhig fließenden
Flüssen und Bächen zu angeln, wie in ausgesprochenen Gebirgs-
wässern, wird sich für das entomologische System erwärmen, der
auf letztere Angewiesene für das schottische. Wie weit die meiner
Überzeugung nach trefflich gelungenen Fliegen nach der Dr. Salomonschen Aufstellung (s. Tafel II) imstande sein werden, die strikten
Anhänger des schottischen Systems zu bekehren, kann allein die
Zukunft lehren.

Nun hat aber der hervorragende Ophthalmologe Professor Dr. v. Heß nachgewiesen, daß sämtliche von ihm untersuchten Fische und wirbellosen Tiere, die er zu untersuchen Gelegenheit hatte, farbenblind sind, indem sie gegenüber den verschiedenen farbigen Lichtern des Spektrums ein für Farbenblindheit charakteristisches Verhalten zeigen. Die übliche Annahme eines Farbensinns bei den Fischen ist bei Heß damit endgültig abgetan.

Dagegen fand aber Privatdozent Dr. v. Frisch, daß das Fischauge ebenso empfindlich gegen die Helligkeitswerte und die Unterschiede in der Lichtstärke ist, wie das normale menschliche Auge. Ein leuchtendes Rot erscheint den Fischen zwar tief dunkelgrau, ein dunkles Blau etwas heller grau, die mittleren und rechts im Spektrum sichtbaren Farben, gelb und grün, heller, dagegen die links im Spektrum erscheinenden Farben orange und tiefes Rot, fast schwarz. Jedoch muß die Intensität des Lichtes, das auf die farbigen Gegenstände fällt, nach meiner Ansicht eine große Rolle spielen, so daß Fliegen bei heller Beleuchtung sich wohl in einem helleren Grau darbieten, wie solche in düsterem Lichte.

Nach dem jetzigen Stand der Wissenschaft müßte man sich eigentlich sagen, daß alle bunten Kunstfliegen geringen Wert haben, und daß es vielleicht zwecklos ist, sich solche anzuschaffen, was wohl auch bei den bunten Lachs- und Seeforellenfliegen, die alle der Phantasie entsprungen sind, mehr oder minder zutreffen wird.

Wenn man aber bedenkt, daß unsere gebräuchlichsten Fliegen sich bei uns tausendfältiges Bürgerrecht erworben haben und von den Fischen gern genommen werden, müssen wir uns doch sagen, der Fisch sieht zwar die Fliegen anders wie wir Fischer, aber auf seine gewohnte Weise in Schattierungen von Weiß, Hellgrau bis Schwarz, und wäre es daher verkehrt, diese Produkte einfach über Bord zu werfen.

Dagegen werden die epochemachenden Untersuchungen von Heß und Frisch beweisen, wie überflüssig es war und ist, so vielerlei Arten von Fliegen anzuschaffen, besonders zum Fang mit der nassen Fliege. In nicht zu ferner Zeit, die ich leider bei meinem hohen Alter nicht mehr erleben werde, werden sich sicher Flugfischer finden, die sich einfach eine kleine Anzahl der beliebtesten Wasserfliegen an Gestalt und Größe zum Muster nehmen und dann mit weißen und schwarzen sowie hauptsächlich mit grauen Federn in verschiedenen Abstufungen des Grau herstellen. Dazu wird es angezeigt sein, einige mit Goldfäden zu umwickeln, denn es ist zweifellos, daß das Glitzernde die Fische anlockt, wie wir uns an der allgemein äußerst beliebten Goldfliege (Wickham-Phantasie) überzeugen können.

Wie ich schon in früheren Auflagen erwähnte, hatte ich im Flusse Ianj in Bosnien auffallenden Erfolg mit einer himmelblauen Maifliege von Farlow auf große Forellen. Ein Erfolg, der mir jetzt ganz klar erscheint, nachdem ich mich überzeugt habe, daß Himmelblau für die farbenblinden Fische gleichwertig ist mit einem hellen Grau, der Imagofärbung der entwickelten Maifliege. Ich hatte damals meinen Vorrat an spinnenförmigen grauen Maifliegen erschöpft und dann mit einem gewissen Mißtrauen zu den blauen Spinnen gegriffen. Nun erlebte ich, Schlag auf Schlag, geradezu wunderbare Ergebnisse, so daß ich bald aufhören mußte zu fischen, weil ich und mein eingeborener Träger die Last nicht mehr tragen konnten, obwohl ich keine Forelle mehr behielt, die nicht über ein Pfund schwer war.

Dieser phänomenale Erfolg veranlaßte Dr. Winter, mir eine Anzahl blauer, grüner und rosa gefärbter Fliegen zu binden, ganz abweichend von den natürlichen Vorbildern, reine Phantasiegebilde. Nachdem ich eines Tages eine Zeitlang mit bewährten Fliegen gefischt hatte, um mich zu überzeugen, ob der Tag günstig gewählt sei, versah ich meinen Zug mit den Winterschen Probemustern. Es war nun interessant, zu beobachten, daß die Fische ebenso gerne auf diese Fliegen stiegen, wie auf die altbewährten, ja ich fing sogar ein Doublé von Regenbogenforellen mit einer grünen und einer rosa gefärbten Fliege. Damit war mir der Beweis geliefert, daß die Forellen die helleren Farben des Spektrums von Grau nicht zu unterscheiden vermögen. Schon in früheren Zeiten galt es als Regel, bei heller Beleuchtung und Sonnenschein Fliegen von heller Farbe zu wählen, eine Erfahrung, die mit den Untersuchungen von Frisch über die Helligkeitswerte übereinstimmt. Man wird daher gut tun, bei Sonnenschein z. B., wenn eine gewisse Fliege schwärmt, die hellsten Nachbildungen dieser Fliege aus dem Etui hervorzuholen.

Es wäre von großem Interesse, in der Richtung noch weitere Versuche zu machen, indem zwei geübte Flugfischer am gleichen Tage, in gleicher Tageszeit, im gleichen Wasser, der eine mit altbewährten Fliegen, der andere mit bunten Phantasiefliegen, aber von gleicher Größe und gleicher Form, fischen würden, um aus dem Erfolge die richtigen Schlüsse zu ziehen.

Eine Schwierigkeit wird bei solchen Versuchen darin bestehen, ob es gelingt, die Helligkeitswerte so verschiedenfarbiger Fliegen mit unserem menschlichen Auge so genau zu erkennen, daß sie vom Fischauge als gleichwertig erkannt werden.

Die Wahl der richtigen Fliege gründet sich jedenfalls in erster Linie auf Erfahrung, und wir haben vorderhand, ehe die Farbenfrage noch weiter gelöst ist, keinen Grund, davon abzugehen. Siehe übrigens auch die interessanten Ausführungen von Professor Dr. Hofer, Seite 390.

Der bekannte englische Sportfischer H. R. Francis hat, wie er in einem seiner Werke angibt, in 130 Flüssen und 50 Seen mit der Fliege gefischt und war trotzdem, wenn er an ein ihm unbekanntes Wasser kam, froh, wenn es ihm gelang, einen intelligenten Lokalpraktiker nach den gangbarsten Fliegen auszuforschen.

Der Anfänger vergibt sich daher nichts, wenn er einen erfahrenen Praktiker um Rat frägt, und fährt dann zweifellos am besten, wenn dieser das Wasser gründlich kennt, in dem jener zu fischen beabsichtigt.

Jedem Jünger des edlen Flugangelsports sowohl, wie jedem, der schon auf dem besten Wege ist, Meister zu werden, kann ich nicht dringend genug empfehlen, sich nach jedem Ausflug ein paar kurze Notizen zu machen, damit er sich seine eigenen Erfahrungen später wieder zunutze machen kann.

Ich habe diese kleine Mühe von Anfang meiner Sporttätigkeit an nicht gescheut und habe danach eine genaue Zusammenstellung für die ganze Saison von all den Fliegen gemacht, die in einem Zeitraum je eines halben Monats sich als hervorragend für ein bestimmtes Fischwasser bewährt haben. Vor dem Aufbruch nach einem mir bekannten Wasser brauchte ich daher nur in meinem Verzeichnis nachzusehen, und ich bedurfte demnach meist nur eines Vorrates von drei bis vier Sorten, um auf alle Fälle gerüstet zu sein.

Im allgemeinen präge man sich den Grundsatz ein:

»An hellen sonnigen Tagen sind helle und glänzende Fliegen (also von ausgesprochenem Helligkeitswert nach Fritsch), an trüben und kalten Tagen Fliegen von gedeckter Farbe, bei rauhem, windigem Wetter sowie bei angetrübtem Wasser und in der Abenddämmerung große Fliegen, bei kleinem, hellem Wasser kleine Fliegen am Platze.«

Sehr verschieden sind im allgemeinen die Fliegen, die man in steinigen, rasch fließenden Wässern im Gebirge und den ruhig durch Wiesen rinnenden Bächen der Ebene verwendet. Trotzdem gibt es einige Universalfliegen, mit denen ausgerüstet, man selten in Verlegenheit kommt.

Zum Studium der an einem Gewässer vorkommenden Fliegen empfiehlt es sich, ein feines Gazenetz mitzuführen. Es ist ratsam, es zu befeuchten, damit die gefangenen Fliegen besser daran haften bleiben.

Um sich darüber zu vergewissern, welche Fliegen von den Fischen genommen werden, befolgen viele Flugfischer das Prinzip, den Magen des letztgefangenen Fisches zu öffnen. Praktischer ist nach meiner Ansicht, zuerst den Rachen und den Schlund zu untersuchen, in welchen man häufig noch Fliegen in unverändertem Zustande vorfindet.

Es ist nicht meine Absicht, eine eingehende Abhandlung über die Entomologie der für die Flugfischerei in Frage kommenden Insekten zu schreiben, da es den Rahmen dieses Buches weit überschreiten würde. Es existiert eine Anzahl wissenschaftlicher Werke über dieses Kapitel, vor allem die klassische Entomologie der »trockenen« Fliege von Frederic Halford, der in allen neueren englischen Fischereibüchern zitiert wird, und auf die ich alle diejenigen verweisen möchte, die sich dafür interessieren. Ich will nur eine kurze Skizze der einschlägigen Fliegen geben, soweit ich sie für den Flugfischer für unbedingt nötig erachte, und werde mich dabei im wesentlichen an das oben genannte Werk halten.

Halford teilt die einschlägigen Fliegen ein in:

1. Ephemeriden, 2. Trichoptera, 3. Perliden, 4. Sialiden, 5. Diptera.

Unterscheidungsmerkmale.[1]

ad 1. Die Ephemeriden (Fig. 138) führen ein langes Leben als Larven, dagegen ein sehr kurzes als ausgebildete Insekten, daher ihr Name »Eintagsfliegen«. Dies kurze Dasein ist fast aus-

---

[1] Die Abbildungen sind der Deutlichkeit halber vergrößert.

schließlich der Begattung und dem Eierlegen gewidmet, worauf
sie wieder absterben. Ihr Körper ist schlank, zart, weichhäutig
der Leib ist nach oben gekrümmt, am letzten Leibesring sitzen drei
sehr lange borstenförmige Schwanzfäden, die ihnen das Auf- und
Abwärtsschweben ermöglichen. Sie haben vier helle durchsichtige
Flügel, von denen die hinteren viel kleiner sind als die großen dreieckigen Vorderflügel, die von der Schulter gerade nach oben stehen
und fest aneinander anliegen. Zuweilen sind die Hinterflügel ver-
kümmert oder fehlen ganz.

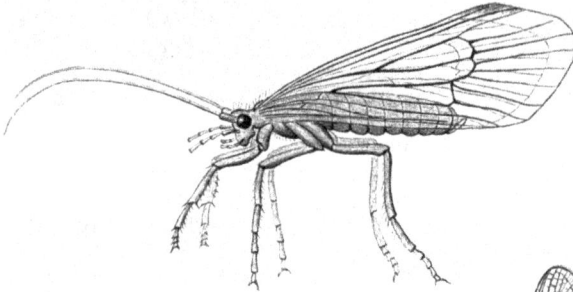

Fig. 139.
Halesus radiatus (Zimtfliege).

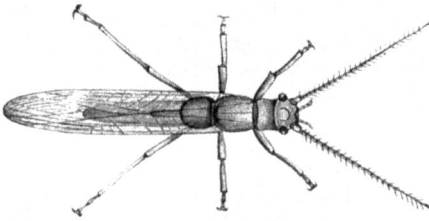

Fig. 140.
Leuctra geniculata (Weidenfliege).

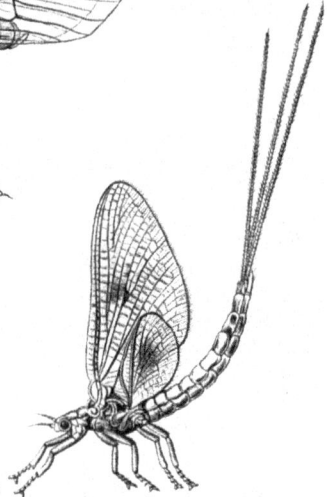

Fig. 138.
Ephemera vulgata (Maifliege).

Die Larven leben im Wasser und sind da schon an den drei
Schwanzborsten kenntlich. Sie haben außerdem meist sieben Paar
Kiemenblättchen. Aus der Larve entwickelt sich nicht sofort das
geschlechtsreife und fortpflanzungsfähige Insekt, sondern zuerst
das sog. Pseudimago, welches die Engländer »Dun« oder »Drake«
zu nennen pflegen. Das Pseudimago ist scheinbar eine vollkommen
ausgebildete Fliege, aber erst nach einer weiteren Häutung wird
sie zum Imago, dem fertig ausgebildeten Insekt, welches die englische Bezeichnung »Spinner« trägt und durch seine lebendigeren
Bewegungen und sein beständiges Auf- und Abwärtsschweben
sich von dem trägeren und der Ruhe pflegenden Pseudimago unterscheidet. Das letztere läßt sich, nachdem es als Nymphe an die
Oberfläche gestiegen ist, von der Strömung treiben, fällt nach einigen
unbeholfenen Flugversuchen wieder auf das Wasser zurück, bis

es endlich sich im Fluge nach den Ufergräsern rettet, wo man es sitzend beobachten kann, während das Imago fast nur im freien Fluge in der Luft und über dem Wasser beobachtet wird, zu dessen Oberfläche es sich, seine Eier legend, herabsenkt.

ad 2. Die Trichoptera (Pelzflügler), nach alter Benennung Phryganiden (Fig. 139), haben vier Flügel, behaart oder beschuppt, die hinteren breiter und faltbar, in der Ruhe dachförmig. Die Flügel liegen am Körper an und berühren sich zeltförmig an den oberen Rändern, um allmählich nach unten zu divergieren. Die Pelzflügler sind meist braun oder dunkel, die Füße dunkel, der Körper meist braun oder gelb. Sie haben lange fadenförmige Fühlhörner (antennae). Die Phryganiden schlüpfen nicht in einem so kurz gedrängten Zeitraume aus und kommen daher nicht zu solchen Massen auf einmal vor wie die Ephemeriden. Ihre Larven machen sich Gehäuse aus Pflanzenstückchen, Steinchen oder kleinsten Muscheln, die sie mit sich schleppen, oder auch an größeren Steinen anhaftende Wohnräume, die sie beliebig verlassen und wieder aufsuchen können. Der vulgäre englische Name ist »Sedge Fly«, die Larven nennt man »Caddis«.

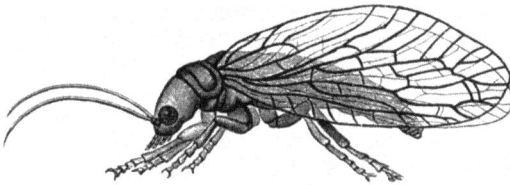

Fig. 141. Sialis lutaria (Erlenfliege).   Fig. 142. Diptera.

ad 3. Die Perliden, Afterfrühlingsfliegen oder Steinfliegen (Fig. 140), haben einen langgestreckten Körper, gleich lange und sehr flach gedrückte, am Körper anliegende, sich überlappende vier Flügel, Hinterflügel in der Regel breiter wie die Vorderflügel und faltbar, Fühlhörner gerade gestreckt.

Die Larven, »Creeper«, verstecken sich im Schlamm oder unter Steinen.

ad 4. Die Sialiden, Wasserflorfliegen oder Schlammfliegen (Fig. 141), haben vier durchsichtige Flügel ohne Behaarung, in der Ruhe dachförmig. Es kommt von dieser Spezies fast nur die Erlenfliege, eine allerdings sehr beliebte Fliege, in Betracht. — Die Sialiden legen nicht wie die vorerwähnten ihre Eier auf die Wasseroberfläche, sondern nur an Schilf und Binsen in der Nähe des Wassers, daher sieht man sie auch seltener über dem letzteren schweben. Die ausgeschlüpften Larven kriechen aber in das Wasser und verbergen sich im Schlamm.

ad 5. Die Diptera, Zweiflügler (Fig. 142), bilden das Gros der Landfliegen, der Schnaken und Mücken, die ohne weiteres an ihren zwei Flügeln kenntlich sind.

Schließlich möchte ich noch über die Anfertigung der künstlichen Fliegen einiges bemerken:

Alle älteren, etwas ausführlich gehaltenen Werke über Angelfischerei befassen sich mehr und minder eingehend mit diesem Thema. Da aber einerseits nur eine erschöpfende Abhandlung mit einer großen Menge von Abbildungen einen wirklichen Wert haben kann, anderseits die Fliegen heutzutage in so kunstvoller Ausführung, wie sie nur ein langjährig geübter Arbeiter zustande bringt, käuflich zu haben sind, so ziehe ich es vor, die Technik des Fliegenbindens gar nicht zu besprechen, dafür aber die Technik der Angelmethoden um so ausführlicher zu schildern, und glaube damit im Sinne aller Sportsfreunde zu handeln.

Wer sich für die Herstellung der Fliegen interessiert, findet in dem Taschenbuch von v. d. Borne eine erschöpfende Abhandlung. Besonders zu empfehlen ist auch das oben erwähnte reich ausgestattete Buch von Halford, das in wissenschaftlicher und technischer Beziehung auf der Höhe steht.

In den letzten Jahren hat sich besonders Dr. Salomon eingehend mit Fliegenbinderei befaßt, indem er unsere heimische am Fischwasser in Betracht kommende Insektenwelt mit der größten Treue nachbildete und genaue Anweisungen über das benötigte Material an Federn und sonstigem Zubehör in der Österr. Fischereizeitung Jahrgang 1916 und später veröffentlichte. Dr. Salomon hat die Zusicherung gegeben, seine gesamten Erfahrungen über dieses Thema demnächst zusammengestellt zu veröffentlichen, so daß jeder, der sich seine Fliegen selbst binden will, nach dem Studium der allgemeinen Handgriffe im v. d. Borne, die spezielle Technik in der Salomonschen Broschüre beschrieben finden wird.

3. Grundköder.

Unter Grundköder versteht man zum Unterschied von den Ködern, die zum Fang der Fische dienen, die Köder, mit welchen man die Fische an die Fangstelle heranlockt.

Für den Fang der Salmoniden und Hechte findet der Grundköder selten Verwendung, dagegen ist man zum Fange einer Anzahl Friedfische sehr darauf angewiesen. Man rechnet dazu in erster Linie den Karpfen, dann die Schleie, die Plötzen oder Rotaugen, die Barben, Brachsen oder Bleie. Auch für Barsche und Aitel hat der Grundköder noch einen gewissen Wert.

Wer es versteht, den Grundköder richtig anzuwenden, wird einen ungleich größeren Erfolg haben; es ist aber hierzu ein längerer Aufenthalt in nächster Nähe des Wassers erforderlich, um ihn auch auszunutzen.

Wichtig ist, sich vor der Bereitung von Grundködern die Hände zu waschen, denn jeder fremde Geruch, z. B. nur der von Tabak, vergrämt die Fische. Die gleiche Vorsicht empfiehlt sich natürlich erst recht beim Kneten von Pasten, die für die Angel bestimmt sind.

Zur richtigen Anwendung gehört aber auch, daß man des Guten nicht zu viel tut, daß man die Fische nicht mit dem Grundköder übersättigt. Es ist daher ratsam, ihn 20 bis 24 Stunden vor dem Angeln in genügender Menge einzuwerfen, und zwar womög-

lich gleichzeitig an verschiedenen Stellen, um, wenn die Fische
an der einen vergrämt sind, den Platz wechseln zu können.

In Seen und ruhigen Tümpeln, wo keine
Strömung ist, kann man den Grundköder
ohne weiteres einwerfen, wo man aber
befürchten muß, daß er während des Untersinkens an eine andere Stelle vertragen
wird, ist man genötigt, ihn zu Klumpen
zusammenzuballen und mittels eines feinmaschigen, mit Steinen beschwerten Netzes
oder eines Instrumentes zu versenken, das
sich erst öffnet, sobald es auf dem Boden
aufliegt. Ein solcher automatischer Apparat
mit sinnreicher Konstruktion ist in Fig. 143
abgebildet.

Man bedient sich einfacher und zu-
sammengesetzter oder durch längere Behandlung hergestellter Grundköder. Die
beliebtesten Grundköder sind in erster Linie
Tauwürmer, die man aber in Mengen von
1000 bis 1500 Stück einwerfen muß, dann
Käse, Maden, gehacktes Fleisch, gekochte
Kartoffeln, Getreide, Grieben usw.

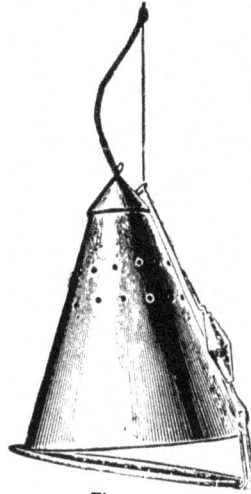

Fig. 143.

Der Grundköder des Kapitäns
Williamson ist berühmt. Er besteht aus Hafermehl oder Kleie,
welche in einer Pfanne über Feuer gebräunt, mit Sirup zu einem
Teig geformt, zu haselnußgroßen Kugeln geballt, eingeworfen wird.

Weizenkörner werden in einem geschlossenen Topf von
größerem Inhalt mit viel kaltem Wasser zugesetzt und ganz langsam erwärmt. Dabei wird öfter Wasser nachgegossen, das die Körner
gierig aufsaugen. Sie können nicht langsam genug ins Kochen gebracht werden, und soll die ganze Prozedur 3 bis 5 Stunden dauern,
bis zu dem Zeitpunkte, wo die Hülsen aufspringen. Diese dürfen
aber nicht so weit platzen, daß sich der Inhalt entleert. Die bedeutend gequollenen und soweit erweichten Körner sind selbst
ein guter Köder an kleinen Angelhaken und ein vorzüglicher
Grundköder, sowohl unvermischt wie zusammengeknetet mit
anderen Stoffen.

Brot, altgebackenes Brot oder nur Brotkrusten werden
abends eingeweicht, am Morgen ausgepreßt und klein verrieben,
allenfalls noch gekochter Reis darunter gemischt, dann mit dem
nötigen Quantum Mehl und Kleie zu einer solchen Konsistenz gebracht, daß man feste Bollen davon kneten kann. Oft wird es als
nützlich erachtet, diesen Kugeln auch noch Würmer oder Maden
im letzten Moment beizugeben, ehe man sie versenkt.

Während des Fischens wirft man beständig kleinere Mengen
Grundköder ein, und zwar immer von dem gleichen, den man auch
an der Angel befestigt. So bringt man oft selbst scheu gewordene
Fische wieder dazu, anzubeißen.

6*

In Holland werden Würmer oder Insekten in einer glashellen Flasche mit etwas Wasser, gut zugekorkt, versenkt und damit die Fische angelockt.

Hat man keine Zeit und Gelegenheit, sich seine Fische durch vorhergehendes Grundködern heranzuziehen, so ist es, zumal wenn man mit geknetetem Weißbrot fischen will, sehr von Vorteil, einen Grundköder gleichzeitig mit der Angel zu versenken. Zu diesem Zwecke bereitet man sich vor dem Aufbruch an das Fischwasser eine einfache Paste aus Weißbrot und Kleie, die gut angewässert, ausgepreßt und zusammen verknetet werden. Während nun der Angelhaken mit der zäheren Weißbrotpaste verdeckt wird, umgibt man das unterste Bleischrot, welches am besten nur 5 cm von der Angel entfernt ist, mit der eben beschriebenen, weicheren Grundködermasse und senkt die beiden Köder vorsichtig in die Tiefe. In fließendem Wasser wird sich die Kleienpaste nicht nur langsam auflösen, sondern auch wie eine Wolke nach abwärts verbreiten und die Fische anlocken.

III. Abschnitt.

Allgemeine Gesichtspunkte und Verhaltungsmaſsregeln für Sportfischer.

1. Kleidung und Ausrüstung.

Bei Auswahl der Kleidung hat der Sportfischer vor allem darauf zu sehen, daß sie ihm Schutz gegen Nässe von oben und Nässe von unten bietet. In zweiter Linie muß sie ihm bequem sitzen und vollkommene Freiheit der Bewegung gewährleisten. Drittens darf sie ebensowenig wie beim Jäger auffallend sein, und eignen sich hauptsächlich die Farben dunkelgrün, grau oder braun.

Zu Rock und Hose bewährt sich am besten im Sommer ein dünner, im Winter ein dickerer Lodenstoff. Der Rock hat am vorteilhaftesten den Joppen- oder Blusenschnitt mit möglichst vielen großen und weiten Taschen, mit breitem liegenden Kragen und Laschen an demselben und an beiden Ärmeln, um sich nötigenfalls gegen Kälte und Wind zu schützen. Wichtig ist, daß die Achsellöcher einen weiten Schnitt haben, damit die freie Bewegung der Arme nicht behindert ist. Um das Verfangen der Schnüre, des Handnetzes usw. zu verhüten, ist es ratsam, die Knöpfe verdeckt anzubringen; die äußeren Taschen sollten daher auch mit Druckknöpfen versehen sein. Für die Winterjoppe sind Mufftaschen angezeigt.

Das Beinkleid kann, wenn man mit hohen Wasserstiefeln fischt, lang sein; trägt man aber Schnürschuhe, dann eignet sich eine Kniehose am besten. Die Hose muß namentlich im Schritt bequem sitzen und wird mit einem breiten Gürtelband gehalten. Es ist ratsam, das Gesäß mit Rehleder füttern zu lassen, um beim Niedersitzen auf kaltem Boden Erkältungen zu verhüten, außer man trägt ständig einen wasserdichten Sitz aus dickem Gummimantelstoff bei sich.

Ich habe mich in meiner langjährigen Anglerpraxis sehr eingehend mit der Bekleidungsfrage befaßt und bin zu dem Resultate gekommen, daß es weit besser ist, verhältnismäßig dünnere Oberkleider zu tragen. Man erkältet sich viel leichter, wenn man durch dichtere Stoffe, welche die Hautausdünstung zurückhalten, in Schweiß gerät und dann plötzlich von rauhem Wetter überfallen wird. Ich ziehe daher vor, bei zweifelhafter Witterung oder in vorgerückter Jahreszeit mit den entsprechenden Unterkleidern nachzuhelfen. Dazu eignet sich nun kein Stoff besser wie Leder. Das Leder ist porös, hat aber so feine Poren, daß man den Wind nicht spürt, es hält warm, ohne zu erhitzen, und wenn man seiner nicht bedarf, hat das daraus gefertigte Kleidungsstück leicht Platz im Rucksack, ohne ihn wesentlich zu beschweren.

Im Frühjahr und Herbst führe ich eine mit Rehleder gefütterte Ärmelweste, im Winter einen Koller bei mir von braunem dänischen Leder, wie er jetzt auch von Jägern und Autofahrern viel getragen wird. Zur Huchenfischerei bei Schnee und Eis geht nichts über ein Unterbeinkleid von Hirschtierleder; man kann den ganzen Tag, gute Wasserstiefel vorausgesetzt, abwechselnd im Boote oder bis über die Knie im Wasser stehen, ohne die geringste unangenehme Empfindung von Kälte. Eine dänische Ledermütze, deren Rand nach Bedürfnis über die Ohren geschlagen werden kann, vervollständigt die Lederausrüstung von Kopf bis zu Fuß. Bei wärmerer Witterung ist ein breitkrämpiger Hut von leichtem Lodenstoff angenehmer; zum Grund- und Schleppfischen bei Wind und Wetter empfiehlt sich als Kopfbedeckung ein Südwester.

Für Winter wie Sommer ist das Tragen eines Sporthemdes aus dünner Wolle sowie wollener Strümpfe anzuraten. Ein rein wollenes Hemd hat nur den Nachteil, daß es beim öfteren Waschen eingeht, weshalb viele die Wolle mit Baumwolle untermischt vorziehen. In Wasserstiefeln trägt man am besten Übersocken von dicker gewalkter Wolle.

Die Kardinalfrage für den Sportfischer bleibt immer die Wahl der richtigen Fußbekleidung.

Diese hängt nun ganz davon ab, auf welche Fische man angelt, und wie das Wasser sowohl wie die Ufer beschaffen sind, die man begehen will.

Wer nur auf gemeine Fische angelt und verhältnismäßig trockene Ufer zu begehen hat, wird mit guten Schnürschuhen ausreichen. Bei unebenem Boden, besonders im Gebirge, müssen sie gut genagelt sein. Hat man sumpfige Ufer oder Wassergräben zu durchwaten, dann genügen meist gut gearbeitete Wasserstiefel in Kniehöhe. Wer nur bei warmer Temperatur kurze Strecken zu durchwaten hat, kann sich auch damit behelfen, daß er ein zweites Paar Schuhe und Strümpfe zum Wechseln mit sich führt; keinesfalls aber ist es ratsam, stundenlang im Wasser zu stehen und dann erst die Fußbekleidung zu wechseln; die ständige Abkühlung der unteren Extremitäten hat Blutandrang nach den inneren Organen zur Folge und kann alle möglichen Zustände und Krankheiten veranlassen.

Der Salmonidenfischer dagegen kommt meistens, wenn er nicht ein sehr günstiges Wasser zu befischen hat, in die Lage, waten zu müssen, sei es, um nicht von den Ufergesträuchen behindert zu sein oder dem Standort der Fische näher zu kommen, sei es, um das Ufer wechseln zu können. Hohe Wasserstiefel oder Gummistrümpfe sind daher für ihn sozusagen eine conditio sine qua non. Lederstiefel müssen immer gut gefettet sein, und ist das unter dem Namen »Marsöl« bekannte wohl eines der besten Lederfette. Nach neueren Mitteilungen soll das Collonin das Marsöl noch übertreffen.

Ich und die meisten meiner speziellen Anglerfreunde benutzen seit mehr als 25 Jahren bis vor dem Kriege ausschließlich englische Wasserstiefel von Cording & Co. in London. In der wärmeren Jahreszeit trage ich die überaus leichten aus impermeablem Stoff, bei denen nur der Fuß bis zum Knöchel aus Leder gefertigt ist, im Winter die schwereren mit Vorfuß aus Leder, aber bis zum Ansatz des Oberschenkels herauf aus Kautschuk, innen mit weichem Leder ausgekleidet, die Sohle mit kräftigen Nägeln beschlagen, um das Ausgleiten auf den angeeisten Steinen zu verhüten. Obwohl diese Wasserstiefel zwar gewichst, nie aber mit irgendeinem Fett oder Stiefelschmiere behandelt werden dürfen und keine andere Behandlung brauchen als eine Reinigung mit Wasser, war ich niemals genötigt, nach beendigter Tagesarbeit einen Strumpf zu wechseln, außer wenn die Stiefel nach jahrelangem Gebrauche anfingen defekt zu werden. Eine geringfügige Reparatur hat dann stets wieder auf lange Zeit den Schaden ausgeglichen.

Wer wie ich in der Lage war oder ist, Vergleiche zu machen zwischen einem von einem tüchtigen Schuster aus bestem Rindsoder Juchtenleder gefertigten, mit den besten Lederfetten aufs sorgfältigste behandelten Wasserstiefel und einem von Cording gelieferten, wird geradezu staunen über den Unterschied. Was ist das für eine Wohltat, nach achtstündigem Waten im kniehohen Schnee oder im kalten Wasser unserer reißenden Gebirgsflüsse noch einen absolut trockenen und warmen Fuß zu haben, wärmer, als wenn man sich bei gleicher Temperatur eine Stunde lang in den wohlgepflegten Straßen einer Großstadt bewegt! Wenn man bedenkt, daß man die Gummistiefel 5 bis 7 Jahre, die Waterproof 3 bis 4 Jahre tragen kann, so war der Preis inkl. Porto und Zoll von 95 M. für die ersteren, 85 M. für die letzteren in Friedenszeiten nicht zu hoch. Die leichten Stiefel sind, nebenbei gesagt, für den Winter nicht praktisch. Sie sind zwar absolut wasserdicht, der Stoff saugt aber Wasser an, so daß sie sich innen feucht anfühlen, was zwar im Sommer belanglos ist, aber im Winter unangenehm empfunden wird.

Es ist bedauerlich, daß unsere heimische Industrie es bis jetzt noch nicht verstanden hat, sich die Fabrikation solcher absolut verlässiger Wasserstiefel anzueignen, was jetzt nach dem großen Kriege um so wichtiger wäre, nachdem wir in Deutschland und Österreich-Ungarn mehr wie je darauf angewiesen sind, uns auf eigene Füße zu stellen. Ich möchte es daher nicht versäumen, unsere Fabrikanten darauf aufmerksam zu machen, daß diese in Fig. 144 dargestellten besterprobten Gummistiefel eigentlich aus 5 Schichten bestehen, und zwar von außen nach innen gerechnet, am Schaft: Kautschuk, Paragummi, zwischen 2 Lagen Leinwand eingeklebt, und feinem Leder (Ziegenleder?); am Vorfuß: bis über dem Knöchel statt des Kautschuks, kräftiges Leder. Diese 5 Schichten werden, wie ich annehme, zuerst aufs innigste verklebt und dann erst verarbeitet. Defekte oder abgenutzte Stellen am Kautschuk werden einfach wie an einer Radpneumatik überklebt. Solange die Verletzung nicht in tiefere Schichten eindringt, bleibt der Stiefel absolut wasserdicht, was bei nur einer Gummischicht ausgeschlossen wäre.

Ein sonst rühmlich bekannter Sportschuhmacher, der bestrebt war, gleichwertige Wasserstiefel herzustellen und mir seinerzeit ein Muster zur Begutachtung vorlegte, erklärte mir, er könne sie nicht billiger liefern wie Cording, trotzdem die Stiefelschäfte nur aus einer einzigen Lage einfachen Kautschuks bestanden!

Alle Wasserstiefel, seien sie aus Leder oder Kautschuk, müssen stets nach Gebrauch auf Leisten geschlagen werden, will man beim Anziehen nicht stets seine liebe Not damit haben. Man versäume aber nie, sie vorher innen gut auszutrocknen, was am besten durch Einlegen und Ausstopfen mit Heu, Gaze, Zeitungspapier oder auch Haber geschieht. Das Ausstopfen ersetzt noch einigermaßen die Leisten, wenn man den Haber vor dem Einlegen durch Erhitzen stark austrocknet. Im feuchten Schaft quillt er dann auf und dehnt ihn so aus, daß die Schrumpfung des Leders vermieden wird.

Bekannter und mehr im Gebrauch sind bei uns die mit Gummi imprägnierten Wasserstrümpfe oder Hosen. Sie sind zwar viel billiger, aber nicht sehr dauerhaft und haben den Nachteil, daß sich an ihrer Innenseite Feuchtigkeit niederschlägt, daß man ein Paar schwere und unbequem große Überschuhe mitzuschleppen hat, und daß sie umständlicher zum An- und Ausziehen sind als die hohen Stiefel.

Fig. 144.

Einen einzigen Vorteil haben die Strümpfe und Hosen vor den Stiefeln voraus, und zwar den, daß man sie zum Trocknen umstülpen kann. Dieser Vorteil ist aber nur dann von Belang, wenn man eine ganze Reihe von Tagen dem Angelsporte widmen will. Bei unausgesetztem Gebrauch werden natürlich auch die Stiefel durch die Hautausdünstung feucht und trocknen nicht so rasch.

Die einzigen Körperteile, die bei der Spinnfischerei im Winter am wenigsten geschützt werden können und daher unter der Kälte leiden, sind die Hände. Man schützt sich am besten mit Handschuhen aus Wolle gestrickt, aus denen die Fingerspitzen frei herausschauen. Früher konnte ich keine Handschuhe tragen, weil sie gleich naß wurden, seit ich aber mit viel feineren Schnüren angle und einen Wasserschutzring aus Gummi am Handteil der Gerte angebracht habe (s. Fig. 5), bleiben meine Hände trocken. Hat man außerdem Pulswärmer und eventuell noch einen mit Benzin geheizten sog. »Globus Handwärmer« in der Tasche, der 3 bis 4 Stunden nachhält, dann wird man an den Händen kaum mehr frieren.

Um sich gegen die Nässe von oben zu schützen, bedienen sich die meisten Angelfischer eines wasserdichten Lodenmantels. Ein einfacher Kragen ist nicht praktisch, weil er die freie Bewegung der Hände erschwert, und weil Rucksack und Fischkorb nicht darüber getragen werden können.

Die Lodenmäntel haben aber den großen Nachteil, daß sie sich mit Wasser vollsaugen und noch schwerer werden, als sie vorher schon waren, und verhältnismäßig sehr voluminös sind. Viel praktischer sind daher Gummimäntel aus leichtem Stoff, die wenig Raum einnehmen und schnell trocknen. Gummistoffe sind aber allgemein in Mißkredit, weil sie die Perspiration hemmen und lästig zu tragen sind. Wer sie aber nur während des Regens am Fischwasser trägt und keinen weiten Marsch damit zu machen hat, wird ihren Vorzug bald erkennen.

Im Winter, bei Temperaturen um den Gefrierpunkt, wo kein Regen, höchstens Schneefall, zu befürchten ist, benutze ich, außer zu Fahrten im offenen Wagen nach dem Fischwasser, nie einen Mantel. Wird auch die Joppe durch anhaltendes Schneegestöber feucht, der Lederkoller hält alle Feuchtigkeit sicher zurück.

Im Feldzuge kamen eine Anzahl von leichten und wasserdichten Stoffen in den Handel, die sich zu Sportanzügen und Regenmänteln verarbeiten lassen und sich zum großen Teil gut bewährt haben. Die ersten Stoffe dieser Art wurden unter dem Namen »Gabardine« von Burberry in London geliefert, auch ich habe sie mit Vorliebe getragen, freue mich aber, daß wir heute nicht mehr darauf angewiesen sind.

Einer der wichtigsten Ausrüstungsgegenstände für den Sportfischer ist ein Rucksack aus wasserdichtem Stoff mit breiten ledernen Tragriemen. Der Rucksack muß so groß sein, daß man sein ganzes Angelzeug, selbstverständlich mit Ausnahme der Gerte, seine Reservekleidungsstücke, den Tagesproviant und den Fischkorb darin unterbringen kann. Ich liebe es nicht, den letzteren an einem Tragbande quer über eine Schulter zu tragen, denn nichts ist lästiger, als wenn die Brust durch einen Riemen gedrückt wird. So praktisch die Engländer sonst in Sportangelegenheiten sind, das eine ist mir unbegreiflich, warum sie nicht schon längst unseren Rucksack adoptiert haben.

Zur Ausrüstung gehört ferner ein gutes Messer, das womöglich noch eine Säge und einen Schraubenzieher enthalten soll.

Ein sehr praktisches Gerät ist auch das unter dem Namen »Franzos« bekannte Universalinstrument. Es gibt deren ganz kleine, die nicht viel Raum einnehmen. Hat man das Mißgeschick, daß die Gerte hart an der Hülse bricht, dann wird man die Eingebung preisen, es nicht vergessen zu haben. Auch tut eine kleine Zange zum Fassen und Abkneipen von Drähten gute Dienste.

Wichtig ist es, ein Etui mit Nadeln (Klemmnadeln) und Faden oder, was ich entschieden vorziehe, feinem Kupferdraht, einer Feile, einer Schere, einer Pinzette und einem guten Bistouri bei sich zu führen. Das letztere hat mir schon oft gute Dienste beim Herausschneiden eingedrungener Angelhaken geleistet.

Eines Tages beim Huchenangeln war ich im Begriff, einer hohen Felswand entlang bis an die Knie im Wasser zu waten, als ich hinter mir einen Schmerzenslaut hörte. Mein Bootführer war mir unbemerkt gefolgt, ohne dazu aufgefordert zu sein. Er war meiner Gerte, von der der Köderfisch nach rückwärts baumelnd herabhing, zu nahe gekommen, und wie es kam, weiß ich nicht, aber der eine Haken des Schweifdrillings hatte seine Unterlippe vollständig durchschlagen, so daß sogar der Widerhaken oberhalb des Zahnfleischansatzes zutage kam. Was blieb mir übrig, als, in der rauschenden Strömung stehend, mit dem Bistouri, das ich glücklicherweise bei mir hatte, den Haken herauszuschneiden, was sich übrigens der mit glücklichen Nerven gesegnete Bauernbursche gefallen ließ, ohne zu mucksen.

Schließlich sollte man nicht versäumen, eine kleine Handapotheke bei sich zu führen, deren wichtigste Bestandteile ein Fläschchen mit Salmiak gegen Mückenstiche sowie ein Stück englisches Pflaster oder Leukoplast sein sollen. Statt des letzteren ist auch das nur auf sich selbst klebende Heftband zu empfehlen. Zur raschen und sicheren Desinfektion von Wunden an den Fingern empfehle ich ein kleines Fläschchen mit einem zu einem Glasstabe verlängerten Glasstopsel gefüllt mit Jodtinktur oder elastischem Kollodium. Am besten eignen sich hierzu die in den Apotheken vorrätigen Salmiakfläschchen in Holzetui. Um stark blutende Fingerwunden rasch zu verbinden und die Blutung zu stillen, gibt es keinen besseren und gegen das unvermeidliche Naßwerden widerstandsfähigeren Verband als elastische, etwa 1—2 cm lange Ringe aus Gummi, die man sich auch aus geschmeidigen Gummischläuchen selbst schneiden kann.

Sehr empfehlenswert ist es, eine Tube neutrale Kali-Crême-Seife von Wolff & Sohn in Karlsruhe bei sich zu führen, die nicht nur als angenehme Handseife zur Beseitigung des Fischgeruchs und zur Behandlung der Hülsen dienlich ist, sondern auch meiner Erfahrung nach das beste Mittel ist, viel besser wie alle Fettsalben, um die lästige Trockenheit und Starre der Hände zu beseitigen, die nach langen Hantierungen am Wasser zu entstehen pflegt. Wenn man ein kleines Quantum nach Beendigung des Fischzuges trocken einreibt, wird die Hand wieder geschmeidig, ohne sich fettig anzufühlen.

2. Einteilung der Gewässer in Ansehung des Angelsports.

Ehe man ein Fischwasser aufsucht, muß man vor allem wissen, welche Fische darin vorkommen oder nach Lage und Charakter desselben vorkommen können. Ein erfahrener Fischer wird es ihm auf den ersten Blick ansehen, ob er ein für Salmoniden oder Hechte usw. geeignetes Wasser vor sich hat; eine andere Frage ist natürlich die, ob die betreffenden Fische wirklich darin vorhanden sind oder waren und nur durch schädliche Einflüsse ausgerottet wurden.

V. d. Borne hat sich mit der Fischfauna der einzelnen Gewässer sehr eingehend beschäftigt und die Flüsse und Seen sehr praktisch in Regionen eingeteilt, wodurch auch der Neuling eine rasche Übersicht bekommt. Er schreibt in seinem Taschenbuche der Angelfischerei wörtlich:

»Es lebt nicht jede Fischart in jedem Wasser. Wir beobachten überall, daß sich die Fischfauna ändert, wenn das Wasser eine andere Beschaffenheit annimmt, selbst auf kurzen Strecken, und wir können umgekehrt aus dem Vorkommen gewisser leitender Fischarten auf die Beschaffenheit des Wassers (Stärke der Strömung, Beschaffenheit des Grundes, Reinheit, Klarheit, Tiefe, Temperaturschwankungen des Wassers) und die darin vorkommenden anderen Fischarten Schlüsse machen.

Flüsse. 1. Region der Bachforelle. Kleinere Flüsse und Bäche mit starker Strömung und steinigem Grunde. Außer der Bachforelle finden wir bis in die kleinsten Rinnsale Ellritze (Phoxinus laevis), Mühlkoppe (Cottus gobio) und Schmerle (Cobitis barbatula). Nachdem der Bach wasserreicher geworden, treten neben der Forelle zuerst Döbeln (Squalius cephalus) und Nasen (Chondrostoma nasus) auf, dann erscheinen Fische der Äschen- und später der Barbenregion.

2. Region der Äsche. Größere Bäche und kleine Flüsse mit starker Strömung, steinigem und kiesigem Grunde. Die Äsche (Thymallus vulgaris) liebt das Quellwasser nicht, sie ist deshalb weniger in den Quellbächen zu Hause wie die Forelle, mit der sie zum Teil zusammenlebt, zum Teil reicht sie in die Barbenregion hinein, und zwar weiter wie die Forellen. Im Donaugebiet ist der Huchen in dem Teil der Äschenregion Standfisch, wo der Fluß wasserreich und wo neben der Äsche die Barbe lebt. Der Lachs laicht mit Vorliebe da, wo Forellen und Äschen zusammen vorkommen.

3. Region der Barbe. Größere Flüsse und Ströme mit schnell fließendem Wasser und feinkiesigem Grunde. Neben der Barbe kommen vor: Döbel, Nase, Rapfen (Aspius rapax), Zärthe (Abramis vimba), Schneider (Alburnus bipunctatus), Häseling (Squalius leuciscus), Gründling (Gobio fluviatilis), auf sandigem Grund Kaulbarsch (Acerina cernua), Mühlkoppe und Schmerle.

An geschützten Stellen befinden sich Uckelei (Alburnus lucidus), Plötze (Leuciscus rutilus), Barsch (Perca fluviatilis) Hecht,

(Esox lucius), Karpfen (Cyprinus carpio), Zander (Lucioperca sandra) Quappe (Lota vulgaris).

4. Region des Blei. Langsame Strömung, sandiger und schlammiger Grund. Der Blei geht nicht in die kleinen Wasserläufe hinein, wir rechnen dieselbe dennoch zur Bleiregion, wenn der Wasserlauf träge und der Grund weich ist; wir finden dort den kleinen und großen Stichling, Schlammbeißer, Barsch, Plötze, Hecht als charakteristische Fischarten Ferner leben in der Bleiregion: Karpfen, Wels, Güster (Blicca Bjorkna), Aland (Idus melanotus), Rotauge (Leuciscus rutilus), Rotfeder (Scardinius erythrophthalmus), Bitterling (Rhodeus amarus); ferner Zander, Barsch, Kaulbarsch, Gründling, Quappe, Schmerle, Mühlkoppe und, an geeigneten Stellen, Barbe. Der Zander ist hier recht eigentlich zu Hause, Döbel und Häseling werden selten.

Seen. 1. Bachforellen finden wir in Seen, die mit Forellenbächen in Verbindung stehen; sie gehen in den Seen der Alpen am höchsten hinauf.

2. Seeforellen leben in ähnlichen, aber größeren Seen der unteren Alpenregion, wohinein sich Forellenbäche ergießen.

3. Saiblinge verlangen Wasser, das nicht wärmer wie 14^0 R wird. Sie kommen in Alpenseen bis 1900 m über dem Meere vor.

4. Maränen, Felchen, Renken leben in tiefen Seen des Flachlandes und der Alpen.

5. Der Stint findet sich in Seen des Flachlandes, in klarem Wasser auf Steingrund.

6. Der Blei liebt flaches Wasser und weichen Grund.«

Wenn auch diese Einteilung der fließenden Gewässer nach Regionen in Ansehung der darin vorkommenden Fischarten im allgemeinen stimmt, so wäre es doch einseitig, wenn wir sie nur von diesem Standpunkte allein betrachten wollten.

Es besteht kein Zweifel darüber, daß ein und derselbe Fisch bei verschiedenen Existenzbedingungen, je nach der Beschaffenheit des Wassers und der Strömung und je nach den Nahrungsverhältnissen, so verschiedene Lebensgewohnheiten annimmt und Unterschiede in Gestalt, Ansehen und Wachstum zeigt, daß er kaum wieder zu erkennen ist.

Schon in Großbritannien, wo kein so schroffer Gegensatz zwischen Hochland und Tiefland besteht wie in Mitteleuropa zwischen der Alpenregion und der Tiefebene, wird streng unterschieden zwischen den ruhig durch Wiesenland dahinrinnenden, meist durch Mühlanlagen gestauten, stark bewachsenen und kristallklaren Flüssen des südlichen Englands mit kreidigem Untergrund und den nahrungsarmen, steinigen, oft wild über Felsen rauschenden Flüssen Schottlands und der Provinz Wales.

Die Art, wie sich die Fische dort dem Sportangler gegenüber verhalten, ist so grundverschieden, daß sich auf die gleichen Fische ganz andere Angelmethoden entwickelt haben.

Ähnlich müssen wir auch unterscheiden zwischen den Flüssen des Flachlandes und der Mittelgebirge. Aber wir haben noch eine dritte Gruppe in den Kreis unserer Beobachtung hereinzuziehen, das sind die Flüsse, die in den Alpen entspringen und teilweise noch auf Hunderte von Kilometern den Hochgebirgscharakter tragen.

Die Fische, welche diese Alpenflüsse bewohnen, unterscheiden sich in ihrem ganzen Habitus sehr von ihren Geschwistern der Ebene. Die Forelle in ihrem reinen Silberglanz, mit den feurig roten Tupfen, ebenso die Äsche im Silberkleide, mit ihrer mächtigen, in allen Farben des Regenbogens schillernden Rückenflosse, sowie schließlich der Huchen oder Rotfisch, der diesen Namen von dem prachtvollen rötlichen Schimmer erhalten hat, den er leider bald nach seinem Tode fast ganz verliert, sind viel prächtiger, kampfesmutiger und kraftvoller. Wie der Blitz steigen sie aus den kristallklaren, rauschenden Fluten nach der Fliege, und manch geübter Flugfischer aus dem Flachlande wird sich ganz deprimiert als Neuling vorkommen, wenn er zum ersten Male im Hochgebirge seine Gerte führt.

In Sportbüchern, besonders in den englischen, steht geschrieben, die Äsche liebe die ruhigen Strömungen und Tümpel.

Ganz im Gegensatz hierzu steht die Äsche der Alpenflüsse mit Vorliebe gerade in den stärksten Strömungen oder dicht daneben wie die Forelle und ist so kampfeslustig, daß sie sich oft wie der Lachs durch meterhohe Sprünge von der Angel loszumachen sucht, so daß der Sport auf diesen Fisch allgemein höher bewertet wird wie der auf die Forelle.

Sobald diese Gebirgsflüsse in die Hochebene treten, bieten sie landschaftlich ein eigenartiges Bild. Die meisten davon, welche der Donau zueilen, durchströmen noch auf weite Strecken wilde Landschaften. Sie haben sich im Laufe der Jahrtausende ein oft 50, ja 100 m tiefes Bett gegraben und sind umsäumt von steilen Felswänden und Geröllhalden, die fast senkrecht abfallen und das Angeln vom Ufer streckenweise unmöglich machen. Der Fluß selbst ist an vielen Stellen mit Schuttmassen, abgestürzten Felstrümmern und Baumstämmen erfüllt, die das Fischen erschweren, aber dem Huchen, der hier schon eine ansehnliche Größe erreicht, einen willkommenen Schutz bieten. Da heißt es denn mit schwer benagelten Wasserstiefeln bergauf und bergab klettern, sich durch die rauschende Strömung eine Furt suchen oder stehend, vom schwankenden Boote aus, den genau berechneten Wurf zu machen und den Kampf aufnehmen mit einem 20- oder 30Pfünder, der alle Hindernisse auszunutzen sucht, die ihm die Wildnis bietet. Welche Situationen ergeben sich da, wie ist da der Sportfischer angewiesen auf Geschicklichkeit, kaltes Blut und rasche Entschlossenheit, wovon der Bewohner der Ebene keine Ahnung hat!

Dabei hat man ewig wechselnde Bilder bei jeder Krümmung des Flusses, deren Genuß noch erhöht wird durch die Einsamkeit. Oft stundenlang sieht man kein Haus, kein menschliches Wesen, nur dann und wann ein flüchtiges Reh, einen Flug Wildenten.

Schade, daß die ewig fortschreitende Kultur diese Poesie nach und nach zu vernichten droht! Doch wenn auch der Fischbestand allein durch die noch bis vor kurzem fehlerhaft durchgeführten Regulierungen der Flüsse sehr gelitten hat, so gibt es doch immer noch eine Anzahl Strecken, die nicht reguliert werden können und außer dem Naturgenuß auch vom sportlichen Standpunkte noch immer große Befriedigung gewähren.

Die Flüsse, die in den niederen Gebirgszügen Zentraleuropas entspringen, haben auch ihre eigenen Reize für den Sportfischer sowohl landschaftlich wie sportlich. Im allgemeinen ist die Landschaft lieblicher und das Flußbett reiner und kultivierter, besser zu begehen, besser zu befischen. Sie haben meist noch steinigen Untergrund bis in die Barbenregion hinein, die Fische auch nicht den Überfluß an Nahrung wie in den stark bewachsenen Bächen und den größeren Flüssen im Unterlauf. Wo nicht die leidige Industrie und die Ausnutzung der Wasserkräfte bis aufs äußerste die Entwicklung der Fische stört, bieten auch sie dem Sportfischer außer dem reinen Naturgenuß reiche Abwechslung und Zerstreuung. Die Fische erreichen darin meist nicht die Durchschnittsgröße wie in den weiter abwärts gelegenen Strecken oder in den mit reichem Pflanzenwuchs ausgestatteten Quellbächen des Wiesengeländes und der Moose oder Moore, allein sie sind von Natur lebendiger und widerstandsfähiger an der Angel und ersetzen so, was ihnen an Schnellwüchsigkeit abgeht, durch Gewandtheit und ursprüngliche Kraft.

So hat jedes Fischwasser seinen eigenen Reiz, die Fische aber müssen je nach den äußeren Verhältnissen verschieden behandelt werden. Die Angelmethoden und Köder, die in dem einen Wasser reichen Erfolg versprechen, lassen in einem Wasser von anderem Charakter vielleicht ganz im Stich.

Der Sportfischer muß sich daher mit allen Methoden vertraut machen. Dies dem Anfänger zu erleichtern, soll der Zweck dieses Buches sein.

3. Wind und Wetter, Jahres- und Tageszeit.

Es lassen sich keine allgemein gültigen Normen für die Beurteilung des Wetters in bezug auf die Beißlust der Fische aufstellen, und es passiert dem erfahrensten Sportfischer, daß er sich täuscht und trotz lauter günstigen Auspizien dennoch mit leerem Rucksack heimkehrt.

Günstige Momente sind im allgemeinen: Trübes Wetter, der Jahreszeit entsprechend milde Temperatur, weder zu heiß noch zu kalt, leichte West- oder Südwinde, die im Sommer stärker sein dürfen wie zur kalten Jahreszeit, Regenwetter oder Strichregen.

Ungünstige Momente: Große Hitze oder große Kälte, wolkenloser Himmel, kalter, rauher Wind, besonders Ost- und Nordwind, ein sich vorbereitender rapider Umschwung in der Witterung zu schlechtem Wetter oder starkem Gewitter, was sich übrigens durch rasches Fallen des Barometers vorahnen läßt; ferner heller Vollmondschein in der Nacht vorher (nur für den Fang von Raubfischen).

Im Frühjahr ist milder Sonnenschein günstig, manche Fischarten, wie Hechte, Barsche, Regenbogenforellen, beißen bei stür-

mischem Wetter mit Vorliebe, dagegen die Äschen, Forellen, Barben
gerne bei Regen. Gewitter wirken verschieden, manche Arten, wie
die Cypriniden, beißen mit Vorliebe vor einem solchen, während
man mit der Flugangel vor dem Ausbruch, besonders wenn es rasch
heranzieht, meist gar keinen Fisch zum Steigen bringt, desto mehr
aber, wenn es vorüber ist.

Die Jahreszeit spielt eine große Rolle und mit ihr die Tageszeit.
Im Sommer ist, außer an kühlen, trüben und regnerischen Tagen,
nur der Morgen und Abend gut, im Frühjahr, Herbst und Winter
die Stunden untertags, und zwar je kälter die Jahreszeit, desto mehr
nur die Stunden um Mittag. Nur der Huchen macht davon eine
Ausnahme; er beißt, außer an sehr kalten Wintertagen, am liebsten
bei Tagesgrauen und spät am Abend vor Einbruch der Dunkelheit.

Für den Erfolg sind trotz des scheinbar günstigen Wetters
noch verschiedene Momente von Einfluß. So spielen die Nahrungs-
verhältnisse der Fische je nach den Jahreszeiten eine große Rolle.
Je mehr dieselben im Futter stehen, desto schlechter gehen sie an
die Angel. So wird man trotz günstiger Witterung im Sommer
in einem stark bewachsenen, von vielen kleinen Fischen belebten
Wasser viel seltener einen Hecht fangen wie in einem solchen, wo
beides nicht der Fall ist und der Hecht seinen Stand frei in der
Strömung hat.

Man wird mit der Fliege am frühen Morgen, so lange üppiger
Tau die Gräser deckt, noch keinen Erfolg haben, da das Insekten-
leben noch ruht, dagegen vielleicht einen guten mit dem Fischchen.
An Stellen, wo das Wasser stagniert und kristallhell durchsichtig
bis auf den Grund ist, kann ein stark auffrischender Wind, der die
Oberfläche kräuselt, sehr gelegen kommen, während er längs der
Stellen mit Gefälle sehr lästig werden kann.

Im allgemeinen ist es für jeden Anfänger wichtig, daß er lernt,
zur richtigen Jahreszeit auf den richtigen Fisch zu angeln. So ist
es auf einzelne Gattungen kurz vor der Laichzeit sehr wenig einträglich, nach derselben aber, je nach dem Mitgenommensein durch
das Laichgeschäft und den Grad ihrer Hinfälligkeit und Abmage-
rung, wenig erfreulich, ja sogar unsportmäßig. Mit Ausnahme der
Äschen, die durch das Laichen am wenigsten angegriffen werden,
sollte man alle Fische sich 1—2 Monate lang wieder erholen lassen.

4. Wasserstand, Stand der Fische.

In früheren Zeiten pflegten die Flüsse und Bäche nicht so
rasch an- und abzuschwellen wie heutzutage. Durch die Fortschritte der Kultur, das Korrigieren des Flußbettes, das Dräna-
gieren der Moore und Wiesen treten die Hochwasser plötzlich ein,
und während die Gelände längs des Ufers früher ihren Wasserreich-
tum langsam abgaben, läuft derselbe jetzt durch die errichteten
Gräben rasch wieder ab. Es ist daher leider ein beständiger Wechsel
zwischen Überfluß und Mangel an Wasser, was für den Fischbestand
nicht vorteilhaft und besonders für die Entwicklung des abgesetzten
Laiches verhängnisvoll ist.

Dazu kommt noch das allzuhäufige Abschneiden der Weiden und anderer Gesträuche, das häufige Ausmähen der Wasserpflanzen, wodurch die Fische viel weniger Insekten- und Kerbtiernahrung bekommen, was auf ihren Ernährungszustand einen nachteiligen Einfluß ausübt, sie sind im allgemeinen nicht mehr so fett und wohlgenährt wie früher. Die Menge derselben läßt sich zwar durch fleißiges Einsetzen ergänzen, das rasche Wachstum und die Wohlbeleibtheit aber nicht.

Durch den beständigen und raschen Wechsel des Wasserstandes sind auch die Fische genötigt, mehr wie früher ihren Standort zu verändern. Im allgemeinen stehen die Fische am liebsten dort, wo sie am meisten Nahrung und Schutz finden. Auch fühlen sie sich da am wohlsten, wo sie möglichst wenig durch Dampfboote, Flöße, Netzfischen usw. beunruhigt werden. In Flüssen stehen sie bei Hochwasser mit Vorliebe am Ufer, weil sie sich dort am sichersten fühlen und eher die Nahrung sehen können, bei niederem Wasserstande dagegen mehr in der Mitte des Flusses. Für den Angler ist es wichtig, sich über die Tiefen- und Untergrundverhältnisse des zu befischenden Wassers möglichst genau zu orientieren, um daraus Schlüsse zu ziehen auf den Stand der einzelnen Fischgattungen. Ist der Fluß bei Hochwasser über die Ufer getreten, dann stellen sie sich mit Vorliebe in größerer Anzahl an gewisse Plätze, die von Ortskundigen ausgekundschaftet und oft mit großem Erfolg befischt werden können. Um sich rasch ein Urteil über die Beschaffenheit eines fließenden Gewässers zu bilden, wird man sich nicht gerade eine Zeit wählen, in der der Fluß angeschwollen und trüb ist, sondern einen möglichst niederen Wasserstand hat.

Die Ergründung der Bodenverhältnisse in Tiefen, die sich dem Auge entziehen, geschieht durch Lotbleie, welche durch die Art des Aufschlages moorigen, kiesigen oder felsigen Untergrund anzeigen.

Im speziellen muß man, um den Stand der Fische richtig beurteilen zu können, die Gewohnheiten und Eigenschaften der einzelnen Gattungen studieren.

Man muß wissen, welche Fische gesellig, welche als Einsiedler leben, welche eine rasche Strömung und welche einen ruhigen Tümpel vorziehen; ferner, ob sie kaltes oder wärmeres Wasser lieben, ob sie ihre Nahrung am Grunde, in der Mitte oder an der Oberfläche des Wassers suchen, ob sie gerne unter den hohlen Ufern oder überhängenden Bäumen stehen, ob sie empfindlich gegen Trübung und Verunreinigung ihres Elementes sind, und schließlich, ob sie, je nach der Jahreszeit, ihren Standort wechseln.

Um Wiederholungen zu vermeiden, wird der Stand der einzelnen Fischarten im speziellen Teil dieses Buches besprochen werden.

5. Verhalten am Fischwasser.

Wenn man einen Laien fragt, welche hervorragende Eigenschaft muß der Fischer haben, so ist zehn gegen eins zu wetten, daß er antworten wird: »Geduld«. Wenn man ihm dann erwidert, daß überhaupt kein Sport kurzweiliger ist als der Angelsport, so

wird er glauben, man wolle ihn nur zum Narren halten. Und doch
ist es wahr, vorausgesetzt natürlich, daß das zu befischende Wasser
in gutem Stande ist. Das Angeln ist sogar an ungünstigen Tagen
noch kurzweilig, wenn man nur das Bewußtsein hat, daß die Fische
wirklich vorhanden sind. Das Haupterfordernis für den Angelfischer ist Ruhe und kaltes Blut, insofern man aber Ruhe und
Geduld für gleichbedeutend hält, braucht er diese auch. Er darf
nicht ungeduldig und ärgerlich werden, wenn ihm ein Mißgeschick
passiert, wenn er hängen bleibt oder seine Geräte in Verwirrung
bringt, sonst macht er die Sache nur noch schlimmer. Die Angelfischerei erzieht somit zur Selbstbeherrschung, weil jeder fischgerechte Angler sehr bald zu der Überzeugung kommen muß, daß
die Sprichwörter »Blinder Eifer schadet nur« oder »Eile mit Weile«
sehr viel Berechtigung haben.

Der Anfänger ist auf dem besten Wege, ein richtiger Fischer
zu werden, wenn er die Gefühle der Entmutigung, des Mißgeschickes
und der Aufregung überwunden hat.

Sehr viel Verdruß und Unannehmlichkeiten wird sich der
Neuling ersparen, wenn er, was so oft als unnötig befunden wird,
bei Geübten in die Lehre geht. Ist er dann so weit, daß er einige
Erfahrung hat, dann wird ihm natürlich auch der Einblick in die
Sportliteratur von Vorteil sein.

Das erste, was der Angler am Fischwasser zu beobachten hat,
ist Vorsicht. Er darf sich dem Wasser nicht mehr nahen, als
absolut notwendig ist. Seine Kleidung darf nicht von auffallender
Farbe sein, er muß leise auftreten, sich eventuell nur auf den Zehen
heranschleichen, wenn nötig, sogar nur auf den Knien oder auf dem
Bauche kriechend wie ein Indianer. Er darf keine raschen auffallenden Bewegungen machen; wenn er einen großen Fisch in der
Nähe stehen sieht, muß er wie eine Mauer stehen bleiben. Sein
Schatten darf nicht in das Wasser fallen, nicht einmal der Schatten
seiner Gerte.

Man bedenke immer, daß der Fisch ebensogut aus dem Wasser
heraus, wie der Mensch hinein sieht, aber insofern im Vorteil ist,
als Reflexe auf der Oberfläche sein Sehvermögen nicht beeinträch-
tigen. Anderseits ist aber sein Gesichtskreis viel kleiner, da er nur
in einer bestimmten Richtung schräg nach vorne und oben sieht,
ein Umstand, der sich häufig mit Vorteil ausnutzen läßt.

Jeder Anfänger macht ohne Ausnahme den Fehler, daß er gegen
jeden geangelten Fisch, ob groß ob klein, rohe Gewalt anwendet. Gewöhnlich zerrt er ihn heraus, ohne zuerst an die Verkürzung der Schnur
zu denken, gleichgültig, ob das Ufer hoch oder nieder ist. Wieviel
Lehrgeld muß dafür bezahlt werden! Oder, was besonders bei un-
erwartet großen Exemplaren vorkommt, der Neuling wird so fassungs-
los, daß er wie von Schrecken gelähmt ist. Ich habe sonst nicht
ungeübte Fischer gekannt, die einen schweren Hecht oder Huchen
an der Angel hatten und das Gefühl der Befriedigung äußerten,
als er sich wieder losschlug, so sehr hatten sie den Kopf verloren!

Es ist geradezu merkwürdig, wie wenig Menschen es gibt, die
beim Anblick eines großen Fisches an der Angel nicht ganz unzu-

rechnungsfähig werden und sofort darauf losstürzen, wie wenn sie einem Ertrinkenden rasche Hilfe bringen wollten. Selbst die am Wasser aufgewachsenen Bootführer, die meist noch dazu Berufsfischer sind, wissen oft nichts Eiligeres zu tun, als sich der Schnur zu bemächtigen, um den Fisch herauszuwerfen, oder mit dem Landungshaken wie blind auf denselben einzuhauen, ohne ihn überhaupt zu treffen; ja es ist mir wiederholt vorgekommen, daß sie den Fisch gefehlt und meinen Gaff an einem Stein zerschlagen haben. Man tut daher wohl daran, wenn man nicht einen ganz zuverlässigen Mann zur Seite hat, sich selbst seine Fische herauszuholen.

Das Drillen des Fisches kunstgerecht zu lernen, ist nicht so schwer, wenn man nur erst gelernt hat, kaltblütig zu sein. Die Fälle, in denen man schnell handeln, d. h. forcieren muß, sind verhältnismäßig selten. Nach dem Anhieb muß der erste Blick den Fischer überzeugen, was geschehen muß. Ist Gefahr, daß der gehakte Fisch in Krautbetten oder in Gestrüpp sich zu retten suchen wird, oder daß er unter eine Brücke, unter große Felsen oder in wildes Wasser geraten könnte, wo er mitsamt dem Zeug verloren wäre, dann überrumpelt man ihn im ersten Schrecken. Man nutzt also die wenigen Sekunden, in denen der Fisch selbst sich seiner Situation noch nicht klar ist, schleunigst aus und hat dabei oft gewonnenes Spiel.

Sind aber keine störenden Hindernisse im Weg, so behandle man den Fisch stramm und doch zart, wie ein guter Reiter sein Pferd. Wenn man dieses am Zügel zerrt und ihm unnötig die Sporen gibt, dann wird es bockig und wirft den Reiter ab. Man verliere keinen Moment die Herrschaft über den Fisch, trachtet er in die Tiefe, dann hebt man die Gerte hoch, will er sich an der Oberfläche losschlagen, dann senkt man die Spitze der Gerte bis zum Wasserspiegel, macht der Fisch eine rasche Flucht, so lasse man ihn Schnur von der Rolle ziehen, sei aber gefaßt, daß er oft plötzlich stehen bleibt und die Schnur, wenn man nicht acht gibt, einen Moment locker werden kann, was oft fatale Folgen hat. Zeigt der Fisch dann endlich Symptome von beginnender Ermattung, dann strebe man unter stetem Einrollen der Schnur dem günstigsten Landungsplatze zu, welchen man nur durch die Uferverhältnisse gezwungen stromaufwärts wählen darf.

Man macht sich übrigens, wenn man es nicht selbst erlebt hat, keinen Begriff, wie verschieden manchmal ein guter Fisch sich gebärdet, wenn er beim Drillen sanft oder gewaltsam behandelt wird.

Ich will das an einem Beispiel erläutern: Am 17. November 1893 befischte ich den Lech auf Huchen. Wir kamen, im Boote stehend, an eine Felswand, die steil in den Fluß abfiel; in der Nähe des Ufers lagen mächtige abgestürzte Felsblöcke, über welche das Wasser in wildem Falle hinwegbrauste. Mein Bootführer hatte mich vorbereitet, daß dort ein gewaltiger, wenigstens 40 Pfd. schwerer Huchen stehe, den er schon öfters hoch von der Wand herab beobachtet habe. Ich nahte mich der Stelle vorsichtig im Boot, ließ den Köder auf 20 m Entfernung hinter die Felstrümmer spielen, und schon im ersten Moment fühlte ich den Anbiß. Nach einem gut gesetzten Anhieb befahl ich dem Bootführer, langsam an das andere Ufer zu steuern, an dem eine langgestreckte Kiesbank zur Landung einlud. Um den großen Fisch sicher aus der wilden Strömung zu bringen, behandelte ich ihn möglichst zart, ohne ihn zu wenden, da ich ja mit dem Boote weit oberhalb war, während es mein Begleiter in schräger Richtung nach drüben, vom Standplatz etwa 120 Schritte entfernt, zum Landen brachte. Nachdem ich ausgestiegen, gelang es mir, den Fisch, während ich, um nicht gesehen zu werden, weit in die Kiesbank zurückging, bis auf zwei Fuß Tiefe heranzuführen. Da machte er einen Schlag, und weg war er zu meinem größten Verdruß!

Ich ließ nun sofort das Boot an 200 Schritte stromaufwärts ziehen und köderte inzwischen frisch an. Dann näherten wir uns von neuem dem Platze, und richtig, auf den ersten Wurf packte der Fisch zum zweitenmal den Köder, er hatte also, wie ich richtig vermutet, seinen alten Stand wieder aufgesucht. Ich schlug die gleiche Taktik ein wie vorher, und es gelang mir diesmal, ihn ohne einen bemerkenswerten Kampf glücklich zu landen. Die Untersuchung des Rachens ergab auf das bestimmteste, daß ein Haken am harten Gaumen gesessen war, die Schleimhaut war geritzt, der Widerhaken war jedoch nicht in den harten Knochen gedrungen. Zweifellos würde ich den Fisch nie bekommen haben, wenn ich ihn gewaltsam behandelt hätte; daß er noch ein zweites Mal nach einer so langen Reise an die Angel ging, ist jedenfalls ein Beweis für seine Ahnungslosigkeit bezüglich dessen, was mit ihm vorgegangen war. Leider wog er nur 29 Pfd., die Augen des Bootführers waren zu groß gewesen.

Die beste Winkelstellung der Gerte während des Drills, solange der Fisch aktiv kämpft, ist 45^0 zur Schnur, bei spitzerem Winkel würde man zu viel Kraft, bei stumpferem zu viel von der Elastizität der Gerte einbüßen. Gibt der geangelte Fisch seinen Widerstand auf, dann kann man ihn bei mehr gestreckter Gerte leichter forcieren, sei aber dann doppelt vorsichtig, wenn der Fisch neuerdings zum Kampfe ansetzt.

Auf alle Fälle ist es wichtig, ihm keine Zeit zur Erholung zu gönnen, sondern ihn stets aktiv zu ermüden. Diesem fundamentalen Grundsatze getreu bleibend, darf man die Rolle nie außer Aktion lassen, die Hemmfeder muß also beständig knarren, sei es, daß der Fisch die Schnur abzieht, oder daß der Angler sie aufwindet.

Große Lachse, manchmal auch schwere Hechte, Welse und Huchen, pflegen nicht selten nach verzweifelten Fluchten sich auf dem Grunde einer Gumpe festzukeilen, um dort zu verschnaufen und neue Kräfte zu sammeln. Man ist dann oft nicht mehr imstande, den Fisch durch einfaches Aufrollen der Schnur von der Stelle zu bewegen. Es wäre nun verfehlt, wenn man untätig abwärten wollte, bis es dem Fisch wieder beliebt, mit neugewonnener Kraft den Kampf fortzusetzen. Es empfiehlt sich vielmehr, unter beständigem Aufrollen der Schnur möglichst seitlich in gleiche Höhe mit dem Fisch zu kommen und ihn, so scharf, als es die Umstände erlauben, gegen das diesseitige Ufer zu zwingen. Steht der

7*

Fisch in starker Strömung, so wird er einem seitlichen Zuge, der ihm unbequem ist, weil er ihn aus seiner Gleichgewichtslage gegen die Strömung bringt, viel williger Folge leisten als einem Zuge von oberhalb seines Standes. Will er aber nicht weichen, dann versuche man ein weiteres Aufrollen der Schnur dadurch zu erzwingen, daß man die Gertenspitze bis zum Wasserspiegel neigt und dann den Handgriff mit zwei Händen umfassend, diesen langsam und stetig unter Ausnutzung der ganzen Kraft, welche man seinem Zeug zumuten darf, bis zum rechten Winkel zu heben sucht. Die wenigen Meter, um welche man den Fisch hierdurch näher gebracht und gehoben, rollt man nun, die Gerte wieder senkend, ein, um dasselbe Verfahren so lange zu wiederholen, bis ihm die Neckerei zu dumm wird und er, den passiven Widerstand aufgebend, zu neuem Kampfe ansetzt. Auf diesen Moment wohl vorbereitet zu sein, ist von größter Wichtigkeit, eine Nichtbeachtung wäre von den fatalsten Folgen begleitet. Ich lasse daher die Gertenspitze nicht aus den Augen, ihre Feinfühligkeit gibt das beste Kriterium für das Verhalten des Fisches viel besser wie das Gefühl in den Händen ab. Sobald sie sich plötzlich streckt, macht der Fisch den Ansatz zu neuer Flucht. und man hat noch Zeit genug, die Gerte in den richtigen Winkel zu stellen und die Rolle der sichersten Parade entsprechend zu halten.

Es ist selbstverständlich von der größten Wichtigkeit, daß man beim Angeln auf große Fische, wie Huchen, Lachse, Welse usw. sich auf die Haltbarkeit seiner Schnur unbedingt verlassen kann. Je weicher und elastischer die Gerte ist, desto mehr wird man in Fällen. in denen das Forcieren des Fisches angezeigt erscheint, die Gerte zum Wasserspiegel, selbst bis fast auf 180 Grad hinab, senken müssen. Solange der Fisch direkt mit dem Kopf gegen die Strömung steht, kann er sich nur mit seinen quergestellten Brustflossen entgegenspreizen und hat eigentlich nur die Gewalt der Strömung für sich. Im stillen Wasser dagegen ist sein Widerstand leicht zu überwinden. Man muß nur, wie schon oben bemerkt, jeden Moment darauf gefaßt sein, daß er diesen passiven Widerstand aufgibt und wird jeden scharfen Ruck oder Riß des Fisches durch ebenso plötzliches Schnurgeben abfangen. Gefährlich ist nur das Abschnellen einer gespannten Schnur, wie z. B. bei einem übertrieben starken Anhieb, besonders dann, wenn der Fisch noch im gleichen Augenblick eine scharfe Gegenbewegung in der entgegengesetzten Richtung macht. Je steifer und weniger elastisch die Gerte, je kürzer die ausgegebene Schnur im kritischen Momente ist, desto leichter wird sie natürlich abgeschnellt.

Anfänger, aber auch manche zu temperamentvolle ältere Fischer verfallen nur zu oft, wenn sie die Leidenschaft packt, in den Fehler, den Anhieb viel zu gewaltsam zu setzen und werden dann oft erst durch wiederholten Schaden klug.

Es werden übrigens ganz allgemein und nicht nur von Anfängern in der edlen Fischweid, sondern auch von vielen alten Praktikern, wie ich mich oft überzeugt habe, Schnurstärken benützt, die weit über das Erforderliche hinausgehen, trotz der dadurch entstehenden Nachteile. Denn 1. verteuert das die Anschaffungskosten unnötigerweise, 2. legen sich Schnüre, je mehr Körper sie haben, desto schlechter auf die Rolle und 3. gelingt der Weitwurf um so leichter und besser, je dünner die Schnur bis zu einem gewissen Grade ist. Jeder Sportfischer ist wohl so und so oft beim Spinnangeln in der Tiefe hängen geblieben, aber auch jeder wird die Erfahrung gemacht haben, daß es einfach ausgeschlossen ist, mit einer im Winkel gehaltenen Spinngerte, trotz Anwendung äußerster Kraft, seine Schnur abzureißen. Er wird stets genötigt sein, seine Hände zu Hilfe zu nehmen. Befestigt er dann zu Hause seinen Spinner an eine an der Wand hängende federnde Handwage und spannt seine Gerte in einem Winkel von 45 Grad ebenso, wie wenn er einen Fisch statt der Wage zu drillen hätte, so wird er mit Erstaunen sehen, daß er trotz äußerster Kraftanstrengung den Zeiger der Wage bei Benützung einer kräftigen Forellengerte nicht höher zum Ausschlag bringen kann, wie auf 3 Pfund, bei Anwendung einer Hecht- oder Huchengerte auf höchstens 4 bis 5 Pfund. Erst bei einer Winkelstellung der Gerte zur Schnur von 70 bis 75 Grad wird es ihm vielleicht gelingen, einen Zug von 5 bis 7 Pfund auszuüben. Wie kommt es nun, daß man trotzdem einen Fisch von 30 Pfund und darüber, der nur passiven Widerstand leistet, im stillen Wasser ohne Mühe heranziehen kann? Weil der Fisch, so lange er ganz unter der Oberfläche steht, nur mit dem 6. Teile seines Gewichtes zur Geltung kommt. Ganz eine andere Sache ist es dann allerdings, wenn der Fisch aktiv zu kämpfen beginnt. Aber dafür hat man ja als sicheren Halt Schnur genug auf der Rolle zum Nachlassen. Wer also die Rolle beherrscht und dafür sorgt, daß der Fisch schön unter Wasser bleibt und zur rechten Zeit mit dem Landungsgeräte Bekanntschaft macht, braucht keine übertrieben starke Schnur, wenn sie nur in tadelloser Verfassung ist. Das Herausheben eines schweren Fisches aus dem Wasser frei in Luft verbietet sich dann allerdings und wäre einer der größten Kunstfehler überhaupt.

So sind viele Fische und oft gerade die schönsten Exemplare im letzten Augenblicke beim Landungsversuche mittels Handnetz verlorengegangen. Der Anfänger bedenkt nicht, wenn er vom erhöhten Ufer aus das Handnetz am langen Stiele unter den zu landenden Fisch schiebt, daß dieser über Wasser so schwer wird, daß man das Netz nicht mehr gestreckt halten kann und der Fisch wieder herausfällt. Hat sich nun unglücklicherweise einer der freihängenden Haken in die Maschen verwickelt, dann hängt der Fisch frei außen an dem nun verschlossenen Netz und wenn der Fischer nicht noch mit der Hand zugreifen kann, ist er gezwungen, den Fisch an einer Netzmasche hängend herauszuheben, wobei er sich häufig losschlägt oder ein Haken bricht. Man mache daher nie den Versuch, das Netz mit einem schweren Fisch darin zu heben, ohne den Handgriff weiter unten zu fassen oder mit der anderen Hand nachhelfend, beide auf das sichere Ufer zu befördern.

Ein amerikanischer Baßangler will ein einfaches Mittel gefunden haben, um sich am Grunde festkeilende Fische zum Verlassen ihres Standes zu bringen, das man, so unwahrscheinlich es klingt, immerhin versuchen kann. Er zieht seinen Knicker und klopft mit dem Griff fest an das Handteil der Gerte, was wie eine telephonische Leitung wirken und bei dem Fisch eine ungewohnte und ihn erschreckende Wirkung ausüben soll.

Ein Fisch wird am schnellsten müde, wenn man ihn umdreht und ihn unter Beihilfe der Strömung möglichst schnell stromabwärts führt. Er wird dann in verhältnismäßig kurzer Zeit atemlos und verliert seine Widerstandskraft, da ein richtiges Atmen nur dann möglich ist, wenn das Wasser beim Maule ein- und bei den Kiemen ausströmen kann.

Ist dann seine Ermattung so weit vorgeschritten, daß man an eine Landung denken kann, dann gibt es ein Mittel, diese rasch und glatt zu vollziehen, das dem erfahrenen Angler manchen Erfolg sichert. Es ist das, wie die Engländer es nennen, »butt« zeigen. Wir haben keine Bezeichnung dafür in deutscher Sprache, können aber nichts Besseres tun, als die wörtliche Übersetzung, welche das betreffende Verfahren am treffendsten kennzeichnet, herüber zu nehmen. Butt heißt das Handteil, der Griff der Angelgerte. Also »Griffzeigen«, mit anderen Worten, die Gerte so weit nach rückwärts biegen, daß das Handteil dem Fische zugekehrt ist.

Es ist klar, daß damit die Elastizität der Gerte aufs äußerste ausgenutzt wird, und daß man nur einer gut gebauten und sorgfältig gepflegten Gerte eine solche Zumutung machen darf.

Am häufigsten ist das »Griff zeigen« angebracht, wenn man ohne Gehilfen seine Fische selbst landen muß, besonders bei der Flugfischerei.

Der günstigste Landungsplatz ist entschieden eine Kiesbank von feinem Kies, weniger günstig ist eine Geröllbank mit großen Steinen und grobem Schotter.

Einer der wichtigsten Momente ist immer das Landen selbst. Hat der Neuling bisher seine Sache gut gemacht, dann zeigt sich doch erst jetzt, ob er das Zeug in sich hat, Meister zu werden. Die meisten Fische werden nämlich beim Landen verloren. Auch dem geübten Fischer wird mancher schlecht gehakte Fisch während des Drillens abkommen, wenn es aber beim Landen passiert, ist es meist seine eigene Schuld. Auch sonst bedenke man zweierlei: Erstens, daß der Fisch im Wasser, wie schon oben erwähnt, ungefähr sechsmal leichter wiegt, und daß er, wenn ermattet, das Angelzeug nur mit dem sechsten Teil seines Gewichts belastet. Von dem Augenblick ab, an dem nur ein Teil des Fisches außer Wasser kommt, macht sich auch sein wirkliches Gewicht geltend, und ein schlecht sitzender Angelhaken, der vielleicht nur eine Schleimhautfalte gefaßt hat, reißt aus, und zwar um so eher, wenn das Ufer uneben ist und der Fisch beim Heranziehen noch mit dem Kopf an einen Stein o. dgl. stößt.

Ferner, und das ist ein Punkt, der in der ganzen Literatur nicht erwähnt wird, und der doch von der allergrößten Wichtigkeit ist: Selbst der größte Fisch ist absolut machtlos, sobald er nur mit dem Unterkiefer fest auf dem Boden aufliegt und nach vorn stramm gehalten wird. Er kann mit den Flossen nur kraftvoll nach vorwärts arbeiten, und wenn es ihm unmöglich gemacht wird, den Kopf zu drehen und seinem Elemente zuzueilen, besteht keine Gefahr des Abkommens mehr; zumal er auch mit seinem Schweife nicht schlagen kann, wenn der Kopf höher herangezogen ist wie jener.

Der Fischer hat demnach von dem Moment ab, wo der gehakte Fisch mit seinem Vorderteil fest aufliegt, was sich dadurch zeigt, daß die Stirn und der Rücken außer Wasser sichtbar werden, weiter nichts zu tun, als die Schnur zu ergreifen, die Gerte wegzulegen und sich in aller Ruhe bei straff gespannter Schnur, ohne daran zu zerren, dem Fisch so weit zu nähern, bis er mit seinem Landungsgeräte beikommen kann. Er hat Zeit genug, erst im letzten Augenblick nach demselben zu greifen und es in vorsichtig überlegter Weise zur Anwendung zu bringen.

Während ich diesen Passus schreibe, muß ich daran denken, wie viele alte und junge Praktiker beim Durchlesen dieser Zeilen aufs höchste erstaunen werden, daß ich das Berühren der Schnur empfehle, eine Manipulation, die in allen Sportbüchern strengstens verpönt ist. Aber mögen sie es nur versuchen, sie werden es nicht bereuen!

Kleinere Exemplare kann man auf einer günstig gelagerten Kiesbank nach Kürzung der Schnur auch ohne Landungsgeräte herausschleifen.

Am leichtesten ist das Landen für den Watfischer, besonders für den, der mit der Flugangel arbeitet. Er hat nichts weiter zu tun, als dem sorgfältig ermüdeten Fisch an verkürzter Schnur unter Streckung des Armes mit der Gerte nach hinten den Griff zu zeigen und ihn in das vorgestreckte Handnetz zu leiten.

Die gleiche Haltung der Gerte mit möglichster Streckung des Armes nach hinten hat man auch einzunehmen, wenn man allein auf sich angewiesen am steil abfallenden Ufer steht und, ohne den Fisch stranden zu können, ihm mit Gaff oder Handnetz beikommen muß.

Es berührt einen geradezu komisch, wenn man bei Anpreisungen von Angelbüchern oder auch in diesen selbst Abbildungen eines Fischers sieht, der, Netz und Gerte vorstreckend, im Begriff steht, einen Fisch zu landen, also eine unmögliche Stellung einnimmt.

Bei steil abfallenden Ufern wird man übrigens in den meisten Fällen eine günstige Stelle finden, an der man den Fisch mit dem Unterkiefer zum Stranden bringen und festlegen kann, bis man mit dem Landungsgeräte zur Stelle ist. Man denke nur daran, wie schwer es ist, ein festgefahrenes Boot wieder flott zu machen; in der gleichen Lage befindet sich auch der so behandelte Fisch.

Von großer Wichtigkeit ist es, sich während des Drillens dem Fische nicht bemerkbar zu machen. Kann man nicht weit genug vom Ufer zurücktreten, so führe man nur die allernotwendigsten Bewegungen aus oder lasse sich sogar auf ein Knie nieder. Ist der Fisch so weit herangezogen, daß sich seine Augen über Wasser befinden, dann kann man sich ihm viel sorgloser nahen, da er ohne das Medium des Wassers alles verschwommen sieht. Im übrigen ist es bei der Fischerei ähnlich wie bei der Jagd mit der Büchse. Wenn das Wild den Schuß hört, aber den Jäger nicht eräugen kann, ist es lange nicht so flüchtig und vergrämt, wie wenn es letzteren bemerkt. Kommt der Fisch ab, ohne den Fischer gesehen zu haben, dann hat man eher Aussicht, ihn ein andermal wieder zum Anbiß zu bringen.

Etwas anderes ist es bei der Flußfischerei vom Boote aus, wo man sich nicht durch Ausweichen unsichtbarmachen kann. Da ist das Einholen viel schwieriger, zumal man den Fisch frei aus dem Wasser über den Bootsrand heben muß. Hat man einen Gehilfen, der die Landungsgeräte geschickt zu führen weiß, dann ist man natürlich weit besser daran, wie wenn man beides, die Führung und Landung, selbst zu besorgen hat. Man wird dann oft lieber aussteigen und den Fisch am Ufer landen.

Beim Schlepp- oder Spinnfischen in Seen ist das aber weder gut möglich noch ratsam. Da heißt es denn einen großen Fisch so zu drillen, daß man ihn erst an das Boot heranzieht, wenn er so erschöpft ist, daß er sich willig führen läßt. Alle Anfänger machen den Fehler, daß sie den Fisch so schnell wie möglich beiholen und entweder freischwebend in das Boot zu werfen trachten oder das Landungsgeräte in einem Moment zur Anwendung bringen, wo er sich höchst ungebärdig benimmt, so daß ein längerer Kampf entsteht, der nur zu oft zum Vorteil des Fisches endet.

Der Erfolg einer Anglerfahrt hängt schließlich nicht zum wenigsten davon ab, ob der Fischer die Stellen, wo voraussichtlich Fische stehen, zu unterscheiden weiß, und in welcher Weise er sie befischt.

Begeht ein Geübter mit einem weniger bewanderten Genossen ein Fischwasser, so kann er regelmäßig die Erfahrung machen, daß dieser zurückbleibt und endlos lange nicht nachkommt, während ersterer die ihm zur Verfügung stehende Zeit in der richtigen Weise, am richtigen Platze ausnutzt.

Nach der Heimkehr darf der Sportfischer ja nie vergessen, seine Geräte zu trocknen und zu reinigen. Die Schnur muß aufgespannt, die Nottinghamrolle auseinandergenommen, die gewässerten Poilzüge, Fliegen und Angelfluchten müssen zum Trocknen ausgelegt werden. Die Gerte ist aus dem Futteral, die Zapfen aus den Hülsen zu nehmen und die einzelnen Teile sind zum Trocknen aufzuhängen. Auch vergesse man nicht, nachzusehen, ob die Wasserstiefel richtig behandelt worden sind, und verlasse sich nicht allein auf die Dienstboten.

Wer es nur ein einziges Mal versäumt, am Abend seiner Heimkehr seine nasse Schnur abgerollt zum mindesten auf dem Fußboden auszubreiten, wird die bitteren Folgen zu tragen haben, und geschieht es ihm eigentlich recht, wenn er bei der nächsten Gelegenheit seinen Rekordfisch verliert. Es wird ihm dann für die Zukunft eine heilsame Lehre sein.

Sehr wichtig ist es dann auch, die getrockneten Fliegen und Poilzüge gut unterzubringen. Federn sind ein beliebter Fraß der Motten, der Seidendarm leidet Not, wenn er längere Zeit dem Licht und der Luft ausgesetzt ist, weshalb es entschieden widerraten werden muß, die Züge stets um den Hut gewickelt zu tragen, wie man das so häufig beobachten kann.

6. Über Hegen und Schonen.

Was den wahren Sportfischer vor allem vor dem Schinder oder Aasjäger, wie der gerechte Weidmann sagen würde, auszeichnet, ist die Freude an der Natur, der Drang, frei und ungebunden, fern von den Alltagsmenschen in der Einsamkeit herumzustreifen, den Fesseln des Kulturlebens zu entfliehen. Nicht der Drang nach materiellem Gewinn darf den Sportfischer an das Wasser locken, sondern nur die Freude am Fang selbst. Daraus ergeben sich im Gegensatz zum Berufsfischer, der auf die Einnahme aus seinen Fängen angewiesen ist, ganz andere Gesichtspunkte.

Der Angelsport krankt daran, daß es kaum einen Sport gibt, den das große Publikum so wenig versteht, wie diesen. Ja leider muß es gesagt werden, daß sogar die Mehrzahl der Berufsfischer und Fischereiberechtigten noch immer ihren eigenen Vorteil total verkennen.

Wo fällt es einem Landwirt ein, alle seine Kälber zu schlachten oder seine Fichtenschonung niederzulegen? Aber wie oft sieht man besonders im Gebirge während der Fremdensaison, wie da jeder Fisch zu Geld gemacht wird, dessen man habhaft werden kann, ganz gleich, ob derselbe sich noch im Kindesalter befindet oder nicht. Da wird nur der augenblickliche Geldwert erwogen, nicht aber, daß man mit einem jämmerlichen ein- bis zweijährigen Fische nicht nur diesen, der vielleicht im nächsten Jahre um 100% mehr wert wäre, sondern außerdem auch dessen gesamte Nachzucht ausrottet. Dabei übersieht man ganz und gar, was die Leidenschaft des Sportes außerdem noch einbringen könnte.

Welchen Vorteil läßt sich, ich will nur ein Beispiel anführen, ein Gasthofbesitzer entgehen, wenn er sein Forellenwasser in der oben geschilderten Weise bewirtschaftet. Würde er Angelkarten ausgeben und das Fischen nur mit der Fliege erlauben und dabei verlangen, daß, von notorischen Steinforellen abgesehen, alle Fische, obwohl das gesetzliche Minimalmaß geringer ist, unter 24 bis 30 cm in das Wasser zurückversetzt werden müssen, dann wäre sein Fischwasser in blühendem Stand. Er würde Sommergäste haben, die seinem Wasser zulieb bei ihm wohnen und zehren, und die abgelieferten Fische würde er außerdem mühelos und gewinnbringend in seiner Wirtschaft verwerten können. Für die Sportfischer, die sich bei ihm einmieten, ist eine solche Verfügung nur ein Vorteil, denn der Reiz des Fischens besteht nicht darin, spielend eine Anzahl elender Schneider zu fangen, die wirft man gerne zurück, sondern Aussicht zu haben, einiger Prachtexemplare habhaft zu werden.

Eine unbegreifliche Unkenntnis zeigt auch das Publikum in Deutschland und Österreich bei der Beurteilung des Wertes oder Unwertes unserer Fische. So beschämend es ist, müssen wir aber offen zugeben, daß uns die Engländer in der Beziehung weit überlegen sind. Die Süßwasserfische gelten bei ihnen während und nach der Laichzeit allgemein als ungenießbar, so daß es weder Verkäufer noch Käufer dafür gibt. Es ist in England somit ausgeschlossen, daß ein Fisch vom Laichplatze weggefangen wird, außer zu dem idealen Zwecke der Eiergewinnung und künstlichen Befruchtung. Kann man ihn trotz aller Sorgfalt nicht lebend in sein Element zurückversetzen, dann begnügt man sich eben mit den Laichprodukten. Das Fleisch bleibt wertlos. Bei uns bezahlt man aber zur Zeit, in der diese Fische ausgehungert und ausgemergelt sind, die teuersten Preise für sie, ja man setzt sie bei Hoffesten, Kaiserdiners usw. auf die Prunktafel, die Hechte werden in katholischen Ländern in der Karwoche sogar teurer bezahlt wie während des ganzen übrigen Jahres.

Der verstorbene Botschafter Fürst Münster hat in der Vorrede zu seinem Kochbuche, welches unter dem Titel »Gute Küche« 1877 bei Janke erschien, sehr abfällig über diese Unkenntnis geurteilt[1]).

Unbegreiflich ist auch, nebenbei bemerkt, die Vorliebe unseres Publikums für lebende Fische. Es ist ziemlich allgemein der Brauch, daß z. B. eine lebende Forelle, die nach dem Fang viele Stunden lang in einem Bottich eingesperrt, dem Ersticken nahe nach der Stadt befördert, tage- und wochenlang ohne ein Atom Nahrung, von ihrem eigenen Fleisch und Fett zehrend, bei weitem einer tags zuvor gefangenen und sofort getöteten vorgezogen wird. Es liegt doch auf der Hand, daß letztere, noch unmittelbar vor ihrem Tode gesund, gut genährt und vollsaftig, an Wohlgeschmack und Feinheit die erstere weit übertreffen muß, und trotzdem bezahlt das Publikum lieber das Dreifache für so einen ausgehungerten Fisch. Aber die Forelle und der Saibling in erster Linie sollen nun einmal in Deutschland »blau« auf der Tafel erscheinen, so will es das Herkommen, und unglücklich wären unsere Hausfrauen und Küchenchefs, wenn das nicht gelänge[2]). Das ist die erste Sorge; ob aber die gelieferten Fische als Laichfische unappetitlich oder durch künstliche Mästung oder Aushungerung minderwertig sind, danach wird nicht gefragt. Es fällt doch niemand ein, das Wild lebendig einzu-

---

[1]) Die Kölnische Zeitung schreibt darüber: Die Legende will wissen, daß Münster auch der Verfasser eines Kochbuches sei und seine Diners in strengem Anschlusse an dessen Rezepte anfertigen lasse. Indessen hat er nur die Vorrede dazu geschrieben; die eigentliche Verfasserin ist seine zweite Gemahlin, Lady Harriet St. Clair; das Buch heißt »Dainty Dishes« und ward von Münster in deutscher Bearbeitung unter dem Titel »Gute Küche« (Berlin, Janke, 1877) herausgegeben. Die Vorrede, ziemlich umfangreich, eröffnet einen geharnischten Feldzug gegen die deutschen Mütter, die ihren Töchtern Musik und Gesang beibringen und es dabei versäumen, sie in die Geheimnisse der guten Küche einzuweihen. Die gute Küche aber findet Münster nicht in Deutschland, sondern in England. Charakteristisch ist sein Stoßseufzeruß über unseren Fischgenuß. »Ich habe an königlichen Tafeln« — so schreibt er — »Lachs zu meinem Schrecken auftragen sehen, den in England kein Bettler, wenn er noch so hungrig wäre, genießen würde.« Sein Groll bezieht sich aber weniger auf unsere Fischzubereitung als auf die falsche Jahreszeit, in der die betreffenden Fische gefangen sind.

[2]) In England ist die Zubereitungsmethode des Blauabsiedens aus den oben angeführten Gründen so unbekannt, daß ich wiederholt in englischen Fischereizeitungen Anfragen lesen konnte, was die auf deutschen Speisekarten als »blaue Forellen« bezeichneten Fische für eine Spezies seien.

fangen, einzusperren und erst vor der Zubereitung zu töten. Das
am Lebenerhalten der Fische hat aber höchstens einen Wert für
den Fischhändler, der sich für längere Zeit mit Vorräten versehen
muß, oder für den Fischereiberechtigten, der die gefangenen Fische
unmittelbar am Wasser unterbringen kann, um sie dann später
zu verkaufen, aber ein Unsinn ist es, für den lebenden Fisch mehr
zu bezahlen als für den frischgetöteten.

Die Indolenz des großen Publikums, das kaum die gangbarsten
Fische auseinanderkennt, so daß es sich z. B. Nasen als »Äschen«,
den gemeinsten Meerfisch, den Köhler, als »Seelachs« aufhängen
läßt, meist aber von einem Brittelmaß oder einer Schonzeit keine
Ahnung hat, ist ferner schuld, daß so viele Fischer unter dem Mindestmaß und während der Schonzeit, wenn auch nicht auf den
Märkten, wo die polizeiliche Kontrolle gefürchtet wird, so doch
in Delikatessenläden, Wirtschaften und Gasthöfen ganz ungeniert
auf der Speiskarte angeboten und den Gästen vorgesetzt werden.
In England würde das kein Wirt wagen, denn das Publikum kennt
und interessiert sich für die Fische und unterstützt die Polizei in
der Aufrechterhaltung der gesetzlichen Vorschriften.

In der ersten Auflage meines Buches habe ich an dieser Stelle
eine Reihe von trübseligen Betrachtungen über die damals trost-
losen Verhältnisse an unsern Fischwässern gebracht, die durch
die zunehmenden Verunreinigungen unserer Flüsse und besonders
durch die unvernünftigen Korrektionen der Flußläufe bei gleichzeitig großer Indolenz der Behörden entstanden waren.

Nachdem wir aber in Deutschland und Österreich durch die
bereits eingeführten, teils in Aussicht gestellten Wasser- und
Fischereigesetze hoffentlich besseren Zeiten entgegengehen, glaube
ich diese pessimistischen Erörterungen füglich jetzt weglassen zu
dürfen.

Der kürzlich erwogene Gedanke des Professors Dr. Demoll,
am Bodensee ein Institut für Binnenfischerei zu gründen, berechtigt
zu den kühnsten Erwartungen für die Zukunft der Fischerei. Ein
umfassendes Forschungs- und Arbeitsgebiet wird sich einem solchen
Unternehmen auftun durch eine musterhafte, in großem Stil eingeführte Brutanstalt, eine ausreichende Beschaffung des Nach-
wuchses der wichtigsten Fische, unter Vermeidung des geringsten
Verlustes, wird zum Segen der Fischerei ausschlagen.

In Bayern sind die segensreichen Früchte des seit 1907 eingeführten Wasser- und seit 1909 in Wirksamkeit getretenen Fischereigesetzes und einer vernünftigen Landesfischereiordnung, vor deren
Erlaß auch die Sportfischer gehört wurden, bereits gezeigt.
So macht das Wassergesetz die Besitzer von Triebwerken und
Fabriken verantwortlich und ersatzpflichtig für den der Fischerei
verursachten Schaden usw. Das Fischereigesetz beschränkt die
Ausübung des Fischereirechtes auf ein vernünftiges Maß, die Pacht-
dauer auf mindestens 10 Jahre, sichert das Uferbetretungsrecht,
ohne das jede Sportfischerei unmöglich gemacht wird, stellt die
Erlaubnisscheine unter behördliche Kontrolle, erleichert die Aufsicht durch Einführung der Fischerkarten und trifft noch viele

andere segensreiche Bestimmungen, so daß die Sportfischer in Bayern ihren Kollegen in den übrigen deutschen Bundesstaaten nur wünschen können, daß sie ebenso segensreicher Gesetze teilhaftig werden mögen. Auch in Österreich sind die Gesetzgeber fleißig an der Arbeit, so daß sogar das bisher so stiefmütterlich behandelte Land Tirol demnächst mit einem Fischereigesetz beglückt werden wird. Wenn es so vom Landtag genehmigt wird, wie der vom vorzüglich geleiteten Fischereiverein für Nordtirol ausgearbeitete Entwurf lautet, dann kann man nur gratulieren[1]). Das Ackerbauministerium in Wien hat nach dem Plane des rührigen Fischereioberinspektors, jetzt Regierungsrates E. Doljan, sämtliche in den österreichischen Alpenländern gelegene ärarische Fischwasser für die Zukunft allein den Sportfischern zugänglich gemacht.

Trotzdem wir durch die neue Landesfischerei-Ordnung nunmehr in Bayern sehr vernünftige gesetzliche Schonvorschriften und Mindestmaße erhalten haben, müssen wir als Sportfischer noch weiter gehen. So häufen sich z. B. in England seit Jahren die Klagen über den schlimmen Einfluß der im Interesse des Automobilverkehrs geteerten Straßen. Der Regen schwemmt den überschüssigen Teer in die Fischwässer und hat für den Fischbestand die traurigsten Folgen. In Deutschland waren bisher keine Klagen zu hören, es wäre aber wünschenswert, wenn die Behörden rechtzeitig darauf aufmerksam gemacht würden, wenn uns in Deutschland, Österreich und der Schweiz eine solche Gefahr drohen sollte.

Seien wir uns doch erst darüber klar, daß die Freude am Sport doch nicht darin bestehen kann, möglichst viele Fische zu töten. Es ist zwar verzeihlich, wenn der Neuling seine Freude daran hat, einen möglichst großen Korb voll zu erbeuten, der fischgerechte Sportfischer wird aber nur darin seine Befriedigung finden, wenn das Durchschnittsgewicht seiner Beute ein möglichst großes ist. Nicht die Fische, die er ohne Drillen einfach nur herauszuschleudern braucht, machen ihm Spaß, sondern nur jene, zu deren Überlistung er einen gewissen Grad von technischer Fertigkeit und kalten Blutes bedurfte. Die kleineren Exemplare wirft er gerne wieder ins Wasser, hat er doch das Bewußtsein, sie gefangen zu haben, ob er sie nun tötet oder nicht. Er hat die Genugtuung, daß er sie in einem künftigen Jahre wieder an die Angel bekommen kann, wenn sie größer sind, und daß er somit auch ein Verdienst um die Nachzucht hat. Er soll es halten wie der weidgerechte Jäger, der die schwachen Böcke laufen läßt, nicht bloß Freude am Schießen hat, und seine Befriedigung darin sieht, seine Jagd in gutem Stande zu halten.

Der Fischer ist ja noch weit mehr in der Lage, die Schonung durchzuführen. Fische verursachen keinen Schaden, während der Jäger, um dem Wildschaden vorzubeugen, abschießen muß. Auch hat er lange nicht in dem Maße wie der Jagdherr ein Auswandern seines Wildes zu befürchten.

Der fischgerechte Sportfischer wird nie mit einem Angelzeug fischen wollen, das so fest und widerstandsfähig ist, daß ihm gleich-

---

[1]) Der Entwurf ist leider bis heute noch nicht beraten worden.

sam jeder geangelte Fisch erbarmungslos zum Opfer fallen muß. Abgesehen davon, daß gerade die großen Exemplare viel vorsichtiger im Anbiß sind und nur wenn sie der Hunger blind macht, an eine grobe Angel gehen, ist es für einen weidgerechten Fischer keine wahre Befriedigung, wenn er von vornhinein seines Erfolges sicher ist. So wird er, z. B. wenn er eine 2—3 pfündige Forelle, die er an Flugangel nur nach aufregendem Kampf landen könnte, zufällig am Huchenzeug fängt, sich ebensowenig etwas auf seine Geschicklichkeit einbilden wie ein Jäger, der einen Rehbock im Lager mit der Schrotspritze zur Strecke bringt. In der Ungewißheit des Ausgangs liegt eben der immer wieder aufs neue wiederkehrende Nervenkitzel, ohne den sowohl Weidwerk wie Fischweid ihren prickelnden Reiz verlieren würden.

Je nachdem ein Sportfischer für sich allein das Fischrecht in einem Wasser besitzt, oder ob er nur Mitglied eines Konsortiums ist, entstehen verschiedene Gesichtspunkte in bezug auf die Ausübung seines Rechtes. Diese hängen von dem Besatz an Fischen, von der Ausdehnung des Wassers und der Nachbarschaft ab, so daß sich höchstens allgemeine Grundsätze aufstellen lassen.

Die erste Frage ist die, gedeihen die Fische in dem betreffenden Wasser gut und welche, oder ist eine Gattung in der Entartung begriffen, sei es durch Übervölkerung, Mangel an Nahrung oder Inzucht? Ferner handelt es sich um Stand- oder Wanderfische, um edlere, wertvolle Fische (Salmoniden) oder um minder wertvolle, coarse fish, wie der Engländer sagt. Schließlich ist die Fruchtbarkeit der betreffenden Gattung zu berücksichtigen.

Da die meisten in das Geschlecht der Karpfen gehörigen Fische sich außerordentlich vermehren, wird man sie nicht in dem Maße schonen müssen wie die Salmoniden. Bei diesen handelt es sich vor allem um die Erhaltung oder Einführung einer gesunden, schnellwüchsigen Rasse. Ist ein Wasser übervölkert und wachsen die Fische infolge von Nahrungsmangel zu langsam, so ist es angezeigt, schonungslos auch die kleineren Exemplare herauszufangen. In Seen, in denen die Hechte oder Saiblinge schlecht gedeihen, wird man, wenn es an Futterfischen fehlt, Rotaugen, Hasel oder Lauben einsetzen und sich Brut von schnellwüchsigen Rassen zu verschaffen suchen.

Wird ein Forellenbach nur im Frühjahr und Sommer und nur mit der Angel befischt, dann fängt man einen ungleich größeren Prozentsatz an Rognern, die zur Entwicklung der Eier mehr Nahrung bedürfen und daher lieber anbeißen als die Milchner. Setzt man dies jahrelang fort, so zieht man sich ein Mißverhältnis in den beiden Geschlechtern heran, das seine schlimmen Folgen hat. Es ist daher ratsam, den Bach auch im September bis kurz vor der Laichzeit, am besten mit Pfrillen und Koppen, zu befischen, es beißen dann fast nur Milchner, die Rogner, die man vor der Laichzeit an ihrer gedrungeneren Form und dem aufgetriebenen Leib leicht unterscheiden kann, gibt man wieder ins Wasser. Auch versäume man nicht, fleißig Brut oder garantiert seuchenfreie Jährlinge einzusetzen. Jedenfalls ist es angezeigt, sich darüber zu vergewissern, ob ein Forellenbach genügend Nahrung aufweist, um

auch das genügend starke Wachstum seiner Bewohner zu gewährleisten. Bei richtigem Betrieb wird man vor allem trachten müssen,
aus einem gut besetzten Fischwasser so viel an Fischfleisch herauszufangen, als in einem Jahre heranwachsen kann. Wer das unterläßt, leistet der Degeneration oder mindestens der Abwanderung
Vorschub, ja er begünstigt sogar das Entstehen von Seuchen, besonders der mörderischen Forunkulose, die hauptsächlich in über-
völkerten Gewässern sich einzustellen pflegt. Es ist das die gleiche
Erscheinung wie bei der Jagd, wo die verschiedenen Wildseuchen
zuerst in überschonten Gebieten aufgetreten sind.

Bei vernünftiger Fischpflege, besonders in Forellenbächen, wird
man daher nicht umhin können, das Gleichgewicht zwischen Bestand
an Fischen und vorhandener Nahrung durch eine rationelle Reusen-
fischerei auszugleichen. Die Reuse hat wie kein anderes Fanggeräte
den Vorteil, daß man die gefangenen Fische nicht verletzt und daß
man die degenerierten und untermäßigen Exemplare sorgfältig aus-
scheiden kann.

In Gewässern, wo die Cyprinier zum Nachteil der Salmoniden
sehr überhandgenommen haben, ist eine zeitweise Befischung mit
Netzen, besonders mit dem Spiegel- oder Staaknetz, das wegen
seiner vorzüglichen Verwendbarkeit allen Berufsfischern bekannt
ist, angezeigt. Man überläßt diese Befischung am besten einem
solchen, der sein Gewerbe versteht und natürlich auch mehr Erfahrung haben muß wie die meisten Sportangler. In Ermanglung
eines solchen Fachmannes kann man ja, falls man sich die nötigen
Netze angeschafft hat, die Fischerei selbst betreiben, was immerhin
eine angenehme und nützliche Beschäftigung ist. Man hüte sich
aber, diese handwerksmäßige Befischung unter die Rubrik eines
Sportes, also gar als »Fischsport« einbeziehen zu wollen. Unter
»Sportfischerei« hat man in aller Welt nur die kunstgemäße
Führung der Angel (also auch nicht der Legangel) verstanden.

Salmonidenfischer machen aber meist den Fehler, in ihren
Fischwässern fast ausschließlich hohen Sport zu treiben und die
Cyprinier sich selbst zu überlassen. Sie werden jedoch, besonders
sei dies Huchenfischern gesagt, von Jahr zu Jahr trotz des Einsetzens
von Brut usw. schlechtere Resultate aufweisen, wenn sie es ver-
säumten, den zahlreich herangewachsenen Friedfischen auf den
Leib zu rücken. Was ist die Folge? Die Edelfische werden in der
Mast stehen, träge und faul werden, selten an die Angel gehen und
ihr Nachwuchs wird von den zahlreichen Laichräubern samt den
eingesetzten Brütlingen aufs schlimmste dezimiert werden. So ist
es mir leider im Inn ergangen, wo ich eine über 20 km lange Strecke
18 Jahre in Pacht hatte und trotz Schonung und Einsetzens immer
schlechtere Resultate erzielte, weil es mir nicht gelang, einen tüchtigen Berufsfischer zu gewinnen, der mit den unbedingt erforder-
lichen großen Zugnetzen ausgestattet gewesen wäre.

Der Besitzer oder Pächter eines ihm allein zustehenden
Fischwassers hat natürlich leichtes Spiel und freie Hand und kann
sich die Fischerei so einrichten, wie es ihm beliebt. Hat er z. B.
einen guten Äschen- oder Forellenstand, so tut er wohl daran, sich

selbst und seinen Gästen ein Mindestmaß, je nach dem Wachstum der Fische, über das gesetzliche Brittelmaß hinaus, zu setzen. Es ist sein Interesse, wenn er zu lernen sucht, einen kleineren Fisch gar nicht anzuhauen, was natürlich nicht immer durchzuführen ist, zumal wenn Beleuchtung, Wind, Wassertiefe usw. es ihm unmöglich machen. Er sollte dann wenigstens durch Lockern der Schnur usw. dem nur oberflächlich geangelten Fische Gelegenheit geben, zu entkommen. Auf diese Weise wird er Zeit gewinnen und außerdem noch dazu beitragen, die Fische nicht zu vergrämen, denn es ist zweifellos, daß ein mit der Angel aus dem Wasser genommener und in der Hand abgeköderter Fisch seinen Schrecken nicht so schnell vergessen wird wie einer, der sich ohne Mühe befreien konnte, oder die spitzen Angeleisen gar nicht gefühlt hat. Meinem Gefühl nach sollte der Sportfischer sich überhaupt bestreben, die jetzt fast in jedem Sporte eingerissene Manier, einen »Rekord« zu schaffen, höchstens insoweit mitzumachen, als er seinen Ehrgeiz daran setzt, ein möglichst hohes Gewicht an gefangenen Fischen zu erreichen, und daß allgemein ein Rekord nur dann Anerkennung finden möge, wenn bei der Strecke das Gewicht und nicht die Zahl den Ausschlag gibt.

Bei Konsortien oder gar bei größeren Anglerklubs hat jedes Mitglied mehr oder minder die Verpflichtung, auf seine Genossen Rücksicht zu nehmen. Je größer die Zahl der Kartenbesitzer in einem Fischwasser ist, desto mehr ist es im Interesse des Fischbestandes sowohl, wie der einzelnen Sportfreunde, strenge und präzise Vorschriften auszuarbeiten, die für jeden bindend sind.

So empfiehlt sich z. B. in einem Forellen- oder Äschenwasser, das Minimalmaß zu erhöhen, das Fischen nur mit der künstlichen Fliege, nie aber mit dem Wurm zu erlauben, die Spinnfischerei auf Forellen gar nicht oder nur etwa im April zu gestatten und die Fangzeit überhaupt einzuschränken.

Ähnlich sollte man in Hecht- oder Huchenwassern verfahren, indem man den Fang von Hechten unter 1 kg, von Huchen unter 1½ bis 2 kg verbietet.

Von großer Wichtigkeit für ein gut gepflegtes Fischwasser ist die strenge Beaufsichtigung, an der es bei uns fast überall fehlt.

Es ist daher eine gewisse Selbsthilfe für in festen Händen befindliche Fischwasser empfohlen worden, nämlich an Stellen, die sich zum unberufenen Netzfischen eignen, Pfähle einzuschlagen, die mit Nägeln gespickt sind.

In England sind bestimmte Wasseraufseher durch Parlamentsakte sanktioniert und haben das Recht und die Pflicht, nicht nur streng auf die Einhaltung der Schonzeiten, des Brittelmaßes und den Mißbrauch ungesetzlicher Fanggeräte zu achten, sondern auch die Befugnis, alle Einbauten, Stauwehre, Mühl- und Fehlschüsse, Fischsteige usw. zu kontrollieren, Netz- und Angelfischer nach ihrer Legitimation zu fragen, Fischtransportgefäße, Fischer- und andere Boote, wenn sie Verdacht haben, auf ihren Inhalt zu untersuchen. Wer sich weigert, einem seine Vollmacht vorzeigenden Aufseher vollen Einblick zu gestatten, verfällt in eine Strafe bis zu 100 M.

Unser bayerisches Fischereigesetz hat uns nun auch die Handhabe geboten, durch Aufstellung von Aufsichtsorganen dem Fischfrevel durch weitgehende Kontrolle zu steuern. Möge nur fleißig davon Gebrauch gemacht werden!

Aber was nützt selbst die beste Aufsicht, solange wir kein Reichsgesetz bekommen, das höhere Strafen für den Fischfrevel normiert. Der eingefleischte Fischdieb wird gar nicht eingeschüchtert, sondern stiehlt ruhig weiter, ja man erzählt sich hier von einem solchen, der schon 63 mal, und schließlich regelmäßig zur höchst zulässigen Strafe von 6 Wochen Haft verurteilt, trotzdem immer weiter stiehlt. Wie viele Zentner Fische, und zwar zumeist Forellen, mag dieser schon in seinem Leben gewildert haben!

7. Behandlung der gefangenen Fische.

In der Behandlung der gefangenen Fische wird noch viel gesündigt, sowohl am Wasser wie nach der Heimkehr zu Hause.

Wer in nächster Nähe des Wassers wohnt und einen guten Fischbehälter im Flusse selbst oder daheim einen Brunnentrog hat, mag, wenn es seine Interessen erheischen, sich mit einem Fischtransportkessel abschleppen oder sich ihn nachtragen lassen, sorge aber für oftmalige Erneuerung des Wassers. Die meisten Sportfischer werden es aber vorziehen, die Fische gleich nach dem Fange abzuschlagen. Für den Transport von Fischen nicht über 1 kg Gewicht eignet sich am besten der Fischkorb, der zum Anhängen bestimmt ist, viel bequemer jedoch in unserem Rucksack untergebracht wird. Der Fischkorb hat den Vorteil, daß die Fische darin weder gedrückt noch aneinander gerieben werden, und daß die Feuchtigkeit abdampfen kann. Bei warmem Wetter ist es jedoch besser, die Fische durch Zwischenlegen von Leinwand usw. zu isolieren, zum mindesten sollte man immer den Boden mit einem porösen Material bedecken.

Trockenheit ist die Hauptsache; je trockener der Fisch verpackt ist, je mehr ihm die anhaftende Feuchtigkeit entzogen wird, desto länger hält er sich.

Für den Transport größerer Fische, die man im Korb nicht unterbringen kann, empfiehlt sich das Einschlagen des einzelnen in Tücher, worauf sie im Rucksack untergebracht werden.

Ich benutze mit Vorliebe statt der schweren und umfangreicheren Leinwand ca. 80 cm breite und mehrere Meter lange Streifen von unpräpariertem Verbandstoff, sog. hydrophyles Gaze, welches jede Feuchtigkeit gierig aufsaugt, sie durch rasche Verdampfung, Kühlung erzeugend, rasch wieder abgibt, ein äußerst geringes Gewicht hat und sich nach dem Gebrauche wieder gut auswaschen und schnell trocknen läßt. Man kann in einem solchen Streifen eine ganze Menge Fische unterbringen, ohne daß einer den andern berührt; sie sind daher auch im Fischkorb sehr praktisch. Ist es sehr heiß, dann empfiehlt es sich, jeden Fisch gleich nach dem Fange auszunehmen, die letzten Blutreste mit Gras oder Blättern herauszureiben und ihn dann, ohne ihn zu waschen, in das

Gaze oder in Leinwandstreifen zu schlagen. Empfohlen wird auch, die aufgebrochenen Fische auf der Bauchseite mit gestoßenem Zucker einzureiben, welcher bekanntermaßen eine große konservierende Wirkung besitzt.

Zu Hause angekommen, versäume man nicht, wenn es nicht schon geschehen ist, die Fische aufzubrechen, mit einem trockenen Leinwandfetzen auszureiben und, ohne sie mit Wasser in Berührung zu bringen, in ein reines, trockenes Tuch einzuwickeln. (Ich habe in meiner langen Anglerlaufbahn meine Fische auch zu Hause neuerdings in frische Gazestreifen eingewickelt.) Dann werden die Fische, je nach der Außentemperatur im Eiskasten, im Keller oder vor dem Fenster aufbewahrt. Erst vor der Zubereitung dürfen sie mit Wasser gereinigt werden. Es schadet nichts, wenn die Haut der Fische durch Entziehung der Feuchtigkeit sich in Falten legt. Bei der Zubereitung verschwinden diese wieder durch das Eindringen des schmackhaften Sudes oder der sonstigen Zutaten, welche somit nur den Wohlgeschmack des Fisches erhöhen.

Will man Fische verschicken, so muß man sie selbstverständlich vorher ausnehmen. Man wickelt sie am besten in ein trockenes Tuch oder Verbandgaze, nachdem man vorher reine Holzwolle oder nach Brehm Filtrierpapier, das große Saugkraft besitzt, zwischen die Bauchlappen gelegt und die Kiemen gut ausgetrocknet, eventuell herausgeschnitten hat. Dann werden sie in einem Korb verpackt, der mit Holzwolle ausgefüllt wird. Nur bei sehr hoher Temperatur und großer Entfernung des Adressaten mag die Verpackung auf einer Eisunterlage vorteilhafter sein.

Man sollte nie einen Fisch genießen, so lange er totenstarr ist, sondern entweder bevor die Starre eintritt oder wenn sie sich wieder gelöst hat. Der Eintritt und die Dauer derselben ist sehr verschieden und hängt von der Jahreszeit ab; im Sommer stellt sie sich früher ein und dauert kürzer wie im Winter.

8. Zubereitung.

Es würde zu weit führen, wollte ich in einem Werke, das speziell dem Angelsport gewidmet ist, auf die Zubereitung der Fische durch Aufzählung von Kochrezepten für die einzelnen Arten eingehen. Ich halte es jedoch für wichtig, einige allgemeine Regeln aufzuführen.

Der große Fehler unserer deutschen Küche ist der, daß man bei allen Süßwasserfischen ohne Ausnahme verlangt, daß sie lebendfrisch geliefert werden. Das kommt aber hauptsächlich daher, daß unsere Hausfrauen und Köchinnen den Unterschied zwischen einem frischen und übergestandenen Fisch nicht kennen, obwohl wirklich nichts leichter ist, als das zu unterscheiden. Ein frischer Fisch ist stets kenntlich am klaren Auge, den roten (nicht blaßrosa oder grauen) Kiemen, den glatten Bauchdecken, in denen die Gräten beim Auseinanderspreizen der Bauchseiten noch festsitzen. Die natürliche Folge ist, daß alle größeren Exemplare von einem gewissen Gewicht ab in den Ruf einer minderwertigen, zähen, ja oft kaum genießbaren Nahrung kommen. Man hört allgemein sagen, daß ein Hecht von etwa 10, ein Huchen über 15 bis 20 Pfd. lange nicht so gut schmecke wie ein Exemplar von der halben Größe. Die schweren Fische von 20 resp. von 30 Pfd. und darüber stehen vollends im größten Mißkredit.

Wenn der Fisch ein gewisses Alter erreicht hat, muß er nach Entfernung der Eingeweide genau wie unser Mastochsenfleisch abliegen. Wer ißt heutzutage noch ein Filet eines frischgeschlachteten Ochsen noch am gleichen oder am folgenden Tage? Ebenso zäh und faserig ist z. B. das Fleisch eines etwa 30pfündigen Huchen, wenn man es nicht abliegen läßt, und was für ein köstliches Gericht liefert er, wenn er nach dem Fang getötet, trocken ausgenommen und in ein trockenes Tuch geschlagen 4 bis 5, ja selbst 8 Tage auf Eis gelegen hat! Das gleiche gilt auch für Hechte über 6, für Forellen über 3 Pfd. usw.

Wichtig ist es, die Fische nach Vorbereitung eines schmackhaften Sudes, gut eingesalzen, kalt zuzusetzen, sie langsam bis zum Kochen zu erhitzen und dann abseits von der Feuerung noch, je nach ihrer Größe, nachziehen zu lassen bis sie so weich werden, daß das Fleisch auch an der dicksten Stelle, dem Halse, sich leicht von der Mittelgräte löst. Das kann bei schweren Fischen von über 30 bis 40 Pfd. Größe bis zu 1½ Stunden dauern, während z. B. Forellen unter einem Pfund schon gar sind, wenn das Wasser eben aufzuwallen beginnt. Der sicherste Anhaltspunkt ist das Weißwerden der Linsen im Auge.

In Butter gebratene Fische sind am besten, wenn man sie der Länge nach hart an der Mittelgräte mit einem spitzen und scharfen Messer spaltet und dann in einer Pfanne, nachdem sie vorher gut mit Salz und Pfeffer eingerieben waren, auf offenem Feuer auf beiden Seiten bratet. Man legt sie dann auf die Platte und übergießt sie mit heißer Butter, die abseits mit fein gewiegter Petersilie aufgekocht, bereitgehalten wird.

Sehr große Äschen zerteilt man am besten der Quere nach in 2 bis 3 Stücke, bei kleineren macht man seichte Einschnitte und brät sie aus einer Pfanne heraus, in der vorher auf stark loderndem Feuer frische Butter so stark erhitzt worden war, daß sie sich bereits gebräunt hat. Nach einigen Minuten ist die eine Seite braungelb und gar, dann werden die Stücke gewendet und sind bald darauf fertiggebraten. Die Mittelgräte darf sogar noch leicht blutig tingiert sein, dann schmecken die Äschen am saftigsten.

Flußbarsche schuppt man nicht, sondern macht vom Schweife bis zum Kopfe links und rechts entlang der stachligen Rückenflosse mit einem spitzen Messer zwei lange, seichte Einschnitte nur durch die Haut, worauf man diese der ganzen Länge und Breite nach abreißen kann. Erleichtert wird das Verfahren, wenn man den Fisch vorher einen Moment in siedendes Wasser tunkt. Der Fisch wird dann paniert und auf der Pfanne gebacken.

Größere Fische, wie Hechte, Zander usw. schmecken am besten im Rohr gebraten, nachdem man sie auf der Bauchseite vom Kopf bis zur Schwanzflosse gespalten und flach mit den auseinander-

gespreizten Bauchlappen in die Bratpfanne gelegt, mit saurem
Rahm (Sahne) übergossen und mit geriebenem Parmesankäse aus-
giebig überstreut hat.

Die andere Zubereitungsweisen, am Spieß, auf dem Rost, in
Papier usw. sind jeder Köchin mehr oder minder bekannt, und
würde es über den Rahmen dieses Buches hinausgehen, wenn ich
darauf noch näher mich einlassen wollte.

Jedem Sportfischer ist, wenigstens in meiner Heimat, der sog.
Steckerlfisch bekannt, aber noch eine andere Zubereitungsweise für
den im Freien Rastenden kann ich empfehlen: Man wickelt den
gut gesalzenen und gepfefferten Fisch in mehrere Schichten Papier,
feuchtet das Paket mit Wasser an und gräbt es dann in die glühende
Asche eines verglimmenden Feuers. Nach einer halben Stunde hat
man ein köstliches warmes Gericht.

––––––––

Angelmethoden.

————

1. Die Grundangel (Heben und Senken).

Die bekannteste und verbreitetste aller Angelmethoden ist die Grundfischerei.

Während die Ausübung der übrigen Methoden (die Legangel natürlich abgerechnet) einer gewissen Verfeinerung der Geräte und eines höheren Grades von Gewandtheit und Erfahrung bedarf, wodurch sie zu Zweigen der Sportfischerei werden, wird die Grundangel auch vielfach in roher Weise mit grobem Material von Tagedieben und halbgewachsenen Jungen meist zum Fange kleiner oder sehr minderwertiger Fische benutzt. Da diese Art des Fischens meist im Weichbild oder in der Nähe bevölkerter Städte betrieben wird, während die eigentliche Sportfischerei sich dem Blick der gaffenden Menge zu entziehen weiß, hatte sich leider im großen Publikum eine verächtliche Meinung über den Angler im allgemeinen gebildet, welche sich dahin äußert, wie die bekannte Redensart besagt: eine Angel sei ein Instrument, mit einem Wurm an dem einen und einem Narren an dem anderen Ende.

Leider ist es unmöglich, bei der Grundfischerei genau die Grenze zu bestimmen, von welcher ab sie als wirklicher Sport bezeichnet werden kann. Aber das eine ist sicher, je feiner die Apparate, je verfeinerter die Ausübung, desto größer die Berechtigung dazu.

Nicht jede Gegend ist gesegnet mit Gewässern, an denen man hohen und höchsten Sport treiben kann, und auch nicht jeder Freund der Angel ist in der glücklichen Lage, sich einen höheren Pachtzins leisten zu können. Betreibt er aber seine Grundfischerei auf Friedfische nach allen Regeln der Kunst mit dem feinsten noch zulässigen Zeug, drillt er seine Fische kunstgerecht, statt sie ohne weiteres herauszuschleudern, dann steht er in meinen Augen viel höher wie der Besitzer eines Forellenwassers, der seine Forellen, statt sie mit Fliege oder Spinner zu fangen, mit Würmern anlockt[1]).

————

[1]) Der verstorbene Francis Francis fing einst eine Barbe von $6\frac{1}{2}$ Pfd. an einem einzelnen Roßhaar. Der Haken saß in der Rückenflosse, und es gelang erst nach $3\frac{1}{2}$ Stunden unausgesetzten Drillens den Fisch zu landen. Respekt vor einer solchen Leistung!

Während nun in Mitteleuropa der Sport mit der Flug- und Spinnangel einen ziemlich hohen Grad von Ausbildung erfahren hat, so daß er sich in vielen Punkten getrost mit dem jenseits des Kanales messen kann, so habe ich nach Einsichtnahme in die englische Literatur doch die Überzeugung gewonnen, daß speziell die Grundfischerei mit dem Floß- und Bodenblei dort, gegenüber der hierzulande üblichen, einen hohen Grad von Vervollkommnung erfahren hat. Es ist dies um so mehr zu begrüßen und der Nachahmung wert, weil, wie schon erwähnt, die Grundangel nur dann Anspruch hat, als Sportobjekt behandelt zu werden, wenn sie sich von dem Betrieb mit grobem Zeug freimacht.

Ganz besonders hat mir das kleine Werk von Bickerdyke: »Angling of coarse fish« gefallen, worin er in treffender Kürze die gebräuchlichen Angelmethoden auf die Cypriniden zusammenstellt, so daß ich keinen Anstand nehme, demselben manches zu entlehnen, was ich teils selbst erprobt, teils nach meiner Überzeugung empfehlen kann.

Seitdem sind reichlich 20 Jahre verflossen, ohne daß weder in Deutschland noch Österreich meines Wissens irgendeine größere Abhandlung über die feinere Grundfischerei erschienen wäre. Offenbar wurde die feinere Art dieses großen Zweiges unserer Sportfischerei als nebensächlich und nicht der Mühe wert betrachtet und in ungerechtfertigter Weise vernachlässigt.

Da erschien endlich im vorigen Sommer bei R. Oldenbourg, München, eine von echtem sportlichen Geist durchwehte Schrift von Dr. Winter, betitelt: »Die Grundfischerei als feine Art«, die sich mit dem Problem befaßt, auch die Grundfischerei als ebenbürtig den übrigen Methoden bis ins feinste zu vervollkommnen und zu höherem Ansehen zu erheben.

Dr. Winter hat während des Feldzuges hauptsächlich in den reich mit Fischwassern erster Güte gesegneten Gegenden des östlichen und südöstlichen Europas Gelegenheit gehabt, treffliche Angelmethoden mit für uns ganz neuen Ideen kennenzulernen, die er dann noch mit großer Findigkeit und glücklicher Hand feiner durchgebildet hat.

Dadurch, daß er vieles, was ich in meinem Buche ausführlich besprochen habe, als bekannt vorausgesetzt hat, hat er es zuwege gebracht, in gedrängter Kürze alles Neue und seinen Lesern Wertvolle zur Sprache zu bringen, was dem angehenden und perfekten Grundfischer von großer Wichtigkeit erscheinen muß, so zwar, daß ich sein Werkchen als eine außerordentliche Bereicherung der feinen Kunst betrachten und jedem Sportsgenossen, auch dem, der nur gelegentlich auf Friedfische angeln will, bestens empfehlen kann.

Die Grundangel unterscheidet sich dadurch wesentlich von den anderen Angelmethoden, daß der Köder längere Zeit am gleichen Flecke belassen oder doch nur wenig fortbewegt wird.

Die Fischgattungen, auf welche sie ihre Anwendung hauptsächlich findet, sind gewohnt, ihre Nahrung am Grunde oder wenigstens nicht weit davon zu suchen.

Die Grundangel hat aber auch einen gewissen Wert auf solche Fische, die man sonst mit Spinn- oder Flugangel zu fangen pflegt, denen man aber nach Lage der Verhältnisse nicht anders beikommen kann.

Die besten Monate für die Grundangelei sind die Monate September und Oktober, wenn durch die ersten Fröste die Wasserpflanzen zu faulen und abzusterben beginnen. Während die Fische vorher mit Vorliebe in den Pflanzen stehen, wo sie schwer zu erreichen sind, werden diese gemieden, wenn sie absterben. Der erste Frost tut oft Wunder. Wichtig sind die ersten Morgen- und letzten Abendstunden, außer an trüben Tagen. Nur Aitel und Kreßlinge beißen auch gerne untertags. — Man unterscheidet:

a) die Grundangel ohne Floß,
b) »   »   mit Floß,
c) »   »   » gleitendem Floß,
d) »   »   » festliegendem Floß
e) »   »   » Bodenblei,
f) »   »   » Heben und Senken,
g) »   Plombfischerei.

a) **Die Grundangel ohne Floß** findet hauptsächlich ihre Anwendung in seichten Bächen und Flüssen mit stärkerer Strömung und ungleicher Tiefe, wo ein Floß, das ziemlich gleichmäßige Tiefe voraussetzt, hinderlich wäre und außerdem noch die Fische verscheuchen würde. Am meisten ist sie bei trübem Wasser oder in ganz seichten Rinnsalen am Platz, auch in stark verkrauteten Wassern auf Forellen.

Man bedient sich am besten einer leichten, nicht über 3,20 m langen Wurm- oder Grundgerte; den gleichen Dienst tut die Forellen-Spinngerte. Als Rolle nimmt man entweder eine 8 cm Nottingham- oder eine einfache Chekrolle, auf der einige 20 m feiner Seidenschnur Nr. 1½ oder 2 angebracht sind. Es ist bei den kurzen Würfen, die man zu machen hat, ziemlich gleichgültig, ob man eine präparierte oder unpräparierte Schnur verwendet, für die Nottinghamrolle ist letztere vorzuziehen. Wer die Anschaffungskosten einer Marston-Croßle-Rolle nicht scheut, wird sehr bald die großen Vorteile zu schätzen wissen, die ihm einen weiten und sicheren Wurf und damit auch ungleich größere Erfolge verschaffen werden.

Da man kein langes Vorfach benutzen kann, sollte wenigstens das untere Ende der Schnur grün oder braun gefärbt sein. Das Vorfach soll etwa 80 cm lang und aus einfachem oder gedrehtem Poil hergestellt und am unteren Ende mit einem kleinen Wirbel versehen sein; jedoch kann man auch die Angel einfach einschlingen. Für klare Wasser ist jedenfalls ein Vorfach aus einfachem Poil am besten und vollkommen hinreichend, benutzt man doch in England im klaren Wasser auf scheue Fische nur das einfache Roßhaar selbst für den Fang 1- bis 2pfündiger Fische. Die Beschwerung geschieht je nach Strömung und Tiefe mit einem oder mehreren Schrotkörnern, Bleifolie oder Bleidraht.

Am häufigsten wird mit Wurm oder Maden gefischt, aber man bedient sich auch natürlicher oder künstlicher Insekten. Von den natürlichen sind die Heuschrecke und Insektenlarven die gangbarsten. Als künstliches Insekt kommt hauptsächlich die Kohlraupe und die Heuschrecke mit Bleieinlage, wie sie in England mit Vorliebe auf Äschen benutzt wird, in Betracht. Es ist dies dann eine Grundfischerei mit »Heben und Senken«. Wir fangen hierzulande die Äschen fast ausschließlich mit der künstlichen Fliege.

Zur Wurmfischerei benutzt man verschieden Angelhaken und Hakensysteme, je nach Größe der zu fangenden Fische. Außer auf ganz schwere Exemplare genügt hinlänglich das einfache Poil, ja, bei subtiler Behandlung, wie oben erwähnt, selbst das einfache Roßhaar zum Anwinden des Hakens. Am meisten und längsten sind im Gebrauch die einfachen Haken, über welche ein oder mehrere Würmer ganz oder stückweise, meist beim Schwanzende angefangen,

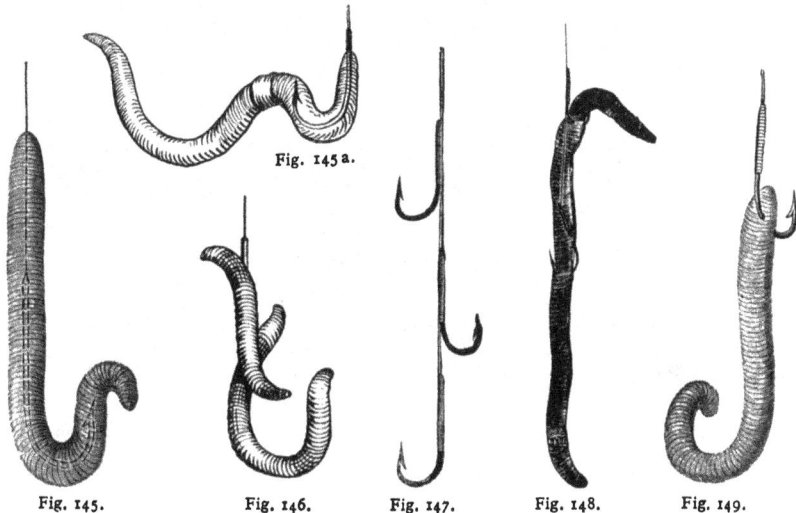

Fig. 145 a.

| Fig. 145. | Fig. 146. | Fig. 147. | Fig. 148. | Fig. 149. |

gezogen werden (Fig. 145, 145 a nach Dr. Winter oder 146). Besonders empfehlenswert scheint mir auch die böhmische »Hosen«-Anköderung zu sein, die in der Abhandlung von Dr. Winter ausführlich beschrieben ist.

Das Stewartsche Hakensystem mit zwei oder drei kleinen Haken (Fig. 147 u. 148) ist eine Errungenschaft neueren Datums und hat mit Recht großen Anklang gefunden. Es ist eine entschiedene Verfeinerung der Anköderungsmethode, die große Vorteile bietet. Abgesehen davon, daß dabei die große Schinderei des Durchbohrens der Würmer der Länge nach wegfällt, bleiben dieselben viel länger an der Angel lebendig und reizen durch ihre Bewegungen die Fische in viel höherem Grade, während es anderseits Zeitverschwendung ist, mit einem toten Wurme weiter zu angeln. Am besten lassen sich Würmer lebendfrisch in einem Leinwandsäckchen mit angefeuchtetem Moos befördern.

Bei mehr flachen und glatten Bodenverhältnissen, wo nicht zu befürchten ist, daß der Wurm sich in Moos, Wasserpflanzen oder unter größere Steine verkriechen kann, ist es empfehlenswert, die Anköderung, wie sie sich aus Fig. 149 u. 150 ergibt, anzuwenden. Angelhaken und Wurm sind in der natürlichen Größe wiedergegeben. Diese Methode eignet sich zwar mehr für die Grundangel mit Floß oder Bodenblei in größeren und tieferen Gewässern, da aber gerade von der Anköderung der Würmer die Rede ist, will ich gleich alle Methoden hier besprechen.

Zum Fang von Bachforellen empfehlen sich größere Haken mit weitem Bogen, um das Verangeln der kleineren Exemplare zu verhüten. Für größere Fische, besonders für größere Salmoniden, haben sich ganze Büschel Würmer an einem einfachen oder Doppel-

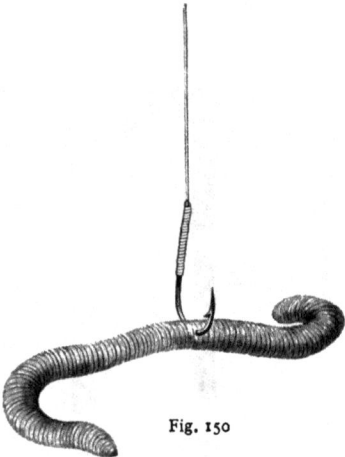

Fig. 150   Fig. 151.   Fig. 152.

haken bewährt (Fig. 152). Wie schon früher erwähnt, eignet sich der Tauwurm hauptsächlich zum Angeln bei trübem Wasser sowie im Herbst und Winter, während der Rotwurm und Goldschwanz den Vorzug im Sommer und bei hellem Wasser verdienen.

Fischt man mit Maden, dann benutzt man möglichst kleine Angelhaken mit kurzem Schaft, außer man ködert gleichzeitig einen Wurm wie in Fig. 151. Man durchsticht mehrere nach der Quere und die letzte, um die Spitze zu decken, der Länge nach. Je größer der Haken, um so mehr Maden braucht man zur Deckung desselben. Um die Maden an der Angel lebend zu erhalten, empfiehlt sich die Anköderung nach Dr. Winter, Fig. 20.

Bei der Befischung einer geeigneten Bachstrecke bleibe man so weit vom Ufer entfernt als möglich, trete leise, ev. nur auf den Zehenspitzen auf und lasse den Köder in alle Löcher, Schlupfwinkel an dem eigenen Ufer und in Rinnsale zwischen Krautbetten hineinspielen, ihn dabei meist der Strömung überlassend. Man hält am besten, während die Gerte mit der rechten Hand geführt wird, die etwas angezogene Leine mit zwei Fingern der linken ganz locker, um, wenn ein Fisch mit einem gierigen Ruck den Köder erfassen sollte, ihm sofort unmerklich Leine geben zu können, versäumt man dies, dann läßt der Fisch wieder los und nimmt meistens den Köder oder ein Stück desselben mit. Ist nicht genügend Schnur von der Rolle gezogen, so helfe man nach und senke ev. rasch die Gerte, damit der Fisch kein Hindernis bemerkt. Gewöhnlich bleibt er nach einem kurzen Fahrer stehen. Schleunigst ordne man seine Geräte, d. h. man sorge, daß die Schnur gespannt und die Gerte im rechten Winkel zu dieser stehe, und haue mit einem kurzen Ruck des Handgelenkes seitlich und nicht nach oben an. Wer, wie man öfter zu lesen bekommt, den Anhieb nach oben empfiehlt, versteht nichts von der Fischerei.

Anfänger machen alle den Fehler, daß sie so kräftig und dabei so zügig anhauen, daß ein kleiner Fisch sofort aus dem Wasser fliegt, bei einem großen aber gewöhnlich ein Unglück passiert. Möge sich doch jeder Angler angewöhnen, nur kurz aus dem Handgelenk anzuhauen, so daß sich der Köder nur ums Kennen von der Stelle bewegt, fühlt man dabei, daß der Haken sitzt, dann läßt man unmittelbar den eigentlichen festeren Anhieb folgen, nach welchem man sich rasch zu entscheiden hat, ob der Fisch herausgeschleudert, gehoben, geschleift oder gedrillt werden muß.

Das Herausschleudern bleibt immer ein Gewaltakt, obwohl es bei kleinen Fischen ziemlich gleichgültig ist, wie man verfährt, aber ein Anfänger sollte an diesen üben, wie größere zu behandeln sind. Wer öfters leer anhaut und dann seine Angel hoch in den Zweigen baumeln sieht, wird sich obigen Ratschlag eher zu Gemüte führen.

Meistens wird der Köder viel sanfter genommen, man hat daher nichts Weiteres zu tun, als nach 2 bis 3 Sekunden seinen Anhieb richtig zu setzen. Bei Anköderung nach dem Stewartschen System, wo die Haken frei herausstehen, ist es, wenn die Fische gierig beißen, besser sofort anzuhauen.

Auch in Seen, vornehmlich bei sehr klarem und durchsichtigem Wasser, läßt sich, besonders auf Fische, die in halber Tiefe oder doch nicht ganz am Grunde stehen, in vorteilhafter und unauffälliger Weise mit der Grundangel ohne Floß fischen. Man lasse den Köder langsam sinken und sorge, daß die Schnur in einer Kurve nachfolgt. Streckt sich letztere plötzlich, dann hat ein Fisch den Köder genommen, den man aber erst anhauen darf, sobald man für volle Streckung der Schnur gesorgt hat.

b) **Die Grundangel mit Floß** findet ihre hauptsächliche Anwendung in Seen und Flüssen der Barben- und Bleiregion.

Die Fischerei beginnt nach der Laichzeit, wenn sich die Fische von ihrem Laichgeschäft wieder erholt haben, also etwa Mitte Juli. Jedoch ist die Ausbeute anfangs noch gering, zumal bei hoher Temperatur des Wassers und der Luft; höchstens ist am frühen Morgen und späten Abend oder an Regentagen auf Erfolg zu rechnen. Besser ist schon der August, hauptsächlich in den subalpinen Seen, die nicht so warm und verkrautet sind und dabei klares Wasser haben. Die besten Monate, besonders in stark bewachsenen Flüssen

und Seen, sind September und Oktober, wenn nach den ersten
Frösten die Wasserpflanzen absterben und man den Fischen besser
beikommen kann. In tiefen, kalten Seen dagegen nimmt der Erfolg
nach dem Herbst zu ab, weil sich die Fische in die Tiefe zurückziehen.

Die Winterfischerei beschränkt sich auf Barsche, Hasel, Rotaugen (Plötzen) und Aitel. Selten gehen Brachsen an die Angel,
während Barben, Aale, Karpfen überhaupt nicht mehr beißen.
Im März und April, selbst noch im Mai, vor Eintritt der Schonzeit,
die je nach den Ländern verschieden beginnt, ist bei milder Witterung immer noch ein Erfolg möglich.

Das sicherste Mittel, in Seen mit Erfolg zu fischen, ist das
regelmäßige Anfüttern an bestimmten Plätzen, und zwar womöglich
schon mehrere Tage vor dem beabsichtigten Fischzug. Das Anfüttern mit Grundködern ist überhaupt bei der gesamten Grundfischerei von großer Bedeutung, mehr allerdings noch in Seen und
Altwässern wie in Flüssen. Allein es ist nicht nur das Heranziehen
größerer Scharen von Fischen, was den Erfolg ausmacht, sondern
auch das Gewöhnen derselben an eine gewisse Nahrung, die ihnen
vorher fremd war. Sie nehmen z. B. irgendeinen Teig anfangs mit
Mißtrauen, später greifen sie wacker zu und nehmen schließlich
auch den mit demselben Teig umhüllten Angelhaken mit gleicher
Sorglosigkeit.

Es ist daher empfehlenswert, besonders wenn die Fische scheu
und nicht gierig sind, während des Angelns kleine Quantitäten des
eben benutzten Köders in das Wasser zu werfen (s. Grundköder).

Die Gerte muß, wie schon eingangs erwähnt, im Verhältnis
zu dem übrigen Angelzeug stehen. Je stärker dieses ist, desto
steifer, je feiner, desto leichter und biegsamer muß die Gerte sein.

Man wähle also zum Fang von Fischen, die keine besondere
Größe erreichen, wie Plötzen, Barsche, Lauben, Kreßlinge usw.
feinere Gerätschaften wie zum Fang von Karpfen, Barben, Brachsen usw., die viel schwerer werden. Es empfiehlt sich daher, mit
einer Gerte ausgerüstet zu sein, die man mit einer langen feinen
oder einer kurzen starken Spitze, je nach Bedürfnis, versehen kann.
Wer gleichzeitig den Vorteil einer langen widerstandsfähigen, aber
schweren, und einer kurzen handlichen Gerte für weite Würfe haben
will, schaffe sich noch ein zweites Handteil mit einem weiteren
Rollenansatz an, das sich unten anfügen läßt. Eine 4 bis 5 m lange
Gerte (ich verweise auf die S. 2 beschriebene), aus einem Stück
Bambusrohr, hat unter anderem den großen Vorteil, daß man bei
stark verkrauteten Wassern über die Pflanzen hinüberlangen und
die Gertenspitze gerade über das Floß halten kann.

Die empfehlenswerteste Rolle ist eine im Nottingham-
system; zumal sie außer zu jeder Sparte der Grundfischerei auch
zum Spinnfischen verwendbar ist.

Die Rolle muß, wenn man sich nicht allen möglichen Ungelegen-
heiten aussetzen will, mit einer Hemmung versehen sein; die billigen
Rollen ohne eine solche sind ganz zu verwerfen.

Was Schnüre anbelangt, kommen für die feine Grundfischerei
nur feinste geklöppelte, glatte Seidenschnüre nach englischem

Muster in Betracht. Man wähle sie so fein als möglich, lieber reiße man öfters das verbrauchte Ende ab. Ratsam ist, die Schnur vor dem Gebrauch stets mit Paraffinbrei einzufetten, besonders zum Weitwurf, wenn man mit kleinen Senkern angelt, damit sie besser durch die Ringe gleitet. Für den Fang schwerer Fische, z. B. des Karpfens, sind einige 30 bis 40 m unentbehrlich. Übrigens soll man, wie in dem Kapitel »Angelschnur« erwähnt, schon deswegen genügend Reserveleine auf der Rolle haben, um diese genügend auszufüllen.

Als Zwischenglied zwischen Schnur und Angel benutzt man einen Poilzug von 80 cm bis 1½ m Länge, je nach der zu befischenden Tiefe. Das obere Ende des Poilzugs wird mit der Schnur verknüpft (Fig. 153), in das untere Ende wird die Angel eingeschlungen (Fig. 154). Umläufe sind nur erforderlich zum Fang von Aalen und Rutten.

Fig. 153.   Fig. 154.

Die Bleibeschwerung geschieht entweder mit Bleidraht oder mit kleinen, zur Hälfte gespaltenen oder durchlöcherten Schroten. Die gespaltenen haben den Vorteil, daß man sie ohne größeren Zeitverlust am Wasser anbringen kann, während man die durchlöcherten besser schon zu Hause in die Schnur schlingt, nachdem man vorher das Floß daran befestigt hat.

Das Floß muß so weit vom Köder entfernt sein, daß dieser fast den Boden berührt; man wählt es so leicht als möglich. Für Seen oder ruhige Tümpel in Flüssen genügt eine kleine Stachelschweinborste oder eines der leichtesten Federkielfloße.

Man bedenke immer, daß ein Floß ein notwendiges Übel ist, mit dem man leicht die Fische verjagt. Maßgebend ist die notwendige Beschwerung, die der Strömung entsprechend erhöht werden muß. Das Floß soll immer senkrecht stehen, so daß etwa ⅔ desselben unter die Oberfläche sinken. Bei sehr ruhigem, klarem Wasser ist es angezeigt, daß der Köder langsam sinkt, so daß man besser jede Beschwerung wegläßt. In solchen Fällen sind Flöße am Platz, die durch Blei oder Quecksilbereinlage von selbst die senkrechte Stellung einnehmen. Hat man kein solches zur Hand, so hilft man sich in der Weise, daß man das untere Ende eines Floßes mit Bleidraht so weit als nötig umwickelt (Fig. 68). Sind viele kleine Fische im Weg, die den Köder schon während des Sinkens anpacken und zerstören, dann muß man wohl oder übel eine Beschwerung vornehmen oder sie durch Einstreuen von Brotkrumen abzulenken versuchen.

Das Schrotkorn, wenn man eines bedarf, soll nach alter Übung am unteren Ende des Zuges angebracht sein. Wenn die Fische gierig beißen und nicht durch zu oftes Angeln vergrämt sind, hat das gewiß seine Richtigkeit. Nun hat aber Dr. Martin in Hamburg mit Recht geltend gemacht, daß viele Fische den Köder häufig nur betasten, mit ihm spielen und ihn nach oben ziehen, was sich

aber am Schwimmer nicht bemerkbar macht, außer sie heben den
Köder über das Bleigewicht hinauf. Die Folge ist, daß man den
richtigen Moment zum Anhieb übersieht. Ist aber das Blei unmittelbar am Haken angebracht, dann wird sich die geringste Berührung
des Köders sofort am Floße bemerkbar machen. Dr. Martin empfiehlt daher kleine Sneckbend oder Perfekthaken mit einem exzentrischen Blei zu versehen, das bei Madenfischerei weiß, bei Wurm-
köderung rotbraun bemalt ist. Die nach außen exzentrische Form
des Bleies soll den Zweck haben, den Haken möglichst fängig zu
gestalten und Raum zu geben für den Köder, der bei dieser Anordnung höher hinaufgezogen werden kann. Ein kleinstes Schrotkorn,
dicht über dem Hakenschenkel angebracht, würde, meinem Dafürhalten nach, vollkommen genügen.

Am wenigsten auffällig für stärkere Strömungen, in denen
man auf größere Flöße angewiesen ist, sind die aus großen Feder-
kielen gefertigten.   Jedenfalls muß man, um allen Lagen gerecht zu werden, mindestens einen Vorrat
von drei verschiedenen Flößen haben.

Am besten paßt man sich schon zu Hause
seine Flöße an die Angelschnüre an, indem
man diese mit so viel Bleischroten ausstattet,
als eben hinreichend sind, das Floß zu ⅓
über Wasser zu halten. Diese Prozedur nimmt
man auf bequeme Weise in einem Wasser-
eimer vor.

Um die Tiefe der zu befischenden Stelle

Fig. 155.   Fig. 156.

auszumessen, bedient man sich eines zu diesem
Zwecke konstruierten Senkers oder Lotes, in
dem unten ein Stück Kork eingelassen ist (Fig. 155). Man führt
den Angelhaken durch den Ring und befestigt ihn unten im Kork.
In Ermangelung eines solchen Apparates kann man auch eine Bleifolie benutzen (Fig. 156).

Ist nun der Angler, mit allen oben beschriebenen Requisiten,
den nötigen Ködern und Grundködern ausgestattet, glücklich am
Fischwasser angekommen und nach Zusammenstecken seiner Gerte
usw. bereit, in Aktion zu treten, dann ist das erste, was er zu tun
hat, die Tiefenmessung vorzunehmen. Der Senker wird an die Angel
befestigt und sinkt rasch in die Tiefe. Die Härte des Aufschlages
gibt Aufschluß über die Beschaffenheit des Bodens. Ist der Aufschlag weich, dann ist dieser schlammig oder moosbewachsen. Den
Schlammboden lieben nur gewisse Fischarten, was der Angler wissen
muß.

Fühlt man beim Loten einen harten Aufschlag, dann hat man
Stein- oder Kiesboden vor sich, den die Fische vorziehen, die nicht
im Schlamm wühlen.

Man begnügt sich nicht nur, eine Stelle auszuloten, sondern
einen Umkreis von mehreren Metern, um über die Gleichmäßigkeit
oder Ungleichheit des Bodens ein Urteil zu bekommen. Dann befestigt man das geeignete Floß so, daß das obere Ende eben noch

bei senkrecht gespannter Leine sichtbar bleibt. In einer Strömung, die sich nach abwärts vertieft, bringt man es noch höher an.

Raffinierte Fischer in England schlingen, ehe sie zu fischen beginnen, noch ein halbiertes Streichholz ungefähr 1½ m oberhalb des Floßes in die Schnur und rollen dieselbe so weit auf, daß das Streichholz am Endring anstößt. Das soll den Zweck haben, die Schnur längs des Angelstockes in straffer Spannung zu erhalten, damit der Anhieb besser sitzt.

Man wirft dann etwas von dem Grundköder ein, mit dem man zu angeln gedenkt, um die Fische, die durch die Tiefenmessungen etwas vergrämt wurden, wieder sorglos zu machen und anzuziehen.

Ist dies geschehen, dann schreitet man zum Ausschwingen des Köders, wozu keine besondere Fertigkeit gehört, wenn die Schnur nicht viel länger ist wie die Gerte. Auf das Verhalten des Anglers kommt natürlich sehr viel an. Je mehr er versteht, die Fische in Sicherheit einzulullen, desto größer wird der Erfolg sein. Man werfe den Köder leise und nur so oft als unbedingt nötig aus, lasse ihn, außer in starken Strömungen, langsam sinken, halte ihn nicht während des Dahingleitens ruckweise auf und, was mit das Wichtigste ist, fische stets zur richtigen Zeit auf den richtigen Fisch.

Je weiter man werfen muß, um so mehr Übung gehört dazu. Mit einem ganz wenig beschwerten Vorfach wird kein weiter Wurf gelingen, das Gewicht muß mindestens so groß sein, daß es beim Schwung die Schnur aus den Ringen zieht, was um so leichter geschieht, je glatter die vorher eingefettete Schnur und je elastischer die Gerte ist.

Man ergreift die Gerte mit der rechten Hand, Rolle nach unten, und zieht mit der linken die Schnur ab, für einen mäßig weiten Wurf, wie aus Fig. 157, 1, für einen weiteren, wie aus Fig. 157, 2 ersichtlich, und läßt in dem Augenblick, in dem die Leine beim Schwung am weitesten zurückpendelt, die Schlingen los und zielt, wohin die Angel einfallen soll. Man kann dabei von rechts nach links oder umgekehrt schwingen. Je geringer das pendelnde Gewicht, desto mehr hat die Angel die Neigung, seitlich, sagen wir z. B. 2 m, über das Ziel hinauszufliegen. Nach einigen Versuchen wird man lernen, so zu werfen, als ob man eine 2 m ober- oder unterhalb liegende Stelle treffen wollte. Sobald das Gewicht des Floßes und Senkbleies einige Gramm erreicht hat, ist es schon möglich, von der Nottinghamrolle zu werfen. Wer sich zu der kostspieligeren Marston-Croßlé-Rolle (s. Fig. 12) aufschwingt, wird sich dabei bedeutend leichter tun, da man mit ihrer Hilfe ohne seitliches Ausholen einfach von unten her schwingend, den Köder dem Ziele direkt zuschutzen kann. Wie der Weitwurf von der Rolle ausgeführt wird, soll, um Wiederholungen möglichst zu vermeiden, bei der Spinnfischerei beschrieben werden.

Wenn der Köder nach dem Wurfe die Oberfläche des Wassers berührt, senkt man die Gertenspitze, und sobald das Floß seine senkrechte Stellung eingenommen hat, wird Schnur von der Rolle gezogen und die Gerte wieder zu einem Winkel von ungefähr 45° gehoben.

In Seen oder tiefen Flüssen mit kaum merklicher Strömung hat man mehr Erfolg, wenn man die Gertenspitze über das Floß halten kann, wozu, wie oben schon erwähnt, eine lange Gerte vorteilhafter ist. Befischt man dagegen ein rinnendes Wasser, so überläßt man das Floß der Strömung und gibt Schnur. Da ist es nun wichtig, das Floß zu beobachten. Treibt es zuerst in senkrechter Stellung dahin, um dann allmählich unterzugehen, dann beweist das, daß der Köder auf dem Boden liegt, das Blei aber noch nicht, sonst würde ja das Floß der ganzen Länge nach schwimmen. Man

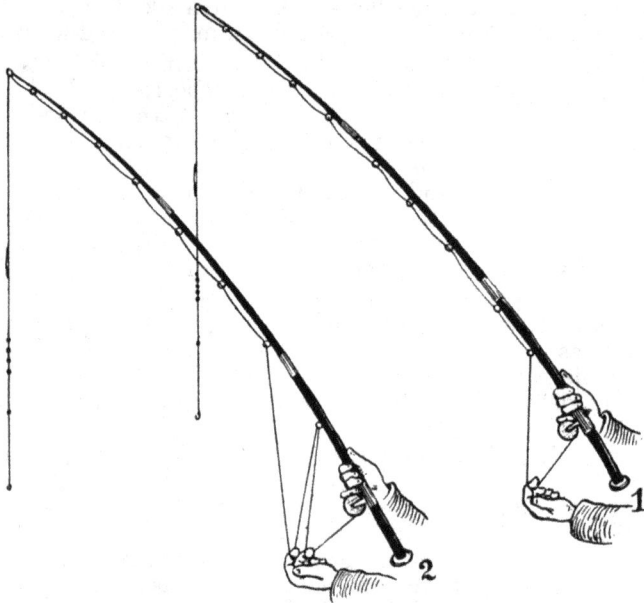

Fig. 157.

hat dann nur dasselbe etwa 10 cm an der Schnur hinabzuschieben, um den Köder in die richtige Entfernung vom Boden zu bringen. Gleitet das Floß beim nächsten Wurf ohne Hemmung dahin, dann kann man den Versuch machen, den Abstand wieder um einige Zentimeter zu vergrößern; denn je näher der Köder dem Boden, desto größer die Aussichten auf Erfolg. Sobald ein Fisch gebissen hat, was sich an dem plötzlich untergehenden Floß bemerkbar macht, muß der Anhieb erfolgen. Ob derselbe sofort ausgeführt werden muß oder nach einer größeren oder kleineren Spanne Zeit, richtet sich nach der Fischgattung, auf welche man angelt.

In Norddeutschland ist auch eine ziemlich rohe und geräuschvolle Art zu werfen im Gebrauch, und zwar mit der sog. Kelle. Sie ist von Holz, 50 cm lang, 2½ cm breit und mit einer 2 cm breiten und tiefen Rinne versehen. In letztere legt man Floß und Senker und den beköderten Haken so, daß die Hakenspitze ganz vorn liegt. Dann ergreift man die Kelle mit der rechten Hand, hebt sie horizontal über die rechte Schulter und wirft mit dem Unterarm. Bei einiger Übung lernt man bald weit zu werfen und sicher die gewünschte Stelle zu treffen (v. d. Borne).

In England verwendet man zu diesem Zweck auch den gegabelten Stock, der aber nur an Meeresküsten in Gebrauch ist, um vom Ufer aus zu werfen. Geübte sind imstande, den Köder damit etwa 40 m weit zu schleudern. Ganz und gar unbegreiflich muß es aber einen modernen Spinnfischer anmuten, wenn er in einer Fischereizeitung zu lesen bekommt, daß es noch Angelbrüder gibt, die, bar jeder Kenntnis der neueren Fachliteratur, den Wurf mittels des gegabelten Stocks zum Zweck des Spinnfischens empfehlen und statt einen Angelstock zu benutzen, die Leine nach dem Wurf mit beiden Händen einziehen.

c) **Das gleitende oder Nottingham-Floß** (Fig. 72, S. 42) findet seine Anwendung dann, wenn man beabsichtigt, solche Tiefen zu befischen, die größer sind als die Länge der Gerte. Damit es nicht weiter gleitet, als erwünscht ist, wird an der der gewünschten Tiefe entsprechenden Stelle der Schnur ein Stückchen Gummi oder Poil eingeschleift, welches jedoch so fein sein muß, daß es ungehindert durch die Ringe an der Gerte, nicht aber durch die Floßringe gleitet. Zieht man die Angel zum Zwecke eines neuen Wurfes heraus, dann rutscht das Floß bis zum Blei hinunter und unterstützt durch sein Gewicht das Gelingen eines entsprechend weiten Wurfes. Die Methode hat ihre großen Vorteile auf tief stehende Fische, zumal man mit dem gleitenden Floß weite Würfe machen kann.

d) **Das festliegende Floß.** Bei dieser Methode liegt der Köder auf dem Boden auf, wo er durch eine kleine am Vorfach beweglich angebrachte Bleikugel festgehalten wird. Sie kann aber nur bis auf etwa ½ m oberhalb des Köders hinabrutschen, bis zu einem kleinen, an das Vorfach angesplißten Schrotkorn. Ein ganz kleines Floß wird so befestigt, daß die Entfernung von diesem zur Bleikugel etwa um 10 bis 20 cm größer ist als die Wassertiefe, und daß es in diesem Spielraum frei schwimmt. Sobald ein Fisch den Köder ergreift, zieht er die Schnur durch die Bleikugel und bringt das Floß in Bewegung, worauf der Anhieb prompt zu erfolgen hat.

Das festliegende Floß eignet sich besonders bei unebenem Untergrund, bei kleinen Wirbeln in der Strömung, in der Nähe von Wasserpflanzen, überhaupt wenn die Strömung nicht so stark ist. Man fängt damit nicht gerade viele, aber manchmal die schwersten Fische. Als Köder dienen hauptsächlich Pasten, die so um die Angel geknetet werden, daß die Spitze bei der leichtesten Berührung durchdringt. Man lasse den Köder längere Zeit an ein und derselben Stelle liegen, verabsäume auch nicht, öfters Grundköder einzuwerfen oder noch besser, Stücke davon 10 cm oberhalb der Angel anzukneten. Wie das am besten gemacht wird, habe ich im Kapitel »Grundköder« S. 82 ausführlich beschrieben.

Andere bringen mit Vorteil unterhalb des Bleies und etwas oberhalb der Angel noch ein ganz kleines Stückchen Kork an, um den Köder über dem Boden schwebend zu erhalten.

e) **Das Bodenblei** (Fig. 58 u. 59) ist ein schwerer Senker, der selbst in starker Strömung auf dem Boden liegen bleibt und dazu dient, auf Fische zu angeln, die in solchen Strömungen hauptsächlich ihre Nahrung vom Grunde aufnehmen. Diese Methode unterscheidet sich von der vorigen noch ʼdadurch, daß das Floß ganz wegfällt. Sie ist in erster Linie wertvoll zum Fang von Barschen und Barben, ist aber auch für andere Fische im Gebrauch.

Das Bodenblei ist frei beweglich an einem etwa 30 cm langen Stück Gimp oder Kupferdraht angebracht, welches Feinheit mit Stärke verbinden muß. Zwei an beide Enden angebrachte Perlen oder Schrote haben den Zweck, dem Bodenblei nur einen beschränkten Spielraum zu geben.

Dieser Apparat wird zwischen Schnur und ein Vorfach von Poil eingeschaltet, welches eine Länge von etwa ½ m haben soll. Je nach der Größe der zu erwartenden Fische und nach der Helligkeit des Wassers wird man ein einfaches oder gedrehtes Poil in Anwendung bringen. In stark getrübten Flüssen wird man das Poil auch durch eine feine Schnur ersetzen können, zumal wenn die Fische nicht gewitzigt sind. Die Angel wird unten eingeschlungen.

In England wird hauptsächlich bei der Winterfischerei auf Barsche unmittelbar oberhalb der Verbindungsstelle des an die Schnur geknüpften Gimpes, also auch oberhalb des aufliegenden Bodenbleies, noch eine zweite Angel an einer einfachen Poillänge angebracht, welche dann meist mit einer lebenden Pfrille beködert wird, während die untere zur Beköderung mit Wurm dient.

Der Vorteil des Bodenbleies besteht hauptsächlich darin, daß man außer den schon erwähnten stärkeren Strömungen auch Flüsse mit unebener Bodenbeschaffenheit sowie Mühlschüsse befischen kann, wo mit der Floßangel nichts zu machen ist.

Man bedient sich beim Fischen mit dem Bodenblei, zumal wenn ein schwereres angezeigt ist, einer entsprechend steiferen Gerte.

Wer sich eine gewisse Fertigkeit im Wurfe von der Rolle erringen will, hat beim Angeln mit dem Bodenblei die beste Gelegenheit, denn nichts ist leichter, als mit einem schweren Gewichte von der Rolle zu werfen.

Auch gehört keine besondere Übung dazu, den Fisch an die Angel zu bringen, da sich derselbe meist selbst anhaut. Packt der Fisch den Köder und zieht mit ihm ab, dann zieht er das Gimp durch das Blei, bis dieses an der oberen Perle anschlägt, worauf der Haken sitzt. Man muß nur, sobald das Blei am Boden angekommen ist, die Schnur straff halten, und wenn man den Anbiß fühlt, einen gleichmäßig starken Zug ausüben, damit auch der Widerhaken sicher eindringt. Dann erst drillt man den sich sträubenden Fisch.

Eine Bodenbleifischerei, bei der der Köder nicht auf dem Grunde aufliegt, aber dennoch ohne genaue Feststellung der Tiefenverhältnisse unmittelbar über dem Grund noch frei schwebend erhalten werden kann, wird ermöglicht durch die Anwendung des von mir so benannten »Gleit-Paternosters« (s. Fig. 204, S. 176).

Ich habe diesen bisher nur vereinzelt bei der Meerfischerei angewandten, höchst einfachen Apparat zuerst bei der Angelei im fließenden Wasser eingeführt und erhoffe mir, wenn er einmal mehr bekannt sein wird, eine allgemeinere Verbreitung. Näher beschrieben ist er im Kapitel über die Paternosterangel.

f) **Das Heben und Senken.** In Flüssen ist das Heben und Senken eigentlich nichts anderes als eine Grundangelei ohne Floß. Die Technik ist sehr einfach, man versenkt, Schritt für Schritt langsam am geeigneten Ufer weiterschreitend, den Köder auf Kiesboden bis zum Grunde, wenn der Boden bewachsen ist, bis in die Nähe des Pflanzenwuchses und hebt ihn dann abwechslungsweise mehr oder weniger, je nach der Tiefe und dem mutmaßlichen Standorte der Fische, auf die man angelt.

Der Hauptunterschied zwischen dieser Methode und der Grundangelei besteht darin, daß der Fischer bei ihr mehr aktiv tätig, sozusagen beständig beschäftigt ist die zu angelnden Fische aufzusuchen, während der eigentliche Grundangler nach dem Wurf abzuwarten hat, ob kein Fisch an seine Angel herankommt.

Als Gerte benutzt man am besten eine leichte, nicht zu lange Grundgerte. Das Vorfach soll 60 bis 100 cm lang und am unteren Ende mit einem der Tiefe und Strömung entsprechenden Blei beschwert sein, außer man fischt mit Raupen oder Heuschrecken mit Bleieinlage oder mit einem Behmschen Kugelspinner.

Die sonst hauptsächlich benutzten Köder sind Würmer, Maden, Insektenlarven, Krebse und Garneelen und besonders Frösche für den Fang von Hechten.

In Seen kommen zwei Methoden zur Anwendung, die eine mit dem sog. Zuckfisch, der hauptsächlich beim Fang von Seefischen, wie Dorsch, Köhler usw., oder beim Angeln unter dem Eise durch ins Eis geschlagene Löcher gebräuchlich ist, wobei hauptsächlich Barsche erbeutet werden. Der aus massivem Zinn gegossene Zuckfisch mit Doppelhaken im Maule wird einfach ohne weitere Beschwerung Kopf voraus abwechselnd versenkt und aufgezogen. Recht kunstvoll ist diese Angelei mit dem Zuckfisch nicht, wenn man nur unter dem Eise damit arbeitet, da die ausgehungerten Fische sich gewöhnlich in Scharen um die Löcher versammeln und gierig nach allem schnappen, was nur entfernt einem Fischchen ähnlich sieht. Das Einholen muß dann allerdings sehr rasch geschehen, die geringste Pause im Aufziehen hat gewöhnlich den Verlust der Beute zur Folge.

Die zweite Methode hat mehr Ähnlichkeit mit der Grundfischerei ohne Floß. Man angelt nur mit natürlichen Ködern, mit Würmern, Stücken Fischfleisch, Mieterkrebsen usw., welche man ebenso versenkt wie den Zuckfisch, mit denen man aber nur leicht zuckende Bewegungen macht. Sicherer ist es, wenn man die Stelle vorher auslotet und dann seinen Köder nahezu bis zur gewonnenen Tiefe versenkt. Bei Tiefen von über 5 m kann man auch ohne Gerte unmittelbar von der Hand aus heben und senken, nur muß, wenn ein Fisch gebissen hat, die Schnur so schnell wie möglich eingezogen werden, will man nicht gewärtigen, daß er wieder ab-

kommt. So werden in einigen hochgelegenen Gebirgsseen die nach
der Eisschmelze besonders hungrigen Saiblinge in Mengen gefangen.

Beim Heben und Senken muß die Schnur stets gespannt gehalten werden, damit man den Anbiß sofort spürt.

g) **Die Plombfischerei.** Gelegentlich einer Studienreise in Holland lernte ich als Gast des für das Fischereiwesen und die Sportfischerei in Holland verdienstvollen Herrn Boreel de Mauregnault
die sog. Plombfischerei auf große Barsche und Hechte kennen, die
in Deutschland noch ganz unbekannt zu sein scheint und speziell
an Gewässern den einzig denkbaren Erfolg verspricht, die bisher

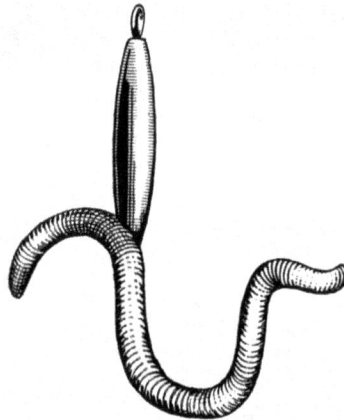

Fig. 158.   Fig. 159.

gar nicht in Frage kamen, an kleinen Seen, Teichen und Kanälen,
die von einer Schicht Wasserlinsen dermaßen dicht bedeckt sind,
daß streckenweise vom Wasserspiegel gar nichts mehr zu sehen ist.

Man benutzt zur Plombfischerei eine zwar elastische, aber
ziemlich steife Angelgerte von ca. 5 m Länge, am besten aus einem
Stück Bambusrohr mit Ringen und Rollenansatz montiert.

Der Plombhaken (Fig. 158) wird nur mit einem großen
Tauwurm bis zur Bleiolive hin bedeckt, so zwar, daß die beiden
Wurmenden ziemlich gleich lang herunterhängen (Fig. 159).

Die Schnur wird so weit aufgerollt, daß der Wurm nur etwa
einen Meter weit von der Gertenspitze herabhängt. So vorbereitet,
tritt man nun an den Rand des mit Wasserlinsen bedeckten Teiches
oder Grabens und bestreicht die Oberfläche in längeren oder kürzeren Strichen, so daß nur der Wurm, nicht aber das Blei die
Linsen berührt und auseinanderdrängt. Man kann auch langsam
weiterschreitend den Köder parallel des Ufers weiter führen.
Selbstverständlich wird man leise auftreten und den Boden nicht
erschüttern.

Steht nun unter den Wasserlinsen ein hungriger Hecht oder
Barsch, dann wird er die Bewegung an der Oberfläche wahrnehmen
und entweder mit einem plötzlichen Satz den Köder ergreifen oder,

wenn die Gier minder groß ist, diesen unter Wasser verfolgen und schließlich doch noch zugreifen. Um auch weniger angriffslustige Fische zu reizen, wendet man nach einem Strich von etwa 5 bis 10 m die Hebe- und Senkmethode an, indem man den Köder abwechselnd bis zum Grund senkt und hebt. Erfolgt nicht gleich ein Biß, dann fährt man mit dem Bestreichen der Linsen fort. Fühlt man einen Anbiß, dann läßt man dem Raubfisch 2 bis 3 Sekunden Zeit, den Wurm richtig zu packen, ehe man den kräftigen Anhieb setzt. Fühlt man, daß der Fisch zu schwer ist, um ihn zu werfen, dann muß er richtig gedrillt werden.

Wenn ein Fischwasser gut besetzt ist und die Fische Beißlust zeigen, dann ist diese Fischerei ein recht anregender Sport. Der unvermittelte, gewaltsame Angriff, der oft mit einem gewaltigen Schlag unter Aufspritzen des Wassers erfolgt, bietet einen eigenen Reiz.

Für die Plombfischerei ist zweifellos Holland mit seinen äußerst zahlreichen Kanälen, die das Land nach allen Richtungen durchziehen und die nur eine durchschnittliche Tiefe von 1 bis 3 m aufweisen, ganz besonders geeignet. Allein wir besitzen auch in Deutschland und Österreich-Ungarn zwar weniger Kanäle, aber dafür eine Anzahl von Weihern, die auch teilweise mit Forellen besetzt sind, in denen man wegen einer dichten Wasserlinsenschicht keine der sonst üblichen Angelmethoden zur Anwendung bringen kann, weil sich der Köder sofort in Linsen einhüllt. Man lasse sich aber den Versuch mit der Plombmethode nicht verdrießen; ich bin überzeugt, daß man es nicht bereuen wird. Meine Meinung geht sogar dahin, daß man auch in fließenden Gewässern, besonders in Mühlschüssen oder in Gumpen mit lebhafter Strömung bei angetrübtem Wasser Erfolg auf Hechte und Barsche haben wird, wenn man den mit Wurm beköderten Plombhaken dahinein senkt und hebt.

2. Die Spinnangel.

Das Fischen mit der Spinnangel oder die Spinnfischerei ist diejenige Angelmethode, bei welcher ein toter oder künstlicher Köder ausgeworfen und so durch das Wasser gezogen wird, daß er eine drehende Bewegung um seine Längsachse macht, welche die Bezeichnung »Spinnen« führt.

Die Spinnfischerei steht, was Feinheit und Eleganz betrifft, der Flugfischerei am nächsten und wird mit dieser in ihrer Vervollkommnung zum höchsten Sport gerechnet.

Unter allen später zu beschreibenden Methoden, bei denen lebende oder tote Köder benutzt werden, nimmt die Spinnangel weitaus den ersten Rang ein. Man fängt damit zweifellos die meisten, wenn auch vielleicht nicht die größten Fische. Keine Methode bietet solchen Genuß und Befriedigung, wie auch keine andere einen derartigen Grad von Übung und Geschicklichkeit erfordert. Der sichere Wurf, die lebendige Führung des Köders, die stete Aufmerksamkeit auf die richtige Spannung der Schnur, die stets gebotene Vorsicht gegen die Gefahr des Hängenbleibens und der zur richtigen Sekunde gesetzte und in seiner Stärke abgewogene

Anhieb, das sind alles Momente, denen der Spinnfischer sein ganzes Augenmerk zuwenden muß, und die ihm eine Kurzweil bereiten, die in mancher Beziehung sogar den Flugangelsport übertrifft.

Der eigentümliche Reiz, den der spinnende Köder auf den Raubfisch ausübt, ist die Ursache, daß man damit so großen Erfolg hat. Es ist schwer zu sagen, ob den Raubfisch das Fremdartige der Bewegung und des Glitzerns anzieht, oder ob er den Köder für einen kranken Fisch hält, dessen er leichter habhaft werden kann. Vielleicht sind bei ihm auch die Raubtiereigenschaften ähnlich wie bei den Warmblütern ausgebildet, welche den natürlichen Drang haben, vor allem kranke und schwächliche Tiere zu überfallen. Wahrscheinlich wirken beide Umstände zusammen. Die Wahrnehmung ist schon oft bestätigt worden, daß ein Hecht, der von einer Schar von Futterfischen umschwärmt wird, ohne daß er sich um diese kümmert, sich plötzlich mit voller Gier auf einen Spinnköder stürzt, der in seinem Gesichtskreis auftaucht.

Die Spinnangel hat außerdem noch einen Hauptvorteil vor den übrigen Methoden voraus. Bei keiner andern ist man imstande, in der gegebenen Zeit eine so große Wassermasse zu decken und jedem Fisch, der sich darin befindet, seinen Köder so mundgerecht anzubieten.

In stark bekrauteten Gewässern und in Tiefen von über 3 bis 4 m muß sie allerdings hinter der Schluck- und Paternosterangel usw. zurückstehen.

Die gesamte Spinnfischerei, besonders die jetzt fast ausschließlich in die Mode gekommene mit Wurf von der Rolle, ist, ob sie nur mit leichten Geräten auf Forellen, Barsche usw. oder mit mittelkräftigen auf Hechte oder Zander oder schließlich mit schwererem Zeug auf Huchen, Lachse, Mahseer oder große Meerfische betrieben wird, stets auf den gleichen Voraussetzungen sowie auf der gleichen Technik aufgebaut, so daß jeder strebsame Novize, wenn er sich von Anfang an die allgemeinen Regeln hält und sich den richtigen Wurf und die tadellose Führung des Köders zu eigen gemacht hat, spielend den Fang aller Raubfischgattungen erlernen kann. Am besten übt man die Spinnfischerei auf Forellen oder Hechte zuerst und geht dann zu den schwerer zu fangenden Fischen über. Denn wer gelernt hat, den Weitwurf mit leichterem und feinerem Zeug auf Forellen vollkommen zu beherrschen, wird mit der schweren Spinnangelei keine weiteren Schwierigkeiten haben, er hat höchstens noch die Aufgabe, den Kopf nicht zu verlieren, wenn er ein größeres Exemplar an der Angel zu führen und richtig zu landen hat.

Bevor ich zur Besprechung der Spinnmethoden auf die einzelnen Fischgattungen übergehe, muß ich, nachdem die dazu dienenden Gerätschaften bereits im »Ersten Abschnitt« beschrieben wurden, einige allgemeine Bemerkungen über die Angelsysteme voranschicken.

Ihre Zahl ist eine unglaublich mannigfache; es ist daher für den Anfänger ohne weitere Anleitung eine der schwierigsten Aufgaben, sich das Richtige auszuwählen.

Die erste Bedingung für den denkenden Angler ist, zu wissen, welches die Anforderungen sind, die man an ein gutes System zu stellen hat.

Ich möchte sie in folgende Punkte zusammenfassen:

1. Die Angelhaken sollen so angebracht sein, daß der Raubfisch nach dem Anbiß möglichst sicher zum Landen gebracht werden kann. Sie müssen mit einem Worte »fängig« sein.

2. Das System muß den Vorzug haben, daß das damit beköderte Fischchen auch bei langsamer Führung möglichst brillant spinnt.

3. Die Haken sollen wenig auffallend und sichtbar sein, dabei aber doch bei möglichster Kleinheit genügende Haltbarkeit besitzen, um weder zu brechen noch sich aufzubiegen.

Statt auf diese Kardinalpunkte den Hauptwert zu legen, werden mit Vorliebe Hakenfluchten gekauft, mit denen man möglichst rasch anködern kann. Nur keine Zeitversäumnis am Fischwasser! Die Nervosität und Ungeduld der meisten Fischer ist so groß, daß es ihnen ungemein auf die paar Minuten ankommt.

Viel wichtiger als die rasche Anköderung ist ein Hakensystem, das die Eigenschaft hat, den Köder möglichst lang brauchbar zu erhalten. Diese Eigenschaft kann noch erhöht werden durch das Annähen und Festbinden des Köders. Es ist jedoch kaum glaublich, welche Antipathie gegen diese einfache Manipulation besteht, obwohl man damit unendlich viel Zeit und Verdruß ersparen kann.

Um die Fängigkeit einer Anköderung zu erhöhen, werden oft nach einem Mißerfolge mehr und mehr Haken angebracht. Man geht da von der falschen Vorstellung aus, daß, je mehr Angeleisen vorstehen, desto mehr Fische hängen bleiben müßten. Wenn diese Sucht nicht durch die Wahrnehmung eingedämmt würde, daß der Köder immer schlechter und schlechter spinnt, je mehr Haken angebracht werden, dann würde die Zahl dieser ins Ungemessene steigen.

Ehe wir nun der Frage nähertreten, wie die Angelhaken gestellt sein müssen, um fängig zu sein, müssen wir vor allem darüber im klaren sein, welche Kraft dazu gehört, sie bis über den Widerhaken in das Fischmaul zu treiben.

In dieser Beziehung gelten nun folgende unumstößliche physikalische Regeln:

1. Je feiner ein Angelhaken, je mehr seine Spitze über dem Widerhaken sich zuspitzt und je senkrechter der Zug wirkt, desto weniger Kraft ist erforderlich.

2. Bedarf es zum Eindringen eines Hakens einer gewissen Kraft, so bedarf es zum gleichzeitigen Eindringen von zweien der doppelten, von dreien der dreifachen Kraft usw.

3. Je schwerer der anzuhauende Fisch, dessen Gewicht als träge Masse entgegenwirkt, desto leichter dringt der Haken beim Anhieb ein, vorausgesetzt, daß er nicht auf einen Knochen kommt.

Man vergegenwärtige sich nun die Wirkung eines Anhiebes auf die Entfernung von 20 m mittels einer elastischen Gerte und elastischen Seidenschnur, wenn der Köder mit zwei oder drei in einer Ebene hintereinander gesetzten Drillingen bewehrt ist, von denen immer ein Haken im Köder steckt, wie z. B. bei dem so beliebten Chapmannspinner.

Der Raubfisch packt, wie man sich's nicht besser wünschen kann, den ganzen Köder, seine Zähne vergraben sich in sein Fleisch, seine Kiefer ruhen geschlossen auf den Haken. Nun erfolgt der Anhieb. Was spürt der Fisch? Häufig nichts als einen kleinen Ruck, er läßt sich willig heranziehen, bis ihm die Geschichte zu dumm wird; nun öffnet er den Rachen und läßt den Köder fahren. Manchmal hält ihn doch der eine oder andere Haken mit seiner Krümmung oder mit seiner Spitze, ohne eingedrungen zu sein, fest, dann reißt er den Rachen weit auf, schüttelt sich oder macht einen Schlag, worauf er sich empfiehlt.

Der Spinnfischer aber steht trostlos am Ufer, jammert über sein Pech und ködert wieder ebenso an, ohne sich einen weiteren Gedanken zu machen, als den, daß die Fische heute recht schlecht beißen.

Wir aber wollen der Sache auf den Grund gehen und zu erklären suchen, warum der Fisch wieder abgekommen ist:

Der Kiefer des Fisches, der den Köder gepackt hat, findet an den abstehenden zwei Haken jedes Drillings 4 bis 6 nicht spitze, sondern je mindestens 1 cm lange Stützpunkte. Nicht ihre äußerste Spitze richtet sich gegen die Rachenwände, sondern der ganze Hakenteil vom Bogen nach vorn. Auf diesem ruht der Kiefer fest auf, und wenn auch die eine oder die andere Hakenspitze die Neigung hätte, an einer günstigen Stelle einzudringen, sie kann nicht, weil die übrigen nicht nachgeben. Hat der Fisch sich auch noch an der Turbine festgebissen, dann kann erst recht kein Haken mehr eindringen, weil das ganze System aus einem unbeweglichen Stück besteht.

Von solchen Betrachtungen ausgehend, war ich seit 30 Jahren bestrebt, meine Angelsysteme zu verbessern. Was mir das wichtigste schien, war, sie so zu konstruieren, daß der Raubfisch bei seinem Angriff vorerst nur von einem, höchstens zwei Haken erfaßt würde. Bei seinen verzweifelten Befreiungsversuchen würden dann wohl noch einige andere Haken eingerannt werden.

So kam ich auf die freischwebenden, sog. fliegenden Drillinge, durch welche ich sehr bald die Vorbedingung zu einem brauchbaren Angelsystem als erfüllt betrachtete.

Um die Jahrhundertwende bekam ich zuerst Einblick in die englische Fachliteratur. Da fand ich denn zu meiner Freude, daß Pennell in seinen vorzüglichen, in der Badmington Library erschienenen Abhandlungen so ziemlich die gleichen Beobachtungen mitteilt und die Angelfluchten mit fliegenden Drillingen allen anderen vorzieht, also eine glänzende Bestätigung meiner Beobachtungen durch eine große Autorität!

Pennell hat denn auch sein ursprüngliches Hakensystem mit fliegenden Drillingen und mit dem seinen Namen tragenden Endhaken immer mehr verbessert, bis es jetzt unter dem Namen »Pennell-Bromley-Flight« die höchste Vervollkommnung erreicht hat. Näheres darüber später.

Während nun aber Pennell auf rein empirischem Wege den Vorteil der fliegenden Drillinge herausgefunden zu haben scheint, kam ich auf diese durch das Bestreben, nur einen der drei Haken wirken zu lassen, diesen aber durch die beiden am Köder fest anliegenden so zu stützen, daß er beim Anbiß nicht weichen und abseits geschoben werden kann.

Der von mir konstruierte Röhrchenspinner, dessen nähere Beschreibung später erfolgen wird, weist demnach nur zwei bis drei fliegende Drillinge je nach Größe des Köders auf, von denen sich einer oder zwei während des Spinnens an den Körper des Fischchens fest anschmiegen, während ein weiterer frei seitlich am Schweife hängt.

Meine Voraussetzungen haben sich nun auch in vollem Maße bestätigt. Mein System ist in einer Weise fängig, daß ich jetzt höchstens noch 10% Fehlbisse habe.

Packt der Raubfisch den Köder vorn oder von der Seite, dann bleibt er vorerst an einem oder zwei Haken hängen. Während des Befreiungskampfes kommen dann noch meist weitere Haken zur Geltung; sehr oft erfaßt ihn der Schweifdrilling von außen. Packt er das Fischchen von hinten, dann sitzt der Schweifdrilling meist im Schlund, an der Zunge oder in den Kiemen.

Wichtig ist es, sich von den großen und schweren Drillingen, wie sie früher in der Mode waren, als man noch mit den schweren und steifen Bambusgerten fischte, die den Angler kreuzlahm machten, loszumachen. Pennell erwähnt, daß man mindestens die dreifache Kraft benötigt, um einen Haken Nr. 1 bis über den Widerhaken einzurennen, als einen Haken Nr. 5. Ich zweifle nicht an der Richtigkeit dieser Behauptung und bin aus denselben Gründen Gegner der großen Haken. Für größere Köderfische müssen sie jedoch immer entsprechend größer sein wie für kleinere.

Was nun Pennell über die Fängigkeit der einzelnen Hakenkonstruktionen sagt, möchte ich nicht unbedingt unterschreiben. Nach seinen Ausführungen ist der Unterschied in der Fängigkeit zwischen Limerick- und Sneckbend-Drillingen 100% zuungunsten der ersteren, während die Round- und Kendal-Drillinge an Brauchbarkeit ungefähr die Mitte zwischen den beiden halten.

Die von Pennell selbst eingeführten Drillinge haben langen Stiel, und ihre Spitzen sind unmerklich einwärts gekehrt. Seiner Meinung nach sind diese am meisten zweckentsprechend.

Sosehr ich ihm vom theoretischen Standpunkt aus recht geben muß, so muß ich doch hier nochmals betonen, daß ich Drillinge mit geraden oder leicht auswärts gebogenen Spitzen, als Kopf- und Leibhaken vorziehe, weil sie eher in die Schleimhaut des Raubfischrachens eindringen, vorausgesetzt, daß der Schaft nicht ausweichen und umkippen kann, wenn er vom Köder gestützt wird. Der auf S. 39 Fig. 51 abgebildete Gabelhaken erfüllt den gleichen Zweck, da er nicht umkippen kann.

Vor der Erfindung der exzentrischen Bleie war das Verdrehen der Schnur, wenn ich so sagen darf, ein solches Hauskreuz der Spinnfischer, daß bei der gleichzeitig geringen Fängigkeit der Angelfluchten, wie sie damals im Gebrauch waren (50 bis 60% Fehlbisse nach Pennell), die ganze Spinnfischerei unpopulär wurde und hinter den andern Methoden, speziell beim Hechtfang, zu stehen kam. Ja, es klingt unglaublich, daß, wie Bickerdyke berechnet, sogar heutzutage noch in England auf einen Spinnfischer mindestens 20 life-bait-Fischer kommen!

Das Verdrehen der Schnur, über das man oft noch klagen hört, ist für mich eine vollkommen überwundene Sache. Beim Wurf von der Nottinghamrolle und dem Gebrauch meines Röhrchenspinners oder Silberblinkers hängt der Köder, sobald ich ihn nach schnellem Einrollen aus dem Wasser ziehe, unbeweglich von der Gertenspitze herunter, er macht also nicht die geringste rotierende Bewegung mehr.

Aber auch bei der Benutzung anderer Systeme, welche Sicherheitsvorrichtungen nicht aufweisen, kommt es zu keiner Verdrehung der Schnur, wenn man von der Rolle wirft und ein exzentrisches Blei benutzt.

Die Angelsysteme für Raubfische müssen eingeteilt werden in zwei große Gruppen, die durch zwei ganz verschiedene Mechanismen zum Spinnen gebracht werden. Jede Gruppe hat ihre begeisterten Verfechter, die wenigsten lassen beide gelten.

Die eine Methode besteht darin, daß man durch Krümmen des Schweifes den Fisch zum Rotieren bringt, die andere, daß man das gleiche erreicht durch Anbringung einer Turbine.

Der Effekt, welcher dadurch hervorgebracht wird, ist ein wesentlich verschiedener. Jede Methode hat ihre Vorzüge und Nachteile. Am besten fährt derjenige, der es versteht, mit beiden Systemen zu fischen und sich ihre Vorteile zur rechten Zeit und am richtigen Ort nutzbar zu machen.

Der durch Krümmung des Schweifes zum Spinnen gebrachte Köder wirkt, da er sich etwas exzentrisch dreht, breiter und macht unbeholfenere Bewegungen, die eher den Eindruck eines verletzten oder kranken Fisches machen. In England nennt man diese mehr unbeholfenen Bewegungen »wobbeln« und bezeichnet die Systeme dazu kurzweg mit dem Sammelbegriff »Wobbler«. Wie schon erwähnt, übt das »Wobbeln« eigentümlichen Reiz auch auf nicht hungrige Fische aus. Da an solchen Ködern die Angeln wenig sichtbar sind und sonst nichts Verdächtiges daran zu sehen ist, kann man auch vergrämte und mißtrauische Fische leichter zum Anbiß verleiten. Übrigens neige ich zu der Ansicht, daß viele Raubfische, ehe sie sich auf ein Fischchen stürzen, abwägen, ob ihnen die Jagd gelingen wird. Man sieht ja oft genug, wie sie ihnen mißglückt. Den Hungrigen treibt die Gier, der Träge und Halbgesättigte überlegt, ob es sich verlohnt, den Vorstoß zu machen. Er wird sich dazu gewiß eher entschließen, wenn ihm das Beutestück einen unbeholfenen Eindruck macht.

Der mittels Turbine angeköderte Fisch dagegen dreht sich genau um seine Längsachse und macht, wenn er gleichmäßig stetig geführt wird, mehr den Eindruck eines gesunden. Von hungrigen und gierigen Fischen wird er mindestens ebenso gerne genommen wie der vorige.

Der Köder mit gekrümmtem Schweif hat aber drei große Nachteile:

1. Daß es auch dem geübtesten Sportfischer nicht regelmäßig gelingt, ihn aufs erstemal so exakt anzuködern, daß er tadellos spinnt. Köder und Hakenflucht müssen so genau zusammenstimmen, daß man nur zu oft genötigt ist, verbessernd einzugreifen.

2. Ist auch die Anköderung vollkommen gelungen, so spinnt der Köder doch sehr bald nicht mehr zur vollen Zufriedenheit. Er wird durch das öftere Werfen weich, die Haken, welche ihn hálten, werden locker oder machen Einrisse in das Fleisch, so daß man sich immer wieder veranłaßt fühlt, daran herumzudoktern.

3. Es eignen sich dazu nur frische und hauptsächlich kleine Köder, wie man sie selten in genügender Menge vorrätig hat, zumal der Verbrauch ein rascher ist.

Fig. 160.

Dagegen haben die Systeme mit Turbinen im allgemeinen den Vorzug, daß der Köder ohne langes Probieren sofort spinnt, daß man auch größere Köder, natürlich mit entsprechend größeren Schaufeln, verwenden kann, und vor allem, daß die mit Formalin behandelten sich gut dazu eignen.

Eine große Schattenseite aber ist die Turbine selbst, wenn sie, wie fast bei allen Systemen, vorne sitzt, ganz besonders aber für den Fang von Huchen, die am häufigsten den Köder am Kopfe ergreifen. Manche helfen sich dadurch, daß sie die Schaufeln aus ganz dünnem Blech herstellen, welche dem Drucke des Fischrachens nachgeben und so doch noch ermöglichen, daß ein Haken zur Geltung kommt. (S. Fig. 160.) Es ist dies zweifellos ein Ausweg, der beachtenswert ist, allein diese dünnen Bleche werden oft beim Auffallen nach dem Wurfe verbogen und durch den Druck der Strömung gestreckt. So kommt es, daß der Schaden immer wieder ausgebessert werden muß, und daß der Köder im entscheidenden Moment nicht spinnen will.

Alle diese Systeme haben außer der vorn angebrachten Turbine noch den Nachteil, daß man nicht mit fliegenden Drillingen fischen kann, außer auf Kosten des exakten Spinnens.

Die geschilderten Nachteile habe ich in dem von mir eingeführten Röhrchenspinner umgangen. Die Turbine sitzt an einem Teil des Köders, wo sie, Flossen vortäuschend, am wenigsten auffällt und den Anhieb äußerst selten vereitelt; er ist nur mit fliegenden Drillingen bewehrt, spinnt tadellos schön, und schließlich:

Der angeköderte Fisch kann zum sofortigen Gebrauch monatelang aufbewahrt werden.

Wie ich schon in dem Abschnitt über »Natürliche Köder« (S. 59) besprochen habe, treffe ich Vorsorge, das Fischwasser nicht zu begehen, ohne, außer mit der nötigen Menge von Formalinfischen, auch mit einigen frischen Ködern ausgerüstet zu sein.

Auf große Raubfische benutze ich dann in erster Linie mein Röhrchensystem, welches mir ermöglicht, das Wasser nach allen Richtungen durch alle Strömungen mit nahen und weiteren Würfen abzusuchen.

So kann ich es stundenlang fort treiben, ohne daß an meinem Köder etwas zu richten wäre, außer er wird von einem Raubfisch gepackt und zerrissen. Ich habe aber schon wiederholt zwei solche mit einem Köder gefangen, einmal sogar drei Huchen, und dann trotzdem noch lange mit dem gleichen Köder weitergeangelt! Ich entsinne mich eines Doublés, wo ich auf zwei Würfe hintereinander mit ein und demselben Köder einen 20 und einen 26 Pfd. schweren Huchen fing. Auch hatte ich das gewiß seltene Glück, am 1. Februar 1900 in der Iller auf einen Wurf gleichzeitig zwei Huchen, welche zusammen 16 Pfd. wogen, zu fangen und zu landen. Jeder hing an einem anderen Drilling, und da ich die breite Last stromaufwärts landen mußte, hatte ich lange Zeit das Gefühl, einen besonders schweren Kapitalen an der Angel zu führen.

Sehe ich aber einen Fisch steigen, der meinen Köder nicht erfaßt, oder kenne ich den Standort eines vergrämten Hechtes oder Huchens, oder befische ich ein kleines klares Flüßchen mit nur einzelnen Gumpen, die mit einigen kurzen Würfen abgetan sind, dann greife ich zu einem frischen Köderfisch, den ich mit Vorliebe mit der vorzüglichen »Pennell-Bromley-Flucht« oder in der jüngsten Zeit mit dem von mir konstruierten »Ideal-Wobbler« bewehre. Nicht selten habe ich auch mit dem »Deesystem« Erfolge gehabt, zumal mit kleinen Ködern von 8 bis 10 cm Länge.

Das letztere benutze ich am meisten zur Anköderung von Pfrillen, Koppen und Grundeln für den Fang von Forellen usw., oder in verkrautetem Wasser auf Hechte, wovon später.

Der von mir eingeführte Röhrchenspinner (Fig. 161) besteht aus:

1. Dem Messingröhrchen *A* mit Turbine *a* und ringförmigem Wulst *b* und hat einen Querschnitt von 5 mm. Es wird mittels des Stachels *B* so durch den Köder gestoßen, daß der Wulst *b* gerade vor das Maul oder noch zwischen die Lippen des Köderfisches zu liegen kommt. Ehe man einsticht, mißt man nach Auswahl des passenden Röhrchens genau die Entfernung ab. Die am meisten zur Verwendung kommenden Längen sind 8, 9 und 10 cm. — Für Köderfische, die das gebräuchlichste Maß übersteigen, kann man noch einige größere Längen vorrätig halten. Die Turbine muß seitlich in der Höhe des Weidloches, also immer in der hinteren Hälfte des Köders zu liegen kommen und der Köderlänge und -breite entsprechend groß gewählt werden. Man sticht zuerst in senkrechter Richtung an der Breitseite genau in der Seitenlinie

ein und wendet dann erst den Stachel der Mundöffnung zu. Es ist
wichtig, wenn die Turbine den Köder nach rechts dreht, auf der
linken Seite einzustechen und umgekehrt. Mit anderen Worten:
ein Turbinenflügel muß mit seiner Konvexität der Wirbelsäule
anliegt, sonst zerreißt der Fisch bei der Führung durch die Gewalt
des Stromes.

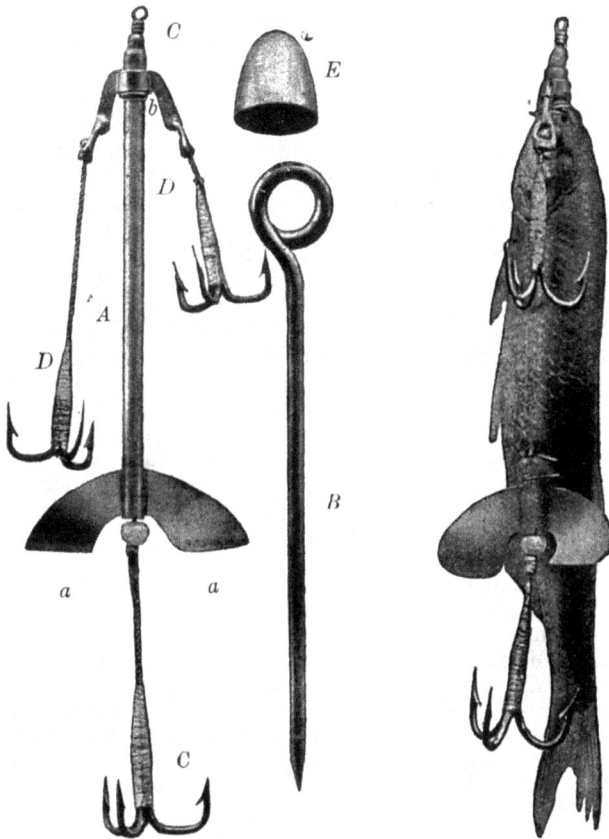

Fig. 161.

Es ist zwar nicht absolut notwendig, die Turbine zu vernähen,
die Haltbarkeit gewinnt jedoch dadurch außerordentlich, wenn
man sich die kleine Mühe nicht verdrießen läßt. Ich kann getrost
sagen, daß jede Minute, die darauf verwendet wird, dem Köder
eine um eine Stunde längere Dauerhaftigkeit verschafft.

Zum Nähen benutze ich eine sog. Klemmnadel (Fig. 162
stellt das vergrößerte Öhr einer solchen dar), in die der Faden nur
eingeklemmt, nicht eingefädelt wird, was das Verfahren für Männer-

hände ungemein erleichtert, ja man kommt sogar ebensogut im
Zwielicht damit zurecht. In den letzten Jahren habe ich (auch bei
anderen Anköderungsmethoden) das Nähen mit
Nadel und Faden fast ganz aufgegeben, benutze vielmehr jetzt nahezu ausschließlich einen
weichen Kupferdraht von 0,3 bis 0,4 mm Quer-
schnitt, den ich quer durch den vorderen Rand der beiden Augenhöhlen, ohne den Augapfel zu verletzen, oder quer durch beide Nasenlöcher schiebe und dann mehrmals über die Lippen des Köders, den
Röhrchenwulst ober- und unterhalb mitfassend, winde. Die beiden
Drahtenden drehe ich dann mit Daumen und Zeigefinger fest zusammen und zwicke sie mit einer Kneip-, die zugleich Faßzange
ist, ab. Handlich ist zu diesem Zweck auch ein kleiner Nagel-
zwicker, schließlich tut's jede Schere.

Das Röhrchen wird dann noch durch zwei Stiche hart oberhalb der Turbine an die Wirbelsäule des Köders angenäht und
festgebunden oder, wenn ich Kupferdraht benutze, in gleicher
Weise angewunden. Nur muß man, wenn man keine Nadel zur
Hand hat, z. B. mit der Spitze eines Drillinghakens eine Öffnung
durch Schuppen und Haut stechen, um dem Draht den Weg zu
bahnen. Dieses Annähen an die Wirbelsäule, das ich in keinem
einzigen Sportbuch erwähnt finde, gibt dem Köder einen besonderen
Halt. Der so angewundene Köder hält so fest, daß bei einem heftigen
Anbisse eher der Rumpf vom Kopfe gerissen wird, als daß ein Bund
nachgibt. Der Köder ist nun fertig zum Gebrauch, kann aber ebensogut monatelang in Formalinlösung aufbewahrt werden.

Am Fischwasser angelangt, hat man nur den fliegenden Enddrilling und Kopfhaken anzubringen, was an Einfachheit nichts zu
wünschen übrig läßt. Ferner:

2. Dem Enddrilling C. Dieser ist auf Röhrenlänge mit
solidem Gimp oder 3- bis 6fach gewundenem Stahldraht montiert,
an dessen unterem Ende eine Glasperle, am oberen aber ein geschlossener Messingwirbel angebracht ist. Das Stückchen Gimp
oder Stahldraht muß so lang sein, daß mindestens noch das äußerste
Ende des Wirbels aus dem Röhrchen hervorragt. Ein für Röhrchenlänge von 9 cm richtig montierter Drilling paßt dann gerade noch
für solche von 8 und 10 cm. Unter der Perle, welche die Rotation
begünstigt und den Drilling in entsprechende Entfernung vom
Röhrchen fixiert, ist das Gimp oder der Draht doppelt, um dem
Drilling eine steif abstehende Stellung zu geben.

Zur Verbindung des Enddrillings mit dem Vorfach bediene ich
mich jetzt am liebsten nur dreifach zusammengedrehter Poillängen
bester Qualität mit zwei Endschleifen, von denen die eine in den
Wirbel eingeschleift wird. Das hat den Vorteil, daß man schadhaft
gewordene Poils bequem auswechseln und daß der Köder mitsamt
dem Röhrchen hinaufrutschen kann, ohne vom Raubfisch zerbissen
zu werden. Man kann auch die beschriebenen Punjab-Zwischen-
fächer benutzen, die Einhänger verhindern aber das Hinaufrutschen.
In bezug auf die Fängigkeit ist das kein Nachteil, man büßt ev.
nur mehr Köderfische ein.

Durch das Röhrchen sowohl wie durch den Innen-Wirbel erhält der Köder eine doppelte Rotationsmöglichkeit, so daß man ihn durch die stärksten Stromschnellen heranziehen kann, ohne daß sich die Drehung dem Vorfach und der Schnur mitteilt und diese zum Verdrehen bringt. Schließlich:

3. Den fliegenden Kopfdrillingen *D*. Man kann sie einzeln oder zu zweien, je nach Größe des Köders, an ein mit einer Schleife versehenes Stück Gimp gebunden, in der gleichen Weise wie in Fig. 116 über den Köder stülpen oder an einem Ring mit zwei Armen (Ansätzen) rotierend anbringen, der genau auf das obere Ende des Röhrchens paßt und über den Wulst *b* nicht abrutschen kann. Die Drillinge sind an Drahtschnüre gebunden, die durch Nadelwirbel an den Ringansätzen befestigt sind. Es ist das wichtig, denn wenn ein großer Fisch nur an einem vorderen Drilling hängt und anfängt sich zu wälzen, dann dreht er die stärkste Drahtschnur, das stärkste Gimp ab, wenn kein Umlauf dazwischen ist.

Um zu verhüten, daß der an dem längeren Arm montierte Drilling zu weit vom Köder abhängt oder sich beim Wurf mit dem kürzeren verschlingt und doch noch als fliegender Haken seine Schuldigkeit tut, habe ich ein sehr einfaches Mittel gefunden, das nicht den geringsten Zeitaufwand erfordert: Die beiden Kupferdrahtenden, mit denen das Röhrchen oberhalb der Turbine am Köder angeheftet wurde, dreht man so zusammen, daß sie etwa noch 2 cm auf der der Turbine entgegengesetzten Seite vorstehen und schlingt sie locker um einen Haken des Drillings. Beißt ein Fisch, dann gibt der weiche Kupferdraht nach, und alle drei Haken können zur Geltung kommen.

In den letzten Jahren habe ich bei allen Angelsystemen mit fliegenden Drillingen, auch bei meinen Silberblinkern, wo es mir, wie z. B. bei schwacher Strömung oder tiefem Senken darauf ankam, daß der Drilling nicht zu weit vom Köder abstehe, kleine rote Gummiringelchen über Köder und Drilling geschlungen, die ja sofort nachgeben oder zerreißen, sobald der Raubfisch fest zugegriffen hat.

Die Fängigkeit, besonders von einem hohen Standpunkte herab, wird noch erhöht, wenn man eine mit Neusilber überzogene Bleikappe *E* aufsetzt, die sich dem Kopfe des Köders genau anschmiegt. Kommt der Raubfisch beim Anbiß mit den Zähnen auf diese Kappe, dann rutscht er beim Anhieb direkt in den Kopfhaken. Ist das Wasser nicht ganz hell und durchsichtig und beißen die Fische gut, dann kann ich diese Zutat sehr empfehlen. Den S. 62 erwähnten ungewöhnlichen Fang habe ich unter Benutzung einer solchen Kappe gemacht, wobei es mir gelang, zwei von den damals gefangenen Huchen von einer nahezu 5 m hohen Brücke aus richtig anzuhauen. Bei klarem Wasser lasse ich die Kappe lieber weg, weil ich fürchte, damit zu sehr aufzufallen. Ich verwende die Kappe jedoch nach wie vor bei größeren Tiefen und von Brücken herab spinnend.

Zum Fange von Forellen und Bachsaiblingen kann man das Röhrchensystem ebenfalls mit Vorteil benutzen, besonders wenn

Fig. 163.

Fig. 164.

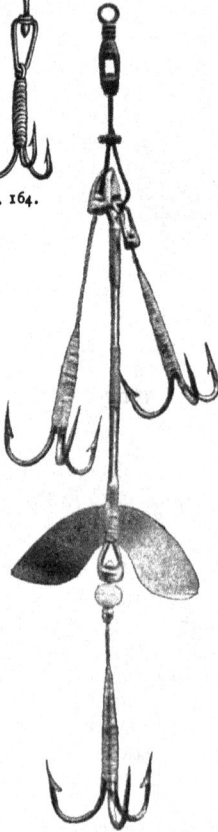

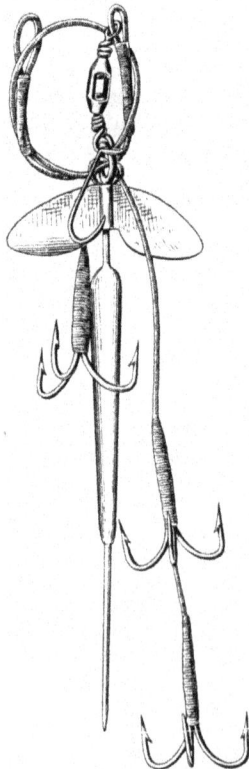

Fig. 165.   Fig. 166.   Fig. 167.

man in Ermangelung frischer Köder Formalinfische verwenden will. Am besten eignen sich dazu Koppen, denen man den Kopf und die vordere Partie der Wirbelsäule unter der Haut abschneidet und diese am Röhrchenwulst kuppenförmig festbindet oder noch besser festnäht. So erhalten sie sich in Formalinlösung unglaublich lang gebrauchsfähig. Am Fischwasser wird die Schweifangel durch das Röhrchen gezogen, dann der Kopfdrilling übergestülpt und mit einem vergoldeten oder versilberten Bleikäppchen überdeckt. Die Koppen halten so zäh am Röhrchen, daß ich schon wiederholt ein Dutzend oder mehr Forellen mit e i n e m solchen Köder gefangen habe.

Fig. 163 zeigt einen solchen nach der Natur aufgenommenen Koppen in natürlicher Größe. Fig. 164 veranschaulicht den fliegenden Kopfdrilling, der an einem mit Schlinge versehenen Kupferdraht mittels Nadelwirbels befestigt ist.

Angeregt durch meinen Röhrchenspinner, hat in der Zwischenzeit Dr. Spechtenhauser ein jenem sehr ähnliches System konstruiert (Fig. 165), bei welchem der Einführungsstab gleich als Träger des Angelsystems benutzt wird. An seiner Brauchbarkeit ist nicht zu zweifeln, jedoch kann ich aus eigener Erfahrung nicht urteilen.

Die am weitesten verbreitete Hakenflucht mit Turbine am Kopfende ist der
Chapmannspinner (Fig. 166) und der
von mir verbesserte (Fig. 167). Andere
entschiedene Verbesserungen des Systems
sind der Archerspinner (Fig. 168 A u. B)
und der von Farlow patentierte Pennellsche
Perfektspinner (Fig. 169 A u. B), sowie besonders der von Kleinschmidt angegebene Chapmannspinner mit der von mir
eingeführten Patentmontierung (Fig. 170
A u. B). Der sog. Krokodilspinner von
Hardy (Fig. 171), wohl eines der beliebtesten Systeme in England, hat den Vorteil, daß er sich nicht nur sehr rasch anködern läßt, sondern auch, daß er ohne
jede Bindung vorzüglich lang hält. Ich
habe ihn nach meiner Angabe abändern
lassen und zwar für die Forellenfischerei
nach meinem allgemein durchgeführten
Prinzip mit dreiechten Drillingen, statt
mit Doppelhaken und Spieß, wie er noch

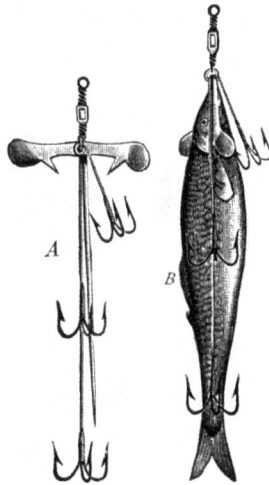

Fig. 168 A.   Fig. 168 B.

in Fig. 171 abgebildet ist. Den Halt am Köder besorgt statt des Spießes das nie fehlende Gummiringelchen. Speziell für Huchenangelei habe ich die Turbine nach hinten verlegt (Fig. 172 A) und stärkere Drillinge, und zwar die bisher nur in Indien benutzten Mahseer-Drillinge anbringen lassen, die, um jeden Bruch absolut zu vermeiden, nicht angewunden, sondern eingeschlungen sind (s. Fig. 172 B).

Dieser abgeänderte Krokodilspinner ist ein ganz vorzügliches, zuverlässiges System, welches den einzigen Nachteil hat, daß es ziemlich teuer ist. Ich habe es daher nur beim Angeln vom Boote

Fig. 171.

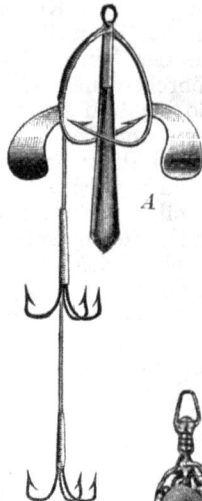

A

Fig. 169*A*.

B

Fig. 169 *B*.

Fig. 170*A*.

Fig. 170 *B*.

aus verwendet, wo man wohl fast immer in der Lage ist, es von einem Hänger zu befreien, so daß ich tatsächlich in 4 Jahren kein einziges verloren, dagegen eine ganze Anzahl Huchen von über 30 Pfund Gewicht damit gefangen habe. Ein Sportfreund hatte sogar, neben mir im Boote stehend, das Heil, damit zwei Dreißigpfünder hintereinander zu fangen, die zu gaffen auch mir ein großes Vergnügen bereitete.

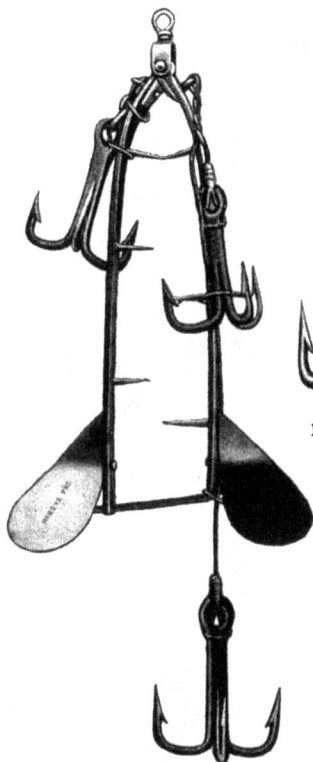

Fig. 172 B.
Natürl. Größe.

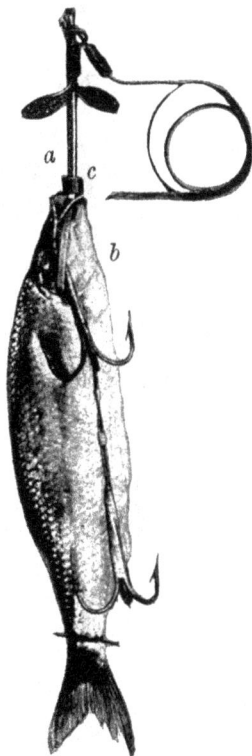

Fig. 172 A.

Fig. 173.

Wie das nun mit den Krokodilspinnern nach dem großen Völkerringen werden wird, das ist schwer vorauszusagen, hoffentlich wird sich unsere heimische Industrie auch mit der Herstellung von solchen Spezialitäten befassen.

Der alte Chapmannspinner hatte seine Popularität hauptsächlich dem Umstande zu verdanken, daß es selbst dem unbeholfensten Anfänger rasch und sicher gelang, damit einen Fisch zu beködern und zum Spinnen zu bringen. Um dem Köder den gehörigen Halt zu geben, drückte man einfach je einen Drillinghaken in dessen Fleisch und freute sich, ohne die Mißerfolge vorauszuahnen, über das tadellose Spinnen.

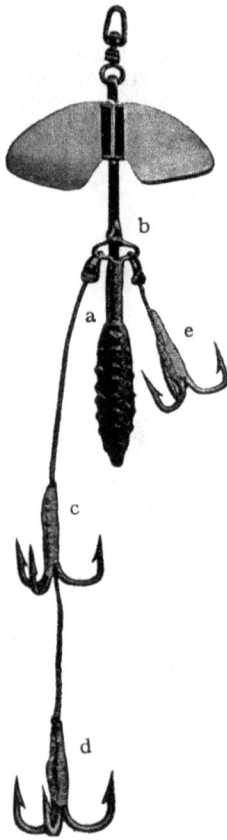

Fig. 174.

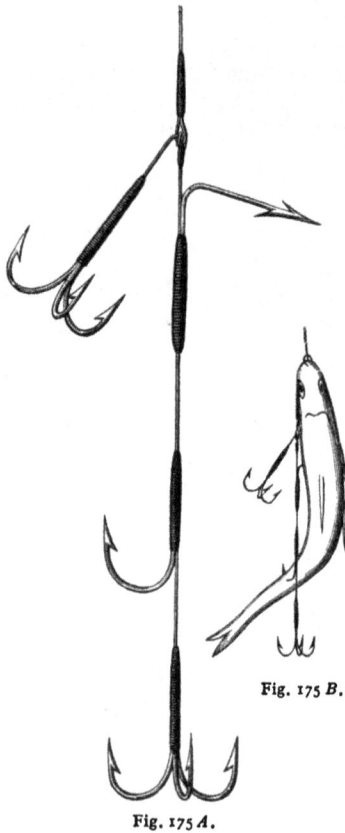

Fig. 175 B.

Fig. 175 A.

Ich stehe daher, wie aus dem oben Gesagten schon hervorgeht, auf dem Standpunkte, daß der Chapmann-spinner, besonders aber seine Ver-besserungen, nicht zu verwerfen sind, wenn man nicht den Fehler begeht, dem Köder durch Eindrücken je eines Drillinghakens seinen Halt zu geben wollen. Die Drillinge sollen mit zwei Haken anliegen und dürfen nur ange-heftet werden, will man sie nicht ganz freihängen lassen.

Für die Schleppfischerei in Seen, besonders auf Hechte, zumal wenn

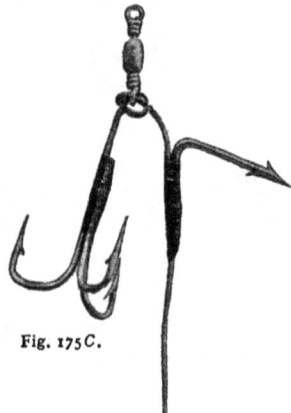

Fig. 175 C.

man mit großen Ködern zu schleppen beabsichtigt, kann ich den Chapmannspinner sogar besonders empfehlen. Bei Benutzung der Handleine kann man ihn mit viel größeren und stärkeren Drillingen ausstatten als bei Benutzung einer elastischen Spinngerte. Ich habe damit eine Anzahl meiner schwersten Hechte bis zu 21 Pfd. gefangen.

Die Mißerfolge, welche ich mit dem alten Chapmannspinner auf Huchen hatte, die so häufig auf die Turbine am Kopfe bissen und wieder loskamen, haben mich Ende der achtziger Jahre veranlaßt, einen Spinner zu konstruieren, der durch eine mehrere Zentimeter vor dem Kopfe befindliche Turbine zur Rotation gebracht wurde (Fig. 173). Er ist mit zwei fliegenden Drillingen montiert und mit einer Klemmfeder ausgestattet, welche die Anköderung nicht nur auf das schnellste ermöglicht, sondern auch dem Köder einen vorzüglichen Halt gibt.

(Die Klemmfeder *ab* wird durch das nach unten verschobene Ringelchen *c* geschlossen.)

Ich habe mit diesem System jahrelang mit größtem Erfolge gefischt und damit gewiß zwischen 10 bis 12 Ztr. Huchen zur Strecke gebracht, in einer Saison an 7 Fischtagen sogar nie unter drei, dagegen wiederholt 7—8 Stück! Allerdings waren damals unsere Gewässer noch reich mit Huchen besetzt und sind die überlebenden wohl etwas vorsichtiger und mißtrauischer geworden. Das hat mich bewogen, zumal ich inzwischen meinen Röhrchenspinner immer mehr vervollkommnete, auf Jahre hinaus dieses Angelsystem trotz der guten Dienste, die es mir geleistet, zu vernachlässigen. Als aber die im Wasser vollkommen unsichtbaren Zelluloidturbinen aufkamen, habe ich mich wieder daran gemacht, das alte System· auch noch in anderen Richtungen zu verbessern und so zu vervollkommnen, daß ich es, nachdem es sich auch besonders auf schwere Huchen vorzüglich bewährt hat, wohl als ein erstklassiges Fanggeräte, speziell zur Huchenfischerei bezeichnen kann. Dieser neueste Zelluloidspinner für Huchen ist in Fig. 174 abgebildet. Er eignet sich ganz besonders zum Fang schwerer Huchen in großen Flüssen, wie der Inn, die Donau usw., und ist seine Verwendbarkeit beschränkt auf große, womöglich frischgetötete Lauben oder Hasel von mindestens 15 cm Länge. Aber da leistet er auch in bezug auf Fängigkeit und lebendige Weichheit des Spinnens wirklich Vorzügliches, waren ja doch bisher Köderfische über eine gewisse Größe hauptsächlich deswegen unbeliebt, weil sie in diesen beiden wichtigen Punkten zu wünschen übrig ließen. (Der Köder wird über den Bleizapfen bis *a* vorgeschoben und das Maul an dieser Stelle mittels Kupferdraht festgewunden, nachdem man diesen auch mehrmals durch den Ring *b* geführt hat, Drilling *c* wird durch ein Gummiringelchen an den Köder geschmiegt, Drilling *d* und *e* bleiben freischwebend.)

Diesem Zelluloidspinner fiel im November 1909 der auf S. 282 abgebildete 46 Pfd. schwere Huchen im Inn zum Opfer. Der seltene Erfolg war dem Herrn Architekten L. Deiglmayr beschieden.

Von den Systemen, bei denen das Spinnen durch die Krümmung des Köderfisches erreicht wird, ziehe ich, wie schon oben

Fig. 176.

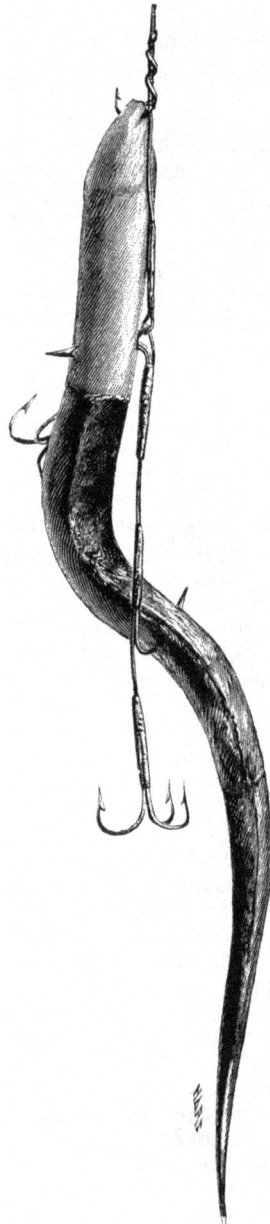

Fig. 177.

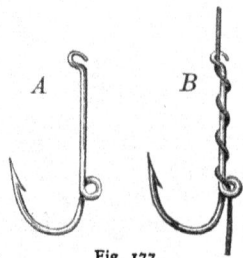

Fig. 178.

erwähnt, zum Fang größerer Raubfische mit frischen Köderfischen die sog. Pennell-Bromley-Flucht allen anderen vor, besonders dann, wenn ich mit den Ködern nicht zu sparen brauche, nur halte ich es für eine Verbesserung, oberhalb des fliegenden Drillings einen Wirbel, wie bei Fig. 175 C angedeutet, einzufügen, in den man ein beliebig starkes Zwischenfach einschlingen kann.

Schon aus der Abbildung des Systems (Fig. 175 A) wie der fertigen Anköderung (B) wird ein Sachverständiger den Eindruck gewinnen, daß es eine ideale Konstruktion hat. Es war mir eine besondere Genugtuung, festzustellen, daß die P.-B.-Flucht sich auch vorzüglich zur Anköderung großer Koppen eignet, eines für große Raubfische ganz ausgezeichneten Köders, der zwar auch in England vorkommt, als Köderfisch aber nirgends genannt wird. Meine Anköderung habe ich genau in Lebensgröße nach der Natur aufnehmen lassen, sie ist aus Fig. 176 ersichtlich[1]).

Man wird Koppen im allgemeinen mehr an ausgemachten Standorten oder in kleineren Flüssen verwenden, zum Spinnen auf das Geratewohl aber lieber hellglänzende Fische gebrauchen.

Die P.-B.-Flucht wird entweder mit oder ohne Lipphaken hergestellt. Da dieser nur dazu dient, den Köder in den richtigen Stellungen festzuhalten, selten aber vom Raubfische erfaßt wird, ist er eigentlich nur ein notwendiges Übel. Man soll ihn daher so klein wählen, daß er eben nur seinen Zweck erfüllt.

Der häufig eintretende Umstand, daß der Lipphaken an einer neuen Hakenflucht anfangs richtig funktioniert, später aber, besonders wenn das Gimp glatt wird, seinen Halt verliert, hat zur Erfindung der »Facile« Lip Hooks von Emil Weeger, Patent Farlow, geführt (Fig. 177 A). Wie aus Fig. 177 B ersichtlich ist, ist es leicht, durch öftere Umschlingung dem Gimp noch größeren Halt zu geben.

Das System ohne Lipphaken verknüpfe ich nach Durchstechung beider Lippenränder am Maule fest mit Kupferdraht.

Ich habe es für praktisch befunden, über dem Lanzenstachel des P.-B.-Systems, wie er ja auch in anderen Angelfluchten Verwendung findet, ein linsengroßes Stückchen einer Bleifolie, wie sie auf Weinflaschen Verwendung findet, aufzuklemmen, es verhindert das Herausrutschen der Spitze aus dem angeköderten Fische. Der Stachel sollte überhaupt bei allen Systemen, wo er zur Verwendung kommt, immer so lang sein, daß er auf der entgegengesetzten Seite des Köders samt Widerhaken zutage tritt[2]).

Der in Fig. 178 abgebildete Aalschwanzköder gilt als sehr guter Köder, besonders für Hechte; ob auch im Donaugebiet, wo der Aal nur da vorkommt, wo er eingesetzt wurde, kann ich nicht ermessen, da mir die Erfahrung fehlt. [Dagegen kann ich aber feststellen, daß Aalrutten, eine Lieblingsnahrung der Huchen, bis zu einer Länge von 24 cm, genau so angeködert wie die Koppe

---

[1]) Diese Abbildung ist inzwischen merkwürdigerweise in verschiedenen Abhandlungen über Spinnfischerei ohne Hinweis auf den Ursprung benutzt worden.

[2]) Noch praktischer, weil haltbarer wie der einfache Stachel, ist ein doppelter in Gabelform wie in Fig. 183 A.

(Fig. 176), vorzüglich spinnen.] Man benutzt am besten etwa 25 cm lange Aale, tötet sie, macht hinter der Brustflosse einen zirkulären Hautschnitt, nagelt den Kopf an ein Brett fest und stülpt die Haut zurück bis auf etwa 18 cm, schneidet dann den Kopf mit dem abgehäuteten Fleisch weg, stülpt die Haut noch einmal nach vorn, um sie an der Schnittstelle festzubinden, worauf man sie wieder nach hinten zieht. Der helle Kopfteil in der Abbildung ist die zurückgestülpte, bläulich schimmernde Haut.

Aalschwänze lassen sich eingesalzen oder in einer ganz schwachen Formalinlösung lange aufheben und empfehlen sich, wenn sie ihre Geschmeidigkeit beibehalten haben, vorzüglich als Reserveköder.

Zur Anköderung kleinerer Fische von etwa 5 bis 10 cm Länge kenne ich kein besseres System als das sog. »Deetackle«, so benannt nach dem Flusse Dee in Aberdeenshire, wo es sehr bekannt und beliebt ist (Fig. 179 u. 180).

Ich benutze es mit Vorliebe für Forellen, Bachsaiblinge, Regenbogenforellen, alle Barschgattungen und in kleinen Flüssen auch auf Huchen und Hechte. Als Köder eignen sich nur frische Fische, wie Pfrillen, Grundeln, kleine Mühlkoppen, Hasel, Lauben und Kreßlinge. Die Anköderung ist sehr einfach:

Man führt die Schlinge mittels Ködernadel beim Weidloch (Fig. 180), bei größeren Fischen zwischen den Bauchflossen (Fig. 181) ein und beim Maule heraus und stülpt dann den Bleizapfen darüber, wie aus Fig. 180 ersichtlich. Ich trenne absichtlich das Hakensystem vom Zwischenfach (s. Fig. 180 A), wodurch es mir ermöglicht wird, ein schadhaftes durch Einschlingen eines frischen oder kräftigeren zu wechseln.

An dem gerippten englischen Bleizapfen habe ich zweierlei auszusetzen, erstens, daß er zu kurz ist und daher leicht aus der Kiemenöffnung bei Pfrillen austritt, statt in der Mittellinie zu verharren und zweitens, daß er am untern Ende zu stumpf ist, um in die enge Schlundöffnung kleiner Köder einzudringen. Ich habe mir daher in jüngster Zeit aus Abschnitten von Bleirohren in beliebiger Länge meine Zapfen selbst hergestellt. Ich drücke diese am untern Ende mit einer Zange zusammen und spitze sie mit dem Messer etwas zu. 5 mm seitlich vom obern Ende schneide ich eine ovale Öffnung aus und umwinde es selbst als Kopfstück mit einigen Touren feinen Drahtes, den ich mit einem Tropfen Tinol beträufelt, festlöte. Auch sind meine Bleizapfen so ziemlich um die Hälfte länger wie die englischen und glatt, nicht gerippt. Die Rippung ist meiner Erfahrung nach überflüssig, im Gegenteil, der glatte Zapfen rutscht besser in den engen Schlund hinein und besteht keine Gefahr, daß er während des Spinnens aus seiner Lage kommt. Auch kann ich meine Zapfen beliebig abbiegen, wenn ich es im Interesse des besseren Spinnens für zweckmäßig halte. Fig. 180 B stellt solche Zapfen für kleinere und größere Köder dar.

Bei dem »Dee«-Köder wird das Spinnen durch die Krümmung des Rückens bewirkt. Will der Köder absolut nicht spinnen oder verliert er diese Eigenschaft während des Gebrauches, dann ver-

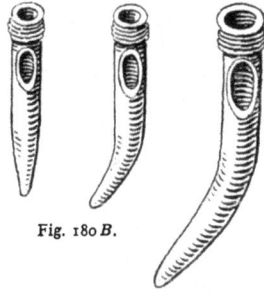

Fig. 180 B.

Fig. 179.   Fig. 180.   Fig. 180 A.

Fig. 183. Für Hechte u. Huchen.

Fig. 182.
Für Forellen und
Grundeln.

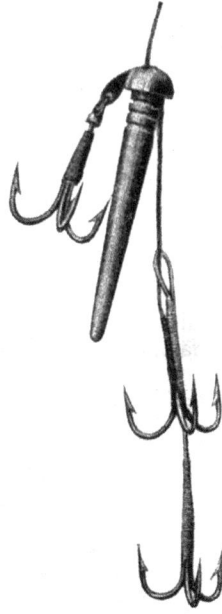

Fig. 181.   Fig. 183 A.   Fig. 183 B.

senkt man einen Haken des Enddrillings in die Haut zunächst der Schwanzflosse, um den Schweif mit in die Krümmung hereinzuziehen (Fig. 181). Es ist wichtig, daß die beiden Drillinge nicht zu weit voneinander abstehen, und ratsam, als Enddrilling eine kleinere Nummer zu wählen. Alte Huchenfischer, die ich kannte, haben zu Zeiten, wo es allerdings noch Huchen in Überfluß gab, ihre großen Erfolge nur dem »Dee«-Prinzip zu verdanken. Nur benutzten sie einen einzigen starken Drilling und nähten das Maul zwar zu, aber doch nur so fest, daß der Köder am Gimp herabrutschen und der Rücken sich krümmen konnte.

Eine Verbesserung des Deesystems, die sich besonders auf Huchen bewährt hat, ist aus Fig. 182 und 183 ersichtlich. Wieland hat auf Anregung des Herrn Deiglmayr an einem durch einen eingeschalteten Messingring verstärkten Deeblei einen beweglichen Kopfdrilling angebracht, der, ohne das schöne Spinnen des Köders zu behindern, diesen auch in der vorderen Partie fängiger macht. Dieser Kopfdrilling scheint mir auch besonders wichtig zur Anköderung langgestreckter Köder, wie es z. B. die Grundeln sind. Große Grundeln sind vorzüglich zum Fang von Forellen, spinnen sehr gut mit dieser Zutat und werden, wie ich mich überzeugt habe, viel fängiger. Ich habe dann statt des Kopfdrillings für klare Wasser und scheue Fische den neuen weniger auffälligen Gabelhaken am Schlundblei anbringen lassen, wie aus Fig. 183 A hervorgeht.

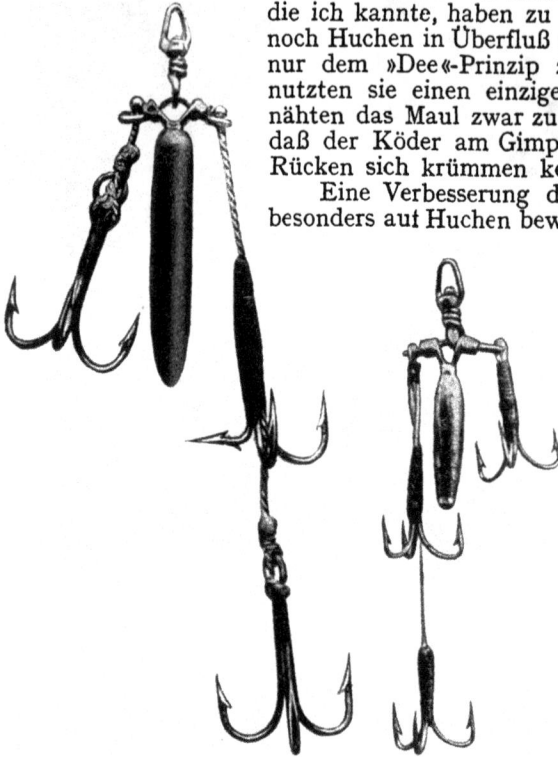

Fig. 184 A.   Fig. 184 B.

Herr Deiglmayr hat später, jedoch vor meiner Verbesserung des Deebleies durch Verwendung von glatten Bleiröhrchen, sein Kopfblei in nahezu doppelter Länge, dünner und spitzer herstellen lassen (s. Fig. 183 B), und zwar aus der gleichen Erwägung, wie ich oben auseinandergesetzt habe, und benutzt nun diesen Bleizapfen ausschließlich für länger gestreckte Weißfische zum Huchenfang, während er für Koppen die kürzeren Kopfbleie wie in Fig. 138 vorzieht.

Wünscht jemand seine Fische, besonders Forellen, lebend zu erhalten, dann benutzt er ein Deesystem mit nur einem Drilling, größerem Doppel- oder gar nur einem einzigen Haken. Es kommen ihm dann allerdings mehr, aber hauptsächlich nur kleinere Fische ab, die gelandeten bleiben aber um so sicherer am Leben.

Der einzelne Haken soll an der Seite des Köders, in der Höhe des Afters heraustehen und kann ohne Ködernadel eingeführt werden, indem man die Pfrille einfach über den Haken stülpt und dort festbindet.

Eine der beliebtesten Methoden, die besonders von alten Forellenfischern angewendet wird und den Vorzug hat, daß man mit wenig Ködern ausreicht, ist folgende:

Ein mittelgroßer Mühlkoppen wird, nachdem der Kopf abgeschnitten, in der Weise ausgebalgt, daß man die Haut zurückschlägt und das Fleisch samt der Wirbelsäule bis fast zur Schweifwurzel herausschneidet. Dann wird mit der Ködernadel eine nicht zu kleine Doppelangel (Nr. 4 bis 6) am Poil durch das Weidloch eingeführt und oberhalb desselben festgebunden. Eine zweite Bindung wird am abgeschnittenen Kopfende vorgenommen und ein Bleikäppchen aufgesetzt. Da diese Vorbereitung ziemlich umständlich ist, erledigt man sie schon vor dem Aufbruch an das Fischwasser oder in der Eisenbahn. Beim Spinnen füllt sich der hohle Hautsack des Köders prall mit Wasser und nimmt die Fischform wieder an. Beißt eine Forelle, dann stößt sie den Koppen heraus bis an die Einhängschlinge des Poils und hat nur die Haken im Maul. Nach der Abköderung schiebt man den Köder wieder an den richtigen Platz. Wenn alles gut geht, kann man auf diese Weise 10 bis 15 Forellen fangen ohne den Köder zu wechseln.

Eine weitere höchst einfache Methode, die in Tirol viel gebräuchlich ist, habe ich oft mit Vorteil zur Anwendung gebracht. Die Anköderung eignet sich besonders für klare Bäche mit starkem Gefälle im Hochgebirge, in denen die eigentliche Spinnfischerei mit Weitwurf wegen der Kürze und Schmalheit der Gumpen oder wegen zu starker Bewachsung der Ufer nicht anwendbar ist und wohl Pfrillen, aber seltener Koppen zur Verfügung stehen. Die Anköderung kann im Gegensatz zu der eben beschriebenen, übrigens den gleichen Zweck verfolgenden Koppenangelei verhältnismäßig rasch am Fischwasser vorgenommen werden, was bei Verwendung der an der Angel viel empfindlicheren Pfrillen von Wichtigkeit ist.

Man schneidet den Pfrillen den Kopf ab und führt eine an einfachem, gut gewässertem Poil gebundene Doppelangel seitlich in der Höhe des Afters mittels Ködernadel ein und durchsticht die Pfrille der Länge nach. Dann schiebt man ein Hölzchen vom Durchmesser eines Zündhölzchens, aber besser aus härterem Holz geschnitzt, zentral ein bis etwa in die Höhe des Weidloches, läßt es aber etwa 1 cm vorstehen. Dann wird mit dem Poil eine einfache Schlinge über den vorderen Rand der Pfrille und das darin steckende Hölzchen gelegt und der Knopf fest zugezogen. Das Hölzchen verfolgt den Zweck, daß sich bei der nächsten Anköderung die Poilschlinge wieder leicht lösen läßt. Schließlich wird eine ziemlich schwere Bleikappe vom Durchmesser des Köders mit einer Durchbohrung, in die das Hölzchen genau paßt, aufgestülpt und

nochmals fest angezogen, so daß die Kappe unverrückbar fest aufsitzt. Da man im Gebirge meist ziemlich große Pfrillen zur Verfügung hat, ist es angezeigt, auch größere Doppelhaken, etwa
Größe 2—4 zu verwenden und, wie gesagt, größere Bleikappen,
was bei den starken Strömungen, mit denen man meistens rechnen
muß, von Vorteil ist.

(In Ermangelung einer Ködernadel und gelöteter Doppelangeln
binden die Tiroler zwei einzelne Haken so zusammen, daß sie sich
zusammendrücken und wieder auseinander spreizen lassen. Über
die zusammengedrückten Haken stülpen sie dann die kopflosen
Pfrillen und stecken die Spitzen an der Seite heraus.)

Die Anköderung hat den Vorteil, daß man dem Köder durch
Anziehen und Nachlassen verlockende Kapriolen mitteilen, ja daß
man ihm auch abwechslungsweise rotierende Bewegungen wie
einem Spinnfisch beibringen kann, wodurch die Haken für die
Forellen unsichtlich werden. Hält man sich einige fingerlange
Stücke feinsten Kupferdrahtes bereit, so ist man in der Lage, oft
bei einem Anbiß zerfetzte oder verletzte Pfrillen noch einmal durch
Umwickelung verwendungsfähig zu gestalten, was bei dem oft herrschenden Mangel an Ködern wertvoll ist.

Ein neueres von mir konstruiertes System ohne Turbine zur
Anköderung frischer Köder hat Wieland im Jahre 1910 unter dem
Namen »Ideal Wobbler« in den Handel gebracht (Fig. 184 A u. B).
Es eignet sich in seinen drei verschiedenen Größen ebensogut für
Forellen wie auf Hechte und Huchen. Das System vereinigt alle
Vorzüge der übrigen Angelfluchten und hat den Vorteil, daß es
bei einigem Geschick von jedem Spinnfischer selbst angefertigt
werden kann. Durch die freie Rotation der Drillinge, die senkrecht
aus den Galgen herabhängen, und das Zentralblei, das nur in das
vordere Drittel des Köders zu liegen kommt, wird eine rasche und
höchst verlockende Rotation des Köders bewirkt. Ich habe den
lanzettförmigen Spieß, der bei den gerade gestreckten Turbinen-
systemen eher seine Berechtigung hat, mit Absicht weggelassen,
weil er den gekrümmten Ködern eine unnatürliche Steifheit gibt
und schon nach einigen Würfen durch die äußere Haut des Köderfisches zu dringen und sie nach und nach so aufzuschlitzen pflegt,
daß der Köder unbrauchbar wird. Führt man diesem einen feinen
Kupferdraht quer durch die Nasenlöcher oder die vorderen Ränder
der Augenhöhlen und dreht ihn fest zusammen, dann sitzt auch
der Köder an der Angelflucht unverrückbar fest.

Ich kann das Thema von den Spinnködern nicht verlassen,
ohne noch von einer Anköderung zu sprechen, welcher ich, so einfach sie ist, wiederholt staunenswerte Erfolge, und zwar selbst beim
allerklarsten Wetter und Wasser, zu verdanken hatte.

Die ganze Methode ist so einfach wie das Ei des Kolumbus,
sie ist auch nicht neu, nur fand sie meines Wissens bisher allein bei
der Paternosterangel mit lebenden Fischen auf Hechte und Barsche
Verwendung. In der ganzen Literatur fand ich aber nirgends eine
Notiz darüber, daß man damit auch spinnen könne. — Ich benutze,
seit die Allcockschen »Perfect Haken« auf den Markt gekommen sind,

nur noch diese äußerst fängigen Haken und ködere damit haupt-
sächlich möglichst frische, erst kurz vor dem Ausflug getötete
Pfrillen, aber auch andere kleine Köder, besonders kleine Lauben,
Grundeln usw. an. Breite Fische eignen sich nicht.

Der an feines Poil (oder Galvanodraht für größere Raubfische)
gewundene Haken (Fig. 185) — ich
verwende die Nummern 1—3 — je
nach der Größe des Köders, wird
diesem in schräger Richtung von
unten rechts nach links oben
durch beide Kiefer geführt, so
daß er ober dem linken Auge durch
den Schädel, bei größeren Fischchen durch die Augenhöhle dringt.
Damit ist die ganze Anköderung
beendet.

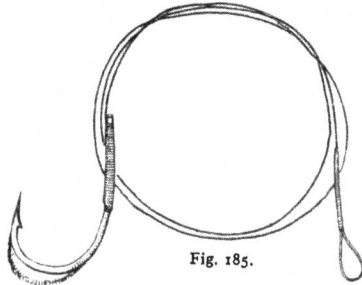

Fig. 185.

Die Köder spinnen vorzüglich, und wenn es fehlen sollte, so
ist das leicht zu korrigieren. Es gehört vielleicht eine kleine Übung
dazu, den Haken richtig anzubringen.

Diese Anköderung eignet sich vor allem für den Fang von
Forellen, Regenbogenforellen und Bachsaiblingen sowie für die
Barschgattungen. Man spinnt wie sonst, überläßt aber dem beißenden Fisch sofort den Köder, indem man die Schnur lockert,
sonst reißt er ihn von der Angel. Die geringste Hemmung macht
ihn argwöhnisch. Man läßt ihn Schnur abziehen, bis er stehen bleibt,
wartet dann noch 1 bis 2 Sekunden und haut nur mit Drehung
des Handgelenks, wie bei der Flugangel, an. Die Angel sitzt dann
mit seltenen Ausnahmen im Mundwinkel, so daß der Fisch leicht
am Leben erhalten werden kann.

Ich habe sogar schon mehrmals Huchen und Hechte mit dieser
Methode, allerdings mit größeren Haken, gefangen, einmal sogar
einen Huchen von 22 Pfd., allein häufig spucken diese Fische den
Köder wieder aus, sobald sie merken, daß er tot ist.

Jedoch es ist kein schlechter Plan, ihn gleichsam zur Bestätigung zu verwenden. Ich habe schon wiederholt mit größeren Lauben usw., die ich in Zickzackbewegungen durch das Wasser führte,
träge und mißtrauische Fische zum Steigen gebracht; manch
schwerer Gesell hat auf diese Weise seinen Standort verraten und
ist mir dann gleich oder später zum Opfer gefallen.

Seit die Angelei auf die großen Meerfische wie Tarpon, Tuna,
Riesenbarsch usw. so großen Aufschwung genommen hat, wurde
in den letzten Jahren vor Ausbruch des großen Krieges in einer
Anzahl von sehr beachtenswerten Abhandlungen in der Fishing-
Gazette, des damals am besten redigierten Weltblattes für Sport-
fischer, lebhaft Propaganda gemacht für die bei der schweren Meer-
fischerei allein bewährten Einhaken-Systeme gegenüber den im
Süßwasser fast ausschließlich gebräuchlichen Angelfluchten mit
Drillingen. Es läßt sich nicht leugnen, daß die Argumente, welche
die Autoren dieser Artikel aufführen, eine gewisse Berechtigung

haben: So sei es vor allem klar, daß ein großer und kräftiger Haken mehr aushalten könne wie drei kleine, von denen einer nur angelötet ist, und zwar nicht nur, weil er an und für sich kräftiger ist, sondern auch, weil der Raubfisch an ihm keinen Widerstand, kein Hypomochlion, finde, mittels dessen er sich heraushebeln oder andere Haken durch Kieferdruck absprengen könne.

Der in der F. G. gemachte Vorschlag, den einzelnen Haken auch für die Süßwasserfischerei unmittelbar an einen Wirbel zu binden, wie das schon lange vorher bei der schweren Meerfischerei gebräuchlich war, hat sich insofern gut bewährt, als die Köder selbst dann noch spinnen, wenn sie kaum merklich gekrümmt sind. Die Anköderung ist auch sehr einfach: Man stülpt den frischen Köderfisch wie einen Wurm Maul voraus über den Haken, so, daß der Haken seitlich etwa in der Höhe des Weidloches wieder zutage tritt. S. Fig. 186 *A* u. *B*.

Diese einfache Anköderung hat sich bis jetzt am besten beider Anköderung von Pfrillen usw. zum Forellenfang bewährt, und zwar hauptsächlich in klaren Wassern, besonders in Gebirgsbächen, wo die Fische scheu und vorsichtig sind. Um der Pfrille einen besseren Halt am Haken zu geben, habe ich den aus Fig. 186 *A* ersichtlichen Kopfhaken anbringen lassen und neuerdings auch einen Bleimantel, den ich besonders für die Spinn-

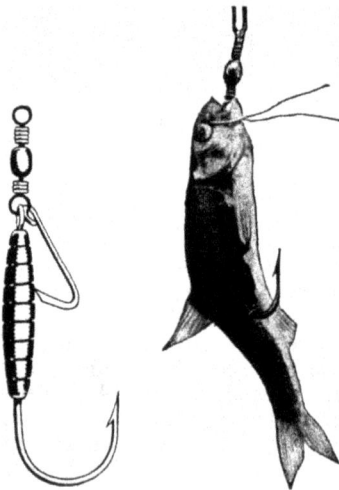

Fig. 186*A*.   Fig. 186*B*.

fischerei in raschen Strömungen für sehr wichtig halte. Dieses neue System bietet noch die Möglichkeit, durch das Überstülpen eines Kopfbleies das Gewicht des Köders weiter zu erhöhen, wenn die Strömung außergewöhnlich stark ist. Man spart damit auch ein weiteres Blei am Vorfach, das ja bekanntermaßen scheue Fische leicht abschreckt oder direkt zum Angriff auf das Blei verleitet, so daß der bekannte russische Sportfischer Baron Tscherkassow auf die Idee kam, sogar das Vorfachblei mit einem Drilling auszustatten.

Benutzt man zum Fang größerer Raubfische an größeren Haken größere Köder, so ist es ratsam, den Kopf des Fischchens am unteren Wirbelring mit Kupferdraht zu befestigen, den man vorher quer durch den vorderen Rand der beiden Augenhöhlen geschoben hat. Die Drahtenden werden nicht gebunden, sondern einfach mit Daumen und Zeigefinger zusammengedreht.

Um zu verhüten, daß der Einzelhaken bei längerem Gebrauch ausschlitzt, empfehle ich die schnell auszuführende Befestigung mit kleinen Gummiringen (mit denen man auch eine schlechte Spinneigung des Köders augenblicklich auffallend verbessern kann).

Bei Mangel an Ködern sogar mit Nadel und Faden oder Kupferdraht.

So gut sich nun das soeben beschriebene Einhakensystem auf
Forellen bewährt hat, zum Fang größerer Raubfische kann ich es
in dieser Einfachheit nur empfehlen bei sehr klarem Wasser und
sehr scheuen Fischen und nur dann, wenn man sich bemüht, den
Köder sehr, sehr langsam zu führen und nicht unmittelbar nach
dem Anbiß anzuhauen, sondern erst 1—2 Sekunden verstreichen

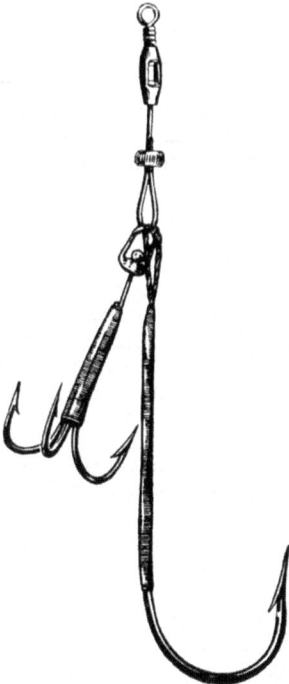 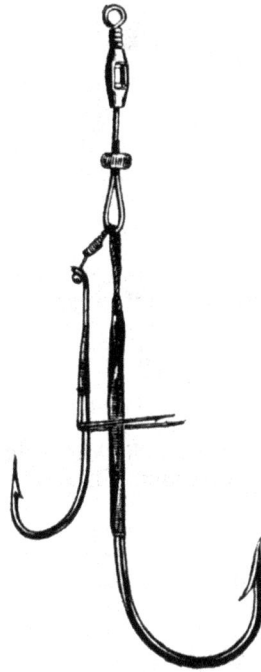

Fig. 187A .   Fig. 187 B.

zu lassen , bis der Raubfisch den Köder ganz in den Rachen genommen hat. Es eignen sich für einen solchen Zweck selbstverständlich nur kleinere und nur ganz frische Köder, die bei der Führung
weniger zu spinnen als unstät zu taumeln brauchen, so daß der
Eindruck eines kranken Fisches erweckt wird, der immer wieder
durch einen stärkeren Ruck, den man ihm gibt, den Ansatz zu
einem ohnmächtigen Fluchtversuch vortäuschen soll.

Für gewöhnlich pflege ich, wenn ich nun einmal dieses neue
und allein schon wegen seiner Billigkeit empfehlenswerte System
benutze, am Kopfende einen fliegenden Drilling oder eine von den
neuen Allcockschen Gabelangeln anzubringen. S. Fig. 187 A u. B.

Um auch steifere Formalinfische verwenden zu können, ist
das System so konstruiert, daß man den Einzelhaken auch mittels

Ködernadel einführen und den Kopfhaken erst später, und zwal in einem Ehmant-Wirbel einhängen kann.

Bevor ich die Besprechung der Anköderungsmethoden ohne Turbine abschließe, möchte ich es nicht unerwähnt lassen, daß es manche alterfahrene Spinnfischer gibt, die auf das Spinnen überhaupt keinen Wert legen, daß sie ihre Köder ziemlich plump durch das Wasser ziehen und trotzdem mit ihren Erfolgen zufrieden sind. Daß sie mit Spinnködern nicht noch bessere Erfolge erzielt haben würden, darüber sind sie den Beweis schuldig geblieben. Jedenfalls müssen solche Köder mit großem Verständnis geführt werden, damit sie das Aussehen eines kranken, torkelnden Fisches bekommen, der die Herrschaft über sein Gleichgewicht verloren hat. Am meisten möchte ich hierzu Koppen empfehlen, denen man eine Bleiolive in die Bauchhöhle schiebt, so daß sie mit dem Bauch und nicht mit dem Rücken zuunterst daher kommen. Am sichersten kann man mit nicht spinnenden Ködern auf den Fang der Forelle rechnen, sie ist meistens so toll gefräßig, daß sie nicht nur tote Fische, sondern auch Stücke von Fischen gierig verschlingt. Fig. 188 zeigt, wie man selbst Teile von verbrauchten Köderfischen noch vorteilhaft verwenden kann.

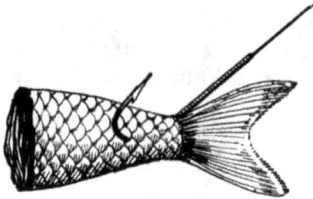

Fig. 188.

Über die Verwendung künstlicher Köder an der Spinnangel siehe S. 64.

Das Vorfach für die Spinnfischerei muß an Stärke und Länge den zu fangenden Fischgattungen und dem übrigen Zeug angepaßt sein.

Über die hiezu geeigneten Materialien habe ich mich bereits im Kapitel 4 des I. Abschnittes ausführlich ausgesprochen, ich brauche daher nur kurz zu erwähnen, daß für die leichtere Spinnangel auf Forellen, Barsche usw. ein 60—80 cm langes Vorfach aus einfachem, 0,3 mm starkem, verzinktem Stahldraht vollkommen genügt, während für die Spinnfischerei auf größere Raubfische, wie Huchen, Lachse, Hechte usw., der steifere und stärkere oxydierte englische Stahldraht von 0,4 mm Querschnitt in einer Länge von 1 bis 1,20 m sich am besten bewährt hat. Ich stelle, wie in jenem Kapitel bereits erwähnt, alle Spinnvorfächer ohne Wirbel nur mit zwei Endschlingen dar. In das untere Ende wird ein mit zwei Schachtelwirbeln versehenes Farlowsches Blei (s. Fig. 54 oder 55) eingehängt, während die obere Schlinge mit einem am Endteil der Schnur angeschlungenen Einhängwirbel verbunden wird. Auf diese Weise hat man die Möglichkeit, stets sofort ein nur im geringsten schadhaftes Vorfach, welches Neigung zum Knicken oder Welligwerden zeigt, auszumerzen und durch ein neues zu ersetzen. Zur Befestigung des Schnurendwirbels dient mir für stärkere Schnüre in neuerer Zeit ein Knopf, der, wie mir scheint, auch erst vor kurzem in England, und zwar unter dem Namen »Dreadnought-Knopf« bekannt geworden und sich außerordentlich praktisch und haltbar erwiesen hat. Er bildet eine Art Puffer am Wirbelring, so daß die Neigung der Schnur, an der Knüpfungsstelle zu reißen, viel sicherer überwunden wird. Ich habe daran nichts auszusetzen, wie den Namen, und schlage daher die Bezeichnung »Herkulesknoten« vor. Die Schürzung geht aus Fig. 189 hervor. Man kann das Schnurende auch statt zweimal, drei bis viermal herumschlingen, was den Knoten nur noch mehr verstärkt. Bei sehr feinen Schnüren geht man am sichersten, wenn man am unteren Ende eine Schlinge anbringt und diese in den Wirbelring einschlingt oder die Schnur statt einmal zweimal durch den Wirbelring schiebt.

Bei Befischung tiefer und reißender Strömungen ist es ratsam, am Ende der Wurfschnur noch ein Spiralblei einzuschlingen. Jedenfalls bediene man sich lieber zweier leichter Bleie als eines schweren, das beim Wurf stärker aufpatscht und sichtlicher ist. Bei Ködern, die ohnedies schon durch Bleieinlagen beschwert sind, ist das nicht nötig.

Die »Technik« des Spinnens wird auf zwei vollkommen verschiedene Arten ausgeübt.

Bei der einen wird die Schnur vor dem Wurfe in Schlingen von der Rolle gezogen, bei der anderen wird direkt von der Rolle geworfen.

Fig. 189.

In England wird die erstere »Themsestil«, die zweite »Nottinghamstil« genannt, Bezeichnungen, die ich der Kürze halber beibehalten möchte.

Der Wurf von der Nottingham-Rolle. Über dem Kanal hatte der Themsestil bis in das neue Jahrhundert herein die meisten Anhänger. Autoritäten wie der verstorbene Jardine, der als der berühmteste Hechtfischer galt, sprachen sogar mit ziemlich wegwerfendem Tone vom Nottinghamstil, was jedoch nur ein Beweis dafür war, daß er nur Stümper damit hat fischen sehen. Andere, wie Bickerdyke, empfahlen den letzteren Stil wohl als außerordentlich kunstvoll, aber auch als schwierig zu erlernen.

In den österreichischen Alpenländern war der Wurf von der Rolle sicher schon im Anfang des vorigen Jahrhunderts bekannt, jedoch bedienten sich die damaligen Bauernfischer nur selbstgefertigter primitiver Rollen von großem Durchmesser und quer zur Gerte gestellt, mit denen sie es bei starker Beschwerung des Köders immerhin zu einer gewissen Fertigkeit besonders bei der Zopffischerei auf Huchen brachten.

Ich selbst werfe seit dem Jahre 1883 außer in kleinen und sehr schmalen Forellenbächen überhaupt nur noch von der Rolle und bin meines Wissens der erste, der in Süddeutschland diese Methode eingeführt hat.

Meine ersten Versuche machte ich, angeregt durch das Taschenbuch v. d. Bornes, mit der einhändigen Henshallgerte, aber nicht nach Vorschrift mit lebenden, sondern mit Spinnködern, bald ging ich jedoch zu zweihändigen (längeren) Gerten über.

Da nach der Anleitung v. d. Bornes ein richtiger Anhieb absolut unmöglich war, hatte ich anfangs nur Mißerfolge, bis ich darauf kam, daß man nach dem Wurfe die Gerte in die Seite stemmen und sie oberhalb der Rolle, nicht am Handgriff, halten müsse. Seitdem befreundete ich mich so sehr mit der neuen Methode, daß ich, wie gesagt, selbst ganz zu ihr übergegangen bin und auch eine Anzahl Sportgenossen dazu bekehrt habe, die früher schon Meister des Themsestils waren.

Seit längerer Zeit haben nun auch die Engländer, besonders dank sinnreich erfundener Rollen durch Hardy Broth, welche das Überlaufen der Schnur unmöglich machten, sich mehr und mehr zu dem Wurf von der Rolle bekehrt, so daß man kaum mehr in ihren Veröffentlichungen den Themsestil erwähnt fand.

Der wesentlichste Unterschied in der Rollen- und Gertenführung zwischen der englischen und meiner Methode besteht darin, daß die Engländer, auch im Gegensatz zu den Amerikanern, die indirekt durch v. d. Borne meine Lehrmeister waren, beim Wurf sowohl wie beim Einholen der Schnur mit der nach abwärts gekehrten Rolle spinnen. Nur zum Wurf (nicht zum Aufwinden) bei der Flug- und Grundangel steht bei mir die Rolle nach abwärts, bei der Spinnangel immer nach oben. Ich habe an anderer Stelle schon darauf hingewiesen, will es aber hier noch einmal wiederholen, daß bei meiner Gertenstellung vor allem die Reibung und Abnützung der Schnur an den Ringen bedeutend vermindert wird, und daß man, was auch für den nächsten Wurf von Wichtigkeit ist, die Rolle und besonders das Aufwinden der Schnur viel besser beherrscht, wenn man stets und unbehindert sehen kann, ob man es richtig macht oder nicht. Die Stellung der Rolle nach oben bietet mir auch noch den großen Vorteil, daß ich während des Aufwindens die Schnur mit Daumen und Zeigefinger fassen und auf der Rolle hin und herschieben und so gleichmäßig und in der gleichen Spannung verteilen kann. Es geschieht dies rein automatisch ebenso wie das Abstreifen des Eisbelages mit dem senkrecht gestellten Daumennagel bei der Winterfischerei auf Huchen, ohne den Blick darauf zu lenken. Den Einwurf, daß man es versäumt, den Köder richtig zu beobachten, wenn man immer wieder auf die Rolle sieht, kann man nicht gelten lassen, als ja auch ein Kapellmeister seine Partitur nie aus den Augen verliert, wenn er seinem Orchester und den Sängern Aufmerksamkeit schenkt.

Die Wettkämpfe und internationalen Turniere, die in Amerika, England und Frankreich so sehr in die Mode kamen, haben in Deutschland und Österreich kein Interesse erwecken können. Erst seit sie auch Wettkämpfe im Präzisionswurf geworden sind, muß man ihre Berechtigung vom Standpunkt des Sportfischers aus vollauf anerkennen. In den ersten Jahren ihres Entstehens waren sie nur Veranstaltungen für den Rekordweitwurf, und daher gewissermaßen ein Sport für sich, denn was hat ein Weitwurf von 50 bis 70 m noch mit der Sportfischerei zu tun? Der Wurf auf 50 bis 70 m hat nicht nur keinen Wert, sondern ist geradezu nachteilig; denn 1. wird durch den Wurf gegen den Himmel und das Hineinpatschen des Köders jeder Fisch verscheucht; 2. hat man auf Entfernungen von über 30 m unmöglich ein Urteil über Tiefe, Reinheit des Grundes usw., dagegen fast ausnahmslos Gelegenheit, sei es längs des Ufers oder watend, sei es, besonders in Seen, mit Hilfe eines Bootes jeder einladenden Stelle näher beizukommen; 3. ist der Anhieb auf Entfernungen über 30 m infolge der Elastizität der Schnur und der Unmöglichkeit, sie wegen der ungleichen Zwischenströmungen ganz gespannt zu halten, trotz aller hineingelegten Wucht, fast immer zu schwach; 4. werden natürliche Köder bei so weiten Würfen sehr rasch unbrauchbar. Mein Grundsatz war von jeher, nicht weiter zu werfen als notwendig. Vor allem muß ich die Stelle, an die ich werfen will, richtig beurteilen können. Es gibt meiner Meinung nach nichts Ungeschickteres, als durch einen unnütz weiten Wurf den Verlust der Angel, die rasche Abnutzung des Köderfisches und einen Fehlbiß oder das Abkommen eines schönen Fisches zu riskieren, von der Zeitversäumnis und unnötigen Kraftverschwendung gar nicht zu reden. Die Engländer, welche in der Mehrzahl das Bestreben haben, es den Rekordwerfern gleich zu tun, müssen folgerichtigerweise zu langen, sehr elastischen Gerten und zu möglichst dünnen Schnüren greifen und sich angewöhnen, in hohem Bogen zu werfen. Dazu passen dann wieder nur kleine und schwache Hakensysteme, kurz, ein solcher Fischer ist am besten zu vergleichen mit dem Jäger, der auf Hochwild unglaublich weite Schüsse macht und dasselbe meistens fehlt, häufig anschweißt, aber sehr selten zur Strecke bringt.

Vor allem ist es wichtig, daß die Schnur, gleichviel ob man mit der linken oder rechten Hand aufrollt, so auf die Rolle gewunden ist, daß sie von deren oberem Rand direkt zum Leitring läuft. Der Rollenrand muß also beim Bremsen stets unter dem bremsenden Daumen weg- und darf nicht ihm entgegenlaufen, sonst entsteht ein plötzlicher Ruck, und der Köder plumpst ins Wasser, statt schön weich einzufallen.

Ich komme nun zur Manipulation des Wurfes selbst. Erste Bedingung für das richtige Gelingen des nächsten Wurfes ist die tadellose, gleichmäßige und feste Aufwindung der Wurfschnur. Und dazu muß man eben sehen, was aber unmöglich ist, wenn das Sehfeld verdeckt ist. Allein schon darum haben viele das Werfen von der Rolle nicht lernen können, weil sie versäumt haben, die Schnur schön gleichmäßig aufzurollen. und vor jedem Weitwurf durch einen Blick auf die Rolle sich zu überzeugen, ob die Schnur tadellos und gleichmäßig fest aufgewickelt ist. Am schlimmsten rächt es sich, wenn obere fest angezogene Win-

dungen auf tiefere lockere treffen und in diese einschneiden, so daß
sie förmlich eingepreßt sind. Dann kommt es beim nächsten Weitwurf
sicher zu einer plötzlichen Hemmung mit Überlaufen der Schnur und
zeitraubendem Wirrwarr.

Der Wurf kann auf zweierlei Weise ausgeführt werden, ganz
so wie beim Themsestil, indem man das Handteil in die Hüfte
stemmt, oder indem man die Gerte frei hinaushält. Ich ziehe die
letztere Methode vor. Zu diesem Zwecke umgreife ich die Gerte
mit der rechten Hand am Handgriffe, unmittelbar unter der Rolle
und lege den Daumen auf den beweglichen Rand derselben. Mit
der linken Hand halte ich die Gerte weiter oben. Bei Benutzung
einer leichten Hecht- oder Huchen- oder gar nur einer Forellengerte
kann man die Beihilfe der linken Hand häufig entbehren, also werfen
wie die Amerikaner mit ihren leichten Gerten, wie es Henshall
und nach ihm v. d. Borne beschreibt. Der Köderfisch, der je nach
der Situation 1 bis 3 m herabhängt, wird langsam pendelnd nach
rückwärts geschwungen. In dem Moment, wo er als Pendel den
größten Ausschlag macht, schwingt man die Gerte, wie bei einem
Steinwurf mit anschwellender Kraft, aber ja nicht zu gewaltsam,
in der Richtung des Punktes, wo der Köder einfallen soll. Dabei
lockert man den auf dem Rollenrand aufliegenden Daumen so weit
als nötig, um ihn dem Rande wieder mehr anzuschmiegen, sobald
der Köder sich dem Ziele nähert. Die Gertenspitze wird dabei
förmlich wie ein Wegweiser dem Ziele entgegengestreckt, aber in
dem Moment gehoben, wo der Köder in die Nähe der Oberfläche
des Wassers kommt. Im gleichen Moment wird auch fest gebremst.
Hat man das richtig in der Übung, so fällt der Köder nicht vom
Himmel, sondern in einem spitzen Winkel fast lautlos ein, und zwar
so, daß Köder und Vorfach eine schnurgerade Linie bilden. Klagen,
daß das Senkblei dem Köder vorauseilt, oder der Köder nicht
gestreckt einfällt, oder auch, daß sich die fliegenden Drillinge am
Köder nicht anlegen, sind stets ein Armutszeugnis und beweisen
immer nur, daß der Betreffende den richtigen Wurf noch nicht
vollkommen beherrscht. Klagen über solche Störungen, wie auch
Überlaufen der Rolle, Schnurverschlingungen um die Ringe usw.
beim Weitwurf sowohl wie beim Wurfe auf Entfernungen von nur
einigen Metern, sind mir vollkommen unverständlich, wenn man
die von mir gegebenen Ratschläge genau befolgt. Ich kann ruhig
behaupten, daß mir an einem Fischtage bei vielen Hunderten von
Würfen nicht ein einziger mißlingt, selbst dann nicht, wenn nach
einer Anzahl von fruchtlosen Würfen die gespannte Aufmerksamkeit
etwas nachgelassen hat und einem andere Gedanken durch den
Kopf gehen.

Was nun zu geschehen hat, ist verschieden, je nachdem man
lieber mit der rechten oder linken Hand aufrollt. Dadurch, daß ich
gewohnt bin, links aufzurollen, ist die Beschreibung der weiteren
Technik in der ersten Auflage meines Buches für die ausschließlichen
Rechtshänder etwas unklar geworden. Ich will mich daher bestreben, diesmal deutlicher zu sein. Schließlich ist es ganz gleich,
ob man rechts oder links aufwindet, der Rechtshänder hat es ja

fast noch bequemer, da er keinen Griffwechsel zu machen braucht. Natürlich muß aber die Schnur schon auf der Rolle in entgegengesetzter Richtung aufgewunden sein, da sie immer oben von der Rolle weg zu den Ringen laufen muß. Ein Linkshänder kann also mit der montierten Gerte eines Rechtshänders nicht werfen, außer er wickelt zuerst die ganze Schnur ab und nach der anderen Richtung auf, oder er macht es wie die Engländer und wirft mit Rolle und Ringen nach unten.

Das erste, was man nach dem Einfallen des Köders zu tun hat, ist das Heben der Gerte im richtigen, das heißt ungefähr rechten Winkel zur Schnur, eine Stellung, die stets peinlichst eingehalten werden muß, wenn ein Anhieb sitzen soll. Dies geschieht auf zweierlei Art, entweder einfach unter gleichzeitigem Heranziehen des Köders, wenn man nach einer seichten Stelle geworfen hat, wo man in Gefahr ist, hängen zu bleiben, oder unter gleichzeitiger Lockerung des Daumens, wobei Schnur abläuft und der Köder sinkt, dies letztere, wenn die Einwurfstelle tief ist.

Die aufrollende Hand kommt dann an die Griffe, beim Linkshänder nach einem Griffwechsel, der aber spielend leicht ohne den geringsten Aufenthalt erfolgt. Der Rechtshänder hat es, wie schon erwähnt, noch einfacher, da seine Hand sich schon in unmittelbarer Nähe der Griffe befindet. Allerdings muß ich zugeben, daß der Rechtshänder dadurch, daß er ungewohnterweise gegen seinen Körper aufwinden muß, was der Linkshänder von Kind auf gewohnt ist, sich anfangs härter tun wird. Aber Übung macht den Meister, und genügt wohl ein einziger Übungstag am Wasser, um sich diese einfache Fertigkeit anzueignen. Ich habe noch keinen meiner älteren Sportgenossen getroffen, der mir nicht versichert hätte, daß er, nachdem er sich ohne Mühe das Aufrollen nach dem Körper zu angewöhnt habe, die Vorteile hoch zu schätzen wisse. Überhaupt ist die ganze Manipulation bei meinem Wurfe so denkbar einfach als nur möglich, so daß jeder, der ihn nur einmal gesehen hat, sofort dazu bekehrt ist, sobald er nur sich bequemt, die Rolle mit der linken Hand statt mit der rechten zu dirigieren.

Mit dem Daumen und Zeigefinger der oben fassenden, die Gerte dirigierenden Hand ist man dann stets in der Lage, das gleichmäßige Aufspulen der Schnur zu regulieren, was allerdings nur ausnahmsweise, z. B. bei sehr leichtem Köder, geringer Strömung oder starkem Frost, nötig ist. Setzt sich Eis an der Schnur an, dann streife ich dieses von Zeit zu Zeit zwischen Zeigefinger und Daumennagel während des Einwindens ab, nachdem ich es vorher durch rasches Senken der Gertenspitze in den Wasserspiegel erweicht habe. Überhaupt ist es von Vorteil, außer beim Befischen seichter oder von Wasserpflanzen überwucherter Stellen, die Gertenspitze so nahe wie möglich auf den Wasserspiegel im rechten Winkel zur Schnur zu halten und in dieser Stellung aufzurollen.

Fig. 190 zeigt den Wurf von links nach rechts mit vorgestrecktem, gegen das Ziel gerichtetem Zeigefinger unmittelbar vor Einfallen des Köders, Fig. 191 die Handstellung nach dem Wurfe. Bei Eisbelag wird das vordere Daumenglied senkrecht zur Schnur gestellt. In beiden Abbildungen ist die Rolle zum Linksaufrollen angebracht.

Sehr wichtig ist, daß man sich dieselbe Sicherheit im Wurf von links nach rechts wie von rechts nach links verschafft.

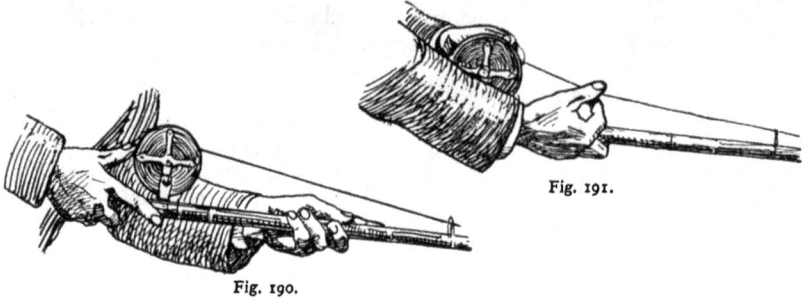

Fig. 191.

Fig. 190.

Abgesehen davon, daß man viel leichter Hindernisse, wie Sträucher, hohes Schilf usw. überwindet, wenn man die Gerte mit beiden Händen oder gar nur mit einer Hand dirigiert, statt sie beim Wurf in die Hüfte zu stemmen, gelingt der Wurf viel genauer und ohne Abnützung der Schnur, weil die Stellung der Gerte zur Schnur

Fig. 192.   Stellung beim Weitwurf auf 30 m und darüber.

fast eine gerade Linie bildet. Ich werfe daher selten aus der Hüfte. Seit ich mit leichten Gerten fische, werfe ich fast nur noch mit einer Hand und unterstütze die Gerte nur im anschwellenden Schwung mit der anderen. Den seinem Ziele zufliegenden Köder kann ich dann mit dem voll ausgestreckten Arme viel feiner dirigieren und zum Einfallen bringen (s. Fig. 192).

Ferner ist es wichtig, im Gegensatz zu den Empfehlungen englischer Autoren, den Köder in einer möglichst flachen Kurve dem Ziele entgegenzusenden. Je entfernter das Ziel, desto größer muß die Anfangsgeschwindigkeit sein. Der einträglichste Wurf ist auf 10 bis 20 höchstens 25 m, in verhältnismäßig seltenen Fällen hat ein Wurf von 30 m und darüber noch einen Wert, wenn einer besonders verlockenden Stelle nicht näher beizukommen ist.

Es war eine ganz falsche Annahme Jardines, wenn er behauptete, man könne beim Gebrauche der Nottinghamrolle nicht akkurat werfen und dem Köderfische das Leben und die wechselnde Bewegungsfähigkeit nicht geben. Ich sowohl, wie eine Anzahl meiner Sportsfreunde, treffen das Ziel auf 20 bis 30 m und, wenn es sein müßte, auch auf 40 bis 50 m mit der denkbar größten Sicherheit; wenn ich einigermaßen achtgebe, werfe ich von früh bis abends, ohne ein einziges Mal die Schnur in Unordnung zu bringen, und was die wechselnde Bewegungsfähigkeit betrifft, so ist nichts leichter, als dies zu erreichen. Man braucht nur die Rolle in wechselnder Schnelligkeit aufzuwinden, während man die Gertenspitze abwechselnd heranzieht und wieder etwas über den rechten Winkel streckt.

Dabei spinnt der Köder unausgesetzt weiter, bald schneller bald langsamer, ähnlich einem angsterfüllten Fische, der immer wieder zu schnellerer Flucht ansetzt, was den Raubfisch lüstern zur Verfolgung macht. Dazu muß eben die Gerte elastisch sein, sich bei jedem Zuge abbiegen und in der Pause wieder strecken. Steife Gerten eignen sich dagegen nur zur Führung von Ködern, die nicht zu spinnen brauchen.

Die elastischen Gerten bieten übrigens noch den weiteren Vorteil, daß man selbst kleine und kaum beschwerte Köder mit einem kurzen Unterhandschwung einem nicht zu weit entfernten Ziele »zuschutzen« kann. Es ist dies besonders wichtig, wenn man links und rechts Hindernisse, wie Bäume, Sträucher usw. hat, die ein Ausholen mit Seitenschwung unmöglich machen.

Meiner Erfahrung nach ist die richtige Gertenlänge 3,20 m = 10¾ Fuß engl. Längere Gerten sind entweder zu schwer oder zu weich, so daß sie ermüdend wirken oder der Anhieb fehlgeht. Kürzere, somit auch die normale mit einer Reservespitze, haben den Nachteil, daß der eben geschilderte Unterhandschwung, wegen der verminderten Elastizität der Spitze schwerer gelingt, weil die Schnur nicht genügend abläuft. Beim Spinnen vom Boote aus fallen selbstverständlich diese Nachteile weg.

Bezüglich der Rollen zur schweren Spinnfischerei habe ich mich schon in dem betr. Abschnitt S. 14 geäußert. Es sind zwar in den letzten Jahren eine Anzahl technisch hochvollendeter Rollen in England, besonders von Hardy Broth. hergestellt worden, die so durch Schrauben reguliert werden können, daß sie beim Einfallen des Köders von selbst stehen bleiben, daß also die Gefahr des Überlaufens ganz wegfällt, aber sie haben den Nachteil, schwer und teuer zu sein. Die auf S. 15 beschriebene »Reußrolle«, ein Erzeugnis der allerjüngsten Zeit, dürfte diesen englischen Rollen ebenbürtig sein, zum mindesten ist sie leichter und billiger. Mir persönlich war, ehe ich die Reußrolle kannte, die einfache Nottinghamrolle von Holz von 10 cm Durchmesser und die einfache mit Metall ausgeschlagene Ebonitrolle entschieden lieber, ja ich würde letztere noch vorziehen, wenn sie nicht so leicht zerbrechlich wäre. Wenn sie nur einmal unglücklich auf den Boden fällt, kann es vorkommen, daß man nicht weiterfischen kann, und jedesmal eine Reserverolle mitzuschleppen, ist auch nicht gerade angenehm. Dagegen hat die Holzrolle manchmal den Nachteil, daß sich das Holz, besonders wenn man einmal vergißt, die Rolle nach dem Gebrauch auseinander zu nehmen und gut zu trocknen, so wirft, daß sie ohne Nachhilfe ihren Dienst versagt. Bei starkem Frost benütze ich nur die einfache Holzrolle, weil auf ihr die Schnur am wenigsten gefriert.

Zur Spinnfischerei mit kleinen Ködern und leichter Bleibeschwerung kann ich nur die im gleichen Kapitel beschriebene Marston-Croßlé-Rolle aufs wärmste empfehlen, und zwar mit einem Durchmesser von 8 cm für Forellen usw. und von 10 cm für Hechte. Mit der alten Nottinghamrolle und leichter Beschwerung von 5—10 g sicher zu werfen, dazu gehört schon ein hoher Grad von Geschicklichkeit und Übung, da man beim Wurfe immer viel kürzer zielen muß, sonst überfliegt der leichte Köder das ausersehene Ziel. Diesen Mißstand fand ich mit einem Schlage beseitigt, als ich zum erstenmal mit einer von jenen höchst kunstvoll gebauten Rollen fischte. Die kleinere M.-C.-Rolle für Forellen ist mir seitdem unentbehrlich geworden, ich kann aber auch die größere von 10 cm Durchmesser jedermann aufs beste empfehlen, der mehr auf Hechte als auf Huchen fischt. Für den Fang von Huchen reicht man mit der billigeren Holzrolle aus, da die Belastung der Schnur eine größere ist, während man auf Hechte in seichten, verkrauteten Wassern oft nur mit kleinen und wenig beschwerten Ködern angeln kann. Die M.-C.-Rollen haben außer dem beschriebenen Vorteil noch einen sehr großen, der besonders Anfängern zustatten kommt, nämlich den, daß der Wurf insofern noch leichter gelingt, als das Überlaufen so viel wie ausgeschlossen ist. Durch eine Regulierschraube läßt sich auch der Ablauf nach Wunsch regeln, was z. B. sehr wichtig ist, wenn man einmal Rückenwind, dann wieder Gegenwind hat.

Mag man nun diese oder jene Rolle gewählt haben, eine conditio sine qua non ist eine gute Hemmfeder, die sofort in Kraft zu treten hat, sobald der Fisch angehauen ist und die auch sonst wichtig ist, wenn man nicht gerade Wurf auf Wurf macht. Bei der Gelegenheit will ich erwähnen, daß Anfänger sich leichter tun, wenn sie ihre ersten Wurfversuche bei vorgelegter Hemmung mit schwerem Blei machen, sie dürfen sich aber diese Methode keinesfalls dauernd angewöhnen. Je mehr die Übung fortschreitet, desto besser gelingt der Wurf mit geringer Beschwerung des Vorfaches und leichten Ködern.

Während man mit stärker belasteter Angel nur einfach nach hinten und in derselben vertikalen Ebene nach vorn zu schwingen

braucht, muß man sich (außer man fischt mit einer M.-Croßlé-
Rolle) mit leicht belastetem Vorfach und kleinem Köder angewöhnen, den Wurf in einer Horizontalkurve um sich zu machen,
die, je leichter die Angel ist, desto mehr sich der Form eines Halb-
kreises nähert, dessen Zentrum in der Rolle liegt. Dies wird dadurch erleichtert, daß man sich rechtswinklig, also mit der Schulter
gegen das Fischwasser stellt und den Oberkörper noch über diesen
Winkel hinaus nach rückwärts abdreht. Beim Rückschwung muß
der Köder ganz straff wie ein Perpendikel herabhängen, der langsam
aber fast bis zum rechten Winkel nach hinten schwingt, während
der Vorschwung anschwellend wie bei einem Steinwurf ausgeführt
werden muß. Ich halte es nicht für praktisch, wie es auch empfohlen
wurde, den Köder mit der Linken zu halten, ehe man zum Vorschwung ausholt, da der Wurf dann nicht mehr so gleichmäßig
gelingt. Hängt der Köder nicht vollkommen straff herab oder geschieht der Wurf ruckweise, dann mißglückt der Wurf regelmäßig
und passiert das, worüber Anfänger nicht hinwegkommen, daß das
Bleigewicht den Köder überfliegt.

Ich hatte in der jüngsten Zeit wiederholt Gelegenheit, Anfängern bei Ausübung der Spinn- und Flugfischerei zuzusehen.
Sie waren mit großem Eifer bei der Sache, versicherten mir, sie
hätten mein Buch aufmerksam durchstudiert und dennoch ver-
stießen sie gegen die elementarsten Regeln. Sie machten fast durchweg den Fehler, daß sie selbst bei ganz nahen Würfen viel zu viel
Kraft aufwandten. Der erste Fehler wurde immer schon beim Anschwung gemacht. Statt den Köder ganz langsam als Pendel nach
hinten anschwingen zu lassen und ebenso langsam nach vorn zu
schwingen und dann diesem Vorschwung eine langsam anschwellende
Kraft mitzuteilen, wurden beide Tempi stets überhetzt. Die Folge
war, daß die gerade Linie, welche die Schnur von der Gertenspitze
bis zum Köder bilden soll, vom Senkblei nach abwärts in eine
flackernde Winkelstellung geriet, die einem Überfliegen des Bleies
über den Köder hinaus Vorschub leisten mußte.

Seit einer Reihe von Jahren ist in Amerika, später auch in
England, der sog. Überkopfwurf mit ganz kurzen leichten Gerten
von nur 1,50—1,80 m Länge in die Mode gekommen, weil er viel
leichter zu erlernen ist, und hat bereits in Deutschland Anhänger
gefunden. Es läßt sich ja nicht leugnen, daß eine so leichte Gerte, die
man bequem ohne die geringste Ermüdung mit einer Hand lenken
kann, etwas Verführerisches hat und viele Verehrer finden muß, die
blindlings darauf schwören. Bei näherer Betrachtung schwinden aber
die gepriesenen Vorteile, welche die Gerte und ihre Führung bieten,
bedeutend. Zugegeben, daß der Wurf nicht die geringste Anstrengung
verursacht, so läßt sich doch nicht vermeiden, daß der Köder, im
großen Bogen geworfen, in das Wasser einpatscht. Die lebendige
Führung eines Spinnköders wird aber um so mehr erschwert, als die
Gerte kürzer und steifer ist, und wie schwierig wird es erst beim Drill
eines geangelten Fisches, die Schnur stets gespannt zu halten und
jeden plötzlichen Vorstoß des Fisches zu parieren, wenn dieser
ordentlich kämpft, wie es das Herz eines richtigen Sportfischers

erfreut. Ein Vorteil ist ja der kurzen Gerte nicht abzusprechen, daß man im schwierigen Gelände bei wenig Lücken zwischen den Sträuchern, z. B. an Parkweihern, besser hantieren kann. Aber sind denn an einem Flusse lauter solche Stellen? Ich denke die Uferpartien, an denen man froh um eine längere Gerte ist, sind doch entschieden überwiegend. Zweifellos erhaben ist eine kurze Gerte nur zur Schleppfischerei im Meere auf die großen Seeungetüme, brauchbar auch zum Schleppen in unseren Binnenseen, wenn man im Ruderboot beim Drill durch den Bootführer unterstützt wird, brauchbar ferner zum Weitwurf mit kleinen lebenden Ködern, wie die Amerikaner auf den Schwarzbarsch fischen, ebenso zum Grundangeln mit Weitwurf mit oder ohne Nottinghamfloß. Aber doch sicher absolut entbehrlich. Ich spreche da ungern pro domo, da ich aber in dieser Frage längst nicht allein stehe, muß ich doch sagen, daß jeder, der mit meinen leichten Forellen- oder Hechtgerten in Seen den Weitwurf geübt hat, mir bestätigen wird, daß diese auch einhändig zu führenden Gerten gar nicht ermüden und dann erst recht nicht, wenn man mit lebenden Ködern angelt, die man so sehr langsam mit großen Pausen zwischen den Würfen heranführt. Ganz unbrauchbar ist aber die kurze Gerte zweifellos an jenen Angelstellen, an denen es erste Bedingung ist, möglichst vom Ufer entfernt seine Würfe zu machen.

Der Vollständigkeit halber will ich nun zur Schilderung der Technik des Themsestils übergehen:

»Man zieht mit der linken Hand so viel Schnur von der Rolle, als man auslaufen lassen will. In einem Boot oder auf glattem Ufer läßt man die Schnur auf den Boden fallen. Dies hat aber den großen Nachteil, daß, wenn sich das kleinste Reisig hinein verschlingt, der Wurf mißglückt. Dasselbe würde beim Waten im Wasser geschehen. Das beste Mittel, um über diese Nachteile hinwegzukommen, ist wohl der zuerst von Ehmant beschriebene zusammenlegbare Fächer, welchen der Angler sich vorhält (Fig. 193). Aufgespannt und festgeschraubt, bildet er einen Korb, der in einen an einem Gürtel oder an dem linken Hosenträgerknopf befestigten Karabiner eingehängt, keine der beim Fischen nötigen Bewegungen hindert. Man läßt die eingezogene Schnur darauf fallen, vermeidet

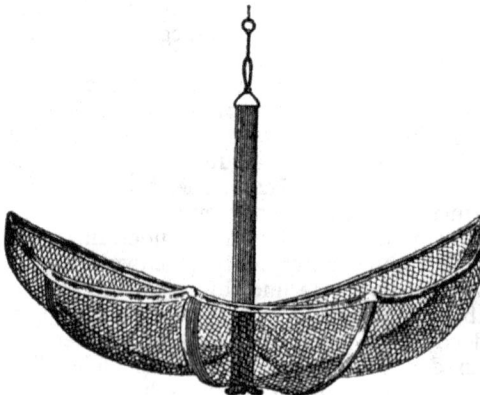

Fig. 193.

aber, daß Schleifen über den Rand hängen, weil diese beim Gehen vom Gestrüpp usw. oder beim Waten vom Strom heruntergezogen werden

können. Wenn der Fächer nicht benutzt wird, kann er auch zu-
sammengelegt angehängt werden[1]).

Hat man die Schnur von der Rolle gezogen, dann ergreift
man die Gerte mit der linken Hand über und mit der rechten Hand
unter der Rolle und die Schnur so zwischen dem Zeigefinger und
den andern Fingern der linken Hand, daß der Köder etwa $1\frac{1}{2}$ m
unter der Gertenspitze hängt. Nachdem man zum Schwunge aus-
geholt hat, wird der Köder von unten nach oben dem Ziele zu-
geschleudert, die Schnur aber erst losgelassen, wenn der Schwung
seine ganze Kraft erreicht hat, damit der Köder mit einer gewissen
Schnellkraft über das Wasser fliegt. Gerte und Schnur sollen dann
eine gerade Linie bilden. — Bei diesem Wurf ist der Sicherheits-
ring (Leitring) am Handteil noch wichtiger wie beim Wurf von der
Rolle, wegen der Gefahr der Verschlingung.

Eingezogen wird mit der linken Hand, nachdem die Gerte
der rechten Hand übergeben und ihre Spitze etwa $\frac{1}{2}$ m über
dem Wasser in einen Winkel mit der Schnur gebracht worden ist.

Bilden Gerte und Schnur einen Winkel, dann biegt sich der
Stock bei jedem Zug, streckt sich aber nach demselben vermöge
seiner Elastizität wieder aus und hält dadurch auch zwischen den
Zügen den Köder selbst im stillen Wasser in genügender Drehung.
Übrigens wird dieselbe noch gleichmäßiger, wenn man sie zwischen
den Zügen durch Rückwärtsbewegungen der Gerte beschleunigt.
Da letztere bei jedem neuen Zuge wieder in die alte Stellung ge-
bracht werden muß, so verlieren dann die Drehungen während der
Züge an Schnelligkeit, was sie zwischen denselben gewonnen haben.

Nach jedem Zuge halten die beiden ersten Finger und der Daumen der rechten Hand die Schnur so lange fest, bis die linke Hand
einen neuen Zug macht. Die Gerte bleibt unterdessen vom vierten
und fünften Finger umspannt.

Um rasch einzuziehen, muß man die Schnur über der rechten
Hand ziemlich weit oben ergreifen und lange Züge machen.« Soweit die Schilderung nach Ehmant.

Die Koryphäen des Themsestils, Jardine an der Spitze, stemmen schon beim Wurf die Gerte in die rechte Hüfte und lassen
die Schnur beim Einziehen nicht aus der Hand, sondern ziehen sie
ruckweise in Klängen mit den Fingern nach dem Ballen, wo sie
dieselben festdrücken. Andere legen die Schlingen nebeneinander
über die Hand und drücken sie mit dem gestreckten Daumen leicht
an jene fest. Beim Auswerfen lassen sie die Schnur unter dem
Daumen abziehen.

Über einen Nachteil kommen aber beide nicht hinweg. Gesetzt
den Fall, es hat ein Fisch gebissen, nachdem schon Schnur eingezogen war, ist derselbe groß und muß gedrillt werden, dann ist
es von großem Vorteil, wenn man keine lose Schnur, sondern alles
auf der Rolle hat, weil sonst zu leicht eine Verwirrung mit allen
möglichen schädlichen Folgen entstehen kann. Jardine weiß da

---

[1]) Siehe die Spinnfischerei von Ehmant, Verlag der »Allgemeinen
Fischerei-Zeitung«.

auch nicht mehr zu raten, als möglichst schnell aufzuwinden. Dies ist aber nur möglich, indem man dem Fisch wieder mehr Schnur gibt. Was nun, wenn der Fisch auch seinen Willen hat und, statt abzuziehen, immer näher herankommt und man die Distanz durch Laufen am Ufer nicht vergrößern kann? Dann wird man wohl oder übel die Schlingen in der Hand behalten müssen und den heiligen Petrus bitten, er möge jeden Fluchtversuch des Fisches hintanhalten.

Den eben besprochenen Nachteil des Themsestils geben selbst seine Anhänger zu, allein es bestehen derer noch eine ganze Anzahl gegenüber dem Nottinghamstil.

Die Fragen, die der nach dem ersteren Stil arbeitende Spinnfischer zuerst an sich stellen muß, wieviel bedarf ich Schnur zu dem oder jenem Wurf? Wird die abgezogene reichen oder bedarf ich noch mehr? Was fange ich mit der losen Schnur an, wenn ich nach einem weiten Wurfe rasch einen nahen machen will? Diese Fragen existieren nicht für den N.-Angler. Er visiert seinen Punkt, ob nah oder weit: die verminderte oder vermehrte Kraft beim Schwung, die sein Kollege von der Themse ebensogut braucht, besorgt alles. Unbezahlbar ist die Beruhigung, jeden Moment vollkommen Herr über seine Geräte zu sein. Braucht der Spinnfischer zu einem raschen Griff in schwierigem Gelände eine freie Hand, dann hat er sie nur, wenn er aufwindet.

Was aber den Wurf von der Rolle ganz besonders über den in Schlingen stellt, ist die Möglichkeit, noch bei Kältegraden zu angeln, bei denen der Verehrer des Themsestils mit seinen dickeren Schnüren längst einpacken muß.

In schmalen Forellenbächen hat man nicht nötig, nach einem der beiden Systeme zu werfen, man macht es vielmehr so wie bei der Grundangel mit Floß, indem man die Schnur zum Wurf aus den Ringen zieht (s. Fig. 157 S. 126). Ich selbst werfe mit der Spinnangel sogar auf die nächste Distanz fast ausschließlich von der Rolle. Seit ich eine M.-C.-Rolle besitze, erst recht.

Wir wollen nun annehmen, der angehende Spinnfischer stehe am Fischwasser, mit allen Geräten aufs beste ausgerüstet, nachdem er sich für den Nottingham- oder Themsestil entschieden, und habe sich auch durch fleißiges Werfen so viel Übung verschafft, daß er daran denken kann, ernstlich einen Fisch zu fangen.

Was hat er nun alles zu beobachten, um in einem Flusse eines solchen habhaft zu werden?

Über das Verhalten am Fischwasser im allgemeinen möge er sich vorher in dem betreffenden Kapitel orientieren, über den Lieblingsstand der Fische aber im speziellen Teil dieses Buches. Was uns jetzt vor allem interessiert, ist die Frage, wohin hat man zu werfen, und wie hat man den Köder zu führen, wann und wie wird der Fisch angehauen?

Vor allem vergegenwärtige man sich, daß der Fisch mit dem Kopf gegen die Strömung steht, und daß man sich bestreben muß, ihm nicht erst Schnur, Vorfach und Blei und dann erst den Köder zu zeigen, sondern womöglich nur den letzteren.

Es gibt daher in Flüssen nur zwei empfehlenswerte Würfe, den einen schräg stromab, den andern, jedoch nur in schärferen Strömungen, direkt abwärts, indem man den Köder in der Strömung weiter »rinnen« läßt, wobei man ihm entweder Schnur gibt oder mitgeht. Das gelingt aber nur, wenn er trotz der Abwärtsbewegung noch spinnt und die Strecke so tief ist, daß man nicht hängen bleibt.

Beim schrägen Wurfe deckt man die größte Wasserfläche, beim Rinnenlassen nur einen Streifen.

Es ist oft von Vorteil, beides in einem Wurfe zu verbinden, je nach der Stelle, die man befischt. So läßt man z. B. nach schrägem Wurfe den Köder in eine Gumpe hineintreiben und führt ihn dann in spitzem Winkel aufwärts dem eigenen Ufer zu.

Wenn man die Wahl hat, holt man, am rechten Ufer stehend, besser über die linke Schulter zum Wurfe aus und umgekehrt.

Es ist wichtig, dem Köder Leben zu geben und doch dabei so langsam zu spinnen als möglich. Man läßt ihn z. B. zuerst wie einen ermatteten Fisch treiben, plötzlich führt man ihn wie einen ängstlich verfolgten ruckweise zickzack, immer wieder mit einer Ruhepause, vorausgesetzt, daß genügend Strömung vorhanden. Koppen führt man, ihre charakteristischen Bewegungen nachahmend, ruckweise immer etwa $\frac{1}{2}$ m weit und pausiert eine Sekunde. Das Wichtigste aber, um nicht nur den Raubfisch zur Verfolgung des Köders zu reizen, sondern ihm auch Gelegenheit zu geben, ihn ordentlich zu fassen, ist, wie erwähnt, ein möglichst langsames Tempo im Spinnen. Es ist ja ganz klar, wenn man ein bischen über den Vorgang des Angriffes nachdenkt, daß der Raubfisch, wenn er in scharfem Tempo dem Köder gegen die Strömung folgen muß, seinen Rachen nicht so weit aufsperren kann, um den Köder einzuschlürfen. Er wird trachten, ihn einstweilen mal mit seinen vordersten Zähnen packend aufzuhalten. Erfolgt dann der Anhieb, dann geht er häufig fehl oder der Fisch kommt nach einigen Schlägen wieder ab.

Man versäume nie, die Schnur in vollkommener Spannung zu erhalten, sonst geht der Anhieb immer fehl. Man denke stets daran, daß, wenn man über eine Strömung hinüberwirft, die zwischenliegende Schnur in einer Kurve nach abwärts gezogen wird. Man suche diese sofort auszugleichen und sei, wenn es nicht gleich gelingt, auf seiner Hut, um bei einem Anbiß mit doppelter Kraft anzuhauen.

Es dürfte lehrreich sein, diesbezüglich ein Beispiel aus meiner Anfängerpraxis zu erzählen:

Nach der Korrektion einer seinerzeit herrlichen Huchenstrecke in der Iller, durch welche mehrere Schleifen von je über 2—3 km Länge mittels gerader Kanäle abgeschnitten wurden, war es natürlich, daß die Huchen dichter zusammengedrängt standen.

An dem Ende eines solchen Kanals stürzte nun die Iller mit starkem Gefälle in das alte Bett, und zwar in eine tiefe Gumpe, die etwa 30 m breit war. Dadurch entstand an beiden Ufern eine bedeutende Rückströmung. So oft ich nun vom linken Ufer über die Strömung hinüber in die jenseitige Rückströmung warf und dem Köder Zeit gab, tiefer zu sinken, hatte ich, sobald ich anfing, einzurollen, fast jedesmal einen Anbiß. Da aber mittlerweile die zwischenliegende Schnur durch die Wucht des. Wassers in einer großen Kurve weit nach abwärts gerissen wurde, kam der Anhieb nicht zur Geltung, weil die Fische ihn gar nicht spürten.

So geschah es denn, daß ich sicherlich 20 bis 30 mal Huchen, und zwar keinen unter 10 Pfd., von denen mancher ja auch zweimal oder öfter gebissen haben mag, bis in die Rückströmung zu meinen Füßen zog, aber nicht einen einzigen zum Landen brachte. In der Nähe des Ufers öffneten sie einfach den Rachen und empfahlen sich. Der Stelle vom andern Ufer beizukommen, war unmöglich, da ich kein Boot zur Verfügung hatte.

Ich entsinne mich nicht, je in meinem Anglerleben eine aufregendere und zugleich deprimierendere Situation durchgemacht zu haben! —

Über die Tiefe, in welcher man einen Spinnköder führen soll, gehen die Ansichten sehr auseinander.

Im Bischoff, 2. Auflage, ist zu lesen: »Man soll den Köder nicht tief sinken lassen. Der Fischer hat dabei Obacht zu geben, daß er (was sehr zu beachten ist) seinen Köder spinnen sieht.«

Ich halte das für absolut falsch. Mein Prinzip ist, den Köder immer so tief zu senken als möglich, ihn jedoch dann und wann durch einen rascheren Zug mehr nach der Oberfläche zu bringen. Es trägt dies zur lebendigen Führung bei. Der Köder geht ohnehin »leider« nicht immer so tief, als ich es oft gern haben möchte, trotzdem ich in tiefen und reißenden Flüssen noch ein zweites Blei zwischen Vorfach und Schnur einfüge.

Dieses zweite Blei hat auch seine Gegner gefunden, ich kann jedoch versichern, daß zwei kleinere Senker beim Einwurf weniger störend wirken wie ein doppelt so schweres Blei. Beim richtig gestreckten Wurf wird die gerade Linie der Schnur von der Gertenspitze bis zum Köder nicht unterbrochen und fällt das untere Blei zuerst und dann erst das obere, und zwar lautlos ein.

Meine schönsten Fische habe ich gerade dann gefangen, wenn ich den Köder nicht sehen konnte.

Das tiefe Spinnen hat allerdings einen Nachteil, über den viele nicht hinwegkommen. Spürt man nämlich einen Halt, ohne gleichzeitig etwas Auffälliges zu sehen, dann ist man im unklaren, ob ein Fisch gebissen hat oder ob man hängen geblieben ist. Nur zu leicht läßt man sich verführen, darüber Betrachtungen anzustellen, und wenn diese auch nur eine Sekunde dauern, dann ist es schon zu spät zum Anhieb. Wie viele gute Fische gingen dadurch schon verloren; auch ich habe manches Lehrgeld bezahlt.

Deshalb kann ich nur den einen Rat geben, a tempo rücksichtslos anzuhauen, auf die Gefahr hin, auch einmal eine Angel zu verlieren.

Auf der anderen Seite verfällt man, wenn man den Fisch steigen sieht, und besonders gerade dann, wenn er groß ist, in den entgegengesetzten Fehler, den Anhieb zu früh zu setzen, was besonders häufig dem Fliegenfischer aus alter Gewohnheit passiert.

Das Richtige ist also stets, dem Gefühle, nicht wie bei der Flugangel dem Gesichte nach, aber dann auch so schnell wie möglich anzuhauen.

Ist ein Anhieb mißglückt, so kann man nichts Besseres tun, als ohne Zeitversäumnis nochmals etwas oberhalb an die Stelle zu werfen, wo der Anbiß erfolgt ist, und den Köder hineintreiben zu lassen. Der Raubfisch wird ihn dann für die ihm eben entkommene Beute halten, die ihm kraftlos und zerschunden zutreibt. Untersucht und verbessert man aber noch vorher den zerbissenen Köder, dann ist es gewöhnlich zu spät.

Je größer die Entfernung des Fisches, je mehr also die Elastizität der ausgegebenen Schnur überwunden werden muß, desto stärker muß man anhauen, besonders dann, wenn, wie schon erwähnt, die Schnur nicht vollkommen gestreckt ist. Man soll trachten, den Fisch beim Anhieb seitlich, entweder links oder rechts zu treffen, also immer so, daß die Richtung des Fischkörpers und die Schnur einen Winkel bilden. Zieht man nach vorn, so kann man ihm leicht den Köder aus dem Rachen reißen, beim Anhieb nach oben verhindert nur zu oft der harte Gaumen das Eindringen der Widerhaken.

Quittiert der Fisch nicht sofort mit einer ziehenden und schüttelnden Bewegung, einer Reflexäußerung seines Schmerzes, dann wiederhole man den Anhieb Schlag auf Schlag so oft, bis man sicher ist, daß er auch wirklich sitzt, worauf man sofort die Hemmungsfeder vorschiebt. Um dem Widerhaken Gelegenheit zu geben, tief einzudringen, übe man kurze Zeit einen festen Druck aus durch strammen Zug mit der Gerte, bis der Fisch im richtigen Bewußtsein seiner Lage die ersten Befreiungsversuche macht. Dann heißt es, ihn mit stets gespannter Schnur zart behandeln und kunstgerecht drillen.

Die Salmoniden, der Lachs an der Spitze, dann die Forelle, weniger der Huchen, haben mehr oder minder die Gewohnheit, sich nach dem Ergreifen ihrer Beute flußabwärts zu drehen, was dem Anhieb zustatten kommt, ja ihn oft sogar entbehrlich macht. Beim Lachs ist der Ruck manchmal so stark, daß man sein Zeug zertrümmern würde, wollte man noch anhauen. Der Hecht macht aber nicht die elegante Bewegung, womit jene den Köder wie im Fluge fangen, sondern nur einen raschen Vorstoß, worauf er meistens stehen bleibt. Dieser Umstand und sein harter, knochiger Rachen sind die Veranlassung, daß er öfter abkommt. Um so wichtiger ist bei ihm der stramme Zug nach dem Anbiß.

Sieht man einen Fisch dem Köder folgen, so begehe man ja nicht den Fehler, durch Verringerung des Tempos im Spinnen ihm den Köder näher zu bringen. Das würde der Wirklichkeit und somit den Erfahrungen des Fisches zuwiderlaufen. Gelingt es nicht, ihn durch Zickzackbewegungen des Köders gieriger zu machen, dann ziehe man ihn aus dem Gesichtskreise des Fisches, was ihn nach dem rasch gesetzten nächsten Wurf doch noch manchmal zum Zugreifen verleitet.

Nie versäume man, ganz besonders aber beim Fischen vom
Boote aus, den Köder aufmerksam zu führen bis zuletzt, bis also
die Schnur zum neuen Wurf genügend verkürzt ist. Es ist nämlich eine häufig beobachtete Tatsache, daß nicht sehr hungrige
Fische dem Köder bis hart an das Ufer oder Boot folgen, um ihn
erst im letzten Augenblick zu ergreifen.

Das Spinnen vom Boote, sei es nun in großen Flüssen oder
in Seen, ist entschieden schwieriger und erfordert mehr Übung
als vom Ufer aus.

Im Boote hat man selbstverständlich viel geringere Bewegungs-
freiheit als auf dem Lande. Am Ufer hat man die Möglichkeit,
mit dem gehakten Fische auf und ab zu laufen und dadurch die
Funktion der Gerte und der Rolle zu unterstützen, sowie sich vor
ihm zu verbergen. Ja, es ist für den Uferfischer geradezu eine
goldene Regel, die Füße mehr zu gebrauchen wie die Hände.

In Seen kommt ja viel auf die Geschicklichkeit des Ruderers
an, der anfangs durch Beobachtung der richtigen Distanz und später
durch kaltblütige Handhabung des Unterfangnetzes oder Gaffs
viel zur sicheren Landung beitragen kann; anders aber ist es in
Flüssen mit reißender Strömung. Dort hat der Bootführer, wenn
er das Boot festhalten will, seine ganze Kraft einzusetzen; sobald
er nachgibt, rinnt dasselbe dem geangelten Fische entgegen. Selbst
wenn er eine Kiesbank zu gewinnen sucht, kann er die Strömung
nur schräg nach abwärts überwinden. Wenn dann der gehakte Fisch
noch bei vollen Kräften statt abzugehen an das Boot herankommt,
ist es viel schwieriger, das Landungsgeräte prompt anzuwenden.
Es sind daher oft die aufregendsten Momente, wenn der Spinnfischer,
auf sich allein angewiesen, genötigt ist, einen schweren Fisch, der
sich noch in voller Lebenskraft wild gebärdet, mit der einen Hand
an der Gerte zu halten und mit der andern richtig zu gaffen.

Am besten läßt sich besonders ein großer Fisch drillen, wenn
er nicht gar zu nahe an das Boot herankommt, solange er noch bei
vollen Kräften ist. Man tut daher gut daran, ihm anfangs mehr
seinen Willen zu lassen, ja man führt ihn sogar absichtlich in eine
Strömung, damit der Abstand größer wird.

Die größte Unsicherheit herrscht, wie ich oft beobachtet habe,
beim Anfänger über das Maß an Kraft, welche beim Drillen in den
einzelnen Stadien des Kampfes zur Anwendung zu kommen hat,
und so verfällt mancher in das eine, der andere in das entgegen-
gesetzte Extrem, je nach seinem Temperament. Am verkehrtesten
ist die Anwendung roher Gewalt, außer man hat einen vorzüglichen
Landungsplatz in nächster Nähe.

Ich lasse, wie gesagt, gerne dem Fisch anfangs seinen Willen,
entfernt er sich aber weiter wie etwa 20 m, dann setze ich ihm
soviel Widerstand entgegen, als ich meiner Gerte zutrauen darf,
und das ist weit mehr, als man gewöhnlich annimmt. Es ist kaum
zu glauben, was ein verhältnismäßig schwaches Zeug aushält, wenn
man zwei Punkte stets vor Augen hat, erstens, daß die Gerte nie
aus dem richtigen Winkel kommt und zweitens, daß man niemals
ruckweise den Widerstand steigert, sondern ganz allmählich. Bei

der Lachsfischerei habe ich durch die lange gewaltsame Anspannung der Muskeln wiederholt Krampf im Bizeps bekommen und am nächsten Tage noch Schmerzen gespürt wie bei heftigem Rheumatismus.

Zur Abwechslung, auch um inzwischen von dem schließlich ziemlich ermüdenden Werfen auszuruhen, kann man in Seen oder breiten Flüssen mit wenig Gefäll den Spinnköder hinter dem geruderten Boote herziehen. Man läßt dann wenigstens 30—40 m Schnur ab und hält die Gerte im rechten Winkel über den Bootrand. Es ist dies dann eine Schleppfischerei mittels Gerte, weniger kunstvoll als das eigentliche Spinnen, aber immerhin ganz lohnend, zumal wenn die Fische sehr hoch stehen. Man fischt so hauptsächlich auf Seeforellen und Lachse. Man hat besondere Gertenhalter konstruiert, die vorrätig zu haben sind und die an die Bootswand angeschraubt werden, an denen die Gerte ebenso schnell befestigt wie abgenommen werden kann. Da sich der Fisch beim Anbiß selbst anhauen muß, können nur feine, spitze Haken Verwendung finden.

Einer der wichtigsten Punkte ist schließlich das Landen des geangelten Fisches. Die Landungsgeräte wurden bereits besprochen, ebenso das Drillen des Fisches bis zur Landung. Es handelt sich also nur noch um die Beschreibung der Technik beim Landen selbst:

Bei der Spinnfischerei auf Forellen, Äschen usw. wird man, wenn die Schnur beim Anbiß nicht länger ist wie die Gerte und die Uferverhältnisse ungünstig sind, einen kleineren Fisch bis zu einem Pfund und darüber nicht mehr lange Fluchten machen lassen, sondern ihn mit einem vorsichtigen Schwung auf das Ufer heben. Sobald aber die Schnur wesentlich länger ist wie die Gerte, darf man beileibe keine Gewalt anwenden, sondern sei zuerst darauf bedacht, sie zu kürzen, und zwar so weit, bis der Vorfachwirbel an der Gertenspitze anstößt. Man warte ab, bis der Fisch in seinen wilden Befreiungsversuchen eine Pause macht und befördere ihn dann mit einem zügigen Schwung auf das Ufer. Gut ist es, wenn man vorher die Gerte um 180⁰ um ihre Achse dreht, um ihr in der Richtung, in der sie am meisten auszuhalten hat, nicht noch eine weitere Kraftleistung zuzumuten.

Mit dem Handnetze kann man nur kleinere Fische sicher herausholen, will man es auch auf größere Fische zum Zweck des Lebenderhaltens anwenden, dann muß es schon ziemlich umfangreich sein. Man braucht dann dazu einen geschickten Mann, der es trägt und zu führen versteht. Man läßt ihn das Netz im entscheidenden Momente unterhalten und führt den Fisch hinein.

Am sichersten ist, wenn die geangelten Fische ein Gewicht von etwa 4 Pfd. überschritten haben, immer der Gaff, nur ist es merkwürdig, wie wenige ihn anzuwenden verstehen. Es gehören dazu allerdings gute Nerven und ein blitzschneller Entschluß sowie ebenso rasches Handeln. Man darf nicht ängstlich zögern, sondern muß den geeigneten Moment schnell erfassen.

Der Gaffträger soll unterhalb stehen, ohne sich zu rühren und mit vorgestrecktem Gaff ruhig abwarten, bis ihm der ermattete Fisch der Breitseite nach vorgeführt wird. Man lasse sich wegen der Gefahr des Abgleitens keinesfalls verleiten, den Gaff einzuschlagen, solange der Fisch noch spitz oder halbspitz gegen das Ufer steht.

Ist das Wasser am Landungsplatze tief, so muß man den Fisch so weit zu heben suchen, daß er nicht tiefer als etwa 30 cm steht, damit er für den Gaff leicht zu erreichen ist.

Nun bringt der Gaffträger den Gaff mit senkrecht nach unten stehender Spitze so über den Rücken des Fisches, daß er mit dem Stiel an diesem eine Führungslinie bekommt. Dann erst macht er einen kurzen Ruck und schlägt ihm das Eisen bis zum Bogen hinein.

Dieser Ruck darf nur in einer geraden Richtung geschehen, es wäre sehr verkehrt, wollte man den Fisch gleich damit herauswerfen. Mir ist es schon einmal passiert, daß ich einen schweren Huchen mit der abgebrochenen Gaffspitze verlor, nachdem ein Angelfreund diesen Fehler gemacht hatte.

Einen weiteren Verlust eines etwa 12 pfündigen Hechtes hatte ein anderer Begleiter auf dem Gewissen. Ich hatte das Prachtexemplar eben von einer hohen Betonwand aus müde gedrillt, mein Gaffträger hatte sich, um hinunterlangen zu können, flach auf den Boden gelegt und den Fisch regelrecht gegafft. Statt nun den Gaff mit dem daran hängenden Hecht vorsichtig heraufzuhanteln, wollte er ihn im Bogen herausschleudern. Dadurch kam die Gaffspitze nach unten und der Hecht flog, ohne sich zu rühren, einfach in das Wasser zurück, um sich auf immer zu empfehlen.

Man kann auch den Gaffträger an einen günstigen Landungsplatz vorausschicken mit der Weisung, sich niederzukauern und den Gaff mit nach oben gekehrter Spitze regungslos schräg ins Wasser zu halten. Dann führt man den Fisch so über den Gaff, daß der Gehilfe im richtigen Moment nur einen kurzen Ruck zu machen braucht. Gelingt das, dann ist der Anschlag für den Gaffenden viel sicherer und weniger aufregend, aber in den meisten Fällen glückt es eben nicht, den Fisch genau dahin zu führen, wo man es am liebsten haben möchte.

Hängt der Fisch einmal im Gaff, dann kann man ihn, aber selbstverständlich mit senkrecht gehaltenem Stiel, mit aller Gemütsruhe herausheben. Bei der Landung eines 11 kg schweren Hechtes merkte ich, daß mein Teleskopgaff sich aufbog. Um sicher zu gehen, griff ich mit Zeigefinger und Daumen der anderen Hand vorsichtig in die Augenhöhlen und hob ihn dann erst über den Bootrand. Die gleiche Vorsicht ist ratsam, wenn, was zuweilen vorkommt, der Gaff nur eine Fleischbrücke gefaßt hat.

Schwieriger ist die Sache schon, wenn der Fisch unter Gestrüpp od. dgl. geraten ist, welches sich beim Herausheben über seinem Rücken spreizt. Ich entsinne mich da eines Falles, der in dieser Beziehung lehrreich ist. Ein 20 Pfd. schwerer Huchen hatte sich nach langem Drill unter einen Faschinenbau gestellt, wo er unverrückbar stehen blieb. Es blieb mir, da ich ohne Boot war, nun nichts anderes übrig, als mich flach auf den Boden zu legen und ihn durch die vorstehenden Äste hindurchzugaffen. Ich konnte ihn nun wohl so weit heben, bis er an die Äste mit dem Rücken anstieß, weiter ging es aber nicht. Ich beugte mich nun, nachdem ich den Ärmel aufgestreift hatte, so weit hinab, daß ich eben noch mit Daumen und Zeigefinger der rechten Hand tastend, in die Augenhöhlen greifen konnte. Dann zog ich den Gaff aus dem Fischkörper und zwängte den Fisch mit aller Gewalt, Kopf voran, nur mit Hilfe der beiden Finger, durch die Äste hindurch. Es war dies um so schwieriger, als ich mit dem Oberkörper tiefer lag als mit den Beinen, aber es gelang mir dennoch, den Huchen, ohne das Übergewicht zu bekommen, auf das Land zu schleudern. Selten hat mir ein Fang so viel Freude gemacht.

Wo soll man den Fisch treffen? Im ganzen ist das ziemlich einerlei, wenn man ihn nur in das Fleisch und nicht auf einen Kopfknochen trifft. Am hilflosesten ist er, wenn man ihn hinter der Rückenflosse gafft. Sein Kopf hängt dann mit dem Schwergewicht nach unten. Bei kleineren Fischen dringt der Haken in der vorderen Hälfte besser ein.

Ist man allein, oder hat man einen unzuverlässigen Begleiter, dann sucht man den Fisch mit dem Unterkiefer zu stranden, hält ihn mit gespannter Schnur, nachdem man diese ergriffen und die Gerte weggelegt hat, fest, hantelt sich an der Schnur bis zum Fisch und greift dann erst nach dem Gaff, um diesen kunstgerecht einzuschlagen.

Schwieriger ist es natürlich, im Wasser stehend einen Fisch, mit dem Gaff in der einen und der Gerte in der anderen Hand, zu gaffen. Man muß dann dem Fische den Griff zeigen (s. S. 102), die Schnur, soweit es geht, verkürzen, die Gerte dabei möglichst nach hinten und den Gaff bei weitgespreizten Beinen nach vorn strecken. Auch muß der Gaff langstielig sein, um den Fisch erreichen zu können.

3. Die Schnappangel.

Die Schnappangel und die nachher zu beschreibende Paternosterfischerei sind die beiden Angelmethoden, welche in England weitaus am häufigsten zum Fang von Hechten geübt werden. Sie wird teils mit lebendem, teils mit totem Köder betrieben.

Zur Schnappfischerei mit lebendem Köder benutzt man eine kräftige nicht zu weiche Gerte, Nottinghamrolle und Seidenschnur wie bei der Spinnfischerei und fischt ganz ähnlich wie mit der Grundangel mit Floß, nur daß dieses viel größer sein muß, wenn es einen Köder oft von 100 bis 200 g nebst Blei zu tragen hat. In der Regel aber, bei mittelgroßen Ködern, genügt schon ein Floß von der Größe eines Kibitzeies.

Die Schnappfischerei mit Floß wird in großen Flüssen mit ruhigem Lauf, in Altwässern oder großen Tümpeln sowie in Seen betrieben, und es werden hauptsächlich Hechte, aber auch Waller, Zander, große Barsche, ja vereinzelt selbst Huchen damit gefangen.

Da es sich hauptsächlich um den Fang der Hechte handelt, werden die Haken an ein feines Gimp oder Punjabdraht befestigt.

Das Vorfach, am besten von Stahldraht oder gedrehtem Poil, wird mit einem Archer-Jardineblei, welches gegen ein ½ m vom Köder entfernt sein muß, versehen. Es ist wichtig, daß man das Blei dem Gewicht des Flosses und der Schwere des Köders entsprechend wechseln kann.

Als Floß benutzt man eines nach Fig. 69, 70 oder 71 oder beim Befischen größerer Tiefen ein gleitendes Floß, schwerer wie das in Fig. 72 zur Anschauung gebrachte; das wichtigste Gerät ist aber die Schnapp-angel selbst.

Es gibt eine Menge von Mustern, die mehr oder minder kompliziert sind. Ich werde mich aber darauf beschränken, nur das zweifellos beste, das bis jetzt meinem Dafürhalten nach, noch von keinem andern übertroffen wird, zu beschreiben:

Fig. 194 stellt »Jardines Schnappangel« dar. Der Haken *a* wird in der oberen Ecke des Kiemen-deckels eines entsprechenden Köders befestigt, der Haken *b*, welcher mit dem oberen Doppelhaken ver-schiebbar ist, wird am Gimp so gestellt, daß man ihn dicht unter der Rückenflosse durchführen kann. Wenn der lebende Fisch richtig angeködert ist, haben die Kopfhaken die Richtung nach rückwärts, die Rückenhaken aber nach oben und der Köder etwas das Übergewicht nach vorn, so daß er nicht nach oben schwimmen kann (Fig. 195).

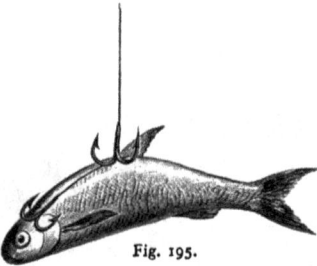

Fig. 194.

Packt der Fisch den Köder, wie es die Regel ist, quer und dreht dessen Kopf nach seinem Schlunde, dann kommen beide Haken beim Anhieb zur Geltung.

Da man selten in der Lage ist, immer gleichgroße Köder zu bekom-men, anderseits gerade die größeren Exemplare, welche zum Spinnen keine Verwendung mehr finden können, für die Schnappfischerei noch ganz gut zu gebrauchen sind, muß man Haken-fluchten von verschiedenen Größen vorrätig haben.

Fig. 195.

Als Köder eignen sich am besten 12 bis 20 cm lange Hasel, Rotaugen, Kreßlinge oder Barben. Auch Goldfische, Goldorfen, überhaupt Fische, die in dem betreffenden Wasser nicht vorkommen, werden empfohlen.

Die Schnappfischerei hat gerade am meisten Erfolg, wenn die Spinnangel aufhört einträglich zu werden, also zur Zeit, wo sich die ersten Fröste einstellen. Der Hecht sowohl wie die andern Fische, die das wärmere Wasser lieben, ziehen sich dann nach den tieferen Stellen zurück. — Man kann die Methode bis weit in den

Winter hinein betreiben und dann auch Stellen befischen, die im Sommer stark bewachsen waren, an denen inzwischen die Wasserpflanzen abgestorben sind.

Aber auch im Sommer hat die Schnappfischerei an solchen Stellen Berechtigung, die ausgemachte Standorte großer Fische sind, die man jedoch, sei es wegen ihrer Tiefe, sei es wegen zu üppigen Pflanzenwuchses, mit der Schlepp- oder Spinnangel nicht befischen kann.

Befindet sich z. B. mitten in Krautbetten eine offene Stelle von, sagen wir 3 bis 4 m Durchmesser; was ließe sich da viel mit Spinnen erreichen? Kaum hat man den Wurf gemacht, so muß man den Köder schon wieder herausziehen, von Tiefführen desselben kann keine Rede sein.

Hat man aber die nötigen Geräte und lebende Köder zur Hand, dann ist man in der Lage, rasch, ohne Gerte und Rolle zu wechseln, die einladende Stelle zu befischen. Man bringt das Floß so an, daß der Köder etwas unter die halbe Tiefe des Wassers zu schwimmen kommt und wirft aus einiger Entfernung vorsichtig von der Rolle so, daß zuerst der Köder und dann erst das Floß in die Stelle fällt. Vermutet man Waller, dann senkt man den Köder bis fast auf den Grund. In dem Falle sollte man sich freilich schon längere Zeit im voraus die Stelle ausgelotet haben.

Fischt man an breiteren Flüssen oder zwingen überhaupt die Verhältnisse zu weiteren Würfen, so bringt man oberhalb des Floßes zwei Piloten-Korke mit weiter Bohrung an, die nach dem Auswurf an der Schnur hinaufrutschen und diese über Wasser halten.

Nach dem Wurfe wartet man ruhig ab, bis der Anbiß erfolgt, was sich durch Untertauchen des Floßes kundgibt. Hört der Köder auf, sich zu bewegen, so muß man ihn herausholen und nachsehen, ob keine Pflanze daran hängt. Es ist rationell, gleich anzuhauen, hat man aber schlaffe Schnur zwischen Gerte und Floß, dann muß man diese vorher schnell in Ordnung bringen. Also lieber eine kleine Zeitversäumnis, als ein Anhieb bei schlaffer Schnur! Am besten ist es allerdings, wenn man dafür sorgt, daß die Schnur überhaupt nicht sinken kann, ein Vorteil, der allein schon dem Köderfisch zugute kommt, indem es ihn länger frisch erhält, wenn er weniger Gewicht nachschleppen muß. Verhütet wird dies durch Einfetten der Schnur mit Hirschtalg oder Marsöl. Es braucht kaum erwähnt zu werden, daß die Schnappfischerei bei trübem Wasser weniger einträglich sein kann, weil der Köder dann für den Raubfisch nicht weit genug sichtbar ist.

Die Schnappangel mit totem Köder hat so viel Ähnlichkeit in der ganzen Anwendung mit der Schluckangel, daß ich sie mit dieser zusammen beschreiben werde.

4. Die Paternosterangel.

In früheren Zeiten, ja schon im Mittelalter, wo die Fischerei noch hauptsächlich von den Mönchen betrieben wurde, war eine Angel viel im Gebrauch, an deren Ende ein Bleigewicht und darüber in gleichmäßiger Entfernung um ihre Achse bewegliche Perlen oder Kugeln angebracht waren. An jeder Perle waren an einer kurzen Seitenschnur Angelhaken befestigt, die mit den verschiedensten Ködern beködert wurden. Diese Angel wurde Paternosterangel genannt, wahrscheinlich wegen der entfernten Ähnlichkeit mit einem Rosenkranze.

Heutzutage benutzt man im Süßwasser mit Vorteil nur noch auf die Barscharten solche Grundschnüre mit zwei, höchstens drei Ködern, die aber, um weniger aufzufallen, nicht mehr an Perlen befestigt, sondern meist nur einfach eingeschlungen werden. Die Technik dieser Methode werde ich beim Flußbarsch beschreiben.

Die Paternosterangel, wie sie auf die großen Raubfische, besonders aber für den Hecht in Gebrauch ist, hat mit der alten Angelweise nur noch das eine gemeinsam, daß das Blei zu unterst angebracht ist und der einzige und lebende Köder sich in einiger Entfernung frei darüber bewegen kann.

Diese Art zu angeln ist verhältnismäßig neueren Datums und kommt, was Reiz und Geschicklichkeit betrifft, der Spinnangel am nächsten[1]).

Sie unterscheidet sich von der vorigen hauptsächlich dadurch, daß der Köder geführt wird und sich nicht selbst überlassen bleibt. Bei der Schnappfischerei schwimmt dieser von der Schnur weg und zieht sie mit dem Floß dahin, wo es ihm beliebt. Will man ihm dies wehren, so gerät er in eine unnatürliche Rückwärtsbewegung.

Bei der Paternosterangel kann man den Köder, da der Kopf die Richtung gegen den Angler hat, dahin leiten, wohin man es für gut findet. Sie hat den weiteren Vorzug, daß man Fischen, die dicht am Grunde und in größeren Tiefen stehen, auch ohne vorhergehendes Loten beikommen und selbst bei schroffem Wechsel in den Tiefenverhältnissen immer Fühlung mit dem Grunde haben kann. Sie eignet sich daher nicht nur in Seen und ruhigen Tümpeln, sondern auch an Wehren und in

Fig. 196.   Fig. 197.

---

[1]) Von verschiedenen Seiten sind Vorurteile gegen die Anköderung lebender Fische bei der Schnapp- und Paternosterangel geltend gemacht worden, welche in Anbetracht der geringen und kaum empfindlichen Verletzung ganz ungerechtfertigt erscheinen. Wie viel eher müßte man die Legangel der Berufsfischer bekämpfen, an der Köder wie Raubfisch sich stunden-, ja tagelang abzappeln müssen.

Flüssen mit stärkerem Gefälle, wo man den Köder der Strömung überlassen und seitlich derselben wieder langsam heranzuziehen vermag.

Man kann die Paternosterfischerei mit jeder Spinngerte betreiben. Wer sich aber in Seen ausschließlich damit beschäftigen
will, ohne zur Abwechslung zu spinnen, benutzt am besten eine
etwas längere, weichere Gerte, da der Anhieb nicht so kräftig zu
sein braucht. In Flüssen ist eine steifere Gerte besser.

Da Jardine, der eigentliche Begründer dieser Methode, ganz
außerordentliche Erfolge aufzuweisen hat und weitaus die meisten und
schwersten Hechte damit gefangen hat, will ich die Schilderung
seiner Technik aus seinem Buche »Pike and Perch« entlehnen:

»An der Schnur ist ein 4 Fuß (1,20 m) langer einfacher Poilzug, wie für die Lachsfischerei gebräuchlich, angeschlungen, an
diesem wieder ein 1½ bis 2 Fuß (45 bis 60 cm) langes Stück eines
schwächeren Zuges. Die Poils sind grün gefärbt. Zu unterst hängt
ein 15 bis 25 g schweres Blei (Fig. 196). Verhängt oder verklemmt
sich dieses Blei auf dem Grunde, dann reißt nur das dünnere Poil
zunächst desselben und ist nicht viel verloren.

In die Schleife, welche starkes und schwaches Poil verbindet,
wird der eigentliche Paternosterhaken, welcher an einem 30 cm
langen, nicht zu dicken Gimp befestigt ist, eingeschlungen.

Man benutzt zu einem 12 bis 14 cm langen Köder einen Sneck-
bendhaken mit kurzem Stiel und weitem, eckigem Bogen, der dem
Köder das Öffnen des Maules und ungehindertes Atmen ermöglicht
(Fig. 197). Derselbe wird einfach durch Unter- und Oberlippe
geführt. Am besten eignen sich Hasel, in zweiter Linie Kreßlinge
oder kleine Rotaugen.

Anfangs fischt man mit wenig Schnur die Nachbarschaft ab,
und indem man immer mehr oder minder in Fühlung mit dem Boden
bleibt, dabei die Gertenspitze hebt und senkt und den Köder nach
links und rechts führt, zieht man ganz langsam ein, um dann erst
zu weiteren Würfen auszuholen. Man hüte sich nur, unnötig oft
den Köder aus dem Wasser zu nehmen, um seiner Lebensfähigkeit,
die bei der geringen Verletzung nicht durch diese, sondern nur durch
die Würfe beeinflußt wird, nicht zu viel Eintrag zu tun.

Fühlt man einen Biß, dann lasse man den Fisch die Schnur
abziehen. Nach 3 bis 4 Sekunden, wenn er stehen geblieben ist
um den Köder im Rachen zu drehen, haut man an, jedoch nicht
mit einem festen Ruck, sondern nur durch strammes Erheben der
Gertenspitze. Man achte nur darauf, den Fisch seitlich oder ent-
gegengesetzt der Richtung, in welcher er steht oder zieht, anzuhauen, damit der Haken in den Mundwinkel zu sitzen kommt.«

Schon seit 30 Jahren, ehe ich Jardines Beschreibung seiner
Methode gelesen hatte, habe ich mit der gleichen Anköderung
Huchen gefangen, nur mit dem Unterschied, daß ich den lebenden
Köder am gewöhnlichen Spinnvorfach befestigte. Ich mache das
heute noch so in den Fällen, wo ein größerer Raubfisch meinen
Spinnköder lässig verfolgt hat und zu wenig gierig ist, darauf zu
beißen. Habe ich dann einen lebenden Köder zur Hand, so wechsle
ich nicht erst lang das Vorfach, sondern schlinge ohne Zeitverlust die

Paternosterangel in das übrige Spinnzeug, vorausgesetzt natürlich, daß die betreffende Stelle so beschaffen ist, daß man auf Erfolg rechnen kann.

In unseren reißenden Gebirgsflüssen sind die Stellen zu zählen, an denen die Paternosterangel praktische Verwendung finden kann. Es sind dies hauptsächlich langgestreckte, 4 bis 5 m tiefe Gumpen, in denen die Strömung langsam und gleichmäßig wird, wo erfahrungsgemäß oft die größten Exemplare stehen. Der verlockendste Spinnköder vermag sie selten aus ihrer Lethargie zu erwecken, um so weniger natürlich, als es meistens gar nicht möglich ist, ihn genügend tief zu führen. Man hat daher nur Aussicht auf einen guten Fang mit der Spinnangel, wenn man einen Neunaugenzopf oder eine große Mühlkoppe mit schwerem Kappenblei bei der Hand hat, oder wenn sich ein solches Monstrum auf einem Raubzuge nach den seichteren Rändern befindet. Es gehört immer ein größeres »Petri Heil« dazu, einen verhältnismäßig so kurzen Moment zu erraten.

Den lebenden Köder aber kann man auch dem ruhenden Fische in größerer Tiefe mundgerecht vorführen, und da es ihm keine Anstrengung kostet, ihn zu erjagen, wird er auch mit vollem Magen manchmal zugreifen.

Man gebe sich aber keiner zu großen Hoffnung hin. Denn ist die Strömung nicht ruhig und gleichmäßig, so wird einem nach dem Anbiß zu viel Schnur von der Rolle gezogen, und man verliert die Fähigkeit, zu beurteilen, ob Fisch oder Strömung daran schuld sind. Die Situation ist dann oft so, daß der Fisch höher steht als die Kurve der Schnur, und daß man nicht richtig anhauen kann. Will man die Schnur vorher verkürzen, so merkt der Fisch den Zug von rückwärts und speit den Köder wieder aus.

Wiederholt schlimme Erfahrungen haben mich daher veranlaßt, eine Anköderung des lebenden Fisches zu versuchen, die ein sofortiges Anhauen wie bei der Spinnangel ermöglicht.

Mit dem zu diesem Zweck von mir konstruierten Hakensystem, das auch größere Köder zuläßt, habe ich schon eine Anzahl schwerer Huchen gefangen und selten Mißerfolge erlebt. Es besteht aus einem Mundhaken mit breitem Bogen (die gewöhnlichen Lipphaken sind zu schmal und erschweren dem Köder das Atmen) und einem Drilling, der so weit davon entfernt ist, daß er dem Köder noch in der vorderen Hälfte des Bauches mit zwei Haken anliegt. Um zu verhüten, daß er herabhängt, ist dem Gimp oder dem Punjabdraht, an welchen beide Haken gebunden sind, ein Stück Messingdraht beigegeben, welches man, soweit es notwendig ist, aufbiegen kann. (Siehe Fig. 198—200.)

Bickerdyke hat, von der gleichen Idee ausgehend, ein ähnliches System konstruiert (Fig. 199), welches sich jedoch dadurch von dem meinigen unterscheidet, daß der eine Haken des Drillings verkehrt steht, um ihn seitlich unter die Haut des Köders schieben zu können. Die übrigen beiden Haken legen sich dann allerdings schön an, allein der Köder wird doch mehr verletzt wie bei meiner Methode, auch ist ein Drilling entschieden fängiger wie ein Doppelhaken.

Um nun noch einmal auf Jardines Methode zurückzukommen, habe ich, wie oben schon erwähnt, ehe ich dieselbe kannte, nie mit dem eigentlichen Paternosterblei gefischt, sondern stets das gewöhnliche, mehr oder minder beschwerte Spinnvorfach benutzt. Ich hatte zwar manchmal sehr gute Erfolge, aber es gingen mir auch eine Menge von Angeln durch Hängenbleiben verloren.

Den Vorteil, daß man weniger Zeug verliert, hat die Paternosterangel Jardines entschieden, allein ich muß gestehen, für unsere rauhen Flüsse war mir das einfache Poil, wie Jardine es verwendet, immer unheimlich. Beim Drillen eines starken Fisches kommen so viele Zufälligkeiten vor, daß man ruhiger arbeitet, wenn man das Bewußtsein hat, daß am Zeug nichts passieren kann. Ich lasse daher in Flüssen (nicht in Seen) das Poil weg und ersetze es durch

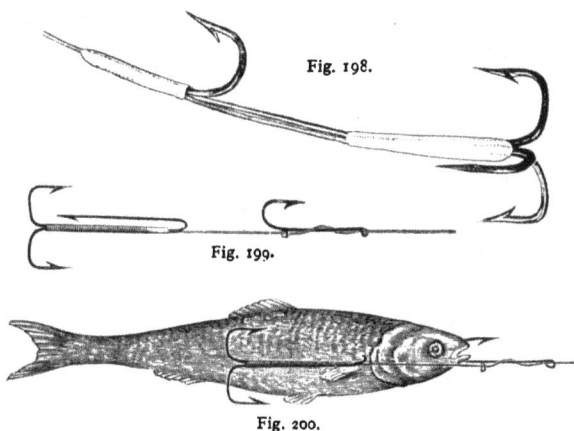

Fig. 198.

Fig. 199.

Fig. 200.

ein Stück Kupferdraht von 1½ m Länge und ca. 0,8 mm Durchmesser. Dieser Draht wird mit der Schnur durch eine doppelt gewundene Schlinge verbunden, während an das untere Ende irgendein Senker kommt, gleichviel ob Kugel oder Bleiolive. Der Draht wird durch das Blei gezogen und zurückgeschlagen, so daß er eine Schlinge bildet, die sich, wenn das Blei sich irgendwo verhängt, bei mäßigem Zug von selbst löst, so daß nur das Blei verlorengeht (Fig. 201). Die Seitenangel wird mit dem Köder 25 bis 40 cm weiter oberhalb an einem beweglichen Seitenarm angeschlungen, den ich mir selbst auf die einfachste Weise konstruiere (Fig. 202). Zuerst löte ich an der betreffenden Stelle eine Messingperle an und stülpe dann ein ca. 2 cm langes Stückchen eines elastischen Katheders kleinsten Kalibers darüber (es eignet sich dazu jeder alte Ladenhüter). Über diesem wird erst der Seitenarm aus dem gleichen Kupferdraht angebracht. Das feine weiche Röhrchen erfüllt einen doppelten Zweck: 1. ermöglicht es ein Rotieren des Seitenarmes um seine Achse, und 2. vermittelt es beim Anhieb und dem nachfolgenden Drillen den »strait pull«, d. h. den geraden

Zug, auf den die Engländer mit Recht so viel halten, ohne Gefahr einer Knickung am Kupferdraht (Fig. 203).

Man kann den durch beide Lippen geköderten lebenden Fisch auch mittels Bodenblei versenken in der Weise, wie man auf Barben fischt. So gelingt es manchmal, in Wehren oder Mühlschüssen, selbst bei ganz trübem Wasser, größere Raubfische zu fangen. Erste Bedingung ist natürlich, daß der Untergrund rein und glatt ist.

Das Gleitpaternoster. Eine Paternosterangel, die bisher vereinzelt nur bei der Meerfischerei in den Gezeiten bei strömendem

Fig. 201.

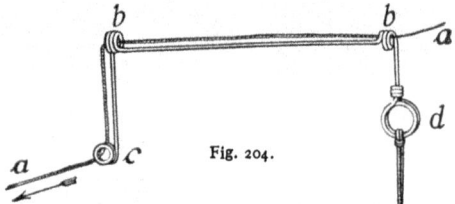

Fig. 204.

Fig. 202.

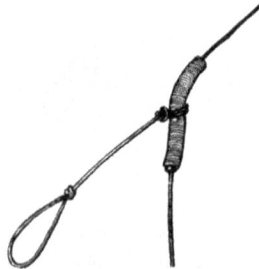

Fig. 203.

Wasser benutzt wurde, scheint mir große Bedeutung auch bei der Grundfischerei in rinnenden Gewässern des Festlandes zu verdienen, und zwar bei der Fischerei auf Raub- wie auf Friedfische. Den sehr einfachen dazu dienenden Apparat kann sich jeder leicht selbst anfertigen, er ist aber auch nach meiner genauen Vorschrift bei Hildebrands Nachfolger zu haben (s. Fig. 204). Die Schnur (aa) wird von dem Spitzenring einer kräftigen Spinngerte durch die Ringe bb gezogen und in den Doppelring c leicht eingeklemmt. Der unbeschwerte Köder wird (in der Fortsetzung des Pfeiles) von der Strömung parallel dem Grunde fortgezogen, die Entfernung des Köders vom Ring c kann beliebig gewählt werden, in der Regel $1\frac{1}{2}$ bis 2 m. Das Bodenblei hängt am Ringe d, die Schwere wird der Strömung angepaßt, so daß es eben noch liegen bleibt, die Entfernung des Bleies vom Ringe d entspricht dem mutmaßlichen

Tiefstand des zu angelnden Fisches einerseits und der Gefahr des Hängenbleibens anderseits, also etwa ½ bis 1 m. Man befestigt das Blei an einer dünnen Schnur oder schwachem Poil, was den Vorteil bietet, daß bei einem unlösbaren Hänger nur das Blei verlorengeht. Zur Versteifung des Drahtgestelles kann man die Ringe *c* und *d* mittels eines dünnen Poils verbinden. Beißt ein Fisch, so zieht er ohne Widerstand die Schnur aus der Einklemmung im Ringe *c* und kann ungehindert mit dem Köder abziehen. Man wartet, bis er geschluckt hat, ordnet vorsichtig einrollend, bis man leise Fühlung gewinnt, die Schnur und haut dann kräftig an.

Es eignet sich dieses »Gleitpaternoster«, wie ich es getauft habe, nicht nur zum Fang von Barben, Brachsen und anderen Friedfischen, sondern auch zum Fang von allen möglichen Raubfischen und vielleicht sogar von Wallern (Welsen), die ohnehin fast immer am Grunde stehen, indem man Süßwassermuscheln oder Frösche als Köder benutzt. Auch für Aalrutten und Aale mag sich die Methode bewähren, überhaupt in allen Fällen, wo man mit Würmern oder toten Köderfischen auf Erfolg rechnen kann, während lebende Köderfische sich weniger eignen werden.

5. Die Schluckangel.

Die Schluckangelfischerei wird mit dem lebenden und toten Köderfisch betrieben. Sie kann nicht ebenso hoch eingeschätzt werden und ist nicht in dem Grade sportmäßig wie die bereits geschilderten Angelmethoden, und zwar aus zwei sehr gewichtigen Gründen:

Erstens widerspricht es den Gefühlen eines echten Sportmanns, einen Fisch, die kleinen Exemplare nicht ausgenommen, so zu verangeln, daß der Haken im Magen sitzt, was nicht nur den Ansichten über Schonung und Hegung zuwiderläuft, sondern auch vom humanitären Standpunkte aus angegriffen werden kann.

Zweitens fällt gerade bei der Art zu angeln der Hauptgenuß des Sportfischers weg, der Kampf mit dem Fisch und die Ungewißheit über den Ausgang.

Trotzdem haben diese beiden Methoden unter gegebenen Bedingungen ihre volle Berechtigung.

A. Die Schluckangel mit dem toten Köder.

In Fischwassern, in denen das Spinnen wegen der vielen Wasserpflanzen unmöglich ist, wo der freie Raum zwischen ihnen nur höchstens einige Quadratmeter beträgt, wo bei Benutzung der Schnapp- und Paternosterangel eine ewige Verstrickung der Köder zu erwarten wäre, da ist die Schluckangel am Platze.

Die Gerätschaften, welche dazu verwendet werden, sind, mit Ausnahme der Angel selbst, die gleichen wie bei der Spinnfischerei. Nur darf das Vorfach nicht beschwert und nicht länger als 1 m sein.

Fig. 205 stellt eine Schluckangel nach Pennell dar. Vor der Anköderung stutzt man den Schweif eines toten, aber möglichst frischen Köders und führt dann die an feinem aber kräftigem Gimp befestigte Angel mittels Ködernadel vom Maul aus so durch das Fischchen, daß man möglichst genau aus der Mitte der Schweifwurzel wieder aussticht. Sodann schneidet man den Schweif des Köders ab, führt die Nadel quer etwas oberhalb durch die Schweifwurzel und macht nach Entfernung der Nadel einen Knopf in das Gimp, welcher den Zweck hat, das Hinabrutschen des Köders zu verhüten.

Es ist wichtig, abweichend von der allgemein gebräuchlichen Form, das Blei nicht weiter hinuntergehen zu lassen, als aus der Abbildung ersichtlich. Steht dasselbe vor bis an den Hakenbogen, dann spreizen sich die Kiemen, während das Maul sich nicht schließt. Überhaupt soll das Blei in der Bauchhöhle, nicht im Schlund des Köders liegen. Auch ist es vorteilhaft, durch Einschaltung eines Schlangenwirbels jederzeit die Haken und das Bleigewicht wechseln zu können.

Die Hakengröße und das Blei richtet sich nach der Größe des Köders; es ist wichtig, daß die Haken nicht hart am Kopf anliegen, daß sie aber auch nicht zu weit davon entfernt sind, sonst bleibt man alle Augenblicke an Wasserpflanzen hängen.

Am besten eignen sich Rotaugen, Hasel und Mühlkoppen zur Anköderung. Einen ganz besonderen Reiz sollen Goldfische ausüben.

Beim Fischen mit der Schluckangel sind weite Würfe zu vermeiden, auch wirft man am besten stromaufwärts und fischt vor allem die Unterstände am diesseitigen Ufer ab.

Die weiten Würfe taugen deshalb nichts, weil der Köder möglichst senkrecht einfallen soll, aufwärts wirft man, um den Köder dem ebenfalls aufwärtsstehenden Raubfische mundgerecht anzubieten und um nicht in den treibenden Wasserpflanzen hängen zu bleiben.

Man versenkt demnach den Köder mit einem mäßigen Schwung in den Einlauf einer geeigneten Stelle und läßt ihn mit lockerer Schnur abwärts schießen. Schneidet man auf der einen Seite eine Bauch-, auf der anderen Seite eine Brustflosse am Ansatz ab, dann sinkt der Köder, sich um seine Achse drehend, in die Tiefe. Ehe er den Grund berührt hat, hebt man ihn wieder langsam, zu welcher Bewegung auch noch die abwärtstreibende Strömung sich gesellt. Hat der Köder fast die Oberfläche erreicht, dann läßt man die Schnur neuerdings locker und so fort, ohne eine Pause zu machen, bis die Stelle abgefischt ist.

Beißt ein Hecht — und um diesen Fisch handelt es sich meistens — so kann dies mit einem heftigen, nicht zu verkennenden Riß geschehen, es kann aber auch vorkommen, daß man sich nicht gleich

Fig. 205.

darüber klar ist, ob man nur hängen blieb. Im ersteren Falle läßt man dem Fisch beliebig Schnur abziehen, ohne den geringsten Verhalt zu machen. Empfehlenswert ist deshalb die Nottinghamrolle, und ist jeder im Vorteil, der auch kurze Würfe von der Rolle machen kann. Im zweiten Falle rollt man vorsichtig ein, bis die Schnur gespannt ist. Ist ein Hecht an der Angel, dann spürt man ein wenn auch oft schwaches, lebendiges Zucken.

Meist aber zieht der Hecht mit dem Köder, bald rasch, bald langsam, bald mehr und bald weniger weit ab, bis er ruhig stehen bleibt. Dann heißt es abwarten.

Hat sich nach 4 bis 5 Minuten nichts mehr ereignet, dann rollt man vorsichtig ein, bis man leise Fühlung be-kommt, und haut mit einem kurzen Ruck an. Bewegt sich aber der Hecht, nachdem er vorher stehen geblieben war, von seinem Platz, so darf man, wenn auch nur eine halbe Minute verstrichen ist, gleich anhauen. Diese Be-wegung ist ein Zeichen, daß er den Köder bereits ge-schluckt hat. An Tagen, wo die Hechte träg und wenig hungrig sind, ist man genötigt, manchmal noch länger als 5 Minuten zu warten, bis sie geschluckt haben.

Fig. 206.

Über das Drillen und Landen habe ich nichts weiter hinzuzufügen, da ich wohl annehmen darf, daß keiner meiner Leser nur mit der Schluckangel fischt.

Die Schluckangel für Forellen (Fig. 206) wird von Wie-land nach meiner Angabe hergestellt. Die Anköderung geschieht in der gleichen Weise, wie oben beschrieben, mit der Ködernadel, nur ist es nicht nötig, den Schweif abzuschneiden und einen Knopf zu machen. Das wichtigste ist, daß man die Schweifwurzel genau in der Mitte durchsticht. — Als Köder eignen sich frisch getötete Grundeln oder Pfrillen.

Es liegt mir fern, die Schluckangel für Forellen als besonders sportmäßig zu preisen, oder sie mit den übrigen Fangmethoden auf eine Stufe zu stellen. Früher, ehe ich auf die Anköderung mit dem einfachen »Perfect«-Haken (Fig. 185) verfiel, machte ich auch gelegentlich davon Gebrauch, wenn ich, nur mit der Fluggerte ausgerüstet, den Stand einer schweren Forelle kannte, die auf die Fliege nicht steigen wollte, oder für diese unerreichbar war.

Der große Vorteil der beiden Anköderungsmethoden ist eben der, daß man aushilfsweise auch mit der weichen Fluggerte die Möglichkeit hat, mit Pfrillen usw. zu fischen und den einen Haken in das Fischmaul zu treiben.

Ich verwende die Schluckangel daher in der jüngsten Zeit nur noch in den Fällen, wo weder mit der Fliege noch mit dem Spinnen etwas auszurichten ist, wo eigentlich der Wurm angezeigt wäre, mit dem sie ja sportlich auf gleicher Stufe steht.

Die Schluckangel hat aber noch ziemlich viel vor dem Wurm voraus. Wer hauptsächlich auf Salmoniden fischt, hat gewöhnlich keine Würmer vorrätig, und kann er sich auch welche verschaffen, so sind sie nicht gereinigt. Was aber hauptsächlich der Schluck-pfrille gegenüber dem Wurm zum Vorteil anzurechnen ist, ist ihr

Eigengewicht. Man kann sie durch die kleinsten Zwischenräume von kaum einem Quadratzentimeter durch lebende oder ausgerissene Wasserpflanzen in die Tiefe versenken, wo der Wurm sich schon an der Oberfläche verhängen würde. Mit keinem anderen Köder kann man tiefliegende Einbauten, Wurzelwerk, Brettereinfriedungen von Mühlen, in denen nur da und dort ein kleiner Spalt ist, so sicher befischen, wie mit der Schluckangel.

Ich brauche nicht näher darauf einzugehen, wie viel der Fischereiberechtigte im allgemeinen leiden muß, wenn sein Forellenbach, wie das ja meistens der Fall ist, Mühlen zu treiben hat. Die Müller betrachten den Sportfischer zum mindesten mit scheelen Augen. Nicht zufrieden mit der Wasserkraft, die ihnen verbrieft ist, glauben sie auch, ein Recht auf die Fische — wenigstens im Bereich ihres Grundes und Bodens — zu haben, so daß eine Schonung dort gewiß am wenigsten angezeigt erscheint. Ein wahres Kreuz für den Heger ist die sog. »Auskehr«, welche trotz gesetzlicher Vorschriften häufig zur Unzeit und ohne den Fischereiberechtigten zu benachrichtigen, vorgenommen wird. Es wird in dieser Beziehung nach Inkrafttreten des neuen Fischereigesetzes, wenigstens in Bayern, wohl besser werden.

Ich will da nur ein selbsterlebtes Beispiel erzählen:

Eines Tages, als ich einen von mir gepachteten Forellenbach besuchte, fand ich denselben oberhalb einer Mühle vollkommen geräumt. Die ausgerissenen Wasserpflanzen waren in den Fehlschuß geschwemmt worden; nun lag dieser wieder trocken, bis auf ein tiefes Loch am Einlauf. Die Oberfläche dieser Gumpe war so mit einer ebenen Schicht losgerissener Wasserpflanzen bedeckt, daß vom Wasserspiegel selbst nichts mehr zu sehen war.

Bei näherer Beobachtung fiel mir aber auf, daß die Pflanzen obwohl kein Tröpflein Wasser zulaufen konnte, sich leicht bewegten.

Meine Mutmaßung, diese Bewegung könne von Fischen herrühren, wurde sofort bestätigt, als ich eine Schluckpfrille durch die Pflanzen versenkte. So fing ich denn Schlag auf Schlag an die 30 Stück Forellen, eine schöner wie die andere, die schon so ausgehungert waren, daß sie a tempo bissen, Leider war es höchste Zeit zur Eisenbahn, so daß ich aufhören mußte, obwohl die Fische am Schlusse noch ebenso gierig waren wie anfangs. Als ich nach zwei Tagen wieder kam, um mir die übrigen zu holen, war die Gumpe vollkommen ausgeleert!

Man fischt mit der Schluckpfrille auf Forellen gerade so wie mit der Schluckangel auf Hechte, nur wartet man nicht so lange mit dem Anhieb. An der Heftigkeit des Anbisses erkennt man meistens die Schwere des Fisches. Erfolgt derselbe lau, dann haut man gleich an und gibt so den kleineren Exemplaren Gelegenheit, abzukommen. Hängen sie trotzdem im Mundwinkel, dann kann man sie ohne Nachteil wieder schwimmen lassen.

Im Anhang zur Schluckangel will ich hier noch die Schnappangel mit totem Köder erwähnen, welche ebenso geführt wird und an den gleichen Stellen angezeigt ist wie die Schluckangel mit totem Köder.

In der zweiten Auflage des Bischoff ist dieser Idee bereits Rechnung getragen. Der armierte Köder ist aber nach der beigegebenen Illustration so plump, daß man sich nicht versucht fühlt, denselben nachzuahmen. Entschieden Vertrauen erweckender ist das von R. B. Marston, dem Herausgeber der Fishing Gazette, erfundene Modell (Fig. 207), speziell für Hechtfischerei.

Die Anköderung geschieht auf folgende Weise: Man zieht die Ködernadel so weit heraus, bis die Entfernung des Öhres von der Bleispitze der Länge des Köders entspricht, und führt dieselbe, Öhr voran, durch das Maul ein und in der Mitte der Schwanzflosse

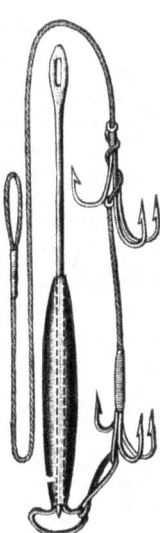
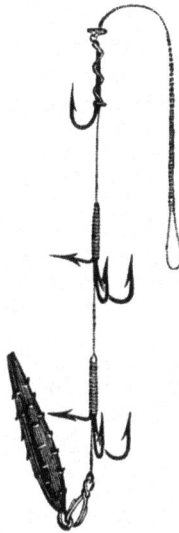

Fig. 207. Fig. 208 A. Fig. 208 B.

aus, dann führt man die Gimpschlinge durch das Öhr, befestigt die kleinen Haken der Drillinge in entsprechender Entfernung voneinander seitlich im Köder, macht eine Schlinge um die Schweifwurzel und führt das Gimp ein zweites Mal durch das Nadelöhr.

Man kann mit dieser Angelmethode allerdings nicht so stark verkrautete Stellen abfischen wie mit dem toten Schluckköder, hat aber, da der Anhieb sofort erfolgen muß, die Genugtuung, die zu kleinen Exemplare nicht verangelt zu haben und die größeren mit mehr Vorsicht und Geschicklichkeit drillen zu müssen.

Marstons Angel hat außerdem noch die Annehmlichkeit, als Schnappangel für den lebenden Köder benutzt werden zu können, wenn man den Bleizapfen und die Nadel ausschaltet.

Inzwischen ist noch eine weitere Schnappangel auf den Markt gekommen (Fig. 208 A u. B), die in verschiedener Größe für Forellen, Hechte usw. hergestellt wird. Die Anwendung wird sich hauptsächlich beschränken auf stark verkrautete Wasser mit nur einzelnen Lücken, die das richtige Führen eines Spinnfisches nicht zulassen.

B. Die Schluckangel mit lebendem Köder.

Die Fischerei mit der Schluckangel und lebendem Köder ist in den Augen eines jeden anständigen Sportfischers nur da noch sportmäßig, wo man mit den übrigen höherstehenden Angelmethoden nicht mehr zum Ziele kommt. Sie ist eigentlich nur eine Legangel, die man nicht verläßt.

So hat sie eine gewisse Berechtigung in großen Flüssen und Seen, z. B. in der unteren Donau und deren Altwässern oder in den Seen der Norddeutschen Tiefebene, wo das Wasser zu gewaltig oder zu wenig hell für andere Methoden ist, und wo keine besondere Schonung für Raubfische angebracht erscheint.

In Gegenden, wie in manchen Regierungsbezirken Norddeutschlands, wo unbegreiflicherweise die Schluckangel erlaubt, der viel humanere Spinnköder aber verboten ist, ist man eher darauf angewiesen, den lebenden Fisch an der Schluckangel zu verwenden, aber selbst da erfüllt die sportlich weit höher stehende Paternoster- oder Schnappangel vollauf ihren Zweck.

Jedenfalls ist sie nur auf den Fang von Raubfischen beschränkt, die in der Bleiregion vorkommen. Wer sie zur Ausrottung z. B. von Hechten in Forellenwässern in Anwendung bringen will, wird sich sportgerechterweise nur großer Köderfische bedienen, um ja keine Forelle zu verangeln.

Die Schluckangel mit lebendem Köder erfordert keine besondere Geschicklichkeit. An Geräten braucht man nur außer Gerte, Rolle und Schnur, eine an 30 cm langes Gimp gewundene Doppelangel, ein Vorfach mit Blei und ein entsprechendes Floß.

Man führt die Doppelangel mittels Ködernadel an der Seite des Köders oberhalb der Bauchflosse ein und sticht sie zwischen Haut und Fleisch soweit durch, daß sie hinter der Rückenflosse wieder zutage tritt. Die Angel wird so weit angezogen, daß sie bis an den Bogen unter der Haut des Köders verschwindet (Fig. 209).

Eine weitere Methode besteht darin, daß man einen Haken der Doppelangel dicht unter der Rückenflosse des Köders durch die Haut führt.

Das sind beides annehmbare Methoden, bei denen dem Köder wenigstens kein nennenswerter Schmerz bereitet wird. Eine gemeine Schinderei ist aber das Pfählen der Fische, wie es Ende der 90er Jahre in einem allerdings minderwertigen Machwerk sogar zum Fang von Forellen mit der Legangel als sehr einträglich empfohlen wurde. Beim Pfählen wird dem lebenden Köderfische die Angel mittels Ködernadel vom Maule zum After unter zweimaliger Durchstoßung der Eingeweide hindurchgeführt. Es steht zu hoffen, daß kein fischgerechter Sportfischer, der das Herz auf dem richtigen Fleck hat, gedankenlos eine solche Tierquälerei nachmachen wird.

Will man den Köder weiter rinnen lassen, dann empfiehlt sich das Anbringen sog. Notperlen (Piloten) oberhalb des Flosses, damit die Schnur nicht untersinkt.

Angehauen wird etwa 5 Minuten, nachdem der Anbiß erfolgt ist. Die Bergung des dann hilflosen Fisches macht dann keine weiteren Schwierigkeiten, und wer ihn dann noch verliert, muß sich schon recht ungeschickt anstellen.

Man wird eine Angelei, die mit eigentlichem Sport nichts gemein hat, ebensowenig wie die Netzfischerei der Berufsfischer unter eine sportliche Betätigung einreihen wollen, da sie das Haupterfordernis einer wahren Sportfischerei, den Kampf mit dem Fisch und die Unsicherheit des Ausganges eines solchen Kampfes vollständig vermissen läßt. Ein Hecht, und wenn er auch 10 Pfund wiegt, der einen lebenden Köderfisch an der Doppelangel bis in den Magen verschluckt hat, ist, wenn der Fischer nur mit haltbarem Material ausgestattet ist und keine Dummheiten macht, seinem Schicksal totsicher verfallen, während eine halbwegs anständige Plötze von einem schwachen Pfund, die auf einen Wurmköder an feinem Haken und Poil gebissen hat, viel mehr Aussicht hat abzukommen und sorgfältig kunstgerecht gedrillt werden muß. Noch geringer einzuschätzen ist aber ein quasi Sportangler, der, mit mehreren Gerten ausgerüstet, die eine am Ufer auf Hechte gleichsam als Legangel auslegt, während er mit seinen anderen Gerten auf andere Fische weiter angelt. Ein wirklicher Sportfischer, mag er nun aus Liebhaberei oder um den Hechtbestand zu dezimieren,

Fig. 209.

in seinem eigenen Fischwasser sich einer solchen Angelei befleißigen, so ist das seine Sache und sein volles Recht, das niemandem etwas angeht, allein er möge es dann auch für sich behalten und nicht in einer Fachzeitung, noch dazu mit einer gewissen Ruhmredigkeit, seine großen Fänge veröffentlichen. Das entwürdigt ihn selbst ebenso wie die Zeitung, die einen solchen Bericht aufnimmt.

6. Die Schleppangel.

Die Schleppfischerei ist fast ausschließlich in Seen gebräuchlich und dient hauptsächlich für den Fang großer Raubfischgattungen, wie Hechte, Zander, See- und Meerforellen, Lachse und Saiblinge. Auch Waller, Schiede und große Barsche werden damit gefangen.

Man schleppt vom geruderten Kahne aus mittels einer langen Handleine, an welcher ein oder mehrere Köder angebracht sind, aber auch mittels Spinngerte längs der Wasserpflanzen oder hart an der Schar auf Hechte und andere im Sommer seicht stehende Raubfische, oder auf Salmoniden, wenn sie im Frühjahr hochstehen, in beliebiger Entfernung von den Ufern.

Die Gerte hat den Zweck, den Köder abseits von der Kiellinie des Bootes zu halten, und wird der gehakte Fisch dann auch gleich damit gedrillt. Schleppt man mittels Gerte, so ist das eigentlich nichts anderes wie ein Spinnfischen, bei dem man sich das ofte Werfen und Einziehen erspart.

Für die Schleppfischerei mittels Handleine an seichten Stellen oder an der Oberfläche des Wassers wird die Schnur gar

nicht oder höchstens nur mit einem kleinen exzentrischen Blei
beschwert. Für größere Tiefen ist es notwendig, noch weitere Bleie,
gewöhnliche Bleioliven, oder besser exzentrische zum An- und
Abnehmen, hinzuzufügen. Um das Verdrehen unbeschwerter
Schnüre zu verhüten, ist es ratsam, zwischen Vorfach und Schnur
einen sog. Farlowschen Anti-Kinker (Fig. 210) einzuschalten,
der sich übrigens leicht aus einem Stückchen gewalzten Bleies zu
Hause herstellen läßt. Wegen der Neigung zum Verdrehen der
Schnur sei man außerdem mit Wirbeln nicht sparsam und versäume nicht, diese mit Maschinenöl zu schmieren.

Am besten und haltbarsten ist natürlich eine Seidenschnur;
es ist aber nicht notwendig, daß die ganze Schnur aus dem kostspieligeren Material besteht, sondern genügt vollkommen, wenn
die untersten 3 bis 5 m aus Seide sind, die übrigen 60 bis 80 m
können aus Hanf hergestellt sein. Es ist jedoch wichtig, nie andere
als geklöppelte Schnüre zu verwenden, die unteren Partien wenigstens, grün oder braun zu
färben und nach dem Ge-
brauch das ganze Angelzeug
gut zu trocknen.

Fig. 210.

Ist das letztere schon
einige Zeit im Gebrauch,
dann versäume man nie, die
Schnur einer Probe durch kräftigen Zug zu unterwerfen und soviel
davon auszumerzen, als nötig erscheint, um sich auf sein Zeug verlassen zu können.

Als Vorfach benutzt man in ganz klarem Wasser einen einfachen Lachszug oder einen solchen aus Stahldraht, 2 m lang,
unten und oben mit einem wenig sichtbaren Umlauf versehen.

Welchen Haspel man benutzt, ist nach meiner Erfahrung
außer bei der Tiefseefischerei, wie sie am Comersee üblich ist, ganz
gleichgültig; denn ich halte es für ganz und gar verfehlt, die Schnur
vor Beendigung der Schleppexkursion aufzuhaspeln. Man gewöhne sich vielmehr von Anfang an, die Schnur auf dem Boden
des Kahnes in gleichmäßigen Schleifen so einzuziehen, daß sie
sich nicht verwirrt.

Das richtige Drillen und Führen eines geangelten Fisches an
der Handleine ist nur möglich, wenn man beide Hände an der
Schnur hat; beim Aufwinden einer am Bootrand angeschraubten
Rolle verliert man jedes feine Gefühl. Es kann daher nur derjenige
einen Haspel benutzen, der den Fisch unter allen Umständen roh
forciert, wozu er natürlich viel kräftigeres Zeug benötigt. Der einzige
Haspel, der ein direktes Aufwinden der Schnur zuläßt, ist der selbst-
tätige Haspel des Comersees (s. u.).

Die meisten Schleppfischer nehmen sich einen ortskundigen
Bootführer, dessen Geschicklichkeit sie sich anvertrauen, ohne sich
darum zu kümmern, wo und wie er seine Ruderfahrt einrichtet.
Beißt ein Fisch, dann haspeln sie ihn, ob er sich sträubt oder nicht,
in gleichmäßigem Tempo ein, und sobald derselbe nahe am Boote

erscheint, steht der Ruderknecht auf und schöpft ihn mit einem lang gestielten Unterfangnetze heraus.

Eine solche Art zu fischen, mag ja eine Zerstreuung sein für geistig überanstrengte Menschen, die in der Sommerfrische Ruhe und Erholung suchen; Sport ist es nicht.

Meine Auffassung des Schleppangelsportes ist eine ganz andere: Vor allem muß man selbst das Wasser und den Standort der Fische kennenlernen.

Mein Ideal ist es, mit einem gleichgesinnten Sportgenossen gemeinsam ein Boot zu besteigen und abwechselnd mit ihm die Ruder zu führen und zu schleppen.

Ist man aber allein auf sich angewiesen, was vielen Schleppfischern, die selbst gerne rudern, gar nicht unangenehm ist, so hat man ebenfalls die Wahl zwischen Gerte und Handleine, und ist es individuelle Liebhaberei, zu was man sich entschließt.

Bevorzugt man die Gerte, dann ist es ratsam, eine große Nottinghamrolle, womöglich von 12 bis 15 cm Durchmesser, anzubringen, die ein möglichst rasches Aufwinden zuläßt, denn gar zu leicht wird, wenn das Boot beim Drillen stillsteht, die Schnur locker. Man kann deshalb auch nicht gut mehr wie etwa 30 m Schnur hinauslassen. Bringt man an dieser ein Gleitblei von Hardy, Fig. 211, an, so ersetzt man das, was der Schnur an Länge abgeht, und bringt doch noch den Köder in genügende Tiefe. Das Gleitblei wird in etwa 5 bis 10 m Entfernung vom Köder so angebracht, wie aus der Zeichnung ersichtlich, bei *a* wird die Schnur nur eingeklemmt. Beim Anbiß eines Fisches rutscht das Blei sofort automatisch bis zum Vorfach

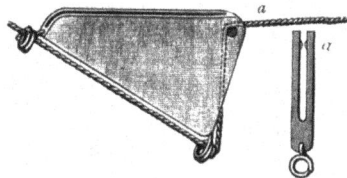

Fig. 211.

hinab, so daß man die Schnur ungehindert aufrollen kann. Ein einfacheres und von jedermann leicht herzustellendes Gleitblei ist in Fig. 212 abgebildet, welches nebenbei den Vorteil hat, daß es nicht bei jedem Fehlbiß oder Anstreifen an Wasserpflanzen in die Gleitbewegung nach abwärts gerät und ferner, daß es rasch gewechselt werden kann, wenn man die Angel tiefer oder höher senken will. Man braucht dann nur das Blei zu wechseln, nicht den ganzen Apparat.

Das Blei (*c*) hängt in einem Karabiner (*b*), der mit einer Perle von Bein (*a*) oder einem durchlochten Rehposten verbunden ist. Die Laufschnur wird zuerst durch das Öhr der Perle geführt und dann etwa 5 m vom Köder entfernt ein Stückchen Gummi (*d*) in die Schnur eingeschlungen, welches den Zweck hat, das Bleigewicht an dieser Stelle aufzuhalten. Will man die Angel einziehen, so wird die Perle beim Aufrollen am obersten Gertenring anstoßen und beim weiteren Einrollen über das Gummistückchen weggedrückt werden, so daß das Blei unbehindert bis zum Vorfach hinabgleitet.

Im Moment eines Anbisses versetzt man das Boot noch durch einen kräftigen Ruderschlag in Schuß, stellt es dann quer vor den

Fisch und setzt sich rittlings auf die Ruderbank. Anfangs forciere man einen schweren Fisch nicht so sehr und suche ihn, soweit er sich das gefallen läßt, außer Sehweite müde zu drillen, indem man auch die Gerte möglichst nach dem Wasserspiegel senkt, um ihn unter Wasser zu halten. Schießt der geangelte Fisch noch mit vollen Kräften auf das Boot zu, dann wird allerdings die Situation kritisch, und nicht jeder ist ihr gewachsen. In solchen Momenten hängt alles von der Geistesgegenwart und dem raschen Entschlusse ab, denn nichts ist schlimmer, als wenn der Fisch unmittelbar am Boote sich wälzt und den Rachen über Wasser aufsperrt, ohne daß a tempo etwas geschieht. Entweder ergibt sich in einem Moment die Gelegenheit, rasch den bereitliegenden langstieligen Gaff zu ergreifen und ihn bei gleichzeitig weit zurückgelegter Gerte blitzschnell einzuschlagen oder, was fast sicherer ist, den Fisch absichtlich durch eine rasche Bewegung zu erschrecken, so daß er im

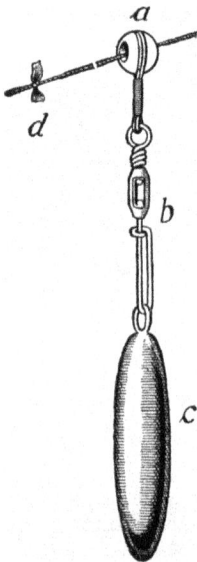

Winkel abbiegend, eine langgedehnte Flucht macht. Hat man ihn glücklich wieder draußen, dann ist das Spiel meist gewonnen. Am allerschlimmsten ist es natürlich, wenn dichte Wasserpflanzen in der Nähe sind, in die der Fisch gerät, aus deren Bereich von Anfang an zu kommen, die erste Sorge sein sollte und was auch meistens gelingt, wenn man zuerst seewärts rudert und dann erst die Gerte in die Hand nimmt. Die Gerte kann man bei dieser Art zu schleppen quer in einen Gertenhalter oder längsseits, mit der Spitze über den Steuersitz ragend, legen.

Wichtig ist, wenn die Hemmvorrichtung an der Rolle nicht mit einer starken Feder versehen ist, etwas Schnur von der Rolle abzuziehen und mit einer Hand am Handgriff des einen Ruders festzuhalten, um den Anhieb sicherer zur Geltung zu bringen.

Entscheidet man sich für die Handleine, dann ist es nicht ratsam, sie von einem Haspel abzulassen und wieder aufzuspulen, sondern sie vor Beginn des Schleppens in Klängen vor sich auf dem Schiffsboden oberes Ende zuunterst auszubreiten und dann erst während des Ruderns hinauszulassen. Ich habe es am zweckmäßigsten gefunden, mich eines 1 m langen, fingerdicken, kräftigen Gummischlauches zu

Fig. 212.

bedienen, auf dessen eines Ende ich mich setzte, während ich am anderen Ende, an dem ein einfacher Karabiner angewunden war, die Schnur einhing. Um ein Anstreifen dieser letzteren am Bootrand zu verhüten, hatte ich am Steuerende eine bewegliche Fadenspule angebracht, über welche ich die Schnur leitete. Der elastische Schlauch zeigte mir die geringste Zuckung an der Schnur deutlich sichtbar, nicht fühlbar, an. Ich kann diese einfache Methode wirklich aufs beste empfehlen. Bewegt sich der Schlauch, so macht man rasch einige kräftige Ruderschläge, um das Boot in Schuß zu bringen, außer er dehnt sich so stark und gleichmäßig, daß man sofort sicher ist, hängen geblieben zu sein. Ein ge-

angelter Fisch wird dann so behandelt wie beim Gebrauch der Gerte
geschildert wurde. Obwohl man mit beiden Händen viel rascher einziehen kann, wie eine Rolle es gestatten würde, übereile man sich nicht;
es ist immer besser, wenn der Fisch außer Gesichtsweite sich abarbei-
tet. Je schwerer der Fisch, desto mehr lasse man sich Zeit. Ehe man
zur Landung schreitet, stellt man noch rasch das Boot durch einen
Ruderschlag quer zum Fisch.

Ist man aber zu zweien und befischt einen See zum erstenmal
mit der Handleine, so läßt man etwa 50 m Schnur ohne Blei ab-
laufen und fährt längs des Ufers einige Meter von der sog. Schar
oder Leite entfernt, welche sich dadurch kenntlich macht, daß
die am Ufer meist hellgrüne Färbung des Wassers in Dunkelgrün
übergeht. Hat man, um parallel dieser Schar zu bleiben, schmale
Buchten auszufahren, dann soll das Boot ins hellere Wasser geführt
werden, da die Schnur, den kürzeren Weg nehmend, in der Tiefe
bleibt. Umgekehrt bleibe man beim Umfahren von Landzungen
weiter vom Ufer entfernt. Hat man so einen Überblick über die
Uferregion und über den allmählichen oder plötzlichen Abfall
der Schar nach der Tiefe gewonnen, dann kann man zuver-
sichtlich riskieren, mit mehr beschwerter Schleppangel tiefer zu
fahren.

Beißt ein Fisch, so richte man sich beim Einziehen nach diesem.
Schießt er nach vorn, dann ziehe man rasch und lasse schneller
rudern, spreizt er sich, dann rühre man nicht an der Schnur und
lasse den Ruderer pausieren. Geht der Fisch ab, dann gebe man
ihm Schnur, zieht er nach links oder nach rechts, dann lasse man
den Bug nach der entgegengesetzten Richtung drehen. Vor allem
hüte man sich, den Fisch unter das Boot kommen zu lassen und
ihn, ehe er sich willig führen läßt, hart heranzuziehen. Zeigt der
Fisch Neigung, schon frühzeitig an die Oberfläche zu kommen,
dann ziehe man so nahe wie möglich am Wasserspiegel ein. Man
kann nichts Ungeschickteres machen, als die Schnur absichtlich
hoch zu halten oder gar noch beim Einziehen aufzustehen, wie es,
von allerdings nicht kompetenter Seite empfohlen wurde. Ist der
Fisch endlich sichtbar und so schwer, daß man den Gaff braucht,
der vorsorglich griffbereit zur Seite liegen muß, dann packt man
diesen mit dem 3., 4. und 5. Finger und dem Ballen der rechten
Hand. Daumen und Zeigefinger dienen zum weiteren Einziehen
der Schnur, die noch so weit hereingeholt wird, bis der Fisch höchstens
1 m vom Steuersitz entfernt ist. Während nun die linke Hand
den Fisch bis auf ½ m heranzieht, wird der Gaff mit der rechten
Hand mit abwärts gekehrter Spitze über seinen Rücken gelegt,
Fühlung genommen und angeschlagen. — Die Länge des Schaftes
soll, um handlich zu sein, nicht mehr wie 30 cm betragen, und läßt
sich der in Fig. 74 B abgebildete Gaff mit dem kurzen Stiel gut
dazu verwenden.

Benutzt man ein Unterfangnetz, dann sei dieses leicht und
auch kurzgeschaftet, damit man es wie den Gaff schon im voraus
bereit halten kann.

Um auch Tiefen von 10 m und darüber mit der Schlepp-

13*

angel erfolgreich befischen zu können, wurde bereits in der zweiten
Auflage des Bischoff die Kette empfohlen.

Ich habe seitdem viel damit, besonders auf den Wildfang-
Saibling, den köstlichsten unserer Salmoniden, gefischt, muß aber
gestehen, daß ich, besonders beim Gebrauch langer Ketten, manche
schlimme Erfahrung gemacht habe. Es läßt sich nämlich selbst
den sorgfältigst gearbeiteten Messingketten nicht ansehen, wo eine
brüchige Stelle ist, und so kann es ohne eigenes Verschulden leicht
vorkommen, daß man das ganze Angelzeug einbüßt.

Außer der Kette, die ich hiermit abgetan haben will, sind an
den oberitalienischen Seen noch zwei andere Systeme in Gebrauch,
die Bleidrahtschnur und der Kupferdraht.

Diese Methoden (von denen ich auch die Bleidrahtschnur nicht
empfehlen kann, weil die eng umwickelte Leine bald fault) finden hauptsächlich, die erstere am Gardasee, die letztere am Comersee Verwendung.

Die Berufsfischer am Comersee haben die Technik der Kupferdraht-Tiefseeangel auf das höchste ausgebildet und damit
erstaunliche Erfolge im Fang von Seeforellen aufzuweisen. Der
Kupferdraht sinkt zwar infolge seines hohen spezifischen Gewichtes
sehr tief, ohne daß er durch seine Schwere unangenehm wird, allein
er kann, um Knickungen zu verhüten, nur von einem Haspel abgelassen und aufgewunden werden.

Da ein Kupferdraht von nur 0,6 bis 0,8 mm Durchmesser
erforderlich ist, ist man imstande, bequem 600 m auf einem Haspel
unterzubringen.

Ein regelrechtes Drillen einer schweren Seeforelle mit so feinem
Draht und noch schwächeren Gutfäden an den Seitenangeln wäre
aber unmöglich, wenn sich die Fischer nicht eines ungemein sinnreich konstruierten Haspels[1]) bedienen würden, der sogar während
des Aufwindens selbsttätig wieder abläuft, sobald ein Fisch sich
sträubt oder eine Flucht macht. Durch diese automatische Funktion,
welche man durch eine Flügelschraube auf das feinste regulieren
kann, ist ein Bruch ganz ausgeschlossen.

Allein so schön und erfolgreich die Methode ist, so ist sie doch
sehr kompliziert und erfordert eine Menge von Zutaten. Außer
dem schweren und kostspieligen Haspel mit 600 m Kupferdraht
kommen 20 Seitenangeln mit ebensoviel Ködern zur Verwendung.
Jede Seitenangel ist 18 m lang und besteht aus 10 m feiner Seide
und 8 m langem Poilzug.

Beim Ausfahren hat man die Seitenangeln der Reihe nach
einzuhängen; beißt aber ein Fisch z. B. am untersten Köder, dann
müssen sämtliche oberen Seitenangeln wieder jede für sich aufgewickelt werden. Läßt man die Angel wieder hinaus, dann hat
man die ganze Arbeit noch einmal.

Wer längere Zeit an einem Salmoniden-See wohnt und alle
Vorbereitungen in Muße treffen kann, mag sich immerhin mit
dieser Methode befreunden, vorausgesetzt, daß er den Haspel nur
zur Kupferdraht-Tiefseeangel benutzt. Bedauerlich ist, daß eine

---

[1]) Bei Wieland vorrätig.

genaue Nachbildung des längst am Comersee eingebürgerten Haspels neuerdings auch zur Schleppfischerei auf Hechte unter dem für eine Nachahmung wenig geschmackvollen Namen »Heureka-Haspel« ohne Erwähnung des Originals sogar als »Bedürfnis« reklamehaft angepriesen wird, und zwar mit einer merkwürdigen Begründung: »Weil mit seiner Hilfe das kunstgerechte Drillen, der Kampf mit dem Fische wegfällt«, somit gerade das ausgeschaltet wird, was die sportlich ohnehin weniger geschätzte Schleppangelei reizvoll gestaltet.

Bald nachdem der Galvanodraht auf den Markt kam, habe ich Versuche angestellt, ob sich dieser nicht zur Herstellung einer Tiefseeangel eignen würde. Meine Erwartungen wurden, wie ich zu meiner Freude gestehen kann, in jeder Hinsicht noch übertroffen, und ich schleppe jetzt ausschließlich damit.

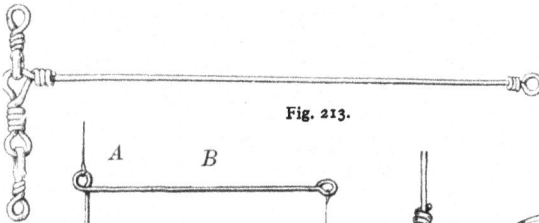

Fig. 213.

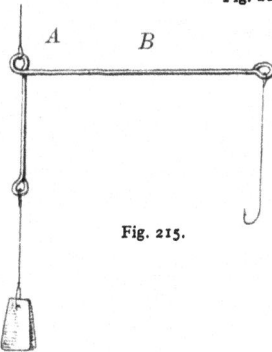

A   B

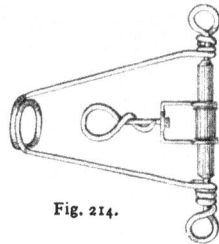

Fig. 215.

Fig. 214.

Fig. 216.

Meine Tiefseeangel ist nun folgendermaßen konstruiert:
Je nach der zu befischenden Tiefe verwende ich 10 bis 50 m Galvanodraht Nr. 1/0 oder 1. — Derselbe wird in Stücke von je 1 bis 1½ m Länge geschnitten und durch Umläufe verbunden, die ich aus einfachen Querschnitten von Messingröhrchen herstellen lasse. Die so gewonnenen Ringe werden oval gedrückt und an den Längsseiten durchbohrt, die Drahtenden durchgeschoben und eine Messingperle angelötet. (Siehe Fig. 27 und 28. Letzterer Ring stammt von Wieland und ist noch stärker.) Ich habe so einen billigen, kaum sichtbaren Wirbel, der im Wasser möglichst wenig Widerstand leistet, eine gute Handhabe beim Einziehen gibt und genau nach Metern die Tiefe anzeigt. Was die Solidität betrifft, so lassen diese Umläufe nichts zu wünschen übrig, wenn man bei ihrer Herstellung sich genau nach meinen Vorschriften hält, die ich S. 28 gegeben habe. Alle 3 bis 5 m bei der Tiefseeangel, wo

eine große Beschwerung stattfindet, sonst alle 10 m, ist statt des
einfachen Wirbels ein Seitenarm (Boom) angebracht, in welchen
je eine Seitenangel eingehängt wird.

Von den vielen in England und Amerika zur Meerfischerei
empfohlenen »Booms« halte ich erfahrungsgemäß die beiden in
Fig. 213 u. 214 abgebildeten für die besten. Der erstere ermöglicht
einen geraden Zug, wenn sich ein Fisch gefangen hat, der letztere
ist mit einem doppelten Umlauf in der Vertikalen und Horizontalen
versehen und hat, was sehr bequem ist, eine Art Karabiner zum
Einhängen der Seitenangel. Beide entsprechen dem Zweck, daß
sich diese nie mit der Drahtschnur
verwickeln kann, vollkommen. Die
einfachste und billigste Konstruktion
eines Seitenarmes ergibt sich aus der
rein schematischen Fig. 215, nur fehlen noch die Wirbel daran. Praktisch
scheint mir auch ein Seitenarm zu
sein, wie ich ihn in der Paternosterfischerei verwende (Fig. 202).

Am Comersee kennt man diese
Seitenarme nicht, sondern hilft sich
auf andere Weise:

An der Stelle, wo die Seitenangel
eingehängt werden soll, wird der
Kupferdraht durchschnitten und ein
gestanzter Messingring (Fig. 216) eingewunden, in welchen die Seitenangel
mittels eines aus Messingdraht hergestellten Hakens eingehängt wird.

Beim raschen Einziehen der Angel, oder wenn man auf dem Grunde
hängen bleibt, schützt eine so einfache Vorrichtung wie der Ring nicht
in dem Maße, wie die oben beschriebenen Seitenarme vor Verschlingung,
und ist es dann unter Umständen
sehr zeitraubend, dieselbe wieder zu
lösen.

Wie aus Fig. 217 ersichtlich,
hängt an meiner Tiefseeangel vom
untersten Seitenarm noch ein $1\frac{1}{2}$ m
langes Stück Drahtschnur herab,
welches dazu bestimmt ist, den an
einer kurzen Kette befestigten Senker,
ein Bleigewicht von $\frac{1}{2}$ bis 2 Pfd.
Schwere zu tragen, je nach der zu
befischenden Tiefe, während die Co-

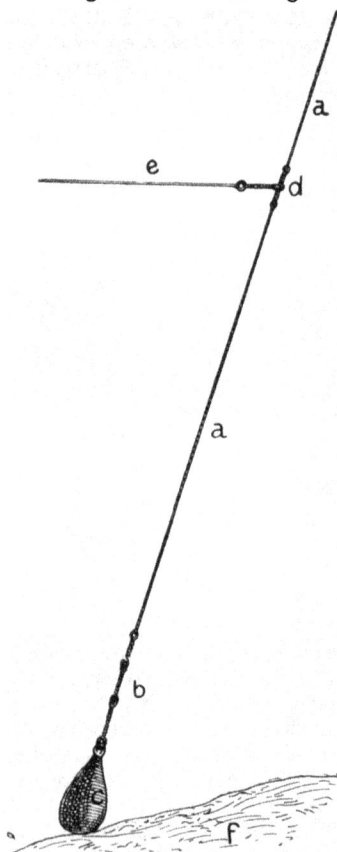

Fig. 217.
aa Drahtschnur, b Kette, c Senker,
d Seitenarm, e Seitenangel, f Seegrund.

merseeangel zuunterst gar kein Gewicht trägt.

In dieser Anordnung, welche der von mir eingeführten Tiefseeangel an ihrem unteren Ende eine fast senkrechte Stellung auch

während des Ruderns gibt, unterscheidet sie sich neben Drahtschnur und Wirbeln hauptsächlich von allen bisher üblichen Systemen.

Als Senker eignen sich am besten birnförmige Bleie, welche aber, wenn man sie in allen Größen vorrätig haben will, einen schweren Ballast in der Ausrüstung bilden. In Seen, wo ich nur mit 1 und 1½ Pfd.-Senkern fische, benutze ich ein birnförmiges Blei von 1 Pfd. Gewicht und habe dann noch ein Bleirohr von ½ Pfd. in Reserve, welches ich vor dem Einhängen der Birne über die Kette stülpe.

Etwas mehr Widerstand im Wasser verursachend, aber immerhin empfehlenswert, ist das kegelförmige Blei (Fig. 61), welches in England zur Meerfischerei verwendet wird. Dasselbe läßt sich in drei Teile auseinanderschrauben, und es lassen sich durch Kombination der einzelnen Stücke Gewichte von ½, 1, 1½ und 2 Pfd. herstellen.

Am liebsten ist mir ein Grundblei, wie es von Wieland nach meiner Angabe gefertigt wird (s. Fig. 218). Es besteht aus einem mit Blei ausgegossenen ½·Pfd. schweren Messingzylinder mit vorstehendem unteren Rand und drei darüber gestülpten, abnehmbaren Senkern, wie sie für schwere Netzfischerei dienen. Es lassen sich damit vier verschiedene Gewichtsstufen herstellen.

Durch die Anbringung des Senkers an unterster Stelle entstehen sehr bedeutende Vorteile, welche der ganzen Methode sehr zustatten kommen:

So ist es jetzt nicht mehr nötig, hochzuziehen, wenn man am Boden streift; ich brauche nicht zu befürchten, daß sich der Köder verhängt hat, und daß die Fische, die ich fangen möchte, durch anhängende Wasserpflanzen usw. abgeschreckt werden könnten. Im Gegenteil: Ich suche direkt die Fühlung mit dem Untergrund zu gewinnen!

Abgesehen davon, daß der Aufschlag des Bleies am Boden mir beständig Kunde von dessen Beschaffenheit gibt, habe ich das beruhigende Gefühl, den am Grunde stehenden Fischen meinen Köder regelrecht anzubieten. Man darf dabei aber nicht untätig sein.

Fig. 218.

Sobald man den Aufschlag fühlt, zieht man ein paar Meter ein und so fort meterweise, bis man nichts mehr spürt, um dann nach kurzer Zeit durch tieferes Senken den Grund wieder zu suchen.

Im großen und ganzen muß man allerdings vorher über die Bodenbeschaffenheit orientiert sein. Wer ahnungslos schleppt und mit einer 40 m tiefgehenden Angel plötzlich an eine fast senkrechte Wand und in eine Untiefe von vielleicht nur 10 bis 20 m gerät, kann unter Umständen böse Erfahrungen machen. Sonst aber kann nicht leicht etwas Schlimmes passieren, denn, den Fall gesetzt, man verhängt sich mit dem Bleigewicht an einem versunkenen Baum od. dgl., dann wird dasselbe frei, sobald man zurückrudert. Der Köder selbst kommt damit nicht in Berührung.

Wichtig ist es natürlich, auch zu wissen, wie tief die Angel geht, wenn man z. B. ein 500 oder 1000 g schweres Blei anhängt. Es ist daher ratsam, einmal mit der beschwerten Drahtschnur ohne Seitenangeln von der Tiefe gegen das Ufer zu fahren. Wo das Blei aufstreift, läßt man es liegen und rudert zurück, die Schnur vorsichtig einziehend, bis man senkrecht über dem Blei steht, dann ergibt sich der Tiefgang, an den Umläufen abgemessen, von selbst.

Die Anbringung des Bleies an unterster Stelle hat aber außer der Möglichkeit, mit dem Boden in Fühlung zu bleiben, noch einen außerordentlichen Vorteil in bezug auf das erfolgreiche Drillen und sichere Landen des gefangenen Fisches, denn, spreizt sich der Fisch, so hat er das Bleigewicht zu heben. Erst wenn er dasselbe so weit gehoben hat, daß Drahtschnur und Seitenangel eine gerade Linie bilden, kann das Poil reißen. Inzwischen hat man längst Zeit, nachzulassen. Schießt dagegen der Fisch nach vorn, dann zieht ihn das Blei sofort in die Tiefe, wodurch ein Lockerwerden der Haken verhütet wird. Merkt man, daß der Fisch während des Drillens nach der Oberfläche strebt, um sich loszuschlagen, so pariert man dies gefährliche Vorhaben spielend durch das Versenken des Bleies, welches ihn wieder mit in die Tiefe nimmt. Das wäre ohne den Senker unmöglich, denn man würde nur die Schnur lockern. Kurz, es ist ein wahres Vergnügen, wie man den schwersten Fisch mit dem feinen Zeug drillen kann, bis man ihn gänzlich ermattet an den Bootsrand bringt. Dabei kommt natürlich viel darauf an, daß auch der Bootsführer seine Sache gut macht.

Fig. 219.
Halbe Größe.

Hängt der Fisch an einer oberen Seitenangel, dann ist es wichtig, mit dieser allein hantieren zu können, deshalb habe ich zur Sicherung der Drahtschnur, die, sich selbst überlassen, in die Tiefe gezogen würde, eine einfache Schraube konstruiert (Fig. 219), die senkrecht am Bootsrand angebracht wird. In den Einschnitt wird die Schnur gelegt, wo sie durch den nächsten Seitenarm oder Wirbel festgehalten wird. — Die Seitenangeln, von denen die unterste 8 bis 10 m, die übrigen nur 3 bis 5 m lang zu sein brauchen, werden aus einfachen gedrehten Poilzügen hergestellt. Benutze ich die letzteren, dann muß wenigstens das untere Ende aus einem meterlangen Stück von einfachem aber starkem Poil (Lachsgut) bestehen. Wichtig ist, daß die oberen Seitenangeln nicht länger sind als der Abstand derselben untereinander, sonst verwickeln sie sich beim Einziehen.

Ist der Köder schon mit einem Nadelwirbel versehen, dann genügt am unteren Ende der Seitenangel ein kleinster Karabiner (Fig. 220) oder ein kleiner Einhänger wie in Fig. 18. Andernfalls schleift man einen kleinen Schlangenwirbel an. An das obere Ende kommt, wenn man auf das rasche Aushängen Gewicht legt, ein beliebiger Einhängwirbel, am besten ein Karabiner von der Form

Fig. 220.

des in Fig. 220 abgebildeten, aber stärker und aus Neusilber wie an einer Uhrkette. Bei Benutzung eines Seitenarmes nach Fig. 214 erspart man sich einen Einhängewirbel.

Es ist fast nicht zu glauben, wie außerordentlich elastisch die langen Poilzüge sind und welche Stärke sie durch diese Eigenschaft gewinnen. Sie haben aber noch einen weiteren größeren Vorteil: Die Haken sitzen fester und schlitzen nicht aus. Man kann daher die feinsten Drillinge benutzen ohne Gefahr des Brechens oder Sichaufbiegens.

Nur eines ist wichtig, die sorgsame Behandlung. Ich wickle jeden Zug für sich auf ein 10 bis 12 cm langes Plättchen von Neusilberblech mit vorstehenden Kanten. Vor dem Gebrauch werden die Züge samt den Plättchen in nasse Leinwand eingeschlagen mit einem Wachstuch umgeben. Man darf sie erst in Gebrauch nehmen, wenn sie ganz weich und geschmeidig geworden sind und nach dem Gebrauch nur im feuchten Zustand wieder auf die Metallplättchen wickeln. Zuhause angelangt, müssen sie aber sorgfältig getrocknet werden, indem man die Plättchen so aufstellt, daß die Luft von beiden Seiten Zutritt hat. In nassem Zustande halten die Züge alles aus, knickt man sie nur ein wenig, wenn sie trocken sind, dann werden sie sofort brüchig.

Teils um der Tiefseeangel einen noch größeren Grad von Elastizität zu geben, teils um sie nicht zu nahe in der Kiellinie des Bootes zu führen, lasse ich mit der Drahtschnur immer noch eine gewisse Menge Hanfschnur ab. Ich ziehe bei der Tiefseeangel diese, wegen ihrer geringen Elastizität, einer Seidenschnur vor. Je kürzer die Drahtschnur, je geringer die Beschwerung, desto länger muß die Leine sein, dagegen ist es nicht empfehlenswert, viel Schnur hinauszulassen, wenn man mit großer Beschwerung in Tiefen von etwa 40 m fischen will, weil das feine Gefühl durch die entstehende Kurve verloren geht, lieber mache man die Drahtschnur länger. Einige Meter Reserveschnur müssen immer zum Zweck des raschen Nachlassens frei am Boden liegen. Eingezogen wird wie bei der gewöhnlichen Schleppangel in Schlingen. Man muß natürlich mit der Drahtschnur vorsichtig sein, damit sie nirgends geknickt wird. Wird ein Stück, was aber nur nach langem Gebrauch passieren sollte, schadhaft, so schneidet man die verdächtige Stelle aus und verbindet die beiden Enden durch den Fischerknopf. Zu Hause ersetzt man das schadhafte Stück durch ein neues.

Über die Tiefe, in welche man die Angel gehen läßt, möge hier nur gesagt sein, daß selbst die Saiblinge kaum je tiefer stehen als 50 m, und daß es sich, schon allein in Ansehung des Lichtmangels, nicht verlohnt, noch tiefer zu schleppen. Dazu genügen 50 m Drahtschnur und etwa 40 m Hanfschnur mit einem $1\frac{1}{2}$ bis 2 Pfd. schweren Senker. Angenehmer zu halten ist die Tiefseeangel, wenn der Senker nur $1\frac{1}{2}$ Pfd. schwer und dafür die Drahtschnur 10 m länger ist.

Wenn man bedenkt, daß die Kupferdrahtangel des Comersees, wie schon erwähnt, 400 bis 600 m lang und die Seitenangeln, noch dazu 12 bis 20 an der Zahl, je 18 m lang sein müssen, um weit genug von der Hauptangel abzustehen, so kann man sich einen Begriff machen, wie viel umständlicher diese Methode im Vergleich zu der von mir empfohlenen ist. Kommen doch die Fischer am Comersee mit ihrem komplizierten Apparat auch nicht auf größere Tiefen wie höchstens 50 m. Auch gestaltet sich das Einziehen der Drahtschnur dadurch viel einfacher, daß ich für gewöhnlich die aus der Tiefe herankommenden Seitenangeln gleichzeitig mit jener auf den Boden des Kahnes breite und nur die Köder, und zwar in ein abgeteiltes Holzkistchen der Reihe nach beiseitelege. (Am besten eignen sich hierzu Sortimentskistchen aus Zigarrengeschäften.) Nur dann, wenn ein schwerer Fisch gebissen hat, von dem man befürchten muß, daß er durch wiederholte intensive Fluchten das Zeug in Verwirrung bringen könnte, hänge ich die leeren Seitenangeln rasch aus und übergebe sie dem Bootführer zum Aufwinden. Eine kurze Unterbrechung des Ruderns, wenn das Boot im Schuß bleibt, bringt keinen Nachteil, obwohl nicht zu leugnen ist, daß ein weiterer Insasse des Bootes einem sehr an die Hand gehen kann.

Von den Fischen, die das wärmere Wasser meiden, kommen für die eigentliche Tiefseeangel nur die Seeforelle und der Saibling in Betracht, die erstere sogar nur in beschränktem Sinne, da sie im Frühjahr, solange das Wasser kalt ist, also gewöhnlich bis Mitte Juni, mehr an der Oberfläche gefangen wird. In Oberitalien geht sie allerdings schon früher in die Tiefe.

Die günstigsten Monate zur Tiefseefischerei sind, von den italienischen Seen abgesehen, die Monate März, April und Mai und der Monat September und Oktober (letzterer nur für den Saibling). In den Sommermonaten ist nur noch in den Seen, die sich nicht merklich trüben, ein Erfolg zu erwarten.

Einen wesentlichen Fortschritt in der Beurteilung des voraussichtlichen Standortes dieser Salmoniden haben die bahnbrechenden Untersuchungen über das Plankton ergeben; inwieweit diese für die Schleppfischerei von Wichtigkeit sind, werde ich im Kapitel »Saibling« näher erörtern.

Alle jene Fische aber, die während der wärmeren Jahreszeit das wärmere Wasser aufsuchen, stehen in Seen selten tiefer als 10 bis 12 m. Diese Tiefe kann in unseren Klimaten als die Warmwassergrenze bezeichnet werden. Nach ihr fällt die Temperatur auffallend rasch.

Man angelt daher auch diese Fische am vorteilhaftesten in der Nähe der Schar, indem man entweder, wie eingangs des Kapitels beschrieben, ohne Bleibeschwerung oder nur mit einem Blei ganz oberflächlich fischt, oder sich eine Fahrstraße auf 10 bis 12 m Tiefe aussucht. Hat man Zeit und Muße, dann kann man sich dieselbe ausloten, wenn nicht, so kommt man am schnellsten zur entsprechenden Lokalkenntnis, wenn man seine ersten Schleppversuche nur mit der unbeschwerten Leine längs der Schar macht und dann erst etwas entfernter vom Ufer, aber parallel der zuerst eingeschlagenen Route, mit tiefer gehenden Schnüren fischt. Der benötigte Apparat zur Befischung einer Tiefe von 10 m ist sehr einfach zusammengesetzt. Ich bediene mich dabei nur einer 10 m langen Drahtschnur Nr. 1/0, die aus einem Stück bestehen kann, aber vorteilhafterweise in zehn je 1 m lange Teile zerschnitten und mittels der von mir konstruierten Umläufe verbunden wird. Unten und oben ist ein Einhängarm zur Anbringung je einer Seitenangel angebracht, von denen die untere mindestens 10 m, die obere mindestens 6 m lang sein muß. Die Seitenangeln können entweder ganz aus Poil bestehen, billiger kommt man aber dazu, wenn man die obere Hälfte oder $\frac{1}{3}$ der Länge aus feiner, braun oder grün gefärbter steif präparierter Seidenschnur herstellt. Das Poil kann auch besonders wenn schwerere Hechte oder Seeforellen oder gar Waller zu erwarten sind, in angetrübtem Wasser durch 2 m lange Stahldrahtvorfächer ersetzt werden. Bei Benutzung stärkerer Angelsysteme dringen auch die Haken besser ein, wenn die Seitenangeln nicht gar zu elastisch sind. Von der Einhängstelle der unteren Angel hängt noch ein etwa $1\frac{1}{2}$ m langes Stück Drahtschnur oder feiner Kupferdraht herab und ist daran zu unterst der einzige Senker angebracht, der je nach dem mutmaßlichen Tiefstand der Fische 50 bis 100 g wiegen darf. Mit dem oberen Drahtschnurende wird eine 50 m lange Seidenschnur oder Hanfleine verknüpft, welche beim Schleppen wenigstens auf 40 m abgelassen werden muß, um die Köder genügend weit vom Boote entfernt zu halten.

Auch bei der zuletzt beschriebenen einfachen Schleppangel suche man mit dem unteren Köder so nahe wie möglich am Boden zu bleiben, da die großen Fische mit Vorliebe, auch an seichteren Stellen am Grunde zu stehen pflegen. Auch da signalisiert der Senker die Berührung des Bodens, und man verfährt ebenso, wie bei der Tiefseeangel beschrieben wurde, nur darf man nicht in dem Maße vertrauensselig werden wie in den großen Tiefen, da in der Nähe des Ufers doch auch längere Wasserpflanzen vorkommen, in die der Köder geraten kann. Übrigens macht die Übung den Meister. Ein Hauptvorteil besteht aber auch darin, daß man in versenktem Gestrüpp usw. nicht mit dem Köder, sondern nur mit dem Senker hängenbleibt und daß die Angel mit seltenen Ausnahmen durch einfaches Rückwärtsrudern wieder befreit wird.

Schleppt man nach meiner Methode, so sei man nur darin vorsichtig, die Seitenangel, an der ein schwerer Fisch hängt, erst dann in die Hand zu nehmen, wenn er genügend abgemattet ist, sonst schlägt er sich noch an der Oberfläche los. Auch versäume man nicht, gleich nach dem Anbiß nach der Tiefe rudern zu lassen, wenn man einen längeren Kampf voraussieht, damit sich dieser nicht schließlich unter den Uferpflanzen abspielt und zum Vorteil des Fisches endet. Ist man weit genug vom Ufer entfernt, dann lähmt man die Kraft des Fisches am besten durch Fahren langgestreckter Kurven oder Kreise bei entsprechend stark gespannter Schnur.

Lustiger und sportlicher befriedigend ist es, wenn man in Seen auf verhältnismäßig hochstehende Fische angelt, von der Gerte zu schleppen. Man kann das ja auch ganz gut zu zweien, indem der eine seine Gerte links, der andere rechts hinaushält. Das Fischen von der Gerte bietet noch die weitere Annehmlichkeit, daß man an geeigneten Stellen aufrechtstehend Spinnfischerei betreiben kann. Wer die Spinn- insbesondere die Schleppfischerei ausschließlich in Seen betreibt, arbeitet leichter mit einer kürzeren und steiferen

Gerte von 2,70 bis 3 m Länge. Eine gewöhnliche 3,20 m lange
Spinngerte läßt sich leicht dazu adaptieren, wenn man sich eine
kurze, etwa 0,50 m lange Spitze anschafft.

Die Köder, welche bei der Schleppfischerei Verwendung
finden, sind je nach den Fischgattungen sehr verschieden und
sollen daher im speziellen Teil dieses Buches besprochen werden.

Ich komme nur noch auf einen Kardinalpunkt zu sprechen,
der nirgends erwähnt wird, den ich aber für so wichtig halte, daß
die Wahrscheinlichkeit, mittels der Schleppangel überhaupt einen
Erfolg zu erringen, meines Dafürhaltens ganz wesentlich davon
abhängt. Es ist das die Durchsichtigkeit des Wassers. Man
war bis jetzt darüber einig, daß bei trübem Wasser die Erfolge geringer sind, in welch kolossaler Progression sich aber die Chancen
verschlimmern, darüber hat noch niemand meines Wissens geschrieben.

Nehmen wir z. B. an, das Wasser sei für den Fisch auf 1 m
Entfernung durchsichtig. Er sieht also mit dem rechten Auge den
Köder 1 m nach rechts, nach vorn und nach oben. Einen gleich-
großen Kubikraum übersieht er mit dem linken Auge, macht 2 cbm.

Welchen Kubikraum kann er nun übersehen, wenn das Wasser
für ihn auf 3 m Entfernung durchsichtig ist?

$$2 \times 27 \text{ cbm} = 54 \text{ cbm, bei 5 m Durchsichtigkeit}$$
$$\text{aber 250 cbm.}$$

Wenn auch diese Berechnung vom streng mathematischen
Standpunkte nicht ganz genau stimmt, so ist sie doch wohl im
wesentlichen richtig. Es mag sich nun jeder Schleppfischer selbst
seine Chancen berechnen!

In seichten Gewässern und wenn die Fische hoch stehen, verändert sich die Wahrscheinlichkeit, den Köder dem Raubfisch
mundgerecht anzubieten, sehr zugunsten des Fischers, ganz besonders aber in Flüssen, wo die Trübung des Wassers lange nicht
so schlimme Folgen hat, da man den Standort der Fische viel mehr
zu beurteilen weiß und die Erfahrung lehrt, daß sie mit Vorliebe
bei Hochwasser die schützenden Ufer aufsuchen.

Hat man das Mißgeschick, eines Tages die Tiefsee- oder einfache Schleppangel, was bei längerem Gebrauch dann und wann
vorkommen kann, durch den Riß an einer defekten Stelle zu verlieren, dann soll man die Geistesgegenwart haben, sich sofort nach
zwei Richtungen Richtungspunkte zu merken, um das verlorene
Stück genau nach seiner Lage bestimmen zu können. Man läßt
sich dann, zuhause angelangt, von einem Schmied einen dreieckigen
eisernen Anker von ca. 1 kg Gewicht mit abgestumpften, etwas
nach außen gebogenen Spitzen bauen. Mit diesem Instrument ausgerüstet, nähert man sich der bewußten Stelle, berechnet möglichst
genau die Mitte der verlorenen Angelschnur und versenkt dann den
Anker einige Meter von der Schnur entfernt nach der Tiefe zu
mittels eines kräftigen Strickes. Hat der Anker Fühlung mit dem
Seegrund, dann läßt man bei locker gehaltenem Stricke im rechten
Winkel zur Schnur gegen das Ufer rudern und gibt dabei mindestens

3mal soviel von dem Stricke aus, als das Wasser an der Unglück-
stelle tief ist. Dann zieht man den Strick ganz langsam und be-
dächtig ein, während der Bootführer darauf zu achten hat, daß
das Boot nicht durch den Zug wieder nach der Tiefe gezogen wird.

Fühlt man beim Einziehen des Strickes einen Halt, der darauf
schließen läßt, daß die Angelschnur von dem Anker gefaßt wurde,
dann läßt man zurückrudern und verkürzt dabei den Strick, ohne
weiter zu zerren, bis man senkrecht über dem Anker zu stehen
kommt und zieht dann vorsichtig auf.

Wenn man sich die Stelle genau gemerkt hat, kann es so schon
auf das erstemal glücken, die verlorene Angel wieder zu gewinnen.
Mißglückt der erste Versuch, dann wiederhole man ihn immer um
einige Meter entfernt in senkrechter Richtung auf die verlorene
Schnur.

Auf diese Weise habe ich in über 50 Jahren meiner Anglerpraxis schon dutzendmal mein Zeug wieder zutage befördert, einmal sogar mit einem Tags zuvor verlorenen natürlichen Köder
auf der kurzen Heimfahrt noch einen guten Hecht gefangen.

Ich kann das Kapitel über die Schleppangel nicht abschließen,
ohne noch einige Worte über den sog. »Hund« zu sagen, welcher
im Bischoff 2. und 3. Auflage genau beschrieben ist. Der Hund
ist ein aus Kork und Blech konstruiertes Werkzeug, welches den
Zweck hat, die Schleppangel nicht im Kielwasser, sondern seitlich
parallel mit dem Boote zu führen und in seiner Bewegung, von der
Ferne betrachtet, für einen schwimmenden Hund gehalten werden
kann; daher sein Name.

So hübsch die Idee ist und so nett die Geschichte aussieht,
sie krankt hauptsächlich daran, daß es schwer möglich ist, einem
Raubfisch mit einem nur einigermaßen bewehrten Köder die Haken
bis über die Widerhaken einzutreiben, da die Schnur vom Boot
zum Hunde und von diesem zum Köder nahezu einen rechten Winkel
bildet und der Hund im Moment des Anbisses sofort nachgibt.

Etwas anderes ist es, wenn man mit Ködern ganz an der Oberfläche fischt, die an ganz feinen Haken befestigt sind und beim
geringsten Ruck in das Fischmaul eindringen. Im Comersee werden
so die Alosa Finta lacustris, eine Maifischart, mit kleinen Haken
gefangen, deren Schaft mit Silberdraht umwunden und mit rotem
Faden festgebunden ist. Auch sind dort kleinste Blinker mit nur
einem einzigen Schweifdrilling in Gebrauch, die sich sowohl für
Salmoniden wie für Barsche eignen. In wenig überfischten, hochgelegenen Seen, wo die Salmoniden bei gehörigem Bestande nicht
sehr abgefeimt sind, hat man auch ganz gute Resultate mit künstlichen Fliegen, die mittels kurzer, gegen das Boot zu längerer Poilzüge an die den Hund mit dem Boot verbindende Schnur angehängt werden. Durch die Fortbewegung des Bootes werden sie
in hüpfender Bewegung an der Oberfläche fortbewegt. Wer aber
die Fluggerte zu führen versteht, wird sich lieber an diese halten.

Die sog. Harlingfischerei, die gewisse Ähnlichkeit mit dem
Schleppangeln hat, werde ich im Kapitel über den Lachs beschreiben.

7. Die Flugangel.

Es gibt keinen eleganteren, kurzweiligeren und appetitlicheren Sport wie den mit der Flugangel. Er wird mit den feinsten Apparaten betrieben; ein gutes Auge, körperliche Gewandtheit, ein sicherer Blick, kaltes Blut, blitzartige Entschlossenheit sind die nötigen Vorbedingungen. Er erhält die Sinne und die Muskeln des ganzen Körpers in gleichmäßiger Spannung, ohne sie zu übermüden. Die Fische, welche man mit zierlichen Fliegen aus Federn und Seide fängt, werden kaum verletzt, die Verwundung verursacht keine Schmerzen und gibt dem Fischer die Möglichkeit, die kleinen Exemplare zu schonen und dem Wasser zu erhalten. Daher ist auch die Flugfischerei humaner wie jede andere Angelmethode, zweifellos auch viel humaner wie die Jagd.

Die Flugfischerei ist der Triumph der Kunst über die rohe Naturkraft. Es grenzt an das Wunderbare, welche Erfolge man mit dem allerfeinsten Werkzeug erringen kann. Dabei ist nicht zu vergessen, welch reinen Naturgenuß diese Angelmethode gewährt, zumal die meisten Flüsse, in denen sie zur Anwendung kommt, durch die herrlichsten Gegenden laufen.

Die Flugfischerei für Lachse ist eine Angelmethode für sich und wird daher in dem betreffenden Kapitel ihre Schilderung finden. Für alle übrigen Fische ist die Technik so ziemlich die gleiche, so daß sie im allgemeinen Teil besprochen werden kann. Ergeben sich dann noch Abweichungen oder Ergänzungen in bezug auf eine besondere Fischgattung, so werden diese im speziellen Teile zu finden sein.

Zur Flugfischerei bedarf man vor allem der bereits besprochenen Angelgeräte, einer guten Fluggerte, einer mit geeigneter Flugschnur versehenen Rolle und eines Zuges zur Befestigung der künstlichen Fliegen.

Über Rolle und Gerte habe ich nichts weiter hinzuzufügen, dagegen bedarf der Zug und die Art der Befestigung der Fliegen an demselben noch eingehender Erwähnung.

Der Zug muß eine Länge haben von 1,80 bis 2,70 m; die Stärke richtet sich nach der Stärke der Schnur. Ist diese dünn, so muß der Zug noch dünner auslaufen. Er soll so hergestellt sein, daß die dazu bestimmten Poillängen von oben nach unten an Stärke abnehmen. Je leichter und biegsamer die Gerte, desto dünner können Schnur und Zug zulaufen. Beim Gebrauch stärkerer Gerten gelingt ein guter Wurf nur mit entsprechend stärkeren Schnüren.

Der Zug ist oben und unten mit einer Schlinge versehen; die obere wird an der Schnur mit dem einfachen Knoten befestigt, der schon bei der Grundangel Erwähnung gefunden hat (Fig. 153), während die untere Schlinge wie in Fig. 154 mit dem Fliegenpoil verschlungen wird.

Man angelt mit der sogenannten naßen Fliege (wet-fly der Engländer) im Gegensatz zur Trockenfliege (dry-fly), von der später die Rede sein wird, mit 1 bis 3 Fliegen auf einmal. Wer mit mehr

Fliegen fischt, stellt sich selbst ein Armutszeugnis aus, indem er
mehr auf den blinden Zufall wie auf seine Geschicklichkeit vertraut.
Zudem leidet die Feinheit des Wurfes darunter. Der Anfänger
benutzt am besten nur eine, später kann er zwei Fliegen nehmen.
Der Wurf mit drei Fliegen ist nur dem gewandten Flugfischer und
nur in breiteren Flüssen zu empfehlen. Fischt man mit der sog.
trockenen Fliege, dann ist überhaupt nur eine Fliege am Platze.

　　Die unterste oder Endfliege wird »Strecker« genannt, die
übrigen heißen »Springer«. Gewöhnlich befestigt man den ersten
Springer an der Verbindungsstelle des zweiten mit dem dritten
Poil im Vorfach. Will man einen zweiten Springer benutzen, dann
bringt man ihn etwa 60 cm oberhalb des ersten an.

　　Es gibt eine ganze Anzahl von Methoden, den Springer am
Zuge zu befestigen, aber nicht alle sind nachahmenswert. So kann
ich nur davor warnen, den Springer so einzuschlingen, wie im
Bischoff empfohlen wird[1]). Das an der Einhängstelle verdoppelte
Vorfach wird sehr bald durchgescheuert und geht, wenn man den
Schaden nicht rechtzeitig bemerkt, verloren. Besser sind die in
den Zug eingebundenen
Schleifen, aber auch da-
von bin ich abgekom-
men. Nach meiner Mei-
nung handelt es sich
darum, daß der Springer
vollkommen wagerecht
absteht und nicht mit
einer Schleife, sondern
nur mit einem einfachen,
bei dünnen Poils 3—4-
fachen Endknopf ver-
sehen ist, der sich
viel weniger bemerkbar
macht und den Springer
nicht beschwert wie jene.
Auf diese Weise be-

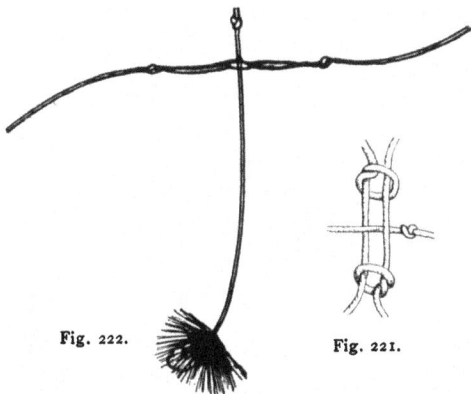

Fig. 222.　　　　　　　　Fig. 221.

festigte Springer verschlingen sich auch nicht so leicht um den Zug
und können aufs schnellste eingeschaltet und gewechselt werden.

　　Die Technik der beiden Methoden, die ich empfehle, geht hervor aus Fig. 221 u. 222.

　　Verfährt man nach Fig. 221, so achte man nur darauf, die
Poilenden des Fischerknotens nicht zu kurz abzuschneiden, damit
man sie nach Bedarf wieder auseinanderziehen kann.

　　Springer, an die schon eine Schleife gebunden ist, befestigt
man am besten so am Zug, wie es Fig. 223 veranschaulicht, will
man an einem zum Einschlingen des Springers nicht vorbereiteten
Zuge noch eine Fliege anbringen, dann verfährt man nach Fig. 224.

---

[1]) In der 3. Auflage hat auch der von mir empfohlene Knopf Aufnahme
gefunden.

Aus der Zeichnung ist zu ersehen, daß das Fliegenpoil nur mittels zweier einfacher Knöpfe oberhalb eines Knotens befestigt ist.

Das Poil des Springers soll nicht länger als 7 bis 10 cm sein, bei Gebrauch eines zweiten Springers darf dessen Poil das andere um einige Zentimeter an Länge überragen, jedoch nicht kürzer sein.

Man verfertigt die künstlichen Fliegen ohne oder mit Poil, mit einfachen oder mit Doppelhaken. Diejenigen ohne Poil sind an Haken mit Öhr (Ring) gewunden, welcher dazu dient, den Gutfaden anzuknüpfen. Doppelhaken mit Öhr kommen seltener und meist nur für Lachsfliegen in den Handel.

Die Öhrhaken sind in England mehr im Gebrauch und haben auch so entschiedene Vorteile, daß man wohl mit Bestimmtheit

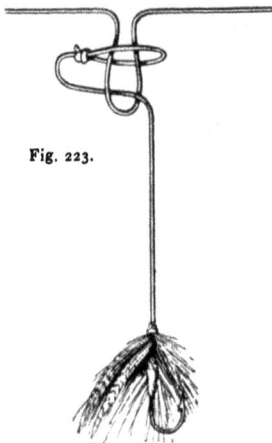

Fig. 223.

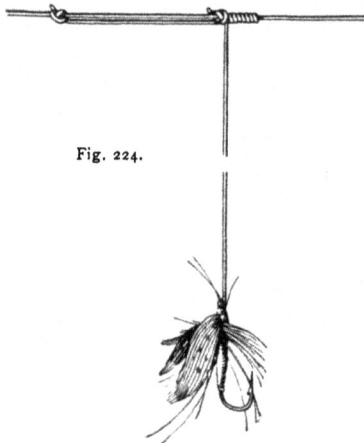

Fig. 224.

sagen kann, daß sie in nicht zu ferner Zeit auch diesseits des Kanals mehr in die Mode kommen werden. Am besten haben sich die mit nach innen und abwärts gewendetem Auge bewährt.

Die Vorzüge der Öhrhaken sind folgende:

1. Die viel größere Haltbarkeit der Fliegen, vorausgesetzt, daß sie von Motten, Licht und Feuchtigkeit geschützt, aufbewahrt werden. Bei den an Poils gewundenen wird dieses zuerst unbrauchbar, oder das Bindemittel trocknet so ein, daß die Fliege leicht verloren geht, wodurch selbst unbenutzte Fliegen von Jahr zu Jahr an Wert einbüßen.

2. Die Bequemlichkeit der Unterbringung in einem kleinen übersichtlichen Raum.

3. Die Möglichkeit, jederzeit ein schadhaftes Poil durch ein frisches, ein zu dünnes durch ein stärkeres oder umgekehrt ersetzen zu können.

4. Schließlich die Möglichkeit, den Strecker direkt an den Zug befestigen zu können ohne Vermittlung einer Poillänge, die nicht zum Zuge paßt. Die untere Schleife am Zuge ist dann als störend vor Anbringung der Fliege abzuschneiden.

Der Vorteil der Öhrhaken ist daher besonders einleuchtend bei großen, selten gebrauchten Fliegen, bei den kostspieligen Lachsfliegen und bei ganz kleinen, deren feine Poils öfters erneuert werden müssen, will man die Fliege nicht verlieren.

Ein Grund, warum die Fliegen mit Öhr bei uns so schwer einzuführen sind, ist außer der Anhänglichkeit an Althergebrachtem, wie ich mich wiederholt überzeugt habe, die Unkenntnis der höchst einfachen Knoten, durch welchen sie mit dem Poil verknüpft werden.

Alle kunstgerechten Öhrfliegenknoten sollen oberhalb des Öhres geschürzt und dann über den Ring gestreift werden. Knoten, die den Ring des Fliegenhakens nicht umfassen, sind fehlerhaft angelegt, die Fliege wird durch sie nicht unverrückbar mit dem Poil verbunden, sondern baumelt daran.

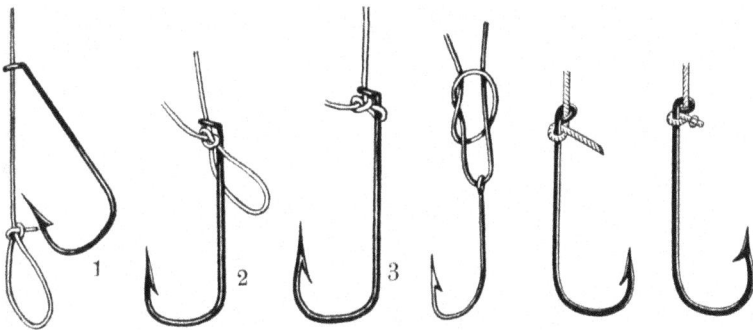

Fig. 225.　　　Fig. 226a.　　Fig. 226b.　　Fig. 226c.

Fast am meisten ist im Gebrauch der nach seinem Erfinder genannte »Turle-Knoten«. Aus Fig. 225, 1, 2 u. 3 geht die Art, wie er geschürzt wird, so deutlich hervor, daß eine nähere Beschreibung überflüssig erscheint. Er ist sicher und leicht zu knüpfen.[1]

Der Knoten legt sich regelrecht um den Hals des Hakens. Empfehlenswert ist auch der sog. Simplex, in Österreich Austriaknoten genannt (Fig. 226a). Über das Öhr gestreift, sieht er aus, wie Fig. 226b. Bringt man am Poilende ein Knöpfchen zu noch größerer Sicherheit an (was eigentlich überflüssig ist), dann hat man einen altbewährten Knoten, den bekannten Flaggenstich (Fig. 226c) vor sich.

Der besonders von Pennell empfohlene »Jamknoten« (Fig. 228) hat den Vorteil, daß man ihn nicht nur sehr rasch schürzen, sondern auch fast ebenso rasch lösen kann.

Der Jamknoten entsteht rein automatisch, wenn man ihn so anlegt, wie aus Fig. 229 ersichtlich. Man hat dann nur die Schleife über den Augenring zu streifen und fest am Halse, der

[1]) Eine klare Zusammenstellung der verschiedenen Fliegenknoten hat Dr. Spechtenhauser in der Öster. Fischerei-Zeitung vom XIV. Jahrgang Nr. 12 und 13 gebracht, die auch in Separat-Abdruck erschienen ist. Ich kann die kleine Schrift aufs beste empfehlen.

bei einer richtig gebundenen Fliege frei sein muß, zusammenzuziehen.
Das Abgleiten und Lockern der Schlinge wird dann durch die Fliege
selbst unmöglich gemacht, nur darf das Poilende nicht gar zu kurz
abgeschnitten werden.

Fig. 230 zeigt den fertigen Knoten.

Der Jamknoten eignet sich jedoch nur, wenn das Öhr am Angelhaken so enge Lichtung hat, daß man das Gut nur einmal durchziehen kann, und nur, wenn das Auge nach abwärts und innen-
gekehrt ist.

Ein absolut sicherer, aber nicht so ganz einfacher Knoten, der
in Fig. 227 abgebildete, ist in der Seemannssprache unter dem Namen
doppelter flämischer Knoten be-
kannt. Er hat den Vorteil, daß das Poilende der Fliege unauffällig anliegt und
daher nicht so kurz abgeschnitten zu
werden braucht.

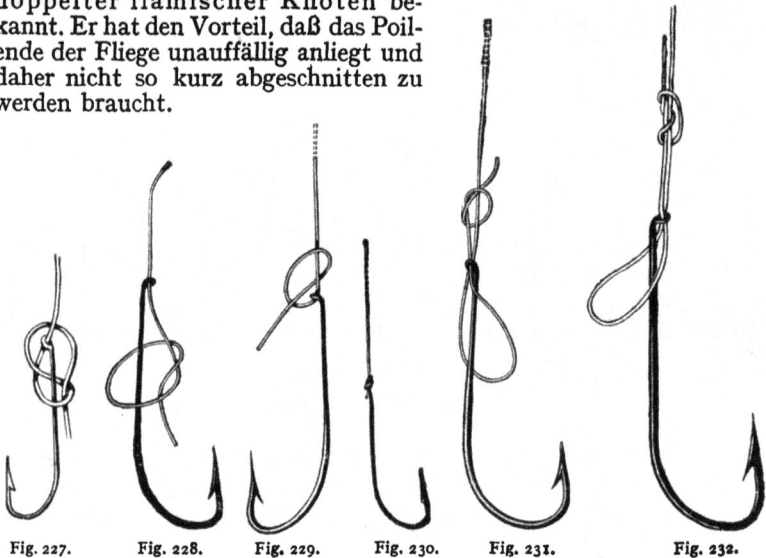

| Fig. 227. | Fig. 228. | Fig. 229. | Fig. 230. | Fig. 231. | Fig. 232. |

Für Fliegen mit größerem Ring oder mit Ösen von gedrehtem
Poil, wie sie hauptsächlich bei Lachsfliegen im Gebrauch sind,
bewährt sich am besten der »Schleifenknoten« (Fig. 231) mit
einfachem und (Fig. 232) mit doppeltem Knopfe. Der letztere ist
noch haltbarer aber nur für den Fang schwerer Lachse erforderlich.

Fliegen mit Doppelhaken außer Lachsfliegen sind in England sehr wenig im Gebrauch, weil sie zu den dortigen Verhältnissen
weniger passen und wegen ihres größeren Gewichtes nicht so leicht
trocken gefischt werden können. Auf dem Kontinent dagegen,
besonders in den Alpenländern, benutzt man ziemlich allgemein,
wie ich mich durch Rundfrage überzeugt habe, die kleinen und
kleinsten Fliegen, an Doppelhaken gebunden, und auch ich halte
sie für vollkommen rationell und sportmäßig, und zwar aus folgenden Gründen:

1. Sind sie beim Fischen stromabwärts viel fängiger wie die Fliegen mit einem Haken. Bei diesen kommt es viel häufiger vor, daß man sie dem Fische beim Anhieb wieder quer aus dem Maule zieht.

2. In den rasch fließenden, oft sogar wilden Flüssen der Alpenländer dominiert die Äsche neben der Forelle. Sie ist viel häufiger und durchschnittlich auch viel größer wie in England, und wird der Sport auf diesen köstlichen Fisch fast allgemein höher eingeschätzt wie der auf die Forelle. Da nun die Äsche einerseits viel weicher im Maule ist und bei ihrer Größe und Gewandtheit in der stärksten Strömung viel leichter abkommt, anderseits aber kleine Fliegen bevorzugt, erweisen sich die kleinen Doppelhaken als ungemein praktisch, zumal die Verangelung eine so minimale ist, daß man kleinere Exemplare ebensogut zurückversetzen kann wie bei dem Gebrauch eines Hakens. Wer das Gegenteil behauptet, dem fehlt es offenbar nur an der nötigen Handfertigkeit bei Ausübung der kleinen Operation, die mit einem feinen Hakenlöser in zwei Sekunden beendet ist. Legt man den zappelnden Fisch mit dem Rücken nach unten in die flache Hand, so verhält er sich gewöhnlich so ruhig, daß man ihm bequem das Maul öffnen und den Angelhaken mit einem Hakenlöser (Fig. 91 u. 92) zurückstoßen kann.

3. Beim Gebrauch von Doppelhaken an der Flugangel kommen beim weichen Anhieb von der Rolle die kleinen Exemplare, insbesondere die unter dem Brittelmaß, viel leichter los, da die beiden Haken bei dem geringen Gegengewicht viel seltener eindringen; ein großer Vorteil für die Schonung der Gewässer. In den Flüssen mit sanfterem Gefälle wäre es dagegen irrationell, Doppelhaken zu benützen, allein schon deswegen, weil es dort mehr auf einen feinen, korrekten und weiten Wurf ankommt. Dadurch löst sich auch der scheinbare Widerspruch in meiner Ansicht über die Fängigkeit der Einzelhaken, denen ich im Kapitel über Spinnfischerei das Wort geredet habe. Bei letzteren kommt es hauptsächlich darauf an, schwere Raubfische sicher ohne Hakendefekt zur Strecke zu bringen.

4. Die Fliegen an Doppelhaken sind zwar kostspieliger wie die an Einzelhaken, haben aber den großen Vorteil der längeren Haltbarkeit, weil sie viel solider gebunden werden können.

Die Angelei mit der Trockenfliege ist im Anfang der 60er Jahre in England allmählich in die Mode gekommen und hat bald siegreich in den Kreideflüssen des südlichen Großbritanniens Fuß gefaßt, während sie in Schottland, Irland und den Vereinigten Staaten Amerikas keine Beachtung gefunden hat. Erst in den allerletzten Jahren hat sie in manchen Gegenden Deutschlands und Österreichs vereinzelte Liebhaber gewonnen.

Die idealen Trockenfliegengewässer bleiben aber vor allen die erwähnten kristallklaren englischen Kreideflüsse, die langsam und oft stagnierend durch Wiesen laufen und häufig durch Mühlanlagen gestäut sind. Ihr meist stark bewachsenes Flußbett bildet einen unerschöpflichen Nährboden für Fliegenlarven, die sich aus den Eiern entwickeln, welche die zahllosen Wasserinsekten darin versenken.

Es vergeht an den meisten dieser Flüsse kaum ein Tag in der wärmeren
Jahreszeit, an dem nicht wiederholt Schwärme von Ephemeriden,
Köcherfliegen usw. als Nymphen aus der Tiefe aufsteigen und sich
an der Oberfläche und in der Luft weiter zu vollkommenen Insekten
entwickeln. Die Bäche und Flüßchen sind reich bevölkert hauptsächlich mit Bachforellen, die bei dem Überfluß an Nahrung und bei
der ruhigen Lebensweise feist und träg werden, sich ihren festen
Stand suchen und von da aus, ohne sich viel mehr wie einige Zoll
vom Platze zu rühren, einfach das Maul öffnen und die herantreibenden
Fliegen einschlürfen, ohne eigentlich zu springen. Diese Forellen,
die, wenn hungrig, meist dicht unter dem Wasserspiegel stehen, haben
sich daran gewöhnt, die Fliegen aus nächster Nähe zu beobachten,
und können die einzelnen Teile, wie Flügel, Beine, Helligkeitswerte
und Größe genau unterscheiden. Es ist klar, daß man nur mit Kunstfliegen, die möglichst genau der Natur nachgebildet sind, diese Fische
täuschen kann. So hat sich denn auch in England eine große Kunst-
fertigkeit entwickelt und sind die englischen Trockenfliegen wirklich
als wahre Kunstwerke zu betrachten. Der Dry-fly-Fischer hat aber
nur Erfolg, wenn er, am Wasser entlang gehend, nach den eben aufsteigenden Fischen ausblickt und Gelegenheit hat, diesen seine
schwimmende Fliege vor die Nase zu setzen, denn die nicht steigenden
Forellen sind vollgefressen und stehen unsichtbar in der Tiefe, ohne
sich um daherschwimmende Nahrung zu kümmern.

Ein solcher Trockenfischer ist dann oft zur Untätigkeit, ja Lange-
weile verdammt, während der Fischer mit der nassen Fliege, wie wir
gleich sehen werden, ziemlich unausgesetzt beschäftigt ist. Während
also für den Dry-fly-Fischer nur die an der Oberfläche seines Fischwassers einherschwimmenden oder Eier legenden Insekten in Betracht kommen, hat der Wet-fly-Fischer viel größere Möglichkeiten
für sich.

Abgesehen davon, daß alle nur den Trockenfischer inter-
essierenden Insekten auch für ihn von Wichtigkeit sind, hat er in seinem
ganz anders gearteten Fischwasser noch mit vielen Wahrscheinlich-
keiten zu rechnen, die ihm Gelegenheit zu unausgesetzter Tätigkeit,
Spannung und Unterhaltung geben.

Die idealen Gewässer für den Fang mit der nassen Fliege bieten
vor allem in ihrer ganzen Anlage reiche Abwechslung. Bald ist das
Flußbett stark bewachsen, bald steinig und frei von Pflanzenwuchs,
bald hat es tiefe Kolke, bald scharfe Rinnsale über Kiesbänke, dann
wieder ruhige Hinterwässer und Stromschnellen, bald Strudel und
Wirbel, meist aber lebhafte Strömung.

Es ist einleuchtend, daß alle im oberen Flußlauf abgestorbenen
Fliegen außer den an Ort und Stelle aufsteigenden lebenden, am
Angler vorüberkommen, die toten aber nicht ausschließlich an der
Oberfläche, sondern von den Wirbeln und Strudeln erfaßt, teilweise
zerschunden in der Tiefe oder im Mittelwasser, aber meist unsichtbar
für den Angler, dagegen immerhin eine willkommene Beute der auch
tiefer stehenden Fische, die ihren Standpunkt nicht pünktlich ein-
halten, wie ihre trägen Genossen in den Kreideflüssen. Bei bestän-

diger körperlicher Bewegung und Anstrengung ihrer mit der Strömung kämpfenden Flossen sind sie daher auch stets mehr oder minder
auf Nahrung bedacht.

Trifft nun ein solcher Fischer einen Tag oder auch nur Stunden,
in denen kein Aufstieg eben entwickelter Nymphen stattfindet, und
erscheint ihm das Wasser auf weithin leblos ohne verheißungsvollen
Ring eines muckenden Fisches, dann ist er nicht wie der Trockenfischer zur Untätigkeit verdammt, im Gegenteil, er kann oft mit dem
besten Erfolg seine Fliegen auswerfen. Diese können dann auch zum
Teil unter die Oberfläche gerissen werden und dürfen sogar oft zer-
zaust sein. Er lockt eben dann Fische an die Angel, die auf angetrie-
bene Nahrung oder eben aufsteigende Nymphen in der Tiefe lauern.
Es kommt dann oft weniger auf das korrekte und schön erhaltene
Aussehen der eben benutzten Fliegen an; wenn die Fische hungrig
sind, dürfen die Fliegen auch ziemlich abgenutzt sein, wenn sie nur
im allgemeinen noch die Form und den Helligkeitswert einer an
jenem Tage schwärmenden Fliege haben. In stark bewegtem,
strudeligem Wasser können sich die Fische auch nicht die Zeit nehmen,
die antreibene Nahrung so genau zu besichtigen.

So kommt es, daß der Fischer mit der nassen Fliege beim Strom-
abwärtsfischen, auch wenn kein Ring eines eben steigenden Fisches
aufgeht, oft durch einen Anbiß erfreut wird, der sich nur in einer
leichten Streckung der Schnur bemerkbar macht und blitzartig
ausgenützt werden muß. Ein Umstand, der unausgesetzte Aufmerksamkeit erfordert und viel dazu beiträgt, das Fischen mit der nassen
Fliege kurzweiliger und aufregender zu gestalten. Kommt dann noch
Leben in die Oberfläche durch den Aufstieg eben sich entwickelnder
Nymphen dazu, der die Forellen nach oben lockt, dann wird auch
die nasse Fliege im bewegten Wasser ebensowenig verschmäht, wie
die trocken gefischte im glatten Rinnsal, wenn der Fischer es nur
versteht, seine Kunstfliegen den eben aufsteigenden Nymphen an
Gestalt, Helligkeitswert und Größe anzupassen und ihnen von Zeit
zu Zeit durch leicht zitternde Bewegung der Gerte eine Spur von Leben
einzuflössen.

Wie sieht nun die trockene Fliege aus und wodurch unterscheidet
sie sich äußerlich von der bisher gebräuchlichen? Eigentlich nur
durch mehr Füße (Hackles) und aufrecht und seitlich stark abstehende
Flügel, so daß sie bei der Kleinheit des Stahlkörpers nicht so leicht
untergeht, zumal sie vor dem Gebrauch mit flüssigem Paraffin getränkt und nach mehreren Würfen durch Schwingen in der Luft
wieder getrocknet wird.

Die Art der Anwendung besteht darin, daß man nur mit einer
Fliege fischt, sie nur stromaufwärts und nur über einen Fisch
wirft, den man stehen oder nach einer Fliege aufgehen sieht. Die
strengen Dry-fly-Fischer verdammen den Wurf auf das Geratewohl.

Jeder ältere Flugfischer, insbesondere der, welcher die Gebirgsflüsse befischt, wird, wenn er diese kurze Schilderung liest, ohne
vorher von dieser Methode und deren Verhimmelung gehört zu
haben, voraussichtlich den Kopf schütteln.

Und dennoch läßt sich nichts gegen die Berechtigung sagen, wenn man die eigentümlichen Verhältnisse in England berücksichtigt.

Die Oberfläche der Kreideflüsse ist nur bei stärkerem Wind gekräuselt und das Wasser meistens so klar, daß die Fische leicht alles sehen können, was am Ufer vorgeht, so daß man sich nur von unten her, oft nur auf den Knien oder dem Bauche kriechend, anpirschen muß.

Zugegeben, daß unter so gelagerten Verhältnissen nur gute Erfolge mit der Dry-fly-Methode zu erzielen sind, so liegt doch gewisse Begriffsverwirrung darin, die althergebrachte Kunst des Flugfischens kurzweg die Wet-fly-Methode zu nennen, als ob die Vertreter der letzteren nicht oft genug und mit vollkommenem Erfolg in die Lage kämen, auch die nasse Fliege trocken zu fischen, und zwar ohne dieselbe eigens zum Schwimmen zu konstruieren und ohne Anwendung von Paraffin. Verschmäht ein auf der Lauer stehender Fisch die ihm gebotene nasse Fliege, so muß es eben der Wet-fly-Fischer verstehen ihm beim nächsten Wurfe seine Fliegen in erster Linie den Strecker, trocken vor die Nase zu setzen, nachdem er durch öfteres Schwingen durch die Luft das noch in den Federn sitzende Wasser gründlich abgebeutelt hat, eventuell ihm einen der Springer tanzend und hüpfend auf der Oberfläche anzubieten, was den Fisch oft noch mehr reizt wie ihr ruhiges Einhertreiben.

Der Wet-fly-Fischer muß eben mehr können, als bloß dem »muckenden Fisch« (dem nach der Mücke steigenden, wie der Alemanne sagt) die Fliege stilgerecht vorzuführen, er muß auch den Fisch reizen, der gerade keine sichtbare Freßlust zeigt und dessen Stand er erst suchen muß. Einen solchen Fisch, zumal eine Äsche, richtig anzuhauen, besonders wenn sie aus der Tiefe unserer klaren und sprudelnden Gebirgswässer unvermutet wie der Blitz, kerzengerade aufsteigt, ist eine größere Kunst und bedarf mehr Geistesgegenwart, als der »Dry-fly-Purist« für gewöhnlich benötigt.

So ist denn die Dry-fly-Methode nach meiner Ansicht nur ein Spezialfach in der allgemeinen Kunst des Flugfischens, und wer die Spezialität studiert hat, beherrscht noch lange nicht die ganze Wissenschaft.

Es wird daher der auf der Höhe stehende Flugfischer sich an einen stets richtigen, feinen Wurf mit feinerem Zeug sowie an vorsichtigeres Anpirschen gewöhnen müssen, während der Dry-fly-Fischer noch manches zu lernen hat, will er jenem die Stange halten. Ist es doch, wenn man einmal den sicheren und weichen Wurf beherrscht, leichter, einen Fisch, dessen Standpunkt man kennt und dessen Steigen man fast auf die Sekunde vorausberechnen kann, richtig anzuhauen als einen ganz unvermutet steigenden Fisch.

Abgesehen davon, muß jeder Unparteiische zugeben, daß eine Methode, die den Fischer unausgesetzt beschäftigt und jede Sekunde in Spannung hält, viel kurzweiliger und anregender ist als eine solche, die ihn die längste Zeit zum ruhigen Abwarten, ja zur Langweile verdammt.

Es muß übrigens festgestellt werden, daß in der jüngsten Zeit die leidenschaftlichen Verfechter der Dry-fly-Methode in England ihren schroffen Standpunkt bereits aufgegeben haben; schreibt doch ihr verstorbener Führer Halford selbst: »Jede von beiden Methoden ist erfolgreich in den für sie geeigneten Flüssen und Bächen, und zu jeder gehört ein gewisser Grad von Geschick. Wir südlichen Angler sind weit davon entfernt, spöttisch auf die Wet-fly-Männer herabzusehen, und unsere nordischen Landsleute haben ein gewisses Recht, uns zu hänseln, wenn wir zum Nichtstun gezwungen sind, weil die Fische nicht steigen. Laßt jeden nach seiner Methode selig werden, aber es soll auch jeder zugestehen, daß eine gewisse Geschicklichkeit zur Perfektion auch in der Methode des Gegners liegt.«

Mein Resümee geht nun dahin, daß der perfekte Dry-fly-Fischer zwar einen tadellos genauen, eleganten und weichen Wurf beherrschen muß, was beim Wet-fly-Fischer nicht allererste Bedingung ist, aber beim gelegentlichen Wurf aufs Geratewohl mit der nassen Fliege, besonders bei der Äschenangelei, in der Sicherheit des Anhiebes dem geübten Wet-fly-Fischer nachsteht, weil er zu sehr gewohnt ist, auf den richtigen Moment vorbereitet zu sein. Am besten daran ist ohne Zweifel jener Flugfischer, der beide Methoden beherrscht, denn auch in Mitteleuropa gibt es eine Anzahl von klaren und ruhig dahinfließenden Forellenbächen und Bachstrecken, die durch Mühlen gestaut sind, wo die Forellen sich ebenso benehmen wie in den Kreideflüssen des südlichen Großbritanniens. Man kann sie oft nur mit Erfolg bemeistern, wenn man sich des allerfeinsten Zeuges bedient und ihnen, vorsichtig von unten her sich anpirschend, die winzigsten Fliegen mit tadellosem Wurfe vor die Nase setzt.

Die Zahl der Fliegen, welche den natürlichen möglichst ähneln, sowie der Phantasiefliegen ist Legion, gibt schon Halford in seinem Prachtwerke über die Dry-fly allein hundert Abbildungen der beliebtesten Trockenfliegen, wie viel mehr Muster mögen noch von den bisher üblichen existieren, nachdem die neue Mode noch nicht so alten Datums ist!

Einem Anfänger muß ganz wirr im Kopfe werden, wenn er die musterhaft hergestellten Fliegentafeln in Halfords Buch oder in »Fishing«, dem von Hutchinson herausgegebenen Sammelwerke über den ganzen Angelsport, betrachtet. In letzterem sind z. B. unter Nr. 1 bis 6 Varietäten, der Olive dun nachgebildet, welche sämtlich einander so ähnlich sind, daß man selbst mit der Lupe nur untergeordnete Unterschiede in der Abtönung der Farben feststellen kann. Wie soll da ein Fisch bei wechselnder Beleuchtung vom grellen Sonnenschein zur düstersten Gewitterstimmung, in einem Wasser, das heute so und morgen anders gefärbt ist, plötzlich überrascht durch das Erscheinen der Fliege in seinem Gesichtskreis in der knapp gebotenen Zeit von 1 bis 2 Sekunden bis zum Wiederverschwinden rasch unterscheiden und sich zum Angriff schlüssig machen oder davon abstehen können? Ein Fisch, dem man ein solches Unterscheidungsvermögen und eine so rasche Entschluß-

fähigkeit zutraut, müßte doch, allen Behauptungen der Ichthyologen zum Trotz, als ein hochintelligentes Tier eingeschätzt werden.

Die Sache ist also in Wirklichkeit nicht so schlimm, als sie
auf den ersten Blick aussieht, vor allem nicht für den Fischer mit
der nassen Fliege, der sich in der Auswahl seiner Fliegen viel leichter
zurechtfindet und wie erwähnt oft mit zerzausten und abgenützten
Fliegen von unausgesprochener Farbe oft die besten Erfolge aufzuweisen hat, wenn noch das Wasser bewegt, nicht ganz hell und die
Beleuchtung günstig ist. Im Gegensatz zu ihm muß allerdings der
Trockenfischer damit rechnen, daß seine ruhig auf der Lauer liegenden Forellen oft sehr wählerisch sind und die Fliegen in klarem Wasser
und bei glatter Oberfläche genau betrachten, ehe sie zugreifen. Der
Angler mit der nassen Fliege verlasse sich daher auf möglichst wenig
und nur altbewährte Muster, von denen ich auf den farbigen Tafeln
nur die beliebtesten zusammengestellt habe.

Ehe ich zur Beschreibung der Fliegen selbst übergehe, darf
ich nicht unerwähnt lassen, daß viele Wasserfliegen auch als Patentfliegen mit durchsichtigen, feingerippten Flügeln verfertigt werden, die zwar nicht so dauerhaft und haltbar sind wie die
aus Federn hergestellten, aber, wie mir scheint, sehr dazu beitragen,
den Fischen wirkliche Insekten vorzutäuschen.

Die Patentfliegen finden aber ihre beschränkte Anwendung
darin, daß sie, weil ihre Flügel steifer sind wie die Federn, in sehr
rasch fließenden Wassern beim Abwärtsfischen eine kleine Stauung
hervorrufen, die den Fischen unnatürlich erscheinen muß. Ein großer
Mißstand ist bedauerlicherweise, daß die ohnehin kostspieligen Fliegen
von den englischen Firmen oft mit minderwertigem Hakenmaterial
geliefert werden, so daß man nicht versäumen sollte, jeden einzelnen
Haken vor dem Gebrauche zu prüfen.

Auch prüfe man die Poils auf ihre Haltbarkeit, indem man
sie mit einem weichen Radiergummi, die Fliege in der einen Hand
haltend, überstreicht und dabei einen entsprechend festen Zug
ausübt. Es dient dies gleichzeitig zur Streckung der oft gewellten
Gutfäden.

Je ärmer ein Wasser an organischem Leben, desto mehr muß
man von den Wasserfliegen absehen und zu Nachbildungen der
Landfliegen, Dipteren und Käfer usw. greifen. Aber selbst steinige
Flüsse haben oft versumpfte Buchten oder Altwässer, wo die Wasser-
fliegen sich entwickeln können, und so kann man schon an vielen
Gebirgsflüssen ganz gute Erfolge mit diesen haben.

Auf den nun folgenden Fliegentafeln habe ich mich bestrebt,
die für Deutschland, Österreich und die Schweiz gangbarsten und
beliebtesten Fliegen zusammenzustellen. Tafel I bringt ohne wesentliche Änderung die bisher gebräuchlichsten Äschen- und Forellenfliegen zur Anschauung, während die Tafel II vollständig neu hergestellt ist und statt der bei uns weniger gebräuchlichen Trocken-
und Seeforellenfliegen nach Hardy nur den Salomonschen Fliegen
gewidmet ist, also ein vollkommenes, noch nirgends veröffentlichtes
Novum bietet. Tafel III und IV bringen, außer drei Maifliegen
nach Salomon, die von mir am meisten mit Erfolg benutzten Mai-

Verlag von R. Oldenbourg in München und Berlin.

fliegen, die meiner Ansicht nach wichtigsten Fliegen für Seeforellen und Lachse, sowie meine Leibfliegen für Huchen und Aitel. Auch sind die bewährtesten kleinen Fliegen für unsere Wildbäche im Gebirge und eine Baxmanfliege, als Muster, nicht vergessen.

Tafel I.

1 und 2.

Die Märzbraune, männlich, und Märzbraune, weiblich (Marchbrown), unausgebildete Formen von Ecdyurus venosus Fabricius. Beide Nachbildungen sind allgemein beliebte und bewährte Fliegenmuster. Nr. 1 wirkungsvoll im Frühjahr und Herbst in Flüssen des Vorlandes und der Ebene, Nr. 2 besonders als Universalfliege für das ganze Jahr.

3.

Die Rote Fliege (Red fly), Nachahmung einer Steinfliege der Gattung Nemura. Vorzügliche Frühjahrsfliege. Hat sich in sehr verschiedenen, ziemlich voneinander abweichenden Mustern eingebürgert. Die Patentfliege mit Gazeflügeln ist eine meiner Lieblingsfliegen, der ich so ziemlich meine größten Strecken, besonders an Äschen, zu verdanken hatte. Sie geht wie die Hoflands Phantasie- und Sandfliege für alle Fliegen, die durch ihre braune Farbe oder einen Stich ins Bräunliche wirksam sind.

4.

Die Hagedornfliege (Hawthorn fly), Haarmücke, Bibio Marci, Diptera. Zeigt sich oft im Mai massenhaft an den Gesträuchern. Wenn sie schwärmt, ist das künstliche Insekt ein sicherer Köder.

5.

Die Blaue Nymphe (Blue dun[1]). Unausgebildete Form des Rotspinners, Potamanthus rufescens. Vorzügliche Frühjahrsfliege. Ist der kleinen Ziegenfliege und der Wirbelnden Blauen Nymphe in der Nachbildung sehr ähnlich und geht daher auch im Herbst.

6.

Die Steinfliege (Stone fly), Perlide, Perla bicaudata. Eine ganz hervorragende Fliege für Frühjahr und Sommer. Auch von dieser hat die mit den Patentflügeln ausgestattete mir zu den größten Fängen verholfen. Am sichersten bewährt sie sich im Juni und Juli, selbst neben der Maifliege, wenn die kleinen Pferdebremsen auftreten, denen sie im nassen Zustande viel ähnlicher sieht als der

---

[1]) Um dem allgemein und häufig geäußerten Wunsche statt der englischen Fliegenbezeichnungen deutsche Namen vorzuschlagen, habe ich die »Dun«-Fliegen oder Subimagines als »Nymphen« bezeichnet. Die eben ausgeschlüpften Ephemeriden haben ihr Nymphenstadium zwar überwunden, aber bei der Schwierigkeit, eine passende Bezeichnung zu finden, schien mir das Nächstliegende, das unmittelbare Vorstadium, die Nymphe. Die von mir veranstaltete Umfrage wurde auch in diesem Sinne zustimmend beantwortet.

wirklichen Steinfliege. Meiner Ansicht nach wird sie von den Fischen
für alles andere eher genommen als für das Urbild, mit dem sie geringe Ähnlichkeit hat.

7.

Die Goldfliege (Wickham's fancy) (siehe auch Nr. 26 den
Fuchsroten Bär). Eine Phantasiefliege, die eine Phryganide, einen
Leuchtkäfer oder gar den bekannten »Schneider« (Telephorus lividus)
darstellen soll. Sie ist wohl eine von den Fliegen, die in allen Ländern
und Gegenden zu den beliebtesten und verbreitetsten zählt und in
den Monaten Juni und Juli an hellen sonnigen Tagen sowohl wie
am späten Abend fast unfehlbar ist. Sie macht die früher so beliebte
Fern fly (mit Körper von gelber Seide) entbehrlich und ersetzt so
ziemlich alle Fliegen und Käfer mit gelbem Körper.

8.

Hoflands Phantasiefliege (Hoflands fancy) stellt eine braune
Ephemeride dar. Ausgezeichnet während der ganzen Saison für
Äschen und Forellen in jedem Wasser. Angezeigt, wenn braune
Fliegen schwärmen.

9.

Die Sandfliege (Sand fly), Limnophilus flavus, Phryganide.
Eine der das ganze Jahr über, besonders aber im Frühjahr und
Herbst an den Ufergesträuchern am häufigsten und regelmäßigsten
zu beobachtenden Fliegen. Sie hat eine solche Mischung von grauen
und braunen Farbentönen, daß ich häufig, wenn gar kein anderes
Insekt am Wasser vertreten war, dennoch mit ihrer Nachbildung
sowohl, wie mit der Roten Fliege, Hoflands Phantasie, Märzbraunen
und Kuhmistfliege ganz die gleichen Erfolge hatte.

10.

Die Erlenfliege (Alder fly). Nachbildung von Sialis flavilateria
Linné, einer Neuroptera. Die Anwesenheit der Erlenfliege am Wasser
ist wie bei der Sandfliege am leichtesten festzustellen, da sie Ende
Mai und Juni mit Vorliebe auf den Ufergräsern sitzt. Die Patentfliege ist besonders verlockend für große Äschen und Forellen. Die
Erlenfliege löst gleichsam die häufige Sandfliege ab oder kommt
mit ihr gleichzeitig vor.

11.

Kleine blaue Nymphe (Little pale blue dun oder Pale blue
dun) Vorbild kleiner herbstlicher, olivenfarbener Ephemeridenformen.
Schwärmt im Herbst. Ich habe aber hauptsächlich im Mai und
Juni gute Erfolge damit zu verzeichnen. Sie geht für alle hellgrauen
Fliegen, die am Wasser sind.

12.

Die Kuhmistfliege (Cow dung fly), Scatophaga stercoraria,
Diptera. Kommt in Massen auf Viehweiden vor und ist dementsprechend angezeigt an allen Gewässern, in deren Nähe sich Vieh
aufhält. Hauptsächlich bei Wind Erfolg versprechend.

13.

Der Rotschwanz (Red Tag), Phantasiefliege. Eigentlich nur ein roter Palmer mit einem knallroten Wollbüschel als Schweif. Ich habe in den letzten Jahren keine Fliege kennen gelernt, die sich so allgemein in allen Flüssen und Bächen auf Äschen und Forellen und so gleichmäßig das ganze Jahr hindurch bewährt hätte, wie diese. Als besonders erfreulich hat sich aber erwiesen, daß sie sich in größerer Darstellung auch als eine vorzügliche Aitel- und sogar Huchenfliege (s. Tafel IV, Nr. 76) bewährt hat.

14.

Die Spinnenfliege (Spider fly). Stellt eine Mücke oder Spinne dar, die in verschiedenen Schattierungen in den Handel kommt. Gute Frühjahrs- und Herbstfliege.

15.

Die gelbe Nymphe, Nachahmung einer blaßwasserfarbenen Eintagsfliege. An kleinen Hakennummern gute Sommer- und Herbstfliege.

16.

Greenwells Fliege. Eine besonders in England beliebte Phantasiefliege. Auch bei uns sehr gute Frühjahrs- und Herbstfliege.

17.

Der Brach- oder Junikäfer (Cocka bonddu oder y bondu, Schorn fly). Die von Wieland gelieferte Nachbildung ist besonders empfehlenswert. Wenn das Insekt in Massen vorkommt und dazu noch ein frischer Wind geht, steigen die Salmoniden und Aitel mit Vorliebe danach. Die Fische überfressen sich aber so an der kompakten Nahrung, daß die Freßstunde bald vorüber ist.

18.

Der Gouverneur (Governor). Stellt eine Phryganide dar mit gelben Eiern am Hinterteil; wird Ende Mai, Juni und Juli besonders von großen Fischen gern genommen. Sie erscheint so selten am Wasser, daß sie fast allgemein als eine Phantasiefliege angesehen wird.

19.

Die Abendmotte (Kutscher, Coachman), Phantasiefliege. Neben der weißen Motte die beste Abendfliege bis lang nach Sonnenuntergang und eine der zuverlässigsten Universalfliegen überhaupt. (S. auch Nr. 54 Tafel II).

20.

Augustbraune Nymphe. Nachahmung des Subimagos von Ecdyurus fluminum (Pictet). Im Monat August an manchen Forellen- und Äschenwassern nahezu unfehlbar.

21.

Zimmtfliege. Trichopteranachahmung. Der Sandfliege sehr ähnlich. Herbst und Frühjahr.

22.

Die Ziegenfliege, Coenomyia ferruginata, Trichoptera. Die kleine Nachbildung ohne Korkleib der Blauen Nymphe sehr ähnlich sehend, für Äschen und Forellen das ganze Jahr, besonders aber im Herbst brauchbar. Die große Form (s. Tafel III, Nr. 60) eine der besten Aitelfliegen.

23.

Die Wirbelfliege (Whirling blue dun). Sicherste Herbstfliege, die bis in den November hinein fast unfehlbar ist.

24.

Der Rotspinner. Nachahmung von ausgebildeten Ephemeriden, geht hauptsächlich von August ab bis Schluß der Saison. Besonders beliebt in den österreichischen Alpenländern.

25.

Die Hasenohrfliege. Eine der beliebtesten Phantasiefliegen der Engländer, besonders auch für Äschen. Geht für die Märzbraune, Steinfliege usw. und wirkt durch den Goldfaden offenbar verführerisch.

26.

Der Fuchsrote oder Feuerrote Bär (Soldier Palmer), sehr bewährt als Sommerfliege von Mitte Juni ab. Soll den bekannten Schneiderkäfer (Fern fly) summend darstellen, ist aber meist viel größer im Gebrauch, so daß man sich eher eine Raupe darunter denken kann.

27.

Der Rotbraune Bär (Palmer mit Pfauenleib) soll für die bekannte Bärenraupe genommen werden. Überall gut; im Gebirge besonders auch in Seen unentbehrlich. Hervorragend bei angetrübtem Wasser, wenn sonst keine Fliege mehr geht.

28.

Der Schwarze Bär (Palmer), Raupenfliege. In manchen Gegenden, während der ganzen Saison zu empfehlen; besonders auf Aitel gut.

Die Bärenraupen empfehlen sich besonders für angehende Flugfischer, da sie fast immer und zu allen Jahreszeiten gern von den Fischen genommen werden. Durch ihre verhältnismäßige Größe verliert sie der Anfänger beim Wurf weniger leicht aus dem Auge. Alfred Ronalds, der das seinerzeit epochemachende Buch »Fly Fishers Entomology« mit vorzüglichen Abbildungen der in England gangbarsten Fliegen geschrieben hat, bildet die Raupenfliegen in natürlicher Größe mit zwei hintereinander stehenden Haken in Tandemart ab. Auffallend ist es, daß diese mehr natürlichen Nachahmungen der Raupe unverdient ganz aus der Mode gekommen zu sein scheinen. Einen Nachteil haben sie allerdings, daß sie wegen ihrer Größe beim Wurf mehr Widerstand in der Luft verursachen, weshalb sie beim Schwung nach hinten eine größere Pause erforderlich machen.

Verlag von R. Oldenbourg in München und Berlin.

Bezüglich der Farbenabstufungen, besonders der Ephemeriden, muß ich, ehe ich zur Besprechung der übrigen Fliegentafeln übergehe, noch bemerken, daß nach sorgfältig in England gemachten Aufzeichnungen die einzelnen Fliegen an einem bestimmten Wasser fast mit mathematischer Genauigkeit am gleichen Monatsdatum erscheinen und ebenso prompt wieder verschwinden. Ebenso interessant ist auch die Feststellung, daß eine Anzahl der gangbarsten Arten, wie sie in den einzelnen Monaten aufzutreten pflegen, nur Varietäten ein und derselben Fliegen sind, die nur je nach der wärmeren oder kälteren Jahreszeit in Farbe und Größe verändert erscheinen. So sind Märzbraune, Großer Rotspinner, Juli und August-Nymphe ein und dasselbe Insekt, ebenso wie Blaue Nymphe, Gelbe Nymphe, Olive Nymphe und Rotspinner. So erklärt sich auch, wenn im Herbst, wenn es kälter wird, die Blaue Nymphe und die Märzbraune wieder erscheinen.

Ich kann jedem Anfänger nur empfehlen, sich seine Fliegen nach Farben zu ordnen, es dient ungemein zur Übersichtlichkeit und erleichtert sehr die Wahl, wenn man die verwandten Schattierungen gegenseitig abwägen kann.

Ich ordne heute noch immer meine Fliegen in folgender Reihenfolge: 1. Schwarz; 2. Grau; 3. Grau mit Braun; 4. Braun; 5. Rot; 6. Gold, Gelb, Orange; 7. weiße (Abend-) Fliegen; 8. Heuschrecken, Wespen, Hummeln und Ameisen; 9. Käfer und Raupen; 10. Maifliegen.

Im Frühjahr bewähren sich die einfachen vorherrschend braunen und schwarzen, im Herbst die grauen und häufig die grau mit braun untermischten Farben; im Sommer kommen die roten und goldenen und sonst auffälligeren Abstufungen neben den erstgenannten zur Geltung. Eine große Rolle spielt natürlich die Beleuchtung, die Farbe des Wassers, die Tageszeit und die Windstärke, was ich an anderer Stelle bereits besprochen habe.

Tafel II.

Die Tafel II habe ich, wie erwähnt, ausschließlich Trocken-Fliegen gewidmet und sind diese genau nach dem von Dr. Salomon auf reiche Erfahrung aufgebautem System geordnet. Nur sah ich mich aus Platzmangel veranlaßt, die ersten 3 Nummern seiner Aufstellung, da es ohnedies Maifliegen waren, auf Tafel III abzubilden, was um so eher angängig war, als die übrigen Maifliegen des alten Systems ohnehin auf Tafel III vermerkt sind.

Mein lebhafter Wunsch, Herrn Dr. Salomon in Stein a. D. zu gewinnen und zu veranlassen, mir seine, an unseren heimischen Gewässern gesammelten und in größtmöglichster Naturtreue nachgebildeten Fliegen als Muster für meine 4. Auflage zur Verfügung zu stellen, ist bereits in Erfüllung gegangen. Dr. Salomon ist nicht nur Entomologe aus langgepflegter Liebhaberei, sondern auch ein passionierter Fliegenfischer und vereinigt somit zwei Eigenschaften, wie sie selten zusammentreffen und uns Fliegenfischern von allergrößtem Nutzen sein können.

Dr. Salomon schreibt mir dazu folgende Begleitworte zu seiner auf entomologischer Basis beruhenden Gruppeneinteilung:

»Behufs Vereinfachung der Musterzahl sind je nach Wichtigkeit jeder Gruppe ein oder mehrere künstliche Vertreter namhaft gemacht, die nötigenfalls für die gesamten mitangeführten Familienvertreter einstehen können.

Zur Bezeichnung der Kerfe ist einheitlich die derzeit gültige wissenschaftliche Namensgebung gewählt, ein Vorgehen, das sich damit rechtfertigt, daß es allein Gewähr bietet, alle Zweifel und Undeutlichkeiten hinsichtlich der natürlichen Vorbilder auszuschließen.

Derart hat das sog. entomologische System nach Möglichkeit die ihm gebührende Berücksichtigung erfahren. Mag der Praktiker denken wie er will: das eine steht fest, daß es für den Fliegenfischer das bildendste System ist und schon aus diesem Grunde allein alle Beachtung von Seite der jüngeren Anglerwelt verdient, die ja berufen ist, ideales sportliches Denken beim Anglervergnügen zu übernehmen und an der steten Weiterentwicklung unserer altehrwürdigen Flugangelei mitzuwirken.

Entomologische Beobachtung in recht einfacher Art und Ausnutzung derselben ist geeignet, einen ‚schlechten‘ Fischtag besser oder zum mindesten interessant zu gestalten oder das Vergnügen, das ein guter Fischtag an und für sich gewährt, noch zu erhöhen.

Launige Äschen und Forellen sind unsere besten Schulmeister; sie sind imstande, uns vor recht schwierige Aufgaben zu stellen. In den oft mühsamen Lösungen liegen die sportlichen Feinheiten der Flugfischerei.

Der erfahrene Fliegenfischer wird beim Betrachten der Tafel II viele alte, gute Bekannte wiederfinden und sich trotz der Trockenfliegenmäntelchen dieser ohne weiteres zurechtfinden.

Im übrigen ermöglicht nachstehende Tafel eine rasche Übersicht über die Verwendungszeiten.«

Ephemeriden.

A. Subimagines.

Gruppe I. Große Maifliegen. Große gelblich Grüne.
Gruppenvertreter: Ephemera danica, Müller.
   Nr. 29 Taf. III Subimago,
   Nr. 30 Taf. III Imago reif, ♀,
   Nr. 31 Taf. III Brauner Drache.
Erscheinen vereinzelt Mitte Mai, im Juni Hauptschwarm, Nachzügler noch Mitte August; ferner Eph. vulgata, Linné, Eph. glaucops, Pictet, Eph. lineata, Eaton.

Gruppe II. Braune.
  a) Große grünlich Braune.
Vertreter: Ecdyurus venosus Fabricius.
   Nr. 32 Taf. II Nr. ♀ licht,
   Nr. 33 » » ♀ von Epeorus ass. Eaton.
   Nr. 34 » » ♂ dunkel,

Zu dieser Gruppe stellen die Familien der Ecdyuriden und Siphluriden ihre Reihen.

Schwärmzeiten: Am frühesten erscheint Epeorus ass. (Mitte April) und kommt bis in den September hinein vor. Ecdyurus venosus ist von Ende März tagsüber vereinzelt, Mitte Mai auch tagsüber in größerer Zahl, im September desgleichen und vereinzelt bis in den November hinein vorkommend. Außerdem Ecdyurus insignis (eschenrindenfarben) von Ende Mai, Hauptschwarm im Juli, Nachzügler Oktober. Ferner Siphlurus lacustris, Eaton, April bis September.

b) Mittelgroße Braune.

Gruppenvertreter: Leptophlebia submarginata, Stephens.

Nr. 35 ♀ an regnerischen, kühlen Tagen des Mai bis August. Sonst noch Leptophlebia marginata, Linné und Rhitrogena semicolorata, Curtis, April bis Oktober. Auch Rhitr. alpestris spec. nov. Eaton, Mai bis September. Ferner Rhitrogena aurantiaca, Burmeister, (Juni bis Sept.); endlich Ecdyurus fluminum (Juni bis Sept.), die sog. Augustbraune. Wirkungsvoll ist als Generalfliege: Hoflands Muster.

c) Die kleinen Braunen vertritt Ecdyurus lateralis. Im Gebirge und Vorgebirge wichtig Mai bis Oktober. Körperende bräunlich, Hecheln braunolive, Schwanzfäden zwei Amselweibchenprimatenflügel, Haken Nr. 1.

Gruppe III. Gelbe.

Vertreter: Heptagenia sulfurea, Müller Nr. 36 ♀, Mai bis November.

Gruppe IV. Helle Abendliche des August.

Vertreter: Oligoneuria rhenana (Pictet-Imhoff), Nr. 37 ♀.

Schwärmt von der zweiten Augustwoche an vereinzelt, später massenhaft, vereinzelt wieder bis Mitte September. Weiters Polymitarcis virgo, Olivier, von Ende August bis Ende September.

Gruppe V. Bläulich Aschgraue.

Vertreter: Leptophlebia cincta, Retzius, Nr. 38 ♀.

Frühjahr bis in den Herbst hinein, hauptsächlich Herbstfliege. Ist ferner gangbar für Baëtis alpinus, Pictet, August bis Oktober, und eine aschgraue Variation von Baëtis rhodani (Frühjahr bis Spätherbst), deckt schließlich auch das ♂ Imago von Rhitrogena aurantiaca, das im Juni bis tief in den November hinein, manchmal in einer an der Bauchseite grauen Variation erscheint, wie auch Cloëon simile, die von Juni bis Oktober am Wasser zu finden ist.

Gruppe VI. Olivfarbene.

Vertreter: Baëtis rhodani, Pictet, Nr. 39 ♀, Nr. 40 Hasenohrfliege, Nr. 41 Wirbelfliege.

Von Okuli bis Oktober und in den Winter hinein. Weist neben ihrer Olivegrundfärbung eine graue Varietät auf. Nr. 39 u. 40 die ganze Saison, hauptsächlich aber Frühjahr. Nr. 41 wichtigste Herbstfliege, weil sie als Mittelglied zwischen den Aschgrauen und

Olivfarbenen einsteht und die grünlichgrauen Körper des ♀ S.I. der Herbstvarietät von Baëtis binoculatus neben Baëtis rhodani deckt.

In größeren Nummern ist sie auch für alle graugrünlich gefärbten größeren Fliegen gangbar.

Von Nr. 39 empfehlen sich auch hellolive und bräunlicholive Muster.

Gruppe VII. Blaßwasserfarbene.

Vertreter: Baëtis binoculatus, Linné, Nr. 42 ♂.

♀ S.I. bräunlichgelb oben, unten fahl ingwerfarben. Mai bis Oktober und später, ferner Centroptilum pennulatum, Eaton, (Herbst), und Centroptilum luteolum, Müller (Mai-Juli).

Gruppe VIII. Eisenblaue.

Vertreter: Baëtis pumilus, Burmeister, Nr. 43 ♀, Mai bis Oktober.

Gruppe IX. Blaugeflügelte Olivefarbene.

Vertreter: Ephemerella ignita, Poda, Nr. 44 ♀, erscheint Mitte Mai bis Juni, später wieder im Oktober.

B. Spinner.

a) Große rötlichbraune Spinner.

Vertreter: Ecdyurus venosus, Fabricius, Nr. 45 ♂ u. 46 ♀. Ferner: Epeorus assimilis Eaton, Nr. 48 ♀, Mitte April bis Ende September (großer Urhahnspinner).

b) Olivfarbene Großspinner.

Vertreter: Ecdyurus insignis, Eaton, Nr. 47 ♀. Ferner Siphlurus lacustris, Eaton, Juni bis September.

C. Steinfliegen (Perliden).

Vertreter: Perla maxima, Scopoli, Nr. 49. Ferner P. cephalotes Curtis, P. marginata, Panzer und P. abdominalis, Burmeister. Erscheinungszeit: Anfang Mai, Juni bis halben Juli in Vor-, Haupt- und Nachschwärmen.

Nr. 50 gelbes Särchen, Chloroperla grammatica, Scopoli.

Nr. 51 Weidenfliege, Leuctra cylindrica de Geer. Spätsommer, Herbst und Winter.

D. Köcherfliegen (Trichoptera).

Nr. 52 Dunkle (zimmt) braune.

Nr. 53 Silberfarbige.

Neben diesen auch Muster mit orangefarbenen Leibern von Nutzen.

E. Wasseranwohnende Schmetterlinge.

Vertreter: Wickler, Schaben, Motten und Zünsler.

Nr. 54 die Abendmotte (Kutscher, Coachman) deckt alle oben angeführten Arten als Universalfliege (bes. am Abend).

Verlag von R. Oldenbourg in München und Berlin.

Als zweites in Betracht kommendes Muster ist hier die »Francis-fliege« anzuführen.

Erwähnenswert sind noch die Erlenfliege, Sialis flavilatera und fuliginosa Linné (Frühjahr), Wickhams Goldfliege (Hochsommer), ferner der Sherryspinner und Jennyspinner.

März	April	Mai	Juni	Juli	August	Sept.	Oktob.	Nov.	
		29	29	30					
		30		31					
	34		34	34	34	34			Hauptfliege[1]
32		32	32			32			»
33		33	33			33	33		
		35	35	35					kühle, regnerische Tage
		36	36	36	36	36	36		
					37	37			
			38	38	38	38	38		
	39	39	39			39	39	39	Hauptfliege
	40	40	40			40	40		›
						41	41		wichtigste Herbstfliege
		42	42	42	42	42			warme Tage
		43	43			43	43		kalte Tage
		44	44				44		
			45		45	45			Hauptfliege
			46		46	46			
	47		47	47	47	47			Spätnachmittags[2]
		48	48	48	48	48			Hauptfliege
		49	49	49					wichtige Fliege
		50	50	50					
					51	51	51	51	
					52	52			
				53	53				
			54		54	54			Abend

Tafel III.

Die Nummern 29—31 und 55—57 veranschaulichen eine Anzahl der besten Maifliegenmuster (s. die Maifliege), Nr. 58 die künstliche Heuschrecke nach Schneider, Nr. 59 den in größeren Nummern auf Lachse vielbewährten Silber Doctor, in der Größe der Abbildung aber sehr beliebte Meerforellenfliege, die sich auch auf Trutta lacustris und Trutta fario in Seen bewährt hat. Nr. 60 ist die rühmlich bekannte Schneidersche Aitelfliege mit Korkleib, die an

---

[1] No. 34 Hauptfliege neben 32 und 33. Ihr Vorbild ist vom Mittelgebirge die Alpen, der Böhmerwald, der Schwarzwald neben No. 32 und 33 sehr häufig.

[2] Der dazu gehörge Urhahnspinner No. 47, sehr geschätzte Hauptfliege, neben No. 45 und 46. —

günstigen Tagen kaum je in Stich läßt und im Herbst ihren Ver-
ehrern auch manche schwere Forelle und Äsche in den Fischkorb geliefert hat.

Nr. 61 ist eine beliebte, von Wieland hergestellte Forellen-
Phantasiefliege, Nr. 62 eine vorzügliche Phantasieiliege nach Francis, Nr. 63 und 64 die rote und weinrote Hechel nach Pennell,
alle drei viel bewährt auf Meer- und Seeforellen, Nr. 65 und 66 die
braune und die blaue Pennellhechel (furnace brown und blue
upright), Nr. 67 die Schillingersche Leibfliege. Alle drei haben
sich in unseren Gebirgsbächen sowohl auf Forellen wie auf Äschen
hundertfältig bewährt. Nr. 68 ist die altbekannte, zuerst erschie-
nene Baxmanfliege. Seitdem kamen noch eine ganze Anzahl
Baxmanfliegen in den Handel, die zwar auf Schönheit keinen Anspruch machen dürften, aber trotzdem wie ich gerne zugeben will,
nicht wirkungslos geblieben sind. Den besten Eindruck macht
mir noch die graue Spinne.

Tafel IV.

Nr. 69 mit 74 bringen eine Auswahl der beliebtesten Lachsfliegen in sechs verschiedenen Größen zur Anschauung. Die Größen-
nummern der Haken stehen nebenan. Wann und wo sie nach Größe
und Farbe in Aktion zu treten haben, das habe ich im Kapitel »Lachs«
auseinandergesetzt. Außer dem Silber-Doctor, Taf. III, ist auch der
Durham-Ranger in gleicher Größe für die verschiedenen Trutta-
arten in Seen, in größerem Format für Lachsfischerei empfehlenswert.

Zum Schluß habe ich meine drei Lieblingsfliegen auf Huchen,
große Forellen und Aitel darstellen lassen, Nr. 75 ist ein großer
Zulu, Nr. 76 ein großer Rotschwanz und Nr. 77 eine Alexandra.
Nr. 78 ist eine Lachstrockenfliege nach Farlow, über deren Wert
oder Unwert ich leider noch keine Erfahrungen sammeln konnte.

Die Maifliege (Ephemera vulgata).

Was die Rehblattzeit und Hirschbrunft für den passionierten
Jäger, ist die Saison der Maifliege für den Flugangler. In England,
wo die Leidenschaft auf das höchste getrieben wird, warten Ende
Mai Hunderte von Flugfischern in den Großstädten auf das Tele-
gramm, welches das Erscheinen der ersten Maifliege meldet. Dann
strömt es in Scharen nach allen Richtungen hinaus, die Hotels an
den Flüssen und Seen füllen sich, und nun wird die verhältnismäßig
kurze Zeit des Schwärmens Tag für Tag vom frühen Morgen bis
zum späten Abend ausgenutzt. Kein Wunder, daß in den Klub-
wassern bald jeder einzelne Fisch zur Vorsicht erzogen wird, zumal
es natürlich Anfänger genug gibt, die das Wasser fruchtlos durch-
peitschen.

Man unterscheidet bei der Nachbildung der Maifliege die vom
Boden der Flüsse aufsteigende Nymphe, die erst zum geflügelten
Insekt geworden ist, als Pseudimago (Fig. 29 Taf. III) oder die gelb-
lichgrüne Maifliege (Green Drake), aus der erst nach der Häutung

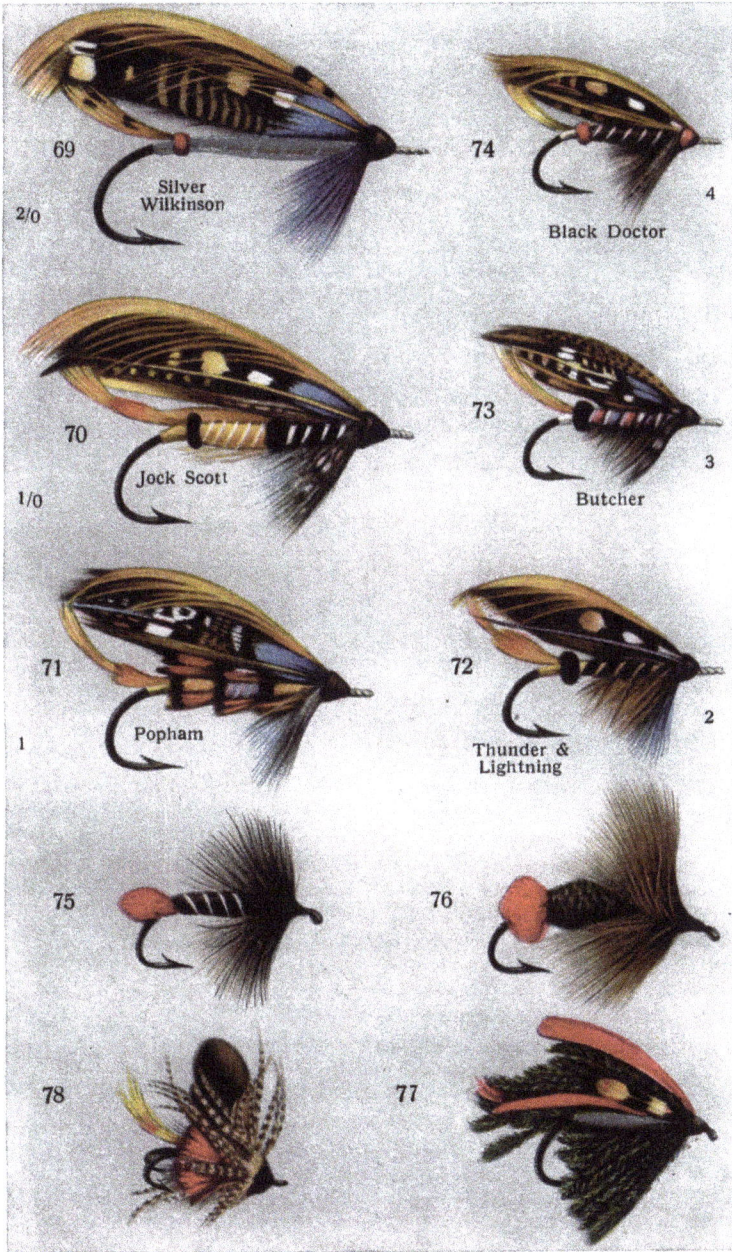

69 Silver Wilkinson 2/0

70 Jock Scott 1/0

71 Popham 1

74 Black Doctor 4

73 Butcher 3

72 Thunder & Lightning 2

75

76

78

77

Verlag von R. Oldenbourg in München und Berlin.

das vollendete Insekt, das Imago (Fig. 30) (Grey Drake) entsteht, und den Braunen Drachen (Fig. 31), alle drei nach Salomon. Figur 55 stellt die Spent Gnat oder das absterbende Insekt dar, welches nach dem Eierlegen sein kurzes Leben beschlossen hat und tot mit erschlafften Flügeln auf dem Wasser dahintreibt.

Die Maifliegen mit Korkleib sind in England ziemlich aus der Mode gekommen und werden durch neuere, weniger empfindliche Muster ersetzt, die je nach dem Wasser mehr oder minder brauchbar sind.

Ich habe seit drei Jahren ausschließlich die Hechelfliege Nr. 56 und 57 in der grünlichgelben wie in der bräunlichen Nuance im Gebrauch und kann ihr nur das höchste Lob spenden, damit ist aber nicht gesagt, daß sie sich in jedem Wasser ebenso bewähren muß. Mit der bräunlichen Hechel-Maifliege von Farlow fing ich in der Wertach einen 20pfündigen Huchen, mit einer blauen hatte ich, wie früher erwähnt, in Bosnien einen kolossalen Erfolg auf große Forellen.

Es grenzt geradezu an das Fabelhafte, mit welchen Quantitäten von Maifliegen sich die Fische mästen. So wurden einmal in dem Magen einer 2½pfündigen Forelle 960 Stück gezählt! Es gibt aber bei uns Fischwasser genug, an denen der Sport mit der Maifliege noch ganz unbekannt ist, obwohl er eigentlich noch viel mehr Verehrer finden müßte wie in England. Ja, es wirkt geradezu komisch, daß es bei uns Fischer gibt, die froh sind, wenn die Maifliegenzeit vorüber ist.

Über dem Kanal ist die Äsche im Mai und erste Hälfte Juni noch in der Schonzeit, weil sie trotz ihrer Edelflosse zu den »coarse fish« gerechnet wird. Es ist daher verboten, Äschen mit der Maifliege zu fangen. In Süddeutschland und Österreich ist dieser edle Fisch, wenigstens in den nahrungsreichen Gewässern, schon im Mai und erst recht anfangs Juni, wenn die Maifliege erscheint, in der besten Verfassung. Er nimmt sie mindestens ebenso gierig wie die Forelle, und es ist geradezu ein Hochgenuß, in einem gutbesetzten Äschen- und Forellenwasser diese beiden Fische gleichzeitig zu erbeuten. Man fängt zu der Zeit die schönsten Exemplare und verliert wenige, da man größere Fliegen mit größeren Haken benutzt, während zu anderer Zeit die Äschen kleine Insekten vorziehen.

In der Hochsaison der Maifliege, welche je nach dem Gewässer meist in die erste oder zweite Woche des Juni fällt[1]), fische ich gewöhnlich mit deren zweien. Den Strecker lasse ich sinken, während ich den Springer hüpfend wie eine eierlegende Fliege über die Oberfläche führe. Auf diese Weise bin ich schon oft durch die prächtigsten Doublés belohnt worden. Schade nur, daß man in einem guten Wasser schon nach ein paar Stunden aufhören muß, um die Ausbeute nicht zu übertreiben.

---

[1]) Wahrscheinlich bekam die Maifliege ihren Namen schon vor der Einführung des Gregorianischen Kalenders (1582) und nach der damaligen Zeitrechnung tatsächlich im Monat Mai um 12 Kalendertage früher.

Das erste, was der Anfänger lernen muß, ist der richtige Wurf. Man kann ihn ebensowenig wie das Tanzen oder Fechten nach Büchern lernen und kommt nur durch fortgesetzte Übung zum Ziel. Am schnellsten wird er ihm gelingen, wenn er einem Geübten aufmerksam und mit Ausdauer zusieht und sich womöglich von ihm öfters die Hand führen läßt.

In den englischen Fachschriften wird empfohlen, das Werfen erst auf einer Wiese zu üben. Ich halte das nicht für notwendig, im Gegenteil, beim fehlerhaften Aufklatschen der Schnur im Wasser wird der Anfänger eher seines Fehlers gewahr.

Er knüpfe einen Poilzug mit einer Fliege als Strecker an seine Schnur und versuche anfangs, nur mit einer Schnurlänge von 5 bis 6 m zu werfen. Sein Bestreben muß sein, die Fliege so auf die Oberfläche des Wassers fallen zu lassen, daß zuerst nur sie allein und so weich wie eine Schneeflocke auffällt.

Dabei hat er hauptsächlich auf drei Punkte zu achten:

1. Daß der Oberarm unbeweglich am Körper herabhängt, während die ganze Bewegung nur zum kleinen Teile mit dem Ellenbogengelenke, zum größeren Teile mit dem Handgelenke ausgeführt wird. Wer einen Begriff vom Säbel- oder Schlägerfechten hat, wird sich leichter tun, da bei diesem auch das Handgelenk im letzten Moment den entscheidenden Ausschlag zu geben hat.

Unmittelbar bevor die Fliege das Wasser berührt, wird das Handgelenk um ein geringes aus seiner gestreckten Stellung zurückgebogen, wodurch die Fliege in ihrem Falle ein wenig gehemmt wird und nach Vorschrift wie eine Schneeflocke auffällt.

2. Daß die Schnur sich bei jedem neuen Wurfe vollkommen nach hinten streckt, da sonst ein schnalzender Peitschenhieb entsteht, der stets den Verlust der Fliegen zur Folge hat. Die vollständig horizontale Streckung der Schnur nach hinten oder nach Umständen nach der Seite ist absolute Vorbedingung eines korrekten Wurfes. Je länger die Schnur, je größer und schwerer die Fliege, desto mehr Zeit braucht sie zur Streckung. Der Anfänger vergißt immer und immer wieder, ganz besonders aber, wenn ihn die Leidenschaft packt, eine Pause zu machen zwischen Rück- und Vorschwung und verfehlt sich somit gegen diese Hauptregel des Flugfischens.

3. Daß man nicht direkt nach der Stelle zielen darf, welche man zu treffen wünscht, sondern $\frac{1}{2}$ bis 1 m senkrecht über dieselbe. Mit andern Worten, man denke sich das Niveau des Wassers um ebensoviel erhöht. Würde man diese Vorsicht unterlassen, so wäre das Hineinklatschen der Fliegen unvermeidlich, während sie im anderen Falle nicht schwerer auffallen als ihr Eigengewicht ausmacht.

Es ist klar, daß man nicht genau in derselben vertikalen Ebene nach rückwärts wie nach vorwärts schwingen kann, man übe sich daher, den Aufzug, sowohl links wie rechts, hoch über dem Kopf zu machen, so daß die Schnur hinter diesem eine Ellipse beschreibt.

In den englischen Angelbüchern wird zur Instruktion des Anfängers der Wurf mit der Fliege in praktischer Weise in fünf Tempi eingeteilt, nämlich:

a) Schwingung hoch nach hinten,
b) Pause für Streckung der Schnur, wobei dieselbe etwas fällt,
c) Schwingung nach vorne,
d) Schnur streckt sich,
e) Fliege fällt leicht in das Wasser, gleichzeitig Rückwärtsbiegung des Handgelenkes.

Die Fluggerte wird mit der rechten Hand über der Rolle so gehalten, daß letztere nach unten gerichtet ist, während die Schnur bei Benutzung der Chekrolle frei nach den Ringen läuft. Man hält die Gerte nicht etwa krampfhaft fest, sondern fast so locker wie einen Federhalter mit ebenso ausgestrecktem und die Richtung des Zieles andeutenden Zeigefinger, nur statt mit drei mit den fünf Fingern und dem Ballen der Hand (siehe Fig. 233).

Die ganze Bewegung der Gerte spielt sich in einem rechten Winkel von 45° nach vorn, ebensoviel nach rückwärts ab. Nach dem Wurfe muß die Hand in dieser Winkelstellung stehen bleiben; ist der Winkel kleiner oder größer, mißlingt entweder der Anhieb oder es kann die Gerte brechen.

Den gleiche Fehler unnütz vergeudeter Kraft wie bei der Spinnfischerei (s. Spinnangel S. 159) machen die angehenden Flugangelfischer, indem sie die Gerte viel zu weit nach hinten und dann viel zu rasch nach vorn ausschwingen lassen, so daß sogar ein deutlich vernehmbares Pfeifen der Gerte hörbar wird. Bei Entfernung des zu treffenden Zieles von nur 5 bis 10 m ist höchstens beim Vorschwung ein verschwindend kleiner Druck mit dem Handgelenke auszuüben, während der Oberarm unbeweglich am Körper anliegt.

In vielen Handbüchern wird empfohlen, die Schnur durch die Finger laufen zu lassen. Bei Benutzung einer anderen als der Chekrolle ist dies sogar unerläßlich. Es ist jedoch ratsam, sich auf alle Fälle diese Fähigkeit anzueignen, da es vorkommen kann, daß die Hemmung sich einmal abschwächt oder versagt.

Die Handstellung ergibt sich in dem Falle aus Fig. 234, aus welcher zu ersehen ist, daß die Schnur über dem Zeigefinger, Ring- und kleinen Finger, aber unter dem Mittelfinger zu laufen hat. Vergleicht man die Handstellung in Fig. 233 mit dieser, so muß jedem einleuchten, daß jene eine weichere und elegantere ist und dem Wurf zugute kommen muß. Aus beiden nach der Natur aufgenommenen Abbildungen läßt sich die Arm- und Handgelenkstellung während des Rückwärtsschwunges und beim Einfallen der Fliege erkennen.

Der Anhieb ist, wenn die Schnur durch die Finger läuft, nicht so einfach, und es passiert selbst Geübteren, daß sie durch zu starkes Anhauen den Fisch, einen Haken oder die ganze Fliege verlieren. Dagegen bietet der Anhieb von einer gut funktionierenden Chekrolle — wohl eine der besten ist die lautlose von Slater (s. Fig. 9) — selbst dem Anfänger nicht nur keine Schwierigkeiten, sondern eine große Erleichterung. Bei einer neu gekauften Rolle sei die Hemmung lieber etwas zu stark als zu schwach, weil sich diese ohnehin mit der Zeit abnutzt.

Außer um die Schnur zu den wiederholten Würfen zu verlängern, berühre ich bei der von mir seit Jahren benützten lautlosen Chekrolle die Schnur nie, außer in seltenen Ausnahmefällen. Ich haue den Fisch von der Rolle an, geht er nach dem Anhieb wie gewöhnlich in schneller Fahrt stromabwärts, dann läuft entsprechend Schnur automatisch ab. Sobald die Rolle zur Ruhe kommt, winde ich auf, um sie sofort freizugeben, wenn der Fisch neuerdings abwärts geht, und so fort, bis ich den Fisch so weit gedrillt habe, daß er sich freiwillig immer näher heranwinden läßt und ich zur Landung schreiten kann. Am bequemsten ist diese zu bewerkstelligen, wenn die End-

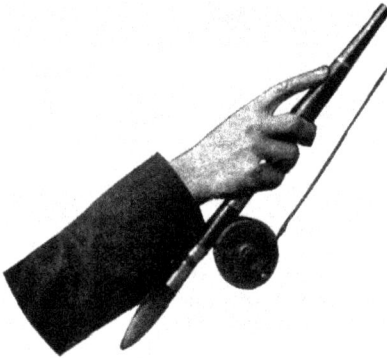 

Fig. 233.   Fig. 234.

fliege bis auf Gertenlänge eingerollt ist. Jedenfalls vermeide man stets sorgfältig, die Gerte aus dem richtigen Winkel und einen Teil des Zuges in die Ringe zu bringen. Nun kommt es aber manchmal vor, daß ein Fisch in einer Rückströmung schneller auf mich zukommt, als ich aufrollen oder zurückspringen kann, oder daß gerade zu meinen Füßen ein günstiger Landungsplatz ist, auf den ich einen matten Fisch bequem schleifen kann, dann, und nur in diesen Fällen, ergreife ich mit der freien Hand die Schnur unterhalb des ersten Gertenringes und ziehe sie rasch in einigen Schlingen, die dann frei herabhängen, ein, bis das obere Zugende am Kopfring der Gerte anstößt, dann zeige ich den Griff und ergreife das Landungsnetz.

Nach und nach, wenn der Wurf mit kurzer Schnur zur Genüge gelingt, beginne man nach Abziehen von mehr Schnur mit der linken Hand, weitere Würfe zu machen. Dabei versäume man nie, irgendeinen Punkt als Ziel ins Auge zu fassen und denselben schließlich auch bei Wind regelmäßig zu treffen.

So lernt man gleichzeitig den Einfluß des Windes kennen. Gegen den Wind zu werfen ist natürlich am schwersten, mit dem Wind im Rücken am leichtesten, da man die Richtung nur mit

einer schwachen Handbewegung anzudeuten braucht. Kommt der
Wind von der Seite, dann werfe man immer gegen ihn; je heftiger
er ist, desto tiefer senke man die Gerte, aber erst, wenn die Schnur
nach der entgegengesetzten Seite, also der Windrichtung, gespannt
ist, und mache den Wurf horizontal, etwa 1 m über dem Wasserspiegel, indem man die ganze Kraft in das Handgelenk legt.

Dies ist von rechts nach links leichter wie umgekehrt, weil das
Handgelenk im letzteren Falle eine ungewohnte Stellung einnimmt,
übrigens genau dieselbe, wie in der Fechtkunst bei der sog. Ohrenterz.

Bei direktem Gegenwind stelle man sich im rechten Winkel
zum Wasser und mache den Wurf so, als ob man den Wind von
der Seite hätte.

Für den Anfänger ist es zwar keine Zumutung, aber da gerade vom Werfen gegen den Wind die Rede ist, will ich gleich hier
erwähnen, daß jeder, der sich die Mühe nicht verdrießen läßt,
auch den Wurf mit der linken Hand zu üben, große Vorteile
voraus hat. Man tut sich, je nach dem Ufer, das man befischt,
und je nach dem herrschenden Winde unendlich viel leichter, wenn
man es gelernt hat, besonders aber auch, wenn das Terrain, überhängende Bäume usw., den Wurf mit der rechten Hand erschweren.
Schließlich ist es auch eine große Annehmlichkeit, wenn der rechte
Arm ermüdet ist, wechseln zu können. Das Schwierigste beim
Wurf mit der linken Hand ist die Erlernung des rechtzeitigen Anhiebes. Jeder, der nicht linkshändig ist, wird die Erfahrung machen,
daß er in der ersten Zeit beim Anhieb zu spät kommt. Dies ist dadurch zu erklären, daß die Nervenleitung zwischen den betreffenden Hirnzentren erst noch langer Schulung bedarf, ehe sie prompt
funktioniert.

Weite Würfe gelingen am besten, wenn man nach einem Wurfe
vor dem Ausfalle zu einem neuen 1 bis 2 m Schnur abzieht, die
Schlinge festhält und diese beim Vorwärtsschwunge in dem Moment
»schießen« läßt, in welchem die übrige Schnur ihre größte Strek-
kung erreicht. Dieses »Schießenlassen« glückt besonders bei sehr
glatten Schnüren, die mehr Körper haben und sich nach ihrem Ende
verjüngen. Viel kommt dabei auf die Qualität der Gerte an Ist.
sie gar mit je einem Leit- und Spitzenring aus Porzellan oder Achat
ausgestattet und somit die Reibung der Schnur in den Ringen auf
ein Minimum reduziert, dann ist das Höchstmaß des Weitwurfes
ohne besonderen Kraftaufwand bedeutend erleichtert.

Um aber besonders weite Würfe machen zu können, hebt man
die Gerte unter gleichzeitiger Rückwärtsbeugung des Oberkörpers
mit hoch nach oben ausgestrecktem rechten Arm über den Kopf,
während die linke Hand eine von der Rolle abgezogene große Schlinge
nahezu horizontal hinaushält. Diese Stellung ist auch einzunehmen,
wenn man vor oder hinter sich durch hohes Schilf, Gräser oder
Sträucher behindert ist.

Hat sich der Anfänger genügend Fertigkeit im Werfen angeeignet, so kann er den Versuch machen, ob es ihm auch gelingt,
einen Fisch zum Steigen zu bringen. Ausgestattet mit einem halt-
baren und gut gewässerten Zug und anfangs nur einer Fliege als

Strecker, nahe er sich mit aller Vorsicht dem Wasser, bleibe aber noch immer auf Gertenlänge vom Ufer entfernt. Zuerst werfe er vorsichtig seine Fliege über dessen Rand oder unter überhängende Stauden; erst, wenn sich da nichts rührt, versuche er, die Schnur durch Abziehen mit der freien Hand verlängernd, auf weitere Entfernung zu werfen, schließlich auch das gegenüberliegende Ufer abfischend, wobei er auch etwas näher herantreten kann.

Am sorglosesten kann er sich der zu befischenden Stelle nähern, wenn er im Wasser watet, denn je niederer seine Figur sich über dem Wasserspiegel erhebt, desto mehr verkleinert und undeutlicher wird er gesehen; ganz unsichtbar wird er allerdings für den Fisch nicht. Das Waten bietet auch den Vorteil des freieren, durch Stauden und Gräser unbehemmten Wurfes, was dem Anfänger sehr zustatten kommt. Die Vorteile des Watens sind auch sonst so über allen Zweifel erhaben, daß sich darüber gar nicht mehr streiten läßt. Das Fischen von hohen Uferbänken aus soll man sich lieber für später aufsparen, da es von dort schwerer ist, zu werfen, sich unsichtlich zu machen und einen Fisch zu landen. Der Wurf vom hohen Ufer ist eben besonders bei Wind erschwert, weil die Fliegen, statt senkrecht am beabsichtigten Punkte einzufallen, weggeweht werden und der Angler bei Windstille und glatter, nicht gekräuselter Oberfläche jeden Fisch verscheucht.

Erst wenn er zu einiger Übung gelangt ist, versehe er seinen Zug noch mit einem Springer. Einen zweiten anzubringen, möchte ich nur dem empfehlen, der es schon zu einer gewissen Fertigkeit gebracht hat.

Um auf den Neuling zurückzukommen, der nun zwar gelernt hat, wie man wirft und welche Vorsichtsmaßregeln man gebrauchen muß, um die Fische nicht zu verscheuchen, so hat er noch keine Ahnung, wie er die Fliegen zu führen hat.

Er vergegenwärtige sich, daß die Fliegen lebendig oder tot einhertreiben, und daß diese zarten Geschöpfe der Strömung weder einen Widerstand entgegensetzen noch ein beschleunigteres Tempo annehmen können. Das wissen die Forellen, besonders aber die Äschen genau, und wenn sie etwas sehen, was wohl einer Fliege ähnlich sieht, aber beim Wurf stromabwärts gegen die Strömung so ankämpft, daß sich förmlich das Wasser daran staut, oder wenn das betreffende Ding rascher dahinschießt wie das umgebende Wasser oder in auffälliger Weise der senkrecht abwärts gerichteten Strömung zum Trotz die Richtung quer durch dieselbe annimmt, dann muß es ihnen doch verdächtig vorkommen. Kleine Exemplare schnappen vielleicht noch spielend danach, die größeren aber »riechen den Braten« und drücken sich zur Seite.

Wie oft bin ich mit Flugfischern zusammengetroffen, die diese Grundregel nicht kannten und sich noch darüber wunderten, wenn sie ein schlechtes Resultat hatten!

Man halte also nach dem Wurfe die Schnur soweit gespannt, daß die Fliegen möglichst an der Oberfläche bleiben, ziehe jedoch nie daran und dirigiere sie nur langsam dem diesseitigen Ufer zu, indem man, besonders bei stärkerer Strömung, etwas mehr Schnur nachläßt oder einige Schritte mitgeht. Ist man mit der Fliege am diesseitigen Ufer angekommen, dann holt man zum neuen Wurfe aus. Ist keine oder ganz wenig Strömung vorhanden, so daß die Fliege, statt weiter zu schwimmen, untergehen will, dann mache man kleine, ruckweise Bewegungen mit dem Handgelenk, welche der Fliege scheinbares Leben einflößen, sie eventuell etwas hüpfen machen und dadurch den Fisch zum Anbiß reizen.

Ähnlich der Spinnfischerei ist es nicht immer angezeigt, quer über den Fluß in die Nähe des gegenüberliegenden Ufers zu werfen. Der schräge Wurf nach abwärts ist im allgemeinen besser. Die Strömung ist in der Mitte des Flusses meistens stärker wie in der Nähe der Ufer. Wirft man quer über die Strömung in ruhigeres Wasser, dann wird die Schnur, wenn man sie nicht über Wasser erhalten kann, von der Strömung erfaßt und in einer Kurve hinabgezogen. Abgesehen davon, daß die Kurvenbildung in der Schnur den Anhieb erschwert, werden auch die Fliegen, Kopf voran, rascher mit nach abwärts gerissen, als das mit natürlichen Fliegen geschehen würde, die von der ruhigen Strömung weitergetrieben werden. Es bringt noch zwei weitere Nachteile, einmal den, daß die Fische durch diese auffallende Bewegung stutzig werden und zum andern, daß die Hechel sich nicht schließen, sondern öffnen, was der künstlichen Fliege das Verführerische nimmt.

Man kommt am besten über diesen vierfachen Mißstand hinweg, wenn man sich in solchen Fällen angewöhnt, die Fliegen nicht in schnurgerader Linie zu werfen, sondern der Gerte im selben Augenblick, wo jene auffallen, einen Fingerdruck stromaufwärts zu geben, wodurch die Schnur eine Kurve in der entgegengesetzten Richtung bildet. Solange sich diese in der Strömung nicht in eine Kurve mit Bogen nach unten verwandelt hat, schwimmen die Fliegen richtig.

Sehr wichtig ist es, sich im Werfen in ungünstigem Gelände zu vervollkommnen. Die meisten und größten Fische stehen naturgemäß unter dem Schutze der überhängenden Bäume und Sträucher, wo sie auf die herabfallenden Insekten lauern. Man übe sich daher besonders, zwischen und unter Sträucher zu werfen, und suche auch da einen guten Wurf anzubringen, wo die Streckung der Schnur nach hinten, z. B. wegen Gebüsches usw., erschwert oder unmöglich ist. Beim Wurfe unter eine Staude berechne man die Länge der Schnur bis vor dieselbe und mache im letzten Augenblick, wenn die Schnur sich gestreckt hat, noch ehe die Fliege das Wasser berührt, einen Ausfall mit dem Arme nach vorn, wodurch ihr noch eine sie nach vorwärts bewegende Kraft mitgeteilt wird.

Was nun die Frage betrifft, wie weit man werfen soll, sage ich wie bei der Spinnfischerei, nicht weiter als notwendig. Nach und nach lernt der Anfänger immer weiter und weiter zu werfen, zumal wenn das Gelände und der Wind ihm zustatten kommen; er wird dann sehr bald merken, bis zu welcher Entfernung er noch sehen und anhauen kann. Jeder Persönlichkeit sind da gewisse Grenzen gezogen. Ein großer starker Mann mit kräftigem Handgelenk und vorzüglichen Augen wird natürlich ceteris paribus mehr leisten. Man hüte sich aber, in den Fehler des Rekordwerfens zu verfallen wie die Engländer und Amerikaner. Solche Turniere haben, wie schon erwähnt, hauptsächlich einen Wert für die Fabrikanten von Gerten, die für ihre Erzeugnisse Reklame machen wollen, und nur einen indirekten Nutzen für den Angelsport, da man mit diesen übertrieben feinen Dingern wohl werfen, aber nicht fischen kann.

Über die Raschheit des Anhiebes läßt sich vieles sagen. Vor allem in bezug auf die Fischgattungen, mit denen man es zu tun hat. So muß er gradatim rascher sein, ob man auf Aitel, Bachsaiblinge, Forellen und Regenbogenforellen oder ob man auf Äschen fischt. Dabei gilt die allgemeine Regel, daß man in Flüssen schneller wie in Seen, in Strömungen rascher wie in ruhig fließendem Wasser, bei kleinen Fischen rascher wie bei größeren anhauen muß. Der Anhieb wird in der Weise ausgeführt, daß man, ohne den Vorderarm merklich in seiner Winkelstellung abzubiegen, das Handgelenk so weit dreht, daß die Rolle von unten nach oben kommt. Zum Aufrollen nimmt man die Gerte in die Linke, wer aber lieber mit der linken Hand aufrollt, hat dies nicht nötig. Für den Linkshänder muß aber die Schnur nach der entgegengesetzten Richtung aufgewunden sein.

Je mehr man Schnur ausgegeben hat, je weiter entfernt der anzuhauende Fisch steht, ferner je mehr die Schnur durch Wind oder Strömung veranlaßt wird, eine Kurve zu bilden, desto rascher und kräftiger muß angehauen werden. Die Chekrolle hat den großen Vorteil, daß sie bis zu einem gewissen Grade ein Zuviel reguliert, wodurch manches Unheil verhütet wird.

Ist man soweit Meister des Wurfes geworden, daß man einem muckenden Fisch die Fliege regelrecht anbieten kann, dann ist es nicht schwer, den Anhieb richtig zu setzen, da man darauf vorbereitet ist; viel schwieriger ist es, einen Fisch tadellos anzuhauen, der unvermutet steigt.

Einen Fisch, den man stehen sieht oder der seine Anwesenheit durch das Steigen nach einem Insekte kundgetan hat, bringt man, vorausgesetzt, daß man die richtige Fliege hat, am sichersten zum Anbiß, wenn man sie je nach der Strömung und der Durchsichtigkeit des Wassers einige Zentimeter bis zu einem halben Meter oberhalb einfallen läßt. Je heller das Wasser, desto näher muß man vor den Fisch hin werfen, damit er nicht Zeit zur genauen Betrachtung und Überlegung findet.

Es ist ratsam, einige Male seine Fliegen durch die Luft zu schwingen, damit das daran hängende Wasser verflüchtigt und die Hechel sich ausbreiten. Dann setzt man den Wurf oft am besten so, daß der Springer, nicht der Strecker, dem Fisch vor die Nase fällt, da man diesen leichter schwimmend erhalten kann und der muckende Fisch lieber ein schwimmendes Insekt nimmt. Man kann sich dann das bei der Trockenfischerei oft zu wiederholende Tränken mit Paraffin ersparen.

Da alles darauf ankommt, daß der erste Wurf richtig gelingt, sorge man eventuell durch einige Probewürfe in der Nachbarschaft, daß die Schnur die richtige Länge hat.

Steigt der Fisch nicht, dann setze man den nächsten Wurf etwas höher und lasse den Springer so auf dem Wasser tanzen wie eine eierlegende Fliege, ein Mittel, welches den Dry-fly-Puristen mit ihrer einzigen Fliege versagt ist.

Ist auch der zweite Wurf ohne Erfolg, dann ersetze man die Fliege durch eine noch unbenutzte aus dem Etui und versuche noch einmal sein Heil.

Die Vorteile des Stromauffischens sei es mit der versunknen, sei es mit der trockenen oder schwimmenden Fliege, bestehen in folgenden:

1. Der Angler wird, da er sich dem Fisch von rückwärts naht, weniger gesehen,
2. die Fliege kommt natürlicher herangeschwommen,
3. der Anhieb sitzt mit größerer Sicherheit von hinten und seitlich.

Zugegeben, daß diese Argumente richtig sind, so hat das Stromaufwärtsfischen einen großen Nachteil, und zwar den, daß man viel öfter, wenn auch kürzere Würfe machen und die Schnur nach jedem Wurfe, um sie gespannt zu halten, einziehen muß, was unendlich mehr ermüdet.

Bei sehr hellem Wasser und ruhiger Strömung hat das Stromauffischen zweifellos seine Berechtigung, besonders wenn der Fisch nahe am diesseitigen Ufer steht. Ist aber das Wasser breit, der Fisch näher am andern Ufer, dann muß man wohl die kürzeste Linie wählen und quer hinüber werfen.

Ich für meine Person kann dem Wurf stromauf, außer in schmalen und sehr klaren Bächen und wenn der Wind direkt stromauf geht, keinen Geschmack abgewinnen, was vielleicht daher kommt, daß fast alle unsere Flüsse scharfe Strömung haben. Auch Henshall ist meiner Ansicht, und wird nach ihm in Amerika ganz allgemein mit der nassen Fliege stromabwärts gefischt. Ich ziehe selbst da, wo sonst der Wurf nach aufwärts angezeigt wäre, vor, wenn es die Uferverhältnisse erlauben, so weit in das Land zurückzutreten, bis mich der Fisch nicht mehr sehen kann, eventuell bis zu 10 Schritt Entfernung vom Ufer, um von da die Fliege über den Rand zu setzen.

Es mag sein, daß in einem sehr überfischten Wasser der Wurf nach aufwärts besser ist; ich kann mich aber über die Erfolge meiner Methode nicht beklagen. Wie oft ist es mir in einem zwischen zwei Mühlen gestauten Forellenwasser passiert, daß die Forellen links und rechts nach Fliegen sprangen, so daß das ganze Wasser lebendig war und ein Ring nach dem andern aufging. Ich eilte nun nach unten und wieder nach oben, immer dem nächsten Fische zu, selbstverständlich so weit vom Ufer entfernt als nur möglich, und bot ihm auch auf dem direktesten Weg meine Fliegen an. Ich habe dabei nie einen Unterschied gesehen, ob ich von unten oder oben nahte, mit seltenen Ausnahmen brachte ich jeden zum Steigen, vorausgesetzt natürlich, daß ich die richtige Fliege erraten hatte.

Sehr treffend schreibt ein berühmter schottischer Flugfischer, Mr. Tod, in seinem Buche über Wet-fly Fishing:

»Ich hätte es an solchen Tagen oder z. B. in der kurzen Zeit der Abenddämmerung für eine absolute Zeitverschwendung gehalten, die Fliegen noch mit Paraffin zu tränken. Wie der Bauer erntet, solange die Sonne scheint, so vergeude man nicht die kostbare Zeit, indem man sich während der Freßstunde lange mit einem Fische abgibt, der die ihm vorgesetzte Fliege verschmäht, oder indem man einen mittleren Fisch lange drillt. Was liegt daran, wenn mancher abkommt, wenn das Wasser rings umher voll Leben ist? Ist die Freßstunde vorüber, dann stellen sich die Forellen auf den Grund, verschlingen da erst die im Maule angesammelten Fliegen und kümmern sich den Teufel um das, was dann an der Oberfläche vorgeht.«

Ein Hauptargument der Verteidiger des Aufwärtsfischens ist, daß man beim Abwärtsfischen durch das Führen eines Fisches eine gute Stelle verderben kann. Etwas ist ja daran, aber nicht viel. Bei langsamer Strömung führe ich, wenn es irgend angeht, den Fisch nicht abwärts, sondern ziemlich direkt zu mir her; bei starker Strömung kann man überhaupt nur abwärts fischen. Es bleibt also nur noch die mittlere Strömung, und da habe ich es in der Hand, obengenannten Nachteil sehr abzuschwächen. Einen kleinen Fisch forciere ich, auch auf die Gefahr hin, ihn zu verlieren, nach aufwärts, einen großen überrumple ich im ersten Schrecken und führe ihn rasch durch die gute Stelle, indem ich selbst weit vom Ufer wegbleibe, nach einem unterhalb gelegenen Landungsplatz. Gewöhnlich steht der größte Fisch in einer Gumpe ohnehin zu oberst und duldet keinen geringeren neben sich; hat man ihn im Korbe, kann man auf die andern eher verzichten. Bei meiner Taktik habe ich oft eine ganze Anzahl Fische aus einer guten Stelle, einen nach dem andern von oben her gefangen und bin so und so oft durch ein gutes Doublé belohnt worden, was bei dem Wurfe nach aufwärts zur Seltenheit gehört. Ein Doublé oder gar ein Triplé ist das Schönste, was einem Flugfischer zuteil wird, und es gibt nicht leicht etwas Aufregenderes als ein solches auf schwere Stücke, seien es nun Äschen oder Forellen. So habe ich schon wiederholt Doublés auf Äschen gemacht, die zusammen 3½ bis 4 Pfd. wogen. Einmal fing ich gleichzeitig eine dreipfündige und eine einpfündige Äsche.

Steigen die Fische gierig, so muß man a tempo anhauen, und zwar nicht etwas erst, wenn der Aufschlag erfolgt, sondern schon, wenn man in der Tiefe einen Glanz oder Schimmer wahrnimmt oder, wenn die Beleuchtung schlecht ist, schon wenn man beobachtet, daß die Oberfläche des Wassers durch den steigenden Fisch sich kaum merklich wölbt. Oft sieht man nur ein undefinierbares Etwas, sei es nun einem Schatten ähnlich, oder äußert es sich durch einen veränderten Lichtreflex, ganz einerlei, man haue an. Es ist ja nichts verloren, wenn man sich getäuscht hat, bei keiner andern Gattung des Angelsports liegt so wenig daran wie beim Flugfischen. Im allgemeinen ist es schwieriger, eine Äsche anzuhauen wie eine Forelle, da jene meist senkrecht aus der Tiefe kommt und nicht wie letztere mehr von der Seite.

Nur in ruhig fließendem Wasser steigen schwere Fische, besonders Äschen, wenn sie schon angefressen und das Gefühl haben, daß die langsam dahertreibenden Fliegen ihnen verfallen sind, mit einer gewissen, dem Alter zukommenden Bedächtigkeit. Da heißt es dann, einen Augenblick länger warten, sonst kommt man mit dem Anhieb zu früh.

Man versäume nie, unmittelbar nach dem Anhieb, bevor der Fisch Befreiungsversuche macht, die Schnur so straff zu spannen wie möglich, damit der Widerhaken sicher eindringt.

Beim Angeln mit der Trockenfliege hat man sich an folgende Regeln zu halten, die ich hier, in Kürze zusammengestellt, aufzählen will:

1. Man nahe sich dem muckenden Fische stets von unten und werfe stromaufwärts.

2. Man setze die mit Paraffin getränkte Fliege wie eine Schneeflocke unmittelbar vor die Nase des Fisches.

3. Man lese die mit Hirschtalg, Marsöl oder Paraffinbrei getränkte Schnur, während des Abwärtsrinnens der Fliege, sorgfältig mit der linken Hand einziehend, unter gleichzeitigem Dirigieren der gesenkten Gertenspitze nach abwärts, vom Wasserspiegel auf. Die Spitze hat anfangs die Richtung auf die treibende Fliege einzuhalten.

4. Man mache nach jedem Wurfe ein paar solche in die Luft, um das Wasser von der Fliege abzubeuteln, und lasse sie erst auf den Wasserspiegel fallen, wenn man sicher ist, die erwünschte Stelle genau zu treffen.

5. Die Schnur soll vom Fischer weg zur Einwurfstelle gerade gespannt sein. Bilden sich unbeabsichtigte Schleifen oder geht die Fliege unter, so ändere man nichts, solange die Richtung wenigstens noch stimmt.

6. Man achte darauf, daß die Schnur niemals untergehen darf, weil sie sonst einen unnatürlichen Zug auf die Fliege ausübt.

7. Kann man sich einem größeren und abgefeimten Fische nicht watend nähern, dann pirsche man sich auf den Knien, unter Umständen auf dem Bauche kriechend an.

8. Der Anhieb erfolgt durch einen Ruck nach abwärts. Je rascher die Fliege einhertreibt, desto öfter muß man zu neuem Wurfe ausholen.

9. Man versäume nicht, die Fliege immer wieder von Zeit zu Zeit mit Paraffin zu tränken, nachdem man sie vorher ordentlich abgebeutelt hat. —

Hierbei sei bemerkt, daß die von R. B. Marston vorgeschlagene Methode des Ölens viel einfacher ist wie die mit den vielen im Handel empfohlenen Ölern oder Ölfläschchen, weswegen ich im Kapitel über Angelgerätschaften ganz darauf verzichtet habe, eines zur Anschauung zu bringen. Man lege nur in ein beliebiges Blechbüchschen ein Stückchen Flanell und tränke es stark mit Paraffin. Durch einfaches Aufdrücken der Fliege mit dem Daumen saugt sie sich voll.

Oft ist das Wasser wie ausgestorben, nirgends hört man einen verheißungsvollen Aufschlag, trotzdem kann man an solch einem Tage unter Umständen mehr fangen als an einem andern, an welchem das Wasser lebendig ist, die Fische aber nur nach ganz kleinen Mücken steigen.

Einem noch nicht gewandten Fischer gelingt es an oben genannten Tagen hier und da, eine Äsche oder Forelle zu erbeuten, die sich selbst angehauen hat. Das ist aber nur möglich, wenn der Fisch von der Seite steigt und mit der Fliege im Maul sich nach abwärts wendet. Bei zehn anderen kommt er zu spät, von weiteren zehn hat er überhaupt keine Ahnung, daß sie seine Fliege genommen und wieder losgelassen haben. Wie oft ist es mir passiert, daß ich auf der Heimkehr von einem Angelausfluge mit anderen Fischern zusammentraf, die denselben Fluß befischt hatten und nun klagten, daß die Äschen heute gar so schlecht gestiegen seien, und daß sie nichts oder nur wenig gefangen hätten. Ich hatte aber meinen Korb voll und war von meinem Erfolg sehr befriedigt.

Worin besteht das ganze Geheimnis des Unterschiedes im Erfolg? Nur in der Kunst, auch mit der versunkenen Fliege richtig zu fischen. Ich lasse die Fliegen selten, und zwar eigentlich nur an kalten und rauhen Tagen absichtlich sinken, aber da man sich hüten muß, daran zu ziehen, ist es, besonders wenn man mit langer Schnur fischt, gar nicht zu vermeiden, daß wenigstens der Strecker untergeht.

Es gilt dann, seine ganze Aufmerksamkeit auf die oben beschriebenen Veränderungen am Wasserspiegel, die ich als undefinierbar geschildert habe, zu richten und nicht genug, auch seine Schnur genau ins Auge zu fassen. Die Schnur macht immer beim Befischen von Strömungen durch ihr, wenn auch noch so geringes Eigengewicht eine kleine Kurve über dem Wasser. Streckt sie sich auch nur im geringsten, so haue man blitzartig an, und oft genug hat man die Freude, daß ein schwerer Fisch hängt. Manchmal ist allerdings nur ein unscheinbarer Grashalm, ein winziges Stück von einer Wasserpflanze die Veranlassung, was ja nichts zu sagen hat, da der fruchtlose Anhieb dann nur der Ausfall zum neuen Wurfe ist. Einen ziemlich sicheren Anhaltspunkt, ob ein Fisch oder ein toter Gegenstand die Schnur gestreckt hat, hat man übrigens an der Raschheit der Bewegung.

Über alle die feineren Anzeichen dafür, daß ein Fisch die künstliche Fliege unter dem Wasserspiegel genommen hat, insbesondere auch über die Notwendigkeit, der Schnur eine aufmerksame Beobachtung zu schenken, habe ich in der ganzen einschlägigen älteren Literatur, soweit sie mir zu Gebote stand, nichts finden können, außer einer Bemerkung Bickerdykes, daß man in ganz ruhigem Wasser, wenn keine Forelle oder Äsche mehr steigen will, die Fliege absichtlich sinken lassen und auf die Schnur sehen soll. Man würde dann manchmal durch den Fang eines Fisches belohnt.

In allen Angelbüchern heißt es, man soll gegen die Sonne werfen. Ich halte das nicht für richtig, denn steht sie tief, so ist der Reflex auf dem Wasser so stark, daß man überhaupt gar nichts sieht, steht sie höher, dann sieht man wegen des Reflexes oft nicht in das Wasser hinein, die Fische aber desto besser heraus.

Man vermeide natürlich strengstens, daß der Schatten, auch nicht der Gerte, in das Wasser fällt, sondern wate oder trete so weit wie möglich vom Ufer zurück, was ja bei keiner Angelmethode so leicht geht wie beim Flugangeln. Am besten ist es natürlich, wenn man die Sonne von der Seite hat.

In breiteren und nicht übermäßig hellen Wassern fische ich immer mit drei Fliegen, außer wenn sie die Größe von Maifliegen haben. Mehr wie drei Fliegen zu verwenden, halte ich aus vielen Gründen für einen unfeinen Sport, der dem gewandten Fischer mehr Nachteile wie Vorteile bringen muß. Die dritte Fliege dient mir noch zu anderem Zwecke als dem, die Beute zu vermehren. So dient sie vor allem als Wegweiser. Sie zeigt mir, wenn ich nach Lage der Dinge, sei es Beleuchtung, Strömung usw., die andern Fliegen nicht mehr sehen kann, die Richtung an, in welcher sich diese befinden, wodurch ich viel seltener einen steigenden Fisch übersehe. In zweiter Linie ist sie mir Versuchsfliege. Unten kommen die sicher bewährten Fliegen hin, oben eine solche zur Probe. Fügt es sich, daß die Fische die letztere vorziehen, dann rückt sie wie ein Schüler, der seine Aufgabe gut gemacht hat, nach vorn und wird durch eine andere ersetzt. Letzteres geschieht auch, wenn sie sich als schlechter Schüler erwiesen, nur wird sie dann eingesperrt. An manchen Tagen ist es sehr vorteilhaft, wenn man sie als eine hüpfende, eierlegende Fliege führt, oder durch einen kleinen Ruck Leben vortäuscht.

Zur Zeitersparnis und Schonung eines Fischwassers ist es sehr empfehlenswert, sich auch darin zu üben, einen geringen Fisch nicht anzuhauen. Wenn die Beleuchtung gut ist, ist das bald gelernt, bei schlechter Beleuchtung gelingt es aber trotz aller Übung selten. Ich lasse dann die Schnur locker werden und behandle den Fisch, wie man es zum Zwecke des Fangens nicht tun sollte. Dadurch kommen viele ab, und ich habe nicht nötig, sie zum Abködern in die Hand zu nehmen. Dies Verfahren trägt jedenfalls dazu bei, die Fische im allgemeinen sorglos zu erhalten, was einem später wieder zugute kommt.

Über das Führen und Landen der gehakten Fische habe ich mich früher schon ziemlich ausführlich ausgesprochen, jedoch ist das Thema damit noch nicht erschöpft.

Nach dem Anhieb kommt die Rolle durch Drehung des Handgelenkes nach oben zu stehen. Ich halte es für einen entschiedenen Vorteil, in dieser Stellung einzurollen, und zwar aus verschiedenen Gründen: Erstens wird die Gerte weniger abgenutzt und bleibt gerade gestreckt, wenn sie beim Wurf nach der einen, beim Drillen nach der andern Seite in Aktion tritt, und zweitens spannt sich die Schnur nicht von Ring zu Ring in einer Anzahl von stumpfen Winkeln, sondern legt sich ganz locker an die Gerte, so daß sie keine Reibungsstellen zu überwinden hat.

Man ermüdet den Fisch an der Flugangel am schnellsten, wenn man seinen Kopf so aus dem Wasser hebt, daß er nicht mehr

atmen kann, hüte sich aber, dies zu tun, ehe er Spuren von Ermattung zeigt, sonst reizt man ihn, aus dem Wasser zu springen,
oder durch Schütteln des Kopfes sich von der Angel zu befreien.

Hat man eine Kiesbank unterhalb, so landet man den Fisch
auf dieser unter den bereits beschriebenen Vorsichtsmaßregeln.
Ist der Fluß mit senkrecht abfallenden Ufern umsäumt, wie die
meisten in der Ebene durch Wiesen und Moorgründe rinnenden
Gewässer, dann führe man den Fisch, ohne ihm übermäßig viel
nachzugeben, auf dem möglichst kürzesten Wege nach dem diesseitigen Ufer.

Ich habe dieselbe Erfahrung gemacht, wie das schon im Bischoff erwähnt ist, daß besonders die Äschen, wenn man sie an
solchen Stellen im freien Wasser drillt, bis sie nach endlosem Kampfe
so ermattet sind, daß man ihnen das Handnetz unterschieben kann,
viel öfter abkommen, als wenn man nicht so langes Federlesen
mit ihnen macht. Ich ziehe sie bei senkrecht abfallendem Ufer,
unter möglichster Ausnutzung der Ruhepausen im Kampfe, während ich selbst bis zu 10 Schritten vom Ufer zurücktrete, so nahe
heran, bis sie mit der Schnauze anstoßen. Dann strecke und biege
ich die Gerte so weit nach hinten, bis ich die Schnur mit der freien
Hand fassen kann, spieße erstere in den Boden und hantle mich
an der gespannten Schnur vorwärts bis zum Uferrand. Dann erst
ergreife ich das Handnetz, um den Fisch, der nun nicht mehr ausweichen kann, sicher zu landen.

Bei Doublés versäume man ja nicht, den entfernteren Fisch
zuerst in das Netz zu bringen.

Steht man im Wasser, dann gelingt die Landung am leichtesten. Man rollt die Schnur ein bis zum Zug, und während man
mit der freien Hand das Netz vor- und die Gerte so weit wie möglich zurückstreckt, zeigt man den »Griff« (siehe S. 102) und zieht
den Fisch direkt in das Handnetz. Das »Griffzeigen« spielt überhaupt
beim Flugangeln eine größere Rolle wie bei allen anderen Angelmethoden. Je mehr man seiner Gerte zutrauen kann, desto wertvoller ist es, besonders bei der Landung des ermatteten Fisches,
sich diesen Vorteil anzueignen. Man versäume jedoch nicht, dem
neuerdings den Kampf aufnehmenden Fische immer wieder Schnur
zu geben.

Es gibt Tage und Stunden, in denen die Fische schlecht springen,
»kurz steigen«, wie der Engländer sagt. Am häufigsten ist wohl
die Übersättigung schuld, oft auch das Mißtrauen gegen die dargebotene Fliege, oft sind es Ursachen, die man nicht kennt, und die
entweder auf die Witterung oder die Beschaffenheit des Wassers
zurückzuführen sind. Es passiert dann dem geübtesten Fischer,
daß er die steigenden Fische verfehlt, sich die Schuld beimißt und
nervös wird. Aber die Schuld war nicht an ihm gelegen, sondern
daran, daß die vollgefressenen Fische die Fliege gar nicht in das
Maul genommen oder nur mit den Lippenrändern tastend berührt
haben, ganz ähnlich wie bei der Spinn- und Grundfischerei, wenn
sie nur an den Köder stoßen, ihn betrachten oder mit ihm spielen.

Die sicherste Erklärung des Kurzsteigens scheint mir die, auf welche man logischerweise kommt, wenn man sich den physiologischen Vorgang bei der Nahrungsaufnahme der Fische vergegenwärtigt. Der hungrige Fisch öffnet das Maul und die Kiemen weit und läßt die Nahrung mit dem Wasser einströmen, dann schließt er das Maul und stößt (filtriert) das Wasser zu den Kiemen wieder hinaus. Der nur tastende oder mit der Nahrung spielende Fisch öffnet wohl das Maul, nicht aber gleichzeitig die Kiemen und stößt die Fliege, oder was er sonst erhascht hat, mitsamt dem einströmenden Wasser, sobald er das Maul wieder schließt, zu diesem heraus. Es ist also nur ein »Schnappen«, das den Bruchteil einer Sekunde dauert, den gerade mit dem Anhieb zu erraten nur durch Zufall gelingen kann. Ich erinnere nur an das bekannte Kinderspiel, bei dem man die flach auf den Tisch gelegte Hand treffen muß, ehe sie zurückgezogen wird. Wie gering ist da die Entfernung der beiden Hände im Vergleich zur Entfernung von der Rolle zur Fliege, bis zu welcher der Ruck des Anhiebes sich noch fortzupflanzen hat!

Wie schon früher im Abschnitt über die Köder erwähnt, ist das Wichtigste an der künstlichen Fliege die Farbe. Nach den Gesetzen der Optik, speziell der Lichtwirkung im Wasser, sieht der Fisch die auf der Oberfläche treibende Fliege nur als Schatten von einer bestimmten Farbe, soweit man bei seiner Farbenblindheit überhaupt von Farbe reden kann, also wohl in einem helleren oder dunkleren Grau, je nach dem Helligkeitswert für das Fischauge. Hat die Farbe etwas Verführerisches für ihn, dann wird er steigen, sonst überhaupt nicht. Kommt er dann in die Nähe und passen ihm auch die Details, dann schlürft er die Fliege ein, sonst betastet er sie höchstens, ohne die Kiemen zu öffnen. Ist meine Annahme richtig, dann wird es sich verlohnen, die Fliege zu wechseln und in erster Linie ein anderes Muster von ähnlicher Nuancierung zu versuchen.

Am schlimmsten sind die Tage, an denen Schwärme kleinster schwarzer Mücken einfallen[1]). Diese sind so klein, daß man sie kaum mit freiem Auge erkennen kann und fängt man, wenn sie am Wasser sind, gewöhnlich nichts, da es unmöglich ist, diese kleinsten Geschöpfe nachzubilden. Man kann dann genau beobachten, wie die Fische eifrig an der Oberfläche die Insekten mit einem Schluck Wasser einschlürfen, das sie wieder durch die Kiemen abfiltrieren. Fängt man dann durch Zufall eine Forelle, so kann man sich überzeugen, daß der ganze Rachen und Schlund ausgefüllt ist mit zahllosen Mückchen, die erst, wenn sich der Fisch in die Tiefe zurückgezogen hat, allmählich verschluckt werden.

---

[1]) Ich sagte auch in den früheren Auflagen »Schwärme kleinster Mücken«, nicht Fliegen oder Ephemeriden. Trotzdem wurde mir in der Österr. Fischerei-Zeitung in sehr unangebrachter Weise das Unterlassen einer Kniebeuge und somit der Vorwurf mangelhafter Beobachtung dieser kleinen Wesen gemacht. Die Technik des feinen Fliegenbindens ist soweit vorgeschritten, daß man wohl die meisten Ephemeriden nachbilden kann, nicht aber die winzigen, meist schwarzen Mücken (Diptera), so klein wie ein Grießkorn, die mein Kritiker gar nicht zu kennen scheint.

Aber noch zwei weitere Erscheinungen unerfreulicher Art können sich dem Flugangler bieten, die ihm einen schlechten Fangtag in Aussicht stellen: wenn er »tauchende« oder »auf dem Kopf stehende« Forellen oder Äschen beobachtet. Wenn diese Fische unter der Oberfläche wie eine Fischotter oder wie ein Seehund unstät tauchend und suchend umherschießen, dann sind sie auf der Jagd nach den aufsteigenden Nymphen eben ausschlüpfender Wasserinsekten oder, wenn sie förmlich, mit dem Schweif in der Höhe, auf dem Kopfe stehen, auf der Suche von Bodennahrung. Das ist besonders der Fall unmittelbar ehe Schwärme von Wasserfliegen aufgehen, deren Nymphen, ehe sie sich zum Auftauchen rüsten, ihre natürlichen Deckungen verlassen und den Boden beleben.

Über Jahres- und Tageszeit sowie über Wind und Wetter, wie sie zur Flugfischerei günstig oder ungünstig sind, lese man in dem betreffenden Kapitel nach. Erwähnt muß noch werden, daß das Wasser zum Flugangeln hell und durchsichtig sein muß, mehr wie bei jeder anderen Sportfischerei. Trüber Himmel und ein warmer Westwind sind zweifellos das beste Wetter, und wer trotz stark bewegter Luft noch zu werfen versteht, wird befriedigt heimkehren.

Bei wolkenlosem Himmel, hellem Wasser und Windstille sehen die Fische, solange noch dazu die Sonne hochsteht, so scharf, daß eine Täuschung höchstens der kleinsten Exemplare möglich ist. Man warte also ruhig ab und lege sich in den Schatten oder treibe lieber alles andere als Fischen.

Ist dann die Beleuchtung günstiger, aber immer noch Windstille, dann ist es ratsam, die ruhigen Stellen und Tümpel zu übergehen und sich auf die Stromschnellen zu beschränken. Umgekehrt wird man bei windigem Wetter und stärkerer Kräuselung der Oberfläche, gerade jene Stellen zuerst aufsuchen und die Strömung in zweiter Linie abfischen. Würde man diese Vorsicht unterlassen, dann würde man die Fische nur unnötig scheu machen und sich für ein andermal den Erfolg schmälern.

Beim Abködern eines Fisches sowie nach mehreren Fehlbissen überzeuge man sich, ob die Fliegen in Ordnung sind und ob vor allem kein Haken gebrochen ist.

Die Flugfischerei in Seen wird hauptsächlich auf Lachse, Meer-, See-, Regenbogen-, Bachforellen und Schwarzbarsche betrieben, und zwar in der Regel vom Boote aus. Nur in kleinen Seen, besonders den hoch im Gebirge gelegenen, hat die Befischung vom Ufer aus einen Wert. Verlohnt es sich speziell auf Lachse oder Seeforellen (Trutta salar oder lacustris) zu angeln, dann ist der Gebrauch einer zweihändigen Fluggerte angezeigt, zumal wenn man sich hauptsächlich nur an die Stellen hält, an denen man nach Fliegen steigende oder an der Oberfläche sich wälzende Fische beobachtet hat. Um aber stundenlang einen See mit der Fluggerte zu bearbeiten, dafür ist die doppelhändige Gerte zu schwer und zu unhandlich. Sie bietet zwar den Vorteil des weiteren Wurfes und die Möglichkeit, auch bei weiten Würfen die Fliegen eher über Wasser halten zu können, aber entschieden bequemer und viel weniger ermüdend ist die einhändige Gerte. Nimmt man sie in

Seen in Gebrauch, wo das Steigen schwerer Fische, sagen wir über 5 Pfd., nicht ungewöhnlich ist, muß sie selbstverständlich aus prima Material aufgebaut sein, um allen Anforderungen des Drills genügen zu können. Vorteilhaft ist, wenn man die Wahl hat, zu diesem Zwecke Gerten von 3,20 bis 3,50 m zu benutzen, jedoch läßt sich auch die 3 m lange gesplißte Bambusgerte Fig. 6 ganz gut verwenden, wenn man sie soweit beherrscht. Der Flugangler hat im Boote ja meistens den großen und nicht zu unterschätzenden Vorteil, daß er es sich so einrichten kann, den Wind im Rücken zu haben, kommt dann noch eine gewisse Geschicklichkeit und Übung dazu, dann lassen sich auch mit einer relativ kurzen Gerte weite Würfe machen.

Von größter Wichtigkeit, wenn man große Salmoniden fangen will, ist die Qualität der Rolle. Nicht nur, daß sie genügend Wurf- und Reserveschnur fassen muß, sie muß eine kräftige Hemmung haben und das rasche Aufwinden der Schnur ermöglichen, denn häufig kommt es vor, daß die größeren Exemplare unserer Edelfische, nachdem es ihnen in einer brillanten Flucht nicht gelang, sich vom Haken zu befreien, im gleichen Tempo wieder an das Boot herankommen.

Über die dazu zu benutzenden Züge und Fliegen wird der Spezielle Teil dieses Buches näheren Aufschluß geben.

Birgt der zu befischende See nur durchschnittlich kleine Salmoniden oder Schwarzbarsche bis zum Gewichte von einigen Pfunden, dann benutzt man das gleiche Material wie in Flüssen und Bächen, aber nicht mehr wie zwei Fliegen.

Die günstigsten Stellen sind in Seen im allgemeinen die Übergangszone vom Seichten zur Tiefe, die sog. Schar, und die Mündungen der Zuläufe, dort wird der Flugangler stets am meisten Erfolg haben.

Für die Flugfischerei in Seen mag auch im allgemeinen die Regel gelten, nicht zu früh anzuhauen, ja selbst, und das gilt besonders für die schweren Fische, so lange mit dem Anhieb zu warten, bis man den Anbiß fühlt.

Das Drillen und die Landung eines vom Boote aus angehakten großen Edelfisches bietet einen ganz besonderen Reiz. Man kann ihm mit Beihilfe eines geschickten Ruderers leicht folgen und ihn an der Breitseite des Bootes, aber stes in einiger Entfernung, ermüden. Man hüte sich, ihn vor der vollständigen Ermattung heranzuziehen, sonst gerät er nur zu häufig unter das Boot oder wälzt sich bei kurzer Schnur und verminderter Elastizität der geführten Geräte wild, förmlich zu den Füßen des dann ratlosen Anglers, der in einem solchen Augenblick ohnmächtig zusehen muß und kein Landungsgerät anzubringen weiß. Wird der Fisch aber erst nach vollständiger Ermattung an das Boot herangezogen, dann macht die Landung keinerlei Schwierigkeiten. Entweder bedient man sich eines Gaffes an langem Stiel oder noch besser eines weitbauchigen Landungsnetzes, dessen Stiel so lang sein sollte, daß man sein Ende in der Achselhöhle einklemmen kann. Man bringt dann das Netz vorsichtig unter den Fisch und hebelt ihn heraus.

Über Wind und Wetter gelten die allgemeinen Regeln, die besten Erfolge wird man bei trübem aber warmem Wetter mit leichtem West- oder Südwind haben.

Auf den Seen Irlands wird hauptsächlich zur Schwarmzeit der Maifliege mit großem Erfolg die Angelei mit der sog. Blow-line auf schwere Forellen betrieben. Man bedient sich hierzu einer möglichst leichten, aber nahezu 5 m langen Gerte, einer viel Schnur fassenden Rolle, eines 2,70 m langen Zuges und aus feinstem Stahl hergestellter Haken. Man ködert an den Einzelhaken eine Anzahl natürlicher Maifliegen und läßt sich so rudern, daß man den Wind im Rücken hat. Man überläßt es dem Wind, wie auch der Name der Methode besagt, die Fliegen auf den Wasserspiegel zu »wehen«.

Hierzulande dürfte diese Art zu fischen noch unbekannt, aber entschieden eines Versuches wert sein, vorausgesetzt, daß man Gelegenheit hat, in Seen zu angeln, in denen nachgewiesenermaßen Forellen oder Seeforellen auf Maifliegen steigen.

Wer Gelegenheit hat, zur Maifliegenzeit z. B. den Hallstädter See bei seinem vorzüglichen Bestand an Trutta lacustris oder die Flüsse Dalmatiens, insbesondere die Cetina oder Krka zu befischen, die durch ihre schweren Forellen (Salmo dentex) berühmt sind, wird mit dieser Art zu angeln zweifellos große Erfolge haben. Zu anderen Zeiten hat man dort mit der Fliege wenig oder gar keine Aussicht, eine Forelle zum Steigen zu bringen.

Ich möchte das Thema »Die Flugangel« nicht verlassen, ohne noch einiges über die Ausübung dieses Sportes in Frankreich zu erwähnen.

Es ist noch nicht so sehr lange her, daß dort die Flüsse und Bäche den Wildfischern überlassen waren und es nicht als comme il faut galt, eine Angel zu führen. Seit Ende der 90er Jahre hat jedoch erfreulicherweise dieser Sport auch jenseits der Vogesen Eingang gefunden, besonders seit der erfahrenste und hervorragendste Sportfischer unseres Nachbarlandes, Albert Petit, ein Werk über den Fang der Forelle mit der Fliege herausgegeben hat, dessen Inhalt und Ausstattung nichts zu wünschen übrig läßt. Es ist so anziehend geschrieben und reizend ausgestattet, daß es jedermann aufs beste als Lektüre empfohlen werden kann[1]).

Ich habe nur das eine daran auszusetzen, daß es zu einseitig die trockene Fliege nach englischem Muster behandelt, obwohl die Flüsse und Bäche in Frankreich gewiß nicht alle gestaut und bewachsen sind wie die englischen Kreideflüsse und die Forellen auch nicht auf der Erziehungsstufe stehen, daß man ihrer nur mit dem allerfeinsten Zeug habhaft werden kann.

Im Anhange zur Flugangel noch einige Worte über die sog. „Buschangelei oder Tippfischerei“, welche mit der ersteren das gemein hat, daß man den Köder auf der Oberfläche anbietet, ohne jedoch zu einem Wurfe auszuholen.

Man benutzt dazu künstliche und natürliche Köder, mit Vorliebe letztere. Die Hauptrolle spielen Käfer, Heuschrecken, große

---

[1]) Albert Petit, La Truite de Rivière, Paris 1897.

Fliegen und deren Larven, besonders die Larve der Steinfliege (Creeper), selbst kleine Frösche, die jedoch auch versenkt werden.

Angezeigt ist diese Methode in ganz schmalen, auf beiden Seiten hoch mit Gras oder Schilf bewachsenen Wassergräben, oder zur Befischung kleiner Lücken zwischen Seerosenblättern oder in dem die Ufer begrenzenden Buschwerk. Sind die Lücken so klein, daß man wohl die Gerte, aber nicht genügend Schnur durchschieben kann, dann knüpfe man die Schleife des Hakens, ohne Zug, direkt an die Schnur, indem man gleichzeitig ein größeres Schrot befestigt; dann rollt man die Schnur ein, bis das Schrot an den obersten Ring der Gerte anstößt und schiebt nun diese durch die Lücke. Schwebt der Köder über der zu befischenden Stelle, dann gibt man Schnur,

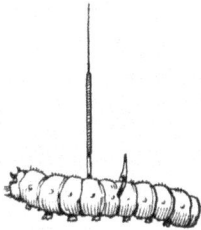

Fig. 237. Wasserinsekt.

Fig. 235. Raupe.   Fig. 236. Fliege.   Fig. 239. Käfer.

Fig. 238. Heupferdchen.   Fig. 240. Frosch.

welche durch das Bleigewicht durch die Ringe gezogen wird; den Köder läßt man auf dem Wasser tanzen. Angehauen wird, um nicht hängen zu bleiben, am besten durch einen Schlag mit der Gertenspitze nach unten. Der Fisch wird, wenn die Lücke zu klein ist, nachdem man ihm gestattet hat, Schnur abzuziehen, unterhalb der Stelle mittels des Handnetzes gelandet.

Die Anköderung der natürlichen Insekten und Larven geschieht am besten mit einem System von zwei Einzelhaken, die in der Weise an Poil befestigt sind, wie die an der Stewartschen Wurmangel Fig. 147, S. 119, oder mit einzelnen Haken und einer Köderung, wie sie in den Fig. 235—240 zur Anschauung gebracht ist.

Wenn die Fische unter Seerosenblättern stehen, dann ist es ratsam, einem kleinsten Angelhaken ein Schrotkorn unmittelbar ober dem Schaft anzusplissen, das daran angeköderte Insekt auf eines der Blätter zu schutzen und langsam über den Rand zu ziehen.

V. Abschnitt.

Die Fische.

A. Lachsartige Fische (Salmoniden).

Der Lachs. *Trutta salar.*
(Salm. Salmon. Saumon.)

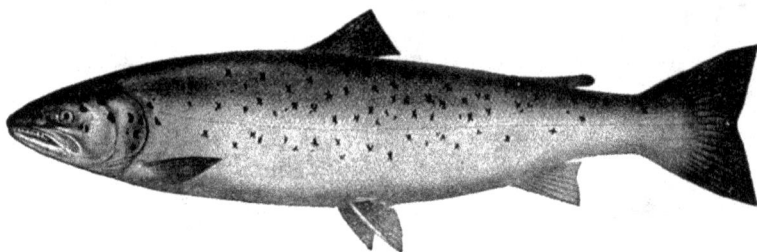

Der Lachs.

Als Salmonide ist der Lachs durch eine hinter der Rückenflosse angebrachte strahlenlose Fettflosse ausgezeichnet, während
er sich von seinen Gattungsgenossen spezifisch am sichersten durch
die Gestalt seines Vomers unterscheidet. Dieser Knochen ist
gewöhnlich nur auf dem Stiel mit einer Reihe von Zähnen besetzt,
die mit zunehmendem Alter ausfallen, während die Vomerplatte
entweder zahnlos ist oder höchstens am Grunde, dort, wo sie in den
Stiel übergeht, einige Zähne trägt. Die Vomerplatte hat eine sehr
charakteristische Gestalt, sie stellt ein Fünfseit mit abgestumpften
Ecken dar.

Der Lachs ist ein Raubfisch, der sich im ersten Jahr seines
Lebens, wo er im Süßwasser, am Ort seiner Geburt, lebt, von Insektenlarven und Insekten, Krustern, Schnecken und Fischen, kurz
von lebenden Tieren des Süßwassers, ähnlich wie die Bachforelle,
ernährt. Später wird er im Meere ein ausgesprochener Fischfresser,
der aber bei seiner Rückkehr ins Süßwasser die Nahrungsaufnahme
einstellt. Er ist ein Wanderfisch, der zum Laichen aus dem Meere

in das Süßwasser bis in die Region der Forelle aufsteigt, selbst bis zu Höhen von 1300 m. Hier schlägt er im Kies ein Laichbett auf, dem er seine Eier anvertraut, die gewöhnlich Ende Februar oder Anfang März ausschlüpfen. Die jungen Lächslein verweilen nun in den Forellenbächen ein volles Jahr, selten länger, wobei sie eine durchschnittliche Größe von 12 bis 15 cm erreichen, um dann im nächsten Jahr mit den Frühjahrshochwässern eilig stromab ins Meer zu wandern. Bis dahin zeigen sie ihr charakteristisches Jugendkleid, indem 10 bis 12 dunkle Querbinden oder ovale Flecken von dem graublauen Rücken über die helleren Seiten bis zum silberglänzenden Bauch quer herüberziehen. Auf den Seiten stehen einige rote Tupfen, so daß die Fische mit Forellen leicht verwechselt werden können. Man nennt diese Junglachse in England »Parr«. Auf der Talwanderung und im Meere legen sie ihr Jugendkleid ab und bekommen eine an den Seiten und am Bauch ausgesprochen silberglänzende Farbe, während sich von dem dunklen Rücken über die Seiten spärliche schwarze, unregelmäßige Flecken entwickeln. Diese Fische heißen in England »Smolt«. Aus dem Meere kehrt ein Teil der Lachse schon nach etwa zehn Wochen in die großbritannischen Flüsse zurück, ein Teil im folgenden Frühjahr, der größere Teil erst im Frühjahr des folgenden Jahres als vierjährige Fische in einem Gewicht von 9 bis 27 Pfund. Jene zuerst laichreif werdenden Fische, die in England »Grilse« genannt werden, kennt man im Rhein unter dem Namen »Jakobs-Lachse«. Sie erscheinen im Rhein um Jakobi massenhaft im Gewicht von 2 bis 3 Pfd.; die Grilse werden im Durchschnitt 5 Pfd. schwer. Die im Frühjahr und Sommer in den Rhein aufsteigenden Lachse nennt man Sommerlachse. Sie zeichnen sich beim Eintritt in den Fluß und im Unterlauf durch ihr schönes, rosarotes, fettes Fleisch aus; sie magern aber um so mehr ab, je länger sie stromaufwärts wandern, bis sie nach erfolgter Laichablage wie ausgemergelt und fast ungenießbar stromabwärts treiben und dann als »Rheinsalm« (vielfach auch als Rheinlachs) bezeichnet werden. Letztere nennt man in England »Kelt«. Außer den Sommerlachsen unterscheidet man im Rhein noch sog. große Winterlachse, welche in geringer Zahl zur Winterzeit in den Fluß eintreten und erst im Herbst des darauffolgenden Jahres laichreif werden, also ein Jahr steril bleiben. Da der Lachs im Süßwasser keine Nahrung zu sich nimmt, so muß er die große Menge von Eiern, welche bis zu ca. 25% seines Körpergewichtes betragen können, aus den in seinem Körper aufgestapelten Reservestoffen aufbauen; daher erklärt es sich, daß die Fische nach dem Laichgeschäft total erschöpft sind, ein graues, mißfarbenes, matschiges Fleisch aufweisen, somit fast wertlos sind. Sibirische Lachse leiden übrigens noch stärker unter den Folgen der Laichproduktion, da sie normalerweise nach dem Laichen absterben.

Das Wachstum des Lachses im Meer ist ein sehr großes. Das Gewicht verzehnfacht sich im ersten Jahre. Durch Untersuchung der Schuppen läßt sich das Alter eines Fisches genau bestimmen, und man kann aus der Breite der jährlichen Zuwachszonen der Schuppen berechnen, wieviel er in jedem Jahr gewachsen ist. Auch die Zahl der Laichwanderungen und die Jahre, in denen sie stattfanden, kann aus den Schuppen ersehen werden (s. S. 374).

Lachse werden wahrscheinlich nicht älter als 10 Jahre, und es ist fast sicher erwiesen, daß sie nicht öfter wie dreimal in ihrem Leben zum Laichen in die Flüsse aufsteigen.

In England wird ganz allgemein der Fang des Lachses mit der künstlichen Fliege als ein »Sport für Könige« bezeichnet, wie auch der Lachs selbst als König aller Süßwasserfische. Leider ist die Gelegenheit und überhaupt die Möglichkeit, in Mitteleuropa Lachse zu fangen, eine verschwindend kleine.

v. d. Borne führt die Wehre bei Hameln, das Wehr bei Stolzenberg an der Ur in Rheinpreußen, die Rheinfälle bei Laufenburg und Schaffhausen an, wo ein Erfolg in den Grenzen der Möglichkeit liegt; auch ist der Fang dort vereinzelten Sportfischern gelungen[1]). Allein die Aussichten sind so gering, daß es sich, soweit ich darüber urteilen kann, nicht verlohnt, eigens zu diesem Zwecke dahin zu reisen.

Wer aber die nötigen Mittel und den Unternehmungsgeist besitzt, eine Reise nach Skandinavien, Finnland, nach der Normandie, nach Neufundland oder nach Kanada zu machen, findet dort noch reichlich Gelegenheit, diesem höchsten Sporte aller Sporte zu frönen.

Ich habe es im Kapitel über die Flugangel als einen Triumph der Kunst über die rohe Naturkraft bezeichnet, daß der Kulturmensch es fertiggebracht hat, mit dem feinsten Zeug und winzigen Nachbildungen von Insekten Fische zu fangen. Nun stelle man sich vor, was das heißen will, einen 40- bis 60pfündigen Lachs mittels einer dünnen Gerte an einem einzigen Angelhaken und einfachen Poilzug nach manchmal stundenlangem, wildem Kampfe glücklich zu landen!

Und trotzdem ist ein perfekter Lachsfischer nach der übereinstimmenden Ansicht der größten Autoritäten noch lange kein Meister im Forellenfang, während umgekehrt ein tüchtiger Forellenfischer sehr bald die Technik des Lachsfanges los hat.

Die Fangmethoden sind nach der Größe der Flüsse, der Mächtigkeit des Stromes und vor allem nach ihrem Gefälle sehr verschieden. Je mächtiger und wilder der Fluß, desto weniger ist die Fliege, desto mehr der Spinnköder am Platze, während die Garneelenfischerei bei niederem Wasserstand so ziemlich in allen Flüssen und Strömen mit Vorteil versucht werden kann.

Man unterscheidet den:

a) Fang mit der Flugangel.

Der Lachs ruht meistens in Gumpen oder hinter großen Steinen von seiner Wanderung aus und wird auch hauptsächlich dort mit der Fliege gefangen. Auf schlammigem oder feinkiesigem Grunde steht er selten und zieht immer grobsteinigen Untergrund

---

[1]) In der Mehrzahl werden es wohl Meerforellen gewesen sein, die leicht mit Lachsen verwechselt werden.

vor. Merkwürdig und ganz unaufgeklärt ist es aber; daß es viele Gumpen gibt, in denen der Versuch, ihn zum Steigen nach der Fliege zu verleiten, ganz nutzlos und vergeblich ist.

Es gilt als große Zeitverschwendung, aufs Geratewohl einen fremden Fluß zu befischen. Man bedarf unbedingt eines ortseingesessenen, lokalkundigen Führers, der einem die Plätze zeigt, wo die Lachse die Fliege annehmen, und der auch gewöhnlich die Lieblingsfliegen zu nennen weiß.

In manchen Gumpen verlohnt es sich wieder, nur dann zu fischen, wenn der Wasserstand gerade eine gewisse Höhe hat, die nur dem Führer bekannt ist.

Sehr verschieden ist das Resultat in den Lachsflüssen je nach der Jahreszeit. In dem einen steigen sie nur im Frühjahr nach der Fliege, in dem andern aber nicht vor Juli.

Es ist daher von größter Wichtigkeit, sich schon vor der Abreise nach den näheren Verhältnissen auf das genaueste zu erkundigen, wenn man nicht schlimme Erfahrungen machen will.

In London erscheint alljährlich vor Beginn der Saison unter dem Titel »Norwegian Anglings and other Sportings« bei J. A. Lumley, 34 St. James Street, ein sorgfältig ausgestatteter Almanach, der genauesten Aufschluß über die zu verpachtenden Fischwasserstrecken, Reiseverbindungen, Unterkunft und Verpflegung sowie über die Preise gibt, und dessen Anschaffung ich jedem Interessenten nicht dringend genug empfehlen kann.

Im allgemeinen ist die beste Zeit zum Lachsfang das Frühjahr bis Ende Juli. Nur fängt man im Beginn öfter noch Kelts (ausgelaichte Lachse), die man wieder schwimmen läßt. Die schlechtesten Erfolge hat man im Monat August, außer bei recht nasser Witterung. Was die Tageszeit betrifft, so ist der Vormittag bis gegen 1 Uhr und der späte Abend bis zur beginnenden Dämmerung, die im hohen Norden erst nach 10 Uhr eintritt, am besten, der Nachmittag am schlechtesten, außer bei kaltem Wetter, der späte Abend, besonders von 8 bis 10 Uhr, ist wieder gut.

Am liebsten nehmen die frisch aufgestiegenen Lachse, die man an ihrem schönen Silberglanz und den ihnen in den ersten 24 Stunden noch anhaftenden Meerläusen erkennt, die Fliege. Man möchte fast meinen, daß das Süßwasser den Lachsen sehr bald den Appetit verderbe. Merkwürdig ist es, daß man ihren Magen, obwohl sie auch auf Spinnköder gehen, immer leer findet. Man hat schon behauptet, daß sie während des Drillens ihren Mageninhalt ausspeien, bewiesen ist es aber nicht.

Das Angelzeug besteht aus der doppelhändigen, 4½ bis 5½ m langen Lachsgerte (Fig. 241) und einer Rolle von 10 bis 12 cm Durchmesser im Nottingham-System mit 30 bis 40 m langer, starker Wurf- und 100 m Reserveschnur, welche von leichterem Material sein muß, um, wenn sie abgelaufen ist, nicht durch den Wasserdruck hemmend zu wirken. Ferner benötigt man einen Lachszug von starken Poillängen, mittels Pufferknoten (s. Fig. 17) gebunden, oder einen sich verjüngenden von gedrehtem Poils, der in einfache Poils ausläuft. Die ganze Länge des Zuges muß ungefähr 2,70 m betragen.

Was nun die Fliegen betrifft, so werden im Frühjahr und Herbst, wenn die Lachse gieriger steigen, größere Fliegen, im Sommer aber kleinere empfohlen. Bei klarem Niederwasser aber wählt man stets kleinere Exemplare, bei hellem Wetter und Sonnenschein farbenprächtige Fliegen. Je nach der Größe der zu erwartenden Fische, der Schwierigkeit des Geländes und der Macht des Stromes benutzt man sogar große Fliegen mit Doppelhaken. Für kleinere Fliegen sind Doppelhaken, außer bei besonders niederem Wasserstand, stets angezeigt.

Auch bei der Lachsfischerei kommt es hauptsächlich auf die Farbe der Fliegen an. Jetzt sind gegen frühere Zeiten hauptsächlich farbenprächtige Fliegen in Mode, höchstens an trüben Tagen bei düsterer Stimmung werden Fliegen mit dunklem Körper vorgezogen.

Im allgemeinen halte man sich aber an folgende Regeln:

Bei Hochwasser sind die Farben Silber und Blau und große Fliegen angezeigt. Da diese lichten und glänzenden Farben aber auch bei hellem Wetter und Sonnenschein bei jedem auch dem niedersten Wasserstande zu empfehlen sind, muß man Fliegen mit Silber und Blau von den verschiedensten Hakengrößen vorrätig haben. Die Größen richten sich dann wieder nach der Mächtigkeit des Flusses, so zwar, daß z. B. für einen starken Strom die Nummern 2/0 bis 5/0, für einen kleinen Fluß 4 bis 2/0 angezeigt erscheinen. Man hat also, zum weiteren Beispiel, im Strome bei Hochwasser den Haken 5/0, bei Niederwasser aber Nr. 2/0 oder 3/0 zu wählen.

Die beliebtesten hierher gehörigen Fliegen sind: Silver Doctor, Silver Grey, Blue Wasp u. a.

Bei Mittelwasser wählt man mit Vorteil die Farben Rot und Gold. Besonders beliebt sind der Durham Ranger und Gordon. Sie brauchen nicht zu groß zu sein wie die obengenannten Fliegen und empfehlen sich besonders an klaren Tagen, wenn die Belichtung nachläßt, gegen Abend. Kleinere Exemplare wählt man an kleineren Flüssen.

Bei Niederwasser und an trüben Tagen und in der Abenddämmerung wählt man Fliegen, an denen die Farben schwarz und grau vorherrschend sind, also die so sehr be-

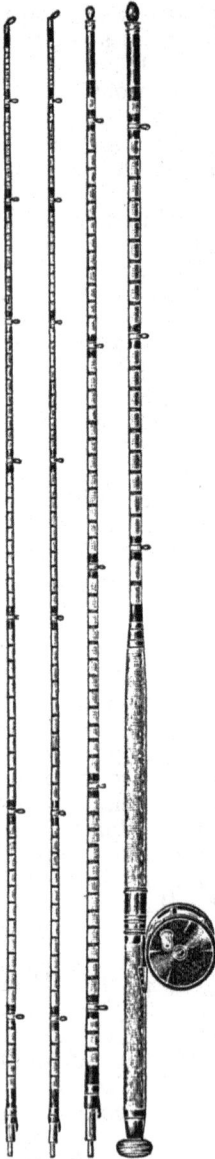

Fig. 241.

liebte Jock Scott oder den Black Ranger, Black Doctor, Black and Teal, Butcher, Popham usw.

Damit ist so ziemlich alles gesagt, was man bezüglich Auswahl und Größe der Fliegen sagen kann, im übrigen richte man sich nach den lokalen Gepflogenheiten und versuche, wenn auch nicht ausschließlich, die in jedem Lachsflusse am meisten benutzten Fliegen, wobei es ganz besonders auch auf deren Größe ankommt und worüber speziell für die Lachsfliegen in Norwegen der oben empfohlene, von Lumley herausgegebene Führer genaue Aufschlüsse gibt.

Der Poilzug (s. S. 153) wird an seinem oberen dicken Ende in die Schnur eingeschleift und die Fliege am dünneren Ende durch den Schleifenknoten (Fig. 231 u. 232) befestigt.

Die Technik des Wurfes mit der Lachsgerte ist leicht zu erlernen, wenn man sich schon eine ziemliche Fertigkeit mit der einhändigen Fluggerte angeeignet hat. Die größte Abweichung besteht selbstredend in der Haltung der Gerte. Man faßt sie mit der einen Hand am Gummiknopf, mit der andern weit oberhalb der Rolle; es hat beim Wurf von rechts nach links die rechte Hand oben, beim Wurf von links nach rechts hingegen unten zu liegen. Befischt man das rechte Ufer, dann wirft man besser von der linken Schulter und umgekehrt.

Da die Lachsfliegen schwerer und größer sind wie die Äschen- und Forellenfliegen, muß man sich daran gewöhnen, zwischen dem Schwung nach hinten und dem nach vorn eine größere Pause zu machen. Alle die Feinheiten des Wurfes mit den letztgenannten Fliegen sind dagegen so ziemlich überflüssig, wenn man auf Lachse fischt. Die Hauptsache ist nur, daß die Schnur gestreckt ins Wasser fällt, gleichgültig, ob die Fliege dabei etwas mehr oder minder aufklatscht. Man kann, um recht weite Würfe machen zu können, seinen Begleiter mit der Fliege in der Hand landeinwärts schicken, der sie im Moment des Schwunges nach vorn losläßt; auch empfiehlt sich das sehr häufige »Schießen« der Fliege (s. Flugangel S. 219).

Sehr wichtig ist, besonders im engen Gelände, darauf zu achten, daß die Fliege beim Schwunge nach rückwärts nicht anschlägt. Am gefährlichsten sind natürlich Felsen und Steine. Man kann fast mit Sicherheit rechnen, daß die Hakenspitze abbricht und daß die kostspielige Fliege dadurch unbrauchbar wird. Auch ich habe anfangs Lehrgeld zahlen müssen, weil ich die Gefahr nicht genügend eingeschätzt hatte.

Man wirft meistens schräg über die Strömung nach abwärts in einem Winkel von 45° und zieht die Fliege unter leichtem Heben und Senken der Gertenspitze nach dem diesseitigen Ufer. Dabei bleibt man am Platze stehen und macht dann zwei Schritte, ehe man zu neuem Wurfe ausholt.

Wichtig ist es ferner, den sog. »Spey-Wurf« zu erlernen, wenn man nicht ausschließlich vom Boote oder von flachen und kahlen Ufern aus seine Würfe zu machen hat. Sind Hindernisse vorhanden, die den Wurf über den Kopf unmöglich machen, dann ist man oft nicht imstande, eine schöne Gumpe gründlich abzufischen, wenn man diesen am Spey-Fluß zuerst geübten Wurf

nicht beherrscht. Er besteht darin, daß man die Fliege vom Wasser
mit vertikalem Zug erhebt, aber dann gleich eine Kurve mit der
Gerte nach rechts in horizontaler Richtung beschreibt, die nach
vollkommener Streckung der Schnur nach der Seite in einen
Schwung nach oben und abwärts übergeht, wobei aber die Gerte
den Wasserspiegel nicht berühren darf.

Beim Waten sei man nur stets darauf bedacht, beim Wurf
sowohl, wie beim Führen der Fliege und während des Drills einen
festen Stand einzunehmen, um nie aus dem Gleichgewicht zu kommen, auch halte man die Gerte, solange die Fliege im Wasser kreist,
horizontal, nicht wie beim Fischen mit der einhändigen Gerte in
einem Winkel nach oben.

Viele erfahrene Angler sagen, das Heben und Senken sei unnötig. Andere empfehlen es nur in ruhigem Wasser, unterlassen es
aber in Strömungen.

Es ist natürlich wichtig, vielleicht noch wichtiger wie bei der
einfachen Flugangel, darauf zu achten, daß die Fliege nicht mit
dem Kopf nach abwärts gezogen wird, wobei sich die Federn aneinanderlegen würden. Bei der Flugangel auf Lachse kommt es ja
hauptsächlich darauf an, daß die Fliege in der ganzen Pracht ihres
Farbenspieles dargeboten wird. Wie man sich aus Rücksicht darauf beim Wurf zu verhalten hat, habe ich im Kapitel über die Flugangel S. 221 auseinandergesetzt. Es ist immer angezeigt, die Fliege
sinken zu lassen, zuerst wenig, dann mehr, eventuell sogar mittels
einiger Schrotkörner.

Man versucht alles, was helfen kann. Einmal läßt man die
Fliege tief herab und zieht sie rasch herauf, dann wieder langsamer,
ohne sie aber an die Oberfläche zu bringen. Im allgemeinen gilt
jedoch die Regel, je tiefer eine Gumpe ist, desto langsamer und
damit auch tiefer ist die Fliege zu führen.

Will kein Fisch steigen, dann ist noch lange nicht gesagt, daß
keiner in der Gumpe steht.

Es ist beim Lachs, abweichend von den übrigen Salmoniden,
Hechten usw., nicht zu befürchten, daß man ihn durch oft wiederholte Würfe scheu macht. Man harre also ruhig an einer Gumpe
aus, in der man sicher Lachse vermutet, wechsle jedoch die Fliegen
öfters nach Größe und Farbe.

Steigt ein Lachs, ohne die Fliege zu nehmen, dann versuche
man zunächst eine kleinere Nummer desselben Musters. Gelingt
es nicht mehr, ihn zum Steigen zu bringen, dann erprobe man
sein Heil nochmals am Abend, aber zuerst mit einer anderen
Fliege.

Mit dem Anhieb hat man keine besonderen Schwierigkeiten,
jedenfalls ist es besser, gar nicht anzuhauen als zu stark, weil
sonst regelmäßig irgendein Bruch erfolgt. Nur in ruhigem Wasser
ist er überhaupt angezeigt und hat, außer wenn man den Fisch
fühlt, erst zu erfolgen, wenn sich der Lachs mit der erfaßten Fliege
abwärts wendet. In stärkeren Strömungen haut er sich dadurch
von selbst an. Man muß ihn nur in den ersten Sekunden stramm
halten, damit der Widerhaken sicher eindringt.

Nun kommt aber das Schwierigste beim ganzen Fang, das Drillen des geangelten Fisches. Bei dem jetzt entstehenden wilden Kampfe, der scheinbar mit so ungleichen Waffen geführt wird, muß es sich zeigen, was kühl berechnende Vernunft, kaltes Blut und blitzartige Entschlossenheit zu leisten vermögen.

Meist zieht der Fisch in brillanter Flucht in einem Saus eine Menge Schnur von der Rolle. Man hüte sich daher, der Kurbel mit den Fingern oder mit einem Kleidungsstück zu nahe zu kommen und die Gertenspitze zu senken. Man folgt dem Fisch so schnell als möglich und sucht immer wieder Schnur zurückzugewinnen und stromabwärts von ihm zu gelangen, gebraucht aber im ganzen mehr die Füße wie die Hände, wenn das Terrain es erlaubt. Wenn der Lachs springt, lockert man einen Moment die Schnur durch Senken der Gerte, um sie sofort wieder zu heben, wenn er ins Wasser zurückfällt. Je deutlicher er dann Symptome von Ermüdung zeigt, desto stärkeren Druck darf man auf ihn ausüben.

Wann man forcieren muß, wurde im Allgemeinen Teil schon besprochen; jedoch wird jeder Neuling in der Lachsfischerei bald einsehen, daß man ohne zwingenden Grund besser tut, das gewaltsame Forcieren gegen den eingebildeten Landungsplatz zu unterlassen, solange ein nur mittelgroßer Lachs noch bei vollen Kräften ist und besonders dann, wenn eine weite, seichte Strecke dazwischen liegt. In nur einem halben Meter tiefen Wasser verliert man ganz die Gewalt über den Fisch, da man ihn nicht gleichzeitig heben kann, und es ist unausbleiblich, daß er eine bedeutende Flucht macht. Würde man ihn in dem seichten Wasser zu heben suchen, dann wäre die Situation noch schlimmer, der Lachs würde dann mit dem Schweif so gewaltig an den Untergrund und die großen Steine schlagen, daß die größte Gefahr entstünde, ihn zu verlieren. Man ermüde ihn daher besser im tiefen Wasser, indem man möglichst an ihn heranzukommen sucht und ihn, wenn er nach dem Grund trachtet, nach oben zieht, selbstverständlich außer Gesichtsweite des Fisches. Oberste Regel bleibt immer, wie beim später zu beschreibenden Huchenfang, möglichst unterhalb oder wenigstens quer zum Fische stehend, ihn beständig so stramm als er und das Geräte es erlauben, heranzuziehen und ihm keinen Augenblick ein Ausruhen zu gestatten. Erst wenn seine Fluchten kürzer und matter werden, am besten, wenn man bemerkt, daß er sich einige Augenblicke auf die Seite legt, denke man an die Landung.

Schließlich ist der Eventualität noch Rechnung zu tragen, welche zwar auch bei anderen Fischen, aber mit Vorliebe beim Lachs vorkommt, daß er sich am Grund festrennt und nicht mehr weichen will. Wenn es nun nicht gelingt, von unterhalb durch Ziehen an der Schnur den Kopf zu drehen, dann muß man eben alles mögliche versuchen. Kann man ihn nicht mit Steinen oder mit einer Stierstange aufrütteln, dann läßt man Ringe oder Bänder aus Papier oder Metall an der Schnur hinunter, um ihn zu erschrecken. Über solchen Versuchen können Stunden vergehen, bis entweder das Poil an einem Felsen durchgewetzt oder dennoch der Fisch glücklich an den Gaff gebracht wird. — Die Möglichkeit, einen schweren Lachs mit der verhältnismäßig weichen Gerte so weit heranzuziehen, daß er zum Stranden gebracht werden kann, wird natürlicherweise eine viel seltenere sein wie bei der Spinnfischerei. Aber selbst bei dieser, wenn auch nicht in dem Maße wie bei der Flugangel, beeile man sich ja nicht mit dem Landenwollen, sondern warte ab, bis der Widerstand des Lachses gebrochen ist. In vielen Fällen ist man genötigt, ihn, ohne die Schnur zu berühren, im freien Wasser zu gaffen, was selbstverständlich den höchsten Grad von Fertigkeit und Übung voraussetzt. Weitere Verhaltungsmaßregeln haben im Kapitel »Das Verhalten am Fischwasser« Erwähnung gefunden.

Man rechnet, daß das Drillen so viel Minuten im Durchschnitt erfordert, als der Lachs Pfunde wiegt.

b) Der Fang mit der Spinnangel.

Es gibt sowohl ganze Lachsflüsse wie nur einzelne Strecken von solchen, in denen die Fliege vollkommen versagt. In diesen ist man auf die Spinnangel angewiesen. Die beste Jahreszeit ist das Frühjahr und der Herbst.

Nach englischen Quellen hat man den meisten Erfolg mit Pfrillen, Grundeln und Kreßlingen sowie mit dem Aalschwanzköder. Ich würde zur Anköderung natürlicher Fische in erster Linie meinen Röhrchenspinner nur mit feineren Drillingen benutzen, wie ich ihn auf Saiblinge und Seeforellen verwende. Ich bin aber gar nicht dazu gekommen, Versuche mit Köderfischen zu machen, weil sich mein Silberblinker, den ich unbedingt den von den Engländern empfohlenen Löffeln und Phantom Minnows vorziehe, so vorzüglich bewährt hat. Vielleicht ist es gut, in Flüssen, wo vergoldete oder einseitig rot bemalte Löffel besonders beliebt sind, auch die Silberblinker dementsprechend auszustatten.

Es dürfte von Interesse sein, daß ich in einem von einem Lachsflusse durchströmten See in Norwegen, in dem aber seit Menschengedenken kein Lachs mit der Angel gefangen wurde, auf Saiblinge vom Boot aus mit der Spinngerte und einem Saiblingsblinker als Köder schleppend, einen 26pfündigen Lachs gefangen habe. Ich habe nie in einem See einen auch nur entfernt so aufregenden und langwierigen Drill erlebt, der erst nach 26 Minuten die Landung ermöglichte.

Der Lachs beißt mit Vorliebe auf den rinnenden Köder. Im übrigen fischt man mit der Spinnangel geradeso, wie in dem von ihr handelnden Kapitel beschrieben ist, und speziell genau so wie auf Huchen, entweder wenn die Uferverhältnisse günstig sind, vom Ufer, sonst vom Boote aus. Ein Boot wenigstens in der Nähe zu haben, ist immer von Vorteil, da der Lachs oft unberechenbare Fluchten macht, so daß, wenn das Ufer nicht auf lange Strecken günstig zu begehen ist, die Gefahr besteht, daß man ihm nicht mehr folgen kann.

In den meisten breiten und tiefen Flüssen Norwegens, in denen man die gewaltige Wasserfläche nicht genügend mit der Wurfangel beherrschen kann, wird die sog. Harlingfischerei fast ausschließlich betrieben. Sie besteht darin, daß man den Köder von der Gerte 20 bis 25 m dem gegen den Strom geruderten Boote in der Strömung vorausrinnen läßt. Der Bootführer rudert quer von Ufer zu Ufer stets gegen den Strom ankämpfend, doch so, daß er dabei einige Meter von der Strömung abwärts gerissen wird. In der Nähe des jenseitigen Ufers angekommen, durchquert er den Fluß aufs neue, diesmal um eine halbe Bootlänge flußabwärts. Der stets vorausrinnende und in der frischen Strömung natürlich spinnende Köder beschreibt auf diese Weise eine die ganze Breite des Flusses beherrschende, langgedehnte Schlangenlinie und wird so jedem darin ruhenden Fische, vorausgesetzt, daß die Tiefe in der Mitte nicht allzu groß ist, vor Augen geführt, viel gründlicher natürlich, als mit Würfen von der Gerte möglich ist. Die Harlingfischerei hat auch noch den großen Vorteil, daß der Köder dem Raubfische stets entgegenrinnt, was, wie schon erwähnt, einen besonderen Reiz und noch dazu gerade auf die großen Exemplare ausübt, die etwa träge in der Verfolgung geworden sind.

Um die Schnur in der Richtung zum Köder bequem übersehen und nach Bedürfnis dirigieren zu können, sitzt man am Ende des Bootes mit dem Gesicht nach abwärts auf einer eigens dazu angebrachten Bank. Es läßt sich sehr bequem zu zweien von dieser Bank aus fischen, indem der eine seine Gerte rechts, der andere links im rechten Winkel über den Bootrand hält. Zur Vermehrung der Chancen wählt man dann gleichzeitig zwei verschiedene Köder, je nachdem sie für den betreffenden Fluß oder die betreffende Flußstrecke geeignet erscheinen, wobei natürlich auch die Tageszeit entscheidend ist. Auf Lachse empfiehlt sich z. B. eine Fliege und ein Spinnköder oder statt des letzteren eine Garneele; wenn nur Spinnköder angezeigt sind, ein künstlicher und ein natürlicher Fisch usw.

Bei einer solchen Art zu angeln, hängt natürlich alles von der Geschicklichkeit des Bootführers ab, der Angler spielt mehr eine passive Rolle und hat nur darauf zu achten, daß seine Schnur gespannt und seine Gerte im richtigen Winkel gehalten wird. Beißt ein Fisch, so haut er sich von selbst an und hängt gewöhnlich fest, zumal der Angler im Moment des Angriffes automatisch eine Reflexbewegung in der entgegengesetzten Richtung macht. Erst wenn der Fisch gefaßt hat, beginnt die eigentliche Tätigkeit des Anglers, und gestaltet sich der Drill bis zur vollständigen Erschöpfung als eine Aneinanderkettung einer Reihe von oft recht aufregenden Momenten. Jedoch selbst da besorgt der Bootführer mit seinen beiden Rudern einen großen Teil der Arbeit, im Vergleich zu einem vom Ufer aus mit dem Fische kämpfenden Angler, durch die geschickte Führung des Bootes, und ist dabei oft in der Lage, von der ausgegebenen Schnur zurückzugewinnen zu helfen, was dem gewandtesten Uferfischer nicht möglich ist, wenn ihm das Gelände das Nachfolgen nicht gestattet. So werden an wilden Lachsflüssen mit

intermittierenden Stromschnellen oft noch mehrere Kilometer weit
flußabwärts Lachse gelandet, denen man ohne Boot niemals hätte
folgen können. Ich selbst habe es einmal erlebt, daß mich ein
28 Pfund schwerer Lachs, der am Silberblinker
von außen hing, durch mehrere Stromschnellen
hindurch ca. 2 km flußabwärts zur Nachfolge
zwang, bis er endlich klein beigab und gelandet
werden konnte. Das Stahldrahtvorfach hatte er
mit dem Rachen erfaßt und waren
seine Mundwinkel beiderseits wund-
gescheuert.

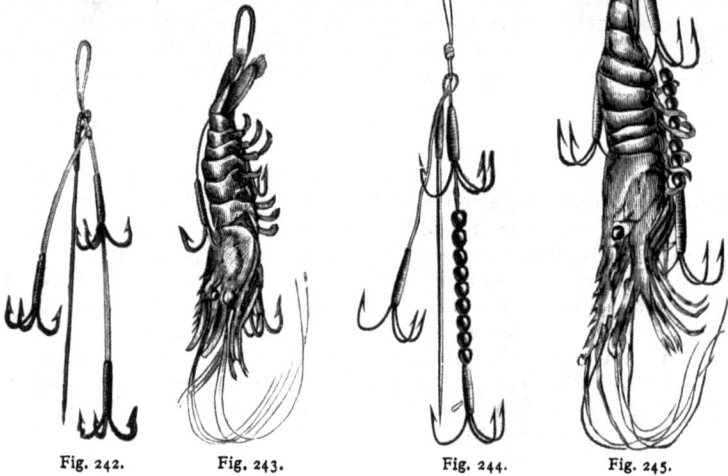

Fig. 242.   Fig. 243.   Fig. 244.   Fig. 245.

c) Der Fang mit Garnelen (Prawn)

ist im allgemeinen sehr erfolgreich. Man erhält in Norwegen in
allen Gerätehandlungen in Glyzerin konservierte, zum Gebrauch
fertige Garnelen in Konservegläsern und ködert sie kopfvoran wie
bei der Schluckangel an einem eigens dazu konstruierten Nadel-
spinner mit 2 bis 3 meist zinnoberrot angestrichenen oder vergoldeten Drillingen. Fig. 242 und Fig. 244 zeigen die Systeme,
Fig. 243 und Fig. 245 die fertige Anköderung nach Farlow. Das
Vorfach wird mit Blei beschwert, je nach der Tiefe der zu befischenden Gumpe, außer man benutzt schon eine bleibeschwerte
Hakenflucht. Der Köder wird einfach der Strömung überlassen
oder durch Heben und Senken auf- und abgeführt. Am günstigsten ist gerade das Niederwasser, wenn die Fliege versagt.

d) Der Fang mit dem Regenwurm

wird im Gegensatz zur vorigen Fangweise mehr bei hohem, trübem
Wasser betrieben. Der Wurm wird selbstverständlich, mehr noch

wie die Garnele, von den Enthusiasten der Flugangel in England
und Schottland als wenig sportmäßig angesehen. (In Norwegen
dagegen gilt wenigstens die Garnele selbst bei den ersten Koryphäen
als vollkommen sportmäßig.)

Man wird es aber einem weither zugereisten Sportfischer nicht
verübeln können, wenn er an Tagen, wo die Wasserverhältnisse
ein Angeln mit anderen Ködern unmöglich machen, lieber zum
Wurme greift als tagelang beschäftigungslos sich in einer einsamen
Gegend zu langweilen.

Die Meerforelle. *Trutta trutta.*

(Sea Trout, Salmon Trout oder **White Trout. Truite de Mer.)**

Die Meerforelle.

Die Meerforelle unterscheidet sich vom Lachs durch ihren gedrungeneren Körper, ferner durch den Hinterrand des Kiemen-
deckels, welcher beim Lachs eine leichte Einbuchtung zeigt, bei
der Meerforelle spitz zuläuft, und durch den Vomer. Die Vomerplatte hat bei der Meerforelle einen dreieckigen Umriß und ist am
Grunde, bevor sie in den Stiel übergeht, mit einer Querreihe von
Zähnen besetzt. Auf dem Stiel steht der Länge nach eine Reihe
nicht ausfallender Zähne. Auf S. 396 sind in Fig. 274 die beiden
Vomera des Lachses und der Meerforelle zum Vergleich abgebildet.

Die Meerforelle bewohnt die gleichen Gebiete wie der Lachs,
d. h. die nordischen Meere und den Atlantischen Ozean, ist aber
auf der europäischen Seite besonders häufig. Sie steigt zum Laichen
gleichfalls in die Flüsse, bleibt hier aber meist im Unterlauf und
erreicht nur ausnahmsweise die Forellenregion. Sie bleibt an Größe
meist weit hinter dem Lachs zurück, dem sie in der Farbe bis zum
Verwechseln ähnlich sieht. Exemplare von 70 cm Länge und 10
bis 12 kg Gewicht sind bereits Seltenheiten. Als Raubfisch steht
sie in ihrer Ernährung dem Lachs sehr nahe, ebenso laicht sie im
Beginn des Winters, tritt aber etwas später wie der Lachs, und
zwar erst vom Monat Juli ab, in die Flüsse ein.

Der Fang der Meerforelle unterscheidet sich wenig von dem
Fang der Trutta fario. Sie steigt sehr gern nach der künstlichen
Fliege und wird oft an Lachsfliegen gefangen, wenn man es auch

nicht beabsichtigt. Der Lachsfischer erlebt daher durch sie manche Enttäuschung, außer wenn ein größeres Exemplar seine Fliege genommen hat. Da aber die Durchschnittsgröße nur 1 Pfd. beträgt, ist der Fang mit der schweren Gerte keine Kunst.

Dagegen gewährt die Meerforelle einen ausgezeichneten Sport für die einhändige oder leichte doppelhändige Gerte, ganz besonders auch in Seen, die durch ihren Ausfluß mit dem Meere in Verbindung stehen.

Die Chancen, einen guten Fang zu machen, hängen in erster Linie von den Wasserverhältnissen ab, da die Meerforellen nur aufsteigen, wenn die Flüsse genügend angeschwollen sind.

Da man außer größeren Meerforellen auch gelegentlich einen Lachs zum Steigen bringt, muß das Zeug etwas kräftiger sein wie bei der gewöhnlichen Flugangel. Man benutzt in der Regel zwei Fliegen, seltener drei.

Die geeignetsten Fliegen sind: die kleineren Nummern der beliebtesten Lachsfliegen, die Alexandra, die Goldfliege sowie die auf Tafel III zur Anschauung gebrachten Seeforellenfliegen.

Die Meerforelle lebt gesellig, und es ist daher wichtig, einen Platz, an dem man ein Stück gefangen hat, recht vorsichtig und gründlich abzufischen.

Man fängt sie auch in Seen, wenn man die Fliegen hinter dem geruderten Boote an der Oberfläche langsam nachzieht, wahrscheinlich auch mit dem Hunde. In Flüssen werden sie häufig bei der Harlingfischerei auf Lachse nebenbei gefangen, besonders wenn man kleinere Fliegen oder künstliche Spinnköder (Blinker) vorausrinnen läßt. Ist der Bestand zufällig ein guter, dann wird man wohl am liebsten zur Fluggerte greifen, die den unterhaltendsten Sport bietet. — In Anglerzeitungen kann man öfter Berichte lesen, die von dem glücklichen Fang eines Lachses in deutschen Flüssen berichten. In ganz seltenen Ausnahmefällen mag es sich dabei um einen wirklichen Lachs gehandelt haben. In der Regel waren das Meerforellen, die der glückliche Fänger für Lachse angesprochen hat.

Der Saibling. *Salmo salvelinus.*

(Ritter. Schwarzreuter. Char oder Charr. Ombre. Chevalier.)

Charakteristisch ist wiederum der Vomer, welcher nur auf seiner vorderen Platte mit 5 bis 7 Zähnen besetzt ist, während der kahnförmig ausgehöhlte Vomerstiel stets zahnlos ist. Ebenso charakteristisch ist auch die Bezahnung des hinteren Zungenbeines, auf dem eine längliche Zahnplatte entwickelt ist, mit einer mittleren Reihe kleiner, bis zu 12 an Zahl vorhandener Hakenzähne, wie sie sonst bei keinem Salmoniden vorkommen. Die Farbe des Fisches ist am Rücken blaugrau, nach den Seiten oft smaragdgrün und ist besonders auffällig durch den orangeroten Ton am Bauch, während auf den Seiten blaßrote, selbst weißliche Flecken und Tupfen vorkommen. Die paarigen Flossen sind weiß gerändert, dahinter mit einem schwarzen Streif versehen, sonst aber meist gelblich oder orangerot.

In der Jugend ist der Körper gestreckt und seitlich zusammengedrückt. Im Alter wächst der Fisch dagegen, wenn er überhaupt der großwüchsigen Rasse angehört, mehr in die Breite und bekommt namentlich einen so mächtig entwickelten Bauch, daß der Fisch geradezu plump aussieht. Solche Fische nennt man auch Wildfangsaiblinge.

Dem Saibling eigentümlich ist ein Parasit, ein Krebschen, das sich in den Kiemenblättchen einheckt und von mir zuerst im Starnberger See beobachtet wurde. Es erhielt in der Literatur den Namen Lernaeopoda Heintzii. Später wurde es auch im Gmundener See nachgewiesen.

Der Saibling.

Der Saibling ist ein Standfisch und Bewohner der am Nordabhang der Alpen gelegenen tiefen und kalten Seen. In der Ebene fehlt der Fisch und tritt erst wieder in den russischen, skandinavischen, finnischen, schottischen und isländischen Seen auf. Die schnellwüchsigen Saiblinge der großen Seen sind ausgesprochene Raubfische von Jugend auf, stehen in großen Tiefen und leben hauptsächlich von Renken und Lauben. Je kleiner die Seen und je ärmer an Futterfischen, desto mehr degeneriert der Saibling zum Planktonfresser, außer er findet noch reichlich Schnecken und Würmer. Er erreicht daher nur in großen, zugleich mit Renken und Lauben bestandenen Gewässern, z. B. im Genfer See, Walchensee, Starnberger See usw., eine stattliche Größe. Im Jagdschloß zu St. Bartholomä am Königsee, wo zahlreiche Wildfangsaiblinge abgebildet sind, ist das größte der dort gefangenen Exemplare mit $5\frac{1}{2}$ kg verzeichnet. Im Genfer und Starnberger See kommen aber noch Saiblinge mit 7 bis 9 kg Gewicht vor. Vielfach bildet der Saibling aber auch eine sog. Zwergrasse, so daß in manchen Seen die Mehrzahl der Fische nicht schwerer wie 100 g wird. Solche Kümmerer nennt man z. B. im Gosausee, Königsee usw. »Schwarzreiter«.

An Wohlgeschmack wird der Saibling, besonders der schnell-wüchsige, von keinem anderen Süßwasserfisch übertroffen. — Die Laichzeit fällt in die Monate November und Dezember, zieht sich aber in vielen Seen länger hinaus, so zwar, daß die großen Exemplare oft erst nach der Eisschmelze auf den Laichplätzen erscheinen.

Man fängt den Saibling, bis zum Gewicht von höchstens ½ Pfd., in den höchst gelegenen Alpenseen zu gewissen Zeiten, besonders gegen Abend, mit der Flugangel. Nur in Island, das in der jüngsten Zeit viel von Engländern zum Zwecke des Angelsports aufgesucht wird, steigen Exemplare von 6 Pfd. und darüber auf die Fliege, und zwar in den dortigen Flüssen. Da der Saibling Quellwassertemperatur liebt, ist der Fang nur so lange ergiebig, als das Wasser auch an der Oberfläche nicht wärmer ist als 10° C. Tritt eine größere Erwärmung ein, dann steigt er höchstens noch zu einem kurzen Raubzug an die Oberfläche, um sofort nach der Tiefe zurückzukehren. Man hat dann nur am frühen Morgen, am späten Abend oder nach einem Gewitter einen Erfolg. Benutzt werden die gleichen Fliegen wie für die in Seen lebende Trutta fario.

Die Spinnangelei wird am besten mit Forellenzeug betrieben, und spielt die Pfrille die Hauptrolle als Köder. Aber auch kleine künstliche Spinner sind verwendbar. Die Saison der Spinnfischerei dauert vielleicht noch einige Wochen länger, da man durch möglichst tiefes Sinken noch eher einen Saibling reizen kann wie mit der Fliege. Im Frühjahr, nach der Eisschmelze, kann man damit in saiblingreichen Seen oft große Erfolge auf die ziemlich ausgehungerten Fische erzielen.

Auch die Grundangel ist gewöhnlich zu dieser Zeit sehr ergiebig; sie kann jedoch nur vom Boot aus betrieben werden, während man mit Fliege und Spinner bei günstigen Uferverhältnissen auch vom Lande aus angeln kann. Das Boot wird mittels Stein und Strick verankert. Man kann die Grundangel je nach dem Tiefstand der Saiblingen auf zweierlei Weise anwenden: ohne oder mit Floß von der Gerte oder ohne Gerte mittels Hebens und Senkens mit der Hand.

Man beködert den einzelnen Haken, am besten einen an feinem Poil montierten Perfect-Haken, mit einer halben oder ganzen Pfrille oder mit einem Wurm. Ebensogut kann man auch ein aus dem Rücken oder Schweifende eines größeren Köders geschnittenes Stück Fleisch verwenden. Eine Behandlung des zu befischenden Platzes mit Grundködern (zerschnittene Fische, Würmer usw.) erhöht die Ausbeute.

Während man mit Flug-, Spinn- und Grundangel nur in kleinen Hochgebirgsseen auf Erfolg rechnen kann, ist man mit Hilfe meiner Tiefseeschleppangel in der Lage, in allen Seen, in denen Saiblinge vorkommen, solche nicht nur zu fangen, sondern auch zu Zeiten zu fangen, in denen die drei erstgenannten Methoden im Stich lassen.

Der besondere Vorzug der Schleppangel ist die Möglichkeit, mit ihr auch die Prachtexemplare der großen und tiefen Seen der Mittelgebirge und der Hochebenen erbeuten zu können, die einen geradezu einzig dastehenden Sport gewähren. Hat es doch einen ganz besonderen Reiz, den köstlichen Bewohner der Tiefen, die noch kein menschliches Auge geschaut, mit den feinsten Apparaten an das Tageslicht heraufzuholen.

Wie tief man schleppen muß, ist natürlich nach Tiefe und Temperatur der einzelnen Seen sehr verschieden. Man wird nie einen guten Fang machen, wenn die horizontale Wasserschichte, die man mit seinem Köder deckt, nicht Quellwassertemperatur hat.

Während man also in den kältesten Seen des Hochgebirges sogar in der heißen Jahreszeit in einer Tiefe von nur 5 bis 10 m Saiblinge fangen kann, ist man in Seen des Vorlandes schon im Juni genötigt, den Köder 30 bis 40 m tief zu senken, wobei der Erfolg hauptsächlich von der Durchsichtigkeit des Wassers abhängt.

Kälte und Helligkeit des Wassers sind somit die beiden Grundbedingungen zu einem einträglichen Fischzug.

Man wird daher in manchen Seen nur im Spätwinter nach der Laichzeit, in anderen im Frühjahr und Herbst, in den höchsten Lagen aber während der ganzen Saison Saiblinge mit der Schleppangel fangen können. In den Sommermonaten kann man bei stürmischem Wetter am ehesten auf einen guten Fang rechnen, vermutlich auch in den übrigen Jahreszeiten, nur hört sich dann das Vergnügen auf, wenn man, ruhig im Kahne sitzend, bis auf die Knochen durchfriert.

Während nun die kleinen Saiblinge der mehr oder minder degenerierenden Rassen auf ihrer Jagd nach dem Plankton sich ziemlich in allen Schichten verteilen, wo es am dichtesten vorkommt, lebt der Wildfangsaibling fast ausschließlich auf dem steinigen oder felsigen Untergrunde der großen Binnenseen von Fischen und Schaltieren, selten, nicht einmal im Winter, an Stellen, die nicht mindestens 15 bis 20 m tief sind. Wenn er trotzdem manchmal mit der gewöhnlichen Hechtschleppangel an der Schar in Tiefen von 10 m gefangen wird, so gelingt dies doch nur da, wo sie steil nach der Tiefe abfällt, wo also der eigentliche Standort nur einige Meter weiter vom Ufer entfernt ist. Ungleich größere Erfolge hatte ich mit meiner Tiefseeschleppangel, die natürlich um so größer wurden, je mehr ich den betreffenden See, die Untergrundverhältnisse und den Stand der Saiblinge in den verschiedenen Monaten studierte.

Welchen Feldzugsplan hat man nun, wenn man zum ersten Male an einen ganz fremden See kommt, zu entwerfen?

Man erkundigt sich zuerst bei lokalen Sachverständigen über die Laich- und beliebtesten Fangplätze. Wurden in dem betreffenden See wissenschaftliche Forschungen über den Tiefstand des Planktons gemacht, so hat man es insofern leicht, als man schon im vorhinein weiß, daß auch die Lauben oder Coregonen sowie der diesen nachjagende Saibling in der gleichen Tiefe stehen. Gegebenen Falls wird man selbst Untersuchungen darüber anstellen.

Ist nun das Plankton in einer Tiefe, sagen wir von 30 m, am dichtesten, dann sucht man sich mit der Tiefseeangel am ersten Tage ohne Seitenangeln dort eine Fahrstraße von ca. 30 m Tiefe, wo das Maximum des Planktons mit der Bodenfauna zusammentrifft, und merkt sich besonders die Stellen, wo das Blei steinigen Untergrund anzeigt. Am ehesten wird man in der Umgebung der Laichplätze festen Boden antreffen.

Hat man die Fahrstraße festgestellt und sich überzeugt, daß keine plötzlich auftretenden Untiefen, Felsblöcke, versunkene Bäume usw. hinderlich sind, dann befestigt man 2 bis 3 Seitenangeln und schleppt mit ebensoviel Ködern. Auf Wildfangsaiblinge hat es keinen Wert, mehr wie höchstens drei bis vier solche zu benutzen, man hat ohnedies am obersten selten einen Anbiß. Zum Fang des Planktonfressers kann man allerdings noch mehr Seitenangeln verwenden, und da dieser nicht gedrillt zu werden braucht, genügt es, wenn die oberen 2 m lang sind.

Unstreitig einer der besten Köder ist der von mir etwas verfeinerte Gardaseeblinker (Fig. 122), den ich in der jüngsten Zeit neuerdings verbessert habe, indem ich ihn muldenförmig aushämmern ließ, wodurch seine Reflex- und Spinntätigkeit zusehends erhöht wurde. Ich lasse ihn nicht aus gewöhnlichem Weißblech, blech, sondern aus versilbertem Neusilber- oder Kupferblech herstellen. Von großer Wichtigkeit sind die idealen Umläufe der oberitalienischen Seen, deren ich mich seit Jahren bediene und die ich vielfältig erprobt habe. Diese »Nadelwirbel«, die ich S. 133 beschrieben, funktionieren tadellos und sind so unsichtlich wie möglich.

Ich lasse zur Herstellung der Blinker nur Blech von 0,5 mm Querschnitt verwenden. Man glaubt nicht, wieviel darauf ankommt, sowie auf die richtige Krümmung, die man dem Blinker zu geben hat. Derselbe muß sich schon bei ganz langsamem Rudern mit der schmalen Seite nach unten so ziehen lassen, daß er leicht nach rechts und links schwankende Bewegungen macht. Zieht er sich horizontal durch das Wasser mit Schwankungen nach unten und oben, dann ist er nicht zu gebrauchen, denn nach unten kann er nicht leuchten, weil kein Licht darauf fällt. Man achte daher beim Einlassen eines jeden Köders vor allem darauf, daß er sein blitzendes Licht richtig nach den beiden Seiten sende, und versäume auch nie, ihn vorher mit Rehleder und Kreidepulver recht blank zu reiben, um seine Leuchtkraft möglichst auszunutzen. Beim stärkeren Rudern muß der Blinker in ein regelrechtes und tadelloses Spinnen verfallen.

Man fängt die Saiblinge sowohl mit dem blinkenden wie mit dem spinnenden Köder. Beim langsamen Fahren kommen sie nur leichter wieder ab, wenn man nicht gleich a tempo stramm anzieht. Bei schnellerem Rudern haut sich der Fisch von selbst an.

Ich habe neben dem Gardablinker, trotz seiner vorzüglichen Eigenschaften, Jahre hindurch Versuche mit allen möglichen natürlichen und künstlichen Ködern gemacht, weil mich die Frage, ob es nicht gleich gute oder noch bessere gäbe, sehr interessierte. Das Resultat dieser vergleichenden Beobachtungen kann ich nun dahin zusammenfassen, daß für den großen, schnellwüchsigen Saibling von künstlichen Ködern der von mir konstruierte Silberblinker von 10 bis 11 cm Länge und 1 mm Querschnitt, mit nur einem Schweifdrilling montiert, den Gardablinker eher noch über-

trifft, da er durch seine Größe noch mehr Licht in der Tiefe verbreitet. Ein weiterer Drilling ist für den Saibling überflüssig und
stört nur das lebhafte Spinnen, wenn man, um
tief zu senken, auf das langsame Rudern Gewicht legt.

Meine Lieblingsköder für Saiblinge sind aber
seit den letzten Jahren frische Lauben von ca.
12 cm Länge, beködert mit einem feinen Röhrchenspinner (Röhrchenlänge: 8 cm, Querschnitt:
3 mm) mit weicher Blechschaufel und nur einem
Schweifdrilling und einem Zwischenfach aus einfachem Poil oder 0,3 mm verzinktem Stahldraht
ausgestattet (s. Fig. 246). Nachdem ich weit
über 100 Saiblinge, darunter Fische von 9 bis
10 Pfd., damit gefangen und noch niemals auch
nur einen Abdruck eines Zahnes im Köder bemerkt
habe, ist für mich ein weiterer Haken ein über-
wundener Standpunkt. Der Beweis ist geliefert,
daß der Saibling nur von rückwärts anbeißt. Und
was ist das für ein Vorteil für das Spinnen! Wenn
sich das Boot kaum merklich von der Stelle bewegt, spinnt doch der Köder tadellos. Es gibt
somit keinen Köder, mit dem man langsamer
schleppen kann, und keiner eignet sich besser
für die langsame Fahrt, da der Saibling in eine
frische Laube im letzten Moment doch herzhafter
zubeißen wird wie auf ein Stück Blech.

Der Wildfangsaibling kämpft nicht wie die
Seeforelle und der Lachs, indem er unter Abziehen
der Schnur weite Fluchten macht, sondern sträubt
und schüttelt sich und drängt nach seiner ihm
vertrauten Heimat, der Tiefe. Es kann vorkommen, daß man minutenlang das Schütteln und
Sträuben spürt, ohne einziehen zu können oder
nachlassen zu müssen. Plötzlich schießt er nach
vorn, man läßt nun rasch rudern und zieht schleunigst ein, bis der alte Kampf wieder beginnt. So

Fig. 246.

gewährt denn doch schon ein 4 bis 5 pfündiger
Wildfang der aufregenden Momente genug, ja schon Fische von
2 bis 3 Pfd. wollen richtig gedrillt sein.

Hängt nun gar ein 8- oder 10-Pfünder, wie ich schon eine
Anzahl gefangen habe, an der Angel, dann läßt er das Herz schon
höher schlagen und die bange Erwartung, wie die Landung gelingen
wird, steigert sich auf das höchste, wenn man den breiten, prächtigen, silberglänzenden und orangerot leuchtenden Fisch aus der
kristallenen Tiefe herankommen sieht und schließlich nur das dünne
Poil in den Händen hat, an dem man ihn dicht heranführen muß.
Beim Drillen großer Saiblinge ist es mir schon öfter vorgekommen,
daß die glückliche Landung erst nach Zurücklegung einer Strecke
von 400 bis 500 m riskiert werden konnte.

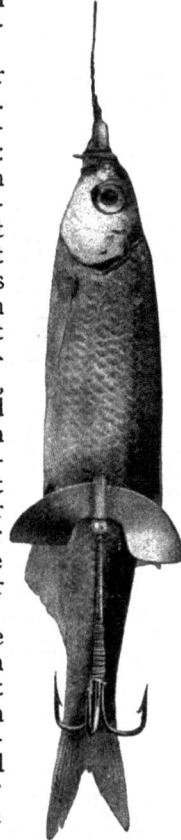

Schon oft hatte ich die besondere Freude, Doublés, ja sogar Triplés auf Wildfangsaiblinge zu machen, die zusammen 5 bis 6 Pfd. wogen. Ich hatte jedesmal die Empfindung, ein besonders schweres Exemplar an der Angel zu haben, und verursachte das Drillen eine nicht geringe Aufregung und die glückliche Landung eine große Befriedigung. Einer meiner Schüler hatte das besondere Heil, einmal im Würmsee einen Saibling von 16 Pfd. zu fangen.

Das Schleppen auf Saiblinge, wenn es nach genauester Berechnung der Chancen mit allem Vorbedacht geschieht, hat lange nicht das Monotone des planlosen Schleppfischens; man darf es nur nicht so lange treiben, daß es, wenn sich an der Angel nichts rührt, ermüdend wirkt. Hat man aber einmal einen Anbiß und damit die Wahrscheinlichkeit, in einen Schwarm Saiblinge geraten zu sein — sie leben ja meist gesellig —, dann steigert sich der Eifer und die Erwartung aufs höchste. So habe ich schon wiederholt an so einer Stelle, die ich dann gewöhnlich in Achtertouren befahre, 6 bis 10 Wildfangsaiblinge im Verlauf von 1 bis 2 Stunden gefangen. Rechnet man den Zeitverlust durch Drillen, Müdefahren, Zurückkehren auf den Platz und das frische Einlassen der Angel ab, so kann man oft mit Recht sagen: es geht Schlag auf Schlag.

Im Bischoff wird gesagt, die großen Saiblinge seien leider selten geworden. Ich war bis vor kurzem der Ansicht, daß sie auf dem Grunde der zahlreichen Seen Bayerns, Österreichs und der Schweiz noch immer häufig sind, und daß sie wegen der Schwierigkeit des Fanges lange nicht in dem Maße dezimiert wurden wie die meisten andern Fische unserer heimischen Gewässer. Leider habe ich in den letzten Jahren eine entschiedene Abnahme im Saiblingsbestand einiger unserer größten Seen festgestellt und gleichzeitig die Beobachtung gemacht, daß ein größerer Prozentsatz der gefangenen jüngeren Exemplare mit Bandwürmern behaftet waren. In einer ganzen Anzahl fanden sich so dichte Knäuel dieser Parasiten vor, daß Magen und Darm ganz aufgetrieben waren, in einem Maße, daß deren Wirte unmöglich alt werden konnten. Es ist nicht ausgeschlossen, daß die gleichzeitige Zunahme der Möven, die ich als Zwischenträger in Verdacht habe, schuld ist an der Überhandnahme dieser parasitären Infektion unseres edelsten Salmoniden. Wieweit die Furunkulose auf den Bestand der Saiblingen schädigend eingewirkt hat, läßt sich leider schwer feststellen, da die eingegangenen Fische, in großen Tiefen liegend, sich der Beobachtung begreiflicherweise vollständig entziehen.

Kämen wir so weit wie in England, wo ein zur oder unmittelbar nach der Laichzeit gefangener Fisch nicht auf einer richtig bedienten Tafel erscheinen darf, dann wäre für die Erhaltung des Saiblings nicht so sehr zu fürchten, heute aber ist leider noch in vielen Seen der Fang mit Stellnetzen an den Laichplätzen erlaubt, weil die Berufsfischer behaupten, man könne ihrer nur auf diese Weise habhaft werden, wobei aber ganz übersehen wird, daß die Umstellung der von alters her gewohnten Laichplätze mit Netzen auch die Saiblinge vertrieben und gezwungen werden, an Plätzen zu laichen, die nicht die günstigen Untergrundverhältnisse für die

Entwicklung der Brut bieten. Durch das Liegenlassen der Netze oft bis in spätere Vormittagsstunden und die verzögerte Befreiung der zappelnden Fische werden, meiner Ansicht nach, sämtliche in der Nähe sich aufhaltenden Saiblinge aufmerksam auf die ihnen drohende Gefahr und meiden solche Plätze für immer.

In vielen bayerischen und österreichischen Seen wird die Seeforelle, die rotfleischige trutta fario, und sogar der Wildfangsaibling von den Berufsfischern kurzweg »Lachs« oder »Lachsforelle« genannt, eine Bezeichnung, die als ganz unrichtig und zu Irrtümern Veranlassung gebend gerügt werden muß.

Die Seeforelle. *Trutta lacustris.*

(Grundforelle. Lachsforelle. Förche. Lachsförche. Illanke. Rheinanke. Maiforelle. Silberlachs. Schwebforelle. Great Lake Trout. Truite des Lacs oder Truite Saumonée.)

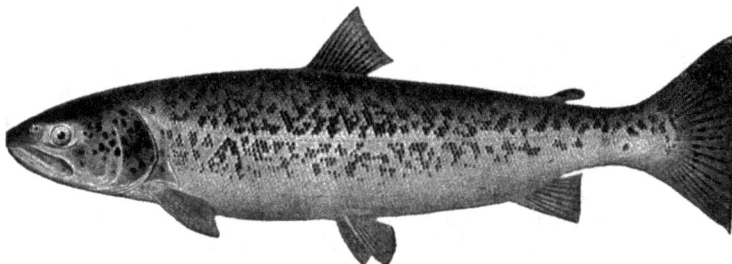

Die Seeforelle.

In ihrer typischen Form ist die Seeforelle ein gedrungener, fast plumper, seitlich wenig zusammengedrückter Fisch, dessen Farbe auf dem Rücken dunkelgraublau oder grüngrau, an den Seiten in helles Silber übergeht, um am Bauch ein mehr stumpfes, der Kreide ähnliches Weiß anzunehmen. Auf den Seiten des Kopfes und des Rumpfes verbreiten sich mehr oder minder zahlreiche schwarze Flecken von eckiger, sternförmiger, xförmiger, selten runder Form, so daß der Fisch sowohl dem Lachs wie der Meerforelle ähnlich sieht. Ihre Unterscheidung von der letzteren wie auch von der Bachforelle, deren Kleid dem der Seeforelle zuweilen sehr gleicht, bereitet große Schwierigkeiten, so daß manche Ichthyologen die See- und Bachforelle nur für Varietäten einer Art erklärt haben. Von der Meerforelle unterscheidet sie indessen sowohl die Bezahnung des Vomers wie die Form des Zwischenkiefers. Die Zähne stehen auf dem Vomerstiel bei der Meerforelle und, wie ich zuerst nachgewiesen habe, auch bei dem Salmo genirittatus der Balkanzuflüsse der Adria in einer Reihe hintereinander, während sie bei der Seeforelle meistens vorn in einfacher, hinten in doppelter Reihe angebracht sind. Selten stehen aber auch bei der Seeforelle die Vomerzähne durchweg einreihig, noch seltener zweireihig, wie das bei der Bachforelle die Regel ist. Der Zwischenkiefer ist kurz und trägt einen starken, aufsteigenden Stirnfortsatz, während er bei der Meerforelle mehr in die Breite entwickelt und an Stelle des Stirnfortsatzes am Innenrande umgeschlagen ist.

Als eine besondere Form der Seeforelle wird der kleine Silberlachs (Schwebforelle oder auch Maiforelle) unterschieden, welcher angeblich dauernd steril sein soll. Er ist seitlich stark komprimiert und zeigt einen prächtigen Silberglanz auf den Seiten, der nur von wenigen schwarzen Flecken unterbrochen wird. Diese können sogar ganz fehlen. Es ist wahrscheinlicher, daß diese Form nur junge, noch nicht laichreife Seeforellen repräsentiert.

Die Seeforelle bewohnt die Seen der Alpen auf beiden Seiten derselben, während sie in den nordischen Ländern, ebenso auch in England fehlt. Sie ist hier ein Stand- und Raubfisch, welcher sich von Fischen nährt und besonders den Lauben und Renken stark nachstellt. Zur Laichzeit wandert sie in die Zuflüsse, um hier ihre Eier abzusetzen. Fehlen Zuflüsse, so zieht sie auch in die Abflüsse oder laicht sogar im See selbst in der Nähe von starken Grundquellen. Ihre Laichzeit fällt in die Monate November und Dezember. Sie wächst sehr rasch und erreicht bedeutende Größen bis zu 50 Pfd. und darüber. Exemplare von 30 Pfd. sind keine Seltenheiten.

Um uns ein richtiges Urteil über diesen herrlichen Fisch und seine Fangmethoden zu bilden, müssen wir vor allem ganz absehen von den in England gesammelten Erfahrungen über die Lake Trout oder Great Lake Trout. Ohne eine Ahnung davon zu haben, daß unsere Trutta lacustris ein ganz anderer Fisch ist, der in England gar nicht vorkommt, haben Bischoff und v. d. Borne einfach das zu ihrem Fang empfohlen, was in England für die Lake Trout gebräuchlich ist.

Die englischen Seen sind reich bevölkert von der gemeinen Forelle (Trutta fario); eine Anzahl derselben aber birgt außerdem noch Varietäten, welche teils infolge einer veränderten Nahrungsweise, hauptsächlich Schneckennahrung, wie man annimmt, eine Verdickung der Magenwände und eine kürzere, gedrungene Form bekommen haben, teils durch hohes Alter, Gefräßigkeit und Mangel an Bewegung plump und häßlich von Gestalt geworden sind. Die erstere Spielart wird »Gillaroo«, die zweite »Ferox« genannt, Varietäten, wie sie bei uns auch vorkommen können. Die letztere habe ich insbesondere selbst öfters beobachtet.

Die gemeine Forelle mit ihren Spielarten sowie die Meerforelle (Trutta trutta) bezeichnet nun der Engländer, wenn er sie in Seen fängt, mit dem Sammelbegriff »Seeforellen« (Lake trout) im Gegensatz zu den »Bachforellen« (Brown Trout) der fließenden Gewässer.

Die Seen in Großbritannien und Skandinavien zeichnen sich durch einen großen Reichtum an Forellen aus, und es gewährt einen besonderen Reiz, gleichzeitig außer der Trutta fario und ihren Spielarten noch Meerforellen, ja sogar Lachse, mit der Fliege oder dem Spinnfisch fangen zu können.

Etwas Ähnliches ist nun im Alpengebiet nicht möglich. Die Lebensgewohnheiten und Standorte der Seeforelle sind zu verschieden von denen der Bachforelle, daß man nur entweder die

eine oder die andere fangen kann. Viel eher fängt man eine Seeforelle an der Hechtangel oder eine gemeine Forelle gleichzeitig
mit einem Saibling.

Dafür aber ist unsere Seeforelle ein so herrlicher Sportfisch,
daß sie dem Lachse an die Seite gestellt werden müßte, wenn es
nur gelänge, sie so leicht mit der Fliege zu fangen wie jenen.
Leider ist sie aber auch durch den beklagenswerten und wohl
in allen Seen üblichen Fang der in die Flüsse aufgestiegenen Seeforellen von den Laichplätzen so selten geworden, daß es als ein
besonderer Glücksfall angesehen werden muß, wenn ein Flugfischer
eine Seeforelle zum Steigen bringt. Hat er aber das Glück, dann
bietet ihm das Drillen und Landen einen Hochgenuß, wie ihn ein
Lachsfischer auch nicht schöner haben kann, denn sie wehrt sich
ebenso verzweifelt und mit derselben Kraftentfaltung und Eleganz
wie der Lachs.

Am meisten Aussicht auf einen Fang mit der Flugangel
hat man, und zwar nur vom Boote aus, allenfalls schon im April,
hauptsächlich aber im Mai, selten noch Anfang Juni an den Einmündungen von Quellbächen oder an Landzungen, wo das Ufer
steil abfällt, in der Nähe von Laubenschwärmen, die man nach
Fliegen jagen sieht, und schließlich noch dann, wenn man auf das
Steigen und Sichwälzen einer Seeforelle paßt, vorsichtig in die
Nähe rudert und die Umgebung mit der Fliege absucht.

Am günstigsten ist es, wenn die Oberfläche des Wassers gekräuselt ist, und eigenen sich die Abendstunden am besten.

Man kann mit der einhändigen Fluggerte fischen, viel geeigneter ist aber die leichte Lachsgerte. Das übrige Zeug wählt man
wie zum Fang von Meerforellen, befestigt aber nur eine Fliege am
Poil. (Näheres auf S. 242 über die Flugfischerei in Seen.)

In Seen, an welchen die Maifliege vorkommt, und deren gibt
es, wie z. B. am Hallstädter See im Salzkammergut, gewiß viele,
würde sich die Flugfischerei besonders mit der Blowline (s. S. 244)
sicherlich sehr einträglich gestalten. Wenn der Krieg nicht dazwischen gekommen wäre, würde ich es nicht versäumt haben,
darüber Versuche anzustellen.

Welche Fliegen außer der Maifliege besonderen Vorzug haben,
ist schwer zu sagen. Die Erfolge sind zu vereinzelt, als daß man
besonderes Vertrauen zu der einen oder der andern fassen könnte.
Am meisten Aussicht wird man immer mit kleinen Lachsfliegen
oder mit der Alexandra und großen Red Tags haben. Bei der Auswahl der Lachsfliegen nach Farben berücksichtige man die im
Kapitel Lachs niedergelegten Ratschläge.

Die Spinnfischerei vom ruhig stehenden Boote aus kann neben
der Flugangel unter den ganz gleichen Bedingungen betrieben werden,
auch werden die Aussichten, eine Seeforelle zu haken, für den
Spinner wie für die Fliege die gleichen sein. Es dürfte sich daher
sehr empfehlen, daß zwei Sportfreunde zusammen ein Boot besteigen, um beide Methoden gleichzeitig zur Anwendung zu bringen.

Man spinnt entweder mit der Forellengerte und Pfrillen oder
mit einer leichten Hechtgerte und kleinen Lauben. Wichtig ist

es, daß das ganze Zeug vom Vorfach abwärts sehr fein gewählt wird, da die Seeforelle sehr scheu ist. Man benutze daher nur feinste Stahldrahtvorfächer und fein montierte Angelsysteme, am besten Röhrchenspinner (s. Saibling), die auch bei langsamster Führung und während des Sinkens rotieren.

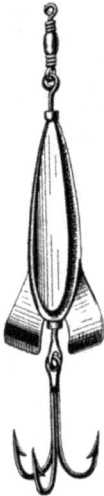

Fig. 246 a.

In Flüsse, die in einen mit Seeforellen besetzten See ein- oder ausmünden, steigen diese Salmoniden mit Vorliebe zum Zwecke der Laichablage ein. Man hat dann nach Beendigung des Laichgeschäftes 8 bis 14 Tage die Möglichkeit, die ihrer Heimat im See wieder zuwandernden Fische mit der Spinngerte zu fangen. Es eignen sich hierzu die in früheren Abschnitten erwähnten, aber beschwerten Spinnsysteme für größere Forellen, Saiblinge usw. mit feiner, unauffälliger Hakenmontierung, besonders aber ein künstlicher Köder, der unter dem Namen »Reußspinner« in der Schweiz bekannt ist und sich dort besonders bewährt hat (Fig. 246a). Der Reußspinner läßt sich bei seinem Gewicht von 50 g leicht ohne Senker von der Gerte werfen, rotiert mit großer Geschwindigkeit um seine Achse, läßt sich tief versenken, ist billig herzustellen und ist, an feinem Stahldraht vorfach geführt, so unverdächtig wie möglich. Ich zweifle nicht bei seinen hervorragenden Eigenschaften, daß er eine große Zukunft als Spinnköder auch für andere Fische haben wird.

Die allgemein übliche und auch die sicherste Methode, Seeforellen zu fangen, ist mit der Schleppangel, sowohl von der Gerte wie von der Hand. Man kann beides sehr gut vereinigen, indem man mit der in einem Gertenhalter befestigten Gerte auf der einen Seite des Bootes ganz an der Oberfläche fischt, während man die Handleine auf der andern Seite tiefer gehen läßt.

Der Fang an der Oberfläche dauert im Norden der Alpen, die später erwähnten Ausnahmefälle abgerechnet, nur von etwa Mitte April bis Mitte Juni, solange die Seeforelle die zu dieser Zeit hochstehenden Lauben jagt. Später sucht sie das kältere Wasser der Tiefe auf, lebt hauptsächlich von Coregonen und ist viel schwerer an die Angel zu bringen. Es ist auch nicht schwer zu erklären, warum: Erstens ist sie im Sommer feist und träg und hält ihren Stand mehr in beschaulicher Ruhe ein, und zweitens wird in allen Alpenseen das Wasser im Sommer so trüb, daß sie den Köder, zumal in der größeren Tiefe, viel weniger weit sieht. In wie hohem Grade die Chancen dadurch verschlimmert werden, habe ich S. 204 besprochen.

Im September, wenn sich die Seen wieder klären, steigen die Aussichten; störend wirkt jedoch die bevorstehende Laichzeit mit der verminderten Freßlust.

Die beste Zeit, um Seeforellen in der Tiefe zu fangen, ist jedenfalls der März und die erste Hälfte April, wenn das Wasser am klarsten ist und die Fische hungrig sind. In wärmeren Gegenden, wie an den oberitalienischen Seen, wird auch tatsächlich der Fang der Seeforelle und ihrer Abart, des Carpioni, schon von Mitte Dezember ab nach der Laichzeit mit großem Erfolg betrieben und erreicht im Februar und März seinen Höhepunkt. In rauheren Klimaten dagegen wirkt die Kälte störend auf den Sport, die man, ruhig im Boote sitzend, doppelt empfindet.

Die Schleppfischerei von der Gerte ist S. 193 ausführlich beschrieben. Auch das automatisch gleitende Blei (Fig. 211 u. 212) wird hier, wenn man überhaupt einen Senker benutzen will, seine Vorteile haben.

Für die Handschleppangel empfehle ich für Mai mit Hälfte Juni 12 m Drahtschnur, wovon 2 m mit einem Senker von 30 bis 250 g Gewicht frei herabhängen, zwei Seitenangeln von gedrehtem Poil, auslaufend in ein mindestens meterlanges Stück einfachen Poils, die untere 10, die obere 6 bis 8 m lang, alles zusammen befestigt an einer 70 m langen Handleine, von der 20 m als Reserve im Boot bleiben (s. auch Schleppangel).

Hat man alle Bisse am oberen Köder, dann wird man das Bleigewicht verkleinern, umgekehrt, wenn die Seeforellen unten beißen, vergrößern. Meist stehen sie anfangs höher, im Juni aber oft schon in einer Tiefe von 10 m.

Die Seeforelle kommt auch später noch, wenn sie, das erwärmte Wasser scheuend, ihren Stand in der Tiefe eingenommen hat, zu gewissen Zeiten, namentlich am frühen Morgen bis Sonnenaufgang und am Abend, nach langem Regen und hauptsächlich vor oder nach einem Gewitter, wieder an die Oberfläche. Man muß dann aufpassen, ob man einen Fisch jagen sieht. Man erkennt die Seeforelle an dem mehrmaligen Aufschlagen hintereinander, wobei man deutlich Rücken- und Schwanzflosse über Wasser sieht.

Zum Schleppfischen in der Tiefe richtet man den Tiefgang der Angel nach dem Stand der Renken. Diese hinwiederum stehen da, wo die Planktonschicht am dichtesten ist. Hat man ein Planktonnetz zur Verfügung, so ist die Konstatierung nicht schwer, sonst zieht man bei den Fischern Erkundigung ein, in welcher Tiefe sie ihre Renken fangen. Stehen diese z. B. 20 m tief, dann wird man mit 3 bis 5 Ködern in 15 bis 25 m Tiefe am meisten Aussicht auf Erfolg haben. Hat man nur Anbisse am untersten Köder, dann lasse man die Angel noch 5 m tiefer gehen. Mit mehr wie fünf Ködern zu schleppen, ist sehr umständlich und zeitraubend und bringt verhältnismäßig keine größere Ausbeute, wenn man ungefähr weiß, in welchen horizontalen Schichten die Seeforellen stehen. Wer zu mehr Ködern größeres Vertrauen hat, sollte nur mit Kupferdraht, wie im Comersee schleppen. Wie man die Tiefseeangel der gewünschten Tiefe adaptiert, ist bei der Schleppangel besprochen worden.

Als Köderfische eignen sich am besten kleine Lauben oder Hasel. Breite Fische, wie Rotaugen, taugen nichts, dagegen allenfalls noch große Pfrillen und Grundeln, die nur den Nachteil haben, daß sie wenig glänzen.

Am Boden- und Chiemsee benutzt man Turbinen von Weißblech, die man mit der Schere, dem Köderfisch entsprechend, zu-
stutzen kann, und steckt sie demselben in den Rachen, dazu zwei
Drillinge an der Seite (s. Fig. 160, S. 137). Die große Hauptsache
sind immer feine, möglichst unsichtbare Haken, kleinste Wirbel,
feiner Stahldraht, überhaupt alles Zubehör so fein, aber auch so
stark und gut erhalten wie möglich. Da es vorkommen kann,
daß ein Hecht beißt, sollen die Hakenfluchten an Punjabdraht und
nicht am Poil befestigt sein.

Für keine Fischerei gebe ich meinem fein montierten Röhrchenspinner so unbedingt den Vorzug, wie für den Fang von Saiblingen
und Seeforellen, nur mit dem Unterschied, daß ich für letztere
außer dem Schweifdrilling noch einen, bei besonders großen Ködern
allenfalls zwei fliegende Drillinge aufsetze, die aber, weil die Strömung fehlt, bei der Seefischerei nicht frei weghängen dürfen, sondern mittels eines Gummiringelchens am Köder festgehalten werden
müssen, falls man nicht vorzieht, einen Haken in die Rückenhaut
des Köders zu versenken.

Ganz vorzügliche Köder für Seeforellen sind auch die Blinker.
Fig. 123, S. 69 stellt den am Comersee gebräuchlichen Blinker
dar; derselbe wird aus versilbertem Kupferblech hergestellt und
weicht insofern vom Gardaseeblinker ab, als er nicht nur seitlich
gebogen, sondern auch etwas löffelartig ausgehöhlt ist. Die Seite,
welche den Rücken vorstellen soll, ist blau oder schwarz mit Öl-
farbe bestrichen oder zeigt nur einzelne farbige Tupfen. Am beliebtesten ist die bauchige Form der Blinker, welche sie den im
Comersee häufig vorkommenden Maifischen (Alosa finta lacustris)
ähnlich macht.

Ich bin bald vom Gebrauch des Originals abgekommen, da
ich immer Schwierigkeiten hatte, es zum richtigen Spinnen zu
bringen. Die Comerseefischer scheinen sich damit zu begnügen,
wenn es nur seitlich schwankende Bewegungen macht, womit ich
mich aber nicht zufrieden gab und zur Konstruktion meines Silberblinkers kam.

Nach der Ansicht erfahrener Seeforellenfischer genügt der
eine Drilling am Schweife nicht, da der Anbiß öfters von der Seite
erfolgt, wobei die Seeforelle leichter abkommen soll. Auch in mir
sind früher Zweifel darüber aufgestiegen, ob der eine Drilling wohl
ausreicht. Seit mir aber bekannt ist, daß alljährlich an 200 Schleppfischer am Comersee in den drei ersten Monaten des Jahres ca. 600 Ztr.
Seeforellen teilweise mit noch viel größeren Blinkern fangen, die
trotzdem nur mit einem Drilling bewehrt sind, muß ich es eigentlich
als verfehlte Spekulation ansehen, von einer bewährten Methode
abzuweichen, wenn eine solche Zugabe nur auf Kosten des tadellosen Spinnens erfolgen kann. Es ist auch zweifellos, daß die Seeforelle einen Köder vertrauter annehmen wird, der weiter nichts
Verdächtiges an sich hat. Ich glaube daher in der Annahme nicht
fehlzugehen, daß, wenn auch hier und da ein Fehlbiß erfolgt, das
Schlußresultat bei Benutzung nur eines Drillings dennoch besser
ist. Mißerfolge würden mich allerdings bestimmen, noch einen

zweiten leichten Drilling anzubringen, der, wenn man etwas rascher rudern läßt, wie es beim Schleppen auf Seeforellen ohnedies empfohlen wird, keinesfalls dem korrekten Spinnen Abbruch tut.

In Seen, die von einem Flusse durchströmt werden, behält der letztere, wie häufig nachgewiesen wurde, seine Richtung bei; das Wasser strömt in der Tiefe langsam fort und höhlt sich eine Rinne aus, die tiefer ist als die Umgebung. Wer ein solches Flußbett kennt, wird voraussichtlich da mit der Schleppangel mehr Erfolg haben wie an anderen Stellen, besonders in der Nähe des Auslaufes, wo das Wasser gewöhnlich klarer ist wie weiter oben.

Daß zum Drillen großer Seeforellen sowie zum richtigen Landen eine ganz besondere Geschicklichkeit gehört, ist bei der Größe, Kraft und verzweifelten Kampfesweise dieses Fisches selbstverständlich.

Man suche ihn vor allem davon abzuhalten, daß er sich an der Oberfläche losschlägt, und lasse daher nicht zu rasch rudern. Man ziehe, wenn man keine schweren Senker hat, möglichst dicht an der Wasserfläche ein, damit das ganze Gewicht der Schnur auf den geangelten Fisch drückt, und halte ihn anfangs, bis seine Kraft zu erlahmen beginnt, noch möglichst fern vom Boote. Ganz heran ziehe man ihn erst, wenn sein Widerstand vollständig gebrochen ist. Am besten ist es, wenn der Bootführer große Kreise fährt, damit die Schnur in einer langgestreckten Kurve herangezogen wird, was ein Ausreißen der Angel durch einen plötzlichen Riß oder Fahrer verhütet. Beim Einziehen von Seitenangeln, an denen der Fisch nicht hängt, lege man den Köder sorgfältig beiseite, damit keine Verwirrung entsteht; fühlt man aber, daß ein schweres Exemplar zu erwarten steht, dann hänge man jene lieber rasch aus und übergebe sie dem Bootführer zum Einziehen.

Wie der Gaff gehandhabt wird, habe ich S. 102 beschrieben. Gewandte Fischer verstehen es, mit Sicherheit jede Seeforelle durch eine kräftige und beherzte Umklammerung der Schweifwurzel in das Boot zu heben, was, wenn man den Fisch am Leben erhalten will, immer noch sicherer ist wie das Handnetz.

Bezüglich des am Comersee gebräuchlichen Gaffs, welcher den Vorteil hat, die edlen Fische weniger zu verunstalten, verweise ich auf Fig. 78.

Die Forelle. *Trutta fario.*

(Bach-, Stein-, Wald-, Gold-, Schwarz-Forelle. Common Trout. Yellow oder Brown Trout. Truite de Rivière.)

Die Bachforelle hat von allen Salmoniden den gedrungensten Körper, obwohl es auch hier schlankere und plumpere Formen gibt. Auf dem Vomerstiel stehen die Zähne meist in zwei Reihen, doch finden sich auch Individuen mit einreihiger Anordnung der Vomerzähne, die sich teils nach rechts, teils nach links biegen; selten stehen die Zähne, wie bei der Meerforelle, in einfacher Reihe mit gerade nach hinten gerichteten Spitzen. Es ist somit unmöglich,

aus der Bezahnung des Vomers die Bachforelle von der See- oder
der Meerforelle zu unterscheiden. Typische Exemplare der Bachforelle weichen freilich in der Farbe sehr von der Seeforelle ab,
indem sie meist einen olivgrünen Rücken, gelblichgrün getönte
Seiten mit schwarzen und orangeroten, häufig blau umrandeten
Flecken und einen Messingglanz auf der Unterseite aufweisen.
Doch wechseln die Farben je nach dem Aufenthalt so stark, und
auch die roten Tupfen, welche der Seeforelle fehlen, können bei der
Bachforelle so völlig schwinden, daß auch nach den Farben eine
sichere Unterscheidung dieser beiden Fischarten nicht absolut zu-
verlässig durchzuführen ist. Am meisten verschieden erweist sich
die Lebensweise; je nach der Nahrung und deren Fettgehalt wechselt
die Farbe ihres Fleisches von Weiß bis ins Lachsrot.[1])

Die Bachforelle bewohnt kalte, schnellströmende Bäche mit
steinigem Untergrund und geht nur vorübergehend in die Seen.
Aber je höher gelegen und kälter diese Seen sind, desto eher wird
sie dort zum Standfisch, vermehrt sich daselbst und erreicht manchmal eine bedeutende Größe. Sie laicht von Oktober bis Februar

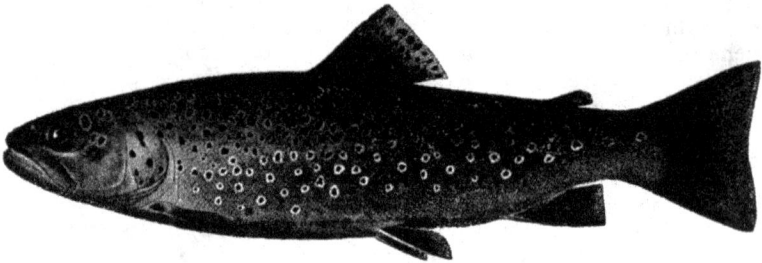

Die Forelle.

auf kiesigem Grunde und legt pro Kilo ihres Körpergewichtes ca.
1000 bis 2500 Eier. Sie ist sowohl im Gebirge wie in der Ebene
vom Norden bis über die Alpen verbreitet. Sie wächst verhältnismäßig langsam und erreicht durchschnittlich in Bächen ein Gewicht von 2 bis 3 Pfd., nur ganz ausnahmsweise aber die bedeutende
Größe von 20 bis 22, ja sogar 25 Pfd., bleibt jedoch auf alle Fälle
hinter der Seeforelle zurück.

Die Forelle nährt sich hauptsächlich von Insekten, Insektenlarven, Schnecken, Krustazeen und kleinen Fischen und lauert
mit Vorliebe in Unterständen auf antreibendes Futter. Sie ist sehr
gefräßig, ergreift mit Vorliebe auch Mäuse und Frösche sowie ani-
malische Abfälle, die in das Wasser geworfen werden, u. dgl. So
fing ich eines Tages in einem Mühlschusse eine Forelle mittels
Pfrille, die das vollständige Eingeweide eines Huhnes inklusive
Magen und Leber zum großen Teil verschluckt hatte, während ihr

---

[1]) Solche rotfleischige Forellen werden fälschlicherweise häufig »Lachs-
forellen« genannt, was zu Mißverständnissen Anlaß gibt.

noch einige Darmschlingen zum Maule heraushingen. Ähnliche Beispiele von Gefräßigkeit gibt es genug. Erst der vorgeschrittene Verdauungsakt macht sie faul und träge. Sie steht dann stundenlang auf demselben Flecke, unbekümmert um die vorübertreibende Nahrung, ohne Lust, den verlockendsten Köder zu ergreifen. Sie läßt denselben so lang und so oft ruhig an sich vorbei, bis sie sich, der Belästigung überdrüssig, einen andern Stand sucht.

Die Gefräßigkeit einerseits und die starre Ruhe anderseits, welche es den Fischdieben ermöglicht, sie sogar mit der Hand zu fangen, haben leider sehr zur Abnahme dieses vielbegehrten und gutbezahlten Fisches beigetragen. Einen unberechenbaren Nachteil für das Gedeihen unserer Forellenwässer hat jedoch auch die unglückselige Manier der Wirte und des Publikums zur Folge, die sog. Portionsforellen nicht nur allen größeren vorzuziehen, sondern auch teurer zu bezahlen. Wie viele Tausende von armseligen, unreifen und geschmacklosen Fischen fallen dieser blöden Gewohnheit zum Opfer, und wie ungeschickt sind die Besitzer von Fischwässern, wenn sie durch Verkauf solcher Forellen selbst die Hand zur Entvölkerung ihrer Flußstrecke bieten. Durch Einsetzen einiger 1000 Stück Jungbrut glauben sie züchterisch alles wieder gutzumachen, ernten aber nicht nur um die Hälfte weniger an Gewicht, sondern bringen auch die ganze natürliche Nachzucht zum Opfer.

Äußerst unwirtschaftlich ist ferner das geringe Brittelmaß von 20 cm, das noch in vielen Staaten gilt. Eine Berechtigung hat dasselbe nur für die sog. Steinforelle, die nicht etwa eine andere Art der gemeinen Forelle darstellt, sondern nur aus Mangel an Nahrung und durch Inzucht in den steinigen Gebirgsbächen im Wachstum zurückgeblieben ist und sich als Zwergrasse weiter fortgepflanzt hat. Um diese Bäche nicht ganz zu entwerten, ist eine Reduktion des Brittelmaßes für einzelne Bachstrecken, in denen die Steinforelle vorkommt, leider geboten. Nun gibt es aber gerade im Gebirge, ja selbst in vielen Hochtälern der Alpenregion herrlich klare Forellenbäche genug, die sich durch üppige Matten schlängeln, reich mit Pflanzen bewachsen sind und noch vor 30 Jahren von den prächtigsten Forellen wimmelten, so daß es für einen passionierten Fischfreund schon ein Vergnügen war, nur dem Ufer entlang zu gehen. Heute aber sind sie so öde und leer, so daß es sich nicht lohnt, eine Gerte zusammenzustecken. Und warum? Weil die Besitzer die Herabsetzung des Minimalmaßes für die Steinforelle auch in unbegreiflicher Kurzsichtigkeit für sich ausgenutzt haben. Es ist zu hoffen, daß die neue Landesfischereiordnung, einstweilen wenigstens in Bayern, dadurch segensreich wirken wird, daß die Kreisregierungen nicht mehr wie früher für ganze Bezirke, sondern nur für einzelne Flußstrecken das Minimalmaß auf 20 cm festsetzen.

Um einen Forellenbach wieder auf die Höhe zu bringen und dauernd auf einem guten Stand zu erhalten, bedarf es dreier Mittel, die alle drei zusammenwirken müssen, wenn man wirklich Erfolg haben will: Zuerst ausgiebige und alle Jahre wiederholte Zufuhr von Jungbrut[1]) oder besser noch von Jährlingen, dann absolute Schonung durch mindestens 1 bis 2 Jahre und schließlich der Fang keines Fisches, der nicht mindestens im dritten Jahre steht.

Wer das Fischrecht auf eine längere Bachstrecke besitzt, kann, außer der gehörigen Schonung und Beaufsichtigung, ungemein viel zur Hebung seines Bestandes an Forellen beitragen. Seine erste Sorge muß sein, diesen den Aufenthalt darin so behaglich wie möglich zu machen und sie dadurch von der Auswanderung abzuhalten.

Dies geschieht vor allem dadurch, daß man sie zur Zeit ihrer Fortpflanzung an sein Wasser fesselt. Falls nicht genügend natürliche Laichplätze vorhanden sind, läßt man an mehreren geeigneten Stellen einige Fuhren Kies im Bachbette ablagern und wiederholt dies, wo und wann es nottut.

Ferner ist es wichtig, dafür zu sorgen, daß die Forellen gehörige Unterstände und ausgiebige Nahrung vorfinden, außer die Natur hat schon selbst dafür in ausreichender Weise gesorgt.

Mir sind drei Methoden bekannt, die ich alle drei schon mit Erfolg zur Schaffung von Unterständen angewendet habe, und die sich ganz gut gleichzeitig durchführen lassen:

1. Tischähnliche Einbauten auf vier Pfählen, ca. 15 cm vom Bachbett entfernt, gleichzeitig gegen Fischottern Schutz bietend.

2. Das Einrammen von drei Pfählen in Abständen von 30 bis 40 cm in einer Linie, die mit dem Ufer einen spitzen Winkel nach aufwärts bilden. Daran bleiben angeschwemmte Gräser und Wasserpflanzen hängen, und bald entsteht dahinter ein vertiefter Unterstand.

3. Das Aushöhlen der Ufer an geeigneten Plätzen, indem man das lockere Erdreich entfernt. Dazu eignet sich ein drei Finger breiter, eiserner Spaten mit einem an den Netzstock passenden Gewinde. Die Anwendung muß vom Bachbett aus geschehen.

Die Schaffung von natürlicher Nahrung kann sich nur auf eine Förderung des Insekten- und Planktonlebens beschränken, und zwar durch Erhaltung und Einbürgerung von Wasserpflanzen im Bachbette, von Sträuchern am Rande desselben und durch die Anlage einer Madenzucht. Durch die unselige, von manchen Bezirksbehörden erlassene Vorschrift, alle Sträucher, die hart am Flußbette entsprießen, radikal zu entfernen, geht außer der Beeinträchtigung des Insektenlebens ein natürlicher Unterstand im Wurzelwerk verloren. Man wird es sich ja gerne gefallen lassen, wenn diejenigen Stauden, welche bei eintretendem Hochwasser ein direktes Hindernis für den Flußlauf bilden, entfernt werden; allein es ist doch töricht und zwecklos, einfach alle Stauden abzurasieren.

---

[1]) Die einfachste Methode, sich die Jungbrut selbst aufzuziehen, ist die Anlage von Kiesbettbebrütungs-Rinnen nach Dr. Hein. Man bezieht die ausgebrüteten Eier billig aus Fischzuchtanstalten, das Tausend um 3—4 Mark. Wer an seinem Forellenwasser eine faßbare Quelle und einen verlässigen Aufseher hat, sollte das nicht unterlassen. Die Versorgung der Eier und der Brut im Kiesbett ist so einfach, daß jeder Laie sofort spielend die nötigen Maßnahmen verstehen lernt.

Über die rationelle Bewirtschaftung eines Forellenbaches s. auch das Kapitel: »Hegen und Schonen«.

Die Forelle ist außer in den trägen und trüben Bächen und Flüssen der Tiefebenen, in welchen sie nicht gedeiht, als der weitaus populärste Sportfisch anzusehen. Durch das Laichgeschäft, welches sich bis in den Februar hinein erstreckt, wird sie sehr stark mitgenommen, und da dieses in die tiefsten Wintermonate fällt, wo das Insektenleben aufgehört hat und die kleinsten Fische, Larven und Kruster ihre entlegensten Schlupfwinkel aufgesucht haben, erholt sie sich auch aus Mangel an Nahrung viel langsamer wie die meisten anderen Fische. Ihr Fleisch bleibt daher auch verhältnismäßig lang widerlich, schlaff und geschmacklos.

Unbegreiflicherweise ist die Nachfrage nach Forellen gerade während der Festlichkeiten des Karnevals eine besonders starke und werden, um dieser zu genügen, große Mengen in rationeller Weise künstlich mit den verhältnismäßig billigen Meerfischen geringer Qualität gemästet. (Jede andere Fütterung, wie mit Fleischabfällen, Pferdefleisch usw., wie sie früher oft versucht wurde, hat gewöhnlich Erkrankungen der Forellen zur Folge, so daß sie massenhaft eingehen.) Aber man sollte es kaum für möglich halten, daß sogar Landwirte so wenig zu rechnen verstehen, daß sie zu der Zeit Forellen aus ihren Bächen liefern und damit auf einen Zuwachs verzichten, der, bis zum Monat Juni ausgerechnet, einen Entgang von hundert Prozent an Fischfleisch ausmacht, wobei sie sogar noch die Futterkosten ersparen würden! Als Fortschritt ist es einstweilen zu begrüßen, daß die Schonzeit in Bayern durch die neue Landesfischereiordnung bis 15. Januar verlängert wurde.

In nahrungsreichen Wassern wird sich die Forelle, wenn außerdem schon frühzeitig milde Witterung eingetreten ist, schon im März erholt haben, in steinigen Flüssen und im Hochgebirge gilt es aber für wenig sportmäßig, vor April mit dem Angelfischen zu beginnen. Der Fang dauert dann bis zum Eintritt der Schonzeit, die in den meisten Staaten auf den 1. Oktober festgesetzt ist. Die Höhe des Wohlgeschmackes erreicht die Forelle in vielen Bächen erst anfangs Juni durch die natürliche Mästung mit der Maifliege.

Am sichersten trifft man die Bachforelle in den Deckungen, die das Ufer, die überhängenden Stauden und flottierenden Wasserpflanzen bieten, hinter großen Steinen, Wurzeln, in Vertiefungen des Flußbettes mit stärkerer Strömung und ruhigem Hinterstand und mit Vorliebe in Mühlschüssen. Untertags, besonders bei greller Beleuchtung und Sonnenschein, verläßt sie ihr Versteck selten, um so mehr aber am Abend, wo sie oft an seichten Stellen auf Nahrung lauert. In Seen kann man ihr nur an der Schar und an Einmündungen von Quellbächen beikommen, außer die Seen sind sehr klein und reich besetzt, dann lohnt sich's auch, vom Boote aus darauf zu fischen. Die Technik ist bei der Seeforelle beschrieben.

Die Forelle ist dank ihrer großen Gefräßigkeit nicht schwer zu fangen, wenn man eine Regel nicht außer acht läßt, welche darin besteht, sich möglichst wenig bemerkbar zu machen. Sobald sie den Angler selbst oder nur seinen Schatten oder das Blitzen seiner Gerte wahrnimmt oder das Schwanken des Ufers unter seinen Tritten fühlt, dann ist es mit dem Fang vorbei.

Je öfter natürlich in einem Wasser geangelt wird, desto vorsichtiger und mißtrauischer wird sie. In England, wo schon seit Isaak Waltons Zeiten (geboren 1593) der Sport mit der künstlichen Fliege obenan steht, ist die Forelle bereits in einem Maße zur Vorsicht erzogen, welche viel größere Anforderungen an die Angelkunst stellt wie auf dem Kontinent.

Der Fang der Bachforelle geschieht hauptsächlich mit der künstlichen Fliege. Wenn auch das Durchschnittsgewicht der gefangenen Forellen bei Anwendung der Spinnangel zweifellos größer ist, so wird doch jeder fischgerechte Sportfischer in Fischwässern, wo die Forellen gern auf Fliegen steigen, zehnmal lieber sein Flugzeug hervorholen, das ihm den interessanteren, kurzweiligeren und vor allem höheren Sport ermöglicht. Wer sein Fischwasser rationell befischt, wird demnach nur in den Monaten März und April, zu einer Zeit, wo das Insektenleben noch sehr mangelhaft entwickelt ist, sonst nur bei hohem und angetrübtem Wasser zur Spinnangel greifen und wird da auch einen verhältnismäßig guten Erfolg haben. In größeren Flüssen dagegen, in denen die Forellen ein ansehnliches Gewicht erreichen und verhältnismäßig selten auf Fliegen achten, wie im Eisack, der Etsch, dem Isonzo, der unteren Traun usw. ist die Spinnangel das ganze Jahr hindurch angezeigt, ebenso in kleinen Rinnsalen, wo man mit der Fliege nichts ausrichten kann, wo man sich aber mehr auf das Heben und Senken als auf das Spinnen beschränken muß.

Über den Fang mit der künstlichen Fliege verweise ich auf das betreffende Kapitel, welches der Hauptsache nach ohnehin der Forelle gewidmet ist.

Bei der Spinnfischerei auf Forellen ist die Erlernung des richtigen Wurfes, die geschickte langsame Führung des Köders, der kurze, nicht zu rasche Anhieb die Hauptsache an der ganzen Kunst, die Anköderung Nebensache, da die allereinfachsten Anköderungsmethoden für den Fang der tollgefräßigen Forelle vollkommen ausreichen. Es hat daher auch bald jeder Sportgenosse ein anderes System in Gebrauch, auf das er schwört, und von dem er selten abgeht. Einem erfahrenen Spinnfischer bereitet der Fang mit dem Köderfisch nur dann noch einen wirklichen Genuß, wenn er seine Forellen mit Weitwurf oder mit Anschwung von der Seite oder von unter her durch Schutzen des Köders fangen kann, die Tipp- und Senkfischerei am Ufer entlang und mit Wurf in Schlingen auf kurze Distanz ist mehr Sache der Anfänger, läßt sich aber in schmalen Rinnsalen leider nicht umgehen.

Wie oben gesagt, hat jeder sein Lieblingssystem. Ich persönlich ziehe für den Fang der Durchschnittsbachforelle in der Ebene das Deesystem und den Krokodilspinner mit frischen Pfrillen oder Grundeln vor. Der letztere eignet sich auch sehr gut für kleinste Koppen, indem man die Spangen senkrecht über den Kopf statt seitlich anlegt. An klaren Gebirgsflüssen benutze ich den ausgebalgten Mühlkoppen und das Tiroler System oder das S. 156 beschriebene Einhakensystem. Zum Fang großer Exemplare ist mir der feine Röhrchenspinner, die kleine Pennell-Bromley-Flucht an gedrehtem Poil von Farlow und in der neuesten Zeit mein sehr fängiger Ideal-Wobbler, alle drei mit kleinen Lauben beködert, am liebsten. Den beiden ersten habe ich meine schönen Erfolge auf den Salmo genivittatus der Narenta in der Herzegowina zu verdanken. Leider ist diese schnellwüchsigste und kampflustigste aller Forellen in diesem herrlichen Flusse so viel wie ausgerottet, es leben aber noch ihre Anverwandten als Salmo fario marmoratus in der Etsch und dem Isonzo und eine großwüchsige Kreuzung zwischen Bach- und Seeforelle in der unteren Traun. Vielleicht werden in späteren Jahren, die ich nicht mehr erleben werde, die Flüsse in Montenegro und Albanien, welche die gleiche Fischfauna beherbergen, wie die nördlich einmündenden der Adria, wenn sie der Kultur mehr erschlossen sind, noch ein reiches Feld für Sportfischer.

Ich kann schließlich nur jedem Anfänger den wohlmeinenden Rat geben, sich auf den Weitwurf von der Marston-Croßlé-Rolle einzuüben. Er wird einen zehnmal größeren Genuß haben wie mit der althergebrachten Methode des Ufertippens.

Bezüglich des Fangs mit der Schlepp- und Grundangel kann ich getrost auf die betreffenden Kapitel verweisen und will der Vollständigkeit halber nur noch erwähnen, daß auch Frösche, Maden, Mehlwürmer, Larven von Steinfliegen usw. als Köder benutzt werden.

Die Wurmfischerei sowohl wie die Schluckangel mit dem toten Köderfisch sollten nur auf die Stellen beschränkt bleiben, an denen die kunstvollen Angelmethoden nicht anwendbar sind. Bei hohem und trübem Wasser ist oft der Wurm der einzige Köder, der sich noch verlohnt, und will man bei Ankunft an einem Fischwasser, das einer Erbsensuppe ähnlich sieht, nach langer Eisenbahnfahrt nicht unverrichteter Dinge heimkehren, dann bleibt oft nichts anderes übrig, wie zum Wurm zu greifen. Leider geben sich aber noch viele Forellenfischer nicht die Mühe, eine feinere Methode zu erlernen, obwohl es viel leichter ist, eine Forelle wie z. B. eine Plötze (Rotauge) mit Wurm zu fangen. Sie dürfen sich aber dann nicht einbilden, unter die Klasse der Sportfischer gerechnet zu werden. Da leider bei keiner Angelmethode so viele unbrittelmäßige Forellen verangelt werden, wie bei der Wurmfischerei, sollte man sich zum mindesten doch großer Einzelhaken, am besten Größe 1—0, bedienen.

Das Legen von Legangeln im Forellenbach ist aber als Aasfischerei im vollsten Sinne des Wortes zu betrachten, ist doch schon jeder Fischdieb imstande, einen Forellenbach mit angeköderten toten Pfrillen in der kürzesten Zeit auszurauben, geschweige denn mit lebenden, wie das unverantwortlicherweise von Stork sen. empfohlen wurde.

Im übrigen muß ich auf den allgemeinen Teil dieses Buches verweisen, wo ich fast in jedem Kapitel auch Verhaltungsmaßregeln für den Forellenfang gegeben habe. Wer noch weitere Studien machen will, dem empfehle ich die treffliche Monographie Schubarts: »Die Forelle und ihr Fang.«

Die Regenbogenforelle.

Trutta iridea.   *Salmo Guardnerii.*

(Rainbow Trout.   Truite Iridée oder Arc-en-ciel.)

Die Regenbogenforelle ist an ihrer einzigartigen Färbung sofort von allen anderen Salmoniden zu unterscheiden, indem sich längs der Seitenlinie und zu beiden Seiten derselben ein roter, zuweilen sogar regenbogenfarbig schillernder Streifen über den Körper und selbst über die Seiten des Kiemendeckels hinzieht. Der Rücken sowie die Rücken- und Schwanzflosse sind mit kleinen, rundlichen, schwarzen Tupfen übersät, während rote Flecken niemals vorkommen.

Die Regenbogenforelle.

Die Regenbogenforelle stammt aus dem Westen Amerikas, wo sie sowohl die Forellenregion wie den Unterlauf dortiger Flüsse bis in das Brackwasser hinein bewohnt. Sie verträgt daher auch in Europa den Aufenthalt in Forellenbächen geradeso wie in der Barben- und Bleiregion in der Nähe der Flußmündungen, ist auch bereits im Brack- und Meerwasser der Ostsee beobachtet worden.

Sie ist ein Raubfisch, der die gleiche Nahrung wie die Forelle liebt. An Wohlgeschmack steht sie im allgemeinen hinter dieser zurück, erreicht aber gerade in den Monaten, in denen die Bachforelle der Schonung unterliegt, den Höhepunkt an Lebenskraft und Wohlgeschmack.

Die Iridea wurde Mitte der 80er Jahre aus Amerika nach Europa überführt. Die ersten Versuche, sie einzubürgern, mißlangen an den meisten Orten, offenbar weil die bebrüteten Eier auf dem Transporte durch irgendwelche Umstände gelitten hatten. Erst spätere Sendungen hatten vollen Erfolg, und so ist sie denn heute schon in Mitteleuropa weit verbreitet, in vielen Bächen leider zum Schaden der einheimischen Forellen und Äschen, denen sie an Fruchtbarkeit, Gefräßigkeit, Schnellwüchsigkeit und besonders an Widerstandskraft gegen die in den letzten Jahren so mörderisch auftretende Furunkulose bedeutend überlegen ist.[1]) Während die

---

[1]) Ich kenne ein Flüßchen, in dem durch eine mörderische Furunkulose-Epidemie die Äschen fast ganz, die Forellen zum großen Teil vernichtet

Laichzeit der Regenbogenforelle in ihrer amerikanischen Heimat auf die Monate März und April fällt, scheint sich diese in Europa allmählich nach dem Winter zu verschieben. Man fängt immer häufiger in den Monaten Februar, Januar und sogar vereinzelt im Dezember laichreife Stücke, die noch gierig an die Angel gehen, allerdings fast ausnahmslos Milchner, was einer rationellen Fischpflege, wo man den Fisch erhalten will, zugute kommt.

Die Iridea übertrifft die Bachforelle an Schnellwüchsigkeit bedeutend. Im ersten Jahre erreicht sie nämlich schon eine Länge von 12 bis 15 cm, im zweiten bereits von 25 cm und darüber. Leider hat sie aber das Bestreben, vom vierten Jahre ab, nachdem sie mehrmals gelaicht hat, einem ihr noch innewohnenden Triebe folgend, flußabwärts dem Meere zuzuwandern, so daß man verhältnismäßig selten Stücke von 2 Pfund und darüber fängt, außer in Flüssen, wo ihr der Weg nach abwärts verschlossen ist. In diesem Falle erreicht sie ein stattliches Gewicht von 10 Pfd. und darüber. So in der Trebinjica in der Herzegowina, die als ansehnlicher Fluß plötzlich im Karst versiegt, aber auch z. B. in der Pegnitz oberhalb Nürnbergs, wo sie durch die eingeleiteten Abwasser der Stadt aufgehalten wird. Es gibt allerdings einige Ausnahmen von dieser Regel. So soll sie in der Traun zwischen Hallstädter und Gmundener See, einer wasserreichen, klaren und ziemlich gleichmäßig erwärmten Flußstrecke, sich heimisch fühlen und zu großen Stücken heranwachsen. Interessant wäre die Feststellung, ob sie nach Abwanderung in den Gmundener See, diesen für das Meer nehmend, wieder in die Traun zurückkehrt.

Sieht man von solchen Ausnahmen ab, so erscheint doch die absichtliche Verbreitung der Regenbogenforelle ein wirtschaftlicher Fehler, nachdem sie sich in unseren herrlichen Forellenwässern auf Kosten unserer Edelfische mästet, um dann fast spurlos zu verschwinden. Ist sie einmal auf der Wanderschaft begriffen, dann scheint sie es mit ihrem Drang nach dem Meere zu sehr eilig zu haben, da ihr Fang in unseren größeren Flüssen und Strömen zu den Seltenheiten gehört.

Das eine ist sicher, daß die Regenbogenforelle an der Angel einen ausgezeichneten Sport gewährt. Sie wehrt sich viel energischer wie die gemeine Forelle von gleicher Größe, macht große Fluchten, springt häufig aus dem Wasser und ermüdet erst nach verzweifeltem Kampfe.

Deshalb ist auch ihr Fang mit der Flugangel besonders anregend und setzt ein hohes Maß von Geschicklichkeit voraus. Die Technik des Fanges ist übrigens ganz die gleiche wie auf die Bachforelle und Äsche. Man benutzt nicht nur das gleiche Zeug, sondern auch insbesondere die gleichen Fliegen, sowohl in Bächen wie in Seen. Ratsam ist es jedoch, etwas größere Hakennummern oder

wurden. Obwohl nun meines Wissens keine Regenbogenforellen eingesetzt worden sind und vermutlich nur einige Flüchtlinge aus Teichen in den Fluß gelangten, hat sich die Regenbogenforelle in solchen Mengen vermehrt, daß sie gegenwärtig weitaus der häufigste Fisch ist und ca. 80 % des sehr reichlichen Fischbestandes ausmacht.

Fliegen mit Doppelhaken zu benutzen, da die Regenbogenforelle sich wie kein anderer Fisch im Verhältnis zu seiner Größe so verzweifelt an der Angel wehrt und öfter forciert werden muß, besonders wenn sie sich in Krautbetten zu retten sucht, und dabei, die Fliege lockernd, sich wieder losschlägt, wenn der Haken nicht fest sitzt.

Die Spinnangel dient zum Fang der größeren Exemplare im rinnenden wie im stehenden Wasser, sie ist nicht minder anregend, besonders auch in den tiefen Wintermonaten bei einigermaßen mildem Wetter. Eine Erscheinung, die der Ausfluß der großen Gewandtheit der Iridea ist, habe ich häufig beobachtet, die darin besteht, daß sie den ruhig geführten Spinnköder in einem solchen Anlauf von hinten her annimmt, daß sie in weitem und hohem Bogen ganz unversehens gegen den Angler springt. Es gelingt dann nur bei sehr zügigem Anhieb, die Schnur gestreckt zu halten und ihr die Angeleisen einzuschlagen. Übrigens kenne ich keinen Fisch, der, wenn seine Freßgier gestillt ist, so häufig auf den Köder haßt, ihn anstößt oder anpackt und sofort, ehe man richtig anhauen kann, wieder losläßt. (Auch eine Art von Kurzsteigen s. Flugangel S. 240.)

Die Regenbogenforelle hat wie kein anderer Fisch die leidige Gewohnheit, nach dem Anhieb mit Blitzesschnelle von unten her sich in Krautbetten zu flüchten, wodurch häufig, wenn man nicht sehr auf der Hut ist, nicht nur der Fisch, sondern auch die Fliegen, der ganze Zug, ja sogar die Spinnangelflucht verloren gehen kann. Man sei daher immer darauf vorbereitet, durch rechtzeitiges Forcieren nach abwärts oder nach der Oberfläche den Absichten des Fisches zuvorzukommen.

In Seen wird man den größten Erfolg mit der Schleppangel haben und je nach dem Stand der Fische höher oder tiefer schleppen und auch nicht vor Versuchen zurückschrecken, ob nicht den größeren Exemplaren, ähnlich wie den Seeforellen und Saiblingen, in der Tiefe beizukommen ist. Ich glaube annehmen zu dürfen, daß auch an der Schleppangel auf Regenbogenforellen sich der Blinker in erster Linie bewähren wird.

Der Bachsaibling. *Salmo fontinalis.*

(Brook trout.)

Der Bachsaibling stammt ebenso wie die Regenbogenforelle aus Amerika, bewohnt dort aber die Gewässer des Ostens, und zwar mit Vorliebe die kältesten Quellwässer, z. B. des Felsengebirges. Er ist von unserem einheimischen Saibling leicht an seiner ausgesprochenen Färbung zu unterscheiden. Auf dem Rücken zeigt sich auf dunkelbraunem Grund eine olivgrüne Marmorierung, an den helleren Seiten sitzen zahlreiche gelbe und spärlichere rote Flecken, während der Bauch schmutzigorange gefärbt ist. Die unteren Flossen sind weiß, dahinter schwarz gerändert und zeigen einen roten Spiegel. Er ist ein Raubfisch, der mit der Forelle die gleiche Nahrung teilt, auf diese freilich etwas mehr Jagd macht als die Trutta fario. Sein Fleisch ist gelblichrosa und schmackhaft, übertrifft aber keinesfalls an Wohlgeschmack das Fleisch unserer einheimischen Forelle. Er laicht im Winter in den Monaten November und Dezember zugleich mit der Bachforelle.

Der Bachsaibling unterscheidet sich in seinen Lebensgewohnheiten so wenig von der Bachforelle, daß ich bezüglich der Fangmethoden ganz und gar auf die letztere verweisen kann. Die einzigen

Der Bachsaibling.

Unterschiede bestehen darin, erstens, daß der Bachsaibling mit noch größerer Vorliebe das kältere Wasser und als natürliche Folge auch die kleineren Rinnsale aufsucht, weshalb man ihn im Hochsommer hauptsächlich im Oberlauf antrifft. Zweitens lebt er viel geselliger und ist weniger scheu wie die Forelle, so daß man an einem günstigen Platze alle Bachsaiblinge bis auf den letzten herausfangen kann.

Als Sportfisch wird er unsere Forelle keinesfalls verdrängen, da er absolut keinen Vorzug vor dieser hat. Die Einsetzung des Bachsaiblings in Forellenbächen ist nur für den Sportfischer rationell, der die Fischereiberechtigung bis zum Quellgebiet besitzt. Für ihn ist der Fang eine angenehme Abwechslung.

Der Huchen. *Salmo hucho.*

(Huch. Donaulachs. Rotfisch.)

Der langgestreckte Körper dieses Fisches ist fast drehrund. Der Vomer, welcher einen langen Stiel hat, ist nur auf der Platte mit einer Querreihe von 5 bis 7 Zähnen besetzt. Kopf und Rücken des Huchens sind graugrün oder bräunlich, der Bauch ist silberweiß, während auf den Seiten beide Töne ineinander übergehen, oft aber, besonders zur Laichzeit, ein prächtig schillerndes kupfernes Rot zeigen. Rücken und Seiten sind mit schwarzen und eckigen Flecken besetzt. Der Huchen lebt in Europa nur in der Donau und ihren Nebenflüssen. Hier ist er Standfisch und bevorzugt die stark fließenden Gewässer der Gebirge, in die er zur Laichzeit weit hinaufsteigt. Er laicht im Frühjahr in den Monaten März bis Mai, vorzugsweise Anfang April, und wird erst mit einem Gewicht von ca. 4 bis

5 Pfd. und einer durchschnittlichen Länge von 60 cm laichreif. Der Huchen ist außer dem Wels der größte Raubfisch des Süßwassers, wächst sehr schnell und erreicht ein enormes Gewicht. Exemplare von 30 bis 40 Pfd. kommen noch oft vor: das größte in der Neuzeit bei Tulln in der Nähe von Wien gefangene Exemplar wog 104 Pfd. Der Huchen scheint übrigens bestimmt auch in Sibirien vorzukommen, denn Professor Dr. Hofer hat auf dem Petersburger Fischmarkte große gefrorene Exemplare gesehen, die als Lachse verkauft wurden, zweifellos aber Huchen waren.

Es gibt keinen Fisch im ganzen Donaugebiet, gegen den sich so viele schädliche Einflüsse verschworen und so sehr dezimierend auf seinen Bestand gewirkt haben, wie den Huchen. Und doch gibt es kaum einen anderen Bewohner unserer Flüsse mit Ausnahme des Lachses, der so sehr Berücksichtigung verdiente wie jener. Er ist ein Sportfisch ersten Ranges, sein delikates Fleisch ist besonders deshalb so beliebt und geschätzt, weil es nicht so fett ist wie das des Lachses und daher selbst bei öfterem Genusse nicht widersteht.

Nur in ausgesprochenen Äschenwässern muß der Überhandnahme der Huchen gesteuert werden, indem man die großen Exemplare herauszufangen trachtet, eine für den Sportfischer erwünschte Aufgabe, die er auch ohne Ausnahmeverordnungen, ohne Anwendung von Netzen oder gar Legangeln erfüllen kann. Ganz verfehlt aber ist es, den Huchen in den großen Flüssen auszurotten, in denen außer ihm nur minderwertige Cyprinier in großen Massen vorkommen, die keinem besseren Zwecke dienen können, als ihr verhältnismäßig wertloses Fleisch in edleres Fischfleisch umzusetzen. Das Bestreben der Sportfischer

Huchen, 46 Pfd. schwer, 132 cm lang. Gefangen im Inn von Herrn Architekten L. Deiglmayr.

muß im Gegenteil darauf gerichtet sein, solche Flüsse von Weißfischen zu säubern, resp. säubern zu lassen, da sie ihm nur die
edle Brut auffressen und die fangbaren Huchen so mästen, daß sie
zu träg werden, um an die Angel zu gehen.

Die Schädlichkeiten, welche eine rapide Abnahme
des Huchenbestandes herbeigeführt haben und teilweise
immer noch herbeiführen, sind:

1. Die fehlerhafte und unsinnig übertriebene Regulierung der Flüsse, welche, wie schon im Kapitel über »Hegen
und Schonen« besprochen, ohne Berücksichtigung der Fischerei
durchgeführt wurde, sowie ohne für viele Strecken zwingendes
Bedürfnis. Der Huchen liebt vor allen Fischen die wilde Einsamkeit, den Urzustand in der Natur, tiefe Gumpen, versunkene Bäume,
große Felstrümmer und weitgedehnte Jagdgründe, in die er aus
sicherem Versteck ausschwärmen kann, und ist ein Feind der
höheren Kultur, ähnlich wie viele bei uns ausgestorbene Raubtiere
und das Hochwild in den Bergen. Statt dessen sind jetzt bereits
in einer ganzen Anzahl von Flußstrecken die Gumpen und Laichplätze meterhoch mit Kies bedeckt und eingeebnet, das Flußbett
verflacht, die Hinterstände aus dem Fluß geräumt. Man fängt
zwar jetzt langsam an, da und dort die Flüsse in geschweiften Linien
zu regulieren und das Flußbett nicht mehr in dem Maße zu verengen
wie früher. Doch wehe dem Huchenfischer, der zu große Hoff-
nungen darauf setzen sollte, denn im besten Falle wird sein Fischwasser zu einem Äschenwasser degradiert werden, in dem die
Huchen sehr spärlich geworden sind und über kurz oder lang aus-
sterben werden, wenn nicht immer neuer Zuzug von unten her statt-
finden kann oder fleißig seuchenfreie Jährlinge eingesetzt werden.

2. Die Anlage von Fabriken, welche die ganze Breite des
Flusses sperren oder in ihren Werkkanälen das ganze Niederwasser
absorbieren, ohne gleichzeitige Anlage eines Fischsteiges oder auch
mit einem solchen, der aber gewöhnlich so falsch angelegt ist, daß
er seinen Zweck vollständig verfehlt.

Das neue Wasser- und Fischereigesetz wird hierin hoffentlich
in Bayern gründliche Wandlung schaffen.

3. Die Einleitung von Fäkalien oder von anderen schädlichen Stoffen in die Flüsse. Als Beispiele erwähne ich nur die
Verunreinigung der Isar durch die Unratabfuhr, welche den einst
so brillanten Huchenstand auf einige 60 km unterhalb München
im Vereine mit der Korrektion nahezu vernichtet hat und noch
ganz vernichten wird; ferner die Devastierung der Enns durch
die Alpine Montangesellschaft, welche vor etwa 18 Jahren eine so
allgemeine Entrüstung hervorgerufen hat.

4. Die mangelhaften fischereipolizeilichen Vorschriften, welche in vielen beteiligten Staaten ohne alle Sachkenntnis
erlassen sind. Man nimmt doch allgemein an, daß die Feststellung
eines Minimalmaßes für die Fische den Zweck haben soll, sie so
lange zu schonen, bis sie zum mindesten einmal sich fortgepflanzt
haben, also dem Kindesalter entwachsen sind.

Nun ist es aber Tatsache, daß nur die Standhuchen in ganz kleinen Flüssen infolge ihres langsameren Wachstums schon mit einem Gewicht von etwa 4 bis 5 Pfd. laichen, während die schnellwüchsigeren Rassen der großen Flüsse erst mit 6 bis 7 Pfd. laichreif werden, also erst bei einer Länge von mindestens 70 cm. Trotzdem ist in manchen Ländern oder Provinzen der Fang 2- bis 2½pfündiger Fische, sogar schon mit 45 cm Mindestmaß, gesetzlich erlaubt!

In Bayern ist das Brittelmaß auf 55 cm erhöht worden, leider nicht auf 60 cm, wie ich eifrig verfochten habe.

Zur Entvölkerung in Bayern hat die unselige Bestimmung der im Jahre 1884 erlassenen Fischereiordnung besonders beigetragen, welche schon den Fang eines nur 14 Pfd. schweren Huchens in der Laichzeit gestattete, obwohl ein solcher kaum den dritten Teil so viel, dagegen bedeutend kleinere und für die Nachzucht minderwertigere Eier hat wie z. B. ein Vierzigpfünder. Er war also schon vogelfrei, lange bevor er nur annähernd zur vollen Reife gelangt war. Zum großen Segen des Huchenbestandes ist diese Bestimmung in der Fischereiordnung vom Jahre 1909 gestrichen worden, und es ist nur noch zum Zweck der Laichgewinnung unter behördlicher Kontrolle gestattet, Huchen während der Laichzeit zu fangen.

Aber trotz alledem, wie fürchterlich ist der angerichtete Schaden, nicht nur in Bayern, sondern auch in Österreich, ja wie dauern in diesem Lande die nachteiligen Einflüsse noch unvermindert fort, besonders da, wo die allvermögende Industrie ohne die geringste Rücksicht auf die Beschmutzung der Flüsse durch ihre Abwässer sich breitmacht.

Leider werden auch mit obrigkeitlicher Bewilligung zur Laichzeit massenhaft Huchen angeblich zum Zweck der Eiergewinnung ohne scharfe Kontrolle gefangen; die Zahl der zur Erbrütung kommenden Eier stehen aber bei weitem nicht im Verhältnis zu den hingemordeten Huchen.

Ein weiterer Mißstand für das Fortkommen unseres edelsten Salmoniden ist die Festsetzung der Laichzeit auf die Monate März und April auch in den höchst gelegenen Kronländern, wie z. B. in Steiermark, wo sie erfahrungsgemäß erst im Mai laichen und mit behördlicher Erlaubnis mit Leichtigkeit auf dem Bruche gefangen werden dürfen.

Der Huchen ist ein vorzüglicher Schwimmer und steht oft in reißenden Strömungen und Stromschnellen, wenn er nur eine kleine Deckung durch größere Steine oder versunkenes Holz findet. Am meisten bevorzugt er die Gumpen, außer wenn sich stark auf- und absteigende Wirbel darin befinden, die ihm einen ruhigen Stand unmöglich machen. Dehnen sich die Gumpen nach der Länge aus, so steht der Huchen meistens in der Mitte, wo sie am tiefsten sind, außer er lauert auf Beute, dann trifft man ihn am Ein- oder Auslauf oder an den Rändern. Auch liebt er überhängende Ufer, Felsblöcke, an denen das Wasser sich bricht, tiefe Rinnsale, sog. Steppen, Stein- und Faschinenbauten, den Zusammenschlag zweier Flußarme, sowie die tiefe und strömende Seite an Flußwendungen. Wo er die Wahl hat, steht er lieber auf grobsteinigem und felsigem Untergrund und vermeidet schlammigen, feinkiesigen und lehmigen Boden.

Zur Beurteilung eines guten Standortes ist wichtig, darauf zu achten, ob in der nächsten Umgebung ein Jagdgebiet auf Futter- fische und ein Ruheplatz ist, wo der Huchen auch bei Hochwasser oder auch sonst, wenn er ruhebedürftig ist, sich aufhalten kann. Tiefe Tümpel mit wenig Strömung liebt er nicht, und wenn er sich trotzdem darin aufhält, bringt man ihn selten zum Steigen, am wahrscheinlichsten noch auf den lebenden Köder.

Altwässer besucht der Huchen nur vorübergehend zum Zwecke des Raubes. Hat man Gelegenheit, zufällig einen jagenden Huchen in einem solchen zu bestätigen, dann gelingt es nicht selten, ihn mit einem tadellosen Wurfe zu erbeuten.

Je größer der Fluß, je gleichmäßiger die Strömung, desto schwerer ist es, den Standort eines Huchens zu erraten, und desto weniger Reiz bietet das Angeln.

In großen Flüssen wie der Inn, die Gletscherwasser führen und außerdem große Mengen von Futterfischen enthalten, geht der Huchen gewöhnlich erst nach den ersten Frösten an die Angel, wenn jene ihre Schlupfwinkel für den Winter aufgesucht haben. Die besten Monate sind daher von Dezember bis Mitte März zum Beginne der Schonzeit. Gerade die letzten Wochen sind oft be- sonders günstig, außer es stellt sich sehr milde Witterung ein, welche den Huchen zu frühzeitiger Aufwärtswanderung veranlaßt, wobei er seine Freßgier verliert. Störend bleibt immer das bei größerer Kälte auftretende Grund-, Treib- und Randeis, welches sich besonders unangenehm in den hochgelegenen Gebirgstälern und der dem Hochgebirge vorgelagerten Hochebene geltend macht, wo die Lufttemperatur in den langen Winternächten ungleich tiefer sinkt, wie in den bewohnten Städten. In den um viele 100 m tiefer gelegenen Flüssen der österreichisch-ungarischen Ebene wird eine solche Störung viel weniger zu befürchten sein.

In jenen Gebirgsflüssen, die zwar nicht von Gletschern gespeist werden, aber nach der Laichzeit Schneewasser führen und so ziem- lich den ganzen Sommer trüb sind, beginnt die Saison ausnahms- weise Mitte September, erreicht aber ihren Höhepunkt auch erst, wenn die Futterfische sich in die Altwässer und Unterstände zurück- gezogen haben. Erst dann gehen die großen Exemplare an die Angel.

In den eigentlichen Äschenwässern mit kürzerem Laufe, die höchstens von den Vorbergen kommen, beißen die Huchen schon nach der Schonzeit im Mai sehr gierig. Sie sind lange nicht in dem Maße mitgenommen wie die Lachse und gewöhnlich Mitte Mai, zumal wenn sie schon im März abgelaicht haben, wieder voll- kommen erholt. Es ist daher unter Umständen ganz rationell, sich so früh eines gefährlichen Äschenräubers zu entledigen. Die Sommermonate sind wenig günstig, da in diesen der Huchen Nah- rung in Fülle hat. Am frühen Morgen gelingt es noch am ehesten, einen guten Fang zu machen. Von Mitte September ab beginnt die eigentliche Saison, um im November ihren Höhepunkt zu er-

reichen. Später tritt oft der Wasserstand so zurück, daß die wenigen
tiefen Gumpen eine solche Anzahl Äschen und anderer Futterfische enthalten, daß der Huchen förmlich in der Mast steht und
schwer an die Angel zu bringen ist.

Günstig für den Huchenfang ist trübes nebliges Wetter mit
leichtem Regen oder Schneegestöber, mit Temperaturen um den
Gefrierpunkt, bei Windstille bis zu mehreren Graden Kälte, ungünstig dagegen, wenn zur Zeit des Laubfalles der Fluß mit Blättern angefüllt ist, ferner die Tage nach hellen Vollmondnächten, an
denen man selten vor Abend einen Erfolg zu erwarten hat, sowie
ein abnorm niederer Wasserstand und Temperaturen unter Null
mit schneidendem Nordost. Bei Eisgang wird das Angeln, da der
Köder sich an den Schollen verfängt, unmöglich, ist das Eis aber
weich und sulzig und nicht in zu großen Massen vorhanden, ist die
Möglichkeit eines Fanges noch lange nicht ausgeschlossen. In der
wärmeren Jahreszeit ist auf einen günstigen Erfolg fast nur an
kalten, nebligen und regnerischen Tagen zu rechnen.

Meiner Erfahrung nach ist im Winter die günstigste Tageszeit, vorausgesetzt, daß das Wasser tagsüber sich gleichbleibt, der
Nachmittag, und die Aussichten auf einen guten Fang werden
gegen Abend immer besser, um, wenn die Dämmerung einsetzt,
ihren Höhepunkt zu erreichen. Aber selbst noch, wenn es so dunkel
ist, daß man die Schnur nicht mehr zu unterscheiden vermag, und
besonders bei Vollmondschein kann man noch manchen Groß-
huchen erbeuten, vorausgesetzt, daß man die Stellen gut kennt
und nicht bei jedem Wurf riskiert, hängen zu bleiben. Besonders
gut soll die Morgendämmerung sein, und wer es so einrichten kann,
daß er bei Tagesgrauen am Wasser ist, sollte das nicht versäumen;
man sagt, das sei die Hauptfreßstunde der Huchen, in der man
am sichersten auf Erfolg rechnen kann. Das erscheint mir richtig
nach stockfinsteren Nächten, während die Huchen nach hellen
Mondschein- und klaren Sternennächten schon früher gesättigt
sind. Im allgemeinen ist aber der Vormittag weniger günstig, besonders wenn es noch dazu sehr kalt ist. Da aber die Tage nicht
selten sind, an denen z. B. in den Frühstunden bei milder Witterung
der Fluß in Nebel gehüllt ist, während am Nachmittag greller Sonnenschein herrscht, steigen die Chancen sehr zugunsten des Vormittags.
Am meisten Erfolg wird stets der Huchenangler haben, der es so
einzurichten versteht, daß er zur günstigsten Zeit die besten Gumpen
in seiner Strecke abfischen kann, was ja leider für den entfernt
wohnenden nicht immer durchführbar ist.

Die Nahrung des Huchens besteht aus Fischen, Fröschen,
Würmern, Insekten. Auch verschmäht er das Wassergeflügel sowie
Ratten und Mäuse nicht.

Mit der künstlichen Fliege fängt man in der Regel nur
kleinere Exemplare bis zu 6 Pfd., und zwar hauptsächlich im Mai
und Juni. Doch kommt es dann und wann vor, daß selbst große
Fische auf die Fliege steigen.

So war mir im Juni 1903 gelegentlich des Äschenfischens in
der Wertach das besondere Heil beschieden, an einer braun ge-

sprenkelten, einhakigen Maifliege (Spinnenfliege) von Farlow nach 55 Minuten aufregenden Drillens einen Huchen von über 20 Pfd. glücklich zu landen. Da ich nur auf Äschen angetragen hatte, war ich nur mit meiner alten gesplißten Bambusgerte von Wieland ausgestattet und hatte an meiner Schnur nur einen schon mehrmals benutzten Zug von dressed Gut, der schon sichtlich ausgefranst war, eingeschlungen, der aber trotzdem glücklich aushielt. Ein ähnliches Petri Heil war in jüngster Zeit dem Landschaftsmaler Curry beschieden, der im Juni 1916 einen 18 pfündigen, ebenfalls mit einer Maifliege, in der Ammer fing.

Doch solche Resultate gehören zu den größten Seltenheiten. Immerhin ist es ratsam, wenn man nicht gerade ausschließlich auf Huchen mit der Fliege fischt, sondern auch mit großen Aiteln, Forellen oder Äschen, die in dem gleichen Wasser vorkommen, zu rechnen hat, Gesplißte, Schnur und Poilzug vom besten Material zu wählen.

Im Jahre 1909 fing ich in der Wertach an einem Tage, außer einer Anzahl von schweren Aiteln und einigen Äschen, neun Huchen, von denen ich allerdings sechs Stück unter 60 cm wieder zurückversetzte, und zwar an einer großen Red Tag als Strecker und einer schwarzen Zulufliege als Springer (Tafel IV Nr. 75 u. 76), beides Fliegen, die ich seitdem oft mit großem Erfolg angewendet habe.

Wer nur auf Huchen mit der Fliege fischen will, wird sich vorteilhafterweise mit einer leichten doppelhändigen Fluggerte ausstaffieren.

Die weitaus spannendste und auch am meisten gebräuchlichste Angelmethode ist die Spinnfischerei; ja, ich möchte die Behauptung aufstellen, daß der Huchen, vom Lachs, der für uns weniger in Betracht kommt, abgesehen, der ideale Sportfisch für die Spinnangel im strömenden, wie der Hecht im ruhigen Wasser ist.

Was den Fang des Huchens mit der Spinnangel aber ganz besonders anziehend macht, ist, daß er einen Wintersport allerersten Ranges gewährt. Wer je den Gegensatz zwischen der rußigen, nebligen und lärmenden Stadt und der herrlichen Luft in der stillen, oft großartigen Einsamkeit eines Bergstromes gekostet, wird sich immer wieder dahin zurücksehnen, erst gar, wenn er es versteht, auf Huchen zu spinnen! Wie schnell die Zeit verrinnt und wie durch die beständige Tätigkeit der Arme und Beine der Körper sich erwärmt und wie wunderbar so ein Ausflug bekommt! Wie viele Stadtmenschen, die ihre ganze Hoffnung auf eine vierwöchige Badekur setzen, würden sich nach einem einzigen solchen Ausfluge frisch und neubelebt fühlen!

In den letzten Jahren hat sich der Wintersport in ungeahnter Weise entwickelt, und sind die Ansichten über den hygienischen Wert einer Beschäftigung im Freien selbst bei Schnee und Eis beim großen Publikum ganz andere geworden, so daß es auch diesem Sporte ein gewisses, gegen früher vermehrtes Verständnis entgegenbringt.

Der Angelsport auf Huchen bietet jedoch einen ungleich verschiedenen Genuß je nach dem Fischwasser, welches man zu befischen in der Lage ist. Am genußreichsten gestaltet er sich zweifellos in jenen Gebirgsflüssen, die ganz abgesehen von der großartigen, abwechslungsreichen und das Gemüt erhebenden Landschaft am wenigsten reguliert und nicht so gewaltig sind, daß die eigentlichen Standplätze zu ausgedehnt wären, um sie mit dem Weitwurf decken zu können. Es sind dies die Flüsse, die eine reiche Abwechslung an Gumpen, Hinterwässern, Steppen und Zusammenschlag hinter Kiesbänken bieten. Regulierte Ufer mit langgedehnten Uferbauten wirken allein schon eintönig und ermüdend durch den Umstand, daß man längere Zeit immer gleichförmige Würfe zu machen hat, wo es obendrein unmöglich ist, den Standort des Huchens mit einiger Bestimmtheit vorauszusagen. Dieser Mißstand macht sich besonders fühlbar dann, wenn der Fluß nicht bloß reguliert, sondern auch so gewaltig ist, daß nahezu jede Berechnung aufhört, wie z. B. in der Donau, wo man es oft mit der Befischung von kilometerlangen, hohen Steindämmen zu tun hat. Ist der Fluß einmal über etwa 80 bis 100 m breit, so ist man mit dem Wurf ohnehin auf das diesseitige Drittel beschränkt und verliert jedes Urteil über Tiefen und Beschaffenheit des Untergrundes, so daß es schließlich nahezu gleichgültig ist, wie und wohin man wirft, wodurch der Huchensport mehr oder minder zum Lotteriespiel und zu einer ziemlich einförmigen und wenig kunstvollen Beschäftigung wird.

Über die zur Spinnfischerei auf Huchen nötigen Geräte kann ich mich in der Hauptsache auf das im »Allgemeinen Teil« Gesagte berufen; ich möchte nur besonders betonen, daß es keinen Fisch gibt, der so häufig den Köder am Kopf ergreift wie der Huchen, zumal dann, wenn er gierig beißt, und daß es daher wichtig ist, keine Turbine am Kopf des Köders, dagegen einen Drilling nicht weit davon anzubringen, außer man fischt mit so kleinen Ködern, daß der Huchen das Fischchen sofort ganz in den Rachen nehmen kann.

Über die zu verwendenden Köderfische möchte ich nur noch bemerken, daß der Huchen kleinschuppige oder schuppenlose Fische, wie Forellen, Aalrutten, Koppen und Neunaugen, als besondere Delikatesse zu betrachten scheint, Fische, die aber wieder den Nachteil des geringeren Glanzes haben, woraus die Lehre hervorgeht, daß man sie hauptsächlich dann mit Vorteil verwendet, wenn man einen Huchen bestätigt hat.

Man wähle natürlich sein Zeug so fein wie möglich, berücksichtige aber anderseits, daß in einem wilden Gebirgsstrom mit rauhem Gestein, wo der Köder oft unwillkürlich in eine kolossale Rotation gerät, die Schnur, zumal bei Treibeis, auch sehr mitgenommen wird. Man überzeuge sich daher immer noch von Zeit zu Zeit, ob sich kein Defekt eingestellt hat. Auch ich habe in früheren Zeiten, trotz und vielleicht gerade wegen der damals benutzten dickeren, aber rauheren Schnüre manches Lehrgeld zahlen müssen, weil ich das unterlassen habe. So ist es mir wiederholt vorgekommen, daß ich den Köder und etwa auch einen Teil des Vorfaches während des Heranziehens verlor, ohne daß ich an etwas anstreifte, einfach durch die Wucht der Strömung. Ich hatte den letzten Wurf ahnungslos mit einer ganz schadhaften Schnur gemacht, und der Wasserdruck hatte genügt, die Angel zu Verlust zu bringen. Wie viele Fische kommen dadurch ab, daß man diese Vorsichtsmaßregel versäumt!

Welchem Angelsystem soll man nun bei der reichen Auswahl den Vorzug geben?

Ich richte mich bei der Auswahl in erster Linie nach den mir gerade zur Verfügung stehenden Köderfischen, erst in zweiter nach dem Flusse, den ich zu besuchen gedenke. Je gewaltiger der Fluß, je größer die zu erwartenden Fische, desto mehr ziehe ich große Köder vor, besonders dann, wenn der Fluß etwas angetrübt ist. In kristallklarem Wasser dürfen sie auch kleiner sein. Besitze ich nur Formalinköder, dann geht mir nichts über den Röhrchenspinner, gelang es mir, große, frische Köder aufzutreiben, dann greife ich entweder zum abgeänderten Krokodil- oder zum Zelluloidspinner (Fig. 172 A u. 174). Für mittelgroße frische Köder rüste ich mich mit Pennell-Bromley oder Ideal-Wobblern aus. Für besonders kleine Köderfische war ich stets mit dem Deesystem versorgt, heute, nachdem das letztere noch mit dem neuen Kopfdrilling ausgestattet werden kann, scheint es mir auch für große Köder sehr wertvoll zu sein. Ein oder zwei große Koppen an Pennell-Bromley oder am Röhrchenspinner mit braun lackierten Turbinen betrachte ich als eine wertvolle Reserve, leider sind so große nicht immer zu haben. Was nun immer für eine Hakenflucht gewählt wird, womöglich sollten alle mit kräftigen Drillingen, von denen die für Mahseer am besten sind, ausgestattet sein.

Seit meinen großen Erfolgen mit dem Silberblinker habe ich oft, besonders auf größeren Reisen, Huchenwässer besucht, ohne überhaupt natürliche Köder mitzunehmen, während ich in früheren Zeiten lieber zu Hause geblieben bin, wenn ich nicht damit versehen war. So habe ich auf meiner dritten und letzten Reise durch Bosnien in der Drina bei ewig wolkenlosem Wetter, großer Hitze und kleinstem Wasserstand nur mit dem Silberblinker als Köder auf Huchen sehr gute Resultate aufzuweisen gehabt. In kleineren und mittelgroßen Flüssen, besonders wenn sie recht klar sind und noch dazu die Sonne scheint, benutze ich jetzt sogar, selbst wenn ich mit tadellosen frischen Ködern versehen bin, in erster Linie den Silberblinker, der bei richtiger Führung mittels einer elastischen, federnden Gerte die verlockendsten Kapriolen macht, ohne einen Moment aus seiner reizvollen Bewegung zu kommen. Wie oft ich auch nach sorgfältiger Befischung einer besonders einladenden Gumpe oder Steppe mit dem Silberblinker diese noch ein zweites Mal zur Kontrolle mit einem frischen Spinnköder abgefischt habe, nie erhielt ich dann noch einen Biß, so daß ich mir hätte sagen müssen: der natürliche Köder ist doch besser; beim umgekehrten Verfahren dagegen habe ich wiederholt schon Huchen gefangen, die den natürlichen vorher verschmäht hatten. Dagegen hat mir manchmal ein

Köder zu einem Huchen verholfen, der vorher beide Spinner, den
künstlichen wie den natürlichen, verschmäht hatte: »der künstliche Eisvogel« (Fig. 247), und zwar sowohl an warmen, sonnen-
klaren Tagen wie bei Regenwetter, nie allerdings bei Frost und
Nebel in der winterlichen Hochsaison.

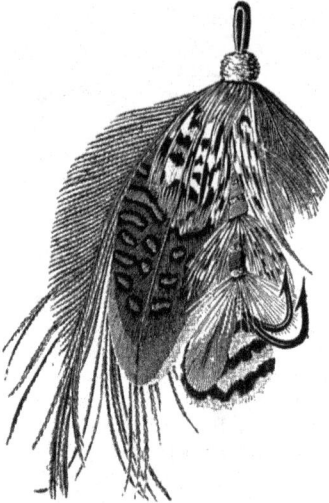

Die künstliche Eisvogelfliege
wird von Wieland nach meiner Vorschrift hergestellt. Sie ist an einen
Doppelhaken größten Kalibers Nr.
10/0 gewunden. In die weite Öse am
Kopf des Hakens wird ein Pun-
jabzwischenfach   eingeschlungen,
w.lches mittels eines kleinen Farlow-
bleies mit dem Stahldrahtvorfach
verknüpft wird. Geworfen wird genau
so wie bei der Spinnangel, die Fliege
aber stets ruckweise herangezogen
und zwischen den Zügen immer etwas der Strömung überlassen, so daß
die Federn sich öffnen.

Ein vorzüglicher Köder auf
Huchen ist auch ein lebender
Frosch. Seine Verwendbarkeit be-
schränkt sich aber auf die wärmere
Jahreszeit und auf ruhige Gumpen
und Hinterstände, also zum Glück
gerade auf Zeit und Ort, wo mit
Spinnködern überhaupt kaum auf
Erfolg zu rechnen ist. Die An-

Fig. 247.

köderung ist sehr einfach, ich bediene mich nur des bei der Paternosterangel abgebildeten Hakens in kleineren Nummern (Fig. 197),
der an dreifach gedrehtes Poil oder dünnes Gimp (für den Fall, daß
ein Hecht anbeißen sollte) gewunden ist. Der Haken wird dem Frosch
nur durch die Oberlippe geführt, was dem Tierchen kaum einen
nennenswerten Schmerz verursacht. Das Vorfach ist mit einem
kleinen Blei beschwert. Nach dem Wurf zieht man den Frosch sehr
langsam, aber ruckweise heran, so daß er möglichst tief sinkt. Ist
ein Anbiß erfolgt, so läßt man unmerklich Schnur abziehen und
haut nach einigen Sekunden, und nachdem man die Schnur straff
gespannt hat, an.

Eine wichtige Rolle bei der Wahl des Angelsystems spielt der
Ladenpreis. So fische ich mit den kostspieligen Angelfluchten,
wie z. B. dem Krokodil- oder Zelluloidspinner, nur, wenn ich ein
Boot zur Verfügung habe, wo es mir stets gelingt, die hängen-
gebliebenen Köder zu lösen. Bin ich ohne Boot an den Ufern eines
stark mit Gestrüpp verunreinigten Flusses, dann angle ich lieber
mit dem Zeug, dessen Verlust mich am wenigsten schmerzt.

Als Vorfach benutzte ich in den letzten Jahren ausschließlich
das selbstgefertigte aus oxydiertem Stahldraht (siehe S. 31) und
bin damit ausnehmend zufrieden.

Ich möchte für die Spinnfischerei im Winter ganz besonders das Werfen von der Rolle empfehlen. Die Schwärmer für den Themsestil geben ja selbst zu, daß man bei Frost nicht lange fischen kann, weil die Schnur gefriert, so daß das Werfen unmöglich wird. Beim Werfen von der Rolle dagegen kann man bei Windstille selbst noch bei —5⁰ C den ganzen Tag spinnen, ohne übermäßig durch das Eis belästigt zu werden. Seit ich mit den englischen plaited silk lines fische, die sich durch ihren geringeren Querschnitt, ihre große Glätte und die Dichtigkeit ihres Gewebes gegenüber den geklöppelten deutschen Schnüren so vorteilhaft auszeichnen, ist es noch viel besser geworden. Nie daß mich die gefrorene Schnur und der Eisbelag der Gerte auch nur im geringsten behindert hätten, ebensogut und sicher zu werfen und einzurollen, wie bei Temperaturen über 0⁰. Das Eis an den Ringen muß ich ja allerdings bei großer Kälte vielleicht alle 10 bis 20 Minuten abklopfen, ein Aufenthalt von vielleicht einer halben Minute. Aber mit der Schnur habe ich, seit ich sie mit festem und flüssigem Paraffinbrei tränke, nicht den geringsten Anstand mehr. Der ganze Witz besteht nur darin, daß man etwa nach dem 6. bis 10. Wurfe die Gertenspitze einen Moment ins Wasser taucht und dann die bis obenhin frisch genäßte Schnur mit dem auf den Zeigefinger gepreßten Daumennagel beim Einrollen abstreift. Jeder, der diesen Rat befolgt, wird die Beobachtung machen, daß der ganze Eisbelag als sulziger Brei wie aus einer Wurstmaschine über den Zeigefinger rinnt und daß die Schnur wieder vollständig glatt und normal wird. Von einem durch das Eis sichtlich vermehrten Angegriffenwerden der Seide kaum eine Spur, während früher die geklöppelten Schnüre oft an einem Tage rauh und filzig wurden. Wer in bezug auf die englischen Schnüre andere Erfahrungen gemacht hat, muß diese einfache Manipulation nicht kennen, sonst könnte er nicht von fingerdicken Eisbelägen sprechen, während für mich ein Eisbelag gar nicht existiert, zum mindesten nach jedem Wurfe spielend radikal beseitigt werden kann. Das sorgfältigste Abstreifen des Eisbelages auf der Schnur und das Abklopfen der Ringe ist besonders wichtig, ehe man eine Angelstelle verläßt. Versäumt man dies und geht erst eine Strecke weiter bis zur nächsten, dann riskiert man, daß inzwischen die Schnur auf der Rolle zu einem festen Klumpen zusammengefroren ist, was jedes Werfen unmöglich macht. Trotz dieser Vorsichtsmaßregel würde aber jeder energische weite Wurf mißlingen, da sich das Anfrieren der Schnur nicht ganz vermeiden läßt. Man mache daher zuerst einen nahen Wurf und lasse etwa 15 bis 20 m nach. Nach dem Einrollen wird dann auch ein Weitwurf gelingen.

Geradezu unfaßlich ist es mir und meinen näherstehenden Sportgenossen, wenn sogar von bewährten Huchenfischern behauptet wird, sie reiben sich jedesmal den Daumennagel wund und reißen sich die Fingerspitzen der Handschuhe auf. Mein Daumennagel hat dagegen in dem Menschenalter, seitdem ich den Huchenfang betreibe, noch niemals auch die geringste Verletzung erfahren, woraus, sowie aus meinen geringen Hemmungsschwierigkeiten beim Weitwurf usw. meine Gegner geschlossen haben, ich fische überhaupt nicht bei niederen Temperaturen auf Huchen!!!

Die Kälte der Luft hat mich jedoch in meiner langen Laufbahn als Huchenfischer nie abgehalten, ein Fischwasser aufzusuchen, sondern nur die Kälte des Wassers. Ich habe die Erfahrung gemacht, daß man bei Temperaturen in der Stadt, bei denen das Thermometer —5⁰ C zeigt, fast mit Sicherheit darauf rechnen kann, am Flusse nach langer Eisenbahnfahrt massiges Treib- und Grundeis vorzufinden, denn draußen im Freien, besonders an Flüssen, die noch eine größere Meereshöhe aufweisen, ist es gewöhnlich noch um einige Grade kälter. Ich habe daher vorgezogen, an solchen Tagen lieber zu Hause zu bleiben, als unverrichteter Dinge wieder umkehren zu müssen. Bei plötzlich eintretender Kälte kann man, da das Wasser die Kälte nicht so rasch annimmt wie die Luft, wohl einen Ausflug riskieren, selbstverständlich auch, wenn man am Wasser selbst wohnt und sich durch Augenschein überzeugen kann. Mir ist es schon vorgekommen, daß das Wasser so kalt war, daß die Drillinge meines Köders nach einigen Würfen derart mit haselnußgroßen Eisklumpen bedeckt waren, daß ein Haken gar nicht in ein Fischmaul hätte eindringen können. Wurfstörungen durch Gefrieren der Schnur hatte ich dabei trotzdem nicht. Kommen aber die Eisschollen so dicht daher, daß der Köder nicht sinken kann, dann hört sich das Angeln von selbst auf.

Es war mir lange Zeit ein Rätsel, wieso es kommt, daß so viele Huchenfischer über Wurfhemmungen klagen, unter denen ich nie zu leiden hatte, glaube aber jetzt die Ursache voll ergründet zu haben:

Ich habe nämlich meine meisten Huchen vom Boote aus oder im Wasser watend gefangen. Ganz von selbst kommt man dabei zu der Gewohnheit, beim Einrollen der Schnur die Gertenspitze, um auch den Köder möglichst tief führen zu können, so nahe wie möglich auf die Oberfläche des Wassers zu senken. Die Schnur tritt dann fast unmittelbar aus dem Wasser in die Ringe ein und hat keine Zeit, sich mit einer harten Eiskruste zu belegen, während sie beim Hochhalten der Gerte, besonders wenn man auf hohen Ufern steht, eine lange Strecke in der Luft zurücklegen muß. Da genügen dann 10 bis 20 Sekunden vollauf zum Hartgefrieren der Schnur. Während bei meiner Art der Gertenhaltung das Eis noch weich und sulzig ist, haben es die vom hohen Ufer Angelnden schon mit festen Eiskristallen zu tun, die sich nicht mehr so leicht abstreifen lassen. Benutzen diese Herren nun auch durchbrochene Rollen wie die Magnaliumsrolle, auf welche die Luft von allen Seiten Zutritt hat, und statt der glatten und mit Paraffin getränkten Schnüre nach englischen Mustern, locker geklöppelte, sich leicht ansaugende, dicke deutsche Schnüre älterer Ordnung, ohne die Vorsichtsmaßregel; nach dem letzten Wurf an einer Huchenstelle die Gertenspitze ins Wasser zu tauchen und das Eis gründlich abzustreifen, was bei meiner Rollenstellung nach oben spielend angeht, dann ist die Wurfhemmung kaum mehr zu beheben.

Ich halte es daher für ungerechtfertigt, wenn wegen des Schnur-
gefrierens die primitiven Einringgerten unserer Vorfahren wieder
empfohlen werden, außer allenfalls für die hohen Uferbauten an
der Donau. Es ist doch zu bedenken, daß man mit solchen un-
elastischen Gerten die Spinnköder nicht so fein und lebendig führen
kann, wie mit einer Gerte, die sich beim Zug schön abbiegt und
in der Pause wieder streckt, so daß der Köder nie mit dem Spinnen
aussetzt. Ich neige mich zu der Ansicht, daß die Zopffischerei ihre
große Beliebtheit hauptsächlich dem Umstand zu verdanken hat,
daß der Zopf nicht wie ein Fischchen mehr horizontal, sondern nur
in senkrechten Wellenlinien lässig geführt zu werden braucht, was
mit einer steifen Einringgerte ebenso gut möglich ist, während die
lebendige Führung eines natürlichen oder künstlichen Fischchen-
köders beim Gebrauch der steifen Gerte, besonders in glatt dahin
rinnenden Hinterwässern von Gumpen usw. kaum möglich ist.
Der Gedanke, die eleganteren Spinnmethoden könnten durch den
überhandnehmenden Gebrauch der Einringgerte verdrängt werden,
geht mir daher nicht aus dem Sinn, möchte ich doch unseren edlen
Sport eher verfeinert und veredelt sehen.

In der Österr. Fischerei-Zeitung sind wiederholt Artikel erschienen, in denen als ein besonderer Vorzug der steifen Einringgerten die bessere Möglichkeit des »Haltens« der Huchen hervor-
gehoben wurde. Nun gibt es aber keinen Kampffisch, das Aitel
vielleicht ausgenommen, der so wenig die Gewohnheit hat, Befreiungsversuche durch Fluchten stromabwärts zu machen. Er
geht selten öfter wie einmal mit der Strömung kopfvoraus und da
nicht weiter wie 20 m, außer er hängt von außen. Er wendet dann
aus eigenem Antrieb den Kopf wieder gegen die Strömung und
läßt sich meist willig bis auf eine gewisse Entfernung heranziehen
oder versucht sein Heil in Fluchten seitlich oder stromauf. Spreizt
er sich einmal stärker und besteht Gefahr, daß er, sich der Strömung
überlassend, unter eine Brücke, oder in wildes Wasser, oder in Hindernisse gerät, so braucht man nur die Gerte gegen den Fisch zu senken
und ihn, mehr Kraft auf die Schnur verlegend, zu halten oder heranzuziehen, was natürlich, wie ich S. 100 und bei der Flugangel auseinandergesetzt habe, ebensogut mit einer leichten, elastischen Gerte
möglich ist, wie mit der steiferen Einringgerte. Einen Huchen,
auch nur von 10 Pfd., der mit dem Kopf voran stromabwärts schießt,
selbst mit der stärksten Gerte halten zu wollen, wäre eine törichte
Vermessenheit.

Angelt man in einem kleineren Huchenwasser, dessen Bett
sich nicht durch steile Wände eingegraben hat und sich mit hohen
Wasserstiefeln an vielen Stellen durchwaten läßt, so daß man
beide Ufer befischen kann, so bedarf man keines Bootes.

Das Boot, welches für die größeren nicht regulierten Flüsse
fast unentbehrlich ist, ist jedoch auch für die von mittlerer Größe
eine große Annehmlichkeit. Die Mehrkosten, welche durch den
Bootführer erwachsen, werden reichlich aufgewogen durch die
Bequemlichkeit, den Wegfall einer zu tragenden Last und durch
Ersparnis am Zeug. Wieviel Köder samt Vorfach verhängen sich

so, daß man ohne Beihilfe eines Bootes erbarmungslos abreißen
muß, und welch deprimierendes Gefühl ist es, wenn man dazu
noch einer gehörigen Kraftanstrengung bedarf! Von großem Vorteil ist es, daß man beim Angeln vom Boote aus den Köder ohne
besonderes Risiko auch an gefährlichen Stellen viel tiefer führen
und dem Standorte der großen Exemplare näherbringen kann.

Die Boote müssen flach gebaut sein, um über die oft aus gröb-
stem Schotter bestehenden Kiesbänke hinwegzukommen, die oft
von so wenig Wasser überrieselt sind, daß man aussteigen und das
Boot darüber wegschieben muß. Sie müssen deshalb, sowie auch
um den Rücktransport nicht so sehr zu erschweren, möglichst
leicht gebaut und im Verhältnis zu ihrer Länge doch so breit sein,
daß drei Personen darin aufrecht stehen und sitzen können.

Als Sitz dient am besten eine Art Truhe, ein Kasten mit Deckel
und Boden und seitlich abgeschrägten Wänden, der sich den Boot-
wänden anpaßt und dazu dient, Mäntel, Proviant und Angelzeug
aufzunehmen und vor Nässe zu bewahren. Im Bug ist ein ver-
deckter Raum angezeigt, um die gefangenen Fische unterzubringen.

Der Bootführer leitet das Boot aufrecht stehend, je nach
Wassertiefe und Strömung, mit einer langen, eisenbeschlagenen
Stange oder mit einem Handruder; mit der Stange, solange er
den Grund noch erreicht. Wenn er geschickt ist, kann er damit
das Boot noch in der stärksten Strömung halten. Das Ruder dient
für die Fortbewegung über größere Tiefen und kommt daher auch
in tieferen Flüssen mehr in Gebrauch. Man hat es nun ganz in der
Hand, an günstigen Plätzen bald herüben, bald drüben auszusteigen oder vom Boote aus zu spinnen.

Will man das letztere, so muß man sich erst daran gewöhnen,
immer das Gleichgewicht zu halten, da alle Würfe stehend gemacht
werden müssen. Wer es einmal los hat und keine Wasserscheu
kennt, wird bald zu der Überzeugung kommen, daß man viele gute
Stellen weit besser vom Boote aus befischen kann; auch bietet
es einen ganz besonderen Reiz, zumal der Wurf, das Spinnen des
Köders, der Anhieb und das Drillen vom Boote aus viel mehr
Übung und Geschicklichkeit erfordert. Anderseits ist es aber auch
viel kurzweiliger und weniger anstrengend und, hat man einmal
die richtige Übung und Sicherheit erlangt, unendlich viel bequemer
bei der Führung und Landung eines Fisches, da man beide Ufer
zur Verfügung hat und z. B. am Grund festgekeilte Huchen von
der gegenüberliegenden Seite des Flusses oft spielend bemeistern kann.

Nehmen wir z. B. an, wir haben einen etwa 200 m langen
Uferschutzbau, an dem der Fluß scharf und tief vorbeiströmt, zu
befischen. Angeln wir vom Ufer aus, so müssen wir, um gründlich
zu sein, etwas hundert gleichmäßig weite Würfe quer stromab
machen und dabei immer Schritt vor Schritt auf dem unebenen,
stark geneigten, vielleicht eisbeschlagenen Bau abwärts gehén.
Das wirkt auf die Dauer monoton und ermüdend. Vom Boote aus
lassen wir aber einfach den Köder vorausrinnen, indem wir die
Gerte bald links, bald rechts senken, während der Bootführer mit
seinem langen, eisernen Haken das Fahrzeug immer wieder am

Uferbau verhält. Wollten wir vom Lande aus den Köder immer nur rinnen lassen, dann würden wir nur eine viel kleinere Wasserfläche decken und alle Augenblicke hängen bleiben. Zwei gut zusammengeschulte Spinnfischer können auch stehend gleichzeitig hintereinander ihre Würfe machen und sich gegenseitig, besonders beim Landen der Fische, beistehen. Man braucht dann nicht immer auszusteigen, wenn sich der Huchen an das Boot heranziehen läßt, sondern führt ihn direkt in den Gaff, den der am Bug ausgestreckte Begleiter ihm entgegenhält.

Der Angler vom Boote aus hat im Vergleich zum Uferfischer eine Schwierigkeit zu überwinden, nämlich zu verhüten, den Huchen gleich zu Beginn des Drills zu nahe an sich heranzubringen. Kommt diesem, solange er noch bei vollen Kräften ist, das Boot zu Gesicht, dann kann man sich auf einen verzweifelten Kampf gefaßt machen. Man trachte, ihn daher lieber, wenn er nicht von selbst abwärts geht, in die Strömung zu leiten. Erst wenn er einmal an die 20 m vom Boote entfernt ist, beginne man ihn stramm zu drillen und zu ermüden. Es ist das ziemlich die angenehmste Entfernung, in der man spielend die größte Gewalt über ihn hat und seine Schläge und Finten am sichersten parieren kann. Gelingt es aber nicht, den Huchen zu Beginn der Schlacht vom Boote abzuhalten, dann ist dem Sportkollegen oder, wenn man ohne Begleiter fischt, in noch viel höherem Maße dem Bootführer Gelegenheit geboten, seine Geistesgegenwart und Gewandtheit in der Führung des Gaffes zu zeigen. Ergreifen dieser Waffe, Zielen und richtig Treffen hat sich da manchmal schon in ein paar Sekunden abgespielt. Ein Fall ist mir da noch lebhaft in Erinnerung. Ich war allein mit meinem Bootführer, einem äußerst gewandten Kerlchen, am Inn und machte im raschen Vorbeischießen an einem Felsriffe noch einen Wurf von höchstens 10 m quer hinüber. Im selben Moment spüre ich einen Biß, der Anhieb sitzt, der Zehnpfünder schießt hinter dem Boot her, ich verkürze die Schnur, gleichzeitig in der Zille entlang laufend, um die Spannung zu erhalten, inzwischen hat der Bootführer schon sein Ruder weggeworfen, den Gaff erfaßt, den Huchen tadellos getroffen und hereingehoben! Ich glaube nicht, daß alles zusammen länger gedauert hat wie 3 Sekunden. Ich hatte meine helle Freude darüber, es war einmal so etwas ganz Neues, noch nie Erlebtes.

Eine Frage, über die schon viel diskutiert worden ist, ist die, ob es ratsamer ist, eine Flußwendung, eine sog. Reibe, von der konkaven, flachen und kiesigen oder von der konvexen, tiefen und stark strömenden Seite zu befischen. Die meisten halten es schon wegen der leichteren Landung eines angehauenen Fisches für angezeigter, die Stelle von der Kiesbank aus in Angriff zu nehmen. Wenn ich die Wahl habe, so ziehe ich vor, von der tiefen, konvexen Seite aus zu spinnen, wenn die Uferverhältnisse durch angeschwemmtes Gestrüpp usw. nicht gar zu ungünstig sind, da eine gründliche Befischung der Stelle nur von der strömenden Seite aus möglich ist. Wirft man von der Kiesbank, so wird der Köder unmittelbar nach dem Wurf durch die Strömung vom jenseitigen Ufer wieder weggeschwemmt; er verweilt dann nur eine Sekunde dort, wo oft die schwersten Fische stehen, noch dazu, ohne genügend unterzusinken. Angelt man aber drüben, dann kann man seinen Köder aus dem Seichten in die Tiefe bringen und dort nach Belieben hin und her führen und wieder abwärts rinnen lassen.

Bezüglich der Paternoster- und Schnappfischerei verweise ich auf das betreffende Kapitel, will aber noch kurz erwähnen, daß diese höchstens nebenbei betrieben werden können. Es ist empfehlenswert, besonders beim Spinnen vom Boote aus, eine Kanne mit lebenden Ködern mit sich zu führen, um an den verhältnismäßig wenigen Stellen, wo es angezeigt ist oder wo ein Huchen seinen Standort verraten, aber aus Mangel an Hunger oder aus Mißtrauen den Spinnköder verschmäht hat, rasch in der Lage zu sein, Vorfach und Köder zu vertauschen und erst später wieder mit der Spinnangel weiter zu arbeiten.

Bis zum Erscheinen resp. Bekanntwerden der Monographie Dr. Robidas »Über den Huchen und dessen Fang« war eine Angelmethode mit dem sog. Neunaugenzopf auf die österreichischen Kronländer Steiermark, Kärnten und Krain beschränkt. Erst nachdem Robida sich in seinem Werkchen bei ziemlich flüchtiger Behandlung der übrigen Angelmethoden fast ausschließlich für den Zopf erschöpfend ins Zeug gelegt hatte, wurde dieser eigenartige Köder, der früher fast nur in der Drau und Save Anwendung gefunden hatte, auch in der Donau mit Erfolg versucht.

Die Methode besteht darin, daß meist 4 bis 5 Neunaugen (in der Neuzeit auch junge Aale), richtiger gesagt Larven der Sandpricke (Ammocoetes), jede einzeln an einem Faden freihängend angenäht und so mit einem an einer Seidenschnur montierten Drilling verknüpft werden, daß die freibleibende Endschlinge eben noch durch ein die Kopfenden der Pricken überdeckendes Kappenblei geführt und am unbeschwerten Vorfach befestigt werden kann. Der Drilling wird entweder durch die Leiber der Neunaugen verdeckt oder schwebt freihängend unter den Schweifenden.

Wird dieser Köder nach dem Auswurfe hauptsächlich in den Gumpen abwechselnd gehoben und gesenkt und dabei allmählich herangezogen, dann macht er den Eindruck eines Polypen, der seine Fangarme lebhaft nach allen Seiten bewegt.

Diese für die Huchen ganz fremdartige Erscheinung, die nebenbei ein auffallendes Leben zeigt, scheint auf sie einen ganz eigentümlichen Reiz auszuüben, so daß sie sich häufig zu einer verhängnisvollen Betastung hinreißen lassen. Jedenfalls ist schwer zu sagen, ob der Huchen den Köder für wirkliche Neunaugen oder große Tauwürmer hält oder ob es nur das Schlangenartige der Bewegung ist, was ihn anlockt. Es ist dann nichts leichter, als einem solchen Fisch die Haken in das Maul zu rennen, da ihm beim Anhieb die aalglatten und zähen Leiber der Neunaugen durch die Zähne gezogen werden, bis der Drilling glücklich gefaßt hat.

Die Methode, die übrigens auch an manchen Flüssen zum Fange anderer Raubfische, besonders der Waller, im Gebrauch sein soll, ist in den Gegenden unbekannt, wo die Neunaugen selten sind oder gar nicht vorkommen. Konservieren lassen sie sich nur in verdünntem Alkohol, nicht in Formalin, weil sie durch dieses ihre Geschmeidigkeit, auf die es doch hauptsächlich ankommt, verlieren. Um der Ködernot abzuhelfen, ist schon manches Ersatzmittel versucht worden, wie Hühnerdärme, Lederstreifen, große Tauwürmer usw., und zwar mit Erfolg, wodurch der Beweis geliefert wurde, daß nicht die Neunaugen allein das Verführerische sind, sondern auch die polypenartigen Bewegungen des Zopfes. Dagegen hat sich aber gezeigt, daß keines dieser Ersatzmittel so anhaltend als Köder benutzt werden kann, daß vielmehr jedes nach wenigen Würfen von der Angel fällt oder den Reiz für den Fisch verliert. In jüngster Zeit wurden immer noch weitere Versuche mit Ersatzködern gemacht, so wurde ein solcher von Behm aus einer Anzahl Abschnitte aus braunem Gummischlauche konstruiert, der bei Wieland käuflich zu haben ist. Auch ich habe mich mit Ersatzmitteln versucht, unter andern mit Gummischläuchen, die über Messingdrähte, die man beliebig krümmen kann, gezogen und durch eine Bleikappe mit eingefügten Turbinenflügeln zusammengehalten sind, welche den Zweck haben, den ganzen Köder in ganz schwache Rotation zu versetzen (Fig. 248), wie es die Neunaugen machen, wenn sie zu mehreren stromauf ziehen und sich umeinander schlängeln. Ich kann einstweilen darüber nur sagen, daß dieser künstliche Zopf eine verführerische Bewegung im Wasser annimmt und mehr Spektakel macht wie selbst der natürliche. Er hat sich auch insofern bewährt, als ich damit einen vorher an einem natürlichen Fischchenköder abgekommenen Huchen prompt gefangen habe.

Fig. 248. $^2/_3$ nat. Größe.

Bestreicht man diese Schlangenabschnitte mit flüssiger Gold- oder Silberbronze-Tinktur und darüber in Benzol gelösten Asphaltpulver, dann erhält man eine mehr glänzende Farbentönung, welche noch viel verlockender und prickenähnlicher aussieht wie der glanzlose Gummischlauch. Die Bemalung hält zwar nicht sehr lang, läßt sich aber spielend in kürzester Frist erneuern.

Nach früheren Veröffentlichungen über den Zopf, die vereinzelt in Fachblättern erschienen waren, mußte ich in der ersten Auflage zu der Annahme kommen, daß er nur zum »Heben und Senken« in tiefen Gumpen benutzt wird. Bei einem gelegentlichen Besuche der Save konnte ich mich aber überzeugen, daß der Neunaugenköder wie ein Spinnfisch geworfen und so herangezogen wird, daß er Wellenlinien nach der Tiefe beschreibt. Der Hauptvorteil des Köders ist, daß man ihn im allgemeinen in größere Tiefe versenken

kann wie einen Spinnfisch und daß der geangelte Huchen in der
Regel so fest an den sehr fängig angebrachten Drillingen sitzt, daß
er äußerst selten wieder abkommt.

Wenn auch die billige Ausstattung des Angelzeuges, die lange
Gebrauchsfähigkeit des einmal richtig zu Hause vorbereiteten
Köders, die Einfachheit der Führung, zu der keine besondere Geschicklichkeit gehört, und die unbestrittenen Erfolge nach einem
glücklichen Anbiß dem »Zöpfen« in Österreich viele Freunde zugeführt hat, so ist doch die eigentliche Spinnfischerei mit natürlichen
oder künstlichen Ködern sportlich zweifellos höher einzuschätzen.
Wenn nämlich die großen Tauwürmer die Zähigkeit und Beständig-
keit der Neunaugen hätten, würden wohl sämtliche Zopffischer zu
diesen leichter in Massen zu beschaffenden Ködern greifen. Was
ist also, genau betrachtet, die Zopffischerei anders als eine Art
Wurmfischerei in großem Stil? Daß aber der bei der feinen Forellenfischerei von allen auf höherer Stufe stehenden Sportfischern so
sehr geächtete Wurm einem guten Huchenstand in geradezu mör-
derischer Weise zusetzen kann, darüber kann kein Zweifel sein.
Sind mir doch Fälle bekannt, in denen gute Huchenwässer sogar
während der Sommerzeit gründlich mit einem Bündel Tauwürmer
als Köder ausgefischt wurden. Sieht man nun zu, wie alle unsere
Huchenwässer, nicht nur in Bayern sondern auch in dem so reich
mit Huchenflüssen gesegneten Österreich, von Jahr zu Jahr in un-
heimlicher Weise sich verschlechtern, so möchte ich an die jüngere
Generation den dringenden Mahnruf richten: »Laßt ab von der
Zopffischerei in allen kleinen Flüssen, in denen man mit
dem Spinnköder die Fangplätze zu beherrschen vermag!«

Etwas anderes ist es in den großen Strömen, wie die untere
Drau, Save oder die untere Donau von Passau abwärts, wo die
Wassermasse so gewaltig, die Tiefe der Rinnsale so groß ist, daß
man sie mit dem Spinnköder nicht mehr genügend abfischen kann.
Wer dort in erster Linie mit dem Zopf angelt, handelt sicherlich
sportgemäß, wie auch jener, der in Flüssen mittleren Schlages den
Zopf als Reserveköder mit sich führt, um auch die Tiefen von über
3 bis 4 m noch mit Erfolg befischen zu können. Sonst aber sollte
der Huchenzopf ganz verpönt und als unsportmäßig bei allen ein-
sichtigen Elementen ausgeschaltet sein, viel mehr noch wie der
Wurm im Forellenbach. Einen reduzierten Forellenstand kann
man durch Einsetzen und Schonen bald wieder auf die Höhe bringen,
einen Huchenbestand aber nicht!

Mit Genugtuung kann ich feststellen, daß meines Wissens die
Zopfangelei auf Huchen in Bayern ebensowenig wie die Einringgerten und Magneliumrollen Boden gefaßt haben, auch bekam ich
wiederholt Zuschriften von namhaften Huchenfischern aus Österreich und der Serboslowakei, die meinen leichten Huchengerten
und Blinkern unbedingt den Vorzug geben.

Bezüglich der Anköderung der Neunaugen verweise ich auf die
verdienstvolle Monographie Robidas, dessen augenscheinliche Leib-
methode das Zöpfen ist, wer aber mehr Interesse an der Spinnfischerei hat, dem empfehle ich, die aus dem Leben gegriffenen

anziehenden Artikel seines Landsmannes, H. Gerson, zu lesen, die im Jahrgang 1909 der Österreichischen Fischereizeitung erschienen sind, in denen aus jeder Zeile der große Praktiker im Huchenfang zu erkennen ist. Wie ich höre, soll Dr. R. inzwischen selbst von seiner Fangmethode abgekommen sein.

Ehe ich noch das Kapitel über den Huchen schließe, dürfte es angezeigt sein, eine Parallele zu ziehen, zwischen unserem größten Binnenlachs und dem Salmo salar, dem gewaltigen Recken der nordischen Meere, dessen Fang leider in unseren deutschen Flüssen kaum mehr für den Angelsport in Betracht kommt.

Was Kraft, Ausdauer und zähen Widerstand an der Angel anbetrifft, ist der Lachs bedeutend höher einzuschätzen als der Huchen. Er ist auch unstreitig der intelligentere Fisch. Man kann ihn vergleichen mit einem Preisringer, der alle Tricks der Reihe nach versucht, um seinen Gegner zu überwinden. Zumeist eröffnet er den Kampf mit einer staunenswerten Flucht, indem er 40 bis 80 m Schnur in einem Saus abzieht. Entweder läßt er sich nun im stillen Widerstand wieder heranziehen oder er kommt aus eigenem Entschlusse in einem Tempo herbei, daß man die größte Mühe hat, durch rasches Aufrollen oder, wenn man am Ufer steht, durch Laufen die Schnur straff zu erhalten. Ist er vom ersten Waffengang erschöpft, so stellt er sich auf den Grund und ruht aus. Nur mit starkem Zug, durch allmähliches Heben der Gerte gelingt es dann, noch einige Meter Schnur zurückzugewinnen, dann rüstet er sich wieder zu neuem Kampf, was sich an dem Verhalten der Gerte, deren Spitze sich langsam streckt, vorahnen läßt. Man fühlt und sieht förmlich, wie er einen Ansatz wie zu einem Sprunge macht, und nun geht's los. Entweder macht er einen langen Fahrer nach der Oberfläche und springt drei-, ja viermal meterhoch aus dem Wasser oder wälzt sich daselbst oder er macht ganz kurze gewaltige Risse oder Fluchten von nur 4 bis 5 m Länge und bleibt plötzlich stehen und so weiter, bis er wieder atemlos ist und verschnauft. Den Gedanken, ihn jetzt landen zu können, gibt man bald wieder auf. Keine Rede davon. Jetzt, nachdem er scheinbar willig sich einige Meter hat führen lassen, geht es erst recht los. Wie der Satan saust er wieder dahin mit gleicher Kraft, stromauf- oder abwärts, das scheint ihm ganz gleich, manchmal in langen Fluchten, dann plötzlich ruckweise, um die Schnur zu lockern, dann bohrt er nach dem Grund, schlägt mit dem Schweif nach dem Vorfach, sucht dasselbe mit den Kiefern zu packen und durch Wälzen abzudrehen. Wehe dem, der die Gerte nicht immer im richtigen Winkel hält, einen Moment den Handgriff der Rolle und die Macht über diese verliert oder gar seine Schnur in Unordnung bringt, dreimal wehe dem, der so viel Schnur ausgegeben hat, daß ihm kein Restchen mehr auf der Rolle bleibt, für ihn ist alles verloren, Fisch und Schnur und Angelzeug, alles dahin auf Nimmerwiedersehen.

So außerordentlich aufregend sich nun ein Kampf mit einem großen Lachs gestaltet, so ist doch die Unsicherheit über den endlichen Ausgang des Kampfes kaum so groß wie beim Drillen eines entsprechend großen Huchens. Besteht beim Lachs zwar die Gefahr, daß er sich am Grunde an Felsen und großen Steinen verstrickt, das Vorfach durchscheuert oder, die ganze Schnur abziehend, seine Freiheit erringt, so besteht doch eine weit geringere Gefahr für die Angel selbst. Es kommt dank seinem kleinen fleischigen Rachen und schwachem Gebiß verhältnismäßig seltener vor, daß er sich von den Haken freimacht oder daß er einen Haken absprengt oder verbiegt. Vergleicht man den Rachen eines 30pfündigen Huchens mit dem eines Lachses von gleichem Gewichte, dann wird man staunen über den gewaltigen Unterschied. Wie gewaltig kann der Huchen seinen Rachen aufreißen, mit welch kräftigen Muskeln, Knochen und Zähnen ist er bewehrt! Selbstverständlich wird jeder Fisch mit den Waffen am meisten kämpfen, mit denen er von der Natur am vorteilhaftesten ausgestattet ist. Der Huchen mit dem Rachen, der Lachs mit dem mächtigen Schweife, der, verglichen mit der Schraube des Schnelldampfers, ihm Geschwindigkeit und Gewandtheit verleiht. Der Huchen hat auch nicht die spitze Schnauze wie der Lachs, ist daher viel rascher erschöpft, wenn er eine Flucht macht, da ihm die Überwindung des Widerstandes im Wasser eine größere Anstrengung kostet. Der Kampf dauert daher beim Huchen im allgemeinen ungleich kürzer, und wenn es ihm nicht inzwischen geglückt ist, die Angeln zu zermalmen oder bei weit aufgerissenem Rachen loszuschütteln, gelingt es oft schon, ihn nach 5 bis längstens 10 Minuten, normale Verhältnisse vorausgesetzt, an den Gaff zu bringen, ja manchmal in noch viel kürzerer Zeit zu überrumpeln und auf einer Kiesbank zu stranden.

Das Schlußresultat dieser vergleichenden Betrachtungen besteht nun für mich darin, daß mehr Aufmerksamkeit und Geschicklichkeit dazu gehört, einen Huchen richtig dingfest zu machen als einen Lachs, der sich meistens von selbst anhaut. Allerdings gestaltet sich der Kampf mit dem letzteren meist länger und abwechslungsreicher, was aber dem gewandten und sein Angelzeug beherrschenden Fischer nur die Quelle eines größeren, länger andauernden Genusses ist. Berücksichtigt man ferner, daß die Huchenflüsse fast ausschließlich sich im Gebiete jüngster Gebirgsformationen eingegraben haben und außer Glazialschotter eine Menge entwurzelter Bäume und Hölzer ablagern, während die nordischen, speziell die skandinavischen Lachsflüsse im Urgebirge verlaufen, und äußerst selten irgendeine für die Angelfischerei so fatale Verunreinigung zeigen, so ist die Gefahr, einen Fisch durch Verstrickung des Angelzeuges zu verlieren, doch beim Lachs, trotz des längeren Kampfes, geringer als beim Huchen.

Die Äsche. *Thymallus vulgaris.*

(Asch. Äschling. Springer. Grayling. Ombre.)

Die Äsche ist unter allen Salmoniden sofort an ihrer auffallend langen und hohen Rückenflosse zu erkennen, die namentlich zur Laichzeit durch ihr prächtiges Farbenspiel auffällt. Die Farbe des Rückens ist graugrün, die mit großen Schuppen bedeckten Seiten glänzend silberweiß. Auf dem Rücken, selten auf den Seiten sitzen spärliche, runde, schwarze, kleine Flecken. Über den ganzen Körper ist ein goldiggrüner, irisierender Glanz ausgegossen.

Die Äsche ist ein Flußfisch, welcher tiefere, klare, schnell-strömende Gewässer bevorzugt und im Süden Deutschlands und in den österreichischen Alpenländern häufiger vorkommt wie im Norden. Sie steigt nicht so weit aufwärts wie die Forelle. Sie lebt im wesentlichen von Insekten und Insektenlarven, Würmern, Mollusken und Fischbrut; größeren Fischen kann sie wegen ihres kleinen Maules nicht gefährlich werden. Das schmackhafte Fleisch der Äsche, insbesondere wenn sie aus Gebirgsflüssen stammt, ist bei Feinschmeckern sehr beliebt und wird von vielen der Forelle zum mindesten gleichgeschätzt. Ihre Laichzeit fällt meist in die Monate

Die Äsche.

März und April, nur in den höheren Lagen der oberösterreichischen Alpenländer, Steiermark und Kärnten, laicht sie für gewöhnlich erst im Mai. Sie laicht an ihrem Standort und ist so raschwüchsig, daß sie unter ca. 30 cm nicht völlig laichreif wird.

Die Äsche ist der idealste Sportfisch für die leichte Flug-angel und wird daher in den Ländern, in denen sie die hervorragenden sportlichen Eigenschaften besitzt, von gewandten Flugfischern fast ausschließlich mit der künstlichen Fliege gefangen.

Auch Henshall stellt die Äsche als »game fish« mit der Forelle von gleichem Gewichte auf dieselbe Stufe, wenn nicht höher! Die amerikanische Äsche springt öfter und weiter aus dem Wasser wie die Stahlkopfforelle, die dort heimisch ist, so daß sie mehr Sport gewährt wie die letztere.

Die übrigen Fangmethoden mit Wurm, Maden, Larven mit Bleieinlage zum Heben und Senken usw. werden daher außer von Stopslern nur in Ausnahmsfällen zur Anwendung gebracht.

Anders in England. Die Äsche kommt dort nur in einigen Flüssen mit lehmigem oder sandigem Untergrunde und geringem Gefälle vor, fehlt dagegen ganz in den steinigen Flüssen Schottlands und Irlands, was zu der irrigen Auffassung geführt hat, die Äsche könne auf Kiesboden gar nicht laichen.

Der Fang der Äsche in England wird, da sie dort unter die
»coarse fishes« gerechnet wird, die bis Mitte Juni Schonzeit haben,
erst vom Juli oder August ab als sportmäßig betrachtet. Sie unterscheidet sich in ihren Lebensgewohnheiten, Lieblingsstandorten
sowie in ihrem Verhalten an der Angel nach dem Anhieb so sehr
von der unsrigen, daß man in Versuchung kommen könnte, sie für
einen ganz andern Fisch zu halten.

Die Engländer schätzen am meisten an ihr, daß sie hauptsächlich vom Oktober ab den ganzen Winter hindurch einen wert-
vollen Ersatz für die in der Schonzeit befindliche Forelle bietet.

Unsere Äsche dagegen, die, wie kaum ein anderer Fisch, in
kürzester Frist ihre alte Frische und Behendigkeit wieder erlangt
hat, ist schon im Mai ein Sportobjekt ersten Ranges für den Flugfischer, vielleicht nicht in allen Flüssen, in denen sie vorkommt,
aber doch in allen, die reichlich Bodennahrung haben. In den
Gebirgsflüssen, die Schneewasser führen, beginnt der Fang selbstverständlich erst später.

Was unsere Äsche hauptsächlich vor der englischen auszeichnet,
ist, daß sie gierig nach der Fliege steigt, und daß man damit selbst
die größten Exemplare fängt. Fälle, daß Äschen von über 2 kg
Gewicht die künstliche Fliege genommen haben, sind nicht gar
so selten.

Die Äsche unserer wilden Gebirgsflüsse, die oft keine Spur
von Pflanzenwuchs aufweisen, ist hauptsächlich auf Fliegennahrung
angewiesen. Sie steht mit Vorliebe in den Stromschnellen (Rasseln)
oder dicht daneben, auf Insektenjagd ausgehend, und zieht sich
nur zur Ruhe in die Gumpen zurück. Blitzschnell steigt sie meist
senkrecht auf, und es gehört ein rascher Blick und ein a tempo
rascher Anhieb dazu, um sie dingfest zu machen. Selten steigt sie
ein zweites Mal, denn selten verfehlt sie ihr Ziel, und hat sie sich
einmal überzeugt, daß das Federzeug nur Humbug ist, dann ist
meist alle Mühe vergeblich, sie noch einmal zum Steigen zu bringen.
Glückt es dennoch, dann steigt sie so rasch, daß man gewöhnlich
mit dem Anhieb zu spät kommt, zumal, wenn die Beleuchtung
nicht ganz günstig ist.

Die englische Äsche ist im Gegensatz zu der unsrigen nach
Ausspruch der ersten Autoritäten so ungeschickt, daß sie die Fliege
oft verfehlt, und so wenig scheu, daß sie wieder und immer wieder
nach ihr steigt, bis es endlich doch gelingt, sie zu haken. R. Francis
erwähnt in der Badmington Library, daß er eine gute Äsche, als
sie zum elften Male stieg, glücklich angehauen habe!

In den englischen Flüssen steht sie nur in schwachen Strömungen, besonders aber in tiefen Tümpeln und am Auslauf der
Gumpen in fast ruhigem Wasser. Nur in der Laichzeit sucht sie
die Stromschnellen auf. Kleinere Exemplare kommen wohl auch
in bewegterem Wasser vor, die großen aber nie.

Ein Umstand aber ist es vor allem, der den Engländern die
Äsche der Forelle gegenüber als minderwertig erscheinen läßt, ihr
Benehmen nach dem Anhieb. Sobald sie gehakt ist, geht sie, sich
in den Grund bohrend, stromauf und macht keine weiteren Be-

freiungsversuche, kaum daß sie sich in Krautbetten flüchten will, von eigentlichem Kampf und kraftvollen Fluchtversuchen keine Spur.

Ganz anders in unseren wie auch in den nordamerikanischen Gebirgsflüssen. Je wilder das Wasser, desto wilder gebärdet sie sich. Sie sucht alle Hilfsmittel auszunutzen, die ihr zu Gebote stehen; sie stürmt mit Wucht stromauf- oder abwärts oder nach dem jenseitigen Ufer, die Schnur von der Rolle ziehend; oft springt sie über einen halben Meter hoch aus dem Wasser, dann drängt sie wieder nach der Tiefe, und hat man nicht die Möglichkeit, sie zu wenden und stromabwärts auf eine Kiesbank zu führen, so kann der Kampf lange dauern und durch die Ungewißheit des Ausganges sich höchst aufregend gestalten. Die Forelle macht oft mehr schüttelnde Bewegungen, während die Äsche häufiger in langen Fluchten kämpft. Das Drillen einer Forelle von gleicher Größe ist nicht in dem Maße schwierig wie das der Äsche, weil der Angelhaken in ihrem knochigen Rachen gewöhnlich viel fester sitzt. Man braucht daher bei ihr lange nicht so behutsam zu sein und darf viel eher forcieren wie bei der Äsche, ohne Gefahr, sie zu verlieren. Wie ich aber schon im Kapitel über Flugfischerei auseinandergesetzt habe, riskiert man bei allzu nachgiebiger Behandlung der Äsche eben auch ein Lockern des Angelhakens. Es erfordert daher eine große Übung, gerade die richtige Mitte zwischen Gewalt und Nachgiebigkeit zu treffen.

Es gewährt ein besonderes Vergnügen, in den durch starkes Gefälle ausgezeichneten, vom Hochgebirge herkommenden Flüssen des bayerischen und österreichischen Oberlandes auf Äschen mit der Fliege zu angeln. Nach dem Anhieb gehen sie häufig in raschester Fahrt mit der Strömung, oft gleich an die 20 Meter stromab und beschließen ihre Flucht mit einem meterhohen Sprung übers Wasser, wobei es ihnen nicht selten gelingt, sich von der Angel zu befreien. Wer dabei wiederholt seine schönsten Fische verloren hat, wird die Eingebung preisen, sich mit doppelhakigen Fliegen versehen zu haben. Man kann sich übrigens viele Mißerfolge ersparen, wenn man die Äschen unmittelbar nach dem Anhieb, ehe sie zur Besinnung gekommen sind, in das ruhigere Seitenwasser herüber forciert und mit Gewalt daran hindert, wieder in die Strömung zu gelangen.

Charakteristisch für die Einschätzung der Äsche im Wiegenland des Angelsportes ist, daß ein berühmter Angelklub, der die besten Äschenwässer zur Verfügung hat, das Minimalmaß auf 25 cm festsetzt, während z. B. in Bayern eine Mindestlänge von 30 cm vorgeschrieben ist.

In den Angelbüchern von Bischoff und v. d. Borne wird die Äsche als für Forellenwässer gefährlicher Laichfresser bezeichnet und vor ihr gewarnt. Ich bin der festen Überzeugung, daß die Äsche nur die frei in der Strömung treibenden Forelleneier auffrißt, nicht die allein aber für die Nachzucht in Betracht kommenden Eier aus den Laichgruben herauswühlt. Abgesehen davon, daß sie in ihrer eigenen Region am besten gedeiht, wo das Wasser der Forelle schon zu warm wird, vertragen sich beide Fische in der Übergangszone recht gut nebeneinander, ohne sich irgendwie merklich Abbruch zu tun, vorausgesetzt, daß nicht die Fischereiberechtigten den Fehler begehen, ihren Forellen schon zu Beginn der Saison, im März und April, mit dem Spinn- oder Wurmköder zu scharf zuzusetzen, während sie die Äschen von Oktober bis Mai unbefischt lassen. Nehmen sie durch solches Verhalten zu sehr überhand, dann ist es auch gerechtfertigt, von Zeit zu Zeit eine Befischung mit Netzen vorzunehmen, um das Gleichgewicht wiederherzustellen. Daß man sie nicht in reine Forellenwässer einsetzt, versteht sich schließlich von selbst. Leider hat sich in jüngster Zeit die für uns Sportfischer so betrübsame Furunkulose in vielen unserer Salmonidengewässer eingenistet, die besonders den Äschen gefährlich wird. Es darf sich daher jeder Fischberechtigte glücklich preisen, der noch einen guten Bestand an Äschen in seiner Wasserstrecke aufzuweisen hat.

Man fängt die Äsche mit der künstlichen Fliege so ziemlich das ganze Jahr, die Schonzeit im März und April abgerechnet.

Der Fang beginnt je nach Umständen schon Anfang Mai, um Anfang Juni, wenn die Maifliege schwärmt, ihren Höhepunkt zu erreichen. Da diese von Forellen wie Äschen gleichviel begehrte Fliege nur an Bächen und Flüssen vorkommt, wo die Bedingungen für ihre Fortpflanzung nicht fehlen, muß man leider an vielen Orten auf diesen höchsten Sport verzichten.

Nach der Maifliegenzeit, in welcher die Äschen rund und fett werden, tritt, zumal die sommerliche Hitze und die Erwärmung des Wassers die Freßlust stört, eine gewisse Zeit der Ruhe ein. An kühlen und trüben Tagen mit auffrischendem Westwind ist der Erfolg mitunter auch im Sommer ein nennenswerter. In Flüssen, die zwar kiesigen Untergrund haben, aber durch Moorgründe laufen und stark bewachsen sind, verlieren die Äschen im Hochsommer an Wohlgeschmack, sie moseln, wie man sagt. Erst im September beim Eintritt kühlerer Witterung verschwindet diese Erscheinung, die übrigens ebenso bei den Forellen aufzutreten pflegt. Man wird daher in solchen Flüssen lieber im Mai und Juni dem Äschenfang obliegen, als im Juli und August.

September und Oktober sind gute Monate; die Fangzeit wird aber von Woche zu Woche kürzer. Im November steigen die Äschen nur noch an warmen Tagen zwischen 12 und 2 Uhr, gewähren also nur noch einen kurzen, dafür aber sehr anregenden Sport. Sie sind dann in der besten Verfassung und wehren sich verzweifelt.

Im Dezember und Januar verlohnt es sich kaum mehr, mit der Fliege zu angeln, am ehesten fängt man noch dann und wann ein Exemplar mit der versunkenen, mit einem Schrotkorn beschwerten Fliege. Ebenso im Februar, obwohl es da in einer warmen Mittagssonne auch schon manchmal gelingt, sie zum Steigen zu bringen.

Je mehr die Jahreszeit vorschreitet, desto mehr sammeln sich die Äschen in den tiefen Gumpen an und fallen dann auch den Huchen, wenn solche vorhanden, viel leichter zum Opfer.

Über die zu verwendenden Fliegen kann ich mich kurz fassen, nachdem diese im Kapitel über die Flugangel erschöpfend behandelt sind. Ich möchte nur meine Meinung dahin äußern, und zwar abweichend von den Anschauungen, die in den meisten Abhandlungen über Flugfischerei zu finden sind, daß man für den Fang der Äsche keiner speziellen Fliegen bedarf. Die englischen Sportbücher insbesondere verzeichnen ganz andere Fliegen für die Äsche wie für die Forelle. Ich habe diese Frage eingehend studiert und habe bis heute noch keine Fliege gefunden, die hierzulande in ausgesprochener Weise sich besser für Äschen als Forellen oder umgekehrt eignet. Es mag lokale Unterschiede geben, oder es mag heute die eine Fliege besser für Äschen, die andere für Forellen passen, oder es mag vorkommen, daß eines Tages Äschen nur am Strecker und Forellen nur am Springer gefangen werden; eine andere bindende Regel läßt sich nicht aufstellen als die, daß die Äsche kleinere Fliegen bevorzugt. Fliegen, die mit Gold- und Silberfäden umwickelt sind, scheinen, im ganzen genommen, einen größeren Reiz auszuüben, was übrigens auch bei Forellen zutrifft.

In England werden vor Eintritt der Fröste die Nachbildungen der natürlichen Fliegen, die gerade schwärmen, den Phantasieprodukten vorgezogen. Haben starke Reife oder Fröste die Insektenwelt dezimiert, dann treten die Phantasie-Fliegen in ihr Recht, und zwar solche mit auffallendem Rot, wie der Rotschwanz und die mit Gold- und Silberfäden umwickelten Muster, wie die Hasenwollige, Silbernymphe u. a. Meist erfolgt der Anbiß unter Wasser.

Man fängt die Äsche gelegentlich auch mit der Spinnangel, wenn man mit kleinen Pfrillen auf Forellen fischt. Hat man die Absicht, speziell Äschen damit zu fangen, dann empfiehlt sich, meiner Erfahrung nach, am besten die Anköderung kleinster Pfrillen nach der S. 292 beschriebenen Methode mit nur einem Perfekthaken.

Die beliebteste Fangmethode in England ist die mit der künstlichen Kohlraupe oder der Heuschrecke mit Bleieinlage. Der vorstehende Haken wird durch Aufspießen von einem halben Dutzend Maden, welche in England eigens für den Winter konserviert werden, vollständig bedeckt und dann in die tiefen Gumpen abwechselnd versenkt und gehoben. Auch Maden allein sind viel in Gebrauch.

Wie schon angedeutet, ist diese Methode in Fischwässern, wo auch die großen Äschen nach der Fliege steigen, nicht sportmäßig. In England ist sie gerechtfertigt, weil die Fliege lange nicht den Sport gewährt wie bei uns.

Auch der Wurmköder wird manchmal mit Vorteil angewendet, besonders bei trübem, zur Flugfischerei ungeeignetem Wasser, ist aber sonst keinesfalls fischgerecht, vielmehr nur ein Armutszeugnis für den Stümper.

In den Wintermonaten dagegen, wenn jeder Versuch mit der Fliege verlorene Zeit ist, tritt die Wurmangel in ihr Recht und läßt sich vom Standpunkte des wahren Sportes nichts dagegen einwenden. Freilich wird nicht jeder Sportangler davon Gebrauch machen, der Gelegenheit hat, zur selben Zeit auf andere Fische, z. B. auf Huchen, zu angeln. Mancher wird sich auch seine Äschen lieber für das nächste Jahr erhalten, in der Hoffnung, dann größeren Erfolg mit der Fliege zu haben. Wer aber im Winter zu keinem anderen Sport Gelegenheit hat und lieber fischt, als zu Hause sitzt, warum sollte der nicht auch Äschen mit dem Wurm fangen können?

Eines hat wenigstens die Wurmangelei auf Äschen im Winter für sich, daß bei dem meist klaren Wasser nur das feinste Zeug einen richtigen Erfolg gewährleistet, so daß der Fang eine gewisse Übung und Geschicklichkeit voraussetzt.

Man benutzt am besten den Goldschwanz an einem Haken, feinstes Poilvorfach mit einem Schrotkorn beschwert und ein möglichst kleines Floß. Der Anbiß erfolgt oft so zart, daß man kaum eine Veränderung am Floß bemerkt, weshalb es ratsam sein dürfte, das Schrotkorn dicht oberhalb des Hakenstieles anzuklemmen. Der Anhieb muß dann prompt, aber möglichst weich ausgeführt und der Fisch vorsichtig gedrillt werden.

B. Hechte und Barsche.

Der Hecht. *Esox lucius.*
(Pike. Brochet.)

Der Hecht.

Der Hecht ist der einzige Vertreter seiner Familie, ja sogar die einzige Art seiner Gattung in den süßen Wassern Europas. Sein Körper ist langgestreckt, der Kopf niedergedrückt, die Rückenflosse bis in die Nähe der Schwanzflosse verschoben, so daß der Hecht schon durch dieses Merkmal vor allen anderen Fischen unserer Gewässer genügend scharf gekennzeichnet ist. Er besitzt ein weitgespaltenes Maul, in welchem sämtliche den Mund begrenzenden Knochen, mit Ausnahme des Oberkiefers, mit Zähnen besetzt sind. Am Unterkiefer sowie am inneren Rande des Gaumenbeines und am vorderen Ende des Vomers sitzen die größten, die sog. Hundszähne.

Die Farbe des Hechtes variiert ganz außerordentlich; der Rücken erscheint dunkelbräunlich, grünlich bis schwärzlich; die Seiten zeigen auf gelblichem Grund schwärzliche oder olivgrüne Marmorflecken oder Querbänder, der Bauch ist weiß und mehr oder weniger pigmentiert; die Brust- und Bauchflossen sind rötlichgelb mit grauem Anflug; die Rücken-, Schwanz- und Afterflossen zeigen auf rotbraunem Grund unregelmäßige schwarze Flecken.

Zur Laichzeit werden alle Farben glänzender, das Weiß und Grau zuweilen metallisch gelbglänzend; dann spricht man von sog. Goldhechten. Wenn an Stelle der schwärzlichen Töne eine lebhafte grüne Farbe auftritt, was bei jüngeren und kleinen Hechten der Fall ist, nennt man diese Grashechte.

Der Hecht ist einer der ausgesprochensten Raubfische, welcher sich im wesentlichen von anderen Fischen ernährt. Diese befällt er im Sprung aus dem Versteck und vergreift sich dabei an Exemplaren, die nicht kleiner sind als er selbst. Seine Gefräßigkeit geht so weit, daß er auch andere Tiere, wie Frösche, Kröten, Schnecken, Vögel und Ratten, frißt. Verfehlt er seine Beute, dann gibt er, da er kein behender Schwimmer ist, gewöhnlich die Verfolgung auf, außer er kann jene in die Enge treiben. Es fallen ihm daher vor allem die Fische zum Opfer, welche irgend einen Defekt an sich tragen, so bei großen Schwärmen die Nachzügler. Er ist so eigentlich die Hyäne oder der Schakal unserer Gewässer und wirkt gewissermaßen auch reinigend auf die übrige Fauna. — Während der Hecht sonst zu allen Zeiten seiner Nahrung nachgeht, speit er in der Gefangenschaft in Fischhältern seine Nahrung im Gegenteil aus.

Seine Laichzeit fällt in die Monate März bis Mai. Die Fische halten sich zum Laichen paarweise in seichtem Wasser auf, in welchem die klebrigen, etwa 2½ mm großen Eier in Klumpen an Wasserpflanzen abgelegt werden. Die Entwicklung dauert 2 bis 3 Wochen, je nach der Temperatur. Der Dottersack wird in ca. 2 Wochen aufgesaugt. Der Hecht wächst bei entsprechender Nahrung enorm schnell; er kann im Alter von 4 Monaten schon 20 cm lang sein, nach 6 Monaten schon 32 cm, nach einem Jahr ein Gewicht von 2 Pfd. erreichen. In Fischteichen kann er, in Nahrungsüberfluß schwimmend, täglich ⅓ seines eigenen Gewichtes verzehren. Im übrigen hängt natürlich sein Wachstum ganz von der mehr oder minder reichlichen Nahrung ab. In einem futterreichen englischen Parksee wurde ein Hecht im Gewichte von 35 engl. Pfunden gefangen, der als 1½-Pfünder vor 12 Jahren eingesetzt worden war und im Flusse Avon an einer Legangel 3 Hechte ineinander, von denen der mittlere noch einen ¾pfündigen im Magen hatte. Man hat auch schon Hechte im Gewichte von 15 Pfd. gefangen, die schwere Bisse von noch größeren aufwiesen. Einmal wurden in einem gefangenen Hechte 122 verschluckte Fischchen gezählt! Der Hecht erreicht sehr bedeutende Größen; es sind Exemplare mit 50 bis 60 Pfd. bekannt geworden. Daß er, wie der Karpfen, 100 und mehr Jahre erreicht haben soll, ist bisher noch nicht sicher erwiesen. In nahrungsarmen Seen bleibt sowohl der Hecht wie der Barsch im Wachstum zurück, was sich schließlich vererbt und eine allgemeine Entartung der Rasse zur Folge hat. Welchen Segen müßte da eine öftere Blutauffrischung zur Folge haben, an die aber noch niemand ernstlich gedacht und sie durchgeführt hat.

Der Hecht ist der bekannteste und verbreitetste Sportfisch des süßen Wassers. Er gedeiht nicht nur in allen Flüssen und Seen des Tieflandes, sondern auch in vielen Seen des Hochgebirges bis zu einer Meereshöhe von über 1000 m, zieht aber im allgemeinen die stehenden Gewässer den fließenden vor.

Es ist nur zu beklagen, daß er unter Verkennung seines wirtschaftlich hohen Wertes durch Mißwirtschaft und mangelnden Schutz in einer Weise dezimiert wird, daß er längst auf dem Aussterbeetat wäre, wenn ihm nicht seine große Fruchtbarkeit zugute käme.

Von allen nicht zu den Edelfischen gehörenden gemeinen Fischen nimmt der Hecht in Anbetracht seiner allgemeinen Verbreitung und Anpassung an äußere Verhältnisse den ersten Platz in sämtlichen nicht ablaßbaren Gewässern ein. Dem Karpfen kommt nur als Teichfisch für den Fischzüchter die führende Rolle zu. Trotzdem wird der Hecht selbst da, wo er der wertvollste Fisch in einem Gewässer ist, als Räuber bis aufs äußerste rücksichtslos verfolgt. In Bayern hat er nicht einmal eine Schonzeit, außer in den Wässern, wo eine solche bei der Verwaltungsbehörde des Bezirkes speziell beantragt wurde.

In den tiefen, an Edelfischen reichen Seen des Gebirges und Vorlandes wird er ohne Überlegung und Kritik als eine ganz besondere Pest angesehen, die höchst schädigend auf die Salmoniden einwirken soll. Man berücksichtigt aber nicht, daß der Hecht das warme Wasser aufsucht, sich hauptsächlich in der Nähe des Ufers aufhält, fast ausschließlich von minderwertigen Weißfischen lebt und höchst selten sich an Coregonen oder anderen Salmoniden vergreift. Im Winter, wenn er sich mit den Futterfischen in die Tiefe zurückzieht, hält er sich in der Nähe der von diesen gebildeten Schwärme auf, und nur selten fällt ihm ein Edelfisch zum Opfer, wofür einerseits seine plumpere Art zu jagen, anderseits die große Helligkeit des Wassers bürgt.

Ich habe bei Hunderten von Hechten, die ich in solchen Seen fing und deren Mageninhalt ich untersuchte, noch nie einen Edelfisch gefunden.

In Flüssen, die von Äschen und Forellen bevölkert sind, hat der Hecht allerdings keine Existenzberechtigung, und es ist rationell, auch die kleinen herauszufangen. Allein gegen seine Überhandnahme bürgt schon das ihm nicht zusagende kältere Wasser.

In England bezeichnet man ganz allgemein einen Hecht unter 3 Pfd. mit dem wegwerfenden Namen »Jack« und hält es für unsportmäßig, einen solchen zu behalten, selbst wenn man ihn in offenen Gewässern gefangen hat.

Die Sportfischer erstreben sogar eine gesetzliche Festlegung eines Minimalgewichtes von 3 Pfd.

In den kleinen Seen, welche die Szenerie der vielen herrlichen englischen Parks beleben, werden sogar Hechte unter 5 Pfd. engl. ($2\frac{1}{4}$ kg) wieder in das Wasser zurückversetzt. Jardine erzählt von einer Strecke, die er gemeinschaftlich mit einem Angelfreunde in einem solchen See an einem Tage gemacht, die geradezu ans Fabelhafte grenzt und eben nur denkbar ist, wenn die Schonung so weit getrieben wird. Sie fingen zusammen 54 Hechte und behielten 22 Stück, von denen die größten sechs zusammen 121 engl.

Pfund wogen! Ich hatte leider keine Gelegenheit, einen solchen Parksee in England zur Hechtsaison zu befischen, war aber bei Besichtigung eines durch seine großen Exemplare berühmten Sees, in den alle Hechte unter 6 Pfd. zurückversetzt werden mußten, auf das höchste erstaunt über den kolossalen Bestand an Rotaugen (Plötzen), von denen es geradezu wimmelte.

Solche Resultate rufen in mir unwillkürlich immer wieder Vergleiche zwischen Fischfang und Jagd hervor, sei es, weil es die beiden ältesten ritterlichen Vergnügungen sind, denen schon unsere Altvordern sich mit Leidenschaft hingaben, sei es, weil ich selbst die Jagd, und zwar speziell die Hochwildjagd, in unseren höchsten Alpenländern gründlich kenne.

So komme ich denn stets zu dem Resultate, daß höchstens eine weidgerechte Pirsche auf den majestätischen Hirsch oder den flüchtigen Gemsbock eine ähnliche Summe von Aufregungen und ein solches Gefühl der Befriedigung gewährt wie der Kampf mit einem Zwanzigpfünder an einer Spinngerte. Nur eines gibt es, was ich noch höher einschätzen muß, die Jagd auf den schreienden Brunfthirsch.

Ich möchte daher allen, die den höchsten Genuß darin finden, nach Einnahme eines sicheren Standes und stundenlangem Hinwarten, sich das Hochwild zutreiben zu lassen, nur einmal das Vergnügen und die Summe von Aufregungen vergönnen, die ein Kampf mit einem solchen Fischmonstrum bereitet.

Leider sind jetzt noch unsere Gewässer in einem Grade entvölkert, daß der Fang auch nur eines solchen Exemplares zu den größten Ausnahmen gehört; allein wieviel Hunderte von Gutsbesitzern gibt es in Deutschland und Österreich, die als Eigentümer geschlossener Gewässer in der Lage wären, sich ein ähnliches Vergnügen durch intensive Schonung des Hechtes zu verschaffen, ohne die Unsummen ausgeben zu müssen, die heutzutage die Jagd verschlingt, und wie viele könnten aus solchen Seen, wenn sie den Sport selbst nicht betreiben wollen, eine schöne Rente durch Verpachtung erzielen!

Ich gebe mich der angenehmen Erwartung hin, daß diese Ausführungen, wenigstens in bezug auf die in einer Hand befindlichen geschlossenen Gewässer, da oder dort einen fruchtbaren Boden finden werden. Bis zur Besserung der Verhältnisse in offenen und öffentlichen Gewässern ist allerdings noch ein weiter Schritt. Am weitesten zurück im Verständnis des wirtschaftlichen Wertes der Sportfischerei ist man wohl noch in Norddeutschland, speziell in Preußen, wo sich noch viele Berufsfischer unbegreiflicherweise dem Sport feindlich entgegenstemmen, statt denselben zu unterstützen und daraus ihren Vorteil zu ziehen, und wo selbst die Spinn- und Schleppfischerei in manchen Regierungsbezirken noch nicht geduldet wird. Es wird dort mit allen Mitteln, mit Netz und Reusen und Fang zur Laichzeit dem Hecht zu Leibe gegangen, obwohl er in den meisten Wässern der edelste Fisch ist, und alles aufgeboten, um besonders die größeren zu fangen mit der Begründung, daß sie mehr Fischfleisch im Jahre verzehren, als sie selbst an Markt-

wert besitzen. Die nachteiligen Folgen für die Fischwirtschaft
werden aber nicht bedacht, nämlich die unausbleibliche Entartung
durch die Ausrottung der für die kräftige Nachzucht wichtigen
größeren Exemplare und die Wertverminderung des Fischwassers
für den Sportfischer. Ich persönlich würde auf ein Pachtobjekt
verzichten, in dem man nur Schneider fangen kann.

Der Fang des Hechtes mit der Angel beginnt zwar nach der
Laichzeit Mitte Mai oder Anfang Juni, ist aber noch nicht besonders
einträglich. Erst Ende Juli, wenn er sich wieder vollkommen
erholt hat, geht er lieber an die Angel, jedoch nur in den Flüssen
und Seen, die sich im Sommer nicht zu sehr trüben und die nicht
zu stark bewachsen sind. Seen und Altwässer mit geringer Tiefe
sind bis zum Eintritt der ersten Fröste oft so verkrautet, daß man
außer mit der Schluckangel gar nicht angeln kann, ehe das Kraut
abgestorben ist.

In tiefen Seen zieht sich der Hecht, sobald das Wasser am
Ufer kälter wird wie in der Tiefe, in diese zurück. Die günstigste
Fangzeit ist daher in den Monaten August, September und ersten
Hälfte Oktober.

In den Flüssen und stehenden Gewässern von geringer Tiefe
wird dagegen der Fang im Herbst, hauptsächlich aber an milden
und warmen Tagen, besonders einträglich und bleibt es bis tief in
den Winter hinein.

Den schönsten und weitaus befriedigendsten Sport auf Hechte
bietet die Spinnfischerei. Wie diese in Flüssen zu betreiben
ist, welche Geräte und Köder dazu benötigt werden, ist im Allgemeinen Teil zur Genüge besprochen. Man wähle sein Zeug nur
möglichst fein, überzeuge sich aber sorgfältig und wiederholt von
dessen Haltbarkeit, mache keine unnötig weiten Würfe, halte die
Schnur stets gespannt und fische mehr das ruhige Wasser
und die seichten Stellen wie die Strömungen und tiefen Gumpen
ab, welch letztere der Hecht, wenn er hungrig ist und auf Raub
ausgeht, verläßt.

Der Hecht hat nicht die Eigenschaft, lange zu überlegen;
beißt er nicht gleich auf den ersten Wurf, dann hat es keinen Zweck,
mehr wie einen solchen über die gleiche Stelle zu machen und länger
auf einem Platz zu verweilen. Man sucht, immer frisch auswerfend,
alle die Stellen ab, wo man einen Hecht vermuten kann, besonders
an den Rändern der Wasserpflanzen, in mäßig tiefen Löchern,
Ausbuchtungen neben der Strömung, hinter Wehren und Buhnen.
In ganz freiem Wasser ohne Deckung steht er, wenn er die Wahl
hat, selten.

Man sei beim Fang des Hechtes besonders darauf bedacht,
sich nicht sehen zu lassen oder fest am Ufer aufzutreten. Verfehlt
er beim Sprung den Köder, so gelingt es oft, den Ahnungslosen
zu einem zweiten Angriff zu bewegen; man zeige ihm den Köder
auf möglichst verlockende Weise, ohne diesen in der Erregung zu
fest einzupatschen und ohne jenem zuerst Blei und Vorfach an
der Nase vorbeizuführen. Zeigt er keine Beißlust und folgt er dem
Köder nur im gleichen Abstand, dann kann man ihn manchmal

mit Erfolg reizen, wenn man den Köder direkt wie einen leblosen Fisch auf den Grund sinken läßt, aber dann nach einigen Sekunden plötzlich nach oben zieht. Es erinnert das an das Spiel der Katze mit der Maus.

Im allgemeinen hat man mehr Erfolg zu erwarten, wenn das Wasser etwas angetrübt und nicht zu klein ist. Auch ist trübes, regnerisches, dabei aber mildes Wetter vorzuziehen, stark fallenden Barometer habe ich stets als ungünstig befunden.

In seichten und klaren Hechtflüssen mit wenig Gefäll und überhaupt bei klarem Wetter fische man nur mit recht feinem Zeug und kleinen Ködern. Am besten eignen sich kleine Lauben, Hasel oder Rotaugen (Plötzen) am Deesystem, Idealwobbler oder Krokodilspinner. Auch kleine Silberblinker haben sich besonders gut bewährt. Sehr geeignet sind mittelgroße Koppen am Pennell-Bromley-System.

Zum leichten Anschwung und zarten Einwurf benützt man am besten eine weiche leichte Gerte, mit der man zwar den Hecht öfter und länger drillen muß wie mit einer steifen Gerte. Jedenfalls gestaltet sie den Sport feiner und anregender.

Großen Sport gewährt auch die Spinnfischerei in Seen, wenn diese nicht allzu groß sind und an den Ufern starken Pflanzenwuchs aufweisen. Die günstigsten Monate für diese Angelmethode sind der August und September vor Eintritt der Fröste; später hat man mehr Erfolg mit der Schnapp- und Paternosterangel.

Die Spinnfischerei auf Hechte läßt sich mit andauerndem Erfolg in Seen nur vom Boote aus betreiben. Um gut werfen zu können, muß man aufrecht vor dem Steuersitze stehen und sich voranrudern lassen, schon deswegen, damit der Bootführer die Situation übersehen kann. Das Boot wird in einer Entfernung von 10 bis 15 m vom Röhricht oder Kraut langsam und lautlos fortbewegt, nach jedem Wurfe ungefähr wieder um 2 m. Es gibt keine bessere Schule für den exakten und lautlosen Wurf und gewährt das Werfen an und für sich einen gewissen Grad von Befriedigung, wenn man, ohne einzupatschen und sich zu verhängen, in die kleinsten Lücken und Straßen zwischen die Pflanzen trifft. Eine Anzahl von Hechtfischern empfiehlt gerade das Hineinpatschen des Köders anstatt eines möglichst lautlosen Einwurfes. Es mag das in Seen oder Altwässern dann von Vorteil sein, wenn der Hecht zufällig bei abgewendetem Kopfe den Köder nicht sehen kann und durch den Aufschlag erst aufmerksam wird. Meiner Ansicht nach kann man ihn aber ebensogut erschrecken und vertreiben. Im fließenden Wasser, wo der Fisch stets den Kopf der Strömung zukehrt, ist das Einpatschen des Köders nach meiner Meinung entschieden nachteilig, weil er den eingefallenen Köder sehen muß, wenn er in greifbarer Nähe steht. Ist das Wasser stark verkrautet, doch so, daß das Spinnen immer noch möglich, dann ködert man am besten nach dem Deesystem, mit dem man weniger oft an den Pflanzen hängen bleibt.

Am meisten Erfolg hat man in Seen, wenn eine leichte Brise weht, die das Wasser schwach kräuselt. Am besten fischt man mit der Sonne im Rücken mit oder gegen den Wind, um nicht durch die sehr lästigen, glitzernden Reflexe gestört zu werden.

Erhöht wird der Reiz dieses Fischens, wenn man einen ebenbürtigen Sportfreund zur Seite hat, mit dem man abwechseln kann; denn das unausgesetzte Werfen ermüdet auf die Dauer, und das Zusehen und Landen der Fische macht kaum minder Spaß.

Wie der geangelte Hecht weiter behandelt wird, wurde schon genügend besprochen.

Auch über die Schnapp-, Paternoster- und Schluckangel, die in England und Norddeutschland weitaus am meisten für den Fang des Hechtes in Gebrauch sind, sowie über die in Holland gebräuchliche Plombfischerei, habe ich weiter nichts zuzufügen, da ich diese Methoden ausführlich in den betreffenden Kapiteln beschrieben habe. Im Spätherbst und Winter kann man mit den ersteren, wenn man sich entsprechend warm kleidet und trotz der Kälte die nötige Ausdauer hat, oft große Erfolge erringen. Es scheint eben, daß das kalte Wasser in gewissem Grade lähmend auf die Sinnesorgane des Hechtes wirkt, so daß es eines längeren Entschlusses bedarf, ehe er sich aufrafft, einem Spinnköder zu folgen, bis es zu spät und ihm derselbe entschwunden ist.

Außer den aufgeführten Angelmethoden spielt die Schleppfischerei mittels Gerte oder mit der Handleine zum Zwecke des Hechtfanges in Seen eine große Rolle. Die Methode selbst wurde in dem betreffenden Kapitel ausführlich erörtert, nur über die natürlichen und künstlichen Köder, die speziell für den Hecht geeignet sind, ist noch einiges nachzutragen.

Wie früher erwähnt, werden natürliche Köderfische entweder durch Turbinen oder durch Krümmung des Schweifes zum Spinnen gebracht. (Siehe Spinnfischerei.) Von beiden Methoden hat aber der mit der Turbine bewehrte Köder für die Schleppangel den entschiedenen Vorzug des gleichmäßigeren und sicheren Spinnens. Damit ist aber nicht gesagt, daß ein gekrümmtes Fischchen, wenn es tadellos spinnt, nicht mindestens ebensogut wäre; allein gelingt es schon schwer, ein solches mit der Spinnangel im Flusse regelrecht und andauernd zum Spinnen zu bringen, so gelingt es noch schwerer, das gleiche in einem See zu erreichen, wo die Fortbewegung nur durch den gleichmäßigen Ruderschlag bewirkt und meistens größere Köderfische benutzt werden. Auch ist nichts deprimierender, als nach längerer Fahrt sich überzeugen zu müssen, daß der Köder nicht gehörig gesponnen hat. Man geht daher viel sicherer, wenn man Systeme mit Turbinen benutzt, ganz besonders aber, wenn man mit großen Ködern schleppen will.

Außer dem Röhrchenspinner, der sich gleich gut bei der Spinn- wie bei der Schleppangel bewährt hat, treten bei letzterer der Chapmanspinner und die mit diesem verwandten Systeme in ihr Recht, vorausgesetzt, daß sie so angeködert werden, wie S. 142 beschrieben. Ich lasse fast alle diese Spinner mit den etwas nach außen gebogenen Drillingen (Fig. 46) montieren und sorge dafür, daß die Spitzen gehörig zugefeilt sind.

Da bei meiner Methode, zu schleppen, der Köder sich möglichst horizontal fortbewegen soll, muß jede Bleibeschwerung innerhalb desselben wegfallen.

Was die künstlichen Köder betrifft, so verweise ich auf das betreffende Kapitel und ganz speziell auf den von mir konstruierten Silberblinker.

Auch mit dem Gardaseeblinker habe ich schon Hechte gefangen, wenn ich auf Seeforellen und Saiblinge schleppte. Es war mir daher interessant, nachträglich zu erfahren, daß am Comersee kleinere Blinker eigens für den Hechtfang konstruiert werden. Die Berufsfischer verwenden dort am Ende der Handleine einen 10 bis 20 m langen Kupferdraht von einer Feinheit, die staunenerregend ist. Daran befestigen sie zu unterst eine kleine Senkbirne und darüber mehrere Seitenangeln aus feinster dunkelgefärbter Seide, die in mehrere Meter lange Züge aus einfachem Poil auslaufen. Die ganze Angel wird in Schlingen auf den Boden, richtiger gesagt, in einen hölzernen Kasten eingezogen, wobei jeder Blinker in einen für ihn bestimmten Spalt der Reihe nach eingeklemmt wird, damit keine Verwicklung entsteht. Mit der gleichen Schleppangel fängt man am Comersee auch die Seeforellen, wenn sie hochstehen.

Zum Lobe der Berufsfischer am Comersee muß es gesagt werden, daß sie, wie wenige, es verstehen, mit dem feinsten Zeug schwere Fische zu fangen und mit der Erwerbsfischerei einen feinen Sport zu verbinden.

Methoden, die weniger im Gebrauch, aber unter günstigen Verhältnissen anregend und unterhaltend sind, sind der Fang mit der Hechtfliege, dem Frosch und der Maus.

Die Hechtfliege soll eigentlich einen Vogel vorstellen, der in das Wasser gefallen ist. Man stellt sie dar entweder in der Form einer besonders großen, bunten Lachsfliege, hauptsächlich aus mit Gold- oder Silberdraht umwundenen Pfauenfedern, oder als eine aus Wolle und Federn gebundene, vogelähnliche Puppe, oder schließlich aus einem natürlichen, ausgebalgten Vogel, der der Länge nach mit einem Messingröhrchen durchbohrt ist. Durch dieses Röhrchen läuft ein Stück Gimp mit einer Doppelangel, welche sich unten am Schweife anlegt.

Seit ich mit so großem Erfolg die Eisvogelfliege auf Huchen verwendet habe, gelang es mir wiederholt, auch Hechte damit zu fangen, so daß sie jetzt sozusagen zum eisernen Bestand meiner Spinnausrüstung gehört. Bringt man am Ende des Stahldrahtvorfaches ein kleines Farlowblei an, dann läßt sie sich wie jeder Spinnköder werfen. Bei Gebrauch der Marston-Croßlé-Rolle ist ein Senker nicht einmal nötig. Sie wird dann ruckweise herangezogen, je nach der Tiefe der befischten Stelle schneller oder langsamer.

Man kann mit dem toten und mit dem lebenden Frosch auf Hechte angeln.

Der tote Frosch wird ebenso geführt wie die Schluckangel, der Anhieb erfolgt 2 bis 3 Sekunden nachdem der Hecht den Köder ergriffen hat. Man ködert einen mit Blei umgebenen Doppelhaken an Gimp (Fig. 249) mittels Ködernadel so an, wie aus Fig. 250 zu ersehen ist.

Lebende Frösche ködert man ohne jede Verletzung des Tierchens an die in Fig. 251 dargestellte Froschangel. Sie ist grüngelb in der Farbe des Frosches bestrichen und wird nur angebunden; der Doppelhaken kommt flach an die Bauchseite zu liegen, während der einzelne Haken sich zwischen die beiden Schenkel nach dem Rücken wendet. Das Öhr *a* dient dazu, das Abrutschen des Fadens zu verhüten.

Diese Methode bietet einen doppelten Vorteil: daß man den lebenden Frosch nach Belieben dirigieren und, Kopf voraus, zu sich heranführen kann, und daß man mit dem Anhieb nicht zu warten braucht, mithin nicht in die Lage kommt, einen minderwertigen Hecht zu verangeln.

In der jüngsten Zeit hatte ich auch auf vergrämte und trägbeißende Hechte einzelne gute Erfolge mit der einfachen Anköde-

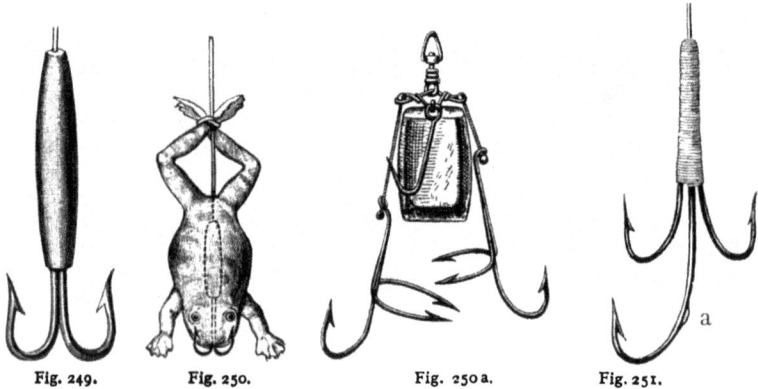

Fig. 249.   Fig. 250.   Fig. 250a.   Fig. 251.

rung des Frosches, wie ich sie im Kapitel über den Huchen beschrieben habe. Ich benutze für kleinere Frösche nur einen Snekbend-Haken Nr. 2—4, an sehr feines Gimp gebunden, der durch die Oberlippe geführt wird, Blei, Vorfach, Wurf und Führung wie bei der Eisvogelfliege. Beißt ein Hecht, so verfahre man abwartend wie bei der Paternosterangel. Zwischen den einzelnen Würfen mache man eine Pause, damit der Frosch nicht zu lang unter Wasser bleiben muß.

Eine weitere einfache Methode, kleine Wiesenfrösche lebend anzuködern, ohne ihnen einen nennenswerten Schmerz zu bereiten, ist aus Fig. 240 ersichtlich.

Dr. Winter benutzt neuerdings mit großem Erfolg zur Anköderung von größeren toten Fröschen mein Idealwobbler-System, jedoch nur mit zwei Gabelhaken, und hat damit die schwersten Hechte gefangen. Das Führungsblei muß breit und flach gehämmert sein, entsprechend dem breiten Maul des Frosches. Auch müssen die beiden Punjabdrähte etwas länger wie im Spinnsystem sein, damit

die beiden Gabeln in die Mitte des Frosches auf Bauch- und Rücken-
seite zu liegen kommen (s. Fig. 250a, Modell von Wieland). Der
Frosch wird an der Spinngerte tief geführt und wird nach jedem
Zug eine kurze Pause gemacht, wie bei der Angelei mit Koppen.
Der Anhieb muß rasch erfolgen.

Um den Frosch in größere Tiefen zu versenken, kann man über
das Zentralblei noch einen Bleimantel schieben, den Wieland dazu
liefert.

Als einer der sichersten Hechtköder ist nach Bischoff eine
lebende Maus anzusehen. Abgesehen jedoch von der Schwierigkeit der Beschaffung, ist es nicht jedermanns Sache, eine solche
anzuködern.

Man benutzt eine, am besten an dünnes Gimp gewundene
Doppelangel mittlerer Größe und führt einen Haken durch die
Rückenhaut, welche sich leicht in Falten aufheben läßt, und überläßt die Maus nach dem Wurfe sich selbst. Vorfach und Schnur
müssen möglichst leicht sein, sonst ertrinkt sie schon in der ersten
Minute. Die Methode hat nur dann einen Zweck, wenn man einem
alten abgefeimten Gesellen das Handwerk legen will, der sich eine
nicht zu tiefe und nicht zu sehr durch Pflanzen usw. eingegrenzte
Stelle als Standplatz erkoren hat, und der auf keinen andern Köder
mehr reagiert. Zwischen Krautbetten ist nichts zu machen, da sich
die Maus sofort dahinein flüchtet und verstrickt.

Seit kurzem ist auch eine künstliche Maus auf den Markt gekommen, die, ohne Senkblei an einem Vor- und Zwischenfach eingeschlungen, sich von einer Marston-Croßlé-Rolle ganz gut werfen
läßt und, wenn auch die Schnur fein und leicht und gut geölt ist,
an der Oberfläche des Wassers schwimmend herangezogen werden
kann. Der Erfolg bleibt noch abzuwarten.

Es wurde schon früher erwähnt, daß alle Angeln, die für den
Fang des Hechtes benutzt werden, an Gimp oder Stahldraht gewunden werden sollten, da es oft vorkommt, daß er das Poil mit
seinen scharfen Zähnen durchschneidet. Man wird daher auch
stets feine, selbst feinste Vor- und Zwischenfächer aus Stahldraht
verwenden, nachdem letzterer das Poil entbehrlich gemacht hat.
Ich muß übrigens feststellen, daß ich an Poil gebundene Hecht-
angeln nur beim scharfen, seitlichen Anhieb verlor, bei dem die
Hechtzähne als Feile oder Säge gewirkt und das Poil durchgewetzt
haben. Beim geraden Zug scheint mir der Hecht nicht in der
Lage zu sein, selbst einen einfachen Gutfaden oder Silkcast Gut
zu durchschneiden.

Ganz allgemein wird die Regel befolgt, den Hecht nach dem
Anhieb so schnell als möglich herauszuschleudern, da er wegen
seines knochigen Rachens am allerleichtesten von allen Fischen
abkommt. Viele auf solche Weise behandelte Fische sind auch
sofort los und zappeln frei am Ufer. Dies spricht allerdings sehr
für das Forcieren, beeinträchtigt aber nicht nur die Feinheit des
Sportes, sondern führt den Angler dazu, entweder recht grobes
Zeug zu benutzen oder seine Geräte mit Verlust des Fisches zu zerreißen oder zu zerschlagen.

Wer die Sportfischerei auf feine und elegante Weise betreiben will, wird einer solchen Regel, und wenn sie heute noch so sehr verbreitet ist, nicht folgen, sondern feine und fängige Hakensysteme wählen und den Fisch nicht werfen, sondern nur stramm heranziehen und, wenn er groß ist, regelrecht drillen. Er wird dann bald sehen, daß ihm nur die kleineren Exemplare leichter abkommen, bei denen die Haken wegen des geringen Gegengewichtes nicht fassen. Um diese kleinen Hechte ist es ohnedies nicht schade, sie sollen nur weiterwachsen, außer natürlich in Forellen- und Äschenwässern, wo sie ausgerottet werden müssen. In diesen wird man sie, wenn das Zeug stark genug ist, selbstverständlich auf die schnellste Art forcieren.

Auf alle Fälle gewöhne man sich daran, den Hecht mehr noch wie jeden anderen Fisch, außer wenn er, was seltener vorkommt, in die Tiefe strebt, stets mit bis auf den Wasserspiegel im rechten Winkel nach links oder rechts gesenkter Gertenspitze zu drillen. Zieht man den Hecht, der ohnehin nach oben trachtet, gar noch mit hochgehobener Gerte heran, dann veranlaßt man ihn, seinen Kopf mit weit aufgerissenem Rachen über Wasser zu schütteln, wobei er fast regelmäßig abkommt.

Spinnt man vom Boote aus, dann verbietet sich das Herauswerfen ohnedies von selbst, man muß den Hecht vielmehr stets dem Landungsgeräte zuführen, und zwar möglichst rasch und sicher, außer er geht in Fluchten ab. Mein Rat geht dahin, daß der am Ruder sitzende Sportgenosse oder Bootführer, besonders dann, wenn Gefahr besteht, daß ein geangelter Hecht sich in Wasserpflanzen flüchtet, rasch das bereitliegende Landungsgerät ergreifend, aufspringt, sich der Schnur bemächtigt, den Fisch bis hart an das Boot heranzieht und ihn, ehe er zur Besinnung kommt, wie bei der Schleppangel beschrieben, a tempo gafft oder aufschöpft.

Der Flußbarsch. *Perca fluviatilis.*

(Bürschling. Krätzer. Schratz. Egli. Perch. Perche.)

Der Flußbarsch gehört zu der Unterordnung der Stachelflosser, d. h. derjenigen Fische, deren Bauchflossen an der Brust stehen, deren vordere Strahlen in der Rücken- und Afterflosse stachelförmig gestaltet sind und deren Schwimmblase nicht mit dem Schlund durch einen Luftgang in Verbindung steht. Er zählt ferner zur Familie der Barsche, bei denen die Kiemendeckelstücke mit Zähnen und Dornen besetzt sind und bei welchen die Schuppen am Hinterrande gezähnelt sind, also sog. Kamm- oder Ktenoidschuppen darstellen. Das Maul ist stark bezahnt, indem alle dasselbe begrenzenden Knochen, mit Ausnahme der Flügelbeine, mit Zähnen besetzt sind. Der Barsch hat zwei Rückenflossen, die einander genähert sind. Sein Körper ist seitlich zusammengedrückt, am Rücken dunkelgrün, ins Bläuliche oder Grünliche spielend, an den Seiten messinggelb, ins Grünliche schillernd, mit mehreren vom Rücken nach dem Bauche zu verlaufenden schwärzlichen

Querbinden. Sehr charakteristisch ist ein blauschwarzer Augen-
fleck am Ende der vorderen Rückenflosse; seine Brustflossen sind
gelb, die Bauch- und Afterflossen rot.

Der Barsch gehört zu den gefräßigsten Raubfischen, der sich
von Fischen, aber auch von Insektenlarven, Würmern, Schnecken,
Krebschen und Fischlaich ernährt. Besonders gefährlich ist er
dem Laich der Saiblinge, der offen zutage liegt und den er massenhaft vertilgt. Er überfällt seine Beute entweder aus dem Hinter-
halt oder verfolgt sie mit außerordentlicher Geschwindigkeit; oft
treibt er dann ganze Scharen von Lauben vor sich her, die sich
durch Sprünge über die Oberfläche des Wassers dem Räuber zu
entziehen suchen.

Seine Laichzeit fällt in die Monate März, April und Mai, wobei das Weibchen seine Eier in netzförmig gestalteten Schnüren

Der Flußbarsch.

an Steine und Wasserpflanzen anhängt. In Bayern genießt er
mit Recht keine Schonzeit, da er überwiegend in Salmoniden-
gewässern vorkommt und sich ohnedies sehr vermehrt.

Der Barsch lebt in allen Gewässern Mitteleuropas, in Bächen,
Flüssen und Seen der Ebene und der Gebirge, selbst noch in Seen,
die bis zu 1200 m über dem Meere liegen. Er bedarf aber zu flottem
Wachstum noch einer erheblich höheren Temperatur wie der Hecht.
In den tieferen und kälteren Gewässern Süddeutschlands und der
Alpenländer wird er selten über ½ Pfd. schwer, nur in sich stärker
verflachenden Seen, wie z. B. im Chiemsee, Bodensee usw., erreicht
er ein Gewicht von 2 Pfd. Im Norden Deutschlands, in den Altwässern des Rheines und der Donau, in Holland und England wird
er erheblich größer. Auffallend schwere Barsche bis zu 6 bis 8 Pfd.
im Gewichte finden sich im Laacher See beim Kloster Maria Laach
in der Eifel. Der verstorbene englische Sportfischer Francis soll
an einem Tage 37 Barsche im Gewicht von 60 engl. Pfund gefangen haben!

Während nun der Barsch in den meist mit Salmoniden bestellten
Seen Süddeutschlands, Österreichs und der Schweiz geringen Sport
bietet und sich als Laichfresser unbeliebt macht, wird er in Ländern

und Gegenden, wo er schneller wüchsig ist, als ein beliebtes Sportobjekt angesehen und wegen seiner hohen Qualitäten als Tafelfisch
gehegt und gepflegt; ja in England wird sogar sein Laich beschützt
und in andere Gewässer verpflanzt.

Der Barsch hält sich in Flüssen nach der Laichzeit während
des ganzen Sommers mit Vorliebe an kiesigen Plätzen mit geringer
Strömung in und neben den Krautbetten, bei versunkenem Holz,
unter hohlem Ufer auf, liebt Altwässer und Tümpel zwischen
Buhnen, stellt sich gern unter Schiffe, Floßholz oder hinter große
Steine und Brückenpfeiler.

In Seen trifft man ihn an der Schar, besonders an Landzungen und auf den sog. Barschbergen, Erhöhungen des Seegrundes
bei 4 bis 10 m Tiefe. Mit Vorliebe steht er auch an Stellen, an denen
die Fischer sog. »Beizen« angelegt haben. Diese Beizen werden
hergestellt durch Versenken von ganzen Bäumen, Ästen und Fa-
schinen, um den Friedfischen Deckung zu geben und die Raubfische in der Nachbarschaft fangen zu können.

Die Barsche leben zwar immer mehr oder minder gesellig, aber
im Oktober nach den ersten kalten Nächten bilden sie Schwärme
und ziehen in das tiefere Wasser.
Bei Hochwasser stellen sie sich
mit Vorliebe in die Wirbel am
Ufer. Bei hellem Niederwasser ist
der Sport weder im Sommer noch
Winter einträglich.

Der Barsch geht bei bedeck-
tem Himmel, warmem Regen
und windigem Wetter am liebsten an die Angel. Wo Ebbe und
Flut wirken, ist beim Steigen des
Wassers die beste Zeit. In den
großen ostpreußischen Seen werden im Winter an den Barschbergen sehr viele Barsche geangelt (v. d. Borne).

Die beliebteste und am meisten Erfolg versprechende Angelmethode ist in England die
Paternosterangel. Auf dem
Kontinent ist die Grundangel
mit oder ohne Floß, die Spinn-
und Schleppangel sowie das
Heben und Senken mehr in
Gebrauch.

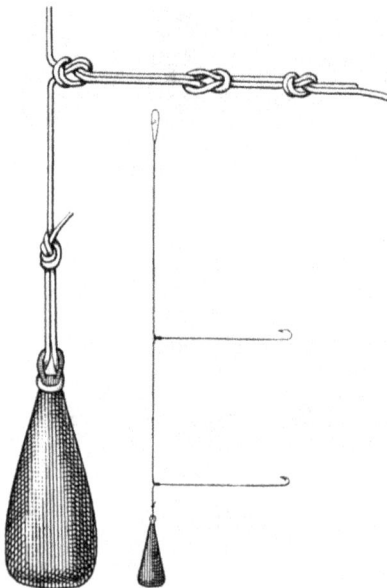

Fig. 252.

Die Grundangelei wird auf
dem Kontinent wohl am häufigsten betrieben. Als Köder wird
meist der Wurm verwendet, und eignet sich im Sommer bei klarem Wasser der Rotwurm oder Goldschwanz, der Tauwurm dagegen
im Winter ausschließlich, im Sommer nur bei trübem Wasser. Wichtig
ist natürlich die gute Reinigung der Würmer vor dem Gebrauch.

Wie man mit oder ohne Floß angelt, ist im Kapitel über die Grundangel genügend geschildert worden.

Ködert man lebende Fischchen an der Floßangel, dann läßt man den Köder etwa 15 bis 20 cm vom Boden frei herumschwimmen. Für Pfrillen benutzt man selbstverständlich kleinere Floße wie für größere Köderfische. Dr. Winter empfiehlt, die Köder hinter der Rückenflosse an einen einzelnen Haken zu ködern und illustriert sein Verfahren durch eine Abbildung. Wichtig ist es, weit werfen zu können, und empfiehlt sich daher die Nottingham-Methode mit gleitendem Floß (Fig. 72), besonders wenn das Wasser hell ist.

Der Anhieb hat erst zu erfolgen, wenn das Floß ganz untergegangen ist oder gleichmäßig weiter segelt. Daß die Schnur dabei gespannt sein muß, ist selbstverständlich.

Da man aber nicht alle Stellen im Umkreis ausloten kann, ohne viel Zeit zu verlieren und die Fische zu vergrämen, hat die Paternosterangel entschiedene Vorzüge vor der einfachen Grundangel. Die Konstruktion der Paternosterangel geht im wesentlichen aus Fig. 252 hervor.

Man benutzt dazu einen mittleren Poilzug mit feineren Poils an den Angeln. Mehr wie zwei Seitenangeln zu nehmen, ist nicht ratsam, außer man beabsichtigt, mit der obersten gleichzeitig auf Hechte zu fischen. In diesem Falle ködert man daran einen größeren Köderfisch. Die Seitenangeln sind 10 bis 15 cm lang und so an Knöpfe im Poilzug angeschlungen, daß sie wagrecht abstehen und nicht abrutschen können; Hakenspitzen nach oben.

Die Entfernung der Seitenangeln von der Senkbirne muß dementsprechend größer sein, als der Fluß tiefer ist. Bei trübem Wasser aber ist es ratsam, die unterste Seitenangel unmittelbar über das Blei einzuschleifen, da die Fische dann ihre Nahrung dicht am Boden zu suchen pflegen. Die Größe der Haken muß natürlich stets dem Köder angepaßt sein. Die Länge der Seitenangeln richtet sich nach dem Untergrund. Im Winter bei reinen Bodenverhältnissen nimmt man besser längere, im Sommer, wenn Gefahr besteht, leichter an Pflanzen hängen zu bleiben, kürzere Poils.

An die untere Seitenangel ködert man einen Wurm, an die obere womöglich eine lebende Pfrille, indem man den Haken (am besten einen Perfekthaken) seitlich durch die Oberlippe sticht.

Als Gerte benutzt man eine Grund- oder Forellen-Spinngerte mit Nottinghamrolle und feiner Seidenschnur. Man wirft und führt den Köder ganz ähnlich wie bei der Paternosterfischerei auf Hechte (s. S. 180), im Sommer mit kürzeren Würfen an die Ränder der Wasserpflanzen, im Winter, wo man freieres Terrain hat, in größerem Umkreis. Das wichtigste ist dabei immer, bei stets gespannter Schnur möglichst Fühlung mit dem Boden zu behalten und recht langsam und in Pausen einzuziehen. Am besten ist es, wenn man das Blei etwa ½ Minute auf einer Stelle ruhen läßt und es dann, wenn sich nichts rührt, ohne aufzuziehen, mit der Gerte langsam nach einer anderen Stelle bewegt. Erst wenn man so die ganze Umgebung abgefischt hat, holt man zu neuem Wurfe aus.

Beißen die Barsche gierig mit scharfem Ruck, dann kann man sofort anhauen, und neun- unter zehnmal gelingt es, einen solchen dingfest zu machen. Man hüte sich jedoch, besonders beim Barsch, vor einem Anhieb stricte nominis, sondern mache nur einen scharfen Zug an der Gerte, denn Barsche haben ein zartes Maul und kommen leicht wieder ab, zumal wenn nach rauher Behandlung die Schnur plötzlich wieder locker wird. Man behandle daher auch einen großen Fisch zart; es wird nicht lange dauern, bis er sich in sein Schicksal ergibt.

Beißen die Barsche aber lau, dann muß man nach dem Angriff sofort die Spitze der Gerte senken und Schnur geben und erst nach 2 bis 3 Sekunden mit wieder gespannter Leine anhauen.

Die Paternosterangel bietet auch den wesentlichen Vorteil, daß man sie rasch durch die stärkere Oberflächenströmung in das ruhige Wasser auf dem Grunde der Wehrschüsse direkt an den Stand der Barsche versenken kann.

Eine Methode, die noch speziell für den Barsch der Erwähnung wert ist, ist das Angeln mit dem festliegenden Floß (s. S. 120). Man fängt damit in tiefen Wirbeln und Gruben nicht selten gerade die schönsten Exemplare. Als Köder dient aber statt der Pasten ein großer Tauwurm. Nach dem Wurfe zieht man die Bleikugel soweit heran, daß das Poilvorfach glatt auf den Boden zu liegen kommt, und spannt die Schnur über dem Floß. Angehauen wird erst, wenn das letztere prompt untergegangen ist. Auf Moosgrund läßt sich diese Methode natürlich nicht durchführen.

Für die Spinngerte oder die Schleppangel sowie zum »Heben und Senken« eignen sich auffallende und hellglänzende Löffel, so der Magnetspinner (Fig. 131), der Hogbacket-Löffel (Fig. 132), das vergoldete Watchet Minow (Fig. 111) und meine Silberblinker am besten. Das neueingeführte Schweizer »Wunderfischli« soll sich auch besonders bewährt haben. In manchen Wässern geht der Barsch auch gerne auf Pfrillen, die nach dem Deesystem oder mit dem Archer- oder Chapman-Spinner beködert sind. Hat man frische Pfrillen zur Hand, dann empfiehlt sich, wenn man spinnfischen will, die S. 155 beschriebene Anköderung. Stehen aber die Barsche für die Spinnangel zu tief, dann ködert man die Pfrillen am besten an einen kleinen mit Bleifolie umwundenen Drilling auf Schluckangelmanier mittels Ködernadel so, daß der Drilling das Maul abschließt, und angelt nach der Heb- und Senkmethode. Mit dem Anhieb braucht man nicht zu warten, man setzt ihn vielmehr prompt nach dem Anbiß, was den Reiz dieser Angelei erhöht.

In den oberitalienischen Seen werden die Barsche an der Schleppangel mit kleinen Blinkern in der Größe kleiner Pfrillen gefangen. Der Schaft des sehr kleinen Schweifdrillings ist mit rotem Faden umwunden. Der ganze Apparat besteht nur aus einem feinsten etwa 10 m langen Kupferdraht mit mehreren Seitenangeln von feinem Poil, mit je einem Köder und einer entsprechend langen Seidenschnur zum Versenken. Statt der Blinker bedient man sich dort auch einer Art origineller, künstlicher Fliegen. An dem mehrere Zentimeter langen Endstück einer weißen Hühner- oder Entenfeder wird der Bart mit der Schere auf beiden Seiten etwas abgekippt, die Feder dann mit Silberdraht an einen Angelhaken gewunden und mit rotem Faden befestigt.

Nachdem der Schwarzbarsch in Amerika mit großem Erfolge auch mit größeren bunten Fliegen gefangen wird und sein naher Verwandter, der Flußbarsch, in Italien auf ähnliche Köder beißt, ist die Wahrscheinlichkeit groß, daß er auch bei uns versenkte Fliegen gerne nimmt. Nun hat ja auch Dr. Winter, wie er in seinem Buche schreibt, bei einem einmaligen Versuche in Galizien große Erfolge mit weißen Fliegen zu verzeichnen. Versuche in der Richtung wären gewiß sehr angezeigt, ich bin leider nicht mehr dazu gekommen.

Diese Art, auf Barsche zu schleppen, bietet zwei sehr beachtenswerte Vorteile, einmal die geringe Sichtbarkeit des Angelzeuges und dann die Möglichkeit, langsamer rudern zu können, was für den Barsch, der bedächtiger zugreift, von Wichtigkeit ist.

In Seen, wo die Barsche meist im Sommer in Jahrgängen von gleicher Größe Schwärme bilden, kann man sie leicht mit Grundködern anfüttern. Die Tiefe ihres Standortes nimmt mit den Jahrgängen zu, die großen Exemplare stehen meist schon 7 bis 10 m tief. Man verankert das Boot vorsichtig in der Nähe des Futterplatzes und kann dann oft eine ganze Anzahl fangen, ohne die Stelle zu wechseln, wenn man sich nur hütet, die Fische öfter beim Anhieb zu verfehlen oder abkommen zu lassen. Ist man darin ungeschickt, dann vergrämt man bald die ganze Gesellschaft. Man lasse daher den Fischen Zeit, den Köder ordentlich zu ergreifen.

An solchen präparierten Angelstellen benutzt man außer dem Wurm und lebenden Fischchen auch Krebsschwänze, Mieterkrebse, Insektenlarven, sowie die Rücken- oder Schweifteile größerer Fische, selbst kleiner Barsche.

In größeren Seen, besonders in Ostpreußen, Kurland usw. bietet im Winter das Heben und Senken an den Barschbergen, besonders wenn sich einmal eine Eisdecke gebildet hat, eine Hauptbelustigung. Fast ausschließlich wird hierzu der Zuckfisch verwendet (s. S. 129). Es dürfte sich gewiß auch hier empfehlen, statt des primitiven Zuckfisches das »Wunderfischli« oder den Delphinspinner zu verwenden.

Die in Holland sehr beliebte und einträgliche Plombfischerei auf Hechte und Barsche, die sich speziell für mit Wasserlinsen dicht bestandene Wasserflächen eignet, ist S. 130 beschrieben.

Der Schwarzbarsch. *Grystes nigricans.*
(Black. Bass.)

Der Schwarzbarsch, welcher aus Amerika in zwei Arten, als großmauliger und kleinmauliger Schwarzbarsch, durch v. d. Borne nach Deutschland eingeführt wurde, gehört, wie der Flußbarsch, zur Familie der Barsche. Er besitzt eine zweiteilige Rückenflosse, mit Zinken besetzte sog. Ktenoidschuppen, einen weit vorstehenden

Unterkiefer, samtartige Bürstenzähne, aber keine Hundszähne. Der
großmaulige Schwarzbarsch hat ein weit bis hinter die Augenhöhle gespaltenes Maul; bei kleinmauligen reicht der Oberkiefer
nicht bis zum hinteren Rand der Augenhöhle. Bei dem großmauligen
Barsch bedecken die Schuppen ferner den ganzen Zwischenkiemen-
deckel, während sie beim kleinmauligen nur die halbe Fläche desselben Knochens einnehmen; auch sind bei dem letzteren auf dem
Vordeckel überhaupt keine Schuppen, während beim großmauligen
Barsch hier 3 bis 5 unregelmäßige Schuppenreihen beobachtet
werden.

Die Farbe des großmauligen Barsches ist am Rücken dunkelgrün, an Seiten und Bauch grünlich, ins Silberfarbige spielend,
während deutlich ein dunkler Längsstreifen zwischen beiden Seiten
der Mittellinie über die ganze Länge des Fisches hinwegzieht. Bei
älteren Fischen wird diese dunkle Längslinie undeutlich. Der
kleinmaulige Schwarzbarsch ist mehr matt graugrün, mit bronze-

Der großmaulige Schwarzbarsch.

farbigen Flecken an den Seiten versehen, die aber nicht zu einem
dunkeln Seitenband zusammenfließen.

Die Laichzeit dieser Fische erstreckt sich in ihrer Heimat von
den Monaten März bis in den Juli hinein, in Deutschland fällt sie
meist in die Monate Mai und Juni. Die Fische laichen auf Kies,
Sand und Wurzeln von Wasserpflanzen, sowohl in Seen wie in
Flüssen. Hier machen sie sich Nester, indem sie den Grund schüssel-
förmig vertiefen, vom Schlamm reinigen und ihre Eier in den Grund
ankleben. Nach Ablage derselben stehen die Fische Wache und
halten das Wasser durch Fächeln mit ihren Flossen in Bewegung,
um die Eier vom Schlamm zu reinigen; ebenso verteidigen sie dieselben gegen Feinde; auch führen sie ihre Brut eine Zeitlang in
Scharen auf die Weideplätze an den warmen Rändern des Wassers.

v. d. Borne hat sich vor bald 40 Jahren das große Verdienst
erworben, den Schwarzbarsch in Europa nicht nur einzuführen,
sondern auch zu beschreiben und seine Lebensgewohnheiten und
Fangmethoden zu schildern. Er hat dabei nur leider den Fehler
begangen, den kleinmauligen Barsch kurzweg Schwarzbarsch, den
großmauligen aber Forellenbarsch zu nennen, welche Bezeichnung,

da er mit der Forelle nicht im entferntesten etwas gemein hat, vollkommen unberechtigt ist und viel Verwirrung hervorgerufen hat.
Ich werde ihm daher nicht folgen, sondern in der seinem Buche
entlehnten, weiter unten folgenden Schilderung die beiden Fische
nur kurzweg als »Großmaul« und »Kleinmaul« bezeichnen.

Obwohl nun schon, wie oben erwähnt, über 40 Jahre seit der
Einführung des Black Bass verstrichen sind, hat dieser sich noch
nicht in dem Maße verbreitet, daß man ihn als hervorragenden
Sportfisch ansehen kann, zumal die richtigen Heger, die ihn in
ihre Gewässer eingeführt haben, vorderhand noch mit Recht darauf
bedacht sind, ihn in Generationen zur natürlichen Fortpflanzung
zu bringen, und ihre kostbaren Fische noch nicht als Sportobjekt
hergeben wollen.

Ich werde mich daher im wesentlichen an die Ausführungen
v. d. Bornes halten, der unter Benutzung amerikanischer Quellen

Der kleinmaulige Schwarzbarsch.

den Schwarzbarsch bis jetzt am eingehendsten studiert hat. Er
schreibt in seinem Tagebuch folgendes:

»Seine Nahrung besteht in Tieren aller Art, namentlich Infusorien, Würmern, Muscheln, Schnecken, Krebstieren, Insekten,
Wasserkäfern und Larven, Fröschen, Froschlarven und Fischen.
Ich fand im Sommer 1887 in dem Magen zweisömmeriger Schwarzbarsche eine große Menge von Krustaceen, namentlich Daphnien,
Insekten, Wasserkäfern und Schnecken. Barsche, die stets reichlich mit Futterfischen versehen waren, zeigten bei weitem nicht
ein so schnelles Wachstum wie die, welche außerdem vollauf Krustaceen und Schnecken fressen konnten.

Nach Dr. E. Sterling in Cleveland, Ohio, besteht die Haupt-
nahrung der Schwarzbarsche im Erie-See in einem unserem Uckelei
verwandten Fische, dem Silver Sided Minnow (Alburnus nitidus),
der bis 7 cm lang wird und wie der Sand am Meere in zahlloser
Menge vorkommt.

In eiskaltem Wasser, in der Laichzeit und wenn sie ihre Brut
bewachen, fressen die Schwarzbarsche nicht.

Standort. In Seen befinden sich die Schwarzbarsche im
Winter im tiefen Wasser und verfallen in Lethargie, wenn das

Wasser eiskalt wird; im Frühjahr suchen sie flaches Wasser auf und begeben sich in das wärmste Wasser. Forellen, Saiblinge und Coregonen geben dem kalten Wasser den Vorzug und bewohnen andere Wassergebiete wie der Black Bass. Dieser steht gern am Rande der Schar, wo der Grund in die Tiefe steil abfällt, ferner an Klippen, Steinen und Krautbetten und wo es viele kleine Fische gibt. Wenn die Nächte lang werden und das Wasser sich abkühlt, so begeben sich die Barsche in die Tiefe.

In Flüssen gedeihen die Schwarzbarsche sehr gut; sie bewohnen aber nicht schäumende Gebirgsbäche und Quellbäche, welche im Sommer kalt sind, und wo die Bachforelle am besten gedeiht. In kleineren Flüssen von 10 m Breite und geringer Tiefe gibt es oft viele Barsche, und sie werden dort 2 bis 4 Pfd. schwer, sie gedeihen aber am besten in großen Strömen, in der Barben- und Bleiregion. Sie lieben eine Abwechslung von flachen, schnellen Strömungen und ruhigen, tiefen Tümpeln. Als Standort wählen sie gern tiefes, stilles Wasser am Rande einer starken Strömung und schießen von dort in den Strom auf vorüberschwimmendes Futter. Versunkenes Holz, Wurzelstöcke, Felsen, Steinblöcke, Krautbetten sind ihre Verstecke. Im Winter sind sie in tiefen, ruhigen Tümpeln oder in Seen, welche mit dem Flusse in Verbindung stehen. Nach der Laichzeit gehen sie stromauf in bewegtes Wasser und sind imstande, die stärksten Strömungen hinaufzuschwimmen.

Wenn sie in ein Gewässer neu eingeführt werden, so verbreiten sie sich darin schnell, vermeiden aber reißende Gießbäche und kalte Quellflüsse. 4 bis 6 Wochen vor der Laichzeit verlassen die Barsche die Winterquartiere und gehen in den Flüssen stromauf, in den Seen in das flache Wasser. Sie verbreiten sich viel schneller in einem Flusse stromaufwärts wie stromabwärts von der Stelle, wo sie ausgesetzt wurden; aber Hindernisse, Wehre, Wasserfälle, die von Salmoniden leicht überwunden werden, vermögen sie nicht zu überschreiten.

Größe. Der Kleinmaul wird bei reichlicher Nahrung in 6 Monaten 5 bis 14 cm, in 18 Monaten 20 bis 30 cm lang und kann später jährlich 1 Pfd. schwerer werden, bis er ausgewachsen ist. Der Großmaul wächst schneller und wird größer wie jener.

Im Norden wird der erstere häufig 2½ bis 3 Pfd., bisweilen 5 bis 6 Pfd., selten 8 bis 8¾ Pfd., schwer. Der Großmaul wird im kalten Norden 6 bis 8 Pfd. und im warmen Süden 20 bis 25 Pfd. schwer. In großen, tiefen Gewässern wachsen die Barsche schneller und werden größer wie in kleinem, flachem Wasser. Die größten Fische sind sehr fett, träge und wenig kampflustig; den besten Sport gewähren sie, wenn sie 2½ bis 3 Pfd. schwer sind.

Ein günstiger Erfolg ist am wahrscheinlichsten in denjenigen Flüssen und Seen, welche der Barben- und der Bleiregion angehören und die sich im Sommer bis 15° R und darüber erwärmen; dagegen eignen sich wilde Gebirgsflüsse und Gewässer, die im Sommer kalt sind, nicht für Black Bass.

Kein anderer Fisch übertrifft den Black Bass an Kühnheit beim Anbeißen und an Energie, mit der er sich wehrt, wenn er

gehakt ist. Er hat die pfeilschnelle Bewegung der Forelle, die Un-
ermüdlichkeit und die kühnen Luftsprünge des Lachses und außerdem eine ihm ganz eigentümliche Fechtweise. Er nimmt die künstliche Fliege ausgezeichnet und kann mit allen möglichen Arten
von natürlichen und künstlichen Ködern gefangen werden. Für
den Sport sind 2 bis 3 Pfd. schwere Fische am besten; die schwereren
sind weniger lebhaft und kämpfen nicht so energisch. In Flüssen
ist der Sport im allgemeinen besser wie in Seen. Jede Art von
Ködern, mit der man fischt, sei entweder lebendig, oder man bewege
ihn so, daß er lebend zu sein scheint.

Ob für den Sport der Kleinmaul den Vorzug verdient, oder
ob ihm der Großmaul gleichsteht, darüber sind die Ansichten geteilt.
Wenn es auch feststeht, daß viele erfahrene Angler dem ersteren
die Palme reichen, so schätzen doch andere Fischer von allgemein
anerkannter Autorität (Henshall u. a. m.) den letzteren gleich hoch.

Die Black Bass nehmen fast jeden natürlichen oder künstlichen Köder sehr gut, namentlich lebende Fischchen, Regenwürmer, Fleischmaden, Krebse, Frösche, Heuschrecken, Fliegen,
Käfer und Larven aller Art; — ferner künstliche Fliegen, Fische,
Spinnköder und Köder zum Heben und Senken.

Die besten Fischchen sind 8 bis 12 cm lang; man hakt sie
durch die Unterlippe und haut erst an, wenn man den zweiten
Ruck des Black Bass fühlt.

Die künstliche Fliege ist ein ganz ausgezeichneter Köder;
es scheint, daß sie der Großmaul noch besser wie der Kleinmaul
nimmt. Es ist am besten, wenn die Fliege und die Schnur durch
ein oder zwei Schrotkörner beschwert sind, und daß man mit ver-
sunkener Fliege fischt. Man läßt die Fliege bis zur Wassertiefe
sinken, wo die Fische stehen, und zieht sie dann mit kurzen Rucken
heran. Wenn man einen größeren Schwarm der Barsche trifft,
so fängt man oft einen mit jedem Wurfe.

Die Fliege sei 25 bis 35 mm lang und habe, wie die englischen
Lachsfliegen, recht glänzende Farben. Besonders wirksam sind
Gelb, Rot, Schwarz und Weiß.

Da die Fliegen schwer sind, so ist eine kurze, steife Fliegenrute
erforderlich; ich empfehle vorzugsweise die 3 bis 3½ m lange
Stewartsche Fliegenrute, wie sie bei Hildebrand in München
zu haben ist.

Im Sommer, bei warmem Wetter, wird die Fliege besonders
gut genommen.

Nach der angegebenen Größe und den Farben kann man sich
leicht sehr wirksame Fliegen anfertigen; in amerikanischen Büchern
und Zeitschriften ist eine große Menge verschiedener Muster beschrieben und empfohlen.«

Soweit die Schilderung v. d. Bornes. Henshall, wohl einer
der besten Kenner des Black Bass, sagt, wie schon oben erwähnt,
in seinem Buche, das er über diesen Fisch geschrieben hat, daß der
Großmaul wie der Kleinmaul sportlich auf gleicher Höhe stehen.
Sie unterscheiden sich nur in ihren Lebensgewohnheiten insofern,
als der Großmaul mehr in stark bewachsenen Weihern und Seen,

der Kleinmaul mehr in Flüssen mit Gefäll und klaren Seen vorzukommen pflegt. Ihre Lieblingsnahrung sind nach Henshall: Krebse.

In Europa ist so wenig über den Schwarzbarsch als Sportfisch
in die Öffentlichkeit gedrungen, daß sich noch nicht mit Bestimmtheit sagen läßt, ob derselbe die gleichen Gewohnheiten wie in seiner
ursprünglichen Heimat auch in Europa beibehalten hat und ob
die nämlichen Angelmethoden angezeigt sind wie jenseits des Ozeans.
Die interessanteste Frage, inwieweit der Black Bass bei uns dem
Fang der Flugangel zugänglich und ob er mit denselben Fliegen
zu fangen ist wie drüben, ist jedenfalls noch am weitesten von ihrer
Lösung entfernt. Das läßt sich am sichersten dadurch feststellen,
daß H. Hildebrand, welcher die ersten Musterfliegen zum Zweck
der Vervielfältigung von v. d. Borne erhalten hat und die von ihm
in seinem Buche ausdrücklich empfohlen wurden, nie welche abgesetzt hat. Ich habe daher auch davon Abstand genommen, die
Beschreibung der v. d. Borne empfohlenen Fliegen mit herüber-
zunehmen. Wer sich dafür interessiert, kann sie von Hildebrands
Nachfolger beziehen.

Wie ich aus zuverlässiger Quelle von einem zielbewußten und
scharf beobachtenden Fischzüchter[1]) erfahren habe, halten sich
bei uns die Schwarzbarsche in Seen mit Vorliebe in Rudeln von
gleichem Jahrgang an der Schar, besonders an Stellen auf, wo sie
nicht weit vom Ufer rasch in die Tiefe abfällt, hauptsächlich
auch an alten Einbauten, Pfählen, versunkenem Holz, die sich
hart an der Schar befinden. Sie erheben sich mit Vorliebe zu mehreren nahe an die Oberfläche, fallen aber sofort nach der Tiefe,
sobald sie ein Geräusch oder eine Bewegung wahrnehmen. Solange man sie ruhig beobachtet, lassen sie sich nicht stören. Sie
dulden keine anderen Fische in ihrer Nähe, sondern zeigen sich
sehr schneidig, indem sie selbst die größten Karpfen anrempeln
und fortjagen.

Aus der Untersuchung des Mageninhaltes geht hervor, daß die
Schwarzbarsche sich hauptsächlich von kleinen Fischen, mit Vorliebe aber von Lauben nähren; auch scheinen Krebse eine Lieblingsnahrung zu sein, denn fast jedes untersuchte Exemplar hatte
Krebssteine im Magen. Ferner ist zweifellos konstatiert, daß sie
gerne Frösche und Kaulquappen verzehren und nach Insekten
steigen.

Der einzige Köder, mit dem der Schwarzbarsch bisher in den
verschiedensten Gewässern der Alten Welt am zuverlässigsten
gefangen wurde, ist der Regenwurm, ob auch andere Köder mit
Erfolg in Anwendung kommen, habe ich nicht erfahren können;
ich bin aber der festen Überzeugung, daß sich der Schwarzbarsch
genau mit denselben Methoden fangen läßt, wie unser einheimischer
Barsch. In Amerika geht der Schwarzbarsch sogar auf künstliche
Köder, die ähnlich dem Sturmköder (Fig. 120) konstruiert sind,
ein Beweis dafür, daß er in seiner alten Heimat doch nicht so empfindlich und scheu sein muß, wie er sich in seiner neuen einstweilen

---

[1]) Dem verstorbenen Besitzer des Barmsees, Kommerzienrat A. Finck.

benimmt. Im »American Field« wird dieser Köder unter dem Namen Flipjack als das Non plus ultra gepriesen und will der Autor des Berichtes in einer halben Stunde 7 Schwarzbarsche im Gesamtgewicht von 15 Pfd. und am nächsten Tage über 30 in drei Stunden gefangen haben. Die Zeichnung habe ich Wieland zur Verfügung gestellt. Henshall kommt, obwohl er in seinem Leben schon viele Lachse in Kanada sowie den gewaltigen Tarpon an der Küste von Florida gedrillt hat, zu dem Ausspruche, daß der Schwarzbarsch Zoll für Zoll und Pfund für Pfund weit und breit als der kampflustigste Fisch zu betrachten sei.

Wiederholte Versuche, die ich im Monat Mai und Anfang Juni mit Spinnangel, Paternoster- und Grundangel gemacht habe, blieben vollständig resultatlos, obwohl die Fische die Laichplätze noch nicht bezogen hatten; sie scheinen also schon längere Zeit, bevor sie laichen, nichts zu fressen. Daß die Schwarzbarsche bei uns ein Gewicht von über 2 Pfd. erreichen, ist zu oft wiederholten Malen konstatiert worden. Ein Fischaufseher, für dessen absolute Zuverlässigkeit ich jedoch nicht bürgen kann, behauptete mir gegenüber mit Bestimmtheit, daß er auf dem Laichplatze in einem kleinen warmen See, in dem sie schon seit 15 Jahren ausgesetzt waren, eine ganze Anzahl Exemplare beobachtet habe, die 4 bis 6 Pfd. schwer gewesen seien.

Der Zander oder Schill. *Lucioperca sandra.*

(Amaul. Hechtbarsch. Fogasch oder Fogas. Pike-Perch. Sandre.)

Der Zander.

Dieser Fisch gehört gleichfalls zur Familie der Barsche. Er ist dadurch charakterisiert, daß an dem Kiemendeckel nur des Vordeckel gezahnt ist, und daß zwischen den Bürstenzähnen seiner Maules längere Hundszähne hervorragen. Sein Körper ist gestreckt und spindelförmig, der Rücken und die Seiten des Leibes sind grünlichgrau, mit dunkeln Querbändern oder verwaschenen Flecken, die sich vom Rücken nach den Seiten herabziehen; der Bauch ist weißlich. Die Rückenflosse und zuweilen auch die Schwanzflosse sind schwarz punktiert; Brust-, Bauch- und Afterflossen schmutziggelb.

Männchen und Weibchen kann man an der Gestalt der Schnauze unterscheiden, indem beim Weibchen das Profil der spitzen Schnauze gleichmäßig bis zur ersten Rückenflosse ansteigt, während beim Männchen die Vorderschnauze etwas konkav ist. Die Schuppen sind, wie bei allen Barscharten am Hinterrand mit Zinken besetzt.

Der Zander ist ein Raubfisch, der dem Hecht an Gefräßigkeit wenig nachgibt, indessen wegen seines erheblich kleineren Magens nur kleinere Fische bewältigen kann. Neben Fischen nährt sich derselbe infolgedessen auch von Würmern, Schnecken und Insektenlarven. Er wächst schnell, kann in einem Jahre bereits 1 Pfd., im zweiten Jahre 1 kg schwer werden. Der Zander laicht im April, Mai und Anfang Juni, wobei die Weibchen ihre in den Sand oder an Wasserpflanzen angeklebten Eier überwachen und gegen Angriffe verteidigen. Der Zander ist im Nordosten viel häufiger; er überschreitet von Natur aus die Elbe nach Westen zu nicht, sondern ist hier im Weser- und im Rheingebiet künstlich eingeführt worden. Im Süden tritt er dann wieder im Donaubecken auf, wo er offenbar vom Osten eingedrungen ist. Doch fehlt er auch hier in südlich der Donau gelegenen Seen, mit Ausnahme des Ammersees, Attersees und Traunsees, wo er künstlich eingesetzt wurde; ebenso ist er seit ca. 20 Jahren im Bodensee mit Erfolg eingebürgert.

Der Zander ist ein Sportfisch des wärmeren Wassers. Bekanntlich ist der Schill des Plattensees in Ungarn unter dem Namen »Fogas« weit und breit berühmt und bildet einen bedeutenden Handelsartikel. Er erreicht darin ein Gewicht von über 15 kg, während er in der Donau und in Ostpreußen selten auf 15, ausnahmsweise auf 18 Pfd. kommt. Der Plattensee ist also das Ideal eines für die Entwicklung des Schills geeigneten Wassers. Bedenkt man nun, daß der ungeheure, 700 qkm große See überhaupt nur 4 bis 11 m tief ist, in einer sehr heißen, durch feurigen Wein gesegneten Gegend liegt, daß die Ufer auf riesige Strecken sich sumpfig verflachen, und daß überhaupt nur eine Dampfschiffverbindung quer über den 174 km langen See besteht, so hat man ohne weiteres den Begriff, welche Lebensbedingungen dem Schill zusagen.

Der Schill ist daher nur in dem Unterlauf großer Flüsse, in großen Altwässern, den Haffen und in Seen zu finden, die an und für sich seicht sind oder sich wenigstens gegen die Ufer zu stark verflachen, so daß sich das Wasser zeitig im Frühjahr erwärmen kann, eine Hauptbedingung für die Entwicklung des Laiches und der Brut. Da die Eier außerordentlich zart und empfindlich sind, kommen sie nicht durch, wenn zur Laichzeit die Temperatur sehr sinkt oder Nachtfröste auftreten. Auch beschuldigt man, ob mit Recht oder Unrecht, die Dampfschiffe, wenn sie in der Nähe der Laichplätze verkehren, als Laichzerstörer.

Sehr wichtig ist für den Zander eine gewisse Trübung des Wassers. Er fühlt sich in hellem Wasser nicht behaglich und kommt daher z. B. im Ammersee, in welchen er im 18. Jahrhundert aus der Donau verpflanzt wurde und unter dem Namen Amaul bekannt ist, viel häufiger in der oberen Hälfte vor, wo die Hochwasser der

Ammer eine größeren Trübung hervorrufen. Dagegen gedeiht er nicht in der Ammer selbst, die noch der Äschenregion angehört und ihm daher zu kalt ist.

In Flüssen sucht er sich seinen Standort mit Vorliebe im ruhig fließenden Wasser hinter Buhnen, Felsen, versunkenem Holz und besonders in Ausbuchtungen des Ufers, wo das Wasser ruhige Rückwirbel bildet, am Rande der Strömung oder wo die Gumpen sich verflachen. Bei hellem oder wenig angetrübtem Wasser steht der Schill auf dem Grunde, nur bei Hochwasser stellt er sich gern an seichtere Plätze hart am Ufer und lebt gesellig.

Von allen Angelmethoden bietet die Spinnfischerei den größten Genuß, zumal sie entschieden mehr Übung und Geschicklichkeit erfordert wie das Spinnen auf den Hecht. Obwohl der Schill, wie erwähnt, dem letzteren kaum an Gefräßigkeit nachsteht, ist er dennoch viel vorsichtiger, vielleicht auch launenhafter und nimmt den Köder nicht so gierig wie dieser. Der Anhieb geht daher viel leichter fehl. Es ist eine bekannte Tatsache, daß in Flüssen, in denen Huchen und Schille gleichmäßig vorkommen, auch die letzteren den Huchenköder ergreifen, aber viel seltener hängen bleiben.

Dagegen ist es doch auffallend, daß man mit der höchst primitiven Methode, die Bischoff beschreibt und die in allen später erschienenen Sportbüchern zitiert wird, mit dem aus einem Köderfisch geschnittenen Hautstreifen an einem simplen Pfennighaken (s. Fig. 253) so gute Resultate haben soll. Fängt man mit diesem einfachen Köder sonst ja nur Makrelen und andere Meerfische, die, was Empfindlichkeit und Vorsicht betrifft, mit unseren Süßwasserfischen nicht zu vergleichen sind.

Fig. 253.

Welche Lehre geht nun daraus hervor? Doch die, daß man dem Schill nur einen kleinen Spinnköder mit einem, höchstens zwei feinen, aber trotzdem starken Drillingen an feinem Zeug anbieten soll. Je vorsichtiger ein Raubfisch den Köder ergreift, desto mehr ist es von Wichtigkeit, sich an die Regeln zu halten, die ich im Kapitel über Spinnfischerei, über die Fängigkeit der Hakensysteme und über die fliegenden Drillinge aufgestellt habe.

Die beste Jahreszeit zum Fang des Schills ist der September und Oktober, wenn sich die Gewässer wieder genügend geklärt haben, besonders an trüben, nebligen Tagen, am frühen Morgen und späten Abend. Der beliebteste Köder ist der Kreßling, aber auch Pfrillen und kleine Lauben, nicht über 10 cm lang, nach dem Deesystem angeködert, kann man gebrauchen. Hat man einen Schill gefangen, so ist es ratsam, die Umgebung gründlich abzufischen, da die Fische wie erwähnt, gerne gesellig leben.

Ob sich die Anköderung, wie sie auf S. 155 beschrieben ist, nicht auch für Zander eignet, habe ich noch nicht versucht, bin

aber überzeugt, daß man sie damit zum mindesten so weit reizen kann, daß sie ihren Standort verraten.

In Seen fängt man den Zander hauptsächlich mit der Hecht-Schleppangel. Man benutze aber nur Seitenangeln aus einfachem Poil und kleine, hellglänzende, natürliche oder künstliche Köder, entweder Lauben, den Gardasee- oder den kleinen Silberblinker.

Die Schnapp- und Paternosterangelei mit lebendem Köder wird an der Donau, trotz der primitiven Form, viel mit Erfolg betrieben. Wessenberg empfiehlt hierzu besonders kleine Karauschen als Köder. Es liegt auf der Hand, daß man auf den miß-trauischen und vorsichtig beißenden Schill erst recht Erfolge haben muß, wenn man diese Methoden nach allen Regeln der Kunst zur Anwendung bringt. Wie dies zu geschehen hat, ist in den betreffenden Kapiteln ausführlich besprochen worden. Man benutzt jedoch für den Schill besser die feinere Paternosterangel, wie sie beim Flußbarsch Erwähnung gefunden hat, außer man hat mit großen Exemplaren zu rechnen. Bei trübem, hohem Wasser ist es ratsam, hoch zu fischen, während bei fallendem und klarem Wasserstand ein Erfolg nur mit fast zum Grund gesenkten Köder zu erwarten ist. Man wird deshalb in ersterem Falle der Schnapp-, im letzteren der Paternosterangel den Vorzug geben.

Der Zander zieht auch wie der Hecht und andere Raubfische mit dem lebenden Köder an der Paternosterangel ab und bleibt dann stehen; dies ist jedoch nicht immer ein Zeichen, daß er den Köder im Rachen herumwirft, um ihn zu verschlucken. In der Regel zieht er nach einigen Sekunden ein zweites Mal weiter, um dann noch einmal stehen zu bleiben und den Fisch zu drehen. Man warte daher mit dem Anhieb diese zweite Ruhepause ab, bis der Schill nach der Tiefe weiter zieht, und haue dann rasch, aber zügig an.

Das Drillen des Schills verursacht keine großen Schwierigkeiten. Er macht keine besonders lebhaften Befreiungsversuche und ergibt sich bald in sein Schicksal. Für große Fische ist der Gaff das sicherste Landungsgerät.

Bei dem Abschlagen sei man vorsichtig und nehme sich vor der stachligen Rückenflosse und dem spitzen Kiemendeckel in acht.

C. Sonstige Raubfische.

Der Waller oder Wels. *Silurus glanis.*

(Schaiden. Schaid.)

Dieser Riese unter den Fischen, der ein Gewicht bis zu einigen hundert Pfund erreichen kann und einer der gewaltigsten Raubfische ist, zeichnet sich durch seinen mächtigen breitgedrückten Kopf, sein ungeheuer weites, mit Hechelzähnen bewehrtes Maul und seinen nackten, schuppenlosen Körper aus, der vorne rund und mächtig, nach dem Schwanz zu seitlich stark zusammengedrückt ist. Am Oberkiefer sitzen zwei sehr lange, am Unterkiefer vier kurze Bartfäden; die Rückenflosse ist winzig klein, die Afterflosse auffallend lang. Die Farbe ist olivgrün oder grauschwarz mit dunkleren Marmorflecken an den Seiten und einem schmutzig weißen Ton an der Bauchseite.

Der Wels lebt in allen größeren, stehenden und fließenden Gewässern des Nordens und Ostens, nach Westen zu wird er seltener, während er im Donaugebiet wiederum häufig ist. Er führt eine nächtliche Lebensweise und geht auch des Nachts auf Raub aus, wobei er nicht nur Fische, sondern auch andere im Wasser lebende Tiere, wie Frösche, Vögel, Wasserratten, besonders aber

Der Waller.

Süßwassermuscheln verzehrt, ja selbst nach badenden Kindern schnappt und diesen schwere Verwundungen beibringt. Die Laichzeit fällt in die Monate Mai und Juni. Das Laichgeschäft selbst ist jedoch noch niemals beobachtet worden.

Vom Zwergwels ist durch einwandfreie Versuche von Dr. Meyer nachgewiesen, daß sein Gehör im Vergleich zu anderen Fischgattungen sehr ausgebildet ist. Wahrscheinlich wird auch der Wels, der mit Vorliebe den Fröschen nachstellt, durch das Quaken dieser Tiere angelockt.

Die allgemeine Ansicht, daß der Waller ein fauler und träger Fisch sei, der untertags meist unbeweglich am Grund liege, sich in den Schlamm und die Bodenflora einwühle und nur nachts auf Raub gehe, den höchstens ein Gewitter aus seiner Lethargie aufzurütteln vermöge, hat sich bei mir seit dem Erscheinen der 3. Auflage meines Buches gewaltig geändert, so daß ich mich genötigt sehe, einschneidende Änderungen und Nachträge bei der Neubearbeitung vorzunehmen.

Ein als Sportfischer bekannter Anwohner der Donau zwischen Regensburg und Passau hatte nämlich in den letzten Jahren so außerordentliche Erfolge beim Fischen mit der Spinnangel auf Waller aufzuweisen, daß man von nun an diesen wegen seines

Stumpfsinns einigermaßen verschrieenen Fisch als einen unserer höchststehenden Sportfische ansehen muß.

Dieser Sportgenosse, Herr Gasthofbesitzer X. Steininger in Hengersberg, hat in früheren Jahren stets erfolglos auf Waller in der Donau geangelt und infolgedessen alle weiteren Versuche, einen solchen mit der Spinnangel zu fangen, als zwecklos aufgegeben. Vor 2 Jahren nun fischte er an einem heißen und schwülen Julitage mit der Spinnangel auf Schiede oder Rapfen, die bekanntlich in heißem Sommerwetter mit Vorliebe an die Oberfläche kommen und dann auch gierig auf hochgeführte kleinere Köderfische und künstliche Köder, insbesondere Blinker beißen. Da fing er mit einem von meinen 6 cm langen Silberblinkern zum ersten Male, nachdem er schon zwei Schiede gelandet hatte, einen Waller und bald darauf einen zweiten, die zusammen 22 Pfd. wogen.

Nachdem ihm dies zu seiner Überraschung zweimal so gut geglückt, kam er zu der wohlbegründeten Annahme, daß der Blinker ein hervorragender Köder auch für Waller sein müsse.

Zunächst machte er nun Versuche mit größeren Blinkern, die er für Waller geeigneter hielt, allein so oft er auch damit fischte, nie hatte er einen Anbiß zu verzeichnen, ebensowenig bei Anköderung von allen möglichen Köderfischen, künstlichen Spinnern und Fröschen, so daß er alle weiteren Versuche als nutzlos aufgab und wieder zu seinem 6-cm-Blinker griff, dem er die ersten Erfolge zu verdanken hatte. Mit diesem fing er dann noch im gleichen Jahre weitere 8 Stück Waller, darunter einen von 36 Pfd. Gewicht.

Im vorigen Jahre waren die Wasserverhältnisse durch beständige Hochwasser ungemein ungünstig, aber heuer fing Herr St., und zwar ausschließlich mit meinem 6 cm-Silberblinker, nachdem er sich auch noch überzeugt hatte, daß man nur bei Benutzung des feinsten Zeugs auf einen Anbiß rechnen könne, an sehr heißen und schwülen, besonders aber an gewitterschwangeren Tagen, meist zwischen 12 und 5 Uhr Mittags, vereinzelt auch in der Abenddämmerung, 22 Waller im Gewicht von über 3 Zentnern. Einmal 7 Stück an einem Nachmittag. Dabei hatte er eine Schnur Nr. 1½ von Wieland und Vorfächer von gedrehtem Poil, aber keinen Senker außer einigen Schrotkörnern in ständigem Gebrauche. Wiederholt sah er nämlich an so heißen Tagen Waller an der Oberfläche spielen oder jagen, während überhaupt jeder Versuch mit tiefer gesenkter Angel negativ ausfiel. Ob dabei die größere Trübung des Wassers in der Tiefe die Hauptschuld trug, oder ob die Waller nur an der Oberfläche Beißlust zeigen, bleibt dahingestellt und wird schwer zu entscheiden sein.

Herr Steininger schreibt mir, daß er nur vom verankerten Boote aus fischte, um den Standplätzen der Waller näher zu kommen und wohl auch, um ihnen im Notfalle sicherer folgen zu können, wenn sie z. B. das gegenüberliegende Ufer annahmen. Die Waller leben meist gesellig, und hat man einen Lieblingsstandpunkt derselben erkundet, dann gelingt es häufig, mehrere Stücke an der gleichen Stelle zu fangen. Mit Vorliebe scheinen sie an tiefen Stellen zu stehen, wo sich Wirbel bilden, die wahrscheinlich Felsen oder anderen Unebenheiten in der Tiefe ihren Ursprung verdanken. Die geangelten Waller zeigen eine außerordentliche Kampflust, mit einem gewaltigen Riß gehen sie stromabwärts und leisten lange den zähesten Widerstand, bis sie endlich klein beigeben und sich heranziehen lassen. Jedenfalls ist es ratsam, 100 m Schnur auf der Rolle zu haben. Die Landung bewerkstelligt mein Gewährsmann stets durch Eingehen mit dem Daumen in den Rachen und Erfassen des Unterkiefers, wonach er die Waller ohne Schwierigkeit in das Boot heben konnte. Vor den kleinen Hechelzähnen, die der Waller im Maule sitzen hat, braucht man sich nicht zu fürchten.

Was dem Angler in hohem Maße beim Drill zugute kommt, ist die außerordentliche Zähigkeit der Schleimhaut seines Rachens, so daß man ein Ausreißen der Angel nicht zu befürchten braucht, selbst wenn nur ein Haken ganz vorne sitzt. Dagegen hat Herr St. öfter Waller verloren durch Bruch von zu schwachen Drillingshaken, so daß er sich seine kleinen Blinker von nun ab nur mit kleinen, aber extrastarken Drillingen montieren läßt.

Seinen letzten Waller fing mein Gewährsmann im Jahre 1920 am 9. September, nachdem sich auch in diesem Monat ganz ungewohnte Hitze bei häufig wolkenlosem Himmel eingestellt hatte. Aber nach dem genannten Datum waren schon die Nächte kühler und sank die Temperatur des Wassers, so daß die Waller ihre Beißlust verloren. Vielleicht gelingt es in wärmeren Flüssen der Tiefebene, wie in Ungarn, auch noch später im Jahre Waller an der Oberfläche zu fangen.

Wenn man vom Boote aus auf Waller fischt, was auf alle Fälle ratsam ist, außer man hat weithin günstige Uferverhältnisse, ist entsprechend dem übrigen feinen Zeug, wohl auch entsprechend der sommerlichen Schwüle, eine leichte Huchen- oder Hechtgerte vollauf genügend. Wenn man in Fischereizeitungen liest, daß ein Angler an einem Tage 5 Wallerbisse hatte, die jedesmal einen Bruch der Gerte zur Folge hatten, dann muß es entweder an einer mangelhaften Gertenführung oder an dem schlechten Material des Angelstocks gelegen haben.

Im heißen und trockenen Sommer des Jahres 1921 wurden bei dem niederen Wasserstande der Donau auch viele Waller vom Ufer aus gefangen, ein Angler brachte über 20 Stück zur Strecke. Der kleine Silberblinker blieb auch 1921 das beste Fanggerät, auf welches auch mehrere zentnerschwere Waller bissen, aber leider nach längerer Führung durch Riß oder Bruch wieder loskamen.

Versuche, ihn an heißen Sommertagen auch in Seen an der Oberfläche mit dem kleinen Blinker als Köder zu fangen, sind wahrscheinlich noch nie gemacht worden. Wenn es schon in der Donau, deren Wasser im Sommer nie ganz klar wird, nur mit dem feinsten Zeug gelingt, Waller zu erbeuten, so wird man in unseren klaren Seen womöglich noch feineres Material benutzen müssen, um den Waller zu überlisten, wenn er Beißlust zeigt. Das Angelzeug darf ja in Seen um so feiner sein, als man mit Hilfe des Bootes dem abgehenden Fisch überall hin folgen kann und keine widrige Strömung zu überwinden hat.

In anderen Strecken der Donau und andern Flüssen, wo der Wels noch verhältnismäßig häufiger vorkommt, fängt man ihn auch mit dem Bodenblei oder mit der Paternosterangel. Dem breiten Maul entsprechend, das förmlich dazu geschaffen ist, die breiten Cyprinier zu fassen, wählt man am besten große Rotaugen, Rotfedern oder Bleie als Köder.

In Seen gelingt es dann und wann, mit der Schleppangel einen Waller zu erbeuten, besonders vor oder nach einem Gewitter. Selbst mit meinem Heintzspinner (s. Fig. 121) sind schon Waller bis zu nahezu 100 Pfd. Gewicht gefangen worden. Auch wird der aus Neunaugen hergestellte »Zopf« als Köder besonders empfohlen (s. Huchen).

Jedenfalls wird man sich einen Erfolg mit der Schleppangel in Seen eher dann versprechen dürfen, wenn man in nächster Nähe der Uferpflanzen mit unbeschwerter Schnur, ganz an der Oberfläche von der Gerte schleppend, möglichst lautlos vorüber fährt und seine Versuche bei bewölktem Himmel und womöglich Gewitterschwüle macht. Scheint die Sonne in das klare Uferwasser, so ist meiner Ansicht nach kein Anbiß zu erwarten, da der Waller mit seinem offenbar scharfen Gesicht gewiß auch lichtscheu ist und der Sonne aus dem Wege geht.

Der Spinnfischer in Flüssen ist insoferne dem Angler in Seen gegenüber im Vorteil, als die Standorte der Waller in jenen besser erkundet werden können und enger begrenzt sind und man den beißlustigen Fischen, die alle mit dem Gesicht gegen die Strömung stehen, den Köder sicherer bemerkbar machen kann, als einem Fisch, der in Seen zufällig nach der falschen Richtung schaut.

In Seen dürfte sich auch die Schnappangel mit lebenden Ködern empfehlen, besonders an offenen Stellen zwischen Wasserpflanzen, an denen man im voraus die Tiefe abgelotet hat.

In Kroatien, Bosnien, Ungarn sowie in Rußland bedient man sich, wer weiß wie lange schon, eines sog. Quak- oder Kwekholzes zum Heranlocken des Welses, offenbar in der Absicht, das Quaken der Frösche nachzuahmen, obwohl auch behauptet wird, der Waller stoße Töne aus, um seinesgleichen heranzulocken, und zwar ähnliche Töne, wie das Quakholz hervorruft. Das ist wohl nur eine Sage, die auf einer Verwechslung mit den Froschlauten beruht.

Die in Gebrauch stehenden Hölzer sind nach den Ländern verschieden, sind aber alle so gebaut, daß an einem dünnen Stiel unten eine muldenförmige Platte angebracht ist, so daß sie einem hölzernen Kochlöffel oder einem langgestielten Schuhlöffel ähneln.

Wird ein solches Instrument wie ein Perpendikel ausschlagend von einer Ruderbank nach vorwärts etwa 40 cm tief in das Wasser eingetaucht und mit einem zügigen Strich parallel mit der Oberfläche so rasch wie möglich nach hinten geführt, dann entsteht eine nach unten verbreitete Rille im Wasser, die sich rasch wieder füllt, aber durch den erzeugten Strudel einen gurgelnden Ton hervorbringt, den man mit etwas Phantasie einem Froschquaken vergleichen kann.

Mit diesem Instrument ausgerüstet, schleppt man, am besten wenn es zu dunkeln beginnt, stromabwärts, entweder mit einer

Handangel oder besser von einer kurzen, starken Gerte aus. Selbstverständlich muß das ganze Angelzeug entsprechend der Größe der zu erwartenden Fische kräftig sein, die Rolle sollte, je nach der Wasserfläche, bis zu 100 m fassen können. Als Köder benutzt man am besten große Süßwassermuscheln, die man aus ihrer Schale löst und mittels Ködernadel auf einen starken Drilling aufspießt. Sollten die drei Spitzen noch vorstehen, so bedeckt man sie mit kleineren Muscheltieren. Nicht minder empfehlenswert erscheint auch ein einzelner starker Haken, Größe 3/0—4/0, nur mit einer großen Muschel beködert.

Man kann als Köder auch einen großen Büschel Tauwürmer, einen natürlichen oder künstlichen Neunaugenzopf oder einen großen lebenden Frosch benützen, die Süßwassermuscheln sind aber als eine besondere Lieblingsspeise der Waller zu betrachten, seitdem man weiß, daß sie diese Mollusken aus dem Schlamm ausgraben und, nach Zertrümmerung der Schalen mit ihren kräftigen Kiefern, verzehren.

Wenn auch der Zweck des Quakholzes ist, den Wels nach der Oberfläche zu locken, so wird man doch auch wieder versuchen, an nicht zu tiefen Stellen den Köder dem Grund entlang zu führen. Es dürfte sich daher empfehlen, den Senker in der Art wie bei der Tiefenangel Fig. 217, S. 198 anzubringen, indem man 1 bis 2 m oberhalb eine kurze 2 m lange Seitenangel aus 0,3 mm Stahldraht mit dem weiter nicht mehr beschwerten Muschelköder abzweigen läßt.

Vielleicht eignet sich in Seen auch das S. 194 beschriebene Gleitpaternoster zum Fang des Welses, welches den Vorteil bieten würde, daß man dem Fisch Zeit lassen könnte, den Köder richtig zu verschlucken.

Während man sich nun von seinem Bootführer möglichst lautlos und langsam an den tiefen Uferlöchern und Schlupfwinkeln des Welses vorbeirudern läßt, nimmt man die Gerte in die eine, die Quäke in die andere Hand und schlägt in Pausen von etwa 10 Sekunden rhythmisch auf das Wasser, so weit nach vorn und so weit nach rückwärts ausholend, als der gestreckte Arm reicht.

In Seen scheint es mir auch des Versuches wert, in der Abenddämmerung längs der Uferpflanzen lautlos fahrend, einen durch die Oberlippe geköderten Frosch ohne Senker an der Gerte entlang zu schleppen unter gleichzeitiger Anwendung des Quäkholzes.

Das Drillen eines großen Wallers von 50 bis 100 Pfd. und darüber ist wohl eines der aufregendsten Momente für den Sportfischer; schade, daß sich so selten Gelegenheit dazu gibt. Der Waller hat die Neigung, sich am Grunde festzurennen und sich in Seen in das dichte Kraut zu vergraben, das seine Heimat ist. Da man ein Boot zur Verfügung hat, gelingt es oft erst beim Rückwärtsrudern, ihn in dem Momente loszumachen, in dem man einen senkrechten Zug auszuüben vermag. Jede Sekunde muß nun der Fischer sowohl, wie der Bootführer auf der Hut sein, denn plötzlich schießt der Wels nach vorn oder nach der Seite. Es ist daher von Anfang an geboten, womöglich nach der Tiefe zu rudern, um aus dem Bereiche der Wasserpflanzen zu gelangen. Es ist vorteilhaft, ein leichteres

Boot zu benutzen, das ein schwerer Waller hinter sich herziehen kann, was ihn rascher ermattet. Mit Ruhe und Kaltblütigkeit erreicht man schließlich auch sonst die allmähliche Ermüdung des Fisches, der, dank seinem fleischigen Rachen, sich nicht losschlagen kann wie ein Hecht.

Auffallend ist es, daß der gesellig und anscheinend mit seinesgleichen friedfertig lebende Waller in der Gefangenschaft im engeren Fischkalter kampflustig wird, seine Mitgefangenen lebhaft befeindet und ihnen schwere Hautverletzungen beibringt. Er greift von einer gewissen Größe ab sogar den Menschen an, der seine Hand plätschernd in den Behälter steckt. In einen Stock, mit dem man das Wasser aufrührt, verbeißt er sich ebenfalls. Zum Glück hat der Waller kein scharfes Hechtgebiß, seine Hechelzähne sind zu schwach und nicht geeignet, Verletzungen ernstlicher Art beim Menschen zu erzeugen.

Die Rutte oder Quappe. *Lota vulgaris.*

(Aalquappe. Aalrutte. Trüsche. Burbott oder Eel Pout. Lotte.)

Die Rutte.

Die Rutte oder Quappe ist der einzige Vertreter der Anacanthinen oder Weichflosser in unserem Süßwasser, weil alle ihre Flossenstrahlen weich und gegliedert sind. Sie ist ebenso der einzige Repräsentant der Schellfische oder Gadiden im Süßwasser und besitzt als solcher zwei Rückenflossen und kehlständige Bauchflossen. Am Kinn zeigt die Rutte einen Bartfaden, ihre Afterflosse ist auffällig lang, ihre Schuppen sehr klein und nicht dachziegelförmig einander deckend, sondern wie beim Aal nebeneinander liegend.

Der Körper ist gestreckt und zylindrisch, der Schwanz seitlich zusammengedrückt, das Maul sehr breit und groß, die Zähne klein. Rücken und Seiten sind olivgrün gefärbt und schwarz marmoriert, Kehle und Bauch sind weißlich.

Die Rutte ist ein sehr gefräßiger Raubfisch, der sich von Fischen und sonstigen im Wasser lebenden Tieren ernährt und besonders gerne dem Laich anderer Fische nachgeht. Sie laicht in den Monaten Dezember und Januar. Die Ablage ihrer nur 1 mm großen Eier,

von denen ein 2 Pfd. schweres Exemplar etwa 1 Million besitzt, ist
bisher noch nicht beobachtet worden, obwohl der Fisch sehr verbreitet ist und in allen Flüssen und Seen, besonders an tiefen Stellen,
auf dem ganzen Kontinent (selten aber in England) vorkommt.

Die Rutte ist einer der gefährlichsten Fische für den Heger,
und da sie nur des Nachts auf Raub ausgeht, wird sie äußerst selten
an der Handangel gefangen. Am ehesten hat man noch Erfolg an
Faschinenbauten oder Steindämmen mit dem Bodenblei und Wurmköder, Schluckpfrillen oder anderen toten Köderfischen, wenn es
schon zu dunkeln beginnt.

Dr. Winter hat in gut mit Quappen besetzten Flüssen große
Erfolge mit der Handangel bei dunkler Nacht erzielt und ist es daher
empfehlenswert, in seiner Abhandlung über die »Grundangel als
feiner Sport« sich über seine Methode zu informieren.

Die möglichste Vertilgung des für den Laich, die Brut und
die jüngeren Jahrgänge der Edelfische gleichmäßig gefährlichen
Raubfisches soll dem Sportfischer ebenso am Herzen liegen, wie
die Vertilgung der Fischotter und anderer warmblütiger Fischfeinde.
Es empfiehlt sich daher für ihren Fang die Anwendung von Legangeln und Reusen; am sichersten ist wohl die Legangel, sie hat
nur in Forellenwässern den Nachteil, daß sich auch gerne Forellen
daran fangen, weshalb dort die Reuse vorzuziehen ist.

Besonders gefährlich ist die Rutte der Saiblingsbrut, denn sie
lebt in Gebirgsseen oft in Tiefen von 20 bis 40 m und darüber,
gerade mit Vorliebe an den kiesigen oder felsigen Stellen, die als
Standplätze der Saiblinge bekannt sind, wird aber nebenbei häufig
in den Schiffhütten oder Steindämmen am Ufer angetroffen.

Unbegreiflich ist es, daß es eine ganze Anzahl von Fischereiverord-
nungen gibt, welche für die Quappe noch eine Hegezeit vorschreiben.

Der Aal. *Anguilla vulgaris.*

(Eel. Anquille.)

Der Aal ist unter allen mitteleuropäischen Süßwasserfischen
leicht an seinem schlangenähnlichen, vorne drehrunden, hinten
seitlich abgeplatteten Körper zu erkennen, dessen schlüpfrige Haut
mit ganz winzigen und so tief steckenden Schuppen versehen ist,
daß dieselbe nackt erscheint. Ihm fehlen, wie allen seinen Familien-
genossen, den Muraeniden, die Bauchflossen. Seine Rücken-
und Afterflosse sind auffallend lang und gehen unmittelbar in die
zugespitzte Schwanzflosse über. Vor den Brustflossen liegt die
sehr enge Kiemendeckelspalte.

Seine Farbe ist am Rücken meist dunkelolivgrün bis blau-
schwarz, die Seiten werden heller, der Bauch gelbweiß. Solche
auch als Gelbaale oder Sommeraale bezeichnete Fische sind
junge Aale, welche, sowie ihre Laichzeit herannaht, ihre Farbe
wechseln und ein Hochzeitskleid annehmen, wobei der Bauch
silbern wird, während auf den Seiten ein goldiger Streif durch die
Haut schimmert und die Brustflossen sich hinten mehr zuspitzen

und dunkler bläulich werden. Solche Aale heißen auch Silberaale
oder Reusenaale. Auch die Kopfform ist bei den jüngeren Gelb-
aalen verschieden von den Silberaalen. Bei ersteren schauen die
kleinen Augen mehr nach oben, und von oben gesehen ist der Unterkiefer an den Seiten des Kopfes in seinen Konturen erkennbar, bei
den Silberaalen dagegen sind die größeren Augen mehr seitlich
gestellt, so daß sie den Außenrand des Unterkiefers bei der Ansicht
von oben verdecken.

Der Aal ist ein Raubfisch, der von Fischen, Würmern, Kreb-
sen, Insektenlarven, Schnecken lebt, mit besonderer Vorliebe aber
Fischlaich verzehrt und auch dem Flußkrebs mit Erfolg nachstellt.
Er sucht seine Beute des Nachts, während er sich am Tage im

Der Aal.

Schlamm versteckt hält und nur den Kopf daraus hervorstreckt.
Der Aal findet sich in allen weichgründigen europäischen Gewässern
mit Ausnahme der zum Schwarzen und Kaspischen Meer fließenden
Ströme. Schnellströmende Flüsse und Bäche mit steinigem Untergrund meidet er. Der Aal ist imstande, wenn das Wasser seines
Aufenthaltsortes verdorben wird, oder wenn er in Gefangenschaft
gehalten wird, auszuwandern und dabei auch über Land zu gehen.
Normalerweise verläßt er das Wasser nicht; die Behauptung, daß
er nachts in die Erbsenfelder ginge, ist eine Fabel.

Über die Fortpflanzung des Aals, mit welcher sich die Ge-
lehrten seit den Zeiten des Aristoteles abgemüht haben, ist erst in
der neuesten Zeit durch die Forschungen der italienischen Zoologen
Grassi und Calandruccio Aufklärung gebracht worden. Auch haben
die erst vor wenigen Jahren durchgeführten Untersuchungen des
dänischen Zoologen W. Schmidt zur Aufdeckung der Laichplätze
der nordeuropäischen Aale geführt.

Seit alten Zeiten wußte man, daß im süßen Wasser sich nur
die größten, zuweilen über 1 m langen und mehrere Pfund schweren
Aalweibchen aufhalten, während man die Aalmännchen lange Zeit
überhaupt nicht kannte; sie wurden erst zu Anfang der 70er Jahre
aufgefunden. Die letzteren halten sich der Hauptsache nach an
den Küsten der Meere auf und steigen von hier nur in die unteren
Läufe der Flüsse, bis etwa 150 km von der Mündung; in kürzeren

Strömen, wie z. B. in den Flüssen Dänemarks, kommen sie daher im ganzen Stromlauf vor. Gegen den Herbst wandern die Weibchen in großen Scharen aus dem Süßwasser ins Meer, wobei sie dann gewöhnlich in den ständigen Aalfängen, besonders an Mühlen, massenhaft gefangen werden. Der berühmteste und größte derartige Aalfang der Welt ist in der Nähe der Pomündung be Commacchio. Am Un-

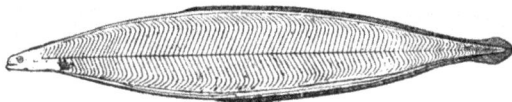

Fig. 254. Aallarve.

terlauf und an der Meeresküste vereinigen sich die Weibchen mit den hier vorhandenen Aalmännchen und wandern nun mit diesen in die Tiefen des Meeres. An der unteritalienischen Küste suchen sie die Tiefen bis zu 800 m auf, wobei sich das Auge der Fische noch stärker vergrößert wie zu Beginn der Laichzeit, wenn sie ihr Hochzeitskleid anlegen. Die nordeuropäischen und besonders die deutschen Aale, welche in den zur Nord- und Ostsee fließenden Flüssen wohnen, wandern durch diese Meere bis in den Atlantischen Ozean, wo sie im Westen von England und Frankreich in einer Tiefe von ca. 1000 m bei einer Wassertemperatur von ca. 7° C ihrem Laichgeschäft obliegen. Am Grunde des Meeres findet die Laichablage statt, die naturgemäß nicht beobachtet werden kann. Aus den abgelegten Eiern entwickeln sich nun nicht sofort direkt Aale, sondern zuerst Aallarven, welche man schon früher unter dem Namen Leptocephalus brevirostris beschrieben hat (Fig. 254). Dieselben sind glashell, durchsichtig, seitlich stark zusammengedrückt, mit einem ganz kleinen, aalähnlichen Köpfchen versehen, ohne rotes Blut und auch sonst im Bau vom Aale sehr abweichend. Diese Larven leben am Grunde des Meeres und werden nur bei starken Stürmen gelegentlich an die Oberfläche gerissen. Sie halten sich hier ein volles Jahr lang auf, um sich dann zu verwandeln, indem sie sich abrunden und bis auf 7 cm Länge verkürzen, ihre Durchsichtigkeit durch Ablagerung von Pigmenten verlieren, rotes Blut bekommen, kurz die Form und Gestalt des erwachsenen Aales annehmen. Während dieser Metamorphose wandern nun die jungen, gewöhnlich als Montée bezeichneten Aale in ungeheuren Scharen aus dem Meere ins süße Wasser, wo sie in südlichen Flüssen, z. B. an den Küsten Italiens und Frankreichs, schon in den Monaten Februar und März, in den nördlichen Flüssen in den späteren Monaten, April, Mai und Juni, erscheinen. Unaufhaltsam dringen sie dann stromaufwärts vor, nach jedem Seitenstrom zweigt sich ein Teil ab; jedes Hindernis, wie Wehre, Überfälle, wird überwunden, bis die jungen Aale sich in die äußersten Verzweigungen der Flüsse und die damit in Verbindung stehenden Seen und Teiche verbreitet haben, um hier heranzuwachsen. Da bei den aufsteigenden Aalen ein Unterschied der Geschlechter noch nicht zu beobachten ist, während man später bei den Erwachsenen im Oberlauf unserer Flüsse und den dazu gehörenden Seen nur Aalweibchen oder ausnahmsweise bis zu 5% Aalmännchen vorfindet, so ist es wahr-

scheinlich, daß die Männchen, welche auch im Süßwasser herangewachsen sein müssen, schon früher, etwa im Sommer, wie das
in Dänemark beobachtet wurde, abwärts wandern. Diese Sommer-
wanderungen der Männchen könnten infolge der Kleinheit derselben
der Beobachtung entgangen sein, weil auf kleine Aale selten Fanggeräte gestellt werden.

Daß der Aal auch im süßen Wasser laicht, ist zwar oft behauptet, aber bisher noch niemals bewiesen worden, jedenfalls
sind noch niemals junge Aale unter einer Länge von 7 cm im süßen
Wasser gefunden worden. Trotzdem daß diese Tatsachen unverrückbar bewiesen sind, erscheinen immer wieder Artikel in Fischereizeitungen, welche beweisen wollen, daß der Aal auch im Süßwasser
laicht.

Da der Aal nur in den großen Tiefen des Meeres seine volle
Laichreife erreicht, erklärt es sich auch, warum derselbe im Donaugebiete fehlt. Es ist nämlich, wie neuere Forschungen erwiesen
haben, das Wasser des Schwarzen Meeres unter 200 m mit Schwefel-
wasserstoff so stark vergiftet, daß in dem Wasser kein Tier- und
Pflanzenleben möglich ist; nur Schwefelbakterien sind die einzigen
Bewohner dieser Tiefe, während die Oberfläche von zahlreichen
Tieren bevölkert wird. Die zum Laichen in das Schwarze Meer
absteigenden Aale müßten hier also auf vergiftetes Wasser stoßen
und entweder zugrunde gehen oder, ohne ihr Laichgeschäft zu
vollziehen, umkehren.

Der Aal kommt im Donaugebiete, obwohl seine Aussetzung
meist von Erfolg begleitet war, doch zu selten vor, als daß es sich
verlohnen würde, eigens darauf zu angeln. In den übrigen Flußgebieten Mitteleuropas, wie in England, wird sein Fang manchmal
mit Erfolg betrieben, ein eigentlicher Sportfisch ist der Aal jedoch
nicht, da er, wie erwähnt, meist nachts auf Raub ausgeht. Man
kann ihn daher am Tage nur dann zum Anbiß bringen, wenn man
zufällig die Stelle errät oder auskundschaftet, wo er im Schlamm usw.
verborgen liegt. Am meisten hat man noch Aussicht auf einen Biß,
wenn die Flüsse durch starke Regengüsse getrübt sind und vor oder
nach einem Gewitter. Die sichersten Stellen sind immer Einmündungen von Schwemmkanälen, besonders von Metzgereien.

Man ködert am besten einen großen Tauwurm an einen entsprechenden Haken oder eine Schluckpfrille (s. S. 187) und läßt
dem Aal genügend Zeit, sie zu verschlingen. Man verwende keine
Zeit, ihn von der Angel zu lösen, sondern schneide Poil oder Schnur
direkt an der Mundöffnung ab.

In England sind zwei originelle Angelmethoden im Gebrauch,
die auch v. d. Borne in seinem Taschenbuch beschrieben hat: mit
dem Wurmknäuel und mit der Stopfnadel. Die erstere ist
übrigens auch in manchen Orten Norddeutschlands sehr beliebt
und unter dem Namen Aalpodder bekannt.

Der Wurmknäuel wird auf folgende Weise hergestellt: Man
verschafft sich zuerst 50 bis 100 Tauwürmer und einen Wollfaden
und reiht die Würmer mit Hilfe einer feinen Ködernadel der ganzen

Länge nach bandförmig auf, dann wickelt man sie über die Hand
zu einem Knäuel, den man schließlich mit Bindfaden zusammen-
bindet. Der Knäuel wird dann mittels einer starken Schnur
an eine Bohnenstange gebunden und versenkt. Fühlt man
einen Anbiß, dann zieht man sachte auf und hebt den
Aal, der sich in dem Wollfaden verbissen hat, mit aller
Vorsicht über den Bootrand. Man sei darauf bedacht,
daß der Aal ja nicht daran anstreift, sonst schlägt er sich
sofort los. Im Boote hat man ein Gefäß mit Wasser bereit, in das man den Aal fallen läßt. Manchmal hängen
gleichzeitig mehrere Aale und kann der Fang unter Umständen sehr erfolgreich sein. Sehr gute Angelstellen sind
in Seen die Mündungen kleiner, durch Regen angeschwol-
lener und schmutzigtrüber Bäche.

Die zweite Methode, welche in England »Sniggling«
genannt wird, der Fang mit der Stopfnadel, ist ein
Zeitvertreib, dem man sich in den heißen Tagesstunden,
wo man doch nichts anzufangen weiß, hingeben kann.

Fig. 255.

Das Zeug besteht nur in einer Stopfnadel an Stelle des
Angelhakens, einer Schnur und einer leichten, dünnen Haselnußgerte
von etwa 1½ bis 2 m Länge. Zuerst wird die Schnur, welche nicht
zu dick sein darf, an die Angel gewunden (Fig. 255), dann ein großer
Tauwurm so über Schnur und Nadel gezogen, daß die Spitze der
letzteren noch ein wenig sichtbar wird. Hierauf sticht man die
Nadelspitze so in die Gerte, daß der Wurm in gerader Linie absteht, nimmt die Schnur in die eine, die Gerte in die andere Hand
und bringt den Wurm in die Ritzen und Spalten zwischen Steine
oder versunkenes Holz, wo man die Schlupfwinkel der Aale vermutet. Sobald ein Aal den Wurm packt, zieht man den Stock
sachte zurück und läßt jenem Zeit, den Wurm zu verschlucken.
Nach 1 bis 2 Minuten zieht man an, worauf sich die Nadel im Fisch-
magen quer stellt. Bei dem nun entstehenden ungleichen Kampfe
hat man nur die eine Regel zu beobachten, alles Zerren und Reißen
zu vermeiden; man ziehe aber gleichmäßig stramm an, und der Aal
wird schließlich sicher aus seinem Versteck befördert.

Will man einen Aal lebend im Fischlagel oder in einem Korbe
verwahren, dann bringe man zuerst den Schweif durch die Öffnung,
der übrige Körper wird sicher nachfolgen; verschließt man die
Öffnung aber nicht, dann wird er sich auf die gleiche Weise, Schweif
voraus, der Gefangenschaft zu entziehen trachten.

Getötet wird der Aal, indem man ihn in der Nähe des Kopfes
und Schweifes durch einen raschen Griff mit beiden Händen packt
und mit aller Wucht flach auf den Boden schleudert. Kann man
seine Hände vorher mit Sand oder Erde einreiben, dann hat man
noch ein leichteres Spiel. Nur durch eine gleichmäßige Erschütterung des ganzen Rückenmarkes gelingt es überhaupt, ihn a tempo
zu betäuben, alle anderen Methoden taugen nichts, weshalb ich
sie unerwähnt lasse.

D. Die karpfenartigen Fische (Cypriniden).

Der Karpfen. *Cyprinus carpio.*
(Carp. Carpe.)

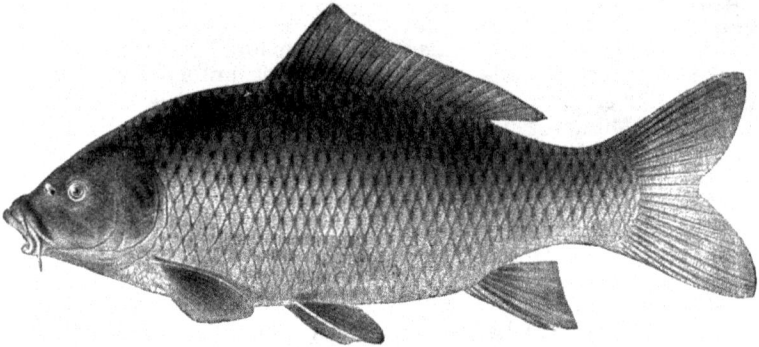

Der Schuppenkarpfen.

Der Karpfen gehört zur Familie der Cypriniden, d. h. derjenigen Fische, welche nur Zähne auf dem unteren Schlundknochen besitzen, während alle die Mundhöhle begrenzenden Knochen zahnlos sind. Der Karpfen ist in Mitteleuropa der einzige Vertreter seiner Gattung. Er ist leicht daran zu erkennen, daß er vier Bartfäden an der Oberkinnlade trägt, eine auffallend lange Rückenflosse besitzt und je fünf Zähne auf dem unteren Schlundknochen zeigt, die in drei Reihen zu 1, 1 und 3 gestellt sind.

Sein Körper ist seitlich zusammengedrückt und mehr oder minder langgestreckt, ebenso bald mehr, bald weniger hochrückig. Die im freien Wasser, besonders in Flüssen, lebenden Karpfen sind meist flach und langgestreckt, während Teichkarpfen zuweilen ganz kurz und hoch gebaut erscheinen, so daß sie die Form einer Karausche annehmen. Die Karpfenzüchter unterscheiden nach diesem Merkmale bestimmte Rassen, so z. B. den Franken-, Aischgründer, Böhmischen, Galizischen, Lausitzer Karpfen u. a.

Der Körper ist beim freilebenden sog. Schuppenkarpfen mit Schuppen bedeckt. In Teichen verliert sich das Schuppenkleid entweder ganz oder nur teilweise. Solche schuppenlose Karpfen nennt man Lederkarpfen und unterscheidet von diesen die Spiegelkarpfen, bei denen nur einzelne, dafür aber starkvergrößerte Schuppen vorkommen, die meist längs dem Rücken eine Reihe bilden, aber auch regellos zerstreut über den ganzen Körper vorkommen.

Die Farben des Karpfens wechseln stark. Der Rücken ist dunkel, blaugrau, grüngrau oder bräunlich, die Seiten und der

Bauch heller, häufig gelb gefärbt, zuweilen moosgrün. Die Flossen mit Ausnahme der Rückenflosse haben oft einen rötlichen Anflug, ebenso die wulstigen Lippen. Die Schuppen sind an ihrem Hinterrand schwärzlich gesäumt.

Der Karpfen soll ein Alter von 100 bis 150 Jahren erreichen. Seine Fruchtbarkeit ist eine fabelhafte, bei einem 16 Pfd. schweren Fische wurden über 2 Millionen Eier gezählt!

Der Karpfen ist ein Allesfresser, der tierische Kost, wie Insektenlarven, Würmer, Schnecken, Krebse und ähnliches zwar vorzieht, pflanzliche Nahrung aber nicht verschmäht.

Der Fisch laicht im Mai und Juni; er klebt seine Eier an Wasserpflanzen, die Entwicklung dauert ca. 1 Woche. In der freien Natur

Der Spiegelkarpfen.

laicht der Karpfen oft nicht, noch häufiger geht seine Brut zugrunde, so daß in offenen Gewässern ein reicher Karpfenbestand nur ausnahmsweise, meistens nur in Altwässern vorkommt.

Der Karpfen ist wahrscheinlich in Deutschland nur im Donaugebiete heimisch gewesen, wo er längs des Unterlaufs der Donau, z. B. in Rumänien, in riesigen Quantitäten gefangen wird. Die weitverbreitete Ansicht, daß er aus Kleinasien stamme und im Mittelalter durch die Kreuzfahrer nach Europa gebracht worden wäre, ist irrtümlich, fand man doch schon im Hohlefels in der schwäbischen Alb gleichzeitig mit Mammut und Wildpferd sowie in den Schweizer Pfahlbauten zahlreiche Überreste von Karpfen. Kassiodor, der Geheimschreiber Theodorichs des Großen, mahnte um das Jahr 510 dessen Provinzstatthalter, die königliche Tafel fleißiger mit dem in der Donau lebenden Fisch »Carpa« zu versorgen. Auch ist es historisch beglaubigt, daß auch Karl der Große bereits seine Vögte zur Anlegung von Karpfenteichen aneiferte.[1]) Nach

---

[1]) Einer meiner Kritiker namens R. Zaunik, der sich selbst als Fischereihistoriker ausgibt, hatte die Unverfrorenheit, in der Kritik der 3. Auf-

dem Nordosten ist der Karpfen aber bestimmt durch die Teichwirtschaft der Mönche im Mittelalter eingeführt worden, wodurch er überhaupt seine allgemeine heutige Verbreitung erfahren hat. In Nordamerika, wo er auch eingesetzt wurde, hat er sich auch in offenen Gewässern so ungeheuer vermehrt und andere edlere, insbesonders Sportfische verdrängt, daß er als eine zum größten Leidwesen der Amerikaner unausrottbare Land- oder besser gesagt: Wasserplage angesehen wird.

Der Karpfen ist, wenn er ein bestimmtes Alter erreicht hat, wohl einer der scheuesten und vorsichtigsten Fische, und es gehört schon ziemlich Übung und Erfahrung dazu, seiner habhaft zu werden. Man fängt ihn in seltenen Fällen auf das Geratewohl an der Grundangel, während man anderen Fischen nachstellt. Beabsichtigt man aber, speziell auf Karpfen mit Erfolg zu angeln, so ist ein vorhergehendes Anfüttern mit Grundködern sehr vorteilhaft.

Als Grundköder werden wohl am meisten halb gargekochte Kartoffeln, altes Brot und alter Käse, keimendes Getreide, Reps- und Mohnkuchen, Blut, Küchenabfälle usw. verwendet; sehr empfohlen werden auch eiergroße Kugeln aus Hafermehl und Kleie mit etwas Lehm vermischt. Vorzüglich wirksam ist das von der Meeresküste bezogene Garnelenmehl.

Will man von heute auf morgen sich seine Karpfen heranlocken, dann mischt man am besten Brot, Käse und alle möglichen Küchenabfälle inkl. Knochen in einem feinmaschigen, mit einem Stein beschwerten Netzsack und versenkt diesen oder eine helle Glasflasche mit Regenwürmern wasserdicht zugekorkt, auf den Grund, um am nächsten Tage unmittelbar daneben zu angeln.

Bei regelmäßiger Anfütterung der Karpfen kann man im hellen Wasser deutlich beobachten, wie zuerst das vorwitzige Volk der Weißfische, Rotauen usw. sich auf das Futter stürzt, dann nahen die jungen Karpfen unter 2 Pfd. und, endlich, wenn sie sich überzeugt haben, daß keine Gefahr droht, die dunkeln Schatten der großen Exemplare, die anfangs schnell sich auf einen Brocken stürzen; um ebenso schnell wieder zu verschwinden, bis sie schließlich immer vertrauter kommen.

Außer der besonderen Vorsicht und Bedachtsamkeit der großen Karpfen sind es hauptsächlich zwei Umstände, die ihren Fang

---

lage diese, aus der Feder des leider verstorbenen Professors Dr. Hofer stammenden Sätze lächerlich zu machen. Professor Hofer hat bekanntlich (siehe Vorrede zur 1. Auflage) die systematischen Merkmale der einzelnen Fische verfaßt und diesen Satz bereits der 2. Auflage eingefügt. Der übelwollende Kritikus gibt mir nun den hämischen Rat, in Zukunft historische Einflechtungen zu unterlassen, da ich dafür gar nicht kompetent sei. »Er sei geradezu froh, daß nicht an anderen Stellen Geschichtliches auftauche, was wohl, wie dieses krause, neubearbeitete »Zeug«, von demselben dürren Baum historischer Erkenntnis gepflückt worden wäre.« Die Blamage dieses Herrn Historikers besteht nun darin, daß die Österr. Fisch.-Zeitung vom 1. Okt. 1918 einen langen Artikel zur Geschichte des Karpfen bringt, in dem nach Franz Pflüger nicht nur Hofers Einschaltungen Wort für Wort bestätigt, sondern auch ausführlich weiter ausgearbeitet waren.

so schwierig machen: einmal der, daß der Köder meist von den vorwitzigen kleineren Fischen, die den Futterplatz in Scharen umschwärmen, zuerst genommen und zerstört wird, und dann die Notwendigkeit, den Köder am Grunde anzubieten, dort, wo der Karpfen gewohnt ist, seine Nahrung aufzunehmen. Nun ist aber der Grund meist mit Pflanzen so dicht bewachsen oder schlammig, daß der Köder einsinkt und sich den Blicken des Karpfens entzieht.

Nach meinem Dafürhalten haben in den Seen oder Altwässern daher folgende zwei Methoden die meiste Aussicht auf Erfolg, die eine im trüben, die andere im hellen Wasser:

Im trüben Wasser das Einlegen eines Netzsackes über Nacht. Waren große Karpfen in der Nähe, dann sind sie am frühen Morgen damit beschäftigt, mühsam und stückchenweise sich das Futter aus dem Sack zu zerren. Man nahe sich bei Tagesanbruch vorsichtig vom Ufer aus oder noch besser mit dem Boote der durch ein schwimmendes Hölzchen kenntlich gemachten Stelle und versenke die Angel mit weitem Wurf aus sicherer Ferne in der unmittelbaren Nähe des Netzsackes. Am Vorabend muß man sich die Tiefe so genau ausgelotet haben, daß der Köder möglichst genau an den Boden kommt.

In hellem Wasser aber, das noch bei einer Tiefe von ca. 3 m durchsichtig ist, reinigt man etwa 1 qm durch Herausreißen der Moosdecke mittels eines schweren eisernen Rechens oder einer Hakenstange. Dann füttert man die Karpfen noch etwas näher an das Ufer heran.

Nach einigen Tagen, wenn die Anfütterung gelungen ist, versenkt man an die geglättete Stelle seinen Köder. Gleichzeitig bietet man den kleinen Fischen Brotkrumen oder etwas Garnelenmehl an, damit sie den Köder ungeschoren lassen. Erst wenn dieser unbehelligt am Boden liegt, wird das gewohnte Futter für die Karpfen eingeworfen. Ratsam ist es, auf dem gereinigten Boden außer dem Köder noch 20 bis 30 cm Poil aufliegen zu lassen.

Als Köder benutzt man Tauwürmer, alten Käse, Brotkügelchen, mit Honig durchknetet, oder halbgare Kartoffel usw., nachdem man vorher die gleichen Stoffe als Grundköder eingeworfen hat. Am besten ist es, wenn man bei Tagesanbruch zur Stelle ist. Da der Karpfen nicht eigentlich beißt, sondern die Nahrung einschlürft, darf er nicht den geringsten Widerstand merken.

Man bedient sich am besten einer langen Grundgerte, um die Möglichkeit zu haben, mit der Spitze senkrecht über dem Floß zu bleiben. Das übrige Zeug muß fein und stark sein, die Angel sowohl wie das Vorfach soll nur aus einfachem, aber starkem Poil bestehen. Das letztere wird am besten grün oder braun, je nach der Wasserfarbe gefärbt; das Poil an der Angel soll die Farbe des Bodens haben.

Bezüglich der Größe der Angelhaken sind die Ansichten verschieden. Die einen sind für große, die anderen wegen der Kleinheit des Karpfenmaules für kleine Haken. Das richtige ist jedenfalls, den Haken dem Köder entsprechend groß zu wählen, für Wurm einen Rundhaken Nr. 5—8, für Pasta einen kleineren mit kürzerem

Stiel. Es wird geraten, den Stiel für Wurmköder rot, für Pasten weiß zu bemalen.

Es dürfte sich auch empfehlen, in Anbetracht der außerordentlichen Vorsicht der Karpfen, besonders aber wenn das zu befischende Wasser klar ist, schon am Vorabend das Angelzeug zusammenzustellen und den vorher gewässerten Poilzug nebst Angel zu strecken, damit diese am folgenden Tage ganz senkrecht und nicht in ominösen Schlangenwindungen herabhängt.

Man benutze so wenig Blei als möglich und dementsprechend das kleinste, unscheinbarste Floß, eventuell nur einen kleinen Zweig, um den Karpfen so wenig wie möglich mißtrauisch zu machen. In Flüssen, wo die Strömung die unbeschwerte Angel mit forttragen würde, oder bei windigem Wetter in Seen braucht man natürlich mehr Beschwerung.

Auch bezüglich des Anhiebes gehen die Meinungen auseinander Die einen empfehlen den Anhieb bei der unscheinbarsten Bewegung des Floßes und behaupten, daß eine leise Drehung des Floßes um seine Achse den Anbiß gerade der schwersten Karpfen anzeige. Andere raten, erst abzuwarten, bis das Floß fortbewegt wird. Es geht daraus hervor, daß der Karpfen sich je nach Rasse und Wasser anders verhält. In dem einen ist er eben träge und langsam, im andern wieder rascher im Anbiß.

Am meisten Aussicht auf Erfolg hat man in den frühen Morgenstunden; spät abends kann man sein Heil noch einmal versuchen. Ratsam ist es natürlich, mehrere Futterplätze zu errichten, um die Angelstellen wechseln zu können.

Wer vom Ufer oder vom Floßholz aus angelt, kann seine Chancen erhöhen durch gleichzeitiges Auslegen mehrerer Gerten nebeneinander. Die Gerten werden in praktischer Weise durch zwei in den Boden gesteckte, aus Ästen zugeschnittene Hölzer gehalten, von denen eines die Form eines Y, das andere eines ⅄ hat. Man breitet bei gehemmter Rolle nach dem Wurf 3 bis 4 m Schnur in Schlingen am Boden aus, zieht sich dann vom Ufer zurück und wartet in einiger Entfernung ruhig ab, bis sich etwas rührt. Sobald die Schnur in Bewegung kommt, schleicht man sich, am besten kriechend, nach der Gerte, um den Anhieb rechtzeitig ausführen zu können. Überhaupt sei man außerordentlich vorsichtig im Auftreten, die kleinste Erschütterung des Bodens verjagt den Karpfen.

In Flüssen wie in Seen kann man auch das Bodenblei oder die Grundangel mit festliegendem Floß in Anwendung bringen, vorausgesetzt, daß der Boden nicht schlammig und dicht bewachsen ist. Eine altbewährte, bereits von Isaak Walton beschriebene Methode des Karpfenfangs besteht in folgendem:

An eine Endleine aus feinem Poil wird ein größeres Bleischrot ca. 20 cm oberhalb der Angel angesplißt. Dann lotet man mit diesem die Tiefe aus und stellt das kleine Floß so, daß es eben noch ein wenig untertauchend sich schief aber nicht senkrecht stellt. Die Angel mit dem Köder liegt dann flach auf dem Boden, und ein angeköderter Wurm hat die Möglichkeit, soweit herumzukriechen, als ihm das Schrot Spielraum läßt, was den argwöhnigen Karpfen

in unverdächtiger Weise sehr anreizen muß. Sinkt nach einem
Anbiß das Floß unter, dann warte man ruhig ab, bis es weiter segelt.
Man lasse sofort Schnur ungehemmt abziehen und beeile sich nicht
mit dem Anhieb. Der Anhieb soll weich sein, gefolgt von einem
strammen Halten der Gerte. Man hüte sich aber dann, gleich
stramm anzuziehen oder an der Angel zu zerren, sonst macht der
Fisch einen gewaltigen Schlag und ist meistens verloren.

Bickerdyke, dem ich, wie schon erwähnt, manche Anregung
für den Fang der gemeinen Fische verdanke, empfiehlt dazu als
Köder ein Stückchen einer halbgargekochten Kartoffel. (Eine
haselnußgroße, ganze Kartoffel, wie sie bei der Kartoffelernte
zwar häufig vorkommt, wegen ihrer Kleinheit aber kaum als Saat-
kartoffel berücksichtigt wird, dürfte noch besser sich eignen!) Als
Angel dient ein kleiner Drilling. Die Poilschleife wird mittels einer
Ködernadel quer durch die Kartoffel geführt und der Drilling ganz
darin vergraben. Man braucht sich mit dem Anhieb dann nicht zu
beeilen. Angelt man ohne Floß, dann kann man nicht vorsichtig
genug im Nachlassen der Schnur sein, sobald ein Fisch gebissen hat.
Merkt der Karpfen das geringste Hindernis während des Anziehens,
dann läßt er sofort den Köder fahren. Selbst bei ungesperrter
Nottinghamrolle tritt beim Abziehen des Fisches eine kaum fühl-
bare Hemmung ein, die aber genügen kann, um den Karpfen mißtrauisch zu machen. Es empfiehlt sich daher, wie oben erwähnt,
die Schnur in Schlingen auf den Boden zu legen.

Sehr beachtenswert und Erfolg versprechend scheint mir eine
von Otto Overbeck empfohlene Fangmethode zu sein, die in folgendem besteht:

Ein feiner, nach dem Untergrund gefärbter Poilzug von 1 m
Länge, an dessen Ende ein flaches Blei (a) angebracht ist, wird mit
2 Seitenangeln ausgestattet, die zwischen je 2 kleinen Bleischroten (cc)
im rechten Winkel angeknüpft sind. Die Seitenangeln, welche unter
sich 30 cm Abstand haben, haben dieselbe Länge und sind am
Ende mit kleinen Drillingen versehen (Fig. 256). Als Köder dient
eine mit reinen Händen gut mit Honig durchgeknetete Paste, die
auch über die Schrote geknetet wird. Die Drillinge müssen ganz
in der Paste eingehüllt sein und werden vor dem Auswurf noch in
Honig getaucht. Von einer weichen Gerte, eventuell sogar Fluggerte und Weitwurfrolle, wird nun das Blei auf größere Entfernung
dem vermutlichen Standort der Karpfen entgegengeschleudert. Man
merkt sich genau die Stelle, wo das Blei eingefallen ist, und wirft
dann von Zeit zu Zeit Grundköder in dieser Richtung. Mit Hilfe
von Gabel und Haken (s. S. 332) befestigt man dann die Gerte
am Ufer, so daß die Schnur nicht fibriert. Man legt sich dann ruhig
in das Gras und wartet längere Zeit, selbst stundenlang, wobei man
sich zweckmäßigerweise mit Lesestoff versehen haben sollte.

Aber nicht nur Bickerdyke, sondern viele Karpfenspezialisten
benützen mit Vorliebe Kartoffeln als Köder. Dr. Winter ist gegen
die Drillinge, als zu schwach für schwere Karpfen, eingenommen
und empfiehlt besonders den Gladiahaken (s. seine Anköderung in
seinem Werkchen).

Ein großer Karpfen hat die Gewohnheit, nach dem Anhieb mit aller Kraft sich in den Schlamm oder das Moos zu wühlen. Man bemüht sich mit strammem Zug, soweit man es ohne Gefahr für seine Angel riskieren kann, ihn davon abzuhalten. In anderen Fällen steuert er mit Gewalt dem nächsten Schilfe oder Krautbette zu. Nun handelt es sich darum, was das Zeug hält, den Fisch zu forcieren, denn gelingt ihm sein Vorhaben, dann ist er fast immer verloren. Es gibt da nur ein Rettungsmittel, das man versuchen kann, die Schnur zwischen Gertenspitze und Fisch so gestreckt nach oben

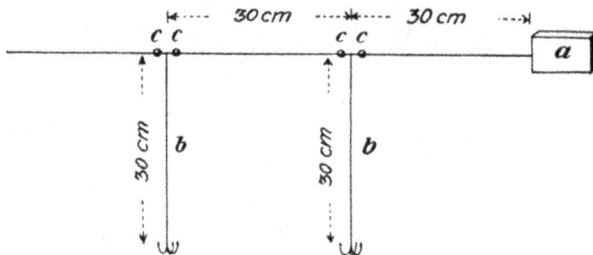

Fig. 256.

zu halten, daß sie womöglich die Pflanzen durchschneidet. Gerät sie unter die Krautbetten, dann ist es gewöhnlich zu spät. Am ersten geht man der Gefahr dadurch aus dem Wege, daß man die Futterplätze nicht zu nahe an solch gefährlichen Stellen errichtet.

Ich habe meine meisten Erfolge auf Karpfen dem gelegentlichen Fang mit der Fluggerte zu verdanken. Marston-Croßlé-Rolle, feinste Seidenschnur, feiner Poilzug von 1 m Länge, Perfekthaken Nr. 6 und eine Bleikugel von 6 mm Durchmesser mit weiter Bohrung, wie sie beim festliegenden Floß S. 120 beschrieben ist (jedoch ohne Floß), vervollständigen die Ausrüstung. Köder: Wurm oder Maden. Am liebsten ködere ich zwei gut gereinigte Rotwürmer, von denen der eine zuerst so bis in das Poil hinauf geführt wird, daß die beiden Enden frei beweglich sind. Ist der zweite Wurm auch mit beweglichen Enden über den Angelhaken geschoben, wird der Wurm Nr. 1 dicht darauf herabgezogen. Ist dann der Wurmköder mit aller Vorsicht ausgeworfen, so verhalte ich mich so wie oben beschrieben. Habe ich einen Karpfen dingfest gemacht, so drille ich ihn, womöglich den Griff zeigend, so, daß ich ihn noch während des tollsten Kampfes mit einem langstieligen Gaff in der Hand erreichen kann, was mir dann meistens im Verlauf einiger Minuten gelingt. Der Karpfen ist bei seinen zählebigen Eigenschaften auch mit starkem Zeug nicht so schnell müd zu kriegen, aber mit der Fluggerte komme ich zum blitzschnellen Gaffen näher heran.

Das Angeln auf den Karpfen hat am meisten Aussicht auf Erfolg vor oder nach der Laichzeit, dann im August und September. Im Oktober, wenn das Wasser kälter wird, verliert er seine Beißlust, und im Winter, wo er bekanntlich seinen Winterschlaf hält, ist jeder Versuch in Seen oder Weihern aussichtslos. In Flüssen mit steinigem Untergrund, in denen sich die Karpfen in Wehre oder Mühlschüsse zurückziehen, kann ein Fang auch noch in der kälteren Jahreszeit gelingen.

Im allgemeinen kann es als Regel gelten: je kleiner und seichter das Wasser, je besser es mit Karpfen besetzt ist, desto eher gelingt der Fang, nicht etwa bloß, weil bei größerem Besatz die Chancen steigen, sondern weil jene dann auch gieriger nach Nahrung sind und rascher zugreifen müssen. Bedauerlich ist nur, daß ein mit Karpfen reich besetztes Wasser durch ihr beständiges Wühlen im Schlamm so schmutzig wird, daß das Vergnügen des Angelns dadurch beeinträchtigt wird.

So interessant und unter Umständen auch aufregend das Angeln auf Karpfen ist, so möchte ich doch niemandem raten, Karpfen in nicht ablaßbare Gewässer, die sportmäßig befischt werden sollen, einzusetzen, wenn andere Fische, wie Hechte, Schwarzbarsche oder Regenbogenforellen, darin gedeihen. Der Karpfen verunreinigt durch seine leidige Gewohnheit des Schlammwühlens den anderen Fischen ihr Element, wirkt hemmend auf deren Entwicklung, beeinträchtigt sehr den Sport auf dieselben und wird selbst außer zur Laichzeit, und da nur in günstigen Jahren, in solchen Quantitäten wieder gefangen, daß sich der Besatz auch nur entfernt verlohnt.

Die Schleie. *Tinca vulgaris.*

(Der Schlei. Schuster. Tench. Tanche.)

Die Schleie.

Die Schleie ist leicht an ihren schlüpfrigen, nur kleinen, tief in der Haut steckenden Schuppen zu erkennen. Ihr Mund ist endständig und mit zwei Bartfäden an den Mundwinkeln besetzt. Die Schlundzähne stehen in einfachen Reihen, vier auf der einen, fünf auf der andern Seite. Alle Flossen sind abgerundet. Die Färbung dieses Fisches ist im allgemeinen olivgrün, am Rücken dunkler, an den Seiten etwas heller. Die orangegelbe Varietät desselben bezeichnet man mit dem Namen Goldschleie.

Ihre Nahrung setzt sich aus denselben Bestandteilen zusammen wie beim Karpfen, d. h. aus Würmern, Insektenlarven, Krustentieren, Schnecken, welche sie alle aus dem Schlamm heraussucht; dabei nimmt sie auch Abfälle und vermodernde Pflanzenreste auf.

Die Laichzeit der Schleie fällt verhältnismäßig spät, meist in den Monat Juli; sie laicht zuletzt von allen Cypriniden, im Sommer.

Die Schleie findet sich weit verbreitet in allen stehenden Gewässern mit weichem Grund sowie in schlammigen Flüssen; sie kommt aber auch in reinen Seen vor, ebenso wie in Torfmooren. Bei hoher Wärme verfällt sie in eine Art Sommerschlaf oder Wärmestarre.

Männchen und Weibchen lassen sich bei der Schleie leicht daran unterscheiden, daß beim Männchen die Bauchflossen erheblich größer sind als beim Weibchen, und daß namentlich der den Vorderrand einnehmende Strahl beim Männchen erheblich dicker ist als beim Weibchen.

Im »Bischoff« kommt die Schleie schlecht weg. Es ist dort folgendes zu lesen:

»Ihr weißes, weiches Fleisch schmeckt häufig schlammig und ist wässerig, deshalb ist es auch wenig geachtet. Eine Eigentümlichkeit ist noch an diesem Fische zu bemerken, daß er unter allen Köderfischen der schlechteste ist, und daß der Hecht nur im größten Hunger ihn ergreift.«

Zur Ehrenrettung der Schleie habe ich mich veranlaßt gesehen, diesen Satz wörtlich zu zitieren, denn das Gegenteil ist richtig. Die Schleie gilt, vorausgesetzt natürlich, daß sie eine gewisse Größe erreicht hat und gut genährt ist, als delikater Fisch und wird von Feinschmeckern in allen Ländern geschätzt. Schleien, die aus schlammigem Wasser stammen, moseln natürlich ebenso wie Karpfen, Hechte usw. und müssen vor dem Genuß einige Zeit lebend in reines Wasser versetzt werden.

Daß der Hecht sogar die Schleie als Nahrung verschmäht, ist wohl eine Fabel, denn das Gegenteil ist schon wiederholt erwiesen worden. Daß sie sich aber als Köderfisch nicht eignet, will ich gern unterschreiben, denn ihre Farbe und Gestalt sind dazu ganz ungeeignet.

Die Schleie kommt in keinem Wasser, außer wo sie in Mengen eingesetzt ist, so häufig vor, daß es sich verlohnen würde, eigens darauf zu angeln. Man fängt sie, da sie so ziemlich die gleichen Lebensgewohnheiten hat wie der Karpfen und die gleiche Nahrung nimmt wie Brachsen, Rotaugen usw., gelegentlich mit der Grundangel.

Füttert man eine Stelle mit Grundköder an, dann wird die Schleie wohl auch herangelockt; da sie aber in der Regel nur neben anderen Cyprinern vorkommt, die im Anbiß lebhafter sind, fängt man gewöhnlich mehr von den letzteren.

Beabsichtigt man, speziell auf Schleien in stehenden Gewässern zu angeln, dann hat man wohl am meisten Aussicht mit einem Verfahren, das vor einer Reihe von Jahren in der »Fishing Gazette« beschrieben wurde:

»Man benutze eine lange Gerte, feinstes Zeug und ein kleines, möglichst unscheinbares Floß und färbe die Poillängen des Zuges an der Angel, dem Untergrund entsprechend, braun oder grün. Man kann auch zwei Angeln gleichzeitig verwenden und wird dann die eine etwa 10 cm oberhalb angeschlungen wie der Springer bei der Flugangel. Der Senker, bestehend aus zwei angesplißten Schrotkörnern, wird 15 cm oberhalb angebracht. So ausgerüstet, hat man nun am Ufer zu passen, bis man an irgendeiner Stelle Luftblasen aufsteigen sieht, welche entstehen, wenn eine Schleie im Schlamm wühlend nach Futter sucht.

Man lasse dann seinen oder seine Köder vorsichtig langsam, genau da, wo die Blasen aufsteigen, sinken und sorge nur dafür, daß wenigstens der untere sicher auf den Grund zu liegen kommt. Die Gertenspitze soll womöglich über dem Floß stehen und der Anhieb erfolgen, wenn das letztere untergeht oder fortsegelt.«

Will man mit mehreren Gerten angeln, dann empfiehlt es sich, sie so auszulegen, wie beim Fang des Karpfens S. 346 beschrieben wurde.

Man ködert am besten Würmer, hat aber beim Angeln auf Schleien besonders darauf zu achten, daß sie lebendig sind. Dabei ist es ratsam, den Wurm mehrmals um die Angel zu schlingen und die Hakenspitze gut zu verdecken, weil die Schleie den Wurm gern abschnullt. Man benutze keine größeren Haken als Roundbend Nr. 2—3, selbst für einen größeren Tauwurm, damit die Schleie ihn ganz ins Maul nehmen kann.

Andere Köder, wie Maden, Honigteige usw., werden manchmal auch genommen, den Vorzug hat jedoch immer der Wurm.

Am meisten Aussicht auf Erfolg hat man am frühen Morgen, ganz besonders aber in der Abenddämmerung, an kühlen, windigen und regnerischen Tagen in den Sommermonaten.

Man beeile sich ja nicht mit dem Anhieb, denn die Schleie hat die Gewohnheit, lange an dem Köder herumzutasten, ehe sie ihn richtig ins Maul nimmt. Nach Dr. Winter jedoch soll die Schleie mit einem energischen Ruck an Floß und Gertenspitze beißen. Die Fische verhalten sich eben nicht in jedem Fischwasser gleich.

Die Schleie soll besonders Teergeruch lieben, es wurde daher empfohlen, einige Tropfen Teeröl in den Grundköder zu mischen.

Der Schied oder Rapfen. *Aspius rapax.*
(Aspe.)

Die Schlundzähne dieses Cypriniden stehen in zwei Reihen zwischen drei und fünf. Der Unterkiefer des langgestreckten Fisches steht weit vor und greift in eine Vertiefung des Zwischenkiefers ein. Die tief ausgeschnittene Afterflosse hat eine lange Basis, der Bauch bildet zwischen den Bauchflossen und dem After eine Kante. Der Schied hat kleine Augen sowie kleine Schuppen. Das Maul des Fisches ist auffallend weit und tief gespalten und verrät sofort seine räuberische Natur. Die Fische sind silberglänzendweiß auf den Seiten und dem Bauch, während der Rücken eine blaugrüne Färbung zeigt; Brust- und Bauchflossen sowie die Afterflossen haben einen rötlichen Anflug.

Als Raubfisch sucht er seine Nahrung hauptsächlich unter seinen Artgenossen; er frißt namentlich Lauben und andere Fische, verschluckt aber auch Frösche, Wasservögel, ja selbst Wasserratten. Der Schied ist der größte unter den Cypriniden und kann ein Gewicht von 60 Pfd. erreichen. Er bewohnt das ganze Mitteleuropa mit Ausnahme der Schweiz und verbreitet sich weit nach Osten, während er im Westen Europas, wie in Frankreich, England und den Niederlanden fehlt. Der Schied findet sich vorzugsweise in Seen, Flüssen und Bächen, liebt klares Wasser mit kiesigem Untergrund, kommt aber auch in Seen mit schlammigem Untergrund und starkem Rohrwuchs vor.

Seine Laichzeit fällt in die Monate April und Mai, zu welcher Zeit der Fisch aus den Seen in die Flüsse aufsteigt. Die Männchen

Der Schied.

bekommen dann am Rücken und am Kiemendeckel einen Ausschlag von dichtstehenden, halbkugelförmigen Körnern, die sich namentlich am hinteren Ende der Rückenschuppen deutlich bemerkbar machen.

Der Schied nimmt die Angel gern und ist, da er eine so ansehnliche Größe erreicht und sich tapfer wehrt, ein interessanter Sportfisch.

In Seen geht er nach der Laichzeit von Mitte Juni ab den erwärmten Wasserschichten der Oberfläche nach. Man fängt ihn, wenn er das Gewicht von 4 Pfd. und darüber erreicht hat, bis in den September hinein häufig mit der Schlepp- und Spinnangel, wobei er den Köder gierig ergreift. Er nimmt dieselben Köder wie der Hecht und die Seeforelle und wird in Seen, wo die beiden Fische vorkommen, auch abwechselnd mit diesen gefangen, vorausgesetzt, daß man die Angel nicht tief senkt. Ihn mit der Seeforelle gleichzeitig zu fangen, sind die Aussichten allerdings nur von kurzer Dauer, da sie so ziemlich zur gleichen Jahreszeit, in welcher der Schied nach oben kommt, die kühleren Tiefen aufzusuchen pflegt.

Der Schied geht gerne auf künstliche Spinnköder, und haben sich unter anderen der Heintzköder, der Löffel mit roter Quaste und in den letzten Jahren besonders der Silberblinker an der Spinn- und Schleppangel bewährt.

In Flüssen fängt man ihn je nach Größe mit der Forellen- oder Hechtgerte und geringer Bleibeschwerung mit den entsprechenden Köderfischen und mit von vielen Seiten gemeldetem Erfolg besonders am 6-cm-Silberblinker. Auch eignet sich der Wurm als Köder. Am sichersten beißt der Schied an heißen Tagen auf die Spinnangel in den Morgen- und Abendstunden. Sieht man einen an der Oberfläche jagen, dann kann man mit großer Sicherheit auf einen Anbiß rechnen, wenn man kunstgerecht in seine Nähe wirft. Hat man aber an der gleichen Stelle öfters hintereinander geangelt und Schiede gelandet, dann scheinen die Überlebenden den Köder zu kennen und ihre Beißlust zu bezähmen. Im Winter zieht sich der Schied in ruhige Tümpel zurück, geht aber auch dann noch auf die Angel.

Die künstliche Fliege nimmt er nur in den Sommermonaten. Am besten sind große Forellenfliegen, Palmer und Heuschrecken.

Der Schied steigt rasch auf die Fliege, ist aber nicht schwer anzuhauen, da er seines vorstehenden Unterkiefers halber sich erst drehen muß, um sie zu fassen.

Das Aitel oder der Döbel. *Squalius cephalus.*

(Dickkopf. Alten. Alet. Aland. Chub. Chevaine.)

Das Aitel.

Das Aitel, ein Angehöriger der Gattung Squalius, ist am sichersten durch seine Schlundzähne zu charakterisieren. Sie stehen immer in doppelter Reihe zu zwei und fünf. Der Körper ist dick, spindelförmig, der Kopf auffallend breit, das Maul weit gespalten wie bei einem Raubfisch. Auf dem Rücken ist das Aitel schwärzlichgrün, an den Seiten silberfarben, am Bauch schmutzigweiß, mit einem Stich ins Gelbliche, die großen Schuppen sind am Hinterrand schwarz gesäumt, so daß der Fisch wie mit einem Netz bedeckt aussieht.

Das Aitel nährt sich in einigen Gegenden von Pflanzen, oft aber ist es ein Raubfisch geworden, der anderen Fischen, ja selbst der Forelle in manchem Forellenbach nachstellt, aber auch wirbellose Tiere, wie Schnecken, Würmer, Insektenlarven, verzehrt. Seine Laichzeit fällt in die Monate Mai und Juni. Zu dieser Zeit bekommen die Männchen, wie bei vielen Weißfischen, einen feinkörnigen Hautausschlag.

Das Aitel lebt in fast allen unseren Gewässern, Seen, Flüssen, Bächen der Forellen- und Barbenregion und erreicht zuweilen das ansehnliche Gewicht von 8 bis 10 Pfd.

Dem Laich und der Jungbrut der Edelfische ist das Aitel sehr gefährlich, und es ist daher rationell, diesen Fisch aus den Forellenbächen und Äschenwässern tunlichst auszurotten, zumal er seines minderwertigen Fleisches halber dort keine Existenzberechtigung hat. Da er sich stark vermehrt und der Salmonidenfischer verzeihlicherweise lieber Edelfische angelt, hat er ohnedies alle Vorteile für sich.

Das Aitel ist geselliger Natur und steht in Bächen und Flüssen mit Vorliebe in den Gumpen, unter überhängenden Bäumen, hinter Brückenpfeilern und in ruhigen Strömungen. Ist das Wetter warm und sonnig, dann sieht man häufig kleine Schwärme an der Oberfläche umherschwimmen, die sich von den Insekten nähren, welche zufällig in das Wasser fallen. Solche Tage, an denen sie ihre Anwesenheit verraten, sollte man als richtiges »Aitelwetter« auch gehörig ausnutzen, denn bei Wind, kalter Witterung und im Winter ziehen sie sich in die Tiefen zurück.

Man fängt das Aitel wie die Forellen hauptsächlich mit der Flug-, Grund- und Spinnangel. Die belustigendste Angelmethode ist die Flugangel, aber verhältnismäßig selten steigt der Döbel auf die kleinen Forellen- und Äschenfliegen; er zieht vielmehr einen großen, saftigen Brocken vor und wird daher hauptsächlich an großen, bauchigen Fliegen gefangen. Sehr beliebt und viel bewährt ist die große Schneidersche Aitelfliege (Ziegenfliege) (Tafel III, Nr. 60). Je nach der Jahreszeit fängt man das Aitel ebensogut mit künstlichen Heuschrecken, Junikäfern, der Hummel, mit dem Fuchsroten, Rotbraunen und Schwarzen Bär, besonders an letzterem. Große Erlen und Baxmanfliegen, am Abend die Abendmotte und andere weiße Fliegen sowie in manchen Gewässern die Maifliege haben sich auch schon oft als sehr brauchbar erwiesen.

Meine Lieblingsfliegen sind außer den Palmern besonders der Heuschreck, dann die Alexandra, Zulu und der große Rotschwanz (Tafel IV). Die Engländer benutzen mit Vorliebe große Fliegen, an deren Schweifende ein kleines Stückchen weißes Waschleder eingewunden ist.

Die sichersten Köder sind aber die natürlichen Insekten, besonders die Mai- und Mistkäfer usw. Man ködert diese am besten mittels feinster Ködernadel und kleinsten Doppelhaken oder Drillingen so an, daß man sie der Länge nach durchsticht und den an feinem Poil befestigten Doppelhaken oder Drilling bis hart zum Leibe nachzieht. Sobald das Aitel den Angriff macht, wird der Käfer nach vorn gestoßen und nicht weiter verletzt, so daß man oft eine ganze Anzahl Fische fangen kann, ohne den Köder wechseln zu müssen. Junikäfer kann man zu mehreren auf eine Angel aufreihen. In klarem, ruhig fließendem oder stagnierendem Wasser ist es ratsam, die Fliege hinter das Aitel zu werfen, so daß es den Aufschlag eher hört als sieht.

In obstreichen Gegenden, besonders wenn die Ufer mit Obstbäumen, bes. Kirschen, bestanden sind, ist der Fang mit auf Drillingen gezogenen ganzen Kirschen, Traubenbeeren, halben Zwetschen usw. oft sehr einträglich.

Das Aitel ergreift den Köder viel langsamer, kämpft viel plumper, ergibt sich viel rascher in sein Schicksal und ist daher viel leichter zu fangen wie die Salmoniden. Anfänger im Flugfischen tun daher gut, sich zuerst im Fang von Aiteln einzuüben. Dabei dürfen sie nicht die Regeln der Vorsicht außer acht lassen, denn es sind scheue Fische, die außerordentlich leicht vergrämt werden. Es gelingt daher auch selten, mehrere Exemplare an ein und derselben Stelle zu fangen, außer man hat die Möglichkeit, den gehakten Fisch schnell und unauffällig der Beobachtung seiner Kameraden zu entziehen.

Der Fang des Aitels mit der Flugangel in Seen vom Boote aus, wenn die Sonne warm scheint und man von weitem die Fische an der Oberfläche stehen sieht, ist sehr belustigend. Es gehört jedoch ein gewisser Grad von Geschicklichkeit dazu, sie lautlos anzufahren, weite und weiche Würfe zu machen. Sobald sie das geringste merken, gehen sie in die Tiefe.

Eine Angelmethode, die ganz besonders auf Aitel ihre Verwendung findet und auch an warmen, sonnigen Tagen guten Erfolg verspricht, ist die Tippfischerei (s. S. 244).

Sehr zu empfehlen ist auch das Angeln mit dem Frosch.

Man verschafft sich am besten kleine Wiesenfrösche, die sich in feuchtem Moos lange aufbewahren lassen. Angeködert wird der Frosch, nachdem man ihn durch Schnellen mit dem Zeigefinger auf den Kopf getötet hat, auf folgende Weise:

Man nimmt einen Rundhaken Nr. 4 an einfachem Poil, befestigt an dieses mit den Zähnen ein geschlitztes Schrotkorn 1 cm oberhalb des Hakens, fährt mit der Spitze des Hakens beim After des Frosches hinein und mitten am Kopf heraus. Dann bindet man die Beine kreuzweise über dem Schrot zusammen.

Geangelt wird unter Heben und Senken, man überläßt den Frosch aber im ganzen mehr der Strömung, da das Heranziehen immer eine unnatürliche Bewegung ist. Auch beeile man sich nicht mit dem Anhieb. Größere Aitel gehen auch auf Frösche, mit denen man auf Hechte angelt und die so angeködert werden, wie sich aus Fig. 249 u. 250 ergibt. Eine recht gute Anköderung kleinster lebender Frösche habe ich in Fig. 240 wiedergeben lassen: Man durchsticht mit einem Roundbendhaken Nr. 5—7, der an einfaches Poil gewunden ist, die Haut eines Oberschenkels und überläßt es dem Tierchen, sich an geeigneter Angelstelle seinen

Weg selbst zu suchen. Nach dem Anbiß gibt man Schnur und
wartet etwa eine halbe Minute, ehe man anhaut.

Die Grundfischerei wird mit der Floßangel oder dem Bodenblei betrieben, und unterscheidet sich ihre Anwendung in nichts
von der bei anderen Fischen; das Zeug wird ähnlich zusammengestellt wie zum Fang der Plötzen, muß nur etwas stärker sein.
Außer den bekannten Ködern ist in England eine Pasta beliebt,
die aus geriebenem altem Käse hergestellt wird. Wenn dieser zu
trocken ist, um sich gut formen zu lassen, wird etwas Butter darunter gemischt. Hauptsache ist, daß der ganze Haken durch die
Paste vollständig verdeckt wird, und daß die gut zugefeilte Spitze
mit dem Finger eben gefühlt werden kann. Der Schaft soll weiß
gestrichen sein, damit er auch dann nicht auffällt, wenn der Köder
etwas hinabrutscht.

Einfach und besonders empfehlenswert, da leicht noch im
letzten Augenblick zu beschaffen, sind die S. 60 beschriebenen
Brotkugeln.

Wer mit Grundködern arbeitet, wird selbstverständlich größere
Erfolge haben. So empfiehlt sich für Aitel (nicht minder auch für
Plötzen, Brachsen und Schleien) eine aus Kartoffeln, Brot und
Kleie hergestellte Paste. Ein Stück Weißbrot wird in heißem
Wasser zu Brei verarbeitet, dann gekochte Kartoffeln zu annähernd
gleichen Teilen darunter gerührt, bis ein gleichmäßig verarbeitetes
dickes Mus entsteht. Durch allmählichen Zusatz von Kleie entsteht
schließlich eine konsistente Masse, die man zu einem festen Knödel
oder Bollen formen kann. Fügt man etwas Baumwolle bei, dann
gewinnt man eine größere Haltbarkeit der Bollen auch als Köder
an der Angel.

In klaren Forellenbächen und Flüssen, in denen die Äsche
heimisch ist, wird der Fang des Aitels nur zu sehr vernachlässigt
und vor allem die Grundangelausrüstung als unangenehmer Ballast
betrachtet. Wer mit Spinnzeug versehen ein solches Wasser begeht,
sollte nicht versäumen, wenigstens eine Bleikugel mit weiter Bohrung, ein paar einzelne Doppelhaken oder Drillinge an Poil gebunden
und etwas Weißbrotpasta, Schwarzbrot zur Herstellung von Kugeln
oder Makkaroni (s. S. 60) nebst Ködernadel mitzunehmen, um
eventuell auch den Aiteln, die sich blicken lassen, das Handwerk
zu legen. Die Bleikugel wird einfach in die Schnur eingezogen
und die Angel, mit Brot oder Pasta beködert, angeschlungen. Auf
diese Weise läßt sich eine improvisierte, aber sehr wirksame Bodenbleifischerei ohne viel Zeitaufwand betreiben, die dem Fischwasser
oft sehr zugute kommt.

Für kaltes Wetter im Winter wird empfohlen, Stückchen Hirn
als Grundköder einzuwerfen und Rückenmark vom Rind als Köder
zu benutzen. Die Haut wird sorgfältig losgelöst, das Mark sauber
ausgewaschen, bis es ganz weiß ist. Man nimmt davon ein hasel-
nußgroßes Stück an einen Haken Nr. 4. Bei trübem Wasser fischt
man dicht am Grunde, bei hellem 15 bis 20 cm vom Boden entfernt.

Die Spinnfischerei ist nur in den Gewässern einträglich,
wo die Aitel an Fischnahrung gewöhnt sind. Man benutzt dasselbe

Zeug wie für Forellen, selbst stärkeres wie für Hechte und wählt die Köder der Größe und Freßgier entsprechend. Ja, es ist mir wiederholt passiert, daß ich an der Huchenangel, selbst an größeren natürlichen und künstlichen Ködern, z. B. an dem in Fig. 116 abgebildeten, Aiteln fing. Ein viel empfohlener künstlicher Köder ist der sog. Haugspinner. In den letzten Jahren hat der Kugel-spinner von Behm ziemliche Verbreitung gefunden, und dürften sich auch die auf S. 64 u. 71 abgebildeten Schweizer Köder, besonders das Wunderfischli eignen.

Der Nerfling   *Idus melanotus.*

(Aland. Orfe. Ide melanote.)

Der Nerfling.

Der Nerfling, der in seinem ganzen Habitus das Aussehen der Weißfische zur Schau trägt, ist von den ihm ähnlichen Fischen äußerlich durch seinen seitlich zusammengedrückten, gedrungenen Körper, seine relativ kleinen Schuppen, die über der Seitenlinie in 9 bis 10 Reihen angeordnet sind, und seine mittellange, von 9 bis 10 weichen Strahlen gestützte Afterflosse unterschieden. Die Schlund-zähne stehen in zwei Reihen zu drei und fünf. Das Maul ist end-ständig, die kleine Mundspalte etwas schief nach aufwärts gerichtet.

Die Oberseite des Nerflings ist dunkel-schwarzblau oder grau-blau, die Seiten und der Bauch silberfarbig, die Flossen rötlich. Eine goldig wie ein Goldfisch glänzende Varietät ist die Goldorfe.

Der Nerfling lebt in allen größeren Flüssen und Seen von Mitteleuropa, fehlt aber in der Schweiz. Er liebt klares, reines Wasser, hält sich des Tags gerne in der Tiefe auf und jagt abends an der Oberfläche nach Insekten.

Seine Laichzeit beginnt im April und endet im Mai. Während dieser bekommt er auf kurze Zeit auf den Seitenschuppen einen rückwärts gekrümmten Haken. Der Fisch erreicht nicht selten eine Länge von 50 cm und mehrere Kilogramm an Gewicht. Sein Fleisch ist weich und wenig geschätzt.

Bischoff schreibt über den Fang dieses Fisches folgendes:

»Der Fang des Nerflings geschieht mit der Grundangel, an welche Würmer geködert werden, die übrigens nicht tief im Wasser

hängen dürfen. Er ist sehr träge und läßt sich den Köder ganz vor
den Rachen führen. Den Nerfling fängt man ferner auch an der
Grundangel mit künstlichen Fliegen, welche man ganz in seine
Nähe wirft, wenn man ihn nahe an der Oberfläche herumstreichen
sieht. Er ergreift sie äußerst langsam, und man muß sogleich anhauen, wenn man bemerkt, daß er die Fliege im Rachen hat, denn
er stößt sie ebenso schnell wieder aus. Mit wirklichen Insekten
fängt man ihn am leichtesten, da er diese längere Zeit im Rachen
behält und trachtet, mit ihnen fortzuschwimmen. Man wähle hierzu
kleine Heuschrecken, Pferdebremsen, Schmeißfliegen oder Brachkäfer. Da der Nerfling sehr träge ist, so leistet dieser oft schwere
Fisch sehr wenig Widerstand und läßt sich an jeden beliebigen
Landungsplatz willig schleifen.«

Die Barbe. *Barbus fluviatilis.*
(Barbel. Barbeau.)

Die Barbe.

    Dieser langgestreckte und spindelförmig gestaltete Fisch ist
an seinem unterständigen, mit vier Bartfäden besetzten und mit
wulstigen Lippen umgebenen Maul leicht zu erkennen. Seine
Schlundzähne stehen in drei Reihen zu zwei, drei und fünf. Die
Rückenflosse hat einen starken, hinten gesägten Knochenstrahl.
    Die Farbe ist am Rücken graugrün, nicht selten dunkelbräun-
lich, an den Seiten heller, am Bauche weiß. Die Schuppen sind oft
messingglänzend und hinten zugespitzt, an der Basis geschwärzt,
wodurch der Fisch ein geflecktes Ansehen bekommt.
    Die Barbe lebt in Flüssen mit kiesigem Untergrund (seltener in
Seen) und bevorzugt lebhafte Strömungen, Wehre und Mühlschüsse.
Sie nimmt ihre Nahrung, die teils animalischer, teils vegetabilischer
Natur ist und in der Hauptsache aus Larven, Wasserinsekten,
Würmern und Abfällen aller Art besteht, nur vom Boden auf. Ihre
Laichzeit fällt in die Monate Mai bis Juli, zu welcher Zeit die Fische
scharenweise zu den Laichplätzen wandern. Die Eier werden an
Steinen im starkfließenden Wasser angeklebt. Der Rogen ist zur
Laichzeit an vielen Orten giftig, erzeugt aber oft nur heftige Durch-
fälle. Die Barbe erreicht eine Größe bis zu 80 cm und 20 Pfd. Gewicht.
Exemplare von 8 bis 10 Pfd. sind keine großen Seltenheiten.

Nach der Laichzeit beginnt die Angelsaison; die besten Monate sind: zweite Hälfte Juli, August und September. Im Herbst, wenn die ersten Fröste eintreten, versammeln sich die Barben gewöhnlich in größerer Menge an geschützten Stellen und verfallen in einen apathischen Zustand, eine Art von Winterschlaf, ohne Bedürfnis nach Nahrung.

Die Barbe ist ein scheuer und launiger Fisch, und sein Fang ist sehr von zum Teil unaufgeklärten Ursachen abhängig.

Zu ihrem Fang bedarf man eines Zeuges, das sich sowohl durch Feinheit wie Haltbarkeit auszeichnet, denn sie wehrt sich nach dem Anhieb mit außerordentlicher Ausdauer, Kraft und Gewandtheit. Ihre Kampfesweise besteht meist darin, daß sie mit dem Kopf senkrecht nach dem Grunde bohrt, wobei es nicht selten vorkommt, daß sie mit dem Schweife das Vorfach abschlägt. Trotz solcher Erfahrungen benutzt man besser nur einfaches Poil, außer bei trübem Wasser und unreinen Bodenverhältnissen.

Die besten Stunden für den Fang sind am frühen Morgen, längstens bis 10 Uhr, und der späte Abend. Steigt der Fluß und beginnt sich zu trüben, dann kommen die Barben Nahrung suchend näher an das Ufer. Der Sportfischer hat dann am meisten Aussicht auf Erfolg. Überhaupt ist Regenwetter besser wie Sonnenschein. Zur Wurmfischerei eignet sich eine Gerte von 3,60 m, zur Angelei mit dem Bodenblei eine solche von 3 m Länge am besten. Hakengröße 1—4 mit sorgsam zugefeilter Spitze.

Die verbreitetste und so ziemlich die älteste Methode, Barben zu angeln, ist mit dem Bodenblei, und werden damit oft gleichzeitig schwere Aitel, Brachsen oder Barsche gefangen. Das Bodenblei eignet sich besonders in Wehren und Mühlschüssen sowie in stärkeren Strömungen mit unebenem Untergrund. Die Größe desselben muß entsprechend der Strömung gewählt werden, damit die Fühlung mit dem Boden nicht verloren geht. Man angelt meistens mit dem Tauwurm und benutzt am besten einen Roundbend-Haken Nr. 1 mit kurzem Widerhaken. Außer dem Tauwurm werden mit Vorliebe auch alter Käse, Käse mit Brot abgeknetet oder Grieven als Köder verwendet. Einfach und gut haltbar am Haken ist Schweizerkäse in Würfeln geschnitten, den man vorsorglich längere Zeit vorher in einem feuchten Tuche aufbewahrt hat.

Sobald nach dem Auswerfen das Bodenblei den Boden berührt, rolle man die überschüssige Schnur ein und halte die Gertenspitze in der Richtung nach dem Köder, nur ein wenig nach links oder rechts, damit man das leichte Erzittern der Schnur beim Anbiß besser beobachten kann.

Um eines guten Erfolges sicher zu sein, sollte man das Anfüttern mit Grundködern nicht unterlassen. Man verschafft sich hierzu am besten einige hundert Tauwürmer, von denen man die kleineren ohne Ring als Köder aussucht und sorgfältig reinigt, während man die großen, um große Fische anzulocken, unzerschnitten als Grundköder benutzt. Am wirksamsten ist dies, wenn man mehrere Tage hintereinander anfüttert, dann aber vor dem Angeln 20 bis 24 Stunden pausiert. In Wirbeln kann man die Würmer

ohne weiteres einwerfen, weil sie so lange im Kreise herumgeführt
werden, bis sie schließlich aufgefressen sind. Wo aber die Strömung
die Würmer forttragen würde, muß man sie mittels des in Fig. 143
abgebildeten automatischen Senkapparates oder in einem mit Steinen
beschwerten Netze versenken oder eine Handvoll davon in hohle
Lehmkugeln einkneten, wobei man einige Enden herausschauen läßt.

Hat man ein Boot zur Verfügung, das man seitlich eines Wehr-
schusses verankern kann, dann kommt man den Standplätzen der
Barbe besser bei und tut sich leichter im Landen der gefangenen
Fische. Nach dem Wurf streckt man die Schnur und wartet, bis
ein deutlicher Ruck fühlbar wird. Nach dem Anhieb wird der
Fisch stramm gehalten, damit der Haken gut eindringt; dann heißt
es aber sorgfältig drillen und doch wieder rechtzeitig forcieren,
damit der Fisch sich nicht irgendwo verstrickt.

Die Floßangel kommt an Stellen mit gleichmäßiger,
ruhiger Strömung und bei ziemlich ebenen Bodenverhältnissen zur
Geltung, besonders wenn sie nicht tiefer sind als 1 bis 1½ m und
das Wasser etwas angetrübt ist. Floß und Schrotbeschwerung
müssen entsprechend gewählt werden, damit der Köder sicher am
Boden streift; ja es ist sogar ratsam, das Floß soweit vom Köder
entfernt anzubringen, daß dieser etwa mit 30 cm Poil am Boden
aufliegt. Verhält man von Zeit zu Zeit das Floß, dann rutscht
der Köder auf dem Grunde weiter. Man versäume nicht, während
des Angelns öfters zerschnittene Würmer einzuwerfen. Bei dieser
Art des Angelns ist es empfehlenswert, die Würmer so anzuködern
wie in Fig. 149 (Haken durch den Kopf des Wurmes). Die Barbe
verschluckt den ganzen Wurm, der gestreckt durch die Strömung
fortgetragen wird. Man wähle aber kurze Würmer und Hakengröße 7 und als Senker bis zu 20 kleine Schrote 50 cm oberhalb
des Wurmes.

Andere Barbenfischer lassen das Floß weg und benutzen in
gleichmäßigen, ruhigen Strömungen nur feinstes Zeug, eventuell nur
eine starke Fluggerte, ein Vorfach von feinstem Silkcast-Gut, den
mit Wurm oder Käse beköderten Haken an feinem Poil und als
Senker eine Bleikugel von etwa 5 bis 6 mm Durchmesser. Mittels
Weitwurfes von der M.-Croßlé-Rolle wird die Angel möglichst weit
in die Strömung geschleudert, nach Umständen unter Zuhilfenahme
eines leicht in die Schnur eingeklemmten Stückes Kork, und in der
Weise stromabwärts geführt, daß das Blei langsam in Pausen am
Boden weiterkollert. Wichtig ist dabei eine weiche Gertenspitze,
so daß man den lebenden Anbiß spürt und den Anhieb zur rechten
Zeit setzen kann.

Im Herbst sind Talg-Grieven als Köder besser wie Würmer.
Man sucht die schönsten, weißen für die Angel aus, den Rest verfüttert man als Grundköder in Pasten zusammen mit Brot und
Kleie usw., die mit der Brühe von den gekochten Grieven befeuchtet
und gut ausgequetscht sind.

Für größere Entfernungen und tiefe Strömungen benutzt
man mit Vorteil das gleitende oder das festliegende Floß
(s. S. 42).

Meine liebste Grundgerte, hauptsächlich zum Fang von Barben und Karpfen, ist die doppelhändige 4,50 m lange leichte Fluggerte nach Stewart mit 3 verschieden langen und starken Spitzen, die beste Universalgerte, die ich kenne und mit der man so ziemlich jeden Angelsport, wenigstens aushilfsweise, betreiben kann.

Das Rotauge oder die Plötze. *Leuciscus rutilus.*

(Roach. Gardon.)

Das Rotauge.

Alle zur Gattung Leuciscus gehörenden Fische haben die Schlundzähne in einer Reihe, und zwar auf dem linken Schlundknochen fünf oder sechs, auf dem rechten immer nur fünf Zähne. Unter ihren Gattungsgenossen ist die Plötze durch ihr endständiges Maul, die fast horizontal gestellte Mundspalte, den runden, zwischen Bauch- und Afterflosse einer Kante entbehrenden Bauch, den seitlich stark zusammengedrückten Körper, das rote Auge und seine großen Schuppen gekennzeichnet. Der Körper ist bald flach, bald hochrückig, der Rücken meist dunkelgrüngrau oder blaugrau, die Seiten und der Bauch silberglänzend, alle Flossen mennigrot.

Das Rotauge ist über ganz Mitteleuropa verbreitet und lebt sowohl in Seen wie in Flüssen, wo es gerne die Altwässer aufsucht. Es nährt sich von wirbellosen Tieren, wie Insektenlarven, Würmern, Krustern, verzehrt aber auch Pflanzen und deren Abfälle. Die Plötze kann namentlich im Osten sowie in England eine Länge von 30 cm bei einem Gewicht von 1 kg und mehr erreichen. Sie laicht unter lautem Plätschern im April und Mai an seichten, bewachsenen Uferstellen.

Das Rotauge ist einer der gemeinsten Fische, dessen Hauptwert darin besteht, den Raubfischen als Futter zu dienen und sein wenig geschätztes Fleisch in ein wertvolleres umzusetzen.

Obwohl nun bei ihm das eine Motiv, eine köstliche Speise dem heimischen Herd zuzuführen, wegfällt, und obwohl die Größe, zu der die Rotaugen heranwachsen, weit hinter der anderer Angelfische zurückbleibt, gewährt doch ihr Fang einer großen Anzahl von Sportfischern diesseits und jenseits des Kanals eine Quelle großen Vergnügens und angenehmen Zeitvertreibes, ja in England bestehen sogar zahlreiche Klubs, die sich fast ausschließlich mit dem Sport auf diesen Fisch befassen.

Zum eigentlichen Sport kann sich aber der Fang der Plötzen nur an solchen Gewässern gestalten, wo sie ein rascheres Wachstum und eine annehmbare Größe erreichen. Erste Bedingung dazu ist die nötige Wasserwärme und Überfluß an Nahrung.

In den süddeutschen und österreichischen Seen und Gebirgsflüssen sind die Lebensbedingungen für das rasche Gedeihen der Rotaugen nicht gegeben. Sie erreichen dort selten ein Gewicht über ½ Pfd. und haben daher nur den Wert als Köderfische für den Sportangler. Im Norden dagegen und überhaupt in Tiefländern, wo man Plötzen mit einem Durchschnittsgewicht von 1 Pfd. und darüber fangen kann, ist der Fang dieses Fisches, ebenso wie in England, ein wirklicher Sport zu nennen.

Bickerdyke sagt darüber folgendes: »Eine gewisse Anzahl von Flugfischern, besonders die ausschließlichen Lachsfischer, pflegen von der Plötzenfischerei sowie von der Grundangel im allgemeinen etwas geringschätzig zu sprechen. Faktisch ist aber, wenn man das Angeln in klaren, oft befischten Flüssen im Auge hat, die Plötzenfischerei so sehr zu einer feinen Kunst herangewachsen wie das Angeln auf Lachse, wenn nicht in noch höherem Grade. Die Schwierigkeit, eine Plötze zum Anbiß zu verleiten, ist sicherlich nicht geringer als die, einen Lachs zu ködern, und der Unterschied beim Drillen ist nicht so groß, als man glauben sollte. Der Lachsfischer drillt seinen 20-Pfünder mit dem stärksten Poil, der Plötzenfischer seinen 1½-Pfünder am Poil so fein wie ein Haar. Man lasse beide die Gerten tauschen, und ich garantiere, daß die Plötze mehr Aussicht hat, abzukommen, wie der Lachs. Wenn man mir nun zugibt, daß die von dem Plötzenfischer gezeigte Fertigkeit in ihrer Art ebensolche Bewunderung verdient, wie die des Lachsfischers, dann bin ich gerne bereit, zuzugestehen, daß der Lachsfischer mit seinem herrlichen Sport im Vorteil ist, nicht nur durch die köstlichen Naturgenüsse, die sich ihm bieten, sondern auch durch die ruhmreichen Schlachten, die er dann und wann mit dem König der Süßwasserfische zu bestehen hat.«

Ein anderer Sportfischer ersten Ranges, W. Senior, bekannt unter dem Schriftstellernamen »Redspinner«, äußert sich, wie ich in freiem Auszuge mitteilen will, wie folgt:

»Die Plötze ist wohl einer der verbreitetsten Fische und als Angelfisch im weitesten Sinn populär. Sie ist die Freude und der Stolz des Schuljungen, der seine ersten Angelstudien an ihr macht, und ist eine Quelle der Zerstreuung und Unterhaltung für die Alten, denen das Zurücklegen größerer Entfernungen durch Wälder und Felder, über Stock und Stein, zu beschwerlich geworden und es vorziehen, bequem auf einem Feldstuhle sitzend, sich einem anregenden und nicht ermüdenden Sport hinzugeben. In der Nähe der Groß- und Fabrikstädte findet so mancher nach des Tages Lasten und Mühen eine gesunde und anregende Erholung am Ufer des nahen Flusses und ist glücklich und zufrieden, wenn es ihm gelingt, eine Anzahl Plötzen zu überlisten und als Beute nach Hause zu bringen.

Die Plötze hat den Vorzug vor anderen Fischen, daß sie so ziemlich das ganze Jahr hindurch an die Angel geht und, trotzdem ihr eifrig nachgestellt wird, ja trotz der vielen schädlichen Einflüsse, die sonst noch auf den Fischbestand unserer Flüsse einwirken, noch immer in wenig verminderter Menge vorkommt. Dabei ist die Angelfischerei auf die Plötze ein Vergnügen, das sich jeder, auch der kleinste Beamte und Arbeiter, gestatten kann. Mit den geringsten Mitteln ist er in der Lage, sich das nötige Angelzeug zu verschaffen. Schon für ein paar Mark erhält er eine ganz brauchbare Gerte, die billigste Rolle ist ausreichend für seinen Zweck. Eine brauchbare Schnur ein entsprechendes Floß, die nötigen feinen Gutfäden oder Roßhaare und Angeln, die er sich selbst bindet, kosten vielleicht eine weitere Mark, und die Ausrüstung ist fertig. Die Köder verursachen ihm keine weiteren Auslagen.«

Die eigentliche Plötzenfischerei beginnt Ende Juni und dauert bis in den Winter hinein. Ist das Eis geschwunden und meldet sich das Frühjahr, dann wird sie von neuem einträglich bis gegen die Laichzeit hin. Die Plötzen gehen selbst im Winter, wenn die Landschaft mit Schnee bedeckt ist, an die Angel, ja sogar mit Vorliebe während eines Schneefalles. Bei Tauwetter, wenn der Fluß Schneewasser führt, beißen sie dagegen nicht.

Die Plötze liebt, im Gegensatz zu anderen Fischen des Karpfengeschlechts, auch festen kiesigen Grund und in Flüssen eine ruhige Strömung, tiefe Tümpel und Wirbel und besonders die Stellen, wo sich bei einer mittleren Tiefe von 2 bis 3 m die Strömung wieder verflacht und das Futter zusammengetrieben wird. Sind Krautbetten oder Röhricht in der Nähe, die ihnen als Unterschlupf dienen können, dann um so besser.

Über das nötige Angelzeug mich hier noch weiter zu verbreiten, halte ich für überflüssig, da es bereits eingehende Besprechung im Allgemeinen Teil gefunden hat. Wie schon angedeutet, genügt das einfachste Mittel, wenn es nur die nötige Feinheit besitzt. Ich brauche wohl kaum noch zu erwähnen, daß es je nach der Klarheit des Wassers und dem Scheusein der Fische um so feiner gewählt werden muß.

Dr. Winter angelt mit Vorliebe ohne Benützung eines Floßes mit einer Gerte mit angeschäfteter Fischbeinspitze, da selbst die größten Rotaugen den Köder so vorsichtig ergreifen, daß man gewöhnlich den Anbiß übersieht, wenn man nicht eine Gerte mit feinster Spitze benützt.

Das Rotauge sucht seine Nahrung hauptsächlich auf dem Grunde, und es ist daher falsch, wie es im Angelbuch von Bischoff heißt, man müsse den Köder in der Mitte des Wassers oder noch mehr gegen die Oberfläche anbieten. Das hat nur dann einen Sinn, wenn man Köderfische fangen will. Das richtige ist, den Köder auf oder wenigstens hart an den Boden zu versenken.

Am meisten in Gebrauch sind die Grundangel mit Floß und das Bodenblei, in Seen vorwiegend die erstere. Man kann beide Methoden auf sehr verschiedene Weise zur Geltung bringen.

Wichtig ist, daß der Angler mit sich darüber im reinen ist, welche Methode im speziellen Falle am meisten Aussicht auf Erfolg hat.

Eine große Hauptsache ist das gehörige Anfüttern mit Grundködern, und empfiehlt sich als solcher in erster Linie der auf S. 82 beschriebene aus Reis, Brot, Mehl und Kleien; Brot und Kleien sind immer die Hauptsache. Ganz vorzüglich, gleichzeitig auch zur Anlockerung anderer Fische, ist das Garnelenmehl. Der beliebteste und am meisten Erfolg versprechende Köder sind die Maden. Über deren Gewinnung und Konservierung siehe S. 60. In zweiter Linie ist der Wurm zu nennen, und zwar je nach der Jahreszeit und Beschaffenheit des Wassers der Tauwurm, Rotwurm oder Brandling.

Außer diesen beiden Ködern kommen besonders noch gekochte Weizenkörner, Erbsen oder Teige (s. S. 60) in Betracht. Ist man mit diesen vier bis fünf Ködern ausgerüstet, dann ist man für alle Eventualitäten gesattelt.

Von anderen brauchbaren Ködern sind noch zu nennen: Gekochte Grieven, Caddis, Wespenlarven, Käfer und sonstige Insekten, besonders aber Heuschrecken.

Wenn auch die Standplätze der Rotaugen in Seen schwerer aufzufinden sind wie in Flüssen, so ist der Fang derselben in den letzteren doch etwas komplizierter.

Wenden wir uns daher zuerst den Flüssen zu und machen wir den ersten Versuch, möglichst früh am Morgen, mit der Floßangel, indem wir Maden als Köder benutzen. Wir wählen uns eine Angelstelle 1½ bis 3 m tief mit möglichst ebenem, sandigem oder kiesigem Untergrund und schwacher Strömung in der Nähe von Schilf oder Krautbetten, also eine Stelle, von der wir wissen, daß die Plötzen sich mit Vorliebe dort aufhalten.

Das erste, was wir nun zu tun haben, ist, das Angelzeug zusammenzustecken und den vorher gutgewässerten Poilzug recht straff zu spannen. Dann loten wir die Stelle sorgfältig aus (s. S. 124), stellen unser Floß, das wir so klein wählen wie möglich, eventuell nur in Gestalt eines Rabenfederkiels, mit der entsprechenden Bleibeschwerung genau so hoch, daß der Angelhaken den Boden berührt, und ködern nun die Maden an. Wir benutzen dazu am besten einen Rundhaken Nr. 10 mit weiß gestrichenem Schaft und bringen an demselben zwei Maden so an, daß wir den Haken nicht der ganzen Länge nach hindurchführen, sondern nur so, daß die Haut seitlich auf kurze Strecken durchstochen wird.

Da, wie früher erwähnt, Köder und Grundköder möglichst übereinstimmen sollen, verfährt man nach Bickerdyke bei Benutzung von Maden als Köder folgendermaßen: Man formt aus Grundköderteig eiergroße Kugeln, mit einem Hohlraum im Innern, den man mit einem Dutzend Maden ausfüllt. Man wirft diese Kugeln nicht in das Wasser, das würde die Fische verscheuchen, sondern knetet sie an das Poil oder Roßhaar gerade über dem Haken und schwingt die Angel vorsichtig ein und läßt sie langsam auf den Boden sinken. Mit kurzem Ruck wird nun der Gutfaden herausgeschnellt und beide, Grundköder und beköderte Angelhaken, wandern zusammen flußabwärts. Ist die Strömung stark, dann ist es ratsam, einen Stein in den Grundköder mit einzukneten, ist aber das Wasser stagnierend, dann tut man gut daran, den Grundköder lose einzuwerfen.

Der Anhieb kann nicht frühzeitig genug erfolgen. Gerade die großen und öfter gewitzigten Exemplare ergreifen den Köder so vorsichtig, daß man oft nur eine ganz geringfügige Bewegung des Floßes wahrnimmt. Fühlt der Fisch den geringsten Verhalt durch das Floß, dann läßt er den Köder augenblicklich wieder fahren.

Ein geübter Plötzenfischer wird oftmals einen Anbiß erkennen, wo ein Anfänger noch gar nicht daran denkt, daß ein Fisch in der Nähe ist.

Die von Dr. Martin empfohlene Angel mit Bleibeschwerung am Schenkel (S. 123) soll sich für den Fang von Rotaugen bewährt haben, da diese, besonders die größeren Exemplare, die Gewohnheit haben, wenn sie gerade nicht sehr hungrig sind, den Köder nach oben zu heben, was sich am Floße nur dann bemerkbar macht, wenn das Blei mitgehoben wird.

Im übrigen gilt die Regel: je weiter man wirft und je weniger ein Wasser überfischt ist, und je eifriger man immer wieder Grundköder einwirft, desto herzhafter beißen die Fische.

Beim Drillen hat man darauf zu sehen, daß der gehakte Fisch möglichst schnell aus dem Bereiche seiner Genossen kommt, sonst vergrämt er den ganzen Schwarm. Man ziehe jenen daher schnell nach der Oberfläche, jedoch nicht so hoch, daß er schlagen und Lärm machen kann, und bringe ihn mit weichem, aber stetigem Zug an das Ufer oder Boot. Man hüte sich, einen mindermäßigen Fisch an Ort und Stelle wieder zurückzuversetzen, sonst vergrämt man die übrigen.

Lange Gerten, so vorteilhaft sie sonst sein mögen, haben den Nachteil, daß man den Fisch schwer mit dem Handnetze erreicht. Gewandte Plötzenfischer nehmen daher zum Zweck des bequemen Landens im letzten Augenblick das Handteil, eventuell auch noch das Mittelstück ab.

Gelingt es nun nicht, mit Maden die großen Plötzen zum Anbiß zu verleiten, dann kneten wir in unsern Grundköderteig eine Anzahl gekochter Weizenkörner oder Erbsen und ködern ein, höchstens zwei solche an einen Haken Nr. 11 mit weiß bemaltem Schaft. Haupterfordernis ist, daß beide Köder eben richtig weich gekocht sind, so daß der Haken mit der äußersten Spitze durchdringt, ohne daß das Korn oder die Erbse platzt (s. S. 60).

Bickerdyke empfiehlt auch, eine Made der Länge nach an den Haken zu stecken und die Spitze mit einem Weizenkorn zu verdecken, ein Verfahren, das ihm manchen Erfolg gebracht hat.

Ist die Versorgung des Hakens geschehen, dann verfährt man mit der Grundköderkugel wie oben und wirft noch vereinzelte Weizenkörner etwas oberhalb der zu befischenden Stelle ein, damit sie beim Untersinken dort ankommen, wo die Angel sich befindet.

Ist der Standort der Plötzen so weit entfernt, daß man ihn mit der Gertenspitze nicht erreichen kann, dann kann man seine Angel nicht mehr durch einfachen Schwung an die Stelle bringen, sondern muß werfen. Dies geschieht, wie bereits beschrieben, mit Hilfe der Nottinghamrolle, eines schweren Floßes und entsprechend größerer Beschwerung durch Schrotkörner. Da man in größerer Entfernung die Tiefe nicht mehr messen, sondern nur approximativ schätzen kann, richtet man sich nach den auf S. 125 aufgestellten Regeln.

Unter welchen Umständen das festliegende Floß angezeigt ist, wurde bereits ebendort besprochen; es ist daher überflüssig, hier noch einmal darauf zurückzukommen, ebensowenig wie auf die Beschreibung des Bodenbleies und seines Verwendungsgebietes. Für den Fang der Plötzen wählt man, der gelinderen Strömung entsprechend, nur ein kleineres wie gewöhnlich (s. Fig. 59) und ködert mit Vorliebe Pasten, wie beim festliegenden Floß, unter Benutzung eines Rundhakens etwa von Größe Nr. 6.

Maden und Rotwurm können als Köder noch in angetrübtem Wasser Verwendung finden, sobald aber das letztere schmutzig trüb ist, eignet sich nur noch der Tauwurm, und zwar am besten nur dessen Schwanz. Der Wurm muß am Boden liegen, gleichviel, welche Angelmethode zur Anwendung kommt. Man fängt dann die Plötzen nahe am Ufer an Stellen, die höchstens 1 m tief sind. Als Angelhaken dient ein Rundhaken Nr. 2 mit langem Stiel. Fängiger als diese und sportlich feiner ist das Stewart-System (Fig. 147 u. 148).

Hat man sich zur Wurmangelei entschlossen, dann muß der Grundköder selbstverständlich auch aus Würmern bestehen, die man wohlberechnend so weit oberhalb einwirft, daß sie die Angelstelle während des Sinkens erreichen.

Der Anhieb muß beim Gebrauch der Stewart-Haken sofort geschehen, während man bei Benutzung eines einzelnen Hakens nach der ersten Berührung einen Moment Schnur gibt und dann erst anhaut.

Der brauchbarste Köder zur Winterfischerei ist der Tauwurm, und die geeignetste Angelmethode dazu ist die mit dem leichten Bodenblei. Bei sehr kleinem und klarem Wasser ist es unter Umständen besser, an eine Floßangel Maden oder Rotwürmer zu ködern.

Die Plötzen stehen im Winter nach Absterben des Krautes meist an tiefen Stellen in ruhiger Strömung. Der Fang beschränkt sich auf die Mittagsstunden, und kommt dann noch die Sonne heraus, dann läßt die Strecke, auch in bezug auf die Größe der gefangenen Fische, oft nichts zu wünschen übrig.

In geschlossenen Gewässern, Altwässern, Kanälen und Seen ist der Fang der Plötze viel leichter und einfacher wie im rinnenden Wasser; auch ist es meistens überflüssig, so feines Zeug zu nehmen. Vorteilhafterweise kommt hier, wenn die Plötzen flott beißen und nicht mit dem Köder nach oben schwimmen, das beschwerte Floß ohne Beschwerung des Poilzuges zur Verwendung, welches ermöglicht, den Köder langsam sinken zu lassen, nur muß man dabei besonders Sorge tragen, daß die Gutlängen ganz gerade gestreckt sind. Wenn das Poil geschlängelt hinabhängt, verscheucht es die Fische. Kleinere Fische, die dem Köder während des Untersinkens zusetzen, lenkt man durch Stückchen Brot ab, die man ins Wasser wirft.

Um weitere Würfe von der Rolle machen zu können, ohne die Schnur mit Blei mehr als wünschenswert erscheint zu beschweren, kann man statt dessen eine Grundköderkugel an das Poil andrücken, welche die Fische, statt sie zu verjagen, anlockt und dabei den Wurf erleichtert. Im übrigen gelten die Ratschläge über das Angeln in Flüssen, und muß nur erwähnt werden, daß in stehenden Gewässern die Pasten eine Hauptrolle als Köder spielen. Grundköder werden sonst lose eingeworfen, wenn man nicht den oben beschriebenen Nebenzweck verfolgt.

Die Standplätze sind oft in Seen schwerer zu bestimmen wie in Flüssen, können aber immer dort am ersten gesucht werden, wo die Plötzen am meisten Nahrung und Schutz finden. Anfütterung ist in Seen usw. natürlich doppelt förderlich; je größer die Wasserfläche, desto öfter und regelmäßiger muß sie vorgenommen werden. In diesen Seen ruht die Plötzenfischerei während der Wintermonate.

Auch mit der versunkenen Fliege lassen sich Rotaugen fangen, besonders wenn man natürliche Insekten anködert. Junikäfer, Stubenfliegen und Heuschrecken eignen sich dazu am besten. An heißen, windstillen Sommertagen sieht man Rotaugen ebenso wie Aitel gern in der Nähe der Oberfläche stehen. Man fängt sie dann leicht mit der Fluggerte, mit künstlichen Fliegen oder einem kleinen Grundköder, den man wie eine Fliege wirft und dann sinken läßt. Von künstlichen Fliegen wird der Kutscher (Coachman) besonders empfohlen (Nr. 19 Taf. I in kleinsten Exemplaren).

Stehen die Plötzen zwischen Wasserpflanzen oder unter Seerosenblättern, dann empfiehlt es sich, Insekten, besonders Stubenfliegen, an einen ganz kleinen Haken, dem unmittelbar ein Schrotkorn aufsitzt, zu ködern. Man schutzt die Fliege auf ein Blatt und zieht sie langsam über den Rand. Dazu gehört selbstverständlich eine lange Gerte.

Die Rotfeder. *Scardinius erythrophthalmus.*

(Rudd. Rotengle.)

Die Rotfeder, welche ihrer äußeren Form nach zu den Weißfischen gehört, ist am sichersten durch die Formel ihrer Schlundzähne zu charakterisieren, die in zwei Reihen zu drei und fünf gestellt sind. Ihr seitlich zusammengedrückter, mehr oder minder hochrückiger Körper ähnelt am meisten der Plötze (Leuciscus rutilus), von welcher die Rotfeder sich aber leicht durch das schräge, nach aufwärts stehende Maul, die scharfe, von den Bauchflossen bis zum After ziehende Bauchkante und durch den Ansatz der Rückenflosse unterscheidet, deren erster Strahl bei der Plötze senkrecht über dem letzten Strahl der Bauchflosse steht, während sie bei der Rotfeder weiter hinten sitzt.

Der Rücken dieses Fisches ist braungrün, die Seiten messinggelb, die Bauchflossen, After und Schwanzflosse glänzen in prächtigem Rot, während die Rücken- und Brustflossen durch dunklere Farben getrübt sind.

Die Rotfedern kommen in allen Flußgebieten Europas vor, wo sie besonders stilles Wasser in Seen und Ausbuchtungen der Ströme aufsuchen. Sie sind Friedfische, die im wesentlichen von Pflanzen und kleinen Tieren leben. Ihre Laichzeit fällt in die Monate April und Mai. An Größe stehen sie den Plötzen nicht nach.

Die Rotfeder.

Man fängt die Rotfedern mit den gleichen Ködern und Angelmethoden wie die Plötze, nur stehen sie in der Regel mehr an der Oberfläche, besonders an warmen, sonnigen Tagen, auch sind sie nicht so scheu wie jene. Die unterhaltendste Art, sie zu fangen, ist mit der Flugangel, indem man sich natürlicher Insekten oder einiger Maden bedient; vorzüglich eignet sich die Heuschrecke als Köder. Sie gehen aber auch auf künstliche Fliegen, besonders auf Palmer. Man sucht einfach mit dem Boote die Stellen auf, wo man sie stehen sieht, und füttert sie eventuell noch mit Brotkrumen an. Den Köder läßt man, wenn er nicht sofort nach dem Einfallen ergriffen wird, etwas sinken.

An der Angel muß die Rotfeder wegen ihres zarten Maules sanft behandelt werden.

Der Brachsen oder Blei. *Abramis brama.*

(Brasse. Bressen. Brachsmen. Bream. Brême.)

Dieser Fisch ist durch seinen außerordentlich hochrückigen und seitlich stark zusammengedrückten Körper von den meisten andern Weißfischen wohl unterschieden. Seine Schlundzähne stehen in einer Reihe zu je fünf, die Afterflosse ist, wie bei allen zur Gattung Abramis gehörenden Fischen auffallend lang und enthält 23 bis 28 weiche gegliederte Strahlen. Die Schuppen lassen auf den

Vorderrücken einen Scheitel frei; der Bauch bildet zwischen Bauch-
und Afterflosse eine scharfe Kante. Das Maul ist halb unterständig.
Die Farbe ist auf dem Rücken dunkelgraublau, auf den Seiten grau
mit schwachem Silberglanz, die Flossen sind blaugrau oder blei-
farben. Der Brachsen ist allgemein in Seen und im Unterlauf der
Flüsse, wo der Grund weich wird, verbreitet. Er lebt gern gesellig
und laicht auch in Scharen, ebenso drängt er sich im Winter an
tieferen Stellen der Gewässer massenhaft zusammen, so daß zu
dieser Zeit zuweilen ungeheure Mengen zugleich mit dem Netze
gefangen werden.

Der Brachsen lebt von Insektenlarven, Würmern, Mollusken usw.,
die er im Schlamm aufsucht, auf dem Grunde wühlend und dabei
das Wasser trübend, wodurch er sich leicht dem Fischer verrät.

Der Brachsen.

Die Laichzeit fällt in den Mai und Juni; hierbei suchen zuerst
die Männchen seichte, mit Pflanzen bewachsene Uferstellen aus,
die Weibchen folgen nach, und unter lebhaftem Plätschern und
Schnalzen mit den Lippen erfolgt die Ablage der Geschlechtsprodukte. Die kleinen, 1½ mm großen Eier werden an Wasserpflanzen angeheftet. Der Brachsen ist einer der größten unter den
Weißfischen, Exemplare mit 70 cm und 10 bis 12 Pfd. Gewicht
sind namentlich im Norden und Osten keine Seltenheiten, im Süden
bleibt er vielfach kleiner.

Man angelt auf den Brachsen in Flüssen hauptsächlich in tiefen
Gumpen und wo das Wasser fast stagniert. In Weihern und kleineren Seen wählt er sich die tiefsten Löcher zum Aufenthalt, in
großen und tiefen Seen dagegen trifft man ihn am sichersten an
der Schar, nicht weit vom Schilfe und den Krautbetten in Tiefen
von 3 bis 5 m auf schlammigem Untergrund. Wichtig ist, daß man
sich dem Standorte mit dem Boote leise und vorsichtig nähert.

Da er gesellig lebt, ist sein Fang, wenn man den Aufenthalt
eines Schwarmes kennt, nicht schwer und kann sehr einträglich

werden. Am meisten Erfolg hat der Brachsenangler an warmen und schwülen Tagen, ja man kann sagen, je größer die Hitze, eine desto größere Strecke ist zu erhoffen. Das gilt besonders für den frühen Morgen und späten Abend solcher Tage.

Der Erfolg wird auf alle Fälle erhöht, wenn man nicht versäumt, rechtzeitig und fleißig mit Grundködern zu arbeiten.

Als solche eignen sich am besten Tauwürmer, Grieven, Blut, gekochter Weizen, Lehmkugeln mit Vegetabilien geknetet, wie schon früher beschrieben. Sehr beliebt sind auch Pasten von Weißbrot, tüchtig mit Honig durchgeknetet und über einen kleinen Drilling geformt. Man wirft sie am besten vom Boote aus auf Entfernungen von 12 bis 15 m ein und wartet ab, bis sich Fische angesammelt haben, d. h. bis man eine ganze Anzahl kleiner Wasserblasen über dem Futterplatz aufsteigen sieht.

Der beste Köder ist unstreitig der Wurm, und zwar ein kleiner Tauwurm oder mehrere Rotwürmer oder Goldschwänze. Man fischt mit der gewöhnlichen Floßangel, dem festliegenden Floß oder dem Bodenblei. An tiefen Stellen empfiehlt sich das gleitende Floß, das man in der Strömung 20 bis 25 m vorausrinnen lassen kann. Stehen die Brachsen ausnahmsweise seicht, dann halte man sich so entfernt wie möglich.

Am zweckentsprechendsten ist eine leichte Gerte, 3,60 bis 4,20 m lang, mit zwei Spitzen, eine längere für die Floßangel, eine kürzere für das Bodenblei. Hakengröße 10 bis 14 round-bend nach Winter. Das Floß wählt man am besten lang und schmal. Dr. Winter legt besonders Wert auf feinstes Zeug, kleine Würmer oder Kartoffeln in Klein-Haselnußgröße oder Maden und viel Grundköder. Man möge bedenken, daß der Brachsen ein viel kleineres Maul hat wie der Karpfen.

Bei keiner Fischgattung verlohnt es sich so sehr, noch vor Sonnenaufgang am Platze zu sein, wie bei dem Brachsen.

Da man in der Morgendämmerung auch mit gröberem Zeug angeln und die geangelten Fische schneller landen kann, hat man alle Aussicht, in einem gutbesetzten Wasser einen reichen Fischzug zu machen, da die Anbisse Schlag auf Schlag erfolgen. Nur darf man es am Vorabend nicht versäumen, Grundköder auszuwerfen und genau die Tiefe zu messen, da der Köder auf den Grund kommen muß.

Beim Anbiß legt sich zuerst das Floß flach auf die Seite, ehe es seitlich unter Wasser gezogen wird, ein charakteristisches Merkmal, daß ein Blei den Köder genommen hat. Es kommt daher, weil der Brachsen sich, wenn er den Köder vom Boden aufklaubt, zuerst auf den Kopf stellt. Man kann den Anhieb schon im ersten Stadium führen, kommt aber nicht zu spät, wenn man das zweite abwartet.

Die Nase. *Chondrostoma nasus.*

(Näsling. Quermaul. Chondrostome oder Nez.)

Die Nase ist unter allen Cypriniern sofort und auf den ersten Blick durch ihr unterständiges, von der nasenartigen, weichen und stumpfen Schnauze weit überragtes, quer gestelltes Maul zu er-

kennen. Die Ränder der Mundspalte sind zugeschärft und horn-
artig hart, wie schneidend. Der Körper ist langgestreckt, mäßig
zusammengedrückt, die Farbe am Rücken tiefdunkelgraublau oder
graugrün, auf den Seiten mit schwachem Silberglanz, der durch
feine dunkle Punkte gedämpft wird, am Bauch gelblichweiß. Oft
erscheint der Körper an den Seiten mit schwärzlichen Streifen der
Länge nach überzogen, indem sich in der Tiefe der Haut, besonders
zur Laichzeit, ein dunkles Pigment streifenartig ablagert. Die
Flossen sind, mit Ausnahme der dunklen Rückenflosse, rötlich.
Die Nase ist ein fast ausschließlicher Pflanzenfresser, welcher
namentlich Algen von Steinen abnagt. Sie laicht im April und Mai.
Dann ziehen die Nasen in oft riesigen Scharen nach schnellfließenden
Stellen, um auf kiesigem Untergrund ihre Eier abzulegen.

Die Nase erreicht ein Gewicht von ca. 1½ kg bei einer Länge
von ca. 50 cm. Sie ist in Strömen weit verbreitet, fehlt aber auch
nicht in Seen.

Die Nase.

Die Nase ist als der gemeinste unserer Flußfische zu betrachten
und so grätig, daß man ihr Fleisch am besten nur zu Fischwürsten
o. dgl. verwendet.

Sie kommt häufig in der Äschen- und Barbenregion vor und
steht so ziemlich an den gleichen Stellen wie die betreffenden Fische.
Ihre Nahrung nimmt sie nur vom Boden auf.

Wenn das Wasser bis zum Grunde durchsichtig ist, erkennt
man ihren Standort leicht an den seitlichen Drehungen ihres Körpers, die sie häufig macht, wenn sie ihre Nahrung von den Steinen
abnagt oder sich an diesen reibt. Dadurch entsteht auf eine Sekunde ein silberheller Reflex, der sofort in die Augen fällt und dem
Flugfischer den sicheren Beweis liefert, daß er es mit keiner Äsche
zu tun hat.

Die Nase wird mit der Floßangel, hauptsächlich aber mit
dem Bodenblei gefangen; der Köder soll immer aufliegen. Man
benutzt feines, aber starkes Zeug und besser kleine Haken, wie
zum Fang der Plötze. Es empfiehlt sich, zum Zweck des leichteren
Eindringens den Widerhaken zur Hälfte abzufeilen. Auch haut
man bei der leisesten Berührung an. Als Köder eignen sich hauptsächlich Maden und Würmer.

Die Nase wehrt sich energisch an der Angel, tobt sich aber bald aus und kommt auch nicht leicht ab, dank der Beschaffenheit ihres Maules. Da der Fisch ein ansehnliches Durchschnittsgewicht erreicht und oft in Massen zusammensteht, ist sein Fang nicht uninteressant. Füttert man vorher an, indem man Kugeln, aus Brot und Lehm geknetet, als Grundköder benutzt, dann hat man besonders Aussicht auf Erfolg.

E. Köderfische.

Der Kreßling. *Gobio fluviatilis.*

(Gründling. Greßling. Gudgeon. Goujon.)

Der Kreßling.

Der Körper dieses Fisches ist gestreckt und zylindrisch, der Schwanz seitlich zusammengedrückt, die Schnauze ist stumpf und stark gewölbt, das Maul unterständig und mit zwei Bartfäden in den Mundwinkeln besetzt. Der Rücken zeigt eine graugrüne Farbe und ist mit vielen schwärzlichen Flecken besetzt, die Seiten sind heller, der Bauch silberglänzend. Oberhalb der Seitenlinie sitzen sieben bis zehn schwarzblaue Flecken, welche zuweilen zu einer Längsbinde zusammenfließen. Der Kreßling erreicht eine Länge von 10 bis 15 cm, er lebt gesellig am Grunde fließender und stehender Gewässer, zieht kiesigen Untergrund vor und laicht in den Monaten Mai und Juni.

Außer der Pfrille ist kein Köderfisch so populär in England wie der Kreßling. Auch auf dem Kontinent wird sein Wert als solcher nicht unterschätzt, er kommt nur leider in den meisten Gegenden zu selten vor, ja er ist oft gar nicht zu beschaffen. Wo er häufig ist, wird ihm fleißig mit der Angel nachgestellt, hauptsächlich seines Wohlgeschmackes als Backfisch wegen.

Der Kreßling geht gern an die Angel und hat die liebenswürdige Eigenschaft vor vielen anderen Fischen voraus, daß er auch in der Sommerhitze den Köder nicht verschmäht. Sein Fang beginnt Ende Juni, wird aber um so einträglicher, je wärmer es wird. Er steht dann an seichten, kiesigen Stellen in schwachen Strömungen, selten tiefer wie einen Meter. Im September zieht er sich mehr nach der Tiefe zurück und steht dann mit Vorliebe an dem Einlauf oder in der Seitenströmung von Gumpen in Tiefen von ca. 3 m.

Eine Eigentümlichkeit des Kreßlings ist, daß er durch Auf-
rühren des Grundes mit einer Stange, oder noch besser mit einem
schweren eisernen Rechen an langem Stiel, in größerer Anzahl
herbeigelockt wird, worauf man einen nach dem andern mit der
Angel herauswerfen kann.

Das Angelzeug darf sehr primitiv sein, je feiner aber, je besser.
Der sicherste Köder bleibt ein Stückchen von einem Wurm, am
besten von einem Rotwurm. Man versenkt ihn mittels Floßes
nur bis in die Nähe des Grundes, nicht bis auf denselben. Es ist
vorteilhaft, das Floß so zu beschweren, daß nur noch die äußerste
Spitze über Wasser sichtbar ist, man bemerkt dann sofort den
leisesten Anbiß.

Die Laube. *Alburnus lucidus.*

(Uckelei. Laugele. Silberling. Bleak. Ablette.)

Die Laube.

Die Laube ist ein kleines, nur 10 bis 15 cm im Durchschnitt
langes Fischchen, welches durch den starken Silberglanz seiner
leicht abfallenden Schuppen auffällt. Derselbe rührt von den im
anatomischen Teil näher geschilderten Guaninkristallen her, aus
denen man die Essence d'Orient zur Herstellung künstlicher Perlen
gewinnt.

Zoologisch ist die Laube dadurch charakterisiert, daß ihr
Unterkiefer etwas vorsteht und in eine Vertiefung der Zwischenkiefer eingreift, ferner durch ihre schiefe, fast senkrecht stehende
Mundspalte, durch ihre lange, von 17 bis 20 weichen Strahlen gestützte, hinten sehr niedrige Afterflosse und ihre unteren Schlundzähne, die in zwei Reihen zu zwei und fünf stehen.

Der Körper der Laube ist seitlich zusammengedrückt und bald
mehr gestreckt und niedrig, bald gedrungener und hochrückig.
Die Farbe des Rückens ist blaugrün, zuweilen auch grasgrün, die
Seiten sind schön silberglänzend, die Flossen farblos oder gräulich.

Die Laube lebt in allen fließenden und stehenden Gewässern
Mitteleuropas mit Ausnahme der eigentlichen Gebirgsbäche und
hochgelegenen Seen. Ihre Laichzeit fällt in den Monat Mai. Sie
lebt gesellig, im Sommer meist in großen Scharen an der Oberfläche
des Wassers und weiß sich auch durch geschickte Sprünge in die
Luft ihren Feinden im Wasser zu entziehen.

Die Laube ist ein vorzüglicher Köderfisch für die größeren
Raubfische und wird, in Formalin konserviert, von keinem andern

übertroffen. Frisch angeködert, verliert sie bei der Spinnfischerei
ihre herrlich silberglänzenden Schuppen und nutzt sich infolge
ihres weichen Fleisches verhältnismäßig schnell ab. In Seen dagegen
gibt es für die Schleppangel keinen besseren Köder.

Im Sommer fängt man sie am leichtesten mit der Flugangel
mit ganz kleinen künstlichen Fliegen. Besser ist aber stets ein
natürliches Insekt, besonders eine kleine Heuschrecke. Auch kann
man ein Stückchen Wurm, ein Ameisenei oder als allersichersten
Köder eine Made benutzen, die man, um einen weiten Wurf zu
ermöglichen, am besten an der Fluggerte anbringt und nach dem
Wurfe etwas sinken läßt.

Man fängt die Laube übrigens auch leicht mit Brotkügelchen
an der Grundangel. Um sie anzulocken, füttert man sie mit Stückchen Brot an und angelt dort, wo sich ein Schwarm daraufstürzt.

Der Schneider.   *Alburnus bipunctatus.*

(Bambeli.   Alandblecke.   Schufslaube.   Ablette spirline oder Spirlin.)

Der Schneider.

Dieser Fisch ist der Laube sehr ähnlich, unterscheidet sich
aber von derselben auf den ersten Blick durch zwei aus schwarzen
Pigmentflecken gebildete Linien, welche die Seitenlinien zu beiden
Seiten einfassen. Darüber verläuft vom Auge bis zur Schwanzflosse
eine breite, schwarze Binde. Der Körper ist gedrungener, das Kinn
weniger hervorstehend, der Mundspalt weniger schief, sondern mehr
horizontal. In der Farbe ähnelt der Fisch der Laube sehr, auch
in der Lebensweise und seiner Verbreitung, nur hält er sich mehr
am Grunde fließender Gewässer auf.

Der Strömer.   *Telestes Agassizii.*

(Blageau.)

Der Strömer ist ein kleiner Fisch, der im allgemeinen etwas
größer wird wie die Laube und einen gestreckten, fast zylindrischen
Körper besitzt, der über der Seitenlinie eine breite, tief dunkle,
violett schimmernde Binde trägt, ähnlich wie der Schneider. Er
findet sich besonders im Süden Deutschlands, Österreichs und der
Schweiz in den starkfließenden Nebenflüssen der Donau, des Rheins

und der Rhone, bewohnt aber auch in diesem Gebiet einige Seen. Seine Laichzeit fällt in die Monate März und April. Beide Fische,

Der Strömer.

besonders der letztere, sind als Köderfische sehr verwendbar. In England sind sie unbekannt. Der Fang unterscheidet sich in nichts von dem der Laube.

Der Hasel. *Squalius leuciscus.*
(Häsling. Weifser Döbel. Dace. Vandoise.)

Der Hasel.

Der Hasel ist der Nächstverwandte des Aitel (Squalius cephalus), mit dem er in der Bezahnung, Flossenstellung, Beschuppung und manchen anderen Charakteren übereinstimmt. Er unterscheidet sich von diesem durch seinen gestreckteren, seitlich mehr zusammengedrückten Körper, seinen schmalen, schlanken Kopf und seine weit hellere Färbung, die besonders an den Seiten einen starken Silberglanz aufweist.

Der Hasel lebt in Flüssen, Bächen, größeren und kleineren Seen und erreicht nur eine geringe Größe; Exemplare von 30 cm Länge sind eine große Seltenheit. Er steht als Köderfisch so ziemlich auf der gleichen Höhe wie die Laube, ist aber dauerhafter wie diese. Das prachtvoll glänzende, aber vergängliche Schuppenkleid der Laube ersetzt der Hasel durch größere Haltbarkeit der Schuppen und das weniger empfindliche Maul.

Man fängt den Hasel mit den gleichen Ködern und Angelmethoden, wie sie für die Plötze empfohlen wurden, nur versenkt man den Köder gewöhnlich nicht so tief. Auch steht der Hasel eher in rascheren Strömungen und beißt lebendiger wie das Rotauge, so daß man sofort anhauen muß, wenn sich das Floß bewegt.

Die bevorzugten Köder sind Maden und Regenwürmer, auch fängt man ihn mit kleinen, künstlichen oder natürlichen Fliegen, besonders aber mit Heuschrecken.

Der Seerüßling. *Abramis melanops.*
(Rußnase.)

Der Seerüßling.

Dieser Fisch wird nur von wenigen Ichthyologen, wie von Siebold, als eine eigene Art betrachtet, während die meisten Ichthyologen denselben nur als eine kurznasige, weniger hochrückige und gestrecktere Varietät der Zärte oder Rußnase (Abramis vimba) auffassen, mit der er in der Tat in allen wesentlichen Merkmalen übereinstimmt. Der Fisch ist als Abramide an seiner langen, von 18 bis 20 weichen Strahlen gestützten Afterflosse kenntlich. Der Körper ist auffallend langgestreckt, so daß der Fisch an die Renken erinnert und auch als Halbrenke auf den Markt kommt. Sein Rücken ist blaugrau, die Seiten und der Bauch glänzend-silberweiß. Die graublaue Nase springt über die Schnauze vor.

Der Seerüßling hat im Donaugebiet dieselbe Verbreitung wie die Zärte, von der er auch meist nicht unterschieden wird; er findet sich aber auch in einigen Seen der Voralpen, wie im Starnberger See, Ammersee, Chiemsee usw. Er wird mit dem Wurm und der versenkten Fliege (besonders der natürlichen Heuschrecke) gefangen und ist ein zwar etwas breiter, aber dauerhafter und vorzüglich glänzender Köderfisch; leider ist sein Vorkommen beschränkt, so daß er als solcher nur von lokaler Bedeutung ist.

Die Pfrille. *Phoxinus laevis.*
(Elritze. Rümpchen. Minnow. Vairon.)

Die Pfrille.

Die Pfrille besitzt einen gestreckten, zylindrischen Körper, der mit außerordentlich kleinen Schuppen bedeckt ist, die sogar an manchen Körperstellen fehlen. Die Seitenlinie ist unvollständig und reicht nur bis etwas über die Körpermitte hinaus. Die Schnauze ist stumpf und stark gewölbt. Der Rücken ist olivgrün gefärbt;

von ihm ziehen sich über die helleren Seiten eine Reihe von dunklen Querbinden. Sehr charakteristisch ist ein goldig glänzender Streifen, der, über der Seitenlinie vom Auge bis zum Schwanz hinziehend, aus der Tiefe der Haut hindurchschimmert.

Die Pfrille ist ein kleines, munteres, gesellig lebendes Fischchen von ca. 10 cm Länge, das sich in fast allen Bächen und Seen vorfindet und selbst bis in die höchstgelegenen Gebirgsseen hinaufsteigt. Die Laichzeit fällt in den Monat Mai; um diese Zeit werden die Pfrillen in manchen Gegenden, z. B. am Rhein, massenhaft gefangen und unter dem Namen Rümpchen oder Maipieren zu Markt gebracht.

Die Pfrille ist wohl der verbreitetste und beliebteste Köder für die leichtere Spinnangel sowie für den Fang des Lachses. Sie hat nur einen Nachteil, daß ihr Fleisch so weich ist, daß der Köder oft gewechselt werden muß, und daß damit viel Zeit vertragen wird. Durch Formalin erreicht die Haltbarkeit einen höheren Grad; die Pfrillen halten zwar besser an der Angel, wenn sie damit konserviert sind, aber haben dann den Nachteil, daß eine Forelle, die nicht gleich beim ersten Anbiß dingfest gemacht werden konnte, ihren Angriff kein zweites Mal wiederholt. Über die Konservierung durch Einspritzung mit reinem Formalin s. S. 64.

Man fängt die Pfrille mit ganz kleinen Angelhaken, an denen man eine Made, ein Ameisenei, ein Stückchen Wurm, eine Stubenfliege oder ein Brotkügelchen befestigt, indem man gleichzeitig mit dem gleichen Köder anfüttert. Auch mit ganz kleinen künstlichen Fliegen gelingt der Fang.

Da man aber, um rasch zu seinen Köderfischen zu kommen, nicht viel Zeit vertragen will, empfiehlt es sich, sie mit kleinen Drahtreusen oder mit einer Glasflasche zu fangen, die in ihrem Boden mit einer Öffnung ausgestattet ist. Beide sind in den Gerätschaftenhandlungen vorrätig. Man legt diese, mit einigen Stückchen Brot oder darin angebundenem Wurm versehen, in kleine Rinnsale oder in Seen in die Nähe des Ufers. Der Erfolg übertrifft manchmal alle Erwartung.

Bequemer zum Transport im Rucksack ist ein Drahtreif mit einem etwas bauchigen, feinmaschigen Netze überzogen, genau in der Form wie die bekannten Krebsteller und auch wie diese an drei Schnüren in der Horizontalen balancierend. Man hängt das Netz über eine Stange und versenkt es da, wo man Pfrillen beobachtet; dann füttert man über dem Netze mit Brot an und zieht es heraus, sobald eine Anzahl Pfrillen angesammelt hat. Im Winter ziehen die Pfrillen mit Vorliebe in kleine Gräben, die in den Bach oder Fluß münden. Man hält ein Handnetz vor und treibt die Pfrillen hinein.

Die Bartgrundel. *Cobitis sive Nemachilus barbatula.*

(Schmerle. Grundel. Stone Loach. Loche.)

Dieser Fisch ist leicht an den sechs Bartfäden zu erkennen, welche seinen Mund umgeben. Der Körper ist wenig gestreckt und

walzenförmig. Er ist nur spärlich an den Seiten mit Schuppen
bedeckt. Die Seiten wie der Bauch besitzen eine schmutziggelbe
Färbung, auf dem Rücken stehen schwarzgrüne Pigmentpunkte,
die an vielen Stellen zu Marmorflecken zusammenfließen.

Die Grundel ist ein kleiner Fisch von ca. 10 cm Länge, der sehr
weit verbreitet ist und in klaren, fließenden Bächen lebt, hier und
da aber auch in Seen am Grunde vorkommt. Der Fisch wird seines
schmackhaften Fleisches wegen geschätzt.

Die Bartgrundel.

Die Grundel ist dank ihrer zähen Haut wohl einer der besten
Forellenköder, die es gibt, leider aber selten in der nötigen Menge
zu haben. Man fängt sie wie die Pfrillen in der Flasche oder in
kleinen Reusen oder auch in seichten Rinnsalen mit dem Handnetz.
Ein eckiges, mit eisernem Rand eignet sich dazu am besten Man
zieht es, gleichzeitig Fühlung mit dem Boden suchend, gewaltsam
durch die Wasserpflanzen und fängt so außer Grundeln auch Mühlkoppen und Pfrillen, wenn solche vorhanden.

Bei grobsteinigem Untergrund hebt man die Steine vorsichtig
auf und sticht die Grundeln mit der Gabel.

Der Koppen oder die Mühlkoppe.   *Cottus gobio.*

(Kaulkopf.   Groppe.   Bull-head oder Miller's thump.   Chabot.)

Der Koppen.

Der Koppen ist leicht an seinem breiten und flachen, mit
Stacheln bewaffneten Kopf und seinem weiten, in die Breite gezogenen Maule zu erkennen, das übrigens bei den Weibchen schmäler
ist wie bei den Männchen, deren Kopf wiederum am Vorderrand
stumpfer ist als bei den spitzschnauzigeren Weibchen. Der Fisch
besitzt zwei dichtaneinanderstoßende, lange Rückenflossen mit
weichen, ungeteilten Strahlen. Die Färbung variiert außerordentlich;
bald ist der Körper heller und zeigt auf gräulichgelbem Grunde

unregelmäßig wolkige Flecken und Querbinden, bald ist die Grundfarbe dunkelbraun, mit vielen schwärzlichen Punkten und Flecken.
Schuppen fehlen ganz.

Der Koppen ist ein durchschnittlich 10 bis 12 cm langer Fisch,
der überall in Seen, Flüssen und Bächen unter Steinen verborgen
anzutreffen ist und eine räuberische Lebensweise führt. Er laicht
im März und April; das Männchen verteidigt die in einer Art Nest
abgelegten Eier.

Der Koppen ist ein vorzüglicher Köder für alle Fische, selbst
für solche, die sich nur ausnahmsweise von Fischen nähren, wie
z. B. die Barben. Außer dem Aalschwanzköder und den Neunaugen gibt es keinen, der so zäh an der Angel haftet und so lange
fortbenutzt werden kann, wie die Mühlkoppe. Man fängt mit den
kleineren Exemplaren: Forellen, Regenbogenforellen, Bachsaiblinge, Barsche usw., mit den größeren: Hechte und Huchen. Es
ist unverständlich, wie in England, der Wiege des Angelsports,
gerade dieser vorzügliche Köder gar keine Beachtung gefunden hat.
Obwohl der Koppen in England, wie es scheint, nicht selten vorkommt, fand ich in der ganzen englischen Literatur, soweit ich
dieselbe verfolgen konnte, nirgends eine Erwähnung desselben als
Köderfisch.

Man sticht den Koppen, im Wasser watend, nach vorsichtiger
Lüpfung der größeren Steine mit einer gewöhnlichen stählernen
Eßgabel oder fängt ihn mit kleinen Würmern an Steindämmen.

Schnürt man die Schweifwurzel eines frischen Koppens mit
einer Fadentour ab, dann breitet sich die Schwanzflosse fächer-
artig aus, was dem Köder ein verlockendes Aussehen gibt.

VI. Abschnitt.

Über den Bau und die Lebensweise der Fische

von

Prof. Dr. Bruno Hofer †.

Mit einem Anhang:

„Über die Furunkulose" und: „Über die Alters-bestimmung der Fische".

Von Prof. Dr. Marianne Plehn.

———

Man wird in einem Werke, welches sich die Darstellung des Fischereisports zur Hauptaufgabe macht, keine umfassende Anatomie und Physiologie der Fische suchen. Gleichwohl wird der Sportangler bei der reichen ihm zu Gebote stehenden Gelegenheit zur Beobachtung das Bedürfnis empfinden, über die Elemente des anatomischen Aufbaues und der physiologischen Leistungen des Fischkörpers orientiert zu sein. Deshalb möge hier in großen Zügen eine kurze Darstellung vom Bau und der Funktion des Fischkörpers und seiner Organe Platz finden.

1. Die Gestalt des Körpers.

Als Wirbeltiere, welche dauernd im Wasser leben, zeigen die Fische eine Körperform, die sich ihrem Aufenthalt wunderbar angepaßt hat. Finden wir als Grundform bei allen ausdauernd und schnell schwimmenden Formen die langgestreckte, vorn und hinten zugespitzte, überall glatte spindelförmige Körpergestalt, die einem ungehinderten Vorwärtsschwimmen den geringsten Widerstand entgegensetzt, so sehen wir bei den am Boden und im Schlamm liegenden Fischen einen entweder vom Rücken nach dem Bauch zu (Wels, Koppen) oder von rechts nach links abgeplatteten Leib, wie bei den Flundern und anderen Plattfischen, oder der Körper erscheint drehrund wie beim Aal, der auch mehr im Schlamm steckt, als frei im Wasser umherrudert. Die hauptsächlichste Bewegung, das Schwimmen, beherrscht eben den anatomischen Grundplan; wir können den Fisch daher zutreffend mit einem Schiff vergleichen. Wie an diesem der Rumpf ein einheitliches, starres, nicht weiter gegliedertes Ganzes darstellt, so zeigt auch der Fischkörper im Gegensatz zu den höheren Wirbeltieren mit ihrer reichen Gliederung in Kopf-, Hals-, Brust-, Lenden- und Schwanzabschnitt keine scharf abgesetzten Regionen; im Gegenteil, der unbewegliche Kopf geht ohne Halsabschnitt direkt in den Rumpf über, und dieser verdünnt sich nach hinten zu dem beweglichsten Abschnitt, dem Schwanzteil. Was sollte einem Fisch auch ein beweglicher Kopf, der beim Schwimmen dann doch durch besondere Muskeln unter ständiger Arbeitsleistung festgestellt werden müßte, um die einmal eingeschlagene Richtung nicht in ein unruhiges Zickzack zu verwandeln?

Und wenn der Schwanzabschnitt des Fischkörpers besonders beweglich ist, so rührt das daher, weil er im Verein mit der Schwanzflosse das eigentliche Fortbewegungsorgan darstellt, vergleichbar der Schraube am Hinterende des Schiffes. Zwar führt derselbe keine drehenden Bewegungen aus wie diese, indessen stellen sich beim Schwimmen der obere und untere Lappen der Schwanzflosse geradeso wie die Flügel einer Schiffsschraube und bewirken durch ihre rhythmischen Schläge nach rechts und links eine Vorwärtsbewegung des Körpers. Noch treffender wird der Vergleich, wenn wir an ein Ruderboot denken, welches am Hinterende von einem in rascher Folge nach rechts und links bewegten Ruder vorwärtsgetrieben wird.

2. Die Flossen.

Außer der Schwanzflosse unterscheiden wir am Fisch noch die gleichfalls unpaare Rückenflosse (*R*) und Afterflosse (*A*)

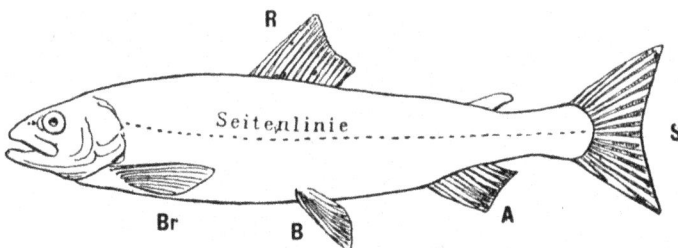

Fig. 257.

sowie die paarigen Brust- (*Br*) und Bauchflossen (*B*), welche allein den vorderen und hinteren Extremitäten der höheren Tiere zu vergleichen sind (Fig. 257).

Der Name dieser Flossen ergibt sich ohne weiteres aus ihrer Stellung an den betreffenden Gegenden des Körpers, d. h. am Schwanz, am Rücken, hinter dem After, an der Brust und am

Bauch. Nur die Bauchflosse wechselt zuweilen ihre Stellung und ist nicht immer bauchständig, wie bei den meisten unserer Fische, z. B. allen karpfenartigen Fischen, den Hechten, Salmoniden u. a., sondern entweder brustständig, wie bei den barschartigen Fischen oder sogar vor der Brustflosse angebracht, und dann kehlständig wie bei der Aalrutte oder Quappe. Die lachsartigen Fische, die Salmoniden, haben außerdem hinter der Rückenflosse noch eine kleine, nicht von Flossenstrahlen gestützte, sog. Fettflosse, welche nur aus Haut und fettreichem Bindegewebe besteht. Anderseits können von den normalerweise vorkommenden 7 Flossen auch einige fehlen, so z. B. bei den Neunaugen, die Brust- und Bauchflossen, beim Aal nur die Bauchflossen. Alle Flossen bestehen, soweit sie über den Körper des Fisches hinausragen, aus einer zarten Haut, welche zwischen knöchernen Strahlen, den Flossenstrahlen, ausgespannt werden kann. Den genaueren Bau dieser Flossenstrahlen werden wir beim Skelett schildern.

Ihrer Funktion nach dient die Schwanzflosse, wie bereits bemerkt, zur Vorwärtsbewegung des Fischkörpers, indem sie durch die Muskeln des Schwanzes unter Schrägstellung ihrer Lappen abwechselnd rasch nach rechts und links bewegt wird. Die Rückenflosse und Afterflosse sowie die Brust- und Bauchflossen verrichten die Funktion des Steuerruders, und zwar die Rücken- und Afterflosse, indem sie dem schwimmenden Körper die Konstanz und Stetigkeit der eingeschlagenen Richtung gewährleisten, während Brust- und Bauchflossen die Bewegungen nach rechts und links vermitteln und das Gleichgewicht halten.

Schneidet man daher einem Fische Rücken- und Afterflosse ab, so schwimmt er, besonders bei schneller Bewegung, nicht geradeaus, sondern im Zickzack, entfernt man Brust- und Bauchflossen, so fällt der Körper bei raschen Bewegungen leicht um und hat die Fähigkeit stark eingebüßt, flink und gewandt nach rechts und links auszubiegen. Bei langsamen Bewegungen treten diese Störungen nicht so deutlich auf, auch sind sie, je nach der Lage des Schwerpunktes, bei einzelnen Arten weniger ausgeprägt. Brust- und Bauchflossen werden außerdem noch zur Hemmung der Vorwärtsbewegung benutzt; wenn der Fisch plötzlich haltmacht, so spreizt er seine paarigen Flossen.

3. Die Haut.

Der gesamte Körper des Fisches wird an seiner äußeren Oberfläche von der Haut bedeckt.

Diese gliedert sich in zwei Teile: die Oberhaut oder Epidermis und die Lederhaut oder Cutis.

Die Oberhaut besteht, wie die folgende Abbildung (Fig. 258) zeigt, aus zahlreichen übereinander gelagerten polygonalen Zellen, welche im Leben völlig durchsichtig und überaus weich und zart sind und nicht wie bei den in der Luft lebenden höheren Wirbeltieren verhornen. Die Oberhaut sieht daher schleimartig aus, sie ist aber nur mit einer leichten und zarten Schicht von Schleim bedeckt. Dieser Schleim wird von bestimmten, in der Oberhaut liegenden Zellen, den sog. Schleimzellen, abgesondert (vgl. die Figur bei Sch.) und ist um so reichhaltiger, je mehr Schleimzellen in der Haut vorhanden sind. Die Weißfische haben z. B. spärliche Schleimzellen, sehr reich ist dagegen die Haut des Aals oder der Schleie mit Schleimzellen durchsetzt. Daher fühlen sich diese Fische auch so glatt an, wie überhaupt die Glätte und Schlüpfrigkeit des Fischkörpers von der Schleimschicht und der schleimartigen Epidermis herrührt. Beim Konservieren von Ködern ist es ratsam,

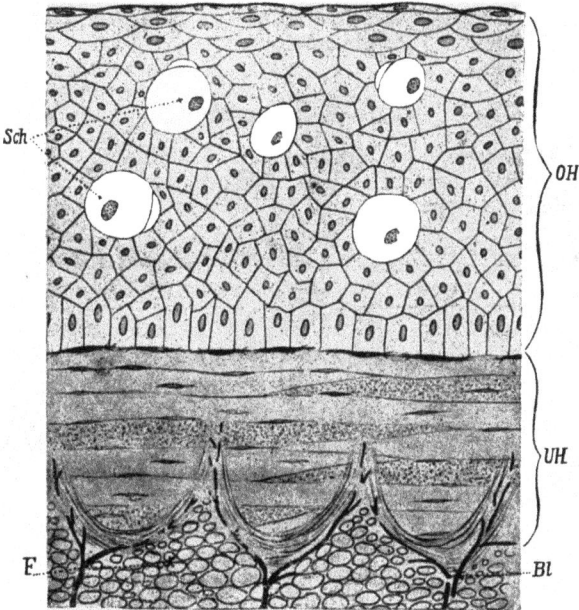

Fig. 258.

OH = Oberhaut, UH = Lederhaut, Sch = Schleimzellen,
F = Fett, Bl = Blutgefäß.

diesen vor dem Einlegen in Formalin oder Spiritus durch Abwaschen mit Salzlösung sorgfältig zu entfernen, weil er andernfalls beim Gerinnen trübe wird und den Silberglanz der Fische verdeckt oder abstumpft.

Die Oberhaut entbehrt vollständig der Blutgefäße, so daß man dieselbe entfernen kann, ohne daß der Fisch blutet.

Unter der Epidermis lagert der zweite kräftigere Teil der Haut, die Lederhaut oder Cutis. Dieselbe besteht aus straffen Bindegewebsfasern, welche in vielen horizontalen Lagen übereinander geschichtet sind und durch senkrecht aufsteigende Faserbündel zusammengehalten werden. An dieser regelmäßigen Anordnung

kann man daher leicht die Fischhaut von der Haut der Säugetiere
und Vögel und Reptilien mit ihren nach allen Richtungen durch-
einander gewirrten Fasern unterscheiden, und aus diesem Grunde
ist die Fischhaut auch weniger widerstandsfähig und minder geeignet
zur Lederfabrikation, obwohl in Sibirien aus der dicken fetten Haut
der Lachse ein sehr wasserdichtes Fischleder fabriziert wird. Auch
andere Fische, wie z. B. der in der Nordsee lebende Seewolf (An-
arrhichas lupus), geben ein schön gefärbtes und für Schmuckgegen-
stände oder Büchereinbände geeignetes Leder. Bekannt ist die
außerordentliche Zähigkeit der Aalhaut, welche deshalb mit Vorliebe an Dreschflegeln zur Befestigung des Schlegels oder zur Fabrikation von Tauen u. dgl. gebraucht wird.

4. Die Schuppen.

An der Grenze von Oberhaut und Lederhaut, jedoch allseitig
von der letzteren begrenzt und in Taschen der Lederhaut steckend,
befinden sich die Schuppen, welche bei den meisten unserer Fische
vorhanden sind. Sie fehlen vollständig nur dem Koppen (Cottus
gobio) und dem Wels (Silurus glanis), teilweise, d. h. an großen

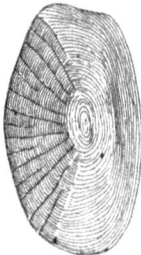

Fig. 259.	Fig. 260.	Fig. 261.
Schuppe des Bitterlings (Rhodeus amarus).	Schuppe von der Mairenke (Alburnus mento).	Schuppe vom Streber (Aspro-Streber).

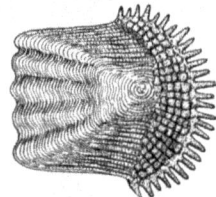

Partieen des Körpers, dem Schlammpeizger (Cob. fossilis) und der
Bartgrundel (Cobitis barbat.). Sie sind oft sehr klein und nebeneinander gelagert, wie beim Aal, oft groß und dann dachziegelförmig unter gegenseitiger Deckung angeordnet. Am Körper stehen
die Schuppen in schrägen Reihen, deren Zahl nur in engen Grenzen
schwankt. Ebenso ist die Zahl der Schuppen in einer Schrägreihe
fixiert, so daß man an diesen Merkmalen die Arten der Fische
diagnostizieren kann. Die Schuppen bestehen der Hauptmasse
nach aus fest miteinander verkitteten, zahlreichen Lamellen fase-
riger Bindesubstanz mit eingelagerten Kalkkörperchen und sind
an ihrer Oberfläche mit einer glänzenden, harten, glasartigen Deck-
schicht überzogen. Diese ist, wie die vorstehenden Abbildungen
(Fig. 259 u. 260) zeigen, konzentrisch um den ältesten Teil der

Schuppen, das sog. Primitivfeld, in Streifen erhoben und, von diesem ausgehend, von Rinnen, den sog. Radialfurchen, durchsetzt, welche aber nur nach dem Vorder- und Hinterfeld der Schuppe ausstrahlen, die beiden Seitenfelder jedoch freilassen. Am Hinterrand sind die Schuppen entweder glatt, dann heißen sie Zykloid- oder Rundschuppen (vgl. Fig. 259 u. 260), oder sie sind in kammzinkenartigen Spitzen ausgezogen und werden dann als Ktenoid- oder Kammschuppen bezeichnet (vgl. die Fig. 261).

Auf den Flächen der Schuppen lagert bei den meisten Fischen (eine Ausnahme macht z. B. der glanzlose, alampische Stint) eine silberglänzende Substanz, welche den eigenartigen Glanz der Fische hervorruft. Dieselbe besteht aus äußerst zarten, kristallinischen Plättchen nebenstehender sechsseitiger Form (Fig. 262), die ihrer chemischen Zusammensetzung nach reines Guanin darstellen. Wenn zahlreiche dieser zarten Plätt-

Fig. 262.
Guaninkristalle.

chen übereinander gelagert sind und dabei zwischen sich eine feine Luftschicht einschließen, so wird das Licht, ähnlich wie bei der Perlmutter, eigenartig zerlegt, so daß sog. Interferenzfarben, die oft in allen Nuancen des Regenbogens schillern, entstehen. Diese Guaninkristalle werden auch technisch zur Herstellung der Essence d'Orient gewonnen, indem man namentlich die stark glänzenden Schuppen des Ukeleis oder der Laube (Alburnus lucidus) mit Ammoniak auflöst, so daß nur die Guaninkristalle übrig bleiben, und diese nach weiterem Auswaschen mit Alkohol zur Herstellung von künstlichen Perlen verwendet, sei es, daß man sie wie bei den römischen Perlen auf Wachs oder bei den Pariser Perlen im Innern von Glaskugeln aufträgt.

Altersbestimmung aus Schuppen und Knochen.

Wenn auch nicht so oft wie für den Züchter, so kann es doch auch für den Angler wichtig sein, das Alter seiner Fische zu kennen. Nicht nur, daß es gelegentlich bei einem besonders stattlichen Beutestück von Interesse wäre, zu wissen, wie alt es ist! Von größerer Bedeutung kann es sein, wenn festgestellt werden soll, was aus neueingesetzten Jungfischen oder Brut geworden ist, denn daraus läßt sich ersehen, welche Fische in einem Wasser am besten gedeihen; — wie dasselbe am zweckmäßigsten zu bewirtschaften ist.

Die Altersbestimmung ist nicht bei allen Arten gleich leicht auszuführen; am besten gelingt sie bei Fischen mit Winterruhe, also bei solchen, die nur in der warmen Jahreszeit fressen und wachsen; sie beruht nämlich auf periodischem Wechsel der Wachstumsgeschwindigkeit, die jedes Organ betrifft, aber nur an den Hartgebilden sichtbar bleibt: an den Knochen und vor allem — wie schon oben erwähnt — an den Schuppen. Diese Gebilde wachsen durch Anlagerung neuer Schichten von außen; ist das Wachstum rasch, so werden breitere Streifen angelagert; je langsamer der Fisch wächst, um so schmäler fallen die neuen Schichten aus.

Die Fig. 263 zeigt — etwas schematisiert — die Schuppen eines dreisömmerigen (a) und eines zweisömmerigen (b) Karpfens, welche die in jedem Jahre gebildeten Zonen deutlich erkennen lassen. Auf das zentrale Feld folgen breitere Ringe, dem guten Wachstum des ersten Sommers entsprechend. Sie werden im Herbst, wenn es kalt wird und der Fisch wenig frißt, schmal; im Winter, während des Schlafes, wächst er nicht und lagert auch keine Schuppensubstanz ab. Sobald aber im Frühjahr die Wärme kommt und der Appetit lebhaft wird, setzt das Wachstum mächtig ein: die angelagerten breiten Streifen, die sich deutlich von der Herbst- und Winterzone abheben, zeugen davon.

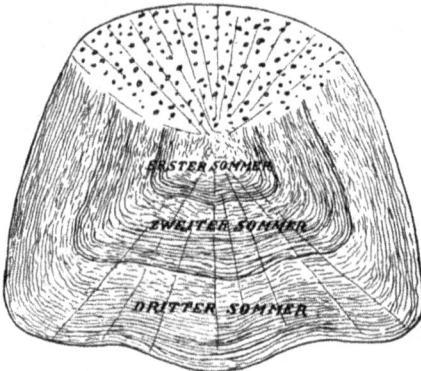

Fig. 263 a.
Schuppe eines 3 sömmerigen Karpfens.

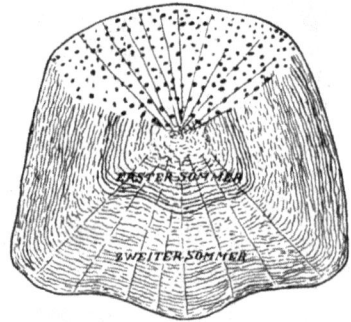

Fig. 263 b.
Schuppe eines 2 sömmerigen Karpfens.

So scharf wie bei Karpfen und ihren Verwandten ist die Bildung der Jahreszonen bei anderen Fischen allerdings nicht zu erkennen; immerhin bleiben sie bei Wildfischen, die im Winter stets viel weniger Nahrung haben als im Sommer, noch deutlich genug. Nur bei solchen Teichfischen, die im Winter reichlich gefüttert werden, also auch gut wachsen, ist die Bestimmung nicht möglich; auch bei sehr alten Fischen ist sie nicht mehr genau, denn diese wachsen langsamer, die Streifen auf den Schuppen bleiben auch im Sommer schmal. — Wenn auch in manchen Fällen einige Übung dazu gehört, das Alter zu bestimmen, so wird es der Fischfreund doch oft ohne weiteres selbst tun können, sofern er eine gute Lupe besitzt. Man muß allerdings manchmal eine größere Anzahl von Schuppen durchmustern, denn nicht alle wachsen ganz normal. Auch kommt es oft vor, daß infolge äußerer Verletzungen Schuppen abgestoßen werden; sie regenerieren sich zwar, machen aber dabei eine abgekürzte Entwicklung durch, besitzen dann keine Jahreszonen und sind zur Bestimmung des Alters unbrauchbar. Man tut am besten, 10 bis 12 Schuppen aus der mittleren Körperregion zwischen Seitenlinie und Rückenkante zu nehmen; sie werden etwas gesäubert — geübte Praktiker pflegen sie einfach zwischen den Fingern zu reiben —, auf ein Glasplättchen

(Objektträger) gelegt, mit einem Tropfen Wasser befeuchtet und dann mit der Lupe betrachtet.

Bei Spiegelkarpfen sind die großen, unregelmäßiger gebildeten Schuppen nicht immer geeignet; da sind die kleineren aus der Reihe am Rücken vorzuziehen.

Bei Lederkarpfen oder anderen schuppenlosen Fischen muß man andere Hartgebilde zur Altersbestimmung heranziehen, die auch bei manchen Schuppenfischen gute Resultate geben, aber doch nicht ganz so einfach zu präparieren sind.

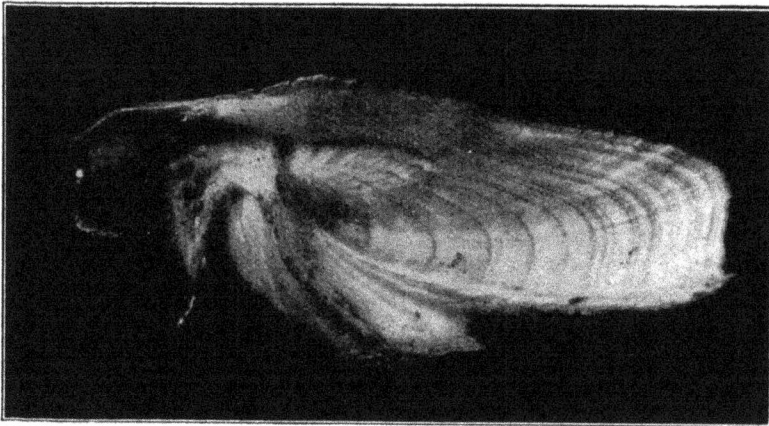

Fig. 264.

Auch die Knochen zeigen Wachstumszonen, und zwar ist je nach der Art des Fisches bald der Kiemendeckel (Barsch, Plötze, Huchen), bald der Schulterknochen (Brachsen), bald die Gehörsteinchen (Rutte), bald die Wirbel (Zander) am besten geeignet. Zuweilen, wenn die Knochen dick und undurchsichtig sind, wird es nötig sein, sie zu schleifen. Will sich der Praktiker die dazu erforderliche Fertigkeit nicht selbst aneignen, so kann er das Objekt einem Sachverständigen übergeben.

Die Abbildung Fig. 264 stellt den Schulterknochen eines 13jährigen Brachsen von 40 cm Länge und 2 kg Gewicht dar.

Fig. 265 ist der Kiemendeckel eines 14jährigen Barsches von 40 cm Länge und 1 kg Gewicht. Vergrößert ca. 2mal.

Auf Grund großer Erfahrung gelingt es nicht nur, das Alter eines Fisches zu erkennen, sondern auch die wichtigsten Einzelheiten der Lebensgeschichte. Beim Lachs z. B., der ja ein sehr bewegtes Leben führt, ist das besonders interessant. Da sieht man nicht nur, wie lange er im süßen Wasser zubrachte, ehe er ins Meer wanderte, sondern auch in welchem Lebensjahre er die Laichreise zurück in den Fluß seiner Kindheit antrat. Diese Wanderung stromaufwärts, während welcher er wenig — in manchen Flüssen,

z. B. im Rhein gar nichts — frißt, bedeutet eine gewaltige Anstrengung für den Lachs. Werden bei allen Fischen während der Ausbildung der Geschlechts-
produkte alle Reserve-
stoffe, Fett und Glykogen
aufgebraucht, so muß der
Lachs, um die Arbeit
leisten zu können, noch
mehr von seiner Körper-
substanz einschmelzen:
die Muskulatur, ja sogar
Knochen und Schuppen
werden in Anspruch ge-
nommen. Am Rande der
Schuppen prägt sich das
deutlich aus; derselbe ist
nicht glatt, sondern er-
scheint wie angefressen.
Das ist die »Laichmarke«,
die dauernd erkennbar
bleibt, auch wenn nach
der Rückkehr ins Meer
mit seinen reichen Nah-
rungsmengen sich breite
Streifen darüber gelagert

Fig. 265.

haben. — Viele Lachse
machen nur eine einzige Wanderung und bleiben später dauernd
im Meer; eine große Anzahl zeigt aber zwei Laichmarken; gewöhnlich liegt zwischen beiden eine, mitunter auch zwei Jahreszonen.
Nur ganz wenige Lachse kommen dreimal zum Laichen.

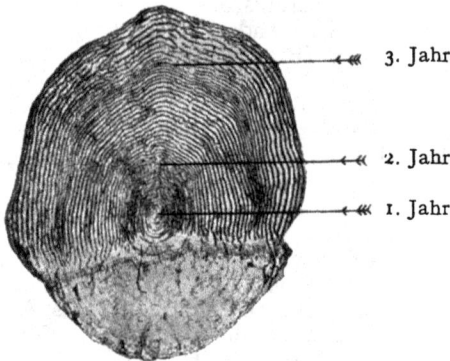

3. Jahr

2. Jahr

1. Jahr

Fig. 266.

Die Schuppe, die in
Fig. 266 abgebildet ist,
entstammt einem dreijäh-
rigen Fisch, der seit we-
nigen Monaten im Über-
fluß des Meeres schwelgte:
Auf die schmalen Streifen
des ersten und zweiten
im Süßwasser verlebten
Jahres folgen die be-
deutend breiteren des
dritten.

Fig. 267 ist die Schuppe
eines Laichfisches (weni-
ger stark vergrößert).
Auch dieser ist Anfang
des dritten Jahres ins
Meer gewandert und dort sogleich gewaltig gewachsen. Schon im
vierten Jahre kehrte er zum Laichen in den Fluß zurück, was
an dem unregelmäßigen Rande der Schuppe, die wie angenagt aus-

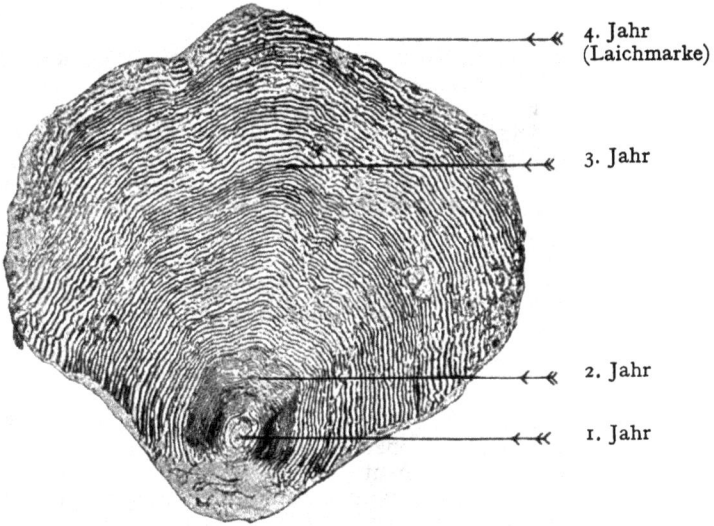

4. Jahr
(Laichmarke)

3. Jahr

2. Jahr

1. Jahr

Fig. 267.

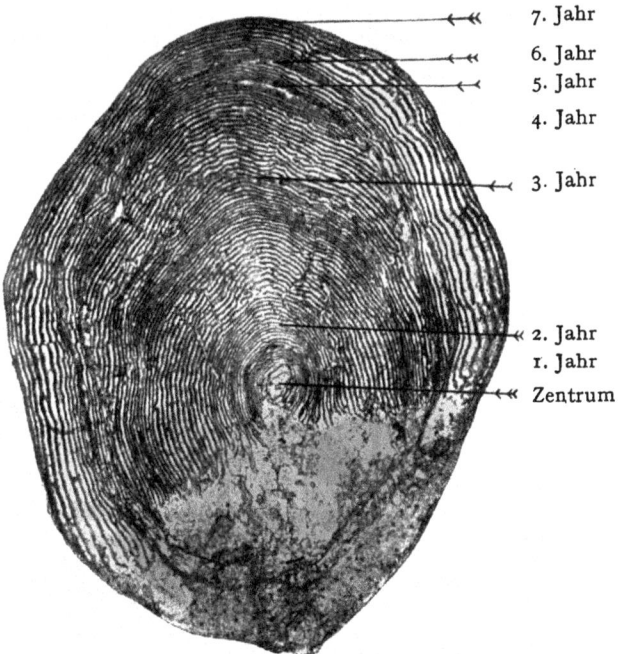

7. Jahr

6. Jahr

5. Jahr

4. Jahr

3. Jahr

2. Jahr

1. Jahr

Zentrum

Fig. 268.

sieht, zu erkennen ist. Auf dieser ersten Laichwanderung wurde er gefangen.

Die letzte Schuppe (Fig. 268) endlich stammt von einem Lachs, der nach den Kinderjahren im Bach zwei Jugendjahre im Meere verbrachte. Im fünften Jahre machte er seine erste Laichreise und gleich im nächsten Jahre schon die zweite. Zwei »Laichmarken« folgen aufeinander. Die breiten Streifen, die an den Seitenrändern der Schuppe besonders deutlich sind, beweisen, daß er glücklich ins Meer zurückgekehrt war und bereits wieder stark wuchs.

Nicht nur diese Hauptdaten lehrt uns die Betrachtung der Schuppen! Die ganz erfahrenen nordischen Spezialisten wissen durch Messung der Jahresringe zu berechnen, wie lang und wie schwer der Fisch zu jeder Zeit seines Lebens war!

5. Die Farben der Fische.

In der Haut der Fische, und zwar in allen Teilen der Cutis, besonders aber auf der Grenze von Lederhaut und Oberhaut (vgl. Fig. 258), finden sich Elemente, welche die Farbe der Fische bedingen. Es sind dies die bereits erwähnten Guaninkristalle, welche

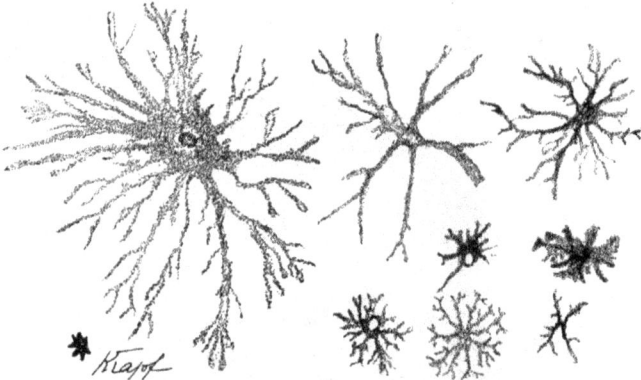

Fig. 269.
Chromatophoren aus der Fischhaut.

den Silberglanz hervorrufen, ferner Fettfarbstoffe, sog. Lipochrome, die dem Fett im Unterhautbindegewebe chemisch beigemischt sind und die besonders die gelben und roten Laichfarben z. B. beim Saibling, bedingen, oder es sind die Farbstoffzellen, die sog. Chromatophoren, welche in der Hauptsache die konstanten wie namentlich die rasch wechselnden Farben der Fische erzeugen. Es sind dies, wie anbeistehende Fig. 269 zeigt, sternförmig verästelte Zellen, in denen Farbstoffkörnchen gelagert sind; in einigen rote, in anderen gelbe, braune oder schwarze usw. Die Körnchen können ihren Platz in der Zelle verändern. Bald strömen sie bis in ihre feinsten Ausläufer, bald lagern sie sich in einem kleinen, dichten

Haufen im Mittelpunkt, und zwar verhalten sich die Körnchen gleicher Farbe immer gleich. — Drängen sich nun z. B. sämtliche rote Körnchen zu einem Klümpchen zusammen, während die gelben sich über die ganze Zelle ausbreiten, so erscheint die betreffende Hautstelle gelb; umgekehrt wird sie rot, wenn die Körnchen der roten Zellen sich verteilen, die der gelben sich zusammenballen. Indem nun die verschiedenartigst gefärbten Chromatophoren demselben wechselvollen Spiel der Verteilung und Zusammenziehung unterliegen, resultiert das so mannigfaltige Bild der Fischfarben und die Fähigkeit, dieselben der Umgebung und besonders dem Untergrund anzupassen. Wenn wir vorhin bemerken konnten, daß das Spiel der Chromatophoren unter dem Einfluß des Nervensystems steht, so soll damit nicht gesagt sein, daß die Fische nun in der Lage wären, absichtlich ihre Farben nach Belieben zu verändern. Die nervöse Leitung der auf die Chromatophoren treffenden Reize geht vielmehr längs der sympathischen Nerven, die dem Willen des Tieres nicht unterliegen, und hat sein Zentrum im verlängerten Mark sowie ein zweites Zentrum im Rückenmark. Färbt sich z. B. ein Koppen auf hellem Grunde hell, so muß man sich diesen Vorgang so vorstellen, daß die hellen Lichtstrahlen der Umgebung auf das Auge des Fisches einen adäquaten Reiz ausüben, der nun, durch den Sehnerv weitergeleitet, ohne zum Bewußtsein zu kommen, durch das Gehirn und Rückenmark und die sympathischen Nerven auf die Farbstoffzellen übertragen wird und in diesen die Wanderung der Körnchen veranlaßt. Daß dieser Vorgang, den man mit dem Namen der chromatischen Funktion bezeichnet hat, sich in der Tat so abspielt, kann man leicht an Fischen beobachten, die ein- oder doppelseitig erblindet sind. Im letzteren Falle sehen die Fische, besonders die Salmoniden, gewöhnlich sehr dunkel aus und haben jedenfalls die Fähigkeit verloren, sich ihrer Umgebung in der Farbe anzupassen. Bei einseitiger Erblindung erscheint der salmonidenartige Fisch auf der dem blinden Auge entgegengesetzten Seite dunkel und anpassungsunfähig; auf der entgegengesetzten Seite deshalb, weil die Sehnerven sich kreuzen und daher Reize, die das rechte Auge treffen, zunächst nach links herübergeleitet werden und umgekehrt. Bei karpfenartigen Fischen hat einseitige Erblindung nur vorübergehende Verdunklung des ganzen Körpers zur Folge. Bald darauf erfolgt wieder Normalfärbung, und das eine erhaltene Auge vermittelt allein die Anpassung der Farben an den Untergrund. Zuweilen beobachtet man auch Fische, die am vorderen oder hinteren Körperende ihre chromatische Funktion verloren haben, z. B. bei den an der Drehkrankheit leidenden Regenbogenforellen. Derartige Vorkommnisse kann man sich dadurch erklären, daß hier eine teilweise Erkrankung oder Funktionsstörung der zugehörigen sympathischen Nerven vorliegt. Einige Fische, wie z. B. Pfrillen, Karauschen, Barsche, reagieren auch, wenn sie geblendet sind, bei direkter Belichtung prompt durch Verdunkelung, bei Herabsetzung der Beleuchtung dagegen durch Aufhellen des ganzen Körpers. Bei Pfrillen hat K. v. Frisch den interessanten Nachweis erbringen

können, daß diese Wirkung auf Belichtung oder auch elektrische
Reizung einer durchsichtigen Stelle am Scheitel des Kopfes eintritt dort, wo in der Tiefe darunter die Zirbeldrüse liegt, und wo
einige Reptilien bekanntlich ein drittes Auge, das Scheitel- oder
Parietalauge besitzen. Die Gegend der Zirbeldrüse ist somit bei
manchen Fischen mit durchsichtigem Scheitelfleck noch licht-
empfindlich.

Bei manchen Fischen ist die chromatische Funktion sehr fein
ausgeprägt. So vermag z. B. eine Flunder im Verlauf von ½ bis
1 Stunde ihre Farbe der Umgebung genau anpassen, ob man,
z. B. den Untergrund in einem Aquarium, mit hellen oder dunkeln
Steinen belegt oder diese so mischt, daß eine Marmorierung resultiert, die sich auch binnen kurzer Zeit auf der Haut der Flundern
widerspiegelt. Bei manchen Fischen, wie z. B. dem Stichling, oder
bei gewissen fremdländischen Aquarienfischen, z. B. den Makro-
poden oder den Kampffischen, steht übrigens der Farbenwechsel
auch im Zusammenhang mit Erregungszuständen bei Streit und
Kampf. Einen sehr intensiven Einfluß auf die Pigmentzellen der
Haut hat der Sauerstoffmangel. Die Fische erblassen sofort, sowie
sie in sehr sauerstoffarmes Wasser gelangen, am ganzen Körper.
Wenn nur an einzelnen Körperstellen, z. B. durch Druck, Blutleere
in der Haut und dadurch verminderte Sauerstoffzufuhr hervorgerufen wird, so werden nur die Druckstellen aufgehellt, — eine
jedem Angler bekannte Erscheinung, der seine Forellen im Rucksack verpackt nach Hause bringt und dann an den gedrückten
Hautstellen große, oft scharfrandig begrenzte helle Flecken wahrnimmt. Daß auch die Nahrung von Einfluß auf die Färbung der
Fische ist, wissen alle Fischzüchter, die Forellen und Regenbogenforellen mästen und dabei ein Verschwinden der lebhaften Farben
beobachten. Gemästete Salmoniden haben ein auffallend blasses
Aussehen. Umgekehrt wirkt andauernder Hunger auf eine Zunahme der schwarzen Pigmentzellen; verhungerte Fische sehen
sehr dunkel aus, selbst an der Bauchseite, wo sie sonst hell sind.

Die bekannte Erfahrung, daß man durch Streichen oder Reiben
mit einem Messerrücken selbst an toten Fischen eine Verdunkelung der geriebenen Stellen hervorrufen kann, hat nichts mit Reizung der Pigmentzellen zu tun, sondern erklärt sich dadurch, daß
die Pigmentzellen mechanisch zu den beiden Seiten der gestrichenen
Stellen angehäuft werden und dabei vielfach auch zerplatzen.

Wenn man die Farben der Fische nach ihrem Zweck betrachtet,
so kann man dieselben in Schutz- und Schmuckfarben unterscheiden.

Die Schutzfarben sehen wir am deutlichsten bei unseren Friedfischen ausgeprägt, welche am Bauch und den Seiten silberfarben,
am Rücken dunkel, grünbraun oder blaugrau gefärbt sind. Diese
Farben sind ohne Zweifel nicht zufällig hervorgerufen, schon deshalb nicht, weil sie bei so vielen und einander systematisch sehr
fernstehenden Arten in überraschend gleichförmiger Weise vorhanden sind. Sie sind vielmehr wohl ohne Zweifel in Anpassung
an das Schutzbedürfnis der Fische entstanden, welche dadurch

ein Mittel besitzen, um den verschiedenen Feinden nach Möglichkeit zu entgehen. Diese halten sich entweder in der Luft auf, wie
die fischfressenden Vögel, oder sie leben im Wasser selbst, wie die
Raubfische, welche auf ihre Genossen Jagd machen. Ein Fisch
wird nun ohne Zweifel die Aufmerksamkeit der von oben in das
Wasser schauenden Vögel am wenigsten erregen, wenn er sich vom
Grunde des Gewässers nicht abhebt. Da dieser Grund z. B. dort,
wo Friedfische leben, durch Schlammablagerungen dunkelbraun
oder graugrünlich gefärbt ist, so sehen wir dieselben Farben an
der den Vögeln sichtbaren Körperhälfte der Fische, dem Rücken,
allgemein unter den Friedfischen verbreitet, natürlich ebenso auch
unter den mit ihnen zusammenlebenden Raubfischen, wie Hechten,
Barschen, Wallern usw., welche selbstverständlich gegenüber den
Raubvögeln dasselbe Schutzbedürfnis haben. Eine besonders ein-
leuchtende Bestätigung dieser Auffassung von der Färbung der
Fische liefern uns die Forellen, welche auf hellem kiesigen Grund
hellgefärbt sind, in dunklen Waldgewässern dagegen ein dunkles,
zuweilen nahezu schwarzes Farbenkleid zur Schau tragen; zu demselben Schluß führt uns die Betrachtung der in unseren klaren
Alpenseen lebenden Renkenarten, deren zarter blaugrünlicher
Rücken bei der Ansicht von oben von dem blauen oder grünen Ton
des Wassers nicht absticht, während der immer nur in der Tiefe
lebende Kilch oder der Tiefseesaibling dieser Schutzfarben entbehrt und ein fahles Braun als Grundfarbe aufweist.

Welchen Zweck hat nun aber der Silberglanz auf der Unterseite der Fische, oder richtiger gefragt, wie ist derselbe entstanden
zu denken?

Auch dieser für die Fische so charakteristische Guaninglanz
ist eine Schutzfarbe, die sich in Anpassung an das Bedürfnis der
Fische, sich vor den im Wasser lebenden Raubfischen zu schützen,
allmählich herangebildet hat. Stehen diese zum Zwecke des Raubes
versteckt in der Tiefe und schauen aufwärts in die helle, oft von
belichteten Wolken am Himmel glänzend weiß gefärbte Atmo-
sphäre nach ihrer Beute, so wird ihnen dieselbe, wenn es Fische
sind, um so leichter entgehen, je weniger sie sich durch ihre silberglänzende Unterseite von der hellen Umgebung abheben. Schaut
der Raubfisch aber schräg nach vorn und den Seiten, so sieht er
die Wasseroberfläche bekanntlich wie einen Silberspiegel wegen
der totalen Reflexion der Lichtstrahlen, die unter einem kleineren
Winkel als 48½⁰ die Wasseroberfläche von innen treffen. Von
diesem Silberspiegel werden sich die am Bauch und den Seiten
silberglänzenden Fische noch weniger abheben und daher der Aufmerksamkeit des spähenden Räubers entgehen.

In dieses eintönige, durch die Anpassung an die Umgebung
entstandene Farbenkleid bringt einige Abwechslung nur die Laichzeit, in welcher manche Fische, besonders die Raubfische, wie
zahlreiche andere Tiere, oft ein buntes und glänzendes Hochzeitskleid anlegen. Da prangt der Saibling im herrlichsten Orangerot
auf der Bauchseite, und die Forelle färbt ihre roten Tupfen inten-
siver und umfangreicher, das sonst ganz silberfarbige Lachsmänn-

chen schmückt sich mit roten Flecken an den Seiten und orange-
farbigem Anflug längs des Bauches, der Huchen übergießt sich
über und über mit einem
rötlichen Schimmer, der ihm
auch den Namen Rotfisch
eingetragen hat, und selbst
manche Friedfische, wie die
Äsche, stehen an Schmuck-
farben nicht zurück.

Alle diese Farben werden
teils durch die dem Fett bei-
gemischten Fettfarbstoffe,
die Lipochrome, teils durch
die Chromatophoren, welche
sich zur Laichzeit massenhaft vermehren, hervorge-
rufen.

6. Das Skelett.

Am Skelett der Fische
unterscheidet man das Ach-
senskelett, welches aus
der Wirbelsäule und dem
Schädel zusammengesetzt
ist, und das Extremitäten-
oder Flossenskelett (Fi-
gur 270). Die Wirbelsäule
besteht in ihrer typischen
Ausbildung bei den Knochenfischen aus einer Reihe hintereinander liegender, an beiden Enden kegelförmig aus-
gehöhlter Wirbel (Fig. 271),
deren Zahl für jede Art nur
innerhalb enger Grenzen
schwankt, so daß sie zur
Unterscheidung von Arten
und Rassen herangezogen
werden können. Die geringste
Zahl von Wirbeln kommt naturgemäß den kleinen und
kurzen Fischen, wie dem
Stichling, dem Koppen usw.
zu, während der Aal die
größte Zahl von einigen hundert Wirbeln besitzt. Der Barsch hat
z. B. 21 Bauch- und 21 Schwanzwirbel.

Jeder Wirbelkörper trägt auf seiner oberen Seite zwei bogenförmige Fortsätze (Neuralbogen), welche das Rückenmark schützend
umfassen; ebenso sitzen auf der Unterseite der Schwanzwirbel

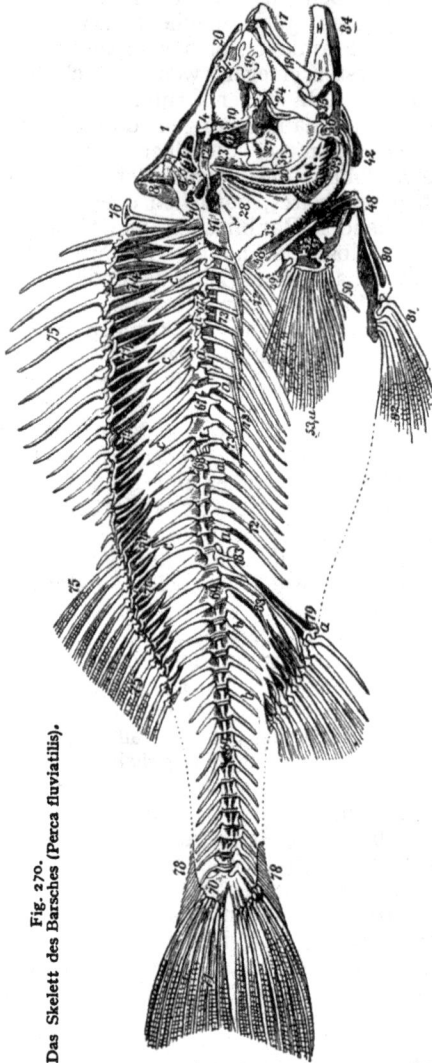

Fig. 270.
Das Skelett des Barsches (Perca fluviatilis).

zwei ähnliche Bogen (Hämalbogen), welche einen Kanal zur Aufnahme der großen Schwanzarterie und Schwanzvene bilden. Beide Bogen verlängern sich in stachelförmige Knochen, die oberen und die unteren Dornfortsätze. Im Rumpf weichen die unteren Bogen auseinander und tragen die Rippen. Bei vielen Fischen finden sich außerdem noch die Gräten, Y-förmige knöcherne Strahlen, welche im Fleisch stecken und je nach ihrer Häufigkeit das Fleisch der Fische mehr oder weniger grätenreich machen. Die Salmoniden sind z. B. fast frei von Gräten, die Weißfische dagegen voller Gräten starrend und deshalb vom kulinarischen Standpunkt minderwertig.

Der Schädel der Fische ist sehr kompliziert und aus zahlreichen Knochen aufgebaut, zwischen denen die Nähte oder Grenzlinien stets sichtbar bleiben und nicht verknöchern, so daß der Schädel beim Kochen der Fische in seine einzelnen Bestandteile auseinanderfällt.

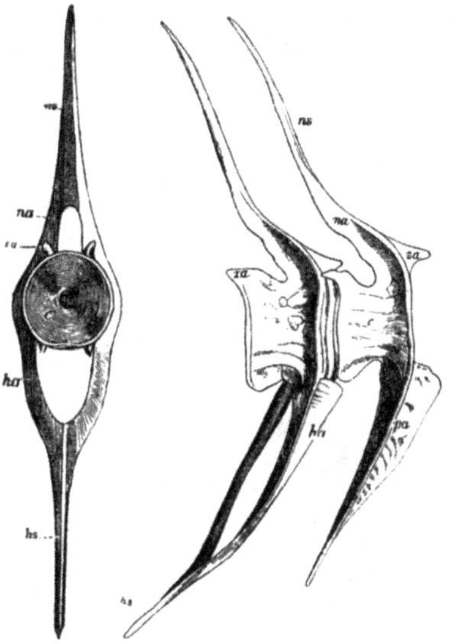

Man unterscheidet an demselben einmal den Gehirnschädel, welcher eine aus vielen Knochen verschmolzene Kapsel zur Aufnahme des Ge-

Fig. 271. Fischwirbel.

von vorne   von der Seite

c Wirbelkörper, na Neuralbogen oder Rückenfortsätze, ha Hämalbogen oder Bauchfortsätze, ns obere Dornfortsätze, hs untere Dornfortsätze.

hirns und der Sinnesorgane, Nase, Auge und Ohr darstellt. Der größte Teil der Knochen wird bei jungen Fischen zuerst aus Knorpel vorgebildet, in oder auf welchem sodann erst die Knochen entstehen. Bei vielen Fischen, wie z. B. beim Hecht und den Salmoniden, erhalten sich Reste dieses Knorpelschädels das ganze Leben hindurch; im allgemeinen jedoch verschwindet der Knorpel mit zunehmendem Alter, so daß man an der Anwesenheit reichlicher Knorpelmengen den jungen Fisch, an starker Verknöcherung den alten Fisch erkennt.

An dem Gehirnschädel ist der Gesichtsschädel aufgehängt, der aus noch zahlreicheren, nur teilweise verschmolzenen, meist auch gelenkig miteinander verbundenen Knochen besteht. Auch von diesen werden einige knorpelig vorgebildet, andere entstehen direkt verknöchernd aus der Haut wie auch beim Hirnschädel die sog. Deckknochen, Scheitel-, Stirn- und Nasenbeine.

Es würde zu weit führen, an dieser Stelle eine Übersicht über alle die Knochen des Gesichtsschädels zu geben (vgl. Fig. 270). Wir wollen daher nur auf einige Knochen aufmerksam machen, die auch den Sportfischer besonders interessieren, einmal weil sie zur

Unterscheidung von Arten bei den Fischen herangezogen werden müssen, und anderseits, weil der Angelfischer beim Lösen der Angelhaken aus dem Munde der Fische mit den Knochen, welche die Mundhöhle umgeben, häufig genug zu tun hat.

Die Mundspalte der Fische wird auf der Oberseite gewöhnlich von den Zwischenkiefern (Fig. 270, Nr. 17) begrenzt, welche entweder den ganzen Oberrand derselben einnehmen oder nur den vorderen Teil derselben, während die hintere Hälfte dann vom Oberkiefer (Fig. 270, Nr. 18) gebildet wird, der aber immer hinter dem Zwischenkiefer in zweiter Reihe sitzt. Der untere Rand der Mundspalte wird dagegen nur von einem Knochenpaar, einem rechten und linken Unterkiefer (Fig. 270, Nr. 34), begrenzt. Genau in der Mittellinie des zweiten Schlunddaches liegt hinter

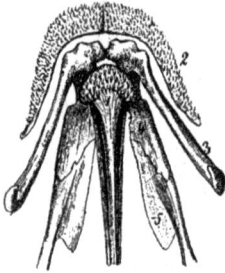

Fig. 272.
Die Knochen, welche die Mundhöhle des Dorsches auf der oberen Seite begrenzen: 1. Pflugscharbein (Vomer), 2. Zwischenkiefer, 3. Oberkiefer, 4. Gaumenbein. 5. Flügelbein.

Fig. 273.
Vomer des Saiblings (Salmo salvelinus).

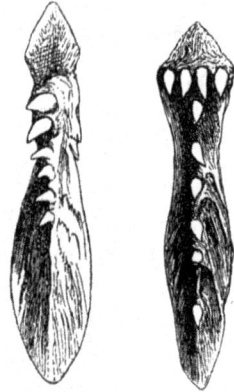

Fig. 274.

Vomer des Lachses (Truttar salar).   Vomer der Meerforelle (Trutta trutta).

der sog. Symphyse der beiden Oberkiefer, d. h. der Stelle, an welcher die beiden Zwischenkiefer zusammenstoßen, das sog. Pflugscharbein oder der Vomer (Fig. 272, Nr. 1), dessen Gestalt und Bezahnung bei den Salmoniden zur Unterscheidung von Gattungen und Arten dient. Man unterscheidet an diesem Knochen die Vomerplatte und den Vomerstiel, von denen bei der Gattung Salmo, d. h. beim Saibling und beim Huchen, nur die Platte (Fig. 273), bei der Gattung Trutta, d. h. bei der Forelle, der Seeforelle, Meerforelle und beim Lachs, Stiel und Platte (Fig. 274) bezahnt sind.

Zu beiden Seiten des Vomers, zwischen diesem und dem Oberkiefer, liegen dann hintereinander das Gaumenbein (Fig. 272, Nr. 4) und das Flügelbein (Fig. 272, Nr. 5), während die untere Seite der Mund- und Schlundhöhle durch das Zungenbein und die dahinterliegenden vier Kiemenbogen gebildet wird (Fig. 275). — Hinter dem vierten Kiemenbogen liegen dann noch die sog. unteren

Schlundknochen (Fig. 275, Nr. 5), deren Gestalt und Bezahnung für die karpfenartigen Fische charakteristisch sind.

Ihrer Anlage nach sind die unteren Schlundknochen das fünfte Paar von Kiemenbogen, auf denen jedoch keine Kiemen mehr zur Ausbildung kommen, sondern auf denen sich Zähne zum Zerkleinern der Nahrung entwickeln. Die Zahl und Stellung dieser Zähne sind bei vielen unserer karpfenartigen Fische das einzig ausschlaggebende Merkmal einer sicheren Artbestimmung. Auch zur Unterscheidung von Bastarden werden die Zähne der unteren Schlundknochen oft mit Erfolg herangezogen. So stehen z. B. die Zähne auf den unteren Schlundknochen des Karpfens,

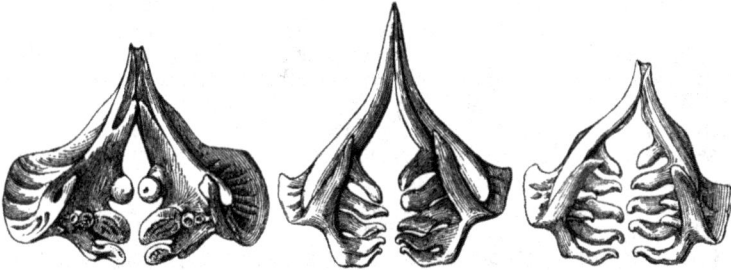

Fig. 275.

Unterkiefer, Zungenbein (2), Kiemenbogen (3), obere (4) und untere (5) Schlundknochen des Wallers (Silurus glanis).

wie vorstehende Fig. 276 zeigt, in drei Reihen, und zwar in der ersten Reihe zu drei, in der zweiten und dritten Reihe zu je einem Zahn. Die Karausche hat nur in einer Reihe vier Zähne, der Bastard zwischen diesen beiden Arten, der sog. Karschkarpfen, hat meist zwei Reihen zu je ein und vier Zähnen. Ein anderes prägnantes Beispiel

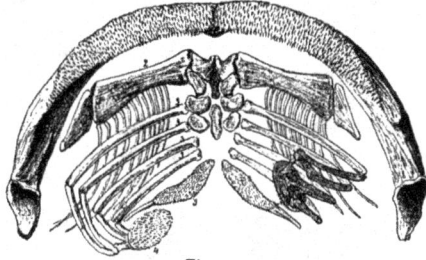

Fig. 276.	Fig. 277.	Fig. 278.
Untere Schlundknochen des Karpfens (Ciprinus carpio).	Untere Schlundknochen des Brachsen (Abramis brama).	Untere Schlundknochen d. Blicke (Blicca björkna).

liefern der Brachsen (Abramis brama) und die Blicke (Blicca björkna), deren Unterscheidung sonst große Schwierigkeiten macht und die daher oft genug verwechselt werden. Meist hält man Blicken für junge Brachsen. Die Zähne der unteren Schlundknochen entscheiden ohne jeden Zweifel die Frage, denn der Brachsen hat seine fünf Zähne stets in einer Reihe (Fig. 277) stehen, die Blicke dagegen entweder sieben Zähne in zwei Reihen zu je zwei und fünf, oder acht Zähne wiederum in zwei Reihen zu je drei und fünf (Fig. 278).

Besonders charakteristisch sind für die Fische die Kiemendeckel, welche die Kiemenhöhle seitlich zudecken und den darin liegenden zarten Kiemen Schutz gewähren. Sie bestehen aus vier Knochenplatten, dem Deckel, Vordeckel, Zwischen- und Unterdeckel (in Fig. 270 mit den Zahlen 28, 30, 32 u. 33 bezeichnet). Nach unten zu wird die Kiemenhöhle von den Kiemenhautstrahlen abgeschlossen, welche vom Zungenbein ausgehen, wie aus Fig. 275, Nr. 2, hervorgeht.

Das Flossenskelett ist verschieden gebaut, je nachdem wir es mit der unpaaren Rücken-, Schwanz- und Afterflosse oder mit den paarigen Brust- und Bauchflossen zu tun haben.

In den unpaaren Flossen findet man zweierlei Elemente (vgl. Fig. 270, Nr. 74 u. 75), die Flossenstrahlen, welche frei über den Körper des Fisches hinausragen und entweder ungeteilt und hart sind — dann heißen sie Stachelstrahlen (Fig. 279) — oder biegsam, quer gegliedert und gegen das Ende ein- oder mehrmals geteilt sind. Im letzteren Fall werden sie Gliederstrahlen (Fig. 280) genannt. Auf der Anwesenheit oder dem Mangel von Stachelstrahlen und Gliederstrahlen ist die Unterscheidung der großen Ordnungen der Fische aufgebaut.

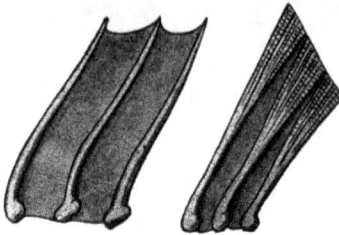

Fig. 279.
Stachelstrahlen.

Fig. 280.
Gliederstrahlen.

So bezeichnet man z. B. unter den Knochenfischen als Stachelstrahler = Akanthoptern diejenigen Fische, bei denen, wie beim Barsch, Kaulbarsch, Zander, Zingel usw., die Rückenflosse in ihrer ersten Hälfte mit Stachelstrahlen versehen ist, im Gegensatz zu den Weichflossern = Malakoptern, d. h. der Mehrzahl unserer Fische, wie der Salmoniden, Cypriniden usw., in deren Rückenflosse höchstens drei harte Strahlen, sonst aber lauter weiche und gegliederte Flossenstrahlen vorkommen.

Die Flossenstrahlen sind beweglich auf weiteren zum Flossenskelett gehörenden Knochen eingelenkt, welche im Fleisch stecken und den Namen Flossenträger (vgl. Fig. 270, Nr. 74) führen. Diese haben die Gestalt von dolchförmigen Knochen, welche wiederum auf den Dornfortsätzen (bei Fig. 270c) der oberen und unteren Wirbelbogen ihre Stütze finden. Die Flossenträger fehlen nur in der Schwanzflosse, da hier die Flossenstrahlen sich direkt an die meist zu einer Platte (vgl. Fig. 270, Nr. 70) verschmolzenen unteren Wirbelbogen ansetzen.

Nach einem ganz anderen Typus ist das Skelett der Brust- und Bauchflossen aufgebaut. Wie die Bilder in Fig. 270 erkennen lassen, unterscheiden wir hier, so wie bei den Armen und Beinen der höheren Tiere, einen in der Muskulatur verborgenen und aus mehreren Knochen bestehenden Brust- und Beckengürtel (vgl. Fig. 270, Nr. 48—50 u. Nr. 80—81), mit denen einige Basalstücke und die Flossenstrahlen, welche in der freien Flosse liegen, unmittelbar gelenkig verbunden sind.

7. Die Muskulatur.

Die Muskeln oder das Fleisch der Fische gliedern sich in die Kopf-, Flossen- und Rumpfmuskeln. Die Kopf- und Flossenmuskeln sind sehr kompliziert angeordnet und in zahlreiche Einzelmuskeln zerlegt, welche am Kopf zur Bewegung der Kiefer, der Kiemendeckel, des Zungenbeins und der Kiemenbogen verwandt werden. Am kräftigsten, besonders bei Raubfischen, sind unter diesen die Kaumuskeln entwickelt, welche den Unterkiefer an die Zwischen- und Oberkiefer anziehen, und die man gewöhnlich die »Backen« nennt. Sie werden wegen ihres vorzüglichen Geschmacks besonders hoch geschätzt, und schon zu den Zeiten der Römer erwies man seinem Gast eine besondere Ehre, wenn man ihm die Backen eines Raubfisches servierte.

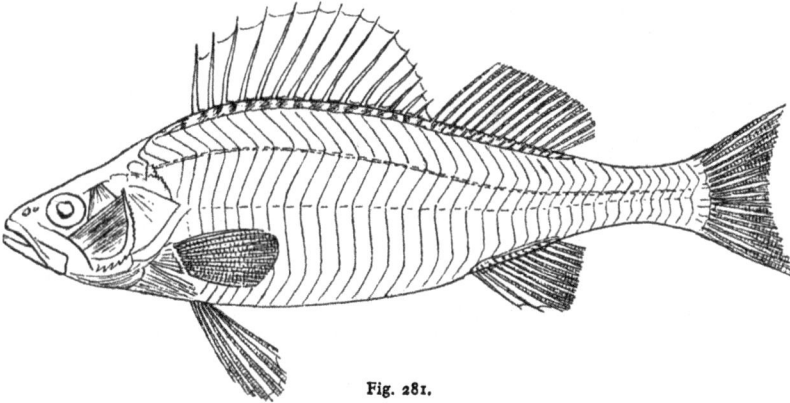

Fig. 281.

Barsch (Perca fluviatilis).
Die Haut ist bis auf die Seitenlinie entfernt, um die Anordnung der Muskulatur zu zeigen.

Die sehr zierlich angeordneten Flossenmuskeln dienen als Flossenstrecker zum Aufrichten der Flossenstrahlen und damit zum Entfalten der Flossen. Ihnen entgegen wirken als Antagonisten die Flossenbeuger zum Einfalten der Flossen.

Am mächtigsten entwickelt sind die Rumpfmuskeln, um derenwillen wir ja den Fisch vom kulinarischen Standpunkt so hoch schätzen. Sie heißen auch die Seitenmuskeln und sind in zwei Längszügen rechts und links von der Wirbelsäule vom Kopf bis zur Schwanzflosse des Fisches angeordnet. Jeder Seitenmuskel zerfällt ferner durch eine horizontale, etwa in der Mitte des Körpers von der Wirbelsäule ausgehende häutige Scheidewand in die massiven Rücken- und die schwächeren Bauchmuskeln, die nur am Schwanzabschnitt an Masse einander gleich sind (Fig. 281). Entsprechend der Anzahl der Wirbelkörper wird jeder dieser vier Längsmuskelzüge des Rumpfes in eine Reihe hintereinander liegende Scheiben zerlegt, welche sich von der Wirbelsäule bis zur Haut

ausspannen und aus einer großen Zahl von kleinen Muskelfasern
zusammengesetzt sind (vgl. Fig. 282). Die einzelnen Scheiben oder
Muskelplatten sind durch bindegewebige Scheidewände voneinander
getrennt, welche, wie alles Bindegewebe, beim Kochen zu Leim
werden, so daß bekanntlich das Fleisch gekochter Fische in einzelne
»Blätter« zerfällt. Diese Zerlegung der Muskulatur in einzelne
Scheiben ist aus mechanischen Gründen notwendig, da sonst die
Wirbel gegeneinander nicht bewegt werden könnten, wenn sich
nicht zwischen je zwei Wirbeln immer eine Muskelscheibe ansetzte.

Wenn man einem Fisch die Haut abzieht, so beobachtet man,
daß die Scheidewände zwischen den einzelnen Muskelplatten von
der Mitte des Körpers schräg nach hinten ziehen, dabei aber, wie
Fig. 281 zeigt, sowohl im Rücken- wie im Bauchmuskel einmal

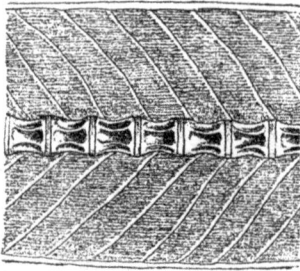

Fig. 282.
Muskelscheiben und ihre Ansatzstellen
an den Wirbeln.

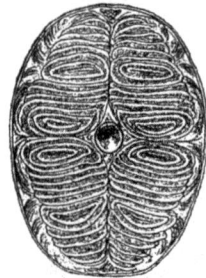

Fig. 283.
Querschnitt durch den Schwanz
eines Lachses (Salmo salar).

geknickt sind und unter einem stumpfen Winkel nach dem Kopf
zu abbiegen. Diese Anordnung der Muskelscheiben erklärt uns
ein bekanntes Bild, das man erhält, wenn man einen Fisch senkrecht und quer z. B. in der Mitte durchschneidet (vgl. Fig. 283).
Es erscheint dann die Muskulatur in mehreren konzentrischen
Ringen angeordnet, weil eben die einzelnen Muskelscheiben tüten-
förmig ineinander stecken, und daher auf dem Querschnitt mehrere
Scheiben getroffen werden müssen.

Die Rumpfmuskeln sind Organe, durch deren Kontraktion
der Fisch beim Schwimmen seine Kraft entfaltet. Sie sind zu großen,
namentlich momentan gewaltig wirkenden Leistungen fähig, die
wir besonders beim Sprung der Fische über 2 und 3 m hohe Wasserfälle bewundern. Zu andauernden Leistungen ist der Fisch freilich
weniger befähigt, da seine Muskeln nur schwach durchblutet werden
und daher rasch ermüden; im Kampf an der Angel tobt er meist
nur am Anfang gewaltig, ermattet dann aber schon nach kurzer
Zeit und läßt sich wie ein scheinbar lebloser Körper ans Land ziehen.
Von der Energie der Muskelarbeit hängt naturgemäß auch die
Geschwindigkeit der Fische ab, die bekanntermaßen sehr verschieden
ausfällt, je nach der Art der Fische. So sind die Salmoniden wohl

die beweglichsten unter allen Fischen, die auch im Sprung große Hindernisse nehmen, während die meisten Weißfische an Gewandtheit und Energie der Bewegung weit zurückstehen. Man ist dazu gekommen, für den Grad der Geschwindigkeit beim Schwimmen einen zahlenmäßigen Ausdruck zu finden, indem man verschiedene Fischarten in ein rundes Bassin verbrachte und dasselbe in allmählich steigende Rotation versetzte. Die Fische stellen sich ihrer Gewohnheit gemäß gegen den Strom und suchen mit aller Macht den Widerstand desselben zu überwinden. Das gelingt ihnen bis zu einem Moment, in welchem eben die Geschwindigkeit des rotierenden Bassins größer wird als ihr Widerstand. Aus der Zahl der Umdrehungen des Bassins läßt sich dann leicht die Geschwindigkeit der Fische berechnen. So fand man, daß z. B. ein kleiner Karpfen von 6 g Gewicht 59 cm in der Sekunde zurücklegte, ein Karpfen von 3 g 52 cm, ein Weißfisch von 1 g 50 cm, nach 5 Minuten aber nur noch 32 cm und nach 15 Minuten, wo er hochgradig ermüdet war, nur noch 16 cm pro Sekunde vorwärts kommen konnte. Leider sind mit größeren Fischen und besonders mit Salmoniden bisher keine ähnlichen Versuche angestellt worden. Dieselben würden jedenfalls sehr viel bedeutendere Leistungen ergeben haben.

8. Das Nervensystem.

Am Nervensystem der Fische unterscheiden wir das Gehirn, das Rückenmark und die von beiden zu den Organen verlaufenden peripheren Nervenstämme. Außerdem besitzen die Fische, wie alle übrigen Wirbeltiere, noch ein sog. sympathisches Nervensystem, welches mit den peripheren Nerven des Gehirns und Rückenmarks in Verbindung steht.

Das Gehirn der Fische liegt in der Schädelkapsel, eingehüllt in ein dickes Fettpolster, welches weitaus den größten Raum der Schädelhöhle einnimmt. Im Verhältnis zum Körpergewicht ist dasselbe sehr klein. Man hat es z. B. bei einer Rutte (Lota vulgaris) auf den 720. Teil, beim Hecht auf den 1305. Teil des Körpers geschätzt, wobei freilich zu berücksichtigen ist, daß das Gehirn junger Fische relativ größer ist als bei erwachsenen Fischen, mit deren Gewichtszunahme das Gehirn nicht gleichen Schritt hält. Seinem Aufbau nach setzt sich das Gehirn der Fische aus denselben fünf Abschnitten zusammen, die wir bei dem Gehirn aller Wirbeltiere und auch des Menschen beobachten (Fig. 284). Man nennt dieselben das Vorder-, Zwischen-, Mittel-, Hinter- und Nachgehirn, von denen man bei der Betrachtung von oben freilich meist nur Vorder-, Mittel-, Hinter- und Nachgehirn sieht, da das Zwischenhirn oft auf die Unterseite verschoben ist. Freilich weichen diese Hirnteile in ihrem feineren Bau sehr weit von den viel komplizierter zusammengesetzten Gehirnen der höheren Tiere ab. So fehlt den Fischen namentlich die sog. Gehirnrinde am Vorderhirn, die sich so mächtig bei den Säugetieren entwickelt, und in die wir mit Recht den Sitz aller geistigen Tätigkeiten der Tiere und des Menschen verlegen. Hält man sich ausschließlich an diese anatomischen

Tatsachen, dann kann man in der Tat der Meinung sein, daß die Fische reine Reflexmaschinen sind, die auf einen gegebenen Reiz immer in der gleichen Weise automatisch reagieren, und daß von einer bewußten seelischen Tätigkeit bei ihnen nichts vorhanden sein könne. Allein, bei aller »Dummheit«, die sich den Fischen nicht abstreiten läßt, sind sie, wie die Beobachtungen ihres Lebens zeigt, zweifellos wohl zu gewissen geistigen Leistungen befähigt.

Jeder, der mit Fischen länger umgeht, wird die Beobachtung gemacht haben, daß sie z. B. ihre angeborene Scheu, ihren Fluchttrieb, unter Umständen ablegen und zahm werden können. So gewöhnen sich Fische bald an ihren Wärter, der sie täglich füttert, sie kommen ihm entgegen auf dem Futterplatz, während sie bei dem Erscheinen fremder Personen fliehen. Ja, es gelingt sogar, einzelne Fische so zahm zu machen, daß sie aus der Hand fressen, und daß sie sich sogar mit der Hand aus dem Wasser heben lassen. Jeder erfahrene Angler weiß, daß die Fische in einem Gewässer die dort häufig angewandten Angelmethoden kennen lernen, so daß es mit der Zeit immer schwieriger wird, dieselben in der gleichen Weise zu täuschen und zu fangen. Die Fische besitzen somit die Fähigkeit, etwas zu lernen und das Gelernte im Gedächtnis festzuhalten. Es müssen daher bei den Fischen diese Funktionen in anderen Hirnteilen als in der mangelnden Großhirnrinde ihren Sitz haben.

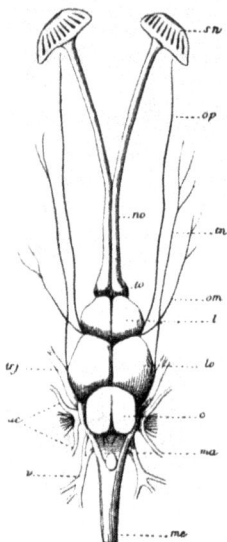

Fig. 284.

Gehirn mit den Gehirnnerven und dem Nasensack des Barsches (Perca fluviatilis). *l* Vorderhirn, *lo* Mittelhirn, *c* Hinterhirn, *ma* Nachhirn, *sn* Nasensack, *no* Riechnerv, *to* Riechknoten, *me* Rückenmark, *op, in, om, trj, ac, v* Gehirnnerven.

Vom Gehirn entspringen 10 Paar Nervenstämme zu den Sinnesorganen, den Kiemen, den Muskeln des Kopfes und den Eingeweiden.

Das Rückenmark stellt die unmittelbare Verlängerung des Nachhirns dar und zieht sich als ein dünner zylindrischer Strang in dem von den oberen Bogen der Wirbel gebildeten Rückenmarkskanal bis zum Schwanzende, wobei es in seinem ganzen Verlauf zwischen je zwei Wirbelkörpern einen Nervenast zur Muskulatur und zur Haut abgibt.

Das sympathische Nervensystem besteht aus zwei sehr feinen Längsstämmen, die dicht unter der Wirbelsäule hinziehen und sich sowohl mit dem Gehirn- wie mit den Rückenmarksnerven in Verbindung setzen. Sie geben feinste Nervenfasern an die Eingeweide und die Haut ab.

9. Die Sinnesorgane.

Die Fische besitzen einmal dieselben fünf Sinnesorgane der höheren Tiere, d. h. das Auge, das Gehörorgan, Geruchs-, Geschmacks- und Gefühlsorgane, anderseits aber noch das ihnen eigentümliche Seitenorgan, welches man daher auch das Organ eines sechsten Sinnes genannt hat.

Das Auge.

Das Auge der Fische folgt in seinem Aufbau demselben Grundplan, nach welchem die Augen aller übrigen Wirbeltiere aufgebaut sind; im einzelnen weicht derselbe jedoch weit von den Einrichtungen im Auge der in der Luft lebenden Wirbeltiere ab, so daß auch seine Funktionen und der dioptrische Apparat in Anpassung an die Existenzbedingungen im Wasser durchaus eigenartig sind.

Der Augapfel (Fig. 285) hat eine beinahe halbkugelige Form, da die Hornhaut des Auges nur ganz flach gewölbt ist. Schon hier sehen wir eine sinnfällige Anpassung an das Leben im Wasser. Hervorgewölbte Augen würden beim Schwimmen einmal starken Widerstand leisten, anderseits Verletzungen leicht ausgesetzt sein. Und außerdem hätte der Fisch im Wasser davon gar keinen Vorteil, weil Wasser und Hornhaut etwa dasselbe Brechungsvermögen haben, so daß auch eine hoch gewölbte Hornhaut nicht wie bei den in der Luft lebenden Tieren als Sammellinse wirken könnte. Der Augapfel wird zu äußerst von einer derbfaserigen Haut, der Sclera (Sc), begrenzt, welche an der vorderen Seite des Auges durchsichtig ist und die Hornhaut (Cornea) (Co) darstellt. Über der Cornea ist auch die Haut, welche den ganzen Kopf bedeckt, durchsichtig geworden und mit der Cornea verwachsen. Manchmal bildet sie am Rand der Augenhöhle im Umkreis der Cornea eine kreisförmige Falte, in welcher sich, besonders zur Laichzeit, bei einigen Fischen viel Fett ablagert, so daß man dann von sog. Fettaugenlidern spricht. Sonst fehlen den Knochenfischen Augenlider.

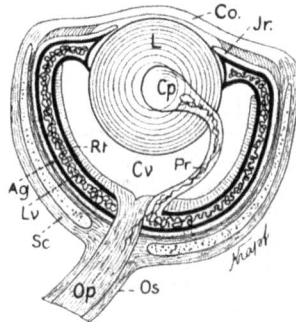

Fig. 285.

Schematischer Querschnitt durch das Auge eines Fisches.

Sc Sclera, *Co* Hornhaut = Cornea, *Lv* Gefäßhaut, *Ag* Silberhaut (Argentea), *Rt* Netzhaut. *Jr* Regenbogenhaut (Iris), *Op* Sehnerv, *Pr* sichelförmiger Fortsatz, *Cr* Glaskörper, *L* Linse, *Cp* Hallersches Glöckchen.

An die Sclera setzt sich im Innern eine zweite Haut an, die Gefäßhaut (Lv), in welcher sich hauptsächlich die Blutgefäße zur Ernährung des Auges ausbreiten. Bei manchen Fischen, z. B. beim Zander, lagern sich in ihr an der Grenze gegen die Sclera zu silberglänzende Kristalle ab, so daß aus dem Auge bei gewissen Beleuchtungen ein matter Silberglanz reflektiert wird. Dann unterscheidet man diese äußere Schicht auch als Silberhaut oder Argentea (Ag). Unter der Hornhaut setzt sich die Gefäßhaut in die Regenbogenhaut, Iris (Ir), fort, in deren Zentrum das Sehloch oder die Pupille liegt. Die häufig metallglänzende Iris besitzt die Fähigkeit, sich zusammenzuziehen und auszudehnen, nur in geringem Grade, so daß die meist runde Pupille bei allen Beleuchtungen ziemlich dieselbe Größe hat, jedenfalls bei raschem Wechsel der Lichtstärke sich kaum merklich verändert. Von der Gefäßhaut entspringt in der Nähe der Stelle, an welcher der Sehnerv (*Op*) in das Auge tritt, ein für das Fischauge charakteristisches Gebilde, der sichelförmige Fortsatz = processus falciformis (*Pr*), der sich durch den Glaskörper (*Cv*) des Auges bis zur Linse (*L*) erstreckt und an dieser mit einer glockenartigen Erweiterung, dem sog. Hallerschen Glöckchen (*Cp*), befestigt ist. Es ist dies der Rückziehmuskel der Linse. Wie die Gefäßhaut sich an die Sclera anlegt, so wird sie selbst von innen von der Netzhaut (Retina) (*Rt*) überlagert. in welche der Sehnerv von hinten durch die Sclera und Gefäßhaut hindurch eindringt, um sich mit den eigentlichen Sehzellen derselben in Verbindung zu setzen. Die Netzhaut ist sehr kompliziert, aber nach demselben Schema wie bei den übrigen Wirbeltieren zusammengesetzt. Ihre das Licht perzipierenden Elemente, die Stäbchen und die selten vorhandenen Zapfen, werden von einer dunkeln Pigmentschicht überlagert, welche das Innere des Fischauges meist schwarz erscheinen läßt.

Das Innere des ganzen Augapfels wird von dem Glaskörper (*Cv*) erfüllt. In einer Aushöhlung desselben ruht die Linse (*L*), welche an ihrem vorderen Ende von der Iris umfaßt wird. Sie besitzt im Gegensatz zu der bikonvexen Form der Linse bei allen anderen in der Luft lebenden Wirbeltieren eine kugelige Gestalt, welche notwendigerweise eine ganz andere Art der Akkomodation des Fischauges bedingt, wie sie sonst bei den Wirbeltieren vorhanden ist.

Das Auge der letzteren, und demgemäß auch des Menschen, ist zumeist, wenn es sich in der Ruhestellung befindet, auf große Entfernungen eingestellt. Wollen wir Gegenstände in der Nähe deutlich betrachten, so müssen wir die Linse stärker wölben. Im Gegensatz dazu ist das Fischauge in der Ruhe für das Sehen in der Nähe eingestellt. Alle Fische sind normalerweise kurzsichtig, ihre Augen sind auf die geringe Entfernung von durchschnittlich etwa 1 m eingestellt, zuweilen auch noch näher. Will ein Fisch Gegenstände aus größerer Entfernung deutlich betrachten, so kann er das nicht durch Veränderung seiner Linsenoberfläche erreichen, welche unter allen Umständen die Kugelgestalt beibehält, sondern es wird dann die Linse vermittelst des sichelförmigen Fortsatzes der Netzhaut des Auges genähert, geradeso wie wir in einem photographischen Apparat, wenn wir Bilder aus größerer Entfernung einstellen, die Linse der Platte näherbringen müssen. Auf diese Weise vermögen unsere Fische durchschnittlich bis auf Entfernungen von 10 bis 12 m, selten nur weiter, deutlich zu sehen. Sie haben somit eine sehr geringe Akkommodationsbreite, die sich aber durch die Lichtverhältnisse im Wasser leicht erklärt.

Unser Süßwasser ist im allgemeinen infolge der vielen darin schwimmenden Schwebstoffe trübe und nur bis zu einem gewissen Grade durchsichtig. Im Starnberger-, Bodensee und Königsee z. B. verschwindet im Sommer, wo alle Gewässer trüber sind wie im Winter, eine weißleuchtende Scheibe dem Auge schon in einer

Tiefe von ca. 5 bis 6 m. In dem überaus klaren Achen- und dem
noch klareren Walchensee liegt die Sichtbarkeitsgrenze bei 18 und
20 m. Die meisten Flachlandseen haben dagegen meist nur eine
wenige Meter betragende Durchsichtigkeit, und noch trüber sind
im allgemeinen die Flüsse. In der Themse, unterhalb London,
welches freilich dort seine Schmutzstoffe abladet, ist unter 10 cm
Tiefe bereits 90% alles eindringenden Lichtes verschwunden. Was
würde es unter solchen Umständen einem Fisch nützen, wenn er
auch die Fähigkeit besäße, auf weitere Entfernungen zu sehen,
da ja aus diesen überhaupt keine Lichtstrahlen mehr das Wasser
durchdringen könnten, und da außerdem wegen der starken Zerstreuung des Lichtes durch die zahllosen feinen Schwebstoffe nur
ein sehr nebelhaftes Bild entstehen könnte? Aus diesen Gründen
ist der Fisch normalerweise kurzsichtig, weil eben nur aus der Nähe
genügend intensive und deutliche Lichtstrahlen das Wasser zu
durchleuchten vermögen.

Die besonderen physikalischen Verhältnisse des Lichts im
Wasser bringen es naturgemäß mit sich, daß die Fische von der
Außenwelt durch ihr Auge gewisse Vorstellungen bekommen
müssen, die der Wirklichkeit, so wie wir sie sehen, zum Teil zuwiderlaufen.

So wissen wir bekanntlich, daß Lichtstrahlen, welche aus der
Luft ins Wasser einfallen, sich hier nicht in gerader Linie fortpflanzen, sondern eine bestimmte Brechung erfahren. Sie werden
nach dem Einfallslot, d. h. einer auf der Wasseroberfläche errichteten
senkrechten Linie hin im Verhältnis von 4 : 3 abgelenkt. Das Fischauge wird dadurch über die wahre Lage der über dem Wasser,
z. B. am Ufer befindlichen Gegenstände getäuscht, indem es dieselben in der geraden Verlängerung des gebrochenen Strahles in
die Luft projiziert und somit höher sieht, als sie wirklich stehen.
Ein Angler, der am Ufer erscheint, oder ein Hund, der längs des
Ufers läuft, erscheint daher dem Fisch in der Luft über der Erde
zu gehen oder zu laufen, wie wenn es fliegende Vögel wären. Für
den Fisch gibt es somit keine Gegenstände, die fest auf der Erde
stehen, er sieht sie alle schwebend in der Luft, losgelöst von der
Unterlage. Und zwar erscheinen sie ihm außerdem noch in ihren
Konturen verzerrt und verkleinert, so daß er alle Dinge über Wasser
kleiner sieht, als sie wirklich sind, mit Ausnahme der im Zenit
stehenden Gegenstände, die auch der Fisch in natürlicher Größe
erkennt. Auch die Oberfläche des Wassers, z. B. der horizontale
Seespiegel, sieht der Fisch aus denselben Gründen nicht als eine
horizontale ebene Fläche, sondern als Mantel eines abgestumpften
Kegels, dessen Spitze sich in seinem Auge befindet, und dessen
Flächen schief nach oben ansteigen. Der Öffnungswinkel dieses
Kegels oder nach oben offenen Trichters beträgt 97° und diese
trichterförmige Umgrenzung bildet seinen ganzen Horizont, in
dem er alle Dinge der Außenwelt unterbringen muß.

Während nun die Lichtstrahlen, welche aus der Luft ins Wasser
fallen, wenigstens zum Teil ins Wasser abgelenkt werden, zum
Teil freilich, wenn sie sehr schräge, d. h. unter spitzem Winkel

gegen die Oberfläche eintreten, in die Luft zurückgeworfen werden, verhalten sich die Lichtstrahlen, welche aus dem Wasser in die Luft austreten, wesentlich anders. Sie werden nämlich nur dann in die Luft fortgeleitet, wenn sie gegen die innere Wasseroberfläche in einem Winkel auftreffen, der mindestens 48½ Grad beträgt. Alle Lichtstrahlen dagegen, welche schräger, d. h. unter einem kleineren Winkel, die Wasseroberfläche von innen berühren, werden total ins Wasser zurückgeworfen und gehen überhaupt nicht in die Luft. Steht daher ein Fisch so im Wasser, daß die Strahlen seines Bildes gegen das Auge eines Menschen in einem Winkel gegen die Wasseroberfläche auftreffen, der kleiner ist als 48½ Grad, so bleibt der Fisch dem Auge des Menschen unsichtbar. Hierdurch befindet sich der Fisch gegenüber dem Angler im Vorteil, insofern er den Angler viel früher bemerken kann, als dieser den Fisch. Ein Angler muß, um einen Fisch im Wasser zu sehen, so nahe ans Ufer treten und sein Auge so hoch über dem Horizont einstellen, daß er Lichtstrahlen aus dem Wasser wahrnimmt, die von einem Fisch mindestens im Winkel von 48½ Grad gegen die Wasseroberfläche ausgesandt sind. Bis dieser Augenblick eintritt, hat der Fisch den Angler aber längst gesehen, da er ihn schon wahrnimmt, sowie er sich nur etwas über dem Horizont sehen läßt. Daher die bekannte Erfahrung, welche alle Anfänger in der Anglerkunst machen müssen, die die Fische im Wasser mit dem Auge suchen wollen, aber meist nur leere Plätze oder allenfalls fliehende Fische wahrnehmen, welche sie zuerst und schon lange vorher bemerkt haben.

Von ganz besonderem Interesse für den Sportsangler sind eine Reihe von Versuchen, welche der bekannte Ophthalmologe Professor C. Heß in Würzburg über den Lichtsinn bei Fischen in den letzten Jahren angestellt hat, und durch die er den Beweis dafür erbringen konnte, daß sich eine ganze Reihe von Meeres- wie Süßwasserfischen Farben gegenüber genau so verhalten wie der total farbenblinde Mensch.

Diese Fische, so z. B. junge Aitel und Rotaugen, unterscheiden die Farben nur nach den ihnen eigentümlichen, verschiedenen farblosen Helligkeitswerten, in dem sie, wie der farbenblinde Mensch, weiße Farben am hellsten sehen, grüne Farben hellgrau, gelbe dunkelgrau, rote noch dunkler grau oder fast schwarz sehen. Für solche Helligkeitswerte der einzelnen Farben haben die Fische aber ein sehr feines Unterscheidungsvermögen. Setzte Heß z. B. junge Rotaugen oder Aitel oder verschiedene Meeresfische, wie Atherinen, in ein Bassin, welches mit den durch ein Prisma zerlegten Spektralfarben rot, gelb, grün, blau und violett von einem bis zum anderen Ende beleuchtet war, so sammelten sich die Fischchen alle in dem für sie hellsten Punkt des Bassins, d. h. im Grün an der Grenze nach Gelb zu, d. h. an dem Punkt des Spektrums, den auch der total farbenblinde Mensch als den für ihn hellsten bezeichnet. Wurde nun aber mit einer zweiten Lichtquelle eine beliebige andere Stelle im Rot oder Blau am hellsten beleuchtet, so gingen die Fischchen an diese hellste Stelle, gleichviel, in welcher Farbe sie sich befand. Deckte Heß mit einem schwarzen Karton

das Licht im Bassin vom blauen Ende des Spektrums über die hellste
Stelle im Grün ab, so begaben sich die Tiere ins Gelb, wurde auch
dieses abgedeckt, so daß nur noch rotes Licht ins Bassin fiel, so
verteilten sich die Tiere allmählich im ganzen Bassin, sowohl im
roten Licht wie in den abgedunkelten schwarzen Teilen, offenbar,
weil sie das rote Licht ebenso dunkel oder schwarz empfinden,
wie die ganz abgedunkelten lichtlosen Teile des Bassins. Bei einer
Reihe von anderen Versuchen wurden Fleischstücke, welche in
einem Bassin von der Oberfläche langsam zu Boden fielen und
währenddessen begierig von ca. 15 bis 20 cm langen Julis pavo-
Fischen gefressen wurden, während des Absinkens mit verschiedenen
Farben beleuchtet. Waren die Fische gewohnt, helles Futter aufzunehmen, so schossen sie begierig auf die Fleischbrocken los, solange sie mit grünem oder gelbem Licht bestrahlt wurden. Fiel
dagegen rotes Licht auf die Fleischstückchen, so blieben sie den
Fischen unsichtbar, ja die Fische machten wenige Zentimeter vor
dem plötzlich rotbestrahlten Brocken halt, selbst wenn sie vorher,
solange sie im grünen Licht waren, lebhaft darauf zugeschwommen
waren. Daß sie die rote Farbe nicht etwa abschreckte, ging daraus
hervor, daß man durch besonders starkes Licht den Helligkeitswert auch der rot bestrahlten Fleischstücke so weit erhöhen konnte,
daß die Fische sie schließlich auch in Rot sahen und fraßen. Wenn
andere Fische, welche z. B. gewöhnt sind, rote Chironomuslarven
zu fressen, diese weißen, grünen und gelben, ähnlich gestalteten
Ködern vorziehen, so geht daraus natürlich nicht hervor, daß sie
die rote Farbe als solche wahrnehmen, sondern nur, daß sie das
ihnen gewohnte rote Futter wie künstliche rote Köder in gleicher
Weise dunkel oder schwarz sehen, und da sie daran gewöhnt sind,
anderen helleren Farben vorziehen.

Professor Heß hat bei seinen interessanten Versuchen darauf
hingewiesen, daß möglicherweise nicht alle Fische farbenblind sind
und die Farben nur nach ihrem verschiedenen Helligkeitswert
unterscheiden. Das erscheint in der Tat möglich, da ganz neuerdings Dr. v. Frisch in München nachgewiesen hat, daß Pfrillen,
welche an einen bestimmten grauen Untergrund angepaßt waren,
wenn ihnen hierauf ein gelber Untergrund von gleichem Helligkeitswert untergeschoben wurde, nun doch gelb wurden, was geblendete
Fische dagegen nicht taten. Man wird daher gut tun, vorerst noch
etwas vorsichtig mit der Behauptung zu sein, daß alle Fische farbenblind sind. Soviel erscheint aber schon jetzt mit Sicherheit aus
den Versuchen von Heß hervorzugehen, daß, wenn auch einzelne
Fische einen Farbensinn haben sollten, sie die Helligkeitswerte
der Farben nicht wie der normale, sondern wie der farbenblinde
Mensch einschätzen, und daß wir es jedenfalls nicht mit einem
sehr entwickelten Farbensinn zu tun haben können. Für den
Sportsangler geht aus den Versuchen hervor, daß die übliche große
Mannigfaltigkeit von bunten Farben bei den künstlichen Fliegen
nur einen sehr beschränkten Wert hat. Sieht der Fisch, wie der
farbenblinde Mensch, die roten Farben schwarz, die weißen am
hellsten, die grünen hellgrau und die gelben und blauen dunkelgrau,

so wird man bei der Auswahl der Köder mit verschiedenen Nuancen von weiß bis grau und schwarz auskommen und den passendsten Farbenton seiner Fliegen nach der mehr hellen oder dunkelgrauen Farbe der lebenden Insekten auswählen, welche gerade am Wasser fliegen.

Das Gehörorgan.

In Anpassung an das Leben im Wasser besitzen die Fische nur das innere Ohr oder das Labyrinth, während ihnen das Mittelohr mit seinen schalleitenden Apparaten und dem Trommelfell sowie ein äußeres Ohr völlig fehlen.

Wie die nachstehende Abbildung (Fig. 286) zeigt, unterscheidet man an dem Labyrinth der Fische einen zentralen Abschnitt, welcher das Schläuchchen genannt wird (= Utriculus) und von dem sich am unteren Ende ein sackartiges Stück, das Säckchen (= Sacculus), abschnürt. Mit dem Utriculus setzen sich drei halbzirkelförmige Kanäle in Verbindung, welche alle senkrecht zueinander stehen und somit in den drei überhaupt möglichen Richtungen des Raumes angebracht sind. Der eine Kanal liegt in der Richtung der Längsachse des Fischkörpers parallel zu derjenigen Ebene, welche vom Rücken nach dem Bauch gelegt werden kann, der zweite Kanal steht senkrecht auf dieser Ebene und parallel zur Querachse des Körpers, und der dritte Kanal liegt in der Horizontalebene senkrecht auf Längsachse. Alle drei Kanäle sowie der Sack und Schlauch sind mit Flüssig-

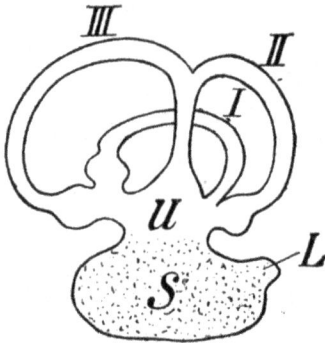

Fig. 286.
Schematische Darstellung des Gehörorgans.
U Schläuchchen (Utriculus), S Säckchen (Sacculus), I, II, III die drei halbzirkelförmigen Kanäle.

keit gefüllt, ferner liegt im Sack neben einem kleinen ein meist sehr großer Hörstein (Otolith) (Fig. 287). Derselbe (Asteriscus genannt) hat eine für jede Art sehr charakteristische Form, so daß man an seiner Gestalt die Fischspezies unterscheiden kann. Er zeigt überdies im Innern mit dem Alter zunehmende Jahresringe und gibt somit auch über das Alter der Fische Aufschluß.

Das Labyrinth liegt frei in der Schädelhöhle rechts und links vom hinteren Ende des Gehirns, während die drei halbzirkelförmigen Kanäle zum Teil auch frei in der Schädelhöhle liegen, zum Teil jedoch in die Knochen des Schädels eingebettet sind. Mit dem Labyrinth und den halbzirkelförmigen Kanälen setzt sich der Hörnerv in Verbindung.

Fragen wir nun nach der Funktion des Gehörorgans der Fische, so müssen wir vorweg bemerken, daß die drei halbzirkelförmigen Kanäle überhaupt nichts direkt mit dem Hören zu tun haben. — Wie schon aus ihrer eigentümlichen Anordnung in den drei Richtungen des Raumes geschlossen werden kann, wie aber Experimente an Fischen direkt bewiesen haben, besteht die Funktion der drei halbzirkelförmigen Kanäle darin, den Fisch über seine Gleichgewichtslage zu informieren. Durchschneidet man die Kanäle, so taumelt der Fisch im Wasser umher und zeigt unkoordinierte Bewegungen. Ferner hat der Fisch in seinem Labyrinth die Fähigkeit, sich über die Geschwindigkeit seiner Bewegungen zu orientieren. Beim Vorwärtsschwimmen bleiben nämlich die kalkreichen, schweren und der in flüssigen Endolymphe des Säckchens schwimmenden Hörsteine etwas in der Bewegungsrichtung zurück, drücken daher auf die Wand des Labyrinths und vermitteln so dem Fisch ein entsprechendes Gefühl, das ihn in den Stand setzt, die Geschwindigkeit seiner Bewegungen zu regulieren.

Endlich besitzen die Fische in ihrem Labyrinth auch die Fähigkeit, grobe Schallwellen, wie sie z. B. von starken Geräuschen herkommen, wahrzunehmen, während ihnen in der Regel die Fähigkeit abgeht, Töne zu hören. Dies geht einmal daraus hervor, daß die Fische jene Teile des Labyrinths, welche bei den gut hörenden Vögeln und Säugetieren entwickelt sind und die man bei den letzten als Schnecke bezeichnet, überhaupt noch nicht besitzen. Das gleiche folgt aber auch daraus, daß die periodischen Schwingungen der Luft, welche die Töne erzeugen, sich im Wasser zwar schneller fortpflanzen wie in der Luft (und zwar im Verhältnis von ca. $1 : 4$), aber an Intensität darin um so viel einbüßen, als das Wasser dichter ist wie die Luft, d. h.

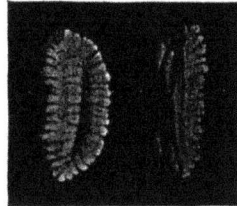

Gehörsteine des Dorsches von oben und unten.

so außerordentlich schwach werden, daß sie nur von ganz besonders fein eingerichteten Hörorganen wahrgenommen werden könnten. Nachdem aber die Fische nicht einmal schalleitende Apparate am Gehörorgan besitzen, welche notwendig sind, um feine Tonschwingungen wahrzunehmen, so ist damit schon sehr unwahrscheinlich, daß sie Töne zu perzipieren vermögen. Daß im Wasser Töne auch von anderen Tieren nicht gehört werden, das lehren uns die Waltiere, welche zwar die schalleitenden Knochen (Hammer, Amboß, Steigbügel) und das Trommelfell wie die übrigen Säugetiere besitzen, aber in so kolossaler Größe, daß sie von Tonwellen überhaupt nicht erschüttert werden können. Übrigens kann man sich auch durch ein Experiment von der mangelnden Tonempfindlichkeit der Fische überzeugen. Wenn man Fische überempfindlich macht, indem man sie z. B. auf 5 bis 10 Minuten in ein Wasser setzt, in welchem $1/_{5000}$ Strychnin aufgelöst ist, dann antworten dieselben auf die leisesten Erschütterungen durch heftige, kurz vorübergehende Zuckungen. Läßt man aber in ihrer unmittelbaren Nähe Glocken selbst überaus stark ertönen, so erfolgt nicht das geringste Zeichen einer Reaktion. Hierdurch, wie durch die vorhergehenden Überlegungen, welche wir an den Bau des Gehörorgans und an die physikalischen Verhältnisse der Schallwellen im Wasser geknüpft haben, wird auch die so verbreitete Fabel widerlegt, nach welcher man

Fische durch Glocken auf den Futterplatz sollte rufen können. In der Tat ist diese überflüssige Einrichtung noch hier und da anzutreffen. Sie wurde im Kloster Kremsmünster von einem Physiologen, Dr. Kreidl, auf ihre Leistungsfähigkeit geprüft. Als die Glocke, welche gewöhnlich zu einer bestimmten Stunde von dem die Fische fütternden Wärter am Teiche mit einem Strang geläutet wurde, von Dr. Kreidl auf elektrischem Wege zum Tönen gebracht wurde, ohne daß sie dabei bewegt wurde und ohne daß der Wärter zum Läuten erschien, blieben die Fische aus und erschienen nicht am Futterplatz. Als dagegen der Wärter den Glockenstrang zog, nachdem der Glockenklöppel entfernt war, so daß die Glocke sich nur bewegte, aber nicht tönte, kamen die Fische prompt in Scharen zur Fütterung herbei. Sie sahen eben die sich bewegende Glocken und den Wärter, auch mochten sie sich bereits durch die Regelmäßigkeit der Fütterung daran gewöhnt haben, zu bestimmten Zeiten sich in der Nähe des Futterortes aufzuhalten.

Mit dieser Auffassung der Taubheit unserer Fische für Töne stimmt auch die allen Anglern bekannte Erfahrung überein, daß man vor einem Fische aus Leibeskräften zu schreien vermag, ohne denselben zu vertreiben, daß dagegen die geringste Erschütterung des Bodens oder eine Bewegung des Anglers sofort vom Fisch wahrgenommen und mit eiliger Flucht beantwortet wird. Ob diese Erschütterung des Bodens freilich nur durch das Gehörorgan und nicht auch durch das später zu besprechende Seitenorgan wahrgenommen wird, muß freilich dahingestellt bleiben.

Bei dieser Sachlage ist es immerhin möglich, daß einzelne Fischarten doch imstande sind, schrille Töne, wie sie z. B. beim Pfeifen entstehen, wahrzunehmen. So berichtete Dr. N. Maier, daß in einem Aquarium des Tübinger Zoologischen Instituts ein Zwergwels durch Pfeifen regelmäßig aus seinem Versteck hervorgelockt werden konnte.

Bei einigen Fischen steht das Gehörorgan nämlich in eigenartiger Verbindung mit der Schwimmblase. Beim Barsch z. B. sendet die Schwimmblase am vorderen Ende zwei hörnerartige Ausläufer bis an die hintere Seite des Schädels, der hier zwei, nur von einer Membran überzogene Stellen, sog. Fontanellen, besitzt, an welche sich von der Innenseite das Labyrinth anlegt. Vielleicht dient hier die Schwimmblase als eine Art Resonanzboden zur Verstärkung der Töne. Beim Wels und den karpfenartigen Fischen steht die Schwimmblase mit dem Gehörorgan durch eine Reihe von Knochen, welche sich von der Wirbelsäule abgegliedert haben, jedenfalls zu dem gleichen Zweck, in Verbindung. So wäre es immerhin nicht ausgeschlossen, daß einige Fischarten mit komplizierter gebautem Hörorgan es in der Tonempfindung weiter gebracht haben, als das Gros der zweifellos für Töne nicht empfindlichen Fische.

Das Geruchsorgan.

Das Geruchsorgan der Fische besteht aus zwei flachen, nach innen zu blind geschlossenen und mit der Mundhöhle nicht in Verbindung stehenden Gruben, welche vor den Augen nach der Schnauzenspitze zu angebracht sind (vgl. Fig. 284). Nur die Neunaugen haben eine unpaare Nase. Die Nasengruben sind im Innern mit einer Schleimhaut ausgekleidet, auf welcher die Geruchszellen, zu kleinen Knöpfen oder Knospen vereinigt, verteilt sind (Fig. 288). Meist erhebt sich die Schleimhaut, um eine größere Fläche für die Geruchsknospen zu gewinnen, in feine, nach dem Innern der Nasengrube vorspringende radiär gestellte Falten (Fig. 289). Die Grube ist nach außen offen, so daß ständig frisches Wasser beim Schwimmen des Fisches in die Grube eintritt. Gewöhnlich spannt sich die Kopfhaut in Form eines schmalen Bandes quer über die Nasengrube, so daß man eine vordere und hintere Öffnung unterscheiden kann. Der hintere Rand der vorderen Öffnung erhebt sich dann noch oft zu einer senkrecht aufgerichteten kurzen Falte. Beim Schwim-

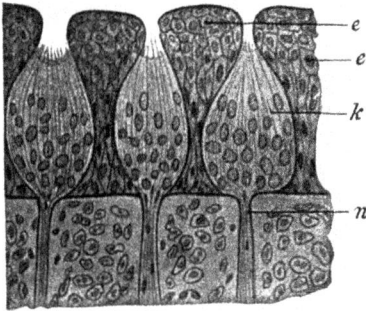

Fig. 288.
Querschnitt durch die Geruchsschleimhaut eines Fisches. — *e* Schleimhaut, *k* Geruchsknospen, *n* Geruchsnerven.

Fig. 289.
Geöffnete Nasengrube eines Störes.

men stößt das Wasser gegen diese halbrinnenförmige Erhebung und wird so gezwungen, in die vordere Nasenöffnung ein- und aus der hinteren Öffnung auszutreten.

Mit den Geruchsknospen setzen sich die beiden Riechnerven in Verbindung, welche im Vorderhirn entspringen und entweder an ihrem Anfang oder am Grunde der Geruchsgruben zuweilen stark zu den sog. Riechknoten angeschwollen sind (vgl. Fig. 284).

Es kann wohl gar keinem Zweifel unterliegen, daß die Fische mit ihren Geruchsorganen imstande sind, zu riechen, d. h. Stoffe, welche im Wasser chemisch gelöst sind, zu unterscheiden. Ob dieses Geruchsvermögen freilich ein sehr feines ist, d. h. ob Fische nur annähernd so minimale Mengen von riechenden Stoffen wahrnehmen, und auch auf weite Entfernungen »wittern« können, wie viele in der Luft lebende Tiere, das darf füglich bezweifelt werden, besonders wenn man sich darüber klar wird, daß die Diffusionsverhältnisse der riechenden Gase in der Luft ganz anders liegen wie im Wasser. In der Luft verbreiten riechende Körper ihre gasförmigen Anteile durch Diffusion sehr rasch nach allen Richtungen des Raumes. Im Wasser dagegen geht die Diffusion von Gasen sehr langsam vor sich. So braucht z. B. der Sauerstoff der Luft volle 24 Stunden, um in ein völlig ruhiges Wasser nur 1 cm tief einzudringen. Wirft man also einen riechenden Körper, z. B. mit stark riechendem Öl getränkten Köder, in ein stehendes Wasser, so hat man gar keine Aussicht, daß Fische auf weitere Entfernungen diesen Geruch bald wahrnehmen werden. Besser liegen diese Verhältnisse schon im strömenden Wasser, wo die Strömung den Geruch abführt. Aber auch hier ist es wegen der langsamen Diffusion der Gase nach allen Richtungen lediglich dem Zufall überlassen, ob der Geruchstoff durch die Strömung an der Nase eines Fisches vorbeigeführt wird. Es wird oft genug vorkommen, daß derselbe in geringer Entfernung am Fisch vorbei abwärts schwimmt, ohne daß eine Spur in die Nasengrube desselben trifft. Diese in der physikalischen Natur der Gase beruhenden Verhältnisse erklären es uns, warum die Erfolge beim Angeln mit riechenden Ködern so verschieden ausfallen. Bald hat mal einer ausnahmsweise einen Erfolg, während ein solcher anderseits oft genug hartnäckig ausbleibt. Wer mit riechenden Ködern angelt, der sollte sich darüber klar sein, daß er ein Zufallsspiel treibt, und er sollte nicht vergessen, daß in der Natur der Fisch seiner Nahrung, im wesentlichen vom Auge geleitet, nachgeht. Von den Haifischen, welche nachts auf Raub ausgehen, kleine Augen, aber sehr entwickelte Nasen besitzen, wird freilich behauptet, daß sie ihre Nahrung vorwiegend mit dem Geruch suchen und auf weite Entfernungen riechen können. Wissenschaftlich sichergestellt ist diese Behauptung freilich noch nicht.

Die Geschmacksorgane.

Die Mehrzahl der Fische wie alle Raubfische, verschlingen ihre Nahrung hastig und ohne dieselbe zu kauen.

Daraus kann man mit Recht schließen, daß bei ihnen die Geschmacksorgane sehr wenig entwickelt sein müssen. In der Tat findet man bei diesen Fischen in der Mundhöhle, im Schlund und auf den Kiemenbögen verstreut nur einzelne mit den Geschmacksnerven in Verbindung stehende Sinnesorgane, die Geschmacksknospen, welche wahrscheinlich die Fähigkeit haben werden, Geschmacksempfindungen zu vermitteln. Besser entwickelt ist der Geschmackssinn bei den karpfenartigen Fischen, welche ihre Nahrung mit den unteren Schlundknochen kauen. Hier findet man besonders beim Karpfen, zwischen und vor diesen Knochen am oberen Dach der Mundhöhle sowie auch auf dem Zungenbein, ein dickes, mit Geschmackszellen dicht besetztes Gewebe, welches bei Berührung wie ein Schwellkörper an der Berührungsstelle hervorspringt, offenbar um jeden hier auftreffenden Körper vor dem Verschlingen durch den Geschmack zu prüfen. Die Geschmacksknospen zeigen denselben Bau wie die Geruchsknospen. Man hat aus diesem Grunde und weil auch bei den höheren Tieren, ja selbst beim Menschen Geruchs- und Geschmacksempfindungen einander sehr nahestehen und oft sogar verwechselt werden, die Meinung ausgesprochen, daß die Fische überhaupt noch nicht zwischen Geruch und Geschmack unterscheiden und nur einen einheitlichen Sinn zur Erkennung chemischer Veränderungen des Wassers oder der Nahrung besitzen. Dagegen spricht aber die Tatsache, daß die Sinnesknospen in der Nasenscheimhaut vom ersten Gehirnnerven, die anatomisch im wesentlichen gleichgebauten Knospen in der Mund- und Schlundhöhle vom neunten Hirnnerven versorgt werden, während anderseits nicht übersehen werden darf, daß beiden Organen die gleiche Aufgabe zufällt, die chemische Zusammensetzung des Wassers und der Nahrung rechtzeitig zu erkennen, ehe sie dem Fisch schädlich werden können. Man wird daher einstweilen gut tun, in der üblichen Weise von Geruchs- und Geschmacksorganen zu sprechen, je nachdem man die, wenn auch gleichen Sinnesknospen in der Nase oder in der Mundhöhle findet. Übrigens sind vollkommen gleichgebaute sog. Geschmacksknospen bei den Fischen auch am ganzen Körper und besonders an den Flossen auf der Haut hier und da verteilt. Der Fisch »schmeckt« daher auch mit seinen Flossen oder seiner ganzen Haut, was zweifellos für ihn von Vorteil ist, da ein im Wasser gelöster schädlicher Körper, z. B. eine Säure oder ein Gift nur den Körper und nicht den Kopf treffen und die Haut verätzen könnte, ohne daß der Fisch mit seiner Nasen- oder Mundschleimhaut davon etwas wahrnehmen könnte. Eine mit Muskeln ausgestattete, bewegliche Zunge besitzt kein Fisch.

Die Tastorgane.

Ebensowenig entwickelt wie die Geschmacksorgane sind in der Regel die Tastorgane, welche in Form feiner Nervenendigungen in der Haut sitzen. Regelmäßig finden sie sich an der Schnauze, während auf den daran sitzenden Bartfäden, mit welchen viele Fische fortgesetzt im Schlamm nach Nahrung umhertasten, vorwiegend Geschmacksknospen sitzen, so daß diese Fische, wie Barben und Welse mit ihren auf Berührung wenig empfindlichen Barteln den Grund und die Nahrung »abschmecken«. Ebenso sind in der Mundhöhle und an den Kiemenbögen Tastorgane vorhanden.

Am Körper dagegen fehlen den schwimmenden oder in Wasser schwebenden Fischen die Tastorgane völlig. Dagegen haben alle Fische, die am Boden liegen, so z. B. der Koppen, an der Bauchseite und an den Flossen sehr empfindliche Tastpunkte, nicht dagegen an den Seiten und am Rücken. Es erklären sich diese Verhältnisse dadurch, daß die im Wasser schwimmenden Fische jede Berührung mit festen Körpern vermeiden und vor solcher Berührung durch ihre weiter unten zu besprechenden Seitenorgane beschützt werden, die in die Ferne fühlen können und daher das Fühlen durch direktes Berühren unnötig machen. Anders liegen die Dinge bei den am Boden aufliegenden Fischen, die natürlich ein Interesse daran haben, ihre Unterlage abzutasten.

Wenig entwickelt sind auch die Schmerzpunkte am Fischkörper. Findet man davon in der Haut des Menschen, z. B. auf der Hand, ca. 100 bis 200 auf 1 qcm, so läßt sich beim Fisch, z. B.

einer Forelle, etwa alle Zentimeter ein Schmerzpunkt nachweisen. Die Fische müssen daher allgemein als sehr wenig schmerzempfindliche Tiere angesehen werden. Ein Hecht, dem beim Angeln ein Stück aus dem Mund gerissen ist, geht unmittelbar darauf, wenn er Hunger hat, wieder an den Köder.

Am Kopf, abwärts von den Augen bis zur Mundspalte und in der Mundhöhle, besitzen die Fische Hautsinnesorgane, mit welchen sie wärmeres Wasser unterscheiden können. Von diesen Wärmeempfindungsorganen werden die Fische wohl geleitet, wenn sie zum Laichen wärmeres Wasser aufsuchen, während sie nicht reagieren, wenn man irgendeinen Körperteil mit kälterem Wasser anspritzt. Der Besitz von Wärmeempfindungsorganen erklärt es auch, warum man so häufig Fische massenhaft an den Auslaufkanälen von Fabriken angesammelt findet, aus denen warmes Kondenswasser ausfließt.

Die Seitenorgane oder Seitenlinie.

Betrachtet man einen Fisch aufmerksam, so beobachtet man leicht eine vielfach in der seitlichen Mittellinie des Körpers oder auch darunter resp. darüber verlaufende Linie (vgl. Fig. 257), welche vom Schwanzende bis zum Kopf zieht und sich hier in

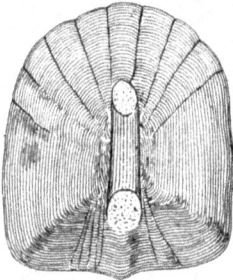

Fig. 290.

Schuppe aus der Seitenlinie der Mairenke (Alburnus mento).

einzelne feine Poren auflöst, die am Hinterhaupt die rechte mit der linken Seitenlinie verbinden, aber auch ober- und unterhalb des Auges und längs der Außenseite des Unterkiefers deutlich entwickelt sind. Bei manchen Fischen, wie z. B. beim Hecht, sind die Kopfporen ganz auffällig groß, etwa wie ein guter Stecknadelkopf. Manche Fische, wie der Hecht, haben am Körper mehrere übereinander liegende, aber vielfach unterbrochene Seitenlinien. Der Eindruck einer Linie auf den Seiten des Fischkörpers entsteht dadurch, daß hier die Schuppen in ihrer Mitte durchbohrt sind, über der Durchbohrung aber eine in der Längsrichtung der Schuppe verlaufende feine Röhre tragen, welche vorne und hinten offen ist (Fig. 290).

Dadurch, daß die feinen Röhren in einer Richtung liegen und in der Längsrichtung fast aneinander schließen, entsteht dann der Eindruck einer einzigen Linie. Das Innere dieser Röhren ist mit Oberhaut ausgekleidet, in welcher, wie überall auf der Haut, auch Schleimzellen liegen, so daß man die Röhren stets mit Schleim gefüllt findet. An einer Stelle sieht man aber die Oberhautzellen eigenartig umgestaltet und in meilerartig angeordnete Sinneszellen verwandelt, in welche von unten her durch die Durchbohrung der Schuppe je ein feiner Nerv eintritt. Dieser zweigt von einem großen Nerven ab, der vom Kopf bis zum Schwanzende des Fisches in der Grenzlinie zwischen den Rücken- und Bauchmuskeln unter der Haut verläuft und den Namen Seitennerv führt.

Während man früher irrtümlicherweise annahm, daß die Seitenlinie die Aufgabe habe, den Fisch mit Schleim zu überziehen, wissen
wir heute, daß der Schleim überall auf der ganzen Oberhaut aus
eigenen Schleimzellen produziert wird, und daß wegen der Anwesenheit von Sinnesorganen und Nerven in der Seitenlinie hier
ein Sinnesorgan vorliegen muß, das den in der Luft lebenden Tieren
fehlt, und das somit ein für das Leben im Wasser brauchbares Organ
sein muß. Man hat dasselbe daher auch mit Recht das Organ eines
sechsten Sinnes genannt. Genauere Experimente des Verfassers
haben nun erwiesen, daß mit diesem Organ der Fisch sich über die
Druckschwankungen im Wasser orientiert. Es leuchtet ohne weiteres
ein, daß es für die Sicherheit jedes Fisches von Vorteil sein muß,
wenn er z. B. in jedem Moment darüber unterrichtet ist, von welcher
Richtung das Wasser strömt, ob er beim Schwimmen, z. B. bei
Nacht, gegen einen festen Gegenstand zu stoßen in Gefahr ist,
ob ein Feind gegen ihn anschwimmt usw. In allen diesen Fällen
übt das Wasser einen Druck auf den Schleim in den Röhren der
Seitenlinie aus, dieser Druck pflanzt sich auf die darin befindlichen
Sinneszellen fort und erregt entsprechend den Seitennerv, wodurch wahrscheinlich ganz automatisch zweckentsprechende Bewegungen des Fisches ausgelöst werden. Die Seitenlinie der Fische
ist somit ein Organ zur Perzeption von Druckschwankungen im
Wasser, welches im Leben des Fisches eine ganz außerordentlich
wichtige Rolle spielt. Ohne die Seitenlinie wären sicher in unseren
Flüssen keine Fische mehr vorhanden. Sie müßten alle längst ins
Meer geschwemmt worden sein, da sie sonst kein Organ besitzen,
das ihnen die Stromrichtung des fließenden Wassers anzeigt und
sie veranlaßt, sich immer mit dem Kopf gegen die Strömung zu
stellen. Ohne die Seitenlinie würden die Fische bei ihren Wanderungen die Seitenbäche nicht auffinden, in welche sie durch den
Druck des seitwärts einströmenden Wassers angelockt werden.
Mit der Seitenlinie allein finden die Fische auch an Wehren die
Fischpässe, vorausgesetzt, daß durch diese ein so starker Wasserstrom abfließt, daß die Fische den Druck desselben im Wasser
mit der Seitenlinie empfinden können. Fischpässe werden richtig
nur dann angelegt, wenn sie mit Rücksicht auf einen genügenden
und die Seitenorgane der Fische reizenden Wasserdruck erbaut sind.
Wird in Winterteichen, in welchen Karpfen den Winter schlafend
verbringen sollen, ein aus anderen Gründen nötiger Wasserstrom
in zu großer Stärke eingeleitet, so daß die Karpfen denselben mit
ihrer Seitenlinie merken, so verfallen sie nicht in Winterschlaf
und können dadurch schwer leiden. Jeder im Wasser sich gegen
einen Fisch bewegende Körper übt einen Druck auf die Seitenorgane durch das Wasser aus, noch bevor er den Fisch direkt berührt; dasselbe findet natürlich auch statt, wenn ein Fisch gegen
einen festen Körper im Wasser anschwimmt. Er schiebt dann etwas
Wasser vor sich her, dieses prallt an dem festen Körper zurück
und pflanzt seinen Druck auf die Seitenorgane des Fisches fort.
So fühlt der Fisch feste Körper im Wasser, ob sie stehen oder sich
bewegen, noch bevor er mit ihnen in direkte Berührung kommt

mit seinen Seitenorganen, welche somit in der Tat auch als Fern-
fühlorgan bezeichnet werden könnten.

Die Ansicht, daß die Seitenlinie ein Organ wäre, welches mit
der Ablage der Eier und des Spermas der Fische in Zusammenhang stünde, und daß der Seitennerv wie ein nervus pudendus
funktioniere, durch dessen Reizung bei der Reibung der Fische
während des Laichgeschäftes die Ausstoßung der Geschlechtsprodukte erfolge, ist durch keine Beobachtung zu stützen.

10. Die Organe der Ernährung und Verdauung.

Die Ernährungsorgane der Fische lassen sich einteilen in die
Mund- und Schlundhöhle, die Speiseröhre, den Magen, den Dünn-
und Dickdarm, welcher im After ausmündet.

Die Mundhöhle beginnt mit dem Mund, dessen Form und
Stellung bei der Unterscheidung der Fischarten eine wichtige Rolle
spielt. Er ist bei den Neunaugen rund, sonst quergestellt und von
Zwischen-, Ober- und Unterkiefer begrenzt. Liegt er am Ende
der Schnauze, so daß weder der obere noch der Unterkiefer vor-
ragt, so heißt er endständig, andernfalls beim Vorragen des Unterkiefers oberständig oder bei Verkürzung desselben unterständig.
Dabei kann der Mundspalt bald horizontal, bald mehr schief, ja
ganz steil aufgerichtet sein.

In der Mundhöhle sitzen auf den dieselbe begrenzenden Knochen
die Zähne, welche zuweilen auf allen diesen Knochen angebracht
sein können, meistens aber nur auf einzelnen derselben, wie Zwi-
schen-, Ober-, Unterkiefer, Vomer usw., stehen, zuweilen, wie bei
den karpfenartigen Fischen, bis auf die Zähne der unteren Schlundknochen ganz fehlen. Ihrer Form nach sind sie meist kegelförmig,
dabei groß und kräftig (Hundszähne) oder dünner, wie die Zähne
eines Hechels oder die Borsten einer Bürste (Hechel-Bürstenzähne).
Sie stecken tief in der Schleimhaut des Mundes, aus der sie nur
beim Biß hervortreten, so daß sie oft besser zu fühlen, als zu sehen
sind. Entweder sind sie nur in der Schleimhaut befestigt oder
seltener mit den Kiefern verwachsen und oft nach rückwärts um-
legbar. Die Zähne der Fische dienen gewöhnlich nur zum Festhalten, nicht zum Zerkleinern der Nahrung, nur die auf den unteren
Schlundknochen der Karpfen sitzenden Zähne werden zum Kauen
und Zermahlen verwandt. Bei den Fischen wechseln die Zähne
das ganze Leben hindurch, indem an Stelle der angebrauchten Zähne
neue von hinten oder von der Seite nachrücken. Dieser Zahn-
wechsel ist an keine bestimmte Zeit gebunden, sondern erfolgt
nach Bedürfnis.

Die Mundhöhle führt an ihrem hinteren Ende ohne Grenze
in den trichterförmigen Schlund, der rechts und links von den
Kiemenspalten durchbrochen ist (vgl. Fig. 291); der Schlund setzt
sich in die kurze mit starken Längsfalten ausgestattete und deshalb zuweilen einer großen Erweiterung fähige Speiseröhre (o)
fort, die ihrerseits unmittelbar und ohne Grenze in den gleichfalls
mit Längsfalten versehenen Magen übergeht. Dieser hat meist

eine heberförmige Gestalt (Fig. 292) mit einem dicken an die Speiseröhre anschließenden Schenkel, welchen man auch den Kardialteil nennt, und einen dünneren, am Ende des Kardialteils spitzoder stumpfwinklig nach oben umbiegenden Pylorusabschnitt.

An den Magen schließt sich der Mittel- oder D ü n n d a r m, welcher bei Raubfischen, wie z. B. den Forellen, nur ein kurzes, gerades Rohr darstellt, bei den karpfenartigen Fischen dagegen viel länger ist und daher mehrmals im Körper hin- und hergewunden verläuft. Der Dünndarm entbehrt der Längsfalten, seine Schleimhaut ist vielmehr in kurzen, unregelmäßigen, quer und schief netzartig verlaufenden, zarten Fältchen erhoben. Am Anfang des Dünndarms sitzen oft die Pylorusanhänge oder Blinddärme, beim

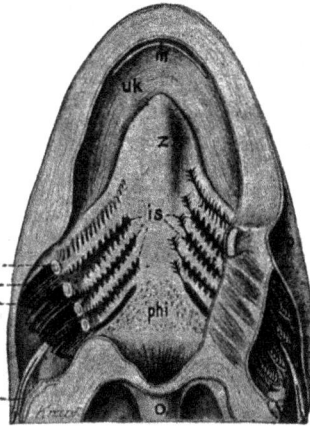

Fig. 291.

Mundhöhle, Schlund- und Speiseröhre eines Schellfisches nach Entfernung des Gehirnschädels von oben gesehen.

m Mund, *uk* Unterkiefer, *z* Zunge, *is* Kiemenspalten, *phi* untere Schlundzähnchen, *o* Speiseröhre.

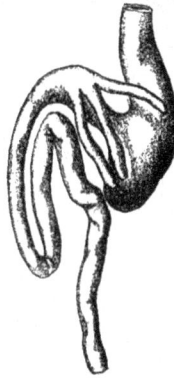

Fig. 292.

Magen und Darm vom Barsch (Perca fluviatilis).

Fig. 293.

Magen und Darm mit [Blinddärmen vom Lachs (Trutta salar).

Barsch und Kaulbarsch z. B. in Dreizahl (Fig. 292), bei den Salmoniden in einer Menge von 19 bis 150 (Fig. 293). Sie fehlen den Hechten, Welsen, Aalen und allen karpfenartigen Fischen, bei den letzteren deshalb, weil bei ihnen der ganze Magen überhaupt rückgebildet ist, so daß hier auf die Speiseröhre sogleich der Darm folgt. An seinem hinteren Ende verdickt sich der Mitteldarm ein wenig zum kurzen End- oder Dickdarm, welcher im After nach außen mündet.

Magen und Darm liefern die verdauenden Sekrete, deren Menge sowohl durch die Blinddärme wie die L e b e r und die B a u c h s p e i c h e l d r ü s e verstärkt wird. Die L e b e r ist ein zwei- oder dreilappiges, bei manchen Fischen, wie z. B. beim Karpfen, in lange Zipfel ausgezogenes Organ von gelber, bräunlicher oder fast schwarzer Farbe. Sie entleert ihr Sekret, d. i. die Galle, teils direkt in den

Anfangsteil des Mitteldarms, teils zuvor in eine runde oder ovale Gallenblase. Die Bauchspeicheldrüse (Pankreas) ist nur bei wenigen Fischen (Hecht) mit freiem Auge zu erkennen. Meist tritt sie nicht als kompaktes, wohl isoliertes Organ auf, sondern umhüllt als zarter Überzug die Blutgefäße der Leberregion (Karpfen), oder sie liegt in Form feiner Streifen den Blindsäcken an (Salmoniden); sie wird dann als »diffuses Pankreas« bezeichnet.

An dem unteren Ende des Magens, z. B. bei den Salmoniden, oder zwischen den Windungen des Darmes, wie bei den Cypriniden, liegt die Milz, welche diesen Organen nur äußerlich anhaftet, aber in keiner direkten Verbindung mit denselben steht, da sie nichts mit der Verdauung zu tun hat, sondern in Beziehungen zur Blutbildung steht.

Ihrer Nahrung nach teilte man früher die Fische in Raub- und Friedfische ein und nahm an, daß die ersteren, wie z. B. der Huchen, die Forelle, der Hecht usw., nur von Fischen und anderen Tieren leben, während der Karpfen und seine Verwandten sich wesentlich von Pflanzen ernähren sollten. Dieser Irrtum hat in der Karpfenzucht verhängnisvolle Folgen gehabt, da man in der Voraussetzung, daß der Karpfen von Pflanzen lebe, und daß ja Pflanzen und Pflanzenreste in jedem Karpfenteich stets im Übermaß vorhanden seien, die Karpfenteiche früher allgemein übersetzte und so eine infolge chronischen Hungers degenerierte Karpfenrasse allmählich hervorrief, deren Zucht überhaupt nicht mehr lohnend war.

Heute wissen wir, daß die sog. Friedfische zwar gelegentlich auch Pflanzenkost zu sich nehmen, daß es aber unter unseren Süßwasserfischen kaum einen einzigen gibt, der nur von Pflanzen leben würde, sondern daß sie alle tierische Nahrung bevorzugen. Wir teilen daher der Nahrung nach die Fische zweckmäßiger in Großtier-, Kleintier- und Allesfresser ein.

Die Großtierfresser leben im wesentlichen von Fischen, fressen aber natürlich auch andere Tiere, wie Frösche, Salamander, Mäuse, Ratten usw.

Die Kleintier- und Allesfresser (Omnivoren) beziehen ihre tierische Nahrung besonders aus dem Reich der in allen unseren Gewässern sehr verbreiteten Infusionstierchen, Würmer, Krebse, Weichtiere und Insektenlarven, während unter den Pflanzen besonders die Spaltalgen (Diatomeen) und auch höhere Pflanzen mit weichen Zellengeweben eine Rolle in der Ernährung spielen. Soweit diese Fischnahrung im Wasser schwimmend und schwebend umhergetrieben wird, bezeichnet man dieselbe mit dem Namen »Plankton«, das Treibende, hat aber diesen Namen in neuerer Zeit auf alle niederen, den Fischen zur Nahrung dienenden Tiere mißbräuchlicherweise ausgedehnt.

In nachstehenden Abbildungen wollen wir einige typische Vertreter der den Fischen zur Nahrung dienenden niederen Tiere darstellen. Wir sehen dort mehrere Arten von Infusorien (Fig. 294, 295, 296), aus denen sich besonders die winzig kleine Fischbrut ihre Erstlingsspeise holt, ferner unter den Krebstierchen die sog. Hüpfer-

linge (Kopepoden) (Fig. 297) und die Wasserflöhe = Daphniden
(Fig. 298), deren Scharen in Seen und Teichen nach Millionen und

Fig. 294.
Oxystricha fallax.

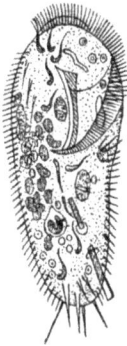

Fig. 295.
Strylonychia mytilus.
(Drei Arten von Infusorien.)

Fig. 296.
Paramaecium putrinum.

Milliarden zählen und deren Mengen zuweilen einen Teich rot zu färben vermögen. In Forellenbächen fehlen dieselben meist, dort sind

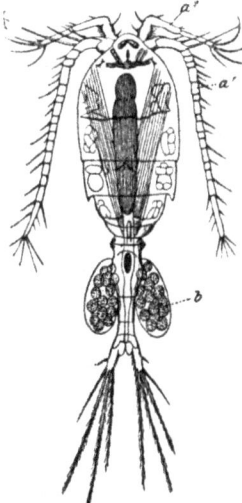

Fig. 297.
Hüpferling.
(Cyclops coronatus).

Fig. 298.
Wasserfloh
(Daphnia longispina).

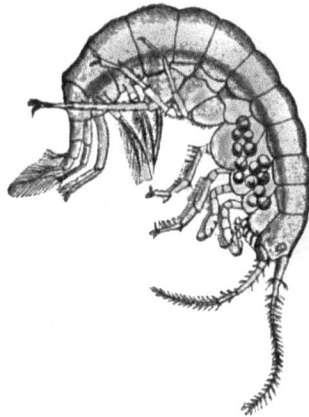

Fig. 299.
Der Flohkrebs (Gammarus pulex).

aber die Krebse durch den für die Ernährung der Fische höchst
wichtigen Flohkrebs (Gammarus pulex) (Fig. 299) vertreten.

27*

Unter den Würmern spielen namentlich zur Ernährung der Jungbrut aber auch größerer Cypriniden, die Rädertierchen (Fig. 300) eine große Rolle, die in vielen Dutzenden von Arten und ungezählten Individuen unsere stehenden Gewässer bevölkern. Am und im Boden halten sich die gerne gefressenen Schlammwürmer, wie der Tubifex tubifex, die Naideen (Fig. 301) und andere Arten auf. Auch die Moostierchen (Fig. 302), welche, in Kolonien lebend, Steine und andere feste Gegenstände im Wasser moosartig überziehen, wandern als delikate Speise in den Darm der Fische. Alle Fische, Salmoniden wie Cypriniden, fressen gerne Schnecken, von denen die Teichhornschnecke (Fig. 303), die Posthornschnecke (Fig. 304) und die lebendiggebärende Sumpfschnecke die weitestverbreiteten Arten sind. Auch die schwärmende Brut mancher Muschel muß zur Ernährung der Fische herhalten.

Zahllos ist das Heer der Insektenlarven, die ihre Jugendzeit im Wasser verleben und dann den Fischen zum Opfer fallen. Da kriechen in den Bächen die Phryganiden oder Köcherfliegen (Fig. 305 u. 306) schwerfällig über den Boden, mit dem Hinterleibe in ihren Gehäusen steckend, bis sie im Magen einer Forelle verschwinden, der oft damit prall gefüllt ist. Dort huschen munter und hurtig die flinken Larven der Eintagsfliegen (Ephemeriden) (Fig. 307) und Frühlingsfliegen (Perliden) (Fig. 308) und Libellen (Fig. 309) und Stechmücken (Fig. 310) durch die Fluten, während die Larven der Zuckmücken (Fig. 311) ihren Körper krampfhaft nach rechts und links hin und herbiegen, um eine kurze Strecke unbeholfen im Wasser vorwärts zu kommen, oder die Kriebelmücken sich in selbstgesponnenen Gehäusen an Wasserpflanzen zurückgezogen halten.

Fig. 300.
Rädertier (Rotifer vulgaris).

Allen diesen und ähnlichen Tierchen stellen die Fische mit Vorliebe im Wasser nach; sie alle müssen den Fischen Tribut zahlen.

Alle Fische fressen gerne Laich und Brut, ohne ihre eigene Art dabei zu verschonen. Wenn man einzelne Fische, wie den Aal oder die Rutte, im Verdacht hat, dem Laich anderer Fische besonders gerne nachzustellen, so hängt das wohl mehr mit ihrer Lebensweise am Boden der Gewässer zusammen, wo eben die Gelegenheit, Eier anzutreffen und zu sammeln, am günstigsten ist.

Die Fische besitzen ein sehr energisches Verdauungsvermögen, so daß man sie beständig auf der Jagd nach Nahrung antrifft. In ihrer Verdauung werden sie in hohem Maße von der Temperatur des Wassers beeinflußt, so daß Karpfen z. B. bei einer Wassertemperatur von 8° C kaum mehr fressen, bei 23° C die beste Nahrungsaufnahme zeigen, um bei höherer Temperatur wiederum weniger Appetit zu entwickeln. Anders verhalten sich naturgemäß die Forellen, welche sich an das kalte Wasser angepaßt haben und daher erst zu fressen aufhören, wenn die Temperatur des Wassers sich

Fig. 301.
Schlammwurm (Nais proboscidea).

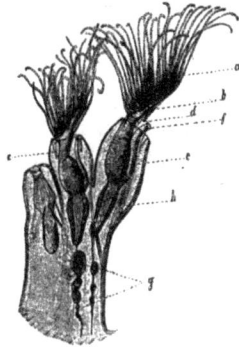

Fig. 302. Moostierchen.
a Tenakeln, d Schlund, e Magen.

Fig. 303.
Teichhornschnecke (Limnäus stagnalis).

Fig. 305.
Köcherfliege
(Hydroptila Mac
Lachlani) im Ge-
häuse.

Fig. 306.
Hydroptila Mac
Lachlani (Larve)
(aus d. Gehäuse
herausgenommen).

Fig. 307.
Eintags-
fliegenlarve
(Cloe diptera).

Fig. 308. Frühlingsfliege (Perla bicaudata).

Fig. 304.
Posthornschnecke (Planorbis corneus).

Fig. 309. Nymphe einer Libelle (Agrion).

27**

dem Nullpunkt nähert oder ca. 20⁰ C erreicht. Um die Laichzeit hören die meisten Fische zu fressen auf, viele Salmoniden nehmen sogar wochenlang vor derselben keine Nahrung mehr an, ja, der Lachs, welcher z. B. im Januar eines Jahres in den Rhein eintritt, um erst im Oktober oder November seinen Laichplatz im Elsaß, in Baden oder in der Schweiz zu erreichen, frißt während dieser nahezu ein Jahr andauernden Zeit im süßen Wasser überhaupt nicht. Dieses Fasten zur Laichzeit hängt wahrscheinlich damit zusammen, daß zum Ausreifen der Geschlechtsprodukte alles·Blut den Geschlechtsorganen zugeführt und daher vom Darm, welcher zur Verdauungsarbeit viel Blut nötig hat, abgelenkt werden muß.

Larve   Puppe
Fig. 310.
Geringelte Stechmücke
(Culex annulatus).

Fig. 311.
Larve einer Zuckmücke
(Chironomus).

Fig. 311 a.
Puppe
derselben
Zuck-
mücke.

So gefräßig die Fische im allgemeinen sind, so können sie anderseits den Hunger bewundernswert lange ertragen. Die Fische sind wahre Hungerkünstler. Man kann Karpfen ein Jahr lang in Aquarien halten, ohne sie zu füttern, und selbst Salmoniden können monatelang ohne Nahrung leben. Freilich magern sie dabei sehr stark ab und schmelzen ihre eigene Muskulatur zum größten Teil ein.

Bei ausgiebiger und regelmäßiger Ernährung wachsen die Fische sehr schnell, so daß sich Wachstumsgrenzen für bestimmte Altersstadien nicht aufstellen lassen. Ein Karpfen kann z. B. in einem stark übersetzten Teich im ersten Jahr seines Lebens, d. h. bis zum Winter seines Geburtsjahres, nur 3 bis 4 cm groß werden, unter den geregelten Nahrungsverhältnissen einer guten Teichwirtschaft erreicht er dagegen in der gleichen Zeit 50 und 100 g, ja, auf der Berliner Fischereiausstellung im Jahre 1880 war ein einsommeriger Karpfen von 4 Pfund Gewicht ausgestellt. Daß man das Wachstum des Karpfens durch rationelle Zuchtwahl von Generation zu Generation steigern kann, das haben die Karpfenzüchter mit der Aufzucht schnellwüchsiger Karpfenrassen bewiesen. Sehr rapid wächst auch der Lachs, welcher, aus dem Rhein stammend, im Meere im zweiten Jahre seines Lebens 2 bis 3 Pfund zunimmt, wenn er als Jakobslachs zurückkehrt, vielfach aber noch schneller wächst, so daß ein 10—20pfündiger Lachs nicht älter als 3 bis 5 Jahre zu sein braucht. Auch der Huchen ist ein sehr schnellwüchsiger Fisch, der in den ersten Jahren seines Lebens, vom zweiten Jahre ab, bei guter Ernährung in größeren Flüssen durchschnittlich 2 bis 3 Pfd. pro Jahr, später sogar noch mehr zunimmt. Nicht minder rapid wächst der Hecht, der schon im ersten Lebensjahr bei guter Ernährung 2 Pfund schwer werden kann, wenn er z. B. als Jungfisch in einen Karpfenteich gerät. Andere Fische wachsen dagegen auch bei guter Ernährung auffällig langsam. So wird die Schleie im ersten Sommer ihres Lebens selbst im Nahrungsüberfluß meist nicht länger als 5 bis 6 cm, bleibt oft sogar hinter dieser Länge zurück. In späteren Jahren wächst sie dann rascher.

Trotzdem viele Fische unter Umständen ein enormes Wachstum aufweisen, ist ihnen allen doch bei hohem Alter eine gewisse Grenze gesetzt, die nicht überschritten wird. Wohl gibt es Fisch- riesen, die aber doch schließlich zu wachsen aufhören, da sie alles Futter lediglich zu ihrer Erhaltung aufbrauchen.

Von der Bachforelle sind z. B. Exemplare mit 20, ja selbst 25 Pfund bekannt geworden, von der Seeforelle solche mit 40 Pfd., vom Huchen Stücke über 100 Pfund, vom Lachs solche mit 93 Pfd. Noch größer wird der Wels, der ein Gewicht von 3 Zentnern erreichen kann, während der Stör schon in einer Länge von 6 m gefangen wurde. Über diese Größe hinaus bringen es unsere mitteleuropäischen Süßwasserfische aber wohl nicht.

Das Alter der Fische läßt sich bei einzelnen Fischen, die, wie der Karpfen, eine periodische Nahrungsaufnahme zeigen und im Winter schlafen und fasten, an den Schuppen erkennen. (Vgl. das Kapitel über die Schuppen, S. 384.) Bei Fischen, die das ganze Jahr hindurch fressen und nur in der kurzen Laichzeit fasten, ist es nicht immer möglich, an den Schuppen Jahresringe sicher festzustellen. Hier kann man bis zu einem gewissen Grade die Hörsteine oder die Wirbelkörper und andere Knochen zu Rate ziehen, die auch konzentrisch geschichtet sind und deren Schichten mit dem Alter der Fische zunehmen. Bei sehr alten Fischen lassen freilich alle diese Merkmale im Stich. Man ist daher zurzeit außerstande, z. B. von einem 40pfündigen Hecht oder einem 100pfündigen Huchen das Alter anzugeben. Daß Fische ein sehr hohes Alter erreichen können, ist durch zufällige Markierungen beim Karpfen sichergestellt worden, wenngleich die meisten Erzählungen über Jahrhunderte alte Karpfen mit großer Vorsicht aufzunehmen sind. Doch müssen große Fische nicht auch immer Fischgreise sein. Auf der Berliner Fischereiausstellung im Jahre 1880 war z. B. ein Karpfen von 55 Pfund und 104 cm Länge ausgestellt, der nachweislich nur ein Alter von 15 Jahren besaß.

Anderseits gibt es auch Zwergrassen, die für bestimmte Gegenden charakteristisch sind. Der Barsch bleibt z. B. in Süddeutschland auffallend klein, da er selten mit mehr wie ½ Pfund dort zu Markte kommt, während er im Norden und Osten leicht und oft über 2 Pfund schwer wird. Im Laacher See in der Eifel erreicht der Barsch dagegen in großer Zahl 4 und 6 Pfund. Die Karausche oder der Giebel ist in Süddeutschland ein ganz verkümmerter Fisch, der 100 g selten überschreitet, in den russischen Ostseeprovinzen dagegen bis zu 9 Pfund schwer wird. Der Brachsen ist gleichfalls im Süden Deutschlands durchschnittlich ganz bedeutend kleiner wie im Norden, wo Exemplare von 10 Pfund und darüber nicht selten auf dem Markte erscheinen. Ebenso wird die Rutte, der Schlammpeitzger, die Zärthe nach Süden und Westen kleiner, nach Osten zu um das Drei- und Mehrfache größer. Über die Ursache dieser auffallenden Erscheinungen sind wir uns im allgemeinen noch völlig im unklaren, während wir anderseits zur Erklärung der bekannten Zwergrassen bei der Forelle in Gebirgsbächen die dort herrschende Nahrungsarmut und die starke Strömung, welche die Forelle zu ständiger erhöhter Arbeitsleistung im Widerstand gegen dieselbe zwingt, heranziehen und begreifen können.

11. Die Schwimmblase.

Bei den meisten unserer Süßwasserfische befindet sich zwischen Darm und Niere ein für die Fische höchst charakteristisches Organ, die sog. Schwimmblase. Sie fehlt unter unseren Fischen den Neunaugen und dem Koppen (Cottus gobio), während im Meere viele Fische, wie z. B. alle Haifische und Rochen sowie zahlreiche Knochenfische derselben entbehren. Sie hat meist eine spindelförmige oder ovale Gestalt (Figur 312), zuweilen ist sie in der Mitte eingeschnürt (Fig. 313). Bei vielen Fischen steht sie durch den Schwimmblasengang mit dem Schlund oder dem Magen in offener Verbindung, bei den barschartigen Fischen fehlt dieser Gang.

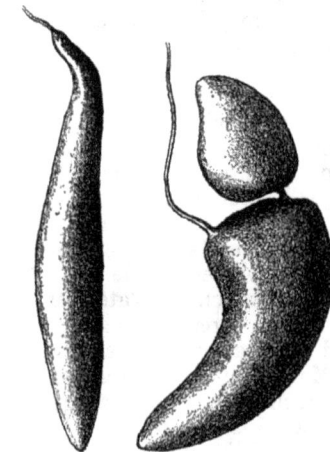

Die Schwimmblase besteht aus einer äußeren derberen, aus Bindegewebe, elastischen Fasern und glatten Muskeln zusammengesetzten und einer inneren zarten, stark silberglänzenden Schicht, zwischen denen beiden sich die Blutgefäße ausbreiten. Ihr Inneres ist mit Gasen von wechselnder Zusammensetzung erfüllt. In der Hauptsache findet man darin Stickstoff, Spuren von Kohlensäure und Sauerstoff bis zu 25%. Diese

Fig. 312.
Schwimmblase des Schnäpels (Coregonus oxyrhynchus).

Fig. 313.
Schwimmblase des Karpfen (Cyprinus carpio).

Gase werden von den Blutgefäßen ausgeschieden, können aber auch wieder auf demselben Wege resorbiert werden. Durch den Schwimmblasengang werden keine Gase aufgenommen, sondern nur ausgestoßen. Die Schwimmblase hat den Zweck, das spezifische Gewicht des Fischkörpers dem des Wassers gleich zu machen, damit der Fisch, ohne mit seinen Flossen Arbeit leisten zu müssen, schweben kann. Infolgedessen ist das Gewicht eines im Wasser ohne Flossenbewegung schwebenden Fisches gleich Null. Der Fisch hat somit die Fähigkeit, die Schwerkraft zu überwinden. Der Fisch hat infolgedessen nichts an seiner Körperlast zu tragen, wie das in der Luft lebende Tier, und er braucht im Wasser nicht sein Gewicht fortzubewegen, sondern beim Schwimmen nur den an seiner Oberfläche entstehenden Reibungswiderstand zu überwinden, wozu nur ein geringer Kraftverbrauch nötig ist, wie jeder Taucher weiß, der schon durch eine unvorsichtige rasche Handbewegung unter Wasser meterweit wider Willen fortgetragen wird. Da die elastische Schwimmblase beim Abwärtsschwimmen des Fisches in die Tiefe zugleich mit dem Körper des Fisches entsprechend dem Druck der auf dem Fischkörper lastenden Wassersäule zusammengepreßt wird, so nimmt der Fisch nunmehr in der Tiefe ein geringeres Volumen ein, wird spezifisch schwerer und müßte nun automatisch immer mehr in die Tiefe sinken, wenn er nicht mit seinen Flossen dagegen arbeitet. Um eine solche auf die Dauer anstrengende und sehr viel Kraft vergeudende Arbeit zu sparen, scheidet der Fisch eine größere Menge von Gasen aus seinem Blut, die er aus dem Wasser aufnimmt, in die Schwimmblase ab, bis er wieder gerade so schwer wird, daß er auch in der Tiefe ohne Flossenarbeit schweben kann. Das Umgekehrte findet beim Aufsteigen des Fisches statt. Die Ausscheidung und die Resorption der Gase geht naturgemäß nicht so schnell vor sich, als der Fisch auf- und absteigt. Inzwischen muß daher der Fisch mit seinen Flossen die Differenz ausgleichen und Arbeit leisten. Die Kompression resp. die Ausdehnung der Schwimmblase geht dabei nicht willkürlich, wie vielfach irrtümlich angenommen wird, sondern automatisch lediglich unter dem Einfluß des Wasserdrucks vor sich. Die Schwimmblase ermöglicht es daher dem Fisch, in jeder beliebigen Wassertiefe ohne Muskelarbeit in einem bestimmten Horizont schwebend zu ruhen, sie spielt daher in dem Kräftehaushalt der Fische eine überaus wichtige, kraftersparende Rolle. Allerdings haben die Fische die Möglichkeit, vermittelst ihrer Rumpfmuskeln die Schwimmblase zu komprimieren, auch gibt es Fische, bei denen von den Rumpfmuskeln in der Gegend der Wirbel und Rippen starke Muskelfasern an die Schwimmblase herantreten. Diese Fische können dann ihre Schwimmblase willkürlich zusammenpressen. Das ist auch bei solchen Fischen der Fall, die eine geteilte Schwimmblase haben und jeden Abschnitt gesondert kontrahieren können, um auf diese Weise das Vorderende des Körpers zu heben oder zu senken. Der Besitz einer Schwimmblase kann aber unter Umständen den Fischen hinderlich, ja sogar lebensgefährlich werden. Bei sehr schnellen Niveauveränderungen nämlich, wenn z. B. Barsche oder Kilche aus großer Tiefe mit dem

Netz hervorgeholt werden, oder wenn Fische, wie Barsche und Seeforellen auf dem Raube ihre Beute allzurasch aus der Tiefe nach der Oberfläche verfolgen, dehnt sich die Schwimmblase, entsprechend dem verminderten Drucke, so stark aus, daß sie die Bauchwand kropfartig vortreibt, ja, zuweilen selbst den Magen aus dem Munde herausstülpt. Die Fische werden dann starr und treiben, auf der Seite liegend, regungslos, wie tot, an der Oberfläche des Wassers. Dieser Gefahr, »trommelsüchtig zu werden«, sind die Fische mit offenem Schwimmblasengang weniger ausgesetzt, da die sich ausdehnenden Gase durch den Gang aus dem Munde ausgestoßen werden können.

Die Schwimmblase steht schließlich auch mit der Tonerzeugung im Zusammenhang, insofern als bei scharfem Ausstoßen der Gase ein pfeifendes Geräusch entsteht, das besonders beim Schlammpeizger sehr deutlich zu hören ist, wo die Gase aber vom Darm ausgestoßen werden. Eigene Organe zur Tonbildung besitzen die Fische nicht; Geräusche können unter den karpfenartigen Fischen manche durch Aneinanderreiben der unteren Schlundknochen erzeugen.

12. Die Atmungsorgane oder Kiemen.

Untersucht man den Schlund eines Fisches, so beobachtet man, daß die rechte und linke Seite desselben von fünf länglichen Spalten, den Kiemenspalten, durchbrochen ist. Zwischen je zwei Spalten sind in der Schlundwand knöcherne Bögen, die vier Kiemenbögen, ausgespannt, welche auf der konkaven Innenseite mit zahnartigen Fortsätzen, den sog. Reusenzähnen, bewehrt sind, um das Eindringen größerer Verunreinigungen in die Kiemen zu verhindern oder auch, um mit diesem Reusenapparat kleine Planktontiere aus dem Wasser abzusieben (Figur 314). Auf der konvexen Außenseite sitzen auf diesen Bögen wie auf dem Rücken eines Kammes die Zinken, lanzettlich gestaltete und in der Mitte der Länge nach von einem feinen Knorpelstab gestützte Kiemenblättchen in doppelter Reihe, aber miteinander alternierend. Diese Blättchen sind auf ihren Flächen mit sehr zahlreichen und dem unbewaffneten Auge nicht mehr sichtbaren, quer verlaufenden feinen Riffen, den sog. respiratorischen Falten (Fig. 315), versehen, in denen sich die Blutgefäße verteilen und wo der eigentliche Atmungsprozeß stattfindet.

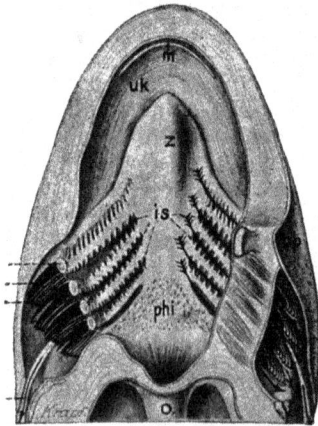

Fig. 314.

Mundhöhle, Schlund- und Speiseröhre eines Schellfisches nach Entfernung des Gehirnschädels von oben gesehen.

m Mund, *uk* Unterkiefer, *z* Zunge, *is* Kiemenspalten, *phi* untere Schlundzähnchen, *o* Speiseröhre.

Die Zahl der Kiemenblättchen ist eine sehr große. So trägt der Karpfen z. B. auf jedem seiner acht Kiemenbögen über 250 Kiemenblättchen. Würde die Fläche der Kiemenblättchen glatt sein, so würde unter der Voraussetzung, daß die Oberfläche derselben auf jeder Seite ca. 10 qmm groß ist (bei 1 cm Länge und 1 mm durchschnittl. Breite des Kiemenblättchens), die gesamte Oberfläche der Kiemen somit 40000 qmm betragen. In Wirklichkeit ist dieselbe infolge der respiratorischen Falten wohl mindestens zehnmal so groß, beträgt also etwa ½ qm.

Die Kiemen sind von außen durch den Kiemendeckel geschützt, der die Kiemenhöhle umschließt und an seinem hinteren Ende einen Spalt zum Austritt des Atemwassers frei läßt. Derselbe wird beim Einatmen des Wassers durch die von knöchernen Kiemenhautstrahlen gestützte Kiemendeckelhaut verschlossen. Der Spalt kann sehr weit sein oder wie beim Aal nur ein enges Loch bilden. Im letzteren Fall können Fische lange außer Wasser leben, da ihre Kiemen nicht so rasch an der Oberfläche eintrocknen. Andernfalls ersticken sie, wie die Salmoniden, sehr schnell, wenn sie nicht, wie z. B. die Karpfen, welche auch eine große Kiemendeckelspalte haben, den sehr kräftigen Kiemendeckel fest anpressen und dadurch die Verdunstung des Wassers auf den Kiemen verhüten.

Die Atmung kommt in der Weise zustande, daß der Fisch bei geschlossenem Kiemendeckelspalt das Maul öffnet und Wasser schluckt, um dann das Maul zu verschließen und das durch die Kiemen hindurchgetriebene Wasser aus dem Deckelspalt auszustoßen. Dabei gibt das Wasser seinen in demselben aufgelösten Sauerstoff zum Teil durch die Oberhaut der respiratorischen Falten an das Blut ab, während umgekehrt aus dem Blut die im Körper entstandene und für denselben unbrauchbare Kohlensäure in das Wasser austritt. Die einzelnen Fischarten haben ein sehr verschiedenes Sauerstoffbedürfnis. An der Spitze stehen in dieser Beziehung die Salmoniden, besonders die Renken, ferner die Koppen; sie leben nur in sauerstoffreichem Wasser, welches normal etwa 7 bis 8 ccm Sauerstoff im Liter enthält, während die karpfenartigen Fische mit der Hälfte vorlieb nehmen können. Ebenso vermögen die Salmoniden nur geringe Grade von Sauerstoffmangel zu ertragen, indem sie schon bei einem Gehalt von 1,5 ccm pro Liter ersticken, während beim Karpfen der Erstickungstod erst bei 0,5 ccm pro

Fig. 315.
Schematische Darstellung der Fischkiemen.

Liter Wasser eintritt. Am wenigsten anspruchsvoll sind die Karausche und der Schlammpeizger. Der letztere ist imstande, Luft direkt zu atmen und dieselbe durch seinen Darm zu pressen, wo die Blutgefäße den Sauerstoff aufnehmen. Auch der Karpfen vermag, wenn er in schlechtes, sauerstoffarmes Wasser gerät, einige Stunden lang direkt Luft zu atmen, indem er die Schnauze über Wasser streckt, Luft schluckt, dieselbe in der Mundhöhle mit dem Wasser etwas vermischt und das auf diese Weise sauerstoffreichere Wasser durch die Kiemen preßt. An der Luft vermögen die meisten Fische nur kurze Zeit zu atmen, weil die respiratorischen Falten sich, wenn das Wasser zwischen den Kiemenblättchen abgelaufen ist, zu fest aneinanderlegen, verkleben und der Luft keinen Zutritt gestatten. Die Salmoniden sterben dabei meist schon nach wenigen Minuten, während der Karpfen und der Aal wie der Schlammpeizger viele Stunden außer Wasser in feuchter Luft leben können.

13. Die Organe des Blutkreislaufs.

Wie bei allen übrigen Wirbeltieren, so unterscheidet man auch bei den Fischen an den Organen des Kreislaufs die zentrale Pumpstation oder das Herz und die zum Herzen führenden Gefäße, welche den Namen »Venen« führen, sowie die vom Herzen das Blut ableitenden Arterien oder Schlagadern.

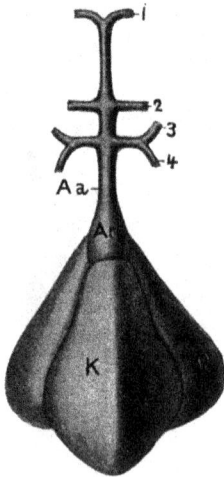

Fig. 316.
Herz vom Lachs.

K Herzkammer, *V* Herzvorkammer, *Art* Aortenbulbus, *Aa* aufsteigende Arterie. 1, 2, 3, 4 die vier zu den Kiemen führenden Arterienbögen.

Das unmittelbar hinter den Kiemen liegende und von einem Herzbeutel umschlossene Herz besteht im Gegensatz zu den höheren Tieren nur aus einem Vorhof und einer Kammer, zwischen denen ein Klappventil das Blut nur in der Richtung vom Vorhof zur Kammer eintreten läßt (Fig. 316). Aus der dickwandigen, muskelstarken Kammer entspringt mit einer zwiebelartigen Anschwellung am Grunde die große Kiemenschlagader, welche alles Blut vermittelst je vier Seitenzweigen zu den Kiemen treibt, wo es in den feinen Haargefäßen der respiratorischen Falten durchgeatmet wird. Am Grunde der Kiemenschlagader gegen die Kammer liegen auch Klappen, welche ein Zurücktreten des Blutes aus der Schlagader ins Herz verhüten. Aus den Kiemen sammeln sich immer stärker werdende Kiemenblutadern zur großen Körperschlagader, die unter der Wirbelsäule bis zum Schwanzende verläuft und alle Organe mit Blut versorgt (Fig. 317). Nachdem das Blut hier seinen Sauerstoff an die Zellen der Organe abgegeben und dafür Kohlensäure aufgenommen hat, sammelt es sich in zuerst feineren, dann stärker werdenden Hohladern oder Venen, die zum Schluß als rechte und linke, vordere und hintere Kardinalvene, in zwei kurze Gänge vereinigt, in den Vorhof einmünden. Das Herz der Fische enthält daher im Gegensatz zum Herzen höherer Wirbeltiere ausschließlich verbrauchtes oder sog. venöses, dunkles Blut. Um dasselbe durch die Kiemen zu treiben, muß das Herz sehr kräftig arbeiten, schlägt aber in der Minute nicht mehr als 20—30mal. Es bleibt nach dem Tode der Fische bei manchen Arten oft noch stundenlang in Bewegung.

Das Blut der Fische ist rot und enthält sowohl weiße wie rote Blutkörperchen. Es ist in relativ geringer, nur etwa $^1/_{63}$ des Körpergewichts betragender Menge vorhanden, so daß die Muskeln deshalb blaß und weiß aussehen und daher auch zu einer andauernden Arbeit nicht fähig sind. Weil die Kraft des Herzens dazu fast aufgebraucht wird, um das Blut durch die zahllosen Haargefäße der respiratorischen Falten in den Kiemenblättchen hindurchzutreiben, so steht das Blut in den Schlagadern des Körpers nur unter geringem Druck und fließt sehr langsam. Es spritzt daher nicht beim Anschneiden der Gefäße.

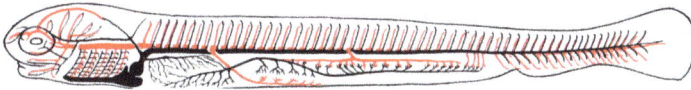

Fig. 317.

Schematische Darstellung des Blutkreislaufs eines Fisches.

Die roten Gefäße führen das sauerstoffreiche Blut von den Kiemen zum Körper, die schwarzen Gefäße das sauerstoffarme Blut zum Herzen und von dort zu den Kiemen.

Die Fische haben kaltes Blut, d. h. nur dann, wenn sie in kaltem Wasser leben. Da sie immer die Temperatur des Wassers besitzen, also zu den wechselwarmen Tieren gehören, im Gegensatz zu den eigenwarmen oder auch Warmblüter genannten höheren Wirbeltieren, so kann ihr Blut z. B. in einem Wasser von 30⁰ C auch warm sein. Die Fische ertragen große Temperaturschwankungen, wenn sie allmählich und langsam erfolgen. Ja, sie vermögen sogar das Einfrieren zu ertragen und bei vorsichtigem Auftauen wieder ins Leben zurückzukehren, vorausgesetzt, daß dabei die Temperatur nicht so weit unter den Nullpunkt gesunken war, daß sich in den Zellen der Organe Eiskristalle gebildet hatten. Ist dies der Fall gewesen, was bei dem hohen Salzgehalt der Blut- und Zellflüssigkeit nicht so leicht eintritt, dann werden die Zellen in ihrem Gefüge zerstört, und die Fische sterben im Eise ab, was bekanntlich in jedem harten Winter, besonders in flachen Teichen, bei uns oft genug vorkommt.

Temperaturerhöhungen werden relativ schlecht ertragen, wenn sie die in der Natur bei uns vorkommenden Grenzen überschreiten. So sterben z. B. Plötzen bei einer Temperatur von 31⁰ C, Barsche bei 33⁰ C, Lauben (Alburnus lucidus) bei 36⁰ C, Stichlinge bei 34⁰ C, Karpfen bei 37⁰ C, wenn die Temperatur in wenigen Stunden auf die angegebene Höhe gesteigert wird. Gewöhnt man die Tiere in wochenlangen Versuchen an höhere Temperaturen, so können sie noch einige Grade mehr ertragen.

Bei denjenigen Fischen, die in flachen, im Winter zufrierenden Gewässern leben, das sind besonders die Cypriniden, tritt bei Erniedrigung der Temperatur auf ca. 4⁰ C ein sog. Winterschlaf ein. Dann stellen die Fische, in dem Schlamm zum Teil vergraben, ihre Lebensfunktion auf ein Minimum; sie atmen kaum, sie bewegen sich nicht, sie nehmen keine Nahrung zu sich, kurz, sie erscheinen wie tot, um erst im Frühjahr bei Erwärmung des Wassers aus ihrer Lethargie zu erwachen. Eine ähnliche Erscheinung tritt auch im Sommer bei abnorm hoher Erwärmung des Wassers ein, indem einige Fische, wie z. B. die Schleie, in eine Art Sommerschlaf oder besser gesagt Wärmestarre verfallen, die Nahrungsaufnahme versagen, auf einer Stelle unbeweglich stillstehen und sich mit der Hand leicht aus dem Wasser heben lassen.

14. Die Nieren.

Längs der unteren Seite der Wirbelsäule verlaufen durch die ganze Länge des Rumpfes zwei schmale, lappige Organe von rötlicher oder schwarzer Farbe, die von Unkundigen häufig für Blutgerinsel gehalten werden. Es sind die Nieren. (Fig. 318.) Bei den Karpfen wie überhaupt bei Fischen mit eingeschnürter Schwimmblase verdicken sich dieselben etwa in der Mitte an der Einschnürungsstelle der Schwimmblase, während sie bei den Salmoniden am Vorderende etwas verbreitert sind. Sie dienen zur Ausscheidung des Harns, welcher durch die beiden, an der Unterseite der Niere verlaufenden Harnleiter abgeleitet wird. Die Harnleiter vereinigen sich am unteren Ende der Nieren zu einem kurzen, unpaaren Abschnitt, der gewöhnlich zu einer länglichen oder runden Harnblase anschwillt. Diese mündet mit der kurzen Harnröhre unmittelbar hinter dem After, häufig, nachdem sie sich vorher mit dem Ausführungsgang der Geschlechtsorgane vereinigt hat. Die Ausmündung kann sich zu einer kurzen, sog. Urogenitalpapille erheben. — Die Fische haben sehr wenig Harn, ihre Harnblase ist auch so klein, daß sie meist nur bei genauer Betrachtung gefunden werden kann.

15. Die Fortpflanzungsorgane.

Die Fische sind mit wenigen Ausnahmen getrennten Geschlechts; man nennt die Männchen gewöhnlich Milchner, die Weibchen dagegen Rogner. Die männlichen Geschlechtsorgane heißen Hoden, die weiblichen Eierstöcke. Hoden und Eierstöcke sind gewöhnlich längliche, durch die ganze Leibeshöhle reichende, rechts und links vom Darm unter der Schwimmblase mit besonderen Bändern aufgehängte Säcke (Fig. 319 u. 320), die sich in kurze Ausführungswege, die Samen- und Eileiter, verlängern. Letztere münden von der Harnröhre oder, mit dieser vereinigt, unmittelbar hinter dem After nach außen. Bei den weiblichen Salmoniden sind die Eileiter rückgebildet. Ihre reifen Eier fallen aus dem an einer

Seite offenen Eierstocksack in die Leibeshöhle und werden durch den Genitalporus, eine Öffnung hinter dem After, entleert. In unreifem Zustande sind Hoden und Eierstöcke oft fadenartig dünn, wenn aber die Laichreife eintritt, dann schwellen diese Organe durch massenhafte Produktion von Samen und Eiern zu gewaltiger Größe an, so daß sie alle anderen Organe der Leibeshöhle zur Seite drängen.

Die Größe der Eierstöcke kann so bedeutend sein, daß sie 25—30% des gesamten Körpergewichtes beträgt, während die

Fig. 318.
Nieren und Harnblase
eines Fisches.

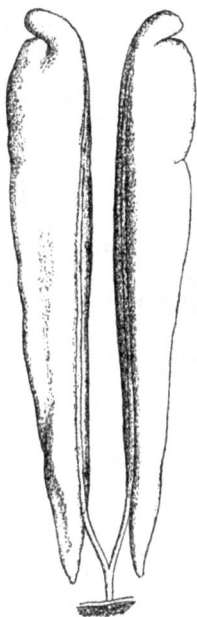

Fig. 319.
Hoden eines Fisches.

Fig. 320.
Eierstöcke eines Fisches.

Hoden meist nur 5—6%, selten 10% des Körpergewichtes ausmachen. So hat man z. B. bei einem Hausen von 1400 kg Gewicht Eierstöcke von 400 kg Gewicht gefunden.

Die meist runden und von einer derben Eihaut umschlossenen Eier sind ihrer Größe nach sehr verschieden. Die kleinsten, nur 0,12 mm betragenden Eier hat der Aal im Süßwasser, 1 mm groß sind die Eier der Rutte, die Eier der karpfenartigen Fische messen durchschnittlich 2 mm, die der Renkenarten 3 mm, Äscheneier 4 mm, Forelleneier 5 mm und Lachseier 6 mm. Ältere Fische haben im allgemeinen größere Eier als jüngere derselben Art. Ebenso verschieden ist, der Größe entsprechend, auch die Zahl der Eier. Während ein Stichling nur 60—80 Eier produziert, hat eine Forelle, wie überhaupt die Salmoniden mit großen Eiern, pro

Kilo Körpergewicht ca. 1000—2500 bis sogar 5000 Eier, eine Rutte von 1 kg Gewicht hat 1 Million Eier, ein 4—7pfündiger Karpfen gibt ½—¾ Millionen Eier usw.

Die Hoden sind während der Laichzeit milchweiße Organe, welche die Samenflüssigkeit, Milch genannt, produzieren. Dieselbe enthält Milliarden von kleinen Samenfäden oder Spermatozoen, welche wie eine Stecknadel gestaltet sind, d. h. einen kurzen, runden oder ovalen Kopf und einen langen Schwanzfaden besitzen. Sie sind sehr klein und betragen z. B. beim Barsch nur $^2/_{100}$ mm, beim Lachs $_1/_{100}$ mm an Länge. Nach Zusatz von Wasser gerät der Schwanzfaden in stark schlängelnde Bewegung, durch welche die Spermatozoen vorwärts getrieben werden und in das Innere eines Eies zum Zwecke seiner Befruchtung eindringen können. Diese Bewegungsfähigkeit erlischt bei Fischen, die im fließenden Wasser laichen, wie z. B. bei den Forellen, schon nach ½—1 Minute, während sie beim Karpfen, dem Hecht, Barsch, überhaupt bei Fischen, die im stehenden Wasser laichen, 3—5 Minuten andauern kann, eine interessante Anpassung an die Bewegung des Wassers.

Während man bei höheren Tieren Männchen und Weibchen schon äußerlich an verschiedenen Merkmalen in Form und Farbe unterscheiden kann, fehlen den Fischen im allgemeinen die sekundären Geschlechtszeichen. Nur ausnahmsweise kann man z. B. die männlichen Neunaugen an den langen Geschlechtspapille oder die männliche Schleie an dem stark verdickten ersten Strahl der Bauchflosse oder das Zandermännchen an seinem konkaven Schädelprofil erkennen; ebenso haben alte Salmonidenmännchen häufig einen hakenförmigen Unterkiefer. Bei der Mehrzahl der Fische dagegen ist es unmöglich, außerhalb der Laichzeit die Geschlechter sicher zu unterscheiden. Das ändert sich aber sofort, wenn die Geschlechtsprodukte heranreifen; dann bekommen die Weibchen einen stark aufgetriebenen Leib, während die Männchen ihre schlanke Taille behalten. Bei den Weibchen, besonders deutlich bei den Salmoniden, rötet sich die stark hervortretende Geschlechtspapille, während der Genitalporus beim Milchner einen tief in die Bauchwand eingesunkenen Schlitz darstellt, und bei vielen Fischen treten zur Laichzeit warzenförmige oder sogar dornartige Hautwucherungen oder schwartenartige Verdickungen oder ein farbenprächtiges Hochzeitskleid im männlichen Geschlecht besonders intensiv und deutlich auf, Erscheinungen, welche nach der Laichzeit wieder rückgebildet werden.

Recht selten beobachtet man bei unseren Fischen Zwitterbildungen, wie z. B. bei Karpfen, Forellen und Stören, sei es, daß auf der einen Seite ein Hoden, auf der anderen ein Eierstock ausgebildet wird, sei es, daß beiderseits einzelne Teile der Geschlechtsorgane teils männlichen, teils weiblichen Charakter aufweisen. Häufiger sind dagegen sterile Fische, welche der Volksmund »gelte« oder »güste« Fische, auch »Laimer«, nennt, und die beim Karpfen wegen ihres vorzüglichen Geschmackes hoch geschätzt sind. Sie können z. B. beim Karpfen künstlich durch Kastration hervorgerufen werden.

Die Fische laichen, nachdem sie reif geworden sind, was bei den Weibchen allgemein im dritten oder vierten, bei den Männchen im zweiten resp. dritten, selten schon im ersten Lebensjahre eintritt, in jedem Jahr nur einmal. Ihre Laichzeit ist sehr verschieden und fällt bei den meisten Salmoniden in den Spätherbst oder Winter (ausgenommen bei den Frühjahrslaichern Äsche, Huchen und Regenbogenforelle), bei den karpfenartigen Fischen in den Frühling und Vorsommer, so daß man im allgemeinen Winter- und Sommerlaicher unterscheidet. Der Eintritt der Laichzeit wechselt je nach der Jahrestemperatur nicht nur in einzelnen Jahren, sondern auch in einzelnen Gegenden oft in weiten Grenzen. So kann z. B. die Forelle im Gebirge schon um Mitte Oktober ablaichen, während sie in der Ebene bis in den Februar hinein das Laichgeschäft besorgt. Auch bei derselben Art und an demselben Ort zieht sich die Laichzeit über mehrere Wochen hin, indem gewöhnlich die jüngeren Fische früher ablaichen als die älteren und viele Arten, wie z. B. der Karpfen, ihre Eier und ihren Samen nicht auf einmal, sondern portionsweise absetzen, abgesehen davon, daß allerhand Störungen, wie stürmisches und kaltes Wetter, Gewitter usw., das Laichgeschäft unterbrechen und verzögern können.

Viele Fische setzen ihren Laich dort ab, wo sie sich gewöhnlich aufhalten, andere dagegen suchen sich geeignete Laichplätze auf, sei es, daß sie nur warme und seichte Stellen im gleichen Wasser wählen, wie der Karpfen oder der Hecht, sei es, daß sie Plätze mit bestimmten und beliebten Wasserpflanzen bevorzugen, wie z. B. die Bodenrenken die Armleuchtergewächse, sei es, daß sie mehr oder minder weite Wanderungen ausführen, wie die Nasen, die Barben, die Blaufelchen, die Maränen, die Maifische, Störe, Lachse und Aale. Man unterscheidet infolgedessen Stand- und Wanderfische.

Auf den Laichplätzen verhalten sich die einzelnen Arten ganz verschieden. Die karpfenartigen Fische erscheinen hier meist in großen Scharen, so daß sie dann am leichtesten in Massen mit Netzen gefangen werden können; sie reiben sich, wie auch die Hechte, indem sie heftig umherschlagen, mit den Seiten aneinander, bis sie ihre Geschlechtsprodukte an Wasserpflanzen abgesetzt haben. Unter den Salmoniden sammeln sich auch die Renkenarten in großen Scharen an den Laichplätzen, so daß das Wasser von der abgelagerten Milch weithin getrübt erscheint. Die Raubsalmoniden suchen sich dagegen, zu Paaren vereinigt oder doch ein Weibchen in Begleitung von 1—2 Männchen, nicht selten freilich mehrere Pärchen in Gesellschaft, einsame Laichplätze, wo sie mit dem Schwanz im Kies tiefe Gruben schlagen und hier die befruchteten Eier einbetten.

Die meisten Fische kümmern sich nach der Laichablage nicht weiter um das Schicksal ihrer Nachkommenschaft. Sie kennen keine Brutpflege. Nur der Forellenbarsch führt seine junge Brut eine Zeitlang auf den Weideplätzen umher, der Zander verteidigt seinen Brutplatz, während der Stichling, der seine Eier in einem kunstvoll aus Pflanzenfasern mit dem Sekret seiner Niere zusammengeklebten Nest absetzt, dieses eifrig bewacht, mutig verteidigt und sogar seine noch unbeholfenen Jungen, wenn sie das Nest vorzeitig verlassen, wieder zurückträgt.

Die Entwicklung der Fischeier beginnt unmittelbar, nachdem ein einziges Spermatozoon in das Ei eingedrungen ist und sich mit dem Zellkern der Keimscheibe vereinigt hat. Dann beginnt die Keimscheibe, d. h. ein kleiner, runder, wie eine Scheibe auf dem übrigen Eidotter schwimmender Teil des Eies, der allein den jungen Embryo liefert, sich in einzelne Zellen zu teilen oder zu furchen und nun unter allmählicher Vergrößerung den übrigen Teil des Eies, den Nahrungsdotter, zu umwachsen. Bevor diese Umwachsung zur Hälfte vollzogen ist, macht sich die erste Anlage des späteren Fischchens in der Keimscheibe in Gestalt eines sich allmählich verlängerten Streifens bemerkbar; es ist dies die Anlage des Rückenmarks, das sich am Vorderende zur Bildung des Gehirns und der Augen erweitert. Dann entstehen zur Seite des Rückenmarks die sog. Urwirbel, d. i. die Anlage der Wirbelsäule und der Muskulatur, und bald darauf erscheint dicht hinter dem Kopf das nun bald pulsierende Herz in Gestalt eines S-förmig gekrümmten Schlauches. Dabei wächst der Kopf, an dem man bald die schwarzen Augen deutlich durch die Eihaut durchschimmern sieht, und das Schwanzende des Embryos über den Nahrungsdotter, sich um diesen herumkrümmend, hinaus, so daß dieser als Dottersack die Bauchseite einnimmt. Die Bewegungen des Embryos werden in der Eischale immer lebhafter, bis dieselbe gesprengt wird und das junge Fischchen mit seinem noch großen Dottersack das Licht der Welt erblickt. Dieser Dottersack wird allmählich aufgebraucht, zuvor aber beginnt schon die Suche nach Nahrung im freien Wasser.

Die ganze Entwicklung im Ei hängt ihrer Zeitdauer nach sehr von der Temperatur ab; sie dauert bei den karpfenartigen Fischen durchschnittlich nur eine Woche, bei den Salmoniden dagegen 2 bis 3 Monate. Man berechnet dieselbe nach Tagesgraden, indem man die an den einzelnen Tagen beobachtete Temperatur des Wassers mit der Zahl der Tage, welche die Entwicklung braucht, multipliziert. So beansprucht z. B. die Forelle ca. 410 Tagesgrade, entwickelt sich also in 410 Tagen, wenn an jedem Tage das Wasser nur 1^0 R hatte, oder in 205. resp. in 102 Tagen, wenn das Wasser 2 resp. 4^0 pro Tag temperiert war. Keineswegs darf aber die Temperatur zu einer normalen Entwicklung beliebig gewählt werden, es gibt vielmehr ein Optimum, bei dem die ganze Entwicklung am besten und unter den geringsten Verlusten abläuft. Dasselbe beträgt für die meisten Cypriniden etwa 14—20^0 C, für die Salmoniden etwa 4—6^0 C.

Die Leichtigkeit, mit welcher sich die Eier und der Samen der Fische durch einen sanften Druck auf die Bauchseite abstreichen lassen, hat zur künstlichen Befruchtung derselben geführt, welche zuerst von Stephan Ludwig Jacobi praktisch durchgeführt und von ihm im Jahre 1763 allgemein bekanntgegeben wurde. Auf diese Entdeckung, welche freilich zunächst in Vergessenheit geriet und um die Mitte des 19. Jahrhunderts an mehreren Orten von

neuem aufgefunden wurde, baute sich die ganze künstliche Fischzucht auf.

Sie wurde zuerst vorwiegend von Sportsfischern allgemein in
ihrer Bedeutung richtig aufgefaßt und auch praktisch betrieben.
Daher war es gerechtfertigt, in älteren Büchern über Angelsport
ein Kapitel über künstliche Fischzucht einzufügen. Heute dagegen
ist die künstliche Fischzucht ein großer Zweig des gewerblichen
Lebens geworden, der sich völlig selbständig zur erfreulichen Höhe
entwickelt hat. Hunderte von Fischzuchtanstalten sind entstanden,
aus denen der Sportfischer alles, was er zur Besetzung seiner Gewässer an Brut, Jährlingen, Mutterfischen usw., braucht, besser
beziehen kann, als wenn er selbst, wie noch vor drei und vier Jahr-
zehnten, die Erbrütung in die Hand nehmen wollte.

Deshalb können wir füglich auf die Darstellung der künstlichen Fischzucht an dieser Stelle verzichten und uns mit einem
Hinweis auf die zahlreichen Lehrbücher dieser Disziplin begnügen.

Die Furunkulose der Salmoniden.

Nicht gerade häufig kommt es vor, daß der Angler mit kranken Fischen zu tun hat; im reinen, freien Wasser sind Krankheiten selten zu sehen, teils weil die natürlichen Existenzbedingungen ihrem Entstehen nicht günstig sind, teils weil erkrankte Fische im Lebenskampf rasch erliegen, sei es, daß ein gefräßiger Nachbar sie verschlingt, sei es, daß sie bei der Konkurrenz um die Nahrung von Stärkeren verdrängt werden und darum zugrunde gehen.

Zahlreiche Krankheiten und Leiden erwachsen aber den Fischen unter unnatürlichen Existenzbedingungen; im freien Wasser besonders infolge von Wasserverunreinigungen durch Fabriken oder städtische Abwässer. Wir können hier nicht im einzelnen auf sie eingehen, wir wollen nur daran erinnern, daß der Angler im Interesse der Allgemeinheit und in seinem eigenen Interesse handelt, wenn er Fälle von Wasserverunreinigung, denen er begegnet, zur Kenntnis der Behörden bringt, damit sie möglichst frühzeitig einschreiten können. Plötzlich eintretende größere Massensterben sind fast immer auf Verunreinigung zurückzuführen; doch gibt es eine Krankheit, die Furunkulose der Salmoniden, die zuweilen so mörderisch auftritt, daß der Gedanke sich aufdrängt, es müsse eine Katastrophe sein, die durch äußere Umstände — durch Vergiftung — herbeigeführt wurde. Bei den ersten schwersten Epidemien im Jahre 1909 sah man in manchen Bächen die toten Forellen und Äschen dutzendweise am Grunde liegen; — ein erschreckender Anblick! — In solchen Fällen kann es für den Fischwasserbesitzer von großer Bedeutung sein, schnell zu entscheiden, ob eine natürliche Erkrankung oder eine Vergiftung die Ursache des Massensterbens ist.

Die akuten Vergiftungen, bei denen der ganze Fischbestand plötzlich vernichtet wird, sind als solche meist leicht zu erkennen. Es geht da auch die niedere Tierwelt zugrunde; sucht man mit einem feinmaschigen Handkescher die Uferpflanzen ab, so bringt man Unmengen von toten Flohkrebsen, Insektenlarven u. dgl. zu Tage. Bei Furunkulose ist die Kleinfauna so munter wie immer; auch tritt das Sterben nie ganz plötzlich ein; es dauert zum mindesten eine Reihe von Tagen, bis es seinen Höhepunkt erreicht. Zwar kann es geschehen, daß schon nach 2 bis 3 Wochen von den

Salmoniden nichts mehr übrig ist; glücklicherweise ist das aber doch nicht die Regel. Meist läßt die Krankheit allmählich wieder nach, und es gibt immer noch eine Anzahl Überlebender.

Viel schwerer ist die Unterscheidung in Fällen von chronischer Vergiftung, wo geringere Mengen eines schädlichen Stoffes dauernd oder doch häufig in ein Gewässer gelangen, wie das bei Verunreinigungen durch Fabriken, städtische Abwässer oder Hausabwässer meist geschieht. Oft wirken diese nur, wo sie konzentriert sind, direkt tödlich, schaden aber den Fischen, nachdem sie sich mit dem reinen Wasser vermischt haben, wenig oder gar nicht mehr. Da werden dann etwa Fischleichen von der Einlaufstelle durch den Strom mehr oder weniger weit verschleppt, liegen vereinzelt herum, in verschiedenen Stadien der Fäulnis, und es kann wohl zweifelhaft erscheinen, ob es eine Krankheit war oder eine äußere Ursache, die das Sterben veranlaßte. Die moderne Fauna gibt zwar oft einen Anhalt; sind viele tote Kleintiere zu finden, so handelt es sich sicher um eine Vergiftung; wenn das aber nicht der Fall ist, so muß die Möglichkeit einer natürlichen Erkrankung miterwogen werden.

In der Mehrzahl der Fälle gibt die Untersuchung der toten Fische Gewißheit, wenigstens wenn man eine größere Anzahl zu Gesicht bekommt. Das charakteristische Symptom, von dem die Krankheit ihren Namen erhalten hat, sind blutige Geschwüre, Furunkel; sie sind bei den meisten Epidemien zwar nicht bei allen Toten, aber doch bei sehr vielen zu sehen. An einem Fisch können sich zahlreiche größere und kleinere Herde zeigen, jeder Teil des Rumpfes kann befallen werden. Sind die Geschwüre durch eine Haut nach außen aufgebrochen, so entleeren sie reichlich einen dicken blutigen Eiter und können dann natürlich nicht übersehen werden; dagegen gehört schärfere Aufmerksamkeit dazu, die Anfangsstadien zu erkennen, wo die Muskulatur bereits erweicht und blutdurchtränkt ist, die Haut darüber aber noch unversehrt. Mitunter deutet dunklere Färbung einer Stelle des Körpers ein darunter liegendes Geschwür an. Macht man dort einen Schnitt durch die Haut, so quillt dann Blut und verflüssigtes Gewebe hervor und die Diagnose: Furunkulose — ist damit gesichert. — Ist äußerlich gar nichts zu sehen und besteht doch ein Verdacht, so mache man viele Einschnitte ins Fleisch. Die Herde liegen oft tief und sind nur so zu finden. Trifft man auch nur einen einzigen an, so kann man mit größter Wahrscheinlichkeit sagen, daß Furunkulose vorliegt. Ausgeschlossen ist es ja nicht, daß auch einmal eine andere Infektion ein blutiges Geschwür entstehen läßt, für die Praxis kommt die Möglichkeit aber kaum in Betracht, wir dürfen sie außer acht lassen.

Wenn auch die Furunkel sehr häufig sind, so gibt es doch auch viele Fälle, in denen sie fehlen; ja, wir haben schon Epidemien beobachtet, bei denen Fische mit Furunkeln kaum zu finden waren. Da ist die Diagnose schwerer zu stellen.

Fast immer findet man freilich beim Aufschneiden eines an Furunkulose verendeten Fisches den Darm stark entzündet; der Enddarm sieht oft geradezu blutig aus und hat auch einen blutigen Inhalt; besonders ist die obere Darmregion, die Gegend der Blindsackeinmündungen, beteiligt; die Darmwand wird dort glasartig und der schleimige, rötliche Inhalt schimmert durch. Diese Symptome trifft man aber auch bei Darmentzündungen anderen Ursprungs, so sind sie nicht charakteristisch.

Mehr kann man aus der Beschaffenheit des Bauchfells und der Schwimmblase schließen. Sind dort kleine Gefäßerweiterungen — die sich als rote Flecken darstellen, Hämorrhagien, Petechien — vorhanden, so spricht das mit großer Wahrscheinlichkeit für Furunkulose.

Immerhin kann eine Bauchfellentzündung, deren Symptome solche rote Flecken sind, auch aus anderen Ursachen entstehen.

Es kommt aber auch vor, daß an Furunkulose verendete Fische keinerlei äußerlich wahrnehmbare Veränderungen zeigen, daß nur durch bakteriologische Untersuchung die Diagnose gestellt werden- kann. Die muß von einem erfahrenen Sachverständigen vorgenommen werden und führt mit voller Sicherheit zum Ziel. Der Erreger der Furunkulose, das Bacterium salmonicida Emmerich und Weibel, ist gewöhnlich im ganzen Körper des Kranken verbreitet und kann aus jedem Blutstropfen gezüchtet werden; mit größerer Sicherheit noch aus der Niere, in der er sich besonders massenhaft vermehrt. Seltener sind die Epidemien, bei denen der Darmkanal der einzige Sitz der Erkrankung ist, bei denen die Bakterien nur im Darm zu finden sind. Da ist die Untersuchung schwieriger, weil neben den Furunkulosebakterien viele harmlose Darmbakterien vorhanden sind, deren Untersuchung Zeit und Mühe kostet. Mit Hilfe moderner serologischer Methoden, wie sie z. B. für die Typhusdiagnose in Gebrauch sind, ist sie aber immer möglich.

Wenn also ein Fischwasserbesitzer ein Sterben beobachtet und an den toten Forellen keine blutigen Furunkel finden kann, so tut er gut, sie einer Fischereistation oder einem bakteriologischen Institut zu übergeben; er erhält dann Gewißheit und kann rasch die nötigen Maßnahmen in Angriff nehmen. Allerdings sind zu solchen Untersuchungen absolut frische Fische erforderlich; am besten nimmt man kranke und sendet sie lebend ein; sind nur tote aufzutreiben, so müssen sie in Eis verpackt werden. Fische, die schon in Verwesung überzugehen beginnen, sollen nicht eingeschickt werden; in ihnen sind die Furunkulosebakterien abgestorben, ihre Untersuchung ist also zwecklos.

Wenn die Diagnose positiv ausgefallen ist, wenn Furunkulose nachgewiesen wurde, so muß die erste Sorge sein, einer weiteren Verbreitung der Seuche vorzubeugen. Es dürfen vor allem keine lebenden Fische aus dem infizierten Wasser in ein anderes übertragen werden, auch dürfen an dem infizierten verwendet werden Gerätschaften; die nur nach gründlicher Desinfektion in einem anderen benutzt werden. Die Desinfektion ist leicht auszuführen: es genügt, die Netze, Eimer usw. mit siedendem Wasser zu reinigen, dadurch werden die Bakterien schnell und sicher getötet. — Natürlich kann die Seuche auch mit anderen Gegenständen verschleppt werden: mit dem Schmutz an den Stiefeln des Fischers, mit dem

Wasser an den Beinen eines Hundes usw.; das muß man sich gegenwärtig halten; dann kann manches Mißgeschick vermieden werden.

Um innerhalb des Gewässers die Seuche möglichst zu beschränken, ist das Wichtigste die schnelle Entfernung der Leichen. Es ist ja einleuchtend, daß der Furunkeleiter, der vom Wasser ausgewaschen wird und Milliarden von pathogenen Keimen enthält, der gefährlichste Ansteckungsstoff ist; ebenso auch der Darminhalt bei der verkappten Furunkulose, der Darmfurunkulose. Bleiben die Leichen liegen, so vermehren sich die Bakterien zunächst massenhaft; auch besteht die Gefahr, daß sie gefressen werden und so direkt die Krankheit übertragen. Das verseuchte Gewässer sollte also so oft als möglich nach Leichen abgesucht werden; je schneller die Infektionsquellen beseitigt werden, um so besser. Die Leichen vergräbt man am besten am Ufer, womöglich nachdem man sie mit frisch gebranntem Kalk bestreut hat, um die Bakterien zu töten.

Je dichter ein Gewässer besetzt ist, um so größer ist natürlich die Ansteckungsgefahr: in den besten Forellenbächen wütet die Seuche am ärgsten. Daher ist es durchaus zu empfehlen, einen sehr reichlichen Besatz zu dezimieren; starke Abfischung ist ratsam. Der Verwendung der Forellen als Speisefische steht gar nichts im Wege, solange sie keine Furunkel aufweisen, wodurch sie ekelerregend werden. Der Mensch infiziert sich nicht mit Furunkulose, und der Geschmack der Fische leidet auch nicht durch die Krankheit.

In einem dünn bevölkerten Gewässer erlischt die Krankheit glücklicherweise nicht selten von selbst; tritt die Seuche nicht gar zu stürmisch auf, so kann man daher wohl verantworten, eine Zeitlang abzuwarten, ehe man zu dem Radikalmittel greift: zur völligen Abfischung des Wassers. Bei sehr hartnäckigem Anhalten der Krankheit wird man doch dazu schreiten müssen! Nachdem alle Fische entfernt sind, sollte das Wasser etwa ein Jahr lang unbesetzt bleiben, inzwischen sterben die Bakterien ab. In sehr reinem Wasser vollzieht sich das bedeutend schneller als in solchem mit organischen Verunreinigungen, doch wird man gut tun, sicherheitshalber lieber etwas länger zu zögern als zu übereilen.

Hier wie bei jeder Krankheit muß das Bestreben natürlich nicht nur sein, zu heilen und einzuschränken, sondern mehr noch: vorzubeugen. Es gibt zwar Fälle, daß die Furunkulose in ein ganz reines Gewässer ihren Einzug hält, ohne daß der Besitzer sich irgendeine Versäumnis oder einen Mangel an Sorgfalt vorzuwerfen hätte, oder daß eine andere Erklärung heranzuziehen wäre; sehr oft aber läßt sich auch einwandfrei nachweisen, daß Nachlässigkeit gegenüber Verunreinigungen die Entstehung der Seuche begünstigte oder daß sie durch eingesetzte Fische eingeschleppt wurde. — Im freien Wasser, das den Angler interessiert, ist das letztere häufiger. Es wird ohne viel Kritik Ersatzmaterial aus irgendeiner Zuchtanstalt bezogen und damit das Unheil angerichtet. Das ist um so eher möglich, als die Furunkulose in latentem Zustande längere Zeit bei einem Fisch bestehen kann, ohne daß derselbe merklich krank wäre. Eine geringe Infektion verträgt der Fisch ohne zu leiden, wenn er in günstigen Verhältnissen bleibt. Wird er aber abgefischt, in einem engen Behälter transportiert und dann in ein Wasser ausgesetzt, das vielleicht in Temperatur, Härte usw. beträchtlich von dem abweicht, an das er gewöhnt war, so setzt das seine Widerstandskraft so sehr herab, daß die Bakterien die Oberhand gewinnen: der Fisch erkrankt an Furunkulose, und das Gewässer ist infiziert. — Es kann also in der Anstalt, aus der er stammt, anscheinend alles gesund sein, und doch kann sie die Infektionsquelle darstellen! — Nur eine sehr eingehende Untersuchung kann dann den Zusammenhang aufdecken.

Derselbe kann noch unklarer werden, wenn der importierte Bazillenträger selbst gar nicht erkrankt, weil er im Laufe der Zeit immun geworden ist gegen das Bacterium salmonicida, das er beherbergt. Auch das ist beobachtet worden! — Es ist ganz analog der Entstehung vieler Typhusepidemien. Ein Mensch, der vielleicht früher einmal krank war, aber längst genesen ist, scheidet Bakterien aus, an denen viele andere sich infizieren. So kann auch durch den Kot eingesetzter ganz gesunder, aber latent infizierter Fische ein Gewässer verseucht werden. Es sterben dann die früheren Bewohner, die noch keine Schutzstoffe gegen den Erreger gebildet haben, ab, während die Neuankömmlinge ganz gesund bleiben!

Es ist begreiflich, daß in solchem Falle der Fischwasserbesitzer zunächst nicht auf den Gedanken kommen wird, er habe bei der Besetzung einen Fehler gemacht; nur genaue bakteriologische Nachforschung kann die Sachlage klären. — Aber das geht aus diesen Erfahrungen hervor, daß man bei der Wahl des Besatzmaterials nicht vorsichtig genug zu Werke gehen kann!

Während die meisten Fischkrankheiten nur eine Fischart befallen oder doch nur wenige nahe Verwandte, kann die Furunkulose alle ergreifen. Auch das erschwert die Unterscheidung von chronischen Vergiftungen, die natürlich auch alle Arten ohne Ausnahme dahinraffen. Immerhin sind die Salmoniden bei weitem am meisten exponiert, und so darf man wohl weiterhin von der »Furunkulose der Salmoniden« sprechen, denn andere Fischarten werden nur im Verlauf längerer Epidemien allmählich in Mitleidenschaft gezogen, ja, in der Regel bleiben sie dauernd verschont, — wenigstens ist das im freien Wasser so. In Teichen, und mehr noch in Aquarien, erkranken auch Cypriniden, Hechte und unsere übrigen heimischen Wasserbewohner gar nicht selten.

Unsere Salmoniden sind auch nicht alle in gleichem Maße empfänglich; die Saiblinge sind wohl am meisten gefährdet, und zwar besonders der Bachsaibling, Salmo fontinalis; doch sind auch Furunkuloseepidemien unter den einheimischen Seesaiblingen, Salmo salvelinus, der bayerischen Seen vorgekommen. — Demnächst haben die Bachforellen und Äschen am meisten zu leiden, während die Regenbogenforelle entschieden seltener erkrankt. Bei der Regenbogenforelle kommt die verkappte Darmfurunkulose — ohne Geschwürbildung! — verhältnismäßig oft vor. — Bei Coregonen-Epidemien in Schweizer Seen sah man das charakteristische Bild des blutigen Furunkels.

Daß auch Lachs und Huchen von der gefährlichen Krankheit befallen werden, wird den Angler noch speziell interessieren! Bemerkenswert ist ferner, daß bei manchen Epidemien ganz überwiegend eine Fischart eingeht, während eine andere, sonst auch sehr empfängliche, kaum zu leiden hat: daß etwa alle Äschen sterben, aber nur ganz wenige Bachforellen. Ein anderes Mal kann das Verhalten gerade umgekehrt sein, und ein drittes Mal kann alles zugrunde gehen, auch die Koppen, Hechte, Aale und Weißfische, die das Gewässer etwa noch enthält. Die Mannigfaltigkeit, mit der die Seuche auftritt, ist ganz außerordentlich.

Ihrer größten Bedeutung entsprechend sollten stets die zuständigen Behörden benachrichtigt werden, wenn die Furunkulose sich zeigt. Es wird dann ein Verbot der Ausfuhr lebender Fische aus dem verseuchten Wasser erlassen, und es kann — selbst in der Schonzeit — eine gründliche Ausfischung gestattet werden. So kann man hoffen, daß es gelingen wird, einer Verödung unserer Forellengewässer vorzubeugen, die als drohendes Schreckgespenst hier und da schon aufzutauchen begann.

Register.

www.ingramcontent.com/pod-product-compliance
Lightning Source LLC
Chambersburg PA
CBHW050647190326
41458CB00008B/2445